U0305266

# 编 委 会

当代科学技术基础理论与前沿问题研究丛书

中国科学技术大学

校友文库

# 气动光学效应校正

## ——原理、方法与应用

Aero-Optical Effect Correction: Principles, Methods and Applications

张天序
洪汉玉　著
张新宇

中国科学技术大学出版社

## 内 容 简 介

本书以高速飞行器导航、制导和遥感探测中面临的气动光学效应问题为应用背景，总结了张天序教授及其领导的课题组十余年来在气动光学效应校正方向的研究成果。该书聚焦交叉学科的核心问题，在全面介绍气动光学效应基本原理的基础上，深入分析研究了成像谱段优选、热辐射校正、单帧图像和序列图像校正恢复、相位校正恢复、模型和知识约束的智能校正恢复以及数字/光电混合校正等方面的新方法、新技术。该专著不仅具有好的理论深度，而且具有重要的应用价值。

本书适合从事光学、空气动力学、光电子学、精确制导与控制、计算机和信号信息处理等领域研究的科技人员阅读，也可作为高等院校师生的教学参考用书。

**图书在版编目(CIP)数据**

气动光学效应校正：原理、方法与应用/张天序，洪汉玉，张新宇著．—合肥：中国科学技术大学出版社，2014.1

(当代科学技术基础理论与前沿问题研究丛书：中国科学技术大学校友文库)

"十二五"国家重点图书出版规划项目

ISBN 978-7-312-03331-5

Ⅰ. 气…　Ⅱ. ①张…②洪…③张…　Ⅲ. 气动力效应—光学效应—校正
Ⅳ. ①O354 ②O43

中国版本图书馆 CIP 数据核字(2013)第 309440 号

**出版**　中国科学技术大学出版社
　　安徽省合肥市金寨路 96 号，邮编：230026
　　http://press.ustc.edu.cn
**印刷**　合肥市宏基印刷有限公司
**发行**　中国科学技术大学出版社
**经销**　全国新华书店
**开本**　710 mm×1000 mm　1/16
**印张**　28.5
**字数**　509 千
**版次**　2014 年 1 月第 1 版
**印次**　2014 年 1 月第 1 次印刷
**定价**　99.00 元

# 总　　序

大学最重要的功能是向社会输送人才,培养高质量人才是高等教育发展的核心任务。大学对于一个国家、民族乃至世界的重要性和贡献度,很大程度上是通过毕业生在社会各领域所取得的成就来体现的。

中国科学技术大学建校只有短短的五十余年,之所以迅速成为享有较高国际声誉的著名大学,主要就是因为她培养出了一大批德才兼备的优秀毕业生。他们志向高远、基础扎实、综合素质高、创新能力强,在国内外科技、经济、教育等领域做出了杰出的贡献,为中国科大赢得了“科技英才的摇篮”的美誉。

2008 年 9 月,胡锦涛总书记为中国科大建校五十周年发来贺信,对我校办学成绩赞誉有加,明确指出:半个世纪以来,中国科学技术大学依托中国科学院,按照全院办校、所系结合的方针,弘扬红专并进、理实交融的校风,努力推进教学和科研工作的改革创新,为党和国家培养了一大批科技人才,取得了一系列具有世界先进水平的原创性科技成果,为推动我国科教事业发展和社会主义现代化建设做出了重要贡献。

为反映中国科大五十年来的人才培养成果,展示我校毕业生在科技前沿的研究中所取得的最新进展,学校在建校五十周年之际,决定编辑出版《中国科学技术大学校友文库》50 种。选题及书稿经过多轮严格的评审和论证,入选书稿学术水平高,被列入“十一五”国家重点图书出版规划。

入选作者中,有北京初创时期的第一代学生,也有意气风发的少年班毕业生;有“两院”院士,也有中组部“千人计划”引进人才;有海内外科研院所、大专院校的教授,也有金融、IT 行业的英才;有默默奉献、矢志报国的科技将军,也有在国际前沿奋力拼搏的科研将才;有“文革”后留美学者中第一位担任美国大学系主任的青年教授,也有首批获得新中国博士学位的中年学者……在母校五十周年华诞之际，他们通过著书立说的独特方式，向母校献礼，其深情厚谊，令人感佩！

《文库》于2008年9月纪念建校五十周年之际陆续出版，现已出书53部，在学术界产生了很好的反响。其中，《北京谱仪Ⅱ：正负电子物理》获得中国出版政府奖；中国物理学会每年面向海内外遴选10部“值得推荐的物理学新书”，2009年和2010年，《文库》先后有3部专著入选；新闻出版总署总结“‘十一五’国家重点图书出版规划”科技类出版成果时，重点表彰了《文库》的2部著作；新华书店总店《新华书目报》也以一本书一个整版的篇幅，多期访谈《文库》作者。此外，尚有十数种图书分别获得中国大学出版社协会、安徽省人民政府、华东地区大学出版社研究会等政府和行业协会的奖励。

这套发端于五十周年校庆之际的文库，能在两年的时间内形成现在的规模，并取得这样的成绩，凝聚了广大校友的智慧和对母校的感情。学校决定，将《中国科学技术大学校友文库》作为广大校友集中发表创新成果的平台，长期出版。此外，国家新闻出版总署已将该选题继续列为“十二五”国家重点图书出版规划，希望出版社认真做好编辑出版工作，打造我国高水平科技著作的品牌。

成绩属于过去，辉煌仍待新创。中国科大的创办与发展，首要目标就是围绕国家战略需求，培养造就世界一流科学家和科技领军人才。五十年来，我们一直遵循这一目标定位，积极探索科教紧密结合、培养创新拔尖人才的成功之路，取得了令人瞩目的成就，也受到社会各界的肯定。在未来的发展中，我们依然要牢牢把握“育人是大学第一要务”的宗旨，在坚守优良传统的基础上，不断改革创新，进一步提高教育教学质量，努力践行严济慈老校长提出的“创寰宇学府，育天下英才”的使命。

是为序。

侯建国

中国科学技术大学校长
中国科学院院士
第三世界科学院院士
2010年12月

# 序

在光学遥感、探测、导航与制导中需采用高超声速飞行，为了使飞行器能沿着设定轨道飞行，必须考虑气动光学的影响。气动光学的发展方向是气动光学效应校正及其目标检测识别问题。气动光学的研究包括气动光学效应机理、气动光学效应控制、气动光学效应校正和气动光学试验验证等重要研究领域。

气动光学效应校正技术的发展涉及光学、空气动力学、光电子学、计算机和信号信息处理等多个学科，学科之间相互渗透，极大地丰富了该领域的学术、技术内涵。因此，该方向的研究不仅具有基础研究的意义，而且具有高科技的特点。

张天序教授及其所领导的团队过去十余年在该方向进行了一系列的研究，最近写出了此专著。该专著聚焦交叉学科的核心问题，在全面介绍气动光学效应基本原理的基础上，深入分析和论述了成像谱段优选、热辐射校正、单帧图像和序列图像校正恢复、相位校正恢复、模型和知识约束的智能校正恢复以及数字/光电混合校正等方面的新方法、新技术。

专著不仅具有好的理论深度，而且具有重要的应用价值。该书的出版将有力地推动我国新型高超声速飞行器发展中有关机载探测、导航与制导新技术的探索与应用。

我衷心祝福此专著的出版！

金国藩

中国工程院院士

清华大学教授

2013年3月7日于清华园

# 前　言

随着大气层内外高速飞行器的发展,气动光学的研究和应用日益受到科技与工业界的重视。为了实现高速飞行条件下对场景的探测,自身导航、制导和通信的需要,高速飞行器一般都携带有主动/被动光学系统,如激光投射装置或光学成像探测装置。在大气层内飞行时,高速来流与飞行平台及所载成像装置之间相互作用,形成复杂流场,对平台携带的成像探测和导航、制导系统产生光学传输干扰和热辐射影响,导致投射光束或场景图像的模糊、抖动、偏移、光强减弱或饱和,这种效应称为气动光学效应(Aero-Optic Effects)。它包括流场光学传输效应,流场与投射/探测窗口、光学头罩相互作用所产生的气动热辐射效应等。在大气层外飞行,探测大气层内场景和目标时,远场大气层内复杂流场的气动光学传输效应影响也不能忽视。

气动光学效应引起主动光学系统投射距离的缩短,远场投射光束强度的扩散和定位误差;被动光学成像探测系统成像品质劣化,探测距离缩短及导航、制导误差扩大;严重时,成像探测系统、导航制导系统甚至丧失应有的功能。所以必须研究控制气动光学效应和校正气动光学效应的理论、方法和技术。

气动光学研究的主要内容包括高速流场对光波传输和光学成像的影响机理以及从源头上如何控制或抑制,以减轻气动光学效应不利影响等问题,重点关注可压缩流场的密度分布与光波传输特性之间的相互关系及其可抑制性。特别对被动光学系统而言,气动光学效应校正应在气动光学效应产生和控制机理指导下,建立校正畸变、恢复失真场景信息的理论、方法和技术。这是本书要讨论的课题。

本书是作者及所领导的课题组过去十余年以来在该领域学习、研究和实践工作的总结。本书力求理论联系实际,奉献该书于读者的目的,是推动国内气动光学效应校正及其应用研究的发展，满足从事相关学科研究、教学和应用的科技工作者和研究生的参考需要。

本书所涉及的研究工作得到了国家自然科学基金重点项目（编号：60736010）和国家重大基础研究项目（编号：51323020202，51323020302－4）的资助和支持，本书的出版得到了中国科学技术大学校友文库出版基金的资助，在此一并表示感谢。

作者在开展相关研究工作和撰写本书的过程中，有幸得到清华大学金国藩院士，北京理工大学周立伟院士，航天科工集团殷兴良研究员、费锦东研究员、袁健全研究员、张丽琴研究员、郭勤研究员和朱南机教授等许多专家和领导的指导、支持、建议和帮助，在此表示衷心的感谢。

作者感谢在本书文稿准备过程中诸多同事和学生的贡献，包括富有启发性的讨论和建议，编程，计算，调试，准备、整理、补充、编辑和打印有关材料。他们是：钟胜、颜露新、陈建冲、关静、王泽、刘立、陈浩、左芝勇、张坤、张必银、翁凯剑、武道龙、何成剑、涂娇娇、余国亮、王宁宇、卢晓芬、符俊杰、王进、陈荣华、余铮、宋治、孙向华、郭畅、唐飞、王皎、郑伟、陈胜斌、李纪赛、瞿勇、李辉、康胜武、郭远飞、张泽彬、彭凡、王正、何力等。

全书由张天序策划，其中第 1、2、3、6、7 章由张天序主笔，第 4 章由洪汉玉主笔，第 5 章由张天序、洪汉玉主笔，第 8 章由张新宇、张天序主笔，全书由张天序统稿。

限于作者水平，书中难免有疏漏和不当之处，恳请读者批评指正。

著　者

# 目　　录

# CONTENTS

# 第1章　导　　论

## 1.1　问题的起源

高速、高超声速飞行器是20世纪末以来世界航空航天技术发展的重要方向。让飞行器飞得更快、更远，定位定向更准确是人类发明飞行器以来不懈追求的目标。高超声速飞行器是指速度在5倍声速以上的飞行器，以此速度环绕地球一周仅需7小时。高速飞行器通常分为两大类，一类是载人运行而重复使用的(Man-Rated)，另一类是无人操作的一次性使用的(Expendable)[1~11]。

日本通商产业省(MITI)在1989年就提出发展5马赫(1马赫≈340 m/s)的高超声速运输机计划(见图1.1)，期望在2020～2030年能研制出来。为此，MITI实施了两项为期8年的技术研究计划：① 高超声速推进研究计划，耗资2.1亿美元，重点研制涡扇/冲压组合循环发动机。美、英、法三国的4家主要发动机制造厂商将参加该计划。要求涡扇发动机产生27 220千克的推力(海平面)，冲压发动机在5马赫巡航速度和20 000多米巡航高度时能产生11 800千克的推力。② 高性能材料研究计划，耗资1.1亿美元，重点开发耐高温的金属化合物(高比强度和高熔点)和碳碳复合材料及铝化钛基体的碳化硅纤维增强的复合材料，用于制造高超声速运输机机体式发动机。

印度正在执行一项先进吸气式跨大气层研究飞行器(AVATAR)计划，旨在设计一种小型、可重复使用、用氢作燃料的单级入轨空天飞机。AVATAR将采用涡扇/冲压发动机，能像普通飞机那样起飞并爬升到巡航速度，然后用超燃冲压发动机接力工作，达到7马赫的巡航速度，最后用火箭发动机加速空天飞机进入轨道。若不用火箭发动机，就成为高超声速飞机。据称，该空天飞机能以低廉的费用把0.5～1吨重的通信卫星和导航卫星送入低地轨道点，或者作为高超声速飞机，以7马赫速度，在30公里高空执行情报、监视和侦察任务。

图1.1　日本提出的高超声速运输机概念机[4]

俄罗斯已开展了AJAX高超声速飞行器计划(HFV)，采用基于再生热的主动热防护和燃料转换技术。来自气动加热和动力装置的可利用热量，是用于实现物理和化学转换的能量源。使用主动热防护不仅能为飞行器结构提供正常温度条件，还可用作新型燃料的准备系统。

意大利航空研究中心(CIRA)从2000年开始推进无人航天飞行器计划(USV)(见图1.2)，旨在研究和推动未来空间的进入/再入/高超声速飞行器的发展[8]。

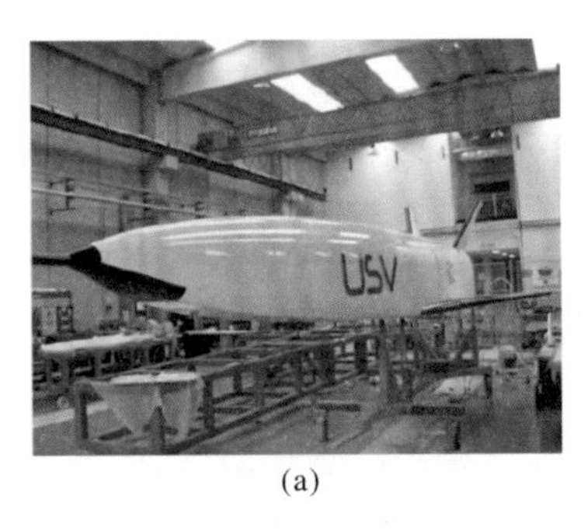


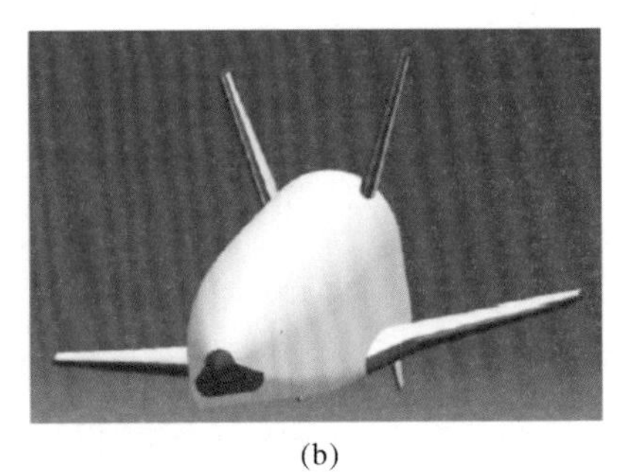

(a)　(b)

图1.2　意大利的无人航天飞行器计划(USV)

法国根据1992～1996年实施的“吸气式高超声速推进研究与技术”计划(PREPHA)的研究成果，正在对以涡轮、冲压/超燃冲压发动机与火箭组合为动力的空天飞机进行探索性方案研究。与此同时，作为近期应用目标，法国还在考虑高超声速飞机和导弹的一种飞行速度为5.5马赫的侦察机的设想，重约3吨，最大航程3 000～4 000公里，巡航高度为9.7公里。法国宇航公司还与法国航空航天研究院合作实施了一项“高空高速”(HAHV)飞机计划,旨在研究和发展一种6～8马赫、巡航高度30～35公里、航程2 000公里的高超声速无人侦察机,机上装有各种侦察设备。法国航空总局正在发展高超声速运输机计划,可以4马赫速度在2.5小时内从东京到巴黎或从东京到洛杉矶。

精密自动化公司在美国国家航空航天局(NASA)和空军的支持下实施了低可观察性试验飞行器实验(LOFLYTE)计划,旨在研究高超声速飞行器的低速操作性能和“灵敏”的飞机控制技术。该计划研究的核心部分是一种呈后掠的“乘波”(Ride Wave)构型的试验飞行器,它能以大于5马赫的速度飞行,装有GPS定位系统、收放式起落架、视频和扩频通信设备。飞行速度为5马赫的缩比原型已做过风洞试验。NASA称,这种飞行器特别适合用作巡航导弹的载机、高空侦察机、远程攻击机和运输机。

1994年以来美国执行了Hyper-X计划,核心研究内容为高超声速飞机X-43试验飞机。2004年11月,X-43在太平洋30公里高空飞行了20英里,速度达到9.6马赫,远远超过了美国高空侦察机SR-71于1964年创下的3.2马赫的记录,使X-43成为迄今为止唯一试飞成功的高超声速飞机。图1.3、图1.4、图1.5分别为X-43A试验飞机与火箭分离的图片、X-43A内部布局和X-43A外部结构。

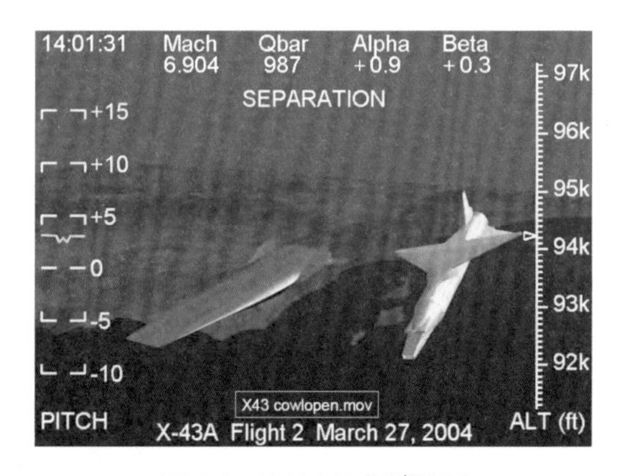


图1.3 X-43A飞行试验图

图1.6(a)为美国正在发展的一种高超声速飞行器,图1.6(b)为德国开展的高超声速飞行试验计划。

虽然X-43A已停止了飞行试验,但它为后续X-51A的研制提供了大量的技术积累。美国近期已经试验了X-51A(见图1.7)、HyFly(高超巡航飞行器)(见图1.8)、HTV-2、AHW(助推—滑翔飞行器)、X-37B(轨道试验飞行器)等高超声速飞行器，并提出了X-37C和“高速可重复使用研究飞行器”计划[18~24,30]。

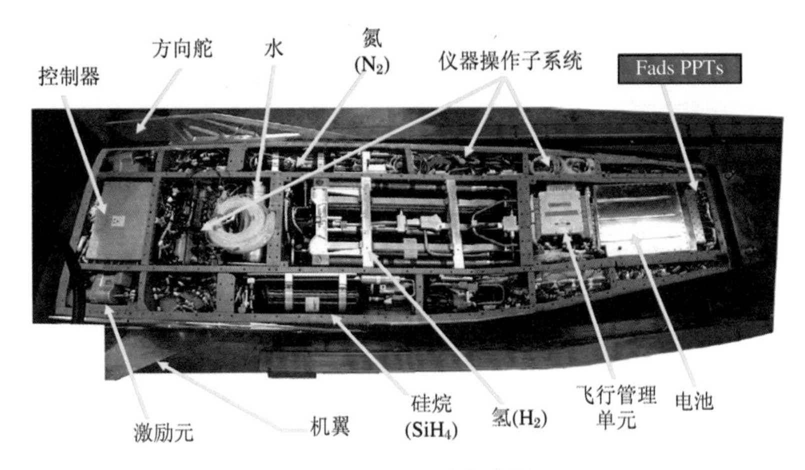


图 1.4 X-43A 内部布局

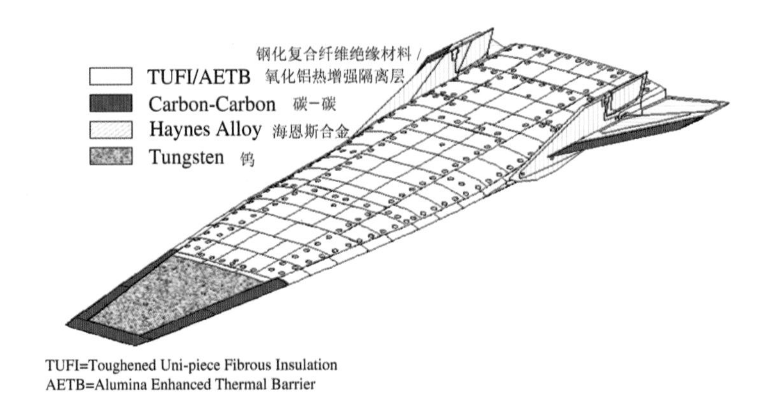


图 1.5 X-43A 外部结构

(a) 先进空射战略高超声速飞行器

(b) 德国SHEFXII高超声速飞行试验计划

图 1.6 美、德的高超声速飞行器[3]

美国和澳大利亚多年合作开展了高超声速国际飞行研究试验计划(HIFiRE)，研究重点是探索在地面试验中无法了解的高超声速现象，收集基础研究数据，研发实现下一代空天飞行器的关键技术。

图 1.7　X-51A 高超声速飞行器[9]

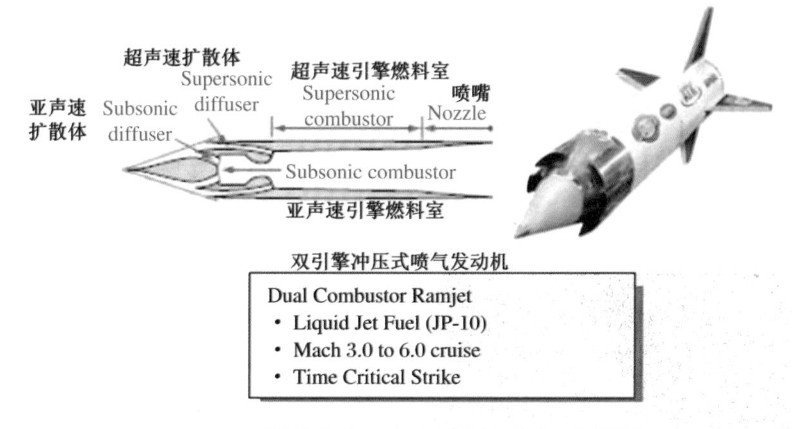


图 1.8　双燃烧室冲压发动机高超声速飞行器[9]

如图 1.9 所示，以高速飞行器为载体，输运人员/货物、观察场景、探测目标的优点是：① 快速反应的高时效性；② 可探测更大区域的高覆盖率，因而在科技、经济、社会发展和国家安全领域具有广泛的应用价值。

高速飞行器搭载的成像传感器对场景的观察探测与静止平台、慢速平台条件下相比存在如下本质上不同的难点和科学问题[12~16]：

（1）飞行器的高速性带来的严酷的成像环境使成像品质劣化，信噪比、信杂比大幅降低，探测距离大幅下降。

（2）飞行器的高速运动使完成探测处理的时间间隔更短，对有限的处理能力提出了严峻的挑战。

带有光学成像探测系统的高速飞行器在大气层内飞行时，其光学头罩周围流场将产生气动效应、激波诱导边界层分离、无黏流与边界层的相互干扰等，从而引起气流密度变化、温度变化、组成成分变化，甚至产生气体分子电离现象。图 1.10 给出了美欧 Expert 计划对高速再入飞行器周围的三维流场结构、在壁面催化条件下再入飞行器周围氮气密度及电离时温度分布的研究结果[10]。

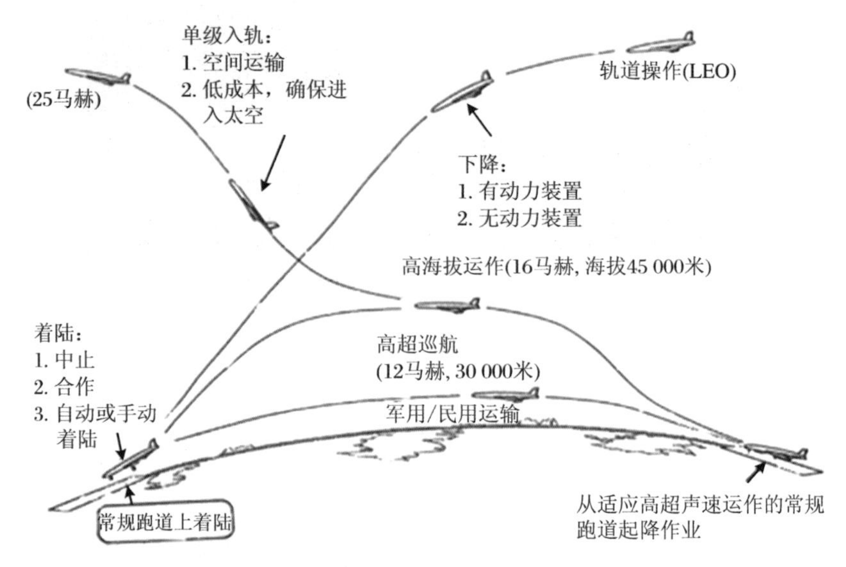


图 1.9 运作在 21 世纪的高超声速飞行器设想[17]

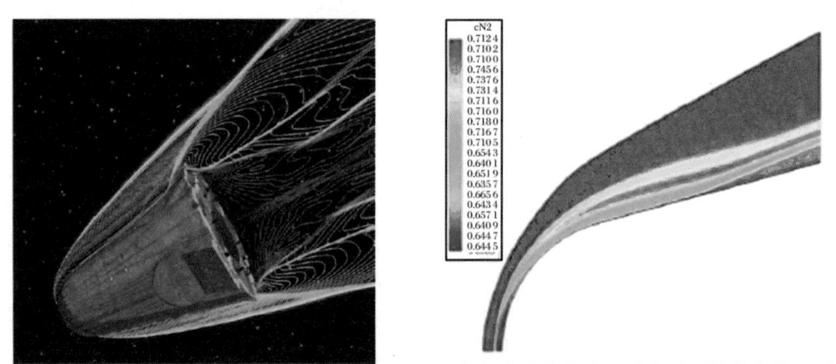


(a) 高速再入飞行器周围的三维流场结构可视化 (b) 自由流马赫数为17时在壁面催化条件下再入飞行器周围氮气密度分布

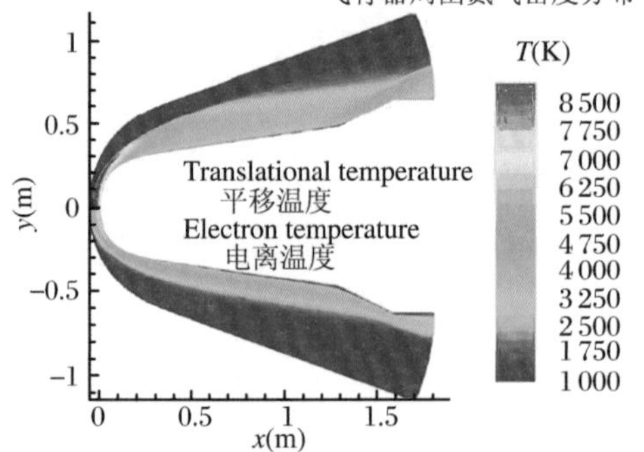


(c) 高度为70公里、再入速度为6公里/秒电离模拟计算的温度分布

图 1.10 Expert 计划研究结果[11]

使飞行器光学成像探测系统功能丧失的物理过程和效果，称为气动光学效应。带有光学成像探测系统的高速飞行器在大气层外飞行时，在探测方向上，远场大气动力学产生的湍流效应对大气层内目标场景光学信号传输的影响，例如闪烁和模糊，也可称为气动光学效应。

如何抵消或减轻高速飞行条件下气动光学效应的不利影响，称为气动光学效应控制和校正问题。要解决高品质的成像探测与导航定位问题，需要开展气动光学效应产生机理、气动光学效应控制、气动光学效应校正的一系列实验、理论方法和技术研究。

## 1.2　多学科交叉的领域

空气动力学是航空航天技术领域中重要的基础科学，气动光学是空气动力学与光学结合的交叉学科，而气动光学效应校正则是气动光学与信息处理技术、控制技术、导航制导技术结合的多学科交叉的研究与应用领域[25～27]。需要研究：

1. 气动光学效应产生的机理

包括光学头罩高速绕流，尤其是湍流流场形成、高速流场气体辐射和光波在高速流场中传输的机理，有扰流和无扰流时飞行器光学头罩绕流流场的描述方法、计算模型和产生图像模糊、偏移、抖动的理论计算模型，光学头罩和高温流场热辐射分析计算模型和数据库建立。

2. 气动光学效应控制方法

(1) 气动光学传输效应控制方法。在研究光学头罩高速绕流气动光学效应机理的基础上，应用雷诺平均法（RANS）、大涡模拟（LES）和直接数字解（DNS）等流场计算理论，建立流场参数与光学头罩结构、制冷方式之间的关系，优化光学头罩设计，使头罩绕流形成的湍流对成像的影响最小，从而达到减小飞行器气动光学效应的目的。

(2) 气动热辐射控制方法。在研究高速流场与飞行器相互作用产生的热辐射机理和建立光谱辐射数据库的基础上，采用光学滤波、光学系统优化设计、光学头罩窗口制冷等方法减小热辐射对成像探测系统的不利影响。应用气动加热和热交换理论，建立高速飞行器光学头罩热环境分析方法，研究制冷与非制冷光学头罩技术方案，结合光学头罩总体技术指标，要求在综合考虑制冷与非制冷技术、头罩材料、湍流控制等因素的基础上，寻找非制冷头罩和制冷头罩的设计方法。

3. 气动光学效应校正方法

包括基于气动光学效应机理的气动光学效应数字校正方法，基于波前测量的光学校正方法，光学校正与数字校正结合的混合校正方法。

4. 气动光学效应与校正验证实验

由于气动光学效应机理、气动光学效应控制与校正方法研究是跨学科的前沿课题，研究过程中需对各种新理论、新方法和新概念进行相应的验证实验。这种验证实验也是一个新课题，需要同时开展气动光学效应产生实验、气动光学效应控制实验以及气动光学效应校正验证实验原理和方法的研究工作，为进行气动光学效应机理、气动光学效应控制与校正方法研究提供技术基础。

## 1.3 历史、现状与发展趋势[28~35]

最早分析气动光学像差的是 1952 年 Liepmann 所做的研究工作，他用纹影系统极限灵敏度测量，分析了准直光束通过湍流流场时产生的光学像差。

1979 年在美国召开的第一次气动光学会议，充分讨论了机载光学系统的空气动力流场干扰，提出了较完整的“气动光学”概念，而后出版的《气动光学现象》论文集，成为广泛开展气动光学研究的基础。论文集包括了气动光学在机载光学系统研究方面的报告[13]。

在 20 世纪 90 年代，气动光学动态测量技术迅速发展，开展了相位变化的理论模型、斯特涅尔(Strehl)比及光学传递函数的研究。随着波面测量的微光学技术及计算机技术的发展，利用波面传感器测量波面变形的技术得到发展，用线阵和面阵波面传感器采集数据，直接测量波面像差。

在主动光学系统方面，对激光投射气动光学的原理及评述，在很多文献中都有详细分析。在被动光学系统方面,在红外寻的器的气动光学原理和实验方面的研究报告也很多。早期就有比较完整的寻的器的文章,在各类高超声速风洞上进行了大量验证性实验。在动态气动光学研究方面,提出了测量光学像差的新方法。

美国最早系统地进行了气动光学效应机理研究,建立了一系列较完整的气动光学效应理论及置信度较高的数据库和数学模型,开发了较完整的气动光学分析软件(如 Aero-Optical Quality Code(AOQ)),较系统地揭示了来流参数、飞行参数、光学成像探测工作波段和制导系统参数及其之间的内在联系以及引起的气动光学瞬态效应的变化规律。

在气动光学效应控制研究方面,美国的 Robert E. Childs 采用大涡模拟(LES)方法来研究和预测湍流引起的气动光学效应,提出了横向会聚和流线弯曲两个二次应力概念实现对湍流的控制。LES 仿真结果表明:流线弯曲控制湍流可以达到明显降低图像失真的目的,通过建立光学头罩结构及其制冷与流线参数的关系,优化光学头罩结构和制冷设计,降低湍流对成像的影响,达到减小气动光学效应的目的。

在气动光学效应校正研究方面,美国 Philips 实验室利用迭代盲目反卷积(Iterative Blind Deconvolution)、空变图像恢复(Space-Varying Restoration)等图像处理技术进行了气动光学效应校正技术研究,取得了大量的研究成果[16]。

美国 SY Technology 公司以弹载应用为背景研制的微型高频光电子自适应校正系统,应用光学干涉原理进行高速流场引起的波前畸变检测,采用微光学(Micro-Optical)技术和照相平版印刷(Photolithographic)技术制成校正光电子器件,其校正工作频率可达几百千赫兹,以满足高速飞行器气动光学效应校正的需要。

在气动光学效应模拟及其校正验证实验研究方面,美国国防部拨巨资建立了气动光学评价中心(AEDC),专门进行气动光学效应及其校正技术的实验和研究;耗巨资建造了世界上最大、能力最强的卡尔斯班国家高能激波风洞(LENS),它能够全尺寸模拟在大气层内高速($Ma=15$)飞行的导弹头罩的环境流场参数。该风洞能有效地把实验模型、测试仪器与风洞振动隔离,以确保获得的气动光学测试数据准确。在实验时有长达 20 ms 的稳定运行时间以模拟流场特性,进行完整的流场气动光学效应测试实验。NSWC(Naval Surface

Warface Center)1978～1995 年利用 9＃高速风洞进行了多次侧窗光学成像探测与气动光学实验，取得了大量的数据。此外，阿诺德工程发展中心的高超声速风洞也进行了多次气动光学实验。图 1.11 给出了全尺寸导引头在复现的飞行条件下进行气动热和气动光学效应研究的风洞实验情况。

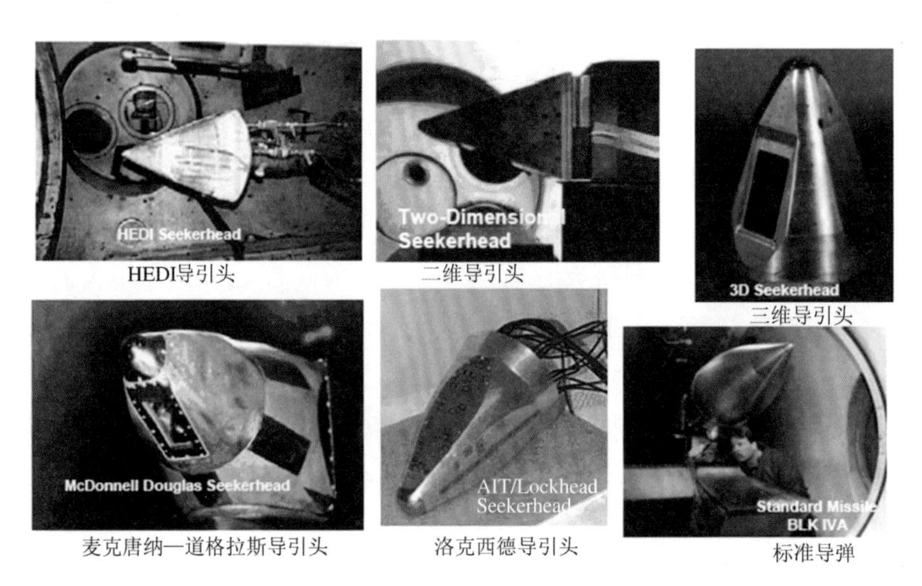


图 1.11 全尺寸导引头在复现的飞行条件下进行气动热和气动光学效应研究的风洞实验[23]

美国麦克唐纳—道格拉斯公司(McDonnell Douglas Aerospace)1992 年 8 月在白沙靶场用 HEDI KITE-2A 对高速流场瞄视误差进行了飞行测试实验，在完成测试实验之后，进行了理论预测值与实验测试值的对比分析。

据报道，美国在其发展的高速侦察机和远程巡航飞行器上采用了星光导航有效载荷[29,35]，以解决大气层内星光导航的气动光学校正与应用问题[35]。图 1.12为一种星光导航有效载荷。

国内，航天空气动力技术研究院、航天科工集团、北京航空航天大学、国防科技大学、上海交通大学、华中科技大学等单位的研究人员，自 20 世纪 80 年代以来先后开展了关于气动光学方面的研究工作，在机理、模型、方法、算法和实验验证技术上取得了长足的进步。

综上所述，国内外科技界在气动光学方面的研究和应用在深度和广度上发展非常快。技术突破是建立在对机理的深刻认识和掌握基础上的，而应用需求则是技术发展的根本驱动力。

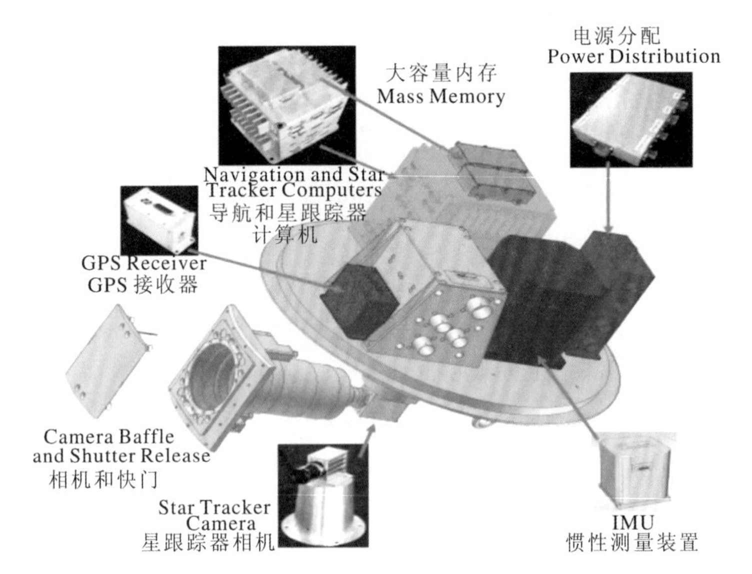


图1.12 包括惯测组合(INS)、全球定位(GPS)和星跟踪器(STC)的导航载荷

# 参考文献


[1] Douglas J Dolvin. Hypersonic international flight research and experimentation (HIFiRE)-fundamental sciences and technology development strategy[C]//15th AIAA International Space Planes and Hypersonic Systems and Technologies Conference. AIAA,2008:2581.

[2] Thomas Fetterhoff, Edward Kraft, Marion L Laster, et al. High-speed/hypersonic test and evaluation infrastructure capabilities study[C]//14th AIAA/AHI Space Planes and Hypersonic Systems and Technologies Conference. AIAA,2006:8043.

[3] Timothy A Barber, Brian A Maicke, Joseph Majdalani. Current state of high speed propulsion: gaps, obstacles, and technological challenges in hypersonic applications [C]//45th AIAA/ASME/SAE/ASEE Joint Propulsion Conference & Exhibit. AIAA,2009:5118.

[4] Hideyuki Taguchi, Akira Murakami, Tetsuya Sato, et al. Conceptual study on hypersonic airplanes using pre-cooled turbojet[C]//15th AIAA International Space

Planes and Hypersonic Systems and Technologies Conference,28 April-1 May 2008, Dayton,Ohio. AIAA,2008:2503.

[5] Stefan Schlamp, Lukas Prochazka, Thomas R Sgen. Shock wave/boundary layer interaction experiment on control surface [C]//In Flight Experiments for Hypersonic Vehicle Development. Educational Notes RTO-EN-AVT-130,2007:14-1 - 14-22.

[6] Ph Tran,Paulat J C,Boukhobza P. Re-entry flight experiments lessons learned—the atmospheric reentry demonstrator ARD[C]//In Flight Experiments for Hypersonic Vehicle Development. Educational Notes RTO-EN-AVT-130,2007:10-1 - 10-46.

[7] Cain T. Reconstructing the hyshot flights[C]. RTO-EN-AVT-130,2007:9-1 - 9-18.

[8] Russo G. Flight test experiments foreseen for USV[C]//In Flight Experiments for Hypersonic Vehicle Development. Educational Notes RTO-EN-AVT-130,2007:12-1 - 12-38.

[9] Bakos R. Current hypersonic research in the USA[C]//In Advances on Propulsion Technology for High-Speed Aircraft. Educational Notes RTO-EN-AVT- 150,2008: 10-1 - 10-26.

[10] Muylaert J, Walpot L, Ottens H, et al. Aerothermodynamic reentry flight experiments expert [C]//In Flight Experiments for Hypersonic Vehicle Development. Educational Notes RTO-EN-AVT-130,2007:13-1 - 13-34.

[11] Auweter-Kurtz M, Fertig M, Herdrich G, et al. Advanced integrated TPS and non equilibrium chemistry instrumentation[C]//In Flight Experiments for Hypersonic Vehicle Development. Educational Notes RTO-EN-AVT-130,2007:15-1 - 15-50.

[12] Yuval Levy, Mark Hornstein, David A Lednicer. Aero-optical design of a long-range oblique photography pod[J]. Journal of Aircraft,2003,40(3):516 - 522.

[13] Gilbert K G, Otten L J. Aero-optical phenomena[M]. New York: AIAA,Inc.,1982.

[14] Sutton G W. Aero-optical foundations and applications[J]. AIAA J.,1985,25(10): 1525 - 1537.

[15] Kathman A D, Brooks L C, Kalin D A, et al. A time-integrated image model for aero-optic analysis[C]. AIAA SDIO Annual Interceptor Technology Conference, May 19 - 21,1992, Huntsville, AL. AIAA 92-2973.

[16] Doerr S, Wissler C J, McMackin L, et al. Aero-optics research at Phillips laboratory [J]. SPIE,2005:129 - 138.

[17] Block R F, Gessler G F, Panter W C, et al. The challenges of hypersonic-vehicle guidance, navigation, and control[C]. AIAA-90-3832-CP.

[18] Arthur C Grantz. X-37B orbitol test vehicle and derivatives[C]//AIAA SPACE 2011 Conference & Exposition, 27 - 29 September 2011, California. AIAA, 2011:7315.

[19] Walker S H, Lt C J Sherk. The DARPA/AF falcon program: the hypersonic technology vehicle # 2 (HTV-2) flight demonstration phase [C]//15th AIAA International Space Planes and Hypersonic Systems and Technologies Conference. Dayton Ohio,28 April-1 May,2008.

[20] Anderson J. Hypersonic flow-what is it[M]//J D And erson Jr. Hypersonic and High Temperature Gas Dynamics. AIAA,Inc. Reston,VA 2000:13.

[21] Marren D. Principles of hypersonic test facility development[M]//Lu F K,Marren D. Advanced Hypersonic Test Facilities. Progress in Astronautics and Aeronaustics Inc. ,AIAA,Reston,VA2002:17 - 27.

[22] Stephan T, Stephan S, Malak S, et al. Hybrid navigation system for spaceplane launch and re-entry vehicles[C]. AIAA,2009:7381.

[23] Holden M S. Aerothermal and propulsion ground testing that can be conducted to increase chances for successful hypervelocity flight experiments [C]//Flight Experiments for Hypersonic Vehicle Development. Educational Notes RTO-EN-AVT-130,Paper 1,2007:1-1 - 1-36.

[24] Deepak Bose,James L Brown,Dinesh K Prabhu,et al. Uncertainty assessment of hypersonic aerothermodynamics prediction capability [C]//42nd AIAA Thermophysics Conference,27-30 June 2011,Honolulu,Hawaii. AIAA,2011:3141.

[25] 殷兴良.气动光学原理[M].北京:中国宇航出版社,2003.

[26] 李桂春.气动光学[M].北京:国防工业出版社,2006.

[27] 傅德薰,马延文,李新亮,等.可压缩湍流直接数值模拟[M].北京:科学出版社,2010.

[28] Sutton G W, Pond J E, Snow R, et al. Hypersonic interceptor performance evaluation center: aero-optics performance predictions [C]//2nd Annual AIAA SDIO Interceptor Technology Conference. June 6-9,1993,Albuquerque,NM. AIAA 93-2675.

[29] Wang X,Xie J,Ma S. Starlight atmospheric refraction model for a continuos range of hight[J]. J. Guidance,Cnntrol and Dynamics,2010,33(2):634 - 637.

[30] Joseph M Hank,James S Murphy,Richard C Mutzman. The X-51A scramjet engine flight demonstration program [C]//15th AIAA International Space Planes and Hypersonic Systems and Technologies Conference,AIAA,2008:2540.

[31] Donald I Soloway,Peter J Ouzts,David H Wolpert,et al. The role of guidance,

navigation, and control in hypersonic vehicle multidisciplinary design and optimization [C]//16th AIAA/DLR/DGLR International Space Planes and Hypersonic Systems and Technologies Conferenc, AIAA, 2009:7329.

[32] Ming Tang, Booz Allen, Hamilton Ramon L Chase. The quest for hypersonic flight with air-breathing propulsion [C]//15th AIAA International Space Planes and Hypersonic Systems and Technologies Conference, AIAA, 2008:2546.

[33] Alexander J Smits, M Pino Martiny, Sharath Girimajiz. Current status of basic research in hypersonic turbulence[C]//39th AIAA Fluid Dynamics Conference and Exhibit, AIAA, 2009:151.

[34] David Weber, Jams Trolinger, Willianm Rose. Computer simulation of aero-optic phenomena based on empirical data[C]. Proc. SPIE, 2001(4448):187-196.

[35] Fuchs A E, Fuchs S E. Optical phase distoration due to compressible flow over laser turrets[M]//Gilbert K G, Otten L J. Aero-Optical Phenomia. New York: AIAA Inc., 1982:101-138.

# 第2章 气动光学效应

搭载有效载荷的飞行器平台与大气的相互作用产生了气动光学效应。这些效应表现为振动、光学传输路径的相位畸变和气动热辐射。相位畸变由光程差引起，即平面波在不同的空间位置超前或滞后了不同的波长数。振动或抖动源于气流与飞行器平台之间的冲击效应。飞行器搭载的光学载荷窗口与其周围流场的相互作用可产生局部激波、边界层、剪切层和分离流区域以及流场热辐射、光学头罩和窗口热辐射。前者所产生的光学方面的损失可归因于流场内折射系数的随机变化[1~6]。

光学方面的损失对激光投射系统而言，相当于远场强度或功率的大幅减小，对被动成像而言，相当于对远场目标探测距离和定位精度的大幅降低。

理解各种气动效应以及飞行器性能参数、搭载设备的光学窗口几何形状和窗口制冷方式如何影响这些效应，是气动光学的重大挑战性问题。

气体的黏性效应体现在接近飞行器表面的边界层或剪切层，空气密度的随机脉动会引起光学损失。非黏性区离飞行器物面较远，处于边界层之外，由于流动速度梯度小，黏性力远小于惯性力，此区域流体可近似看成理想气体。飞行器周围存在的非黏性流场也会引起光学损失，其起因在于飞行器表面可能存在的隆起物周围的气流，这类流场产生空间上稳定的密度变化，对光束的传播可等效为带像差的透镜。

气动光学损失的另一个重要机制是激波。局地流动超过马赫数1时，会产生激波，但是对于某些特定的隆起物结构，在马赫数为0.5～0.6时，也会产生激波。激波中存在很强的密度梯度，将折射且弥散通过其传输的光束。

上述这些气动光学效应综合起来，将产生近场的相位畸变以及远场光强的降低（投射激光到目标）或目标探测距离的降低。

研究气动光学效应时，为简化分析复杂度，通常做理想气体假设。但理想气体假设成立的条件和真实气体效应及飞行速度有关，如图2.1所示，应对结果做相应修正,否则在应用上将造成严重误差。

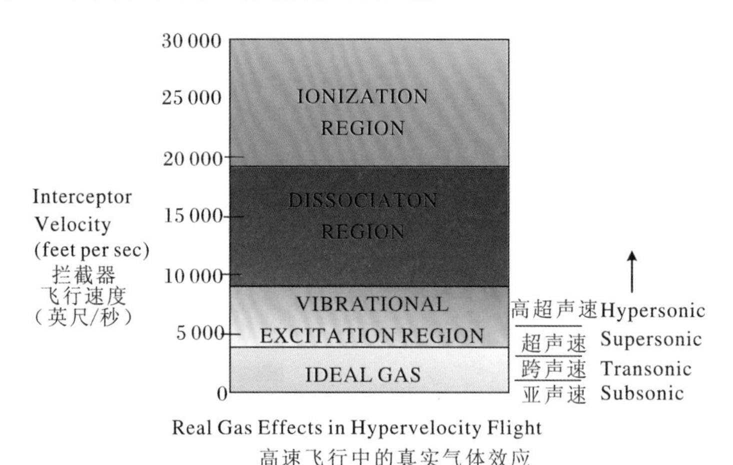


图 2.1　理想气体假设成立的条件和真实气体效应以及飞行速度有关

早在 20 世纪 60 年代中期,美国空军在 9 000～10 000 m 高空高亚声速飞行的 KC-135 型飞机上进行星空成像气动光学观测实验时,就发现了 5～15 μrad 的图像模糊现象,且模糊的程度常常超过地基观测。林肯实验室的科学家们将这种飞行中的光学损失归因于飞机飞行中产生的湍流边界层。

许多研究文献资料表明,气动光学效应中流场结构形态及性质与飞行器的气动结构及搭载光学设备的塔台形态结构、光学窗口形态结构、制冷方式等密切相关。一种凹槽窗口附近的流场结构及投射光束传播示意见图 2.2[21]。

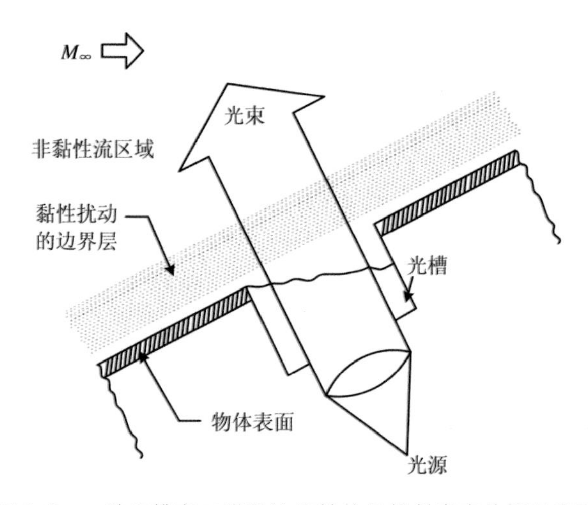


图 2.2　一种凹槽窗口附近流场结构及投射光束传播示意图

美国在搭载激光投射装置的飞机上,安装隆起可转动的塔台。在塔台表面除产生边界层外，离开边界层在其后部会产生湍流形态的尾流，称为分离流[8]。图 2.3 给出了一种安装了共形窗口半球形发射激光塔台的结构，该塔台在实验中产生的流场结构及可视化流场流线结构见图 2.4、图 2.5。

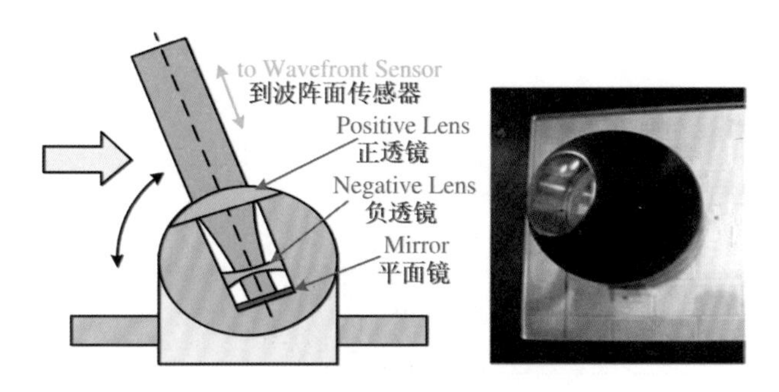


图 2.3　共形窗口半球形发射激光塔台[8]

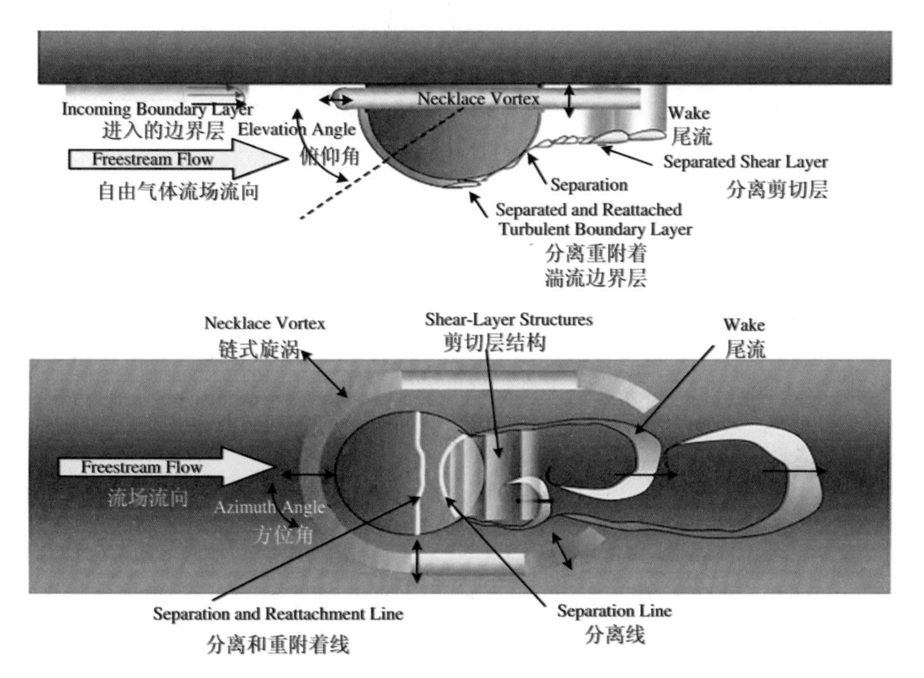


图2.4　共形窗口半球形发射激光塔台实验中产生的流场结构(上:侧视图;下:顶视图)[8]

一种安装在钝椎上的侧窗观测光学传感器的结构及其在风洞中做吹风实验时的流场结构见图 2.6[4]。

综上所述，研究气动光学效应机理、气动光学效应控制和气动光学效应校正问题，本质上是不能脱离飞行器及其搭载的光学设备舱的气动结构的。

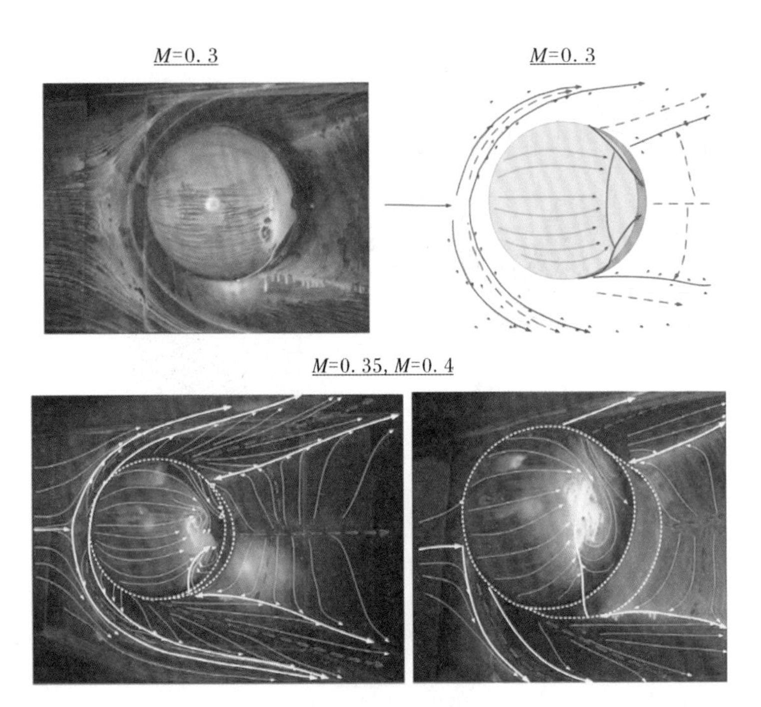


图 2.5　不同马赫数下半球形发射激光塔台实验中可视化流场流线结构[8]

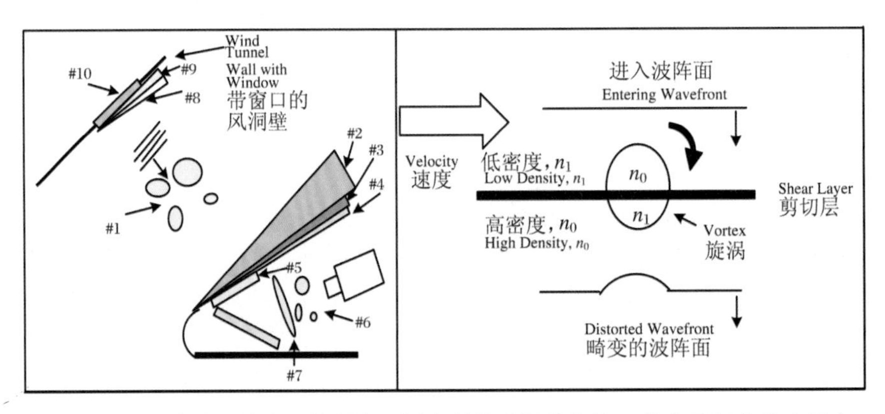


图 2.6　一种安装在钝椎上的侧窗观测光学传感器的结构及其在风洞中做吹风实验时的流场结构[4]

#1 区表示自由流湍流(如大气湍流、飞行器飞行时的来流)；#2 区表示激波；#3 区表示剪切层，由对窗口的冷却剂与来流的相互作用引起；#4 区表示湍流边界层；#5 区表示观测窗层，它因热梯度和安装应力而变形；#6 区表示钝椎内导引头的内部湍流；#7 区表示导引头内光学组件；#8 区表示风洞窗反面的激波；#9 区表示风洞窗处的湍流边界层；#10 区表示由于热和安装应力引起变形的风洞窗

## 2.1 气动流场的基本性质

飞行器在大气层内飞行时，因与周围空气的相对运动和相互作用，产生气动流场(Aerodynamic Flow Field)。飞行器达到一定速度后对其周围的空气产生压缩效应，使流场密度发生变化。虽然远离飞行器头部的空气从光学上看是非常平稳的，但飞行器会将部分动能转化为贴近其表面周围空气的热能和压力能，从而改变了其周围空气的密度。从空气动力学角度看，飞行器周围的流场具有随机变化的复杂空间—时间分布结构，其具体结构与飞行器的三维形态、表面材质、飞行速度/加速度、飞行高度、飞行姿态、轨迹等有关。

飞行器在大气层内以高超声速飞行时，其头部出现前缘1级波。飞行器头部1级波与机体之间、载荷光学窗冷却层气流(外部冷却)与外部气流之间会形成湍流混合边界层。湍流是三维的随机运动，反映湍流性质的各种物理量如压力、温度、密度等均为随时间、空间变化的随机变量。

飞行器边界层内的复杂流动决定了飞行器气动力及气动热特性，其流动机理的研究不仅对先进飞行器的气动设计非常重要，而且对气动光学效应的控制和校正同样重要。在整个飞行器流场中，飞行器头部附近的流动尤其重要，其流场涉及激波、熵层、转捩、湍流等复杂流动现象，头部的各种参数如外形、壁面温度、粗糙度等，对绕流的气动力和气动热特征影响显著。

在研究气体的运动时，马赫(Mach)数是一个重要参数，许多流动现象与流动的马赫数密切相关。马赫数为

$$Ma = \frac{V}{C} \tag{2.1}$$

式中，$V$ 为气体流动速度，$C$ 为局地声速。马赫数小于1的流动称为亚声速流，马赫数等于1的称为声速流，马赫数大于1的称为超声速流，马赫数大于5的称为高超声速流。

### 2.1.1 流场的结构

飞行器平台及其搭载的光学载荷窗口与其周围大气的相互作用产生特定的流场结构,包括边界层、剪切层和分离流区域,以及局部激波等。当飞行器机动时,机动将导致流场产生新的畸变,特别是沿机动方向或横向,流场的结构变化可能产生极度不稳定的流场。因此,在气动光学效应的研究中,要全面、精确地研究和模拟飞行器的各种飞行状态,研究各种基本特征的流场及其性质,研究与飞行器周围流场性质有关的表面压力、热流、力、力矩、热辐射及关联的气动光学效应。

平板边界层流场是国内外研究最多的流场结构,包括平板和槽道上的湍流边界层。图 2.7 给出了傅德熏、马延文等计算得到的平板边界层流动在流向上从层流发展到湍流的示意图(来流马赫数 $Ma=0.7$,来流 Reynolds 数 $Re=50\,000$)[13]。可以看到,边界层的厚度是沿流向增加的,越往下游,边界层越厚。显然,光学传感器窗若安装在平板上,其安装位置必须考虑沿流向的恰当位置,避免安装在强湍流出现的地方。

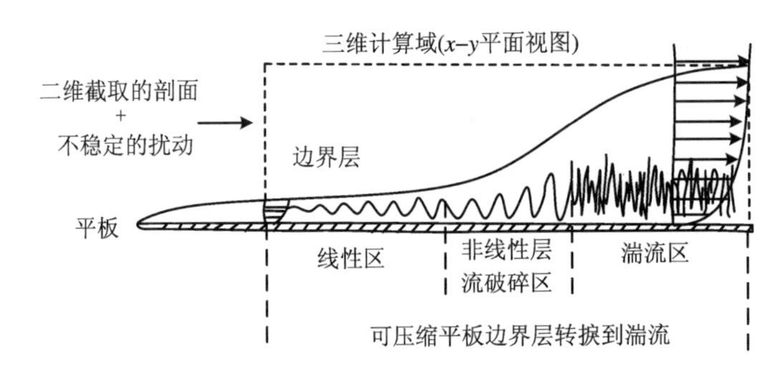


图 2.7 平板边界层流动发展示意图[13]

傅德熏、马延文等人还利用直接数值模拟法研究了可压缩钝体边界层的流场结构,如图 2.8 所示,可为气动光学效应的研究提供支撑。钝体包括钝椎和钝楔。钝楔由头部的圆柱与后体平面楔拼接而成,在圆柱与楔的交界处存在曲率间断,该曲率间断对流场将产生一定影响。目前许多先进的高速飞行器如 X-43A,均采用基于升力体/乘波体的楔形外形以获得高升力。在飞行条件下,钝楔边界层流动将发生转捩并发展到湍流。显然,光学传感器窗若安装在钝楔附近处,其安装也必须考虑沿流向的恰当位置。

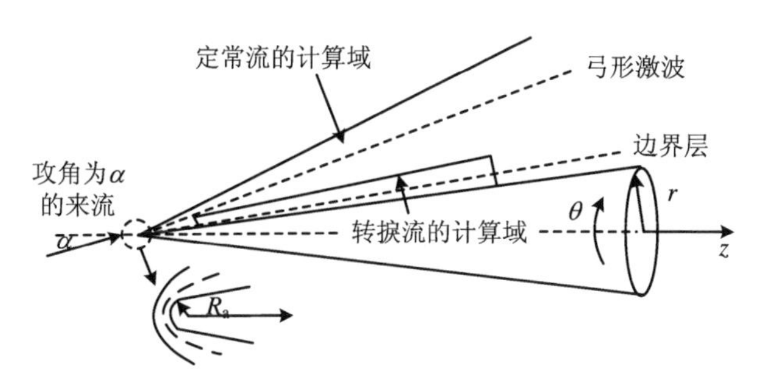


图 2.8　有攻角钝椎边界层及其计算域示意图[13]

1. 黏性(Viscid)

黏性是流体固有的一种特性,其定义为:真实流体运动时,其内部流体质点之间产生内摩擦力以抵抗流体发生形变的性质。流体线是指某一时刻由一组连续排列的流体质点组成的线。流体面是指某一时刻由一组连续排列的流体质点组成的面。

黏性流体的运动存在两种不同的状态:层流和湍流。英国物理学家雷诺通过实验研究了层流和湍流的基本特征,揭示了两种运动状态的本质差别和发生条件。例如,流体流过一个管道,当流动速度较低时,流体处于层流状态;当流速不断增加达到某一定值时,流线不再是光滑的,而是紊乱的,整个流体开始做不规则的随机运动,这种状态称为湍流。

2. 激波(Shocks)

高速飞行的物体与空气相互作用,在物体前面最先形成的激波,是空气的一种不连续状态。头部前缘较锐的物体会有附着激波,而钝头体会使激波脱体,这些激波的强度和方向是由飞行马赫数和头部形状决定的。典型激波的几何形态包括平面、圆柱面、圆锥面和正弦曲面。正弦曲面激波可用于表示不稳定激波。图 2.9 为锥形激波示意图。

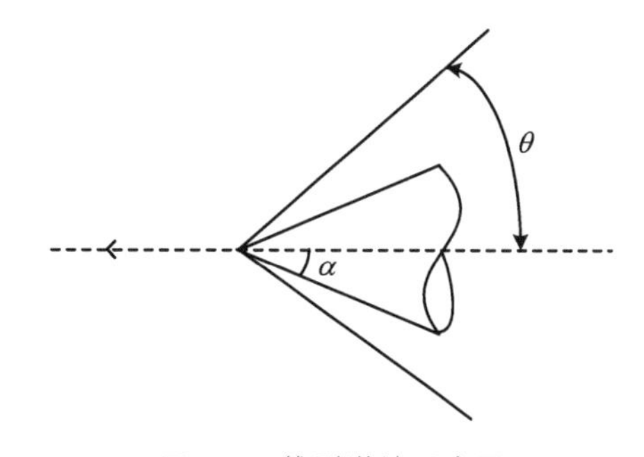


图 2.9　锥形激波示意图

高速飞行时,飞行器的头部及机体上的隆起物在飞行方向上与大气撞击的相互作用,可能在头部、隆起物的前面形成激波。因为激波是高度压缩的流场形态,激波前后的流场在压力、温度和密度等热力学参数上有一个跃变。激波前、后密度之比称为激波强度：

$$\frac{\rho_2(后)}{\rho_1(前)} = \frac{6(M_\infty \cdot \sin\theta)^2}{(M_\infty \cdot \sin\theta)^2 + 2} \tag{2.2}$$

式中 $M_\infty$ 为自由流马赫数。

已形成的激波是相对稳定的。由于激波前、后密度的变化，激波成为光线的折射层。

3. 边界层(Boundary Layers)

边界层是贴近飞行器表面的流场区域，属于黏性层。Prandtl 定义靠近物面附近受到黏性力影响的流场薄层为边界层。在该层中，流体速度从物面上的 $u_1 = 0$ 经过很短的距离达到边界层外部的速度 $u = n_e$，速度梯度$\frac{\mathrm{d}u}{\mathrm{d}z}$很大。黏性力与惯性力为同一量级，不能忽略。该层会是典型的湍流形态，其空气密度随机起伏(脉动)，湍流的尺度一般为层厚的 10%量级。

通常将边界层纵向剖面流速为 0.99 倍非黏性区速度的剖面称为边界层外缘，从物面到边界层外缘的垂直距离定义为边界层厚度 $\delta$。边界层可能处于层流状态、湍流状态或层流湍流共存的状态。

4. 剪切层(Shear Layers)

剪切层由两种不同马赫数的气流混合而成，由不同折射率的气体构成的剪切层也称混合/剪切层。通常剪切层也是一种贴近飞行器表面的流场区域，属于黏性层。

假设相邻的两股均匀的平行气流，以不同的速度 $u_1$、$u_2$ 流动，气流之间的界面将形成剪切层。在剪切层中，动量和速度是从较快速流一方向较慢速流一方横向传递的。热能及质量(分子)也横向传递，可构成剪切/混合层。

对流马赫数 $Mc$ 用来表达强压缩效应：

$$Mc = \frac{u_1 - u_2}{a_1 - a_2} \tag{2.3}$$

式中 $a_1$、$a_2$ 为两股气流的局地声速。

一种地面实验产生剪切层的双喷管系统见图 2.10。

湍流是由尺度不同的涡及其复杂运动构成的流场，大尺度涡获得主要的运动能量，并通过相互作用传递给小尺度涡，小尺度涡耗散掉其中的大部分能量。一般认为大尺度涡是各向异性的，而假设小尺度涡是各向同性的。一种简化的计算模型将各种尺度的涡用球体表示，如图 2.11 所示[4]。

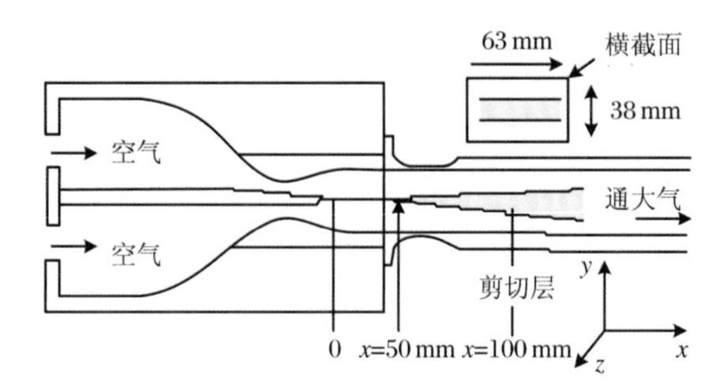


图 2.10 双喷管系统产生剪切层流场[6]

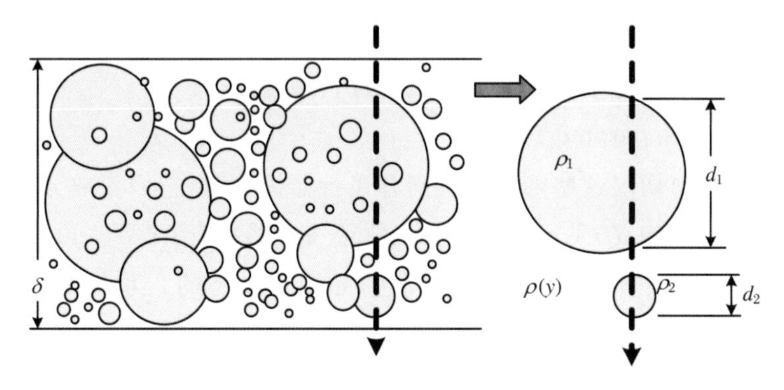


图 2.11 一种简化的湍流模型[4]

$\delta$ 表示边界层的厚度，$\rho$ 表示气体流场密度，$\rho_1$ 为大涡中的平均密度，$\rho_2$ 为小涡中的平均密度，虚线为一光线穿过边界层中各尺度涡的示意图，$d_1$ 与 $d_2$ 表示相应的光程，这里未考虑光线的偏移

湍流流场瞬态物理量 $F_{\mathrm{d}}$ 可以分解为大尺度分量 $\bar{F}_{\mathrm{d}}$ 和小尺度分量 $F'_{\mathrm{d}}$：

$$F_{\mathrm{d}} = \bar{F}_{\mathrm{d}} + F'_{\mathrm{d}} \tag{2.4}$$

湍流理论中有能量级联(Cascade)概念，即大涡将其能量传递给较小的涡，再从较小的涡传递到更小的涡，直到在非常小的尺度状态能量耗散。这种能量可以是与速度相关的动量形式，也可以是与温度、密度脉动相关的标量能形式。气动光学中关注的是折射率脉动($\Delta n$)。

在一个扰动的可压缩流(马赫数≥0.3)中，所有热力学和动力学的流性质都可以随时间、空间变化。其时间变化称为脉动(起伏)，而其长时段平均是由其均方根刻画的。空间变化是复杂的，强烈依赖流动在到达感兴趣位置前的整个过程。描述空间变化可用相关体积。相关体积本质上是流体中的某个空间范围，其范围内扰动的缩散或涡旋产生并维持某种一致性。流体密度脉动水平的均方根值和相关体积影响光学退化程度。

湍流功率谱分析是重要的研究手段,可用尺度为 $l$ 的涡能量分布以及 Kolmogorov 波数 $K(2\pi/l)$描述湍流场的特性。若湍流是均匀的(各向同性),则这些涡没有优先方向,用单一的波数 $K$(小尺度运动参数中的长度尺度)就可以表征这些涡。若湍流是不均匀的(非各向同性),则涡需要用三维波数($K_x$、$K_y$、$K_z$)描述,即

$$\langle(\Delta n)^2\rangle = \int \varphi(K_x, K_y, K_z)\mathrm{d}K_x\mathrm{d}K_y\mathrm{d}K_z \tag{2.5}$$

式中,$\langle\cdot\rangle$表示空间平均,$\varphi(\cdot)$为三维折射率场的功率谱,$\Delta n = \Delta n(x, y, z)$。

与地基自适应光学校正不同,飞行器光学窗近场范围的湍流区畸变,时间尺度很短,很难采用地基自适应光学技术进行校正。

5. 分离流(Separated Flow)

当边界层/剪切层这些随机流场离开飞行器机身时,它们变成分离流区域。一般处在气动体(如翼、飞行器上的突出物或飞行器本身)之后。边界层从飞行器表面某点分离,并扩展形成扰动的尾迹,是湍流形态的。其典型尺度与气动体尺寸相当。

6. 非黏性流场(Inviscid Flowfields)

边界层/剪切层之外,围绕飞行器还存在非黏性流场,例如在飞行器上安装的主动光学装置或被动光学装置所形成的隆起或突出部之外。这类流场产生空间上平稳的密度变化,是非压缩的,又称势流区(Potential Flow Regions)。

### 2.1.2 大气环境对流场的影响[5]

高速飞行器光学载荷窗口周围的大气环境直接影响流场的密度。在低层大气中,除了氮、氩、氖和氦等含量比较稳定的气体成分外,还存在含量不断变化的水汽、二氧化碳、臭氧和二氧化硫等其他气体成分。在高层大气中,由于大气分子的离解、扩散分离和光化学反应等过程,大气成分与低层不同。携带光学设备的飞行器还将受到大气层中湍流的影响。大气湍流由大气中空气的流动产生,主要处于大气层中的两个区域:靠近地球表面约 1 公里厚的逆温层存在强的湍流;逆温层和对流层顶之间的区域,存在不那么严重的湍流。在对流层顶部可能存在强的湍流剪切层。这些湍流是不能直接控制的。逆温层湍流的建模基于浮力弹性不稳定性和温度下降率,其湍流的尺度尺寸与光学孔径的

尺寸相比要大很多。平流层是从1 km到50 km高度的区域，其中的臭氧层是随季节和空间变化的，气温随高度递增。平流层内的温度在时间、空间上都有很大变化。中间层是从50 km到85 km高度的区域，大气的温度随高度递减，存在强烈的光化学反应。热层是从85 km到500 km高度的区域。由于其中氧气等大气成分吸收特定的太阳紫外线辐射，气温随高度急剧上升。此外，太阳的微粒辐射、宇宙空间的高能粒子也对气温有影响，其顶部可达1 500 K。外层是从500 km到1 000 km高度的区域，大气十分稀薄，地球引力弱，大气分子不断向外层空间逃逸。另外，从地面到90 km高度，由于各种气体混合均匀，除水汽和臭氧外，所含气体成分比例几乎保持不变，称为均质层。90 km以上则相反，称为非均质层。60 km高度以下大气，气体成分基本处于中性状态，称为非电离层。60 km以上，在太阳紫外线辐射和各种宇宙射线的作用下，气体开始电离，产生大气正、负离子和自由电子，大气成为由带电粒子和部分中性分子组成的混合气体，称为电离层。

### 2.1.3 可压缩流体运动基本方程

可压缩流体运动的基本方程建立在经典力学的质量守恒定律、牛顿运动定律和能量守恒定律的基础上[5]。

1. 可压缩流体连续方程（质量守恒方程）

令以流场中某位置$(x,y,z)$为中心的长、宽、高分别为$\Delta x$、$\Delta y$、$\Delta z$的微六面体单元，单位时间内该单元流入和流出的净质量等于该单元内流体质量的时间变化率，则时间变化率为

$$\frac{\partial(\rho\Delta x\Delta y\Delta z)}{\partial t}=\frac{\partial\rho}{\partial t}\Delta x\Delta y\Delta z \tag{2.6}$$

净质量流量为

$$-\left[\frac{\partial(\rho u)}{\partial x}+\frac{\partial(\rho v)}{\partial y}+\frac{\partial(\rho w)}{\partial z}\right]\Delta x\Delta y\Delta z \tag{2.7}$$

即有

$$\frac{\partial\rho}{\partial t}+\frac{\partial(\rho u)}{\partial x}+\frac{\partial(\rho v)}{\partial y}+\frac{\partial(\rho w)}{\partial z}=0 \tag{2.8}$$

式中，$(x,y,z)$为流场三维坐标；$u$、$v$、$w$为流动的速度分量。

2. 可压缩流体动量方程（N-S方程）

对前述$\Delta x$、$\Delta y$、$\Delta z$微六面体单元的受力情况进行分析，可得动量方程：

$$\frac{\partial(\rho u_i)}{\partial t} = -\frac{\partial p}{\partial x_i} - \frac{\partial}{\partial x_j}(\rho u_i u_j) + \frac{\partial \tau_{ij}}{\partial x_j},$$

$$\tau_{ij} = 2\mu\left[\frac{1}{2}\left(\frac{\partial u_i}{\partial x_j} + \frac{\partial u_j}{\partial x_i}\right) - \frac{1}{3}\frac{\partial u_k}{\partial x_k}\delta_{ij}\right] \tag{2.9}$$

式中，$i,j=1,2,3$；$x_i$，$x_j$ 为三维坐标分量；$u_i$，$u_j$ 为速度分量；$\tau_{ij}$ 为黏性应力张量分量；$\delta_{ij}$ 为二阶单位张量分量；$p$ 为微单元受到的压力。

3. 可压缩流体能量方程

根据能量守恒定律，流体某处微六面体单元在单位时间内，外界对其内流体所做的功与传递给微单元内净热量增加之和等于微单元总能量的时间变化率。

令 $E$ 为微单元内流体的总能量，总能量的时间变化率为

$$\rho \Delta x \Delta y \Delta z \frac{\mathrm{d}E}{\mathrm{d}t} \tag{2.10}$$

压力和黏性力所做的净功为

$$\left[-\frac{\partial(p u_i)}{\partial x_i} + \frac{\partial(u_j \tau_{ij})}{\partial x_j}\right]\Delta x \Delta y \Delta z \tag{2.11}$$

式中，$i,j=1,2,3$；$x_i$，$x_j$ 为三维坐标分量；$u_i$，$u_j$ 为速度分量；$\tau_{ij}$ 为黏性应力张量分量；$p$ 为微单元受到的压力。

热传导传递给单元的热量为

$$-\left(\frac{\partial q_x}{\partial x} + \frac{\partial q_y}{\partial y} + \frac{\partial q_z}{\partial z}\right)\Delta x \Delta y \Delta z = \frac{\partial}{x_i}\left(\kappa \frac{\partial T}{x_i}\right)\Delta x \Delta y \Delta z \tag{2.12}$$

式中，$q_x$，$q_y$，$q_z$ 为热通量的分量；$\kappa$ 为热传导系数；$T$ 为温度变量。于是有

$$\rho \frac{\mathrm{d}E}{\mathrm{d}t} = -\frac{\partial(p u_i)}{\partial x_i} + \frac{\partial(u_j \tau_{ij})}{\partial x_j} + \frac{\partial}{\partial x_i}\left(\kappa \frac{\partial T}{x_i}\right) \tag{2.13}$$

或

$$\frac{\partial(\rho E)}{\partial t} = -\frac{\partial}{\partial x_i}(\rho E + p)u_i + \frac{\partial(u_j \tau_{ij})}{\partial x_j} + \frac{\partial}{\partial x_i}\left(\kappa \frac{\partial T}{x_i}\right) \tag{2.14}$$

可压缩流体连续方程、动量方程、能量方程组成流体运动方程组即 N-S 方程组。

4. 完全气体热力学状态方程

描述流体的各力学物理量之间的关系为

$$\left.\begin{aligned} p &= \rho R T \\ e_0 &= c_v T \\ \mu &= \frac{c_1}{T + c_2} T^{3/2} \end{aligned}\right\}$$

$$\left.\begin{aligned}\kappa &= \frac{\mu c_p}{Pr} \\ \frac{c_p}{c_v} &= \gamma \\ c_p - c_v &= R \\ E &= e_0 + \frac{1}{2}u_i u_i = c_v T + \frac{1}{2}u_i u_i\end{aligned}\right\} \tag{2.15}$$

式中，$R$ 为气体常数，$e_0$ 为单位质量流体的内能，$c_v$ 为定容比热，$c_p$ 为定压比热，$Pr$ 为普朗特常数，$\mu$ 为动力黏性系数，$\gamma$ 为完全气体比热比，$c_1$、$c_2$ 为常数。

由上述 N-S 方程组可知单位质量流体受到惯性力 $f_i$ 和黏性力 $f_\mu$ 的作用：

$$f_i \sim \rho_0 \frac{V_0}{L_0/V_0} = \frac{\rho_0 V_0^2}{L_0}, \quad f_\mu \sim \mu_0 V_0 / L_0^2 \tag{2.16}$$

惯性力与黏性力之比为雷诺数：

$$Re \sim \frac{f_i}{f_\mu} = \frac{\rho_0 V_0 L_0}{\mu_0} \tag{2.17}$$

式中，$Re$ 代表雷诺数；$L_0$、$V_0$、$\rho_0$、$\mu_0$ 分别为流体的特征长度、特征速度、特征密度和特征黏性系数。雷诺数越小，黏性力越大，流动易保持层流状态；雷诺数越大，惯性力越大，扰动将增加，流体将从层流转化为湍流。雷诺数的物理意义是湍流能与湍流耗散能之比。流体湍流能量是由于黏滞性能量被耗散，要使湍流维持不断，湍流动能必须大于耗散能。湍流能与耗散能的比有一个临界值，称为临界雷诺数 $Re_\sigma$。它不是一个普通的常数，它的数值与表面的几何形状结构及湍流产生的方式有关。例如，表面粗糙度会增强湍流。若雷诺数小于某一临界值，即 $Re < Re_\sigma$ 时，则流体是层流，若大于临界值则是湍流。

湍流的随机运动可分为平均运动和脉动运动。湍流的尺度可分为：平均流动的尺度，即外尺度，表征湍流流动的整体特性；脉动流动的尺度，即内尺度，表征流动的内部特性。

典型湍流的例子有均匀各向同性湍流和壁剪切湍流。后者主要指存在固壁边界的湍流。固壁的存在，使湍流在壁面附近的发展受到限制，湍流内部的能量输运和耗散更加复杂。当流体绕物体流动且雷诺数很大时，流体的惯性力将远大于黏性力。但在物体壁附近黏性力的影响不能忽略，即有边界层的概念。

整个流场内流体运动可分为内、外两区：

(1) 内区。边界层内的流动区域，流体速度从壁面上的零值达到边界层外某值，其速度梯度很大，黏性力与惯性力为同一数量级，黏性力不能忽略。内区的厚度称为边界层厚度。

(2) 外区。边界层外的流动区域，速度梯度很小，可近似看作理想流体。对于高雷诺数流动，边界层厚度相对于物体的长度很薄。雷诺数越大，边界层越厚。

边界层内可能同时存在层流和湍流两种运动状态。如果边界层内为层流流动称为层流边界层；若为湍流流动，称为湍流边界层。实际情况下，可能在飞行器前端部分先存在一段层流运动，经过转换后，逐步过渡为湍流状态。这种层流湍流共存的边界层称为混合边界层。

## 2.2 非均匀介质中光的传输

光波从光源出发，在介质中的各个方向传播，某一时刻波动到达的各点组成的面称为该时刻的波前。波前随着波的传播不断向前推移。通常称波动中相位相同的各点组成的面为波阵面或波面，平面波是波面为平面的波，球面波是波面为球面的波。图 2.12 为平面波经湍流流场产生波前畸变的示意图。

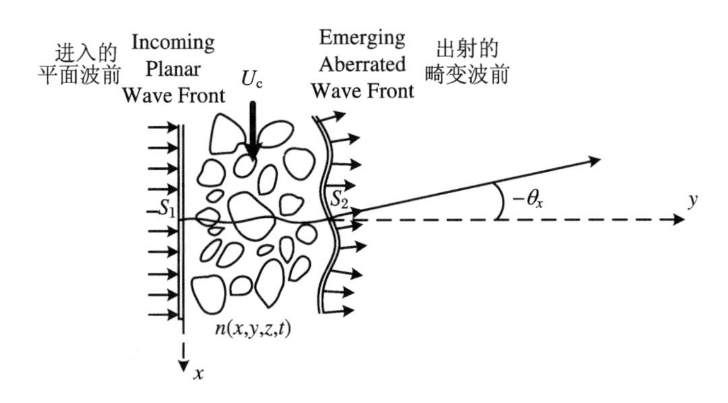


图 2.12 平面波经湍流流场产生波前畸变示意图[29,30]

图中平面波某处入射光线 $S_1$，穿越流速为 $U_c$、折射率为 $n(x, y, z, t)$的湍流场后，由于流场中各种涡漩对光线的作用，光线路径变化为 $S_2$，不仅位置发生移动，而且在畸变的波前位置光线方向改变了 $-\theta_x$，即曲线传输。

流场与畸变波前是随空间、时间随机变化的，图 2.13 给出了平面激光波前穿越湍流场产生瞬时变化的示意图。

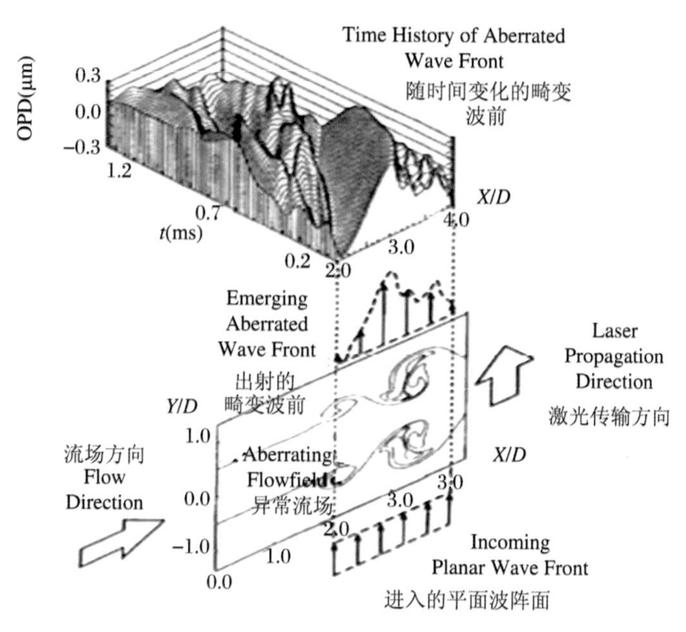


图 2.13　平面激光波前穿越湍流场产生瞬时变化[29,30]

气体的光学折射特性取决于流场的密度分布。飞行器高速飞行时，其光学窗口周围的流场是由密度不断变化甚至是脉动的气体流组成的，形成变化的光学介质。该气体介质折射率具有不均匀性，从而使光束传输的波前产生随机变化，引起光束偏移、强度脉动(闪烁)、光束扩展和抖动等效应。

物方发出的光束经大气传输以及飞行器光学接收窗口附近的气动光学干扰，其传输路径偏离了在均匀介质中光线直线传播的轨迹，在非均匀介质中表现为曲线传输，产生波面畸变。此时光线可能依次穿过大气层、激波、边界层、附面层以及探测窗口制冷剂流动层，最后聚焦在光敏阵列上，形成物体图像。附面层、冷却剂流动层与周围高速流场形成剪切混合层，多以湍流形式出现，并随时间和空间变化。这诸多因素是使传输光束产生光学波相差的重要原因。

1. 激波对光波的传输效应

激波前、后密度的变化，使激波成为一个光线折射层。由于平面激波不一定垂直光轴或平行于光学探测窗表面，必须考虑光线折射影响。当激波从飞行体的前缘脱体时，出现弯曲形状的激波，或者物体本身对着流场的表面不是平面，曲面带来密度不连续性产生聚焦效应，在特殊情况下会呈现为像散。

2. 层流流场中光波的传输

层流流场是高速流场中的稳态部分。对于确定的飞行状态和时间，层流流场结构相对稳定，故层流流场近似具有时不变性。通常认为层流流场密度具有空间不均匀性，其光学传输特性不具有空间不变性，只能在探测窗视线附近即较小的视场内，近似为空间均匀。根据层流流场与光学探测系统的空间关系可计算层流流场的等效光学传递函数或点扩展函数。层流流场除了产生像模糊外，还产生像偏移，即物方光线穿过流场和成像探测光学系统在焦平面上的成像位置相对于无该流场时物方光线在焦平面上成像位置的偏差或相对于视线产生的角偏差。

3. 湍流流场中光波的传输

湍流流场的运动几乎是完全随机或无规则的，通常用统计特性来描述流场的流体运动规律。如流场物理量的平均值、流场密度脉动均方值、密度脉动各向的相关长度、边界层厚度等。根据湍流流场与光学探测系统的空间关系，可理论计算湍流流场对光波传播的等效光学传递函数或点扩展函数以及抖动分量。

4. 混合流场中光波的传输

实际上，我们很难确定何时仅有层流，何时仅有湍流，聪明的办法是假设两种分量都有。于是，令某时刻 $t_i$，相对于某参考平面 $\varphi(x_0, y_0, z_0)$，如图 2.14 所示，平面波穿过非均匀介质流场后发生的畸变波面为 $\varphi(x, y)$。相对于参考平面：

$$\Delta\varphi(x, y) = \varphi(x, y) - \overline{\varphi(x, y)} \tag{2.18}$$

式中，$\varphi(x, y)$是代表该畸变波面平均值的平面，$\Delta\varphi(x, y)$为相对于该平面的相位脉动函数。参考平面 $\varphi(x_0, y_0, z_0)$的法线方向为平面波的传播方向，$\overline{\varphi(x, y)}$平面的法线方向为畸变波面 $\varphi(x, y)$的基本传播方向。两条法线的夹角代表光束经过流场后产生的方向偏移效应，而光束的扩展效应可由相位脉动分量 $\Delta\varphi(x, y)$解释。可以认为，倾斜分量表示层流成分。

既然并不能准确知道流场中层流、湍流的具体形式和参数，那么由图 2.14 可知，我们总可以把各种形态的流场效应等效为平均偏移分量效应与脉动分量效应之和。这就为校正方法和算法的研究提供了一个方便的计算模型。

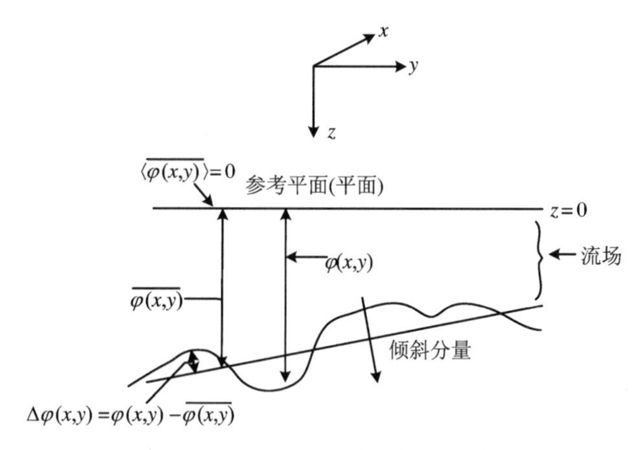


图 2.14　非均匀介质流场中平面波传输的畸变

## 2.3　气动热辐射效应

飞行器在大气层中高速飞行时能产生高温激波。激波辐射是一个分子辐射过程，它由旋转、振动和电子能级跃迁引起气体辐射。激波辐射覆盖从紫外到长波红外谱段。电子能级跃迁(包括原子与其约束电子、离子与自由电子之间的能级跃迁)引起的辐射一般在紫外、可见光到近红外谱段。激波辐射与激波的气体组成、密度、温度等有关。气体分子的旋转能级跃迁将产生长波红外热辐射，气体分子的振动能级跃迁将产生 2～25 μm 的热辐射。激波辐射是光学成像探测系统的一种干扰源，它取决于飞行器的飞行速度、高度和飞行姿态等。随着飞行高度的降低，激波热辐射将增加，且辐射谱段不断拓宽。为了寻找合适的工作谱段以提高成像探测系统的信干比，除了考虑激波辐射特性之外，还要考虑景物辐射、光学头罩窗口热辐射、阳光及其大气散射、大气透过率、飞行器内部热辐射和探测器噪声等因素。

飞行器在大气层中高速飞行时，气流与探测器光学头罩相遇时受到压缩而被阻滞，同时空气本身有黏性，与光学头罩表面接触的气流同样受到阻滞。这两种情况都使得气流速度降低，在头罩表面附近形成边界层，在边界层内来流的动能被耗散而转变成热能，使头罩周围的气流温度升高，其表面被加热。这种高速来流与头罩表面的对流换热称为气动加热。飞行速度越高,气动加热越严重。气动加热产生的热辐射也是光学成像探测系统的干扰源,不仅影响头罩材料的强度,而且影响成像探测系统对场景的探测效能,例如会导致相应波段的成像传感器饱和。

头罩表面热流密度分布与气流参数(压力、密度、温度)及头罩气动外形、头罩表面压力分布(驻点和锥面、攻角)、当地其他流场参数有关,还与绕流边界层是层流还是湍流状态有关。图 2.15、图 2.16 给出了 X-38 高速飞行器在马赫数为 6 时的整体热流密度分布和头罩热流密度分布[46]。

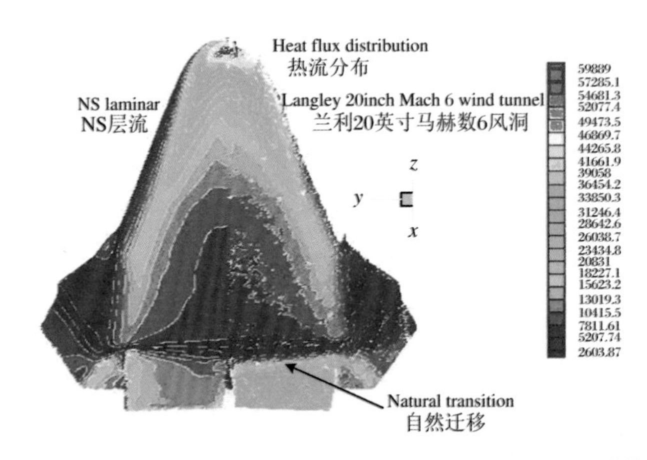


图 2.15 X-38 高速飞行器在马赫数为 6 时的热流密度分布[46]

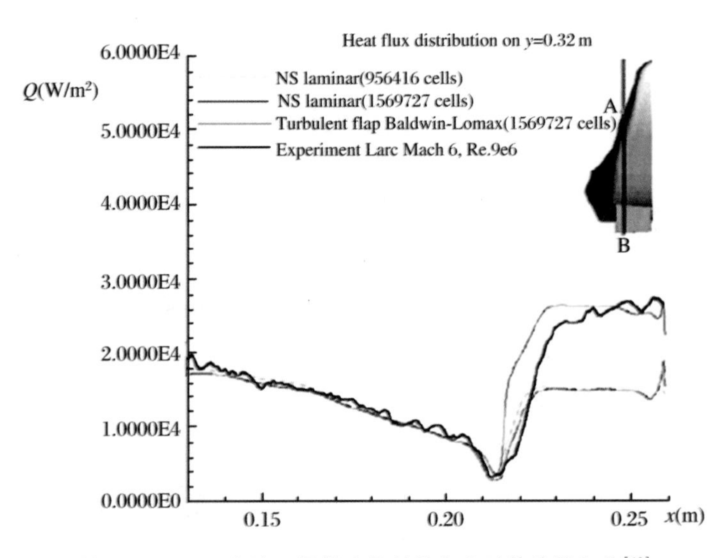


图 2.16 X-38 高速飞行器在马赫数为 6 时的头罩加热[46]

图 2.17、图 2.18 给出了 X-38 归一化温度及流场的模拟计算及典型测量值对比。图 2.19 给出了该飞行器高速飞行时的红外成像及对其流场的分析。

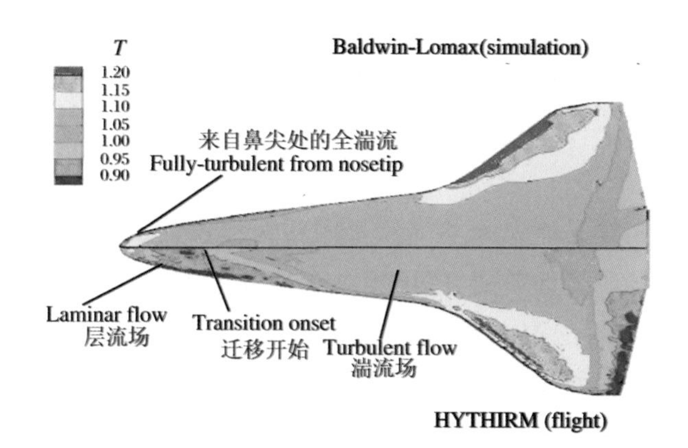


图 2.17 模拟计算的 X-38 高速飞行器流场及归一化温度[11]

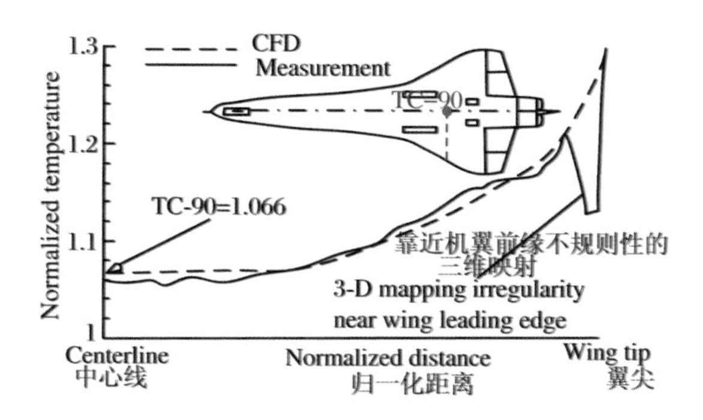


图 2.18 X-38 高速飞行器归一化温度模拟计算及典型测量值对比[11]

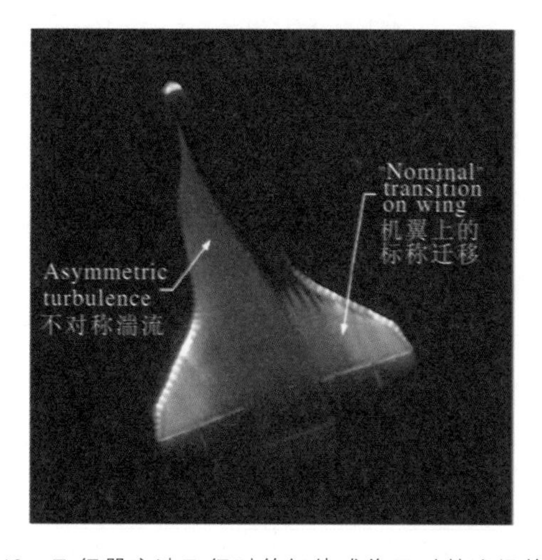


图 2.19 飞行器高速飞行时的红外成像及对其流场的分析

## 2.4 气动光学效应测量、控制与可视化

飞行器气动光学是研究光和气流场间相互作用的学科。特别是研究和测量光通过折射率场传播的畸变,该场相对于成像孔径而言是较薄的。在高速流场中气动光学退化源于横跨激波的密度梯度以及在自由剪切层和湍流边界层的密度随机起伏。在成像应用中,图像因该畸变而变得模糊,有效分辨率降低。对于光学瞄准系统传感器,气动光学退化可以导致目标定位的误差(视线误差,这就出现实际目标的位置与所看见的位置之间的误差),降低了敏感度,以及把单个目标分裂为多个目标等。在要求能量投射的应用中,落到目标上的峰值辐射或接收的信号可能严重退化。这里,通常使用 Shack-Hartmann 传感器测量波前通过边界层传播的二维畸变,这是在跨声速和高超声速马赫数条件下实施的,并考虑了出射或不出射制冷气体的两种情况。通过测量以获取更多的关于可压缩湍流边界层的气动光学特性[7,10,14~15,17~18]。

考虑光通过薄的可变密度流场,如湍流边界层。流场的折射率 $n$ 线性地随密度 $\rho$ 变化,遵循 Gladstone-Dale 方程:

$$n(x,y,z,t) = 1.0 + \rho(x,y,z,t)K_{GD} \tag{2.19}$$

式中,$K_{GD}$ 是 Gladstone-Dale 常数,它是流体类型和光波长的函数。

在空气中,对于可见光波长 $K_{GD} \approx 2.27 \times 10^{-4}\ \mathrm{m^3/kg}$,初始平面波前在沿 $y$ 方向穿过某折射率场时,从 $y_1$ 到 $y_2$ 的绝对光程长($OPL$)可以如下计算:

$$OPL(x,z,t) = \int_{y_1}^{y_2} n(x,y,z,t)\mathrm{d}y \tag{2.20}$$

在大多数情形下,光程差($OPD$)是让人更感兴趣的:

$$OPD(x,z,t) = OPL(x,z,t) - \langle OPL(x,z,t) \rangle \tag{2.21}$$

这里尖角括号“⟨⟩”表示空间平均。

在可压缩边界层,密度 $\rho$、温度 $T$、压力 $p$ 和沿流场流动方向的速度 $U$ 在空间和时间维变化。仅仅密度的随机起伏是与光学畸变有关的。密度起伏可以与速度起伏关联,即利用强雷诺模拟(SRA)和理想气体律。

SRA 把温度起伏与一绝热平板上的湍流边界层中的速度起伏联系起来:

$$\frac{T'}{\overline{T}} = -(\gamma - 1)M^2 \frac{u'}{\overline{U}} \tag{2.22}$$

式中,$\gamma$ 是特定的热比(Ratio of Specific Heats),$M$ 是马赫数;“$'$”表示起伏量,上划线表示局部平均量。SRA 已经在马赫数高达 3 的实验中得到验证,并且在高于马赫数 3 的场合仍然有效。SRA 被广泛应用于湍流模型,特别是可压缩的壁面边界的湍流场。

在边界层,压强起伏水平的一个合理估计由壁面压强起伏的均方根值给出。例如,在马赫数 1.8、零压强梯度的绝热层条件下,Dussauge 等发现在壁面处 $p'/\overline{p}_w = 1.0\%$,而在自由流中约为 0.2%。在层的主体中他们发现,$T'/\overline{T}$ 接近 5%,这证明压力起伏显著小于温度起伏。在一个马赫数为 2.85 的类似流场中 Dolling 和 Murphy 发现 $p'/\overline{p}_w \approx 1.0\%$,Gibson 和 Dolling 提出在马赫数 4.95 时,这个比值约为 0.9%,这说明该值并不随马赫数显著变化。

那么在压强起伏较小的条件下,理想气体律导致如下结果:

$$\frac{\rho'}{\overline{\rho}} = (\gamma - 1)M^2 \frac{u'}{\overline{U}} \tag{2.23}$$

式(2.22)和式(2.23)指出密度和温度起伏是不同相的,这与等熵流场相反。实验证明该两式对零压力梯度的、绝热的超声速湍流边界层性质是一个好的近似。式(2.23)说明密度起伏对马赫数和平均密度有很强的依赖性。这表明气动光学畸变在较高马赫数和低高度时预期会趋于更严重。

均方根光程差可以估算,由流场变量如密度起伏强度 $\rho'$ 和欧拉积分尺度 $\Lambda$(对大尺度湍流运动的测度)经 Steinmetz 推荐的联系方程得出:

$$OPD_{\mathrm{rms}}^2 = 2K_{\mathrm{GD}}^2 \int_0^L \overline{\rho'^2(y)}\Lambda(y)\mathrm{d}y \tag{2.24}$$

该联系方程假设密度起伏是随机正态分布的,积分长度 $L$ 比积分尺度 $\Lambda$ 大得多。

在边界层湍流内部区域,其结构倾向于长的、流向的条纹,条纹具有 $100\upsilon_\omega/u_\tau$ 的特征间隔,这里 $\upsilon_\omega$ 为在壁面的运动学黏性,$\tau_\omega$ 为壁面剪切应力,$u_\tau = \sqrt{\tau_\omega/\rho_\omega}$ 为摩擦速度。该内部区域延伸范围是边界层厚度 $\delta$ 的 10%～15%,在这个区域,涡结构的对流以在结构高度范围内的近似平均速度进行。边界层的较外层区是由称为大尺度运动的涡结构(LSMs)主宰的。这些大的结构是由无旋自由流深入到边界层的大的侵入扰动所规定的。LSMs 的大小与边界层厚度在同一数量级,它们的对流速度在某种程度上小于自由流速度 $U_e$

（典型值 $0.8U_e$）。

因为相位畸变是超过边界层积分的（累积的），所以来自较外层区域中的较大尺度结构的贡献是显著的。式（2.24）中相对密度起伏随壁面上高度变化的因素也要考虑进来。密度起伏在边界层内约一半部分是较强的，但它在可压缩流场中接近壁面时局部密度突兀减少，特别在高马赫数流场中。所以，还存在某些争议：在哪个区域相位畸变是明显的。例如 Sutton 声称结构尺寸在 $0.1\delta$ 的数量级是最主要的，而 Masson 等人依据他们对 Gilbet 的 KC-135 数据的分析，指出显著的脉动效应是源于 LSMs 的。

当某初始平面波前传输通过某边界层而孔径是大于感兴趣的结构时，波前将携带着气动光学上那些主要结构的印记。又因为内层和外层区域那些结构以不同的速度对流，可采用时间可分解的波前序列决定传播速度，所以也决定了气动光学主要结构的起源。在这方面，有 Buckner 等人报道对马赫数 0.5 的湍流边界层流向的相关长度为 $0.75\delta$ 及流向速度为 $0.81U_e$ 的例子，这意味着在他们的实验中 LSMs 是对气动光学畸变贡献最大的结构。

描述波前畸变程度的指标包括波前上的均方根变化 $\varphi_{\mathrm{rms}}$ 以及斯特涅尔比（Strehl Ratio，SR）：

$$SR(t) = \frac{I(t)}{I_0} \tag{2.25}$$

式中，$I(t)$ 为测得的远场的辐射，$I_0$ 为衍射限理论最大值。$SR$ 是波前畸变的远场效果测度，对设计光学系统特别重要。

假设孔径比相位畸变结构的尺寸大得多，而且在波前上任一点的相位在流向和展向上遵循高斯分布，则 $SR$ 可按下式计算：

$$SR = \exp\left(-\left(\frac{2\pi OPD_{\mathrm{rms}}}{\lambda}\right)^2\right) \tag{2.26}$$

式中，$OPD_{\mathrm{rms}}$ 为均方根光程差，$\lambda$ 为光波长。如果大尺度的运动主宰了边界层中畸变的相位形状，则最大的相位畸变尺度将近似地相当于边界层厚度。

高超声速飞行器上的传感器窗口一般需要冷却以保证在大气层中飞行时免受极端温度环境的损伤。最常使用的制冷剂气体如氦被注入边界层，显著降低了系统的气动光学效应。Etz 和 Auvity 等人发现，在特定的条件下注入氦会引入规则的流向特征到高超声速边界层。如果这些稳定特征压制了湍流边界层的全部或部分随机特征，那么它们对波前的影响就可以用低时间带宽的自适应光学去除掉，因此而改善 $SR$。

在缺乏统一的气动光学畸变的尺度定律条件下，不可能比较来自不同流场条件的波前相位畸变数据。因此，机载光学系统的设计严重依赖计算流体动力学、风洞实验以及飞行实验。对于厚度为 $\delta$ 的边界层：

$$OPL = \int_0^{\delta} n(y)\mathrm{d}y \tag{2.27}$$

由方程(2.19)式和(2.21)式，有

$$OPD = \int_0^{\delta} n'\mathrm{d}y = \int_0^{\delta} K_{\mathrm{GD}}\rho'\mathrm{d}y \tag{2.28}$$

由方程(2.23)式，有

$$\frac{OPD}{K_{\mathrm{GD}}\rho_e} = \int_0^{\delta} (\gamma - 1)M^2 \frac{\rho u'}{\rho_e U}\mathrm{d}y \tag{2.29}$$

式中，为清晰起见，上划线从有关平均量上移去。因 $p = \rho RT$ 且 $p = p_e =$ 常数(预期对边界层成立)，有

$$\begin{aligned} \frac{OPD}{K_{\mathrm{GD}}\rho_e} &= \int_0^{\delta} (\gamma - 1)M^2 \frac{T_e u'}{TU}\mathrm{d}y \\ &= \int_0^{\delta} (\gamma - 1)M^2 \sqrt{\frac{C_f}{2}}\left(\left(\frac{U_e T_e}{UT}\right)\sqrt{\frac{\rho_e}{\rho}}\right)\sqrt{\frac{\rho \overline{u'^2}}{\tau_{\omega}}}\mathrm{d}y \end{aligned} \tag{2.30}$$

式中，蒙皮摩擦系数 $C_f = 2\tau_{\omega}/(\rho_e U_e^2)$。

假设可以使用中间值(在某种意义上在边界层厚度上取了平均)作为对积分(累加)的近似，上式可以模拟给出均方根相位差的一个估计，这个道理类似于中间温度概念用于推出可压缩边界层的蒙皮摩擦关系。所以对高雷诺数流场，预期气动光学失真很大程度上依赖于较外层的结构，C. M. WyCkham 等人提出

$$\frac{OPD_{\mathrm{rms}}}{K_{\mathrm{GD}}\rho_e\delta} \approx (\gamma - 1)M_i^2 \sqrt{\frac{C_f}{2}}\left(\left(\frac{U_e T_e}{U_i T_i}\right)\sqrt{\frac{\rho_e}{\rho_i}}\right)\left(\sqrt{\frac{\rho \overline{u'^2}}{\tau_{\omega}}}\right)_i \tag{2.31}$$

式中，下标 $i$ 表示中间值。假定

$$\frac{OPD_{\mathrm{rms}}}{K_{\mathrm{GD}}\rho_e\delta} = (\gamma - 1)M_e^2 \frac{r_1}{r_2^{3/2} r_3}\sqrt{\frac{C_f}{2}}\left(\sqrt{\frac{\rho \overline{u'^2}}{\tau_{\omega}}}\right)_{0.5}$$

式中，$U_i = r_1 U_e$，$T_i = r_2 T_e$，$M_i^2 = (r_1^2/r_2)M_e^2$，并把无量纲中间湍流强度与它在 $y/\delta = 0.5$ 的值相关联，根据

$$\left(\sqrt{\frac{\rho \overline{u'^2}}{\tau_{\omega}}}\right)_{0.5} = r_3 \left(\sqrt{\frac{\rho \overline{u'^2}}{\tau_{\omega}}}\right)_i \tag{2.32}$$

式中参数 $r_1$ 和 $r_3$ 预期接近单位值 1，注意 $r_1$ 和 $r_2$ 不是独立的，因为它们通过

横跨边界层的总温变化和通常的自由流中的等熵关系相联系，对于绝热壁面，$T_e/T_i=1/r_2$，这样

$$r_2 = 1 + \frac{\gamma - 1}{2} M_e^2 (1 - r_1^2 r)$$

式中，$r$ 为恢复系数（$r \approx 0.9$）。对于非绝热壁，简单地假设 $T_i = (T_\omega + T_e)/2$，则有

$$r_2 = \frac{1}{2}\left(\frac{T_\omega}{T_e} + 1\right)$$

最后，有

$$\frac{OPD_{\mathrm{rms}}}{K_{\mathrm{GD}} \rho_e \delta} = C_\omega r_2^{-3/2} M_e^2 \sqrt{C_f} \tag{2.33}$$

式中

$$C_\omega = (\gamma - 1) \frac{r_1}{r_3 \sqrt{2}} \left( \sqrt{\frac{\rho \overline{u'^2}}{\tau_\omega}} \right)_{0.5} \tag{2.34}$$

若假设 $r_1 \approx 0.8$（大尺度运动的对流速度），$r_3 \approx 1$，以及利用事实 $\left( \sqrt{\frac{\rho \overline{u'^2}}{\tau_\omega}} \right)_{0.5} \approx 1.5$，在所有的马赫数下，独立于雷诺数，则当 $\gamma = 1.4$ 时，预期 $C_\omega \approx 0.34$。式(2.33)是一种尺度表达。

1. 测量实验过程

超声速和高超声速边界层气动光学畸变测量实验如图 2.20 所示，包括主边界层平板和层流平板。层流层平板设计用于发射激光束到风洞而不受风洞壁面湍流边界层的影响。

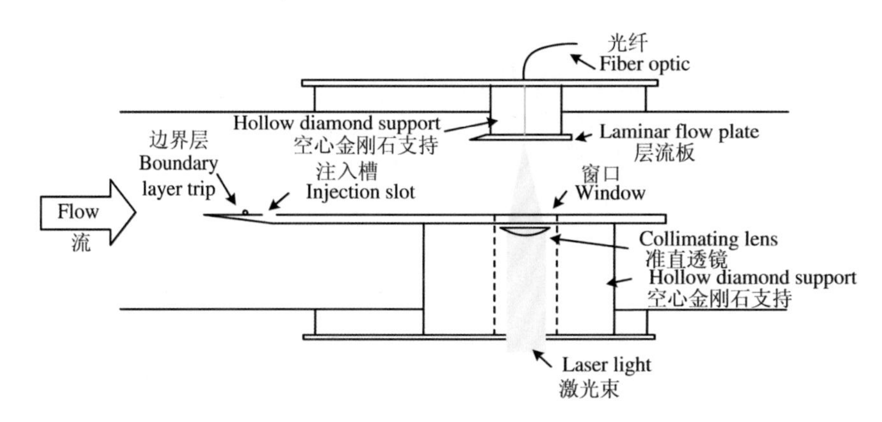


图 2.20　使用双平板模型于风洞实验测试[10]

跨声速实验中，马赫数为 0.78，风洞雷诺数为 $18\times10^6\ m^{-1}$，静压等价于标准大气环境飞高 1 000 m。高超声速实验中，典型的临界条件是 9.2 MPa 和 700 K，单位雷诺数为 $18\times10^6\ m^{-1}$，静压等价于标准大气环境下飞高 30 000 m。

Shack-Hartmann 传感器用来测量两维波前，扩展的激光束通过流场，微透镜阵列将斑点阵列聚焦到数字相机上，如图 2.21 所示。每一个斑点通过微透镜被投影到一个垂直于局地波前斜率的位置上。在许多点上测量波前斜率，畸变的波前形状可从一组斜率数据重建出来。冷却气体注入参数动量比 $J$，是主流场动量通量比上喷嘴动量通量。

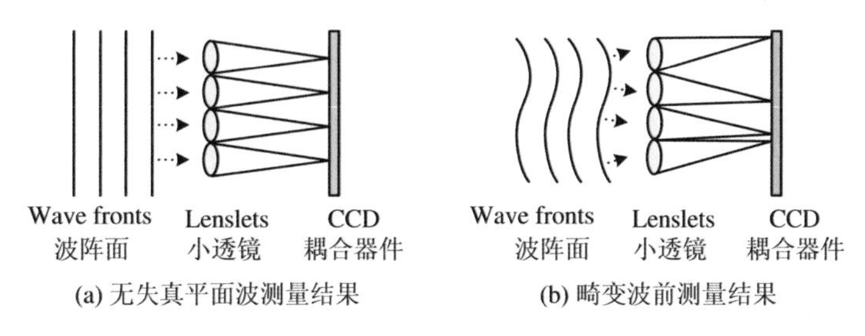


图 2.21　S-H 传感器工作原理

图 2.22 为光学测量布局。激光器为 Nd-YAG，波长 532 nm，相机为 Redlake HGLE 高速数字 CMOS 相机。一维 S-H 传感器输出的相位失真实例见图 2.23。

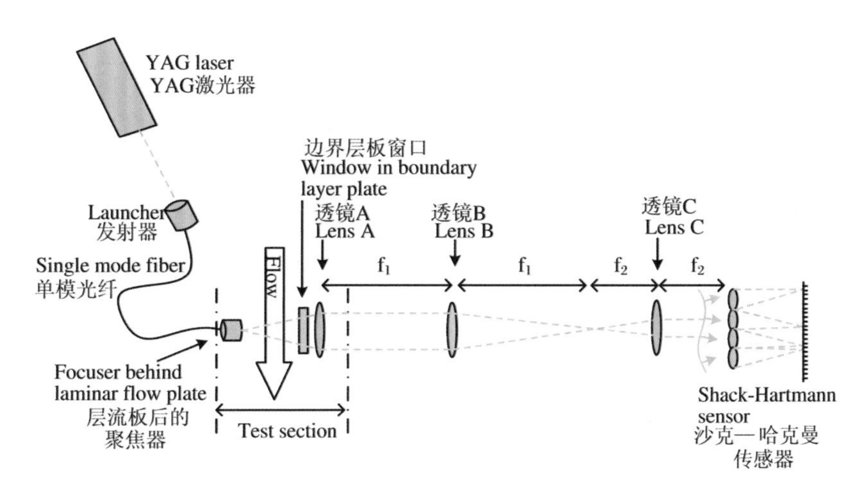


图 2.22　光学系统测量布置[10]

图 2.24 为一维波前随时间展开的瀑布图实例，图 2.25 为无冷却气体注入的二维波前图实例，图 2.26 为跨声速主流场无气体注入的远场图像的斯特涅

尔比实例。

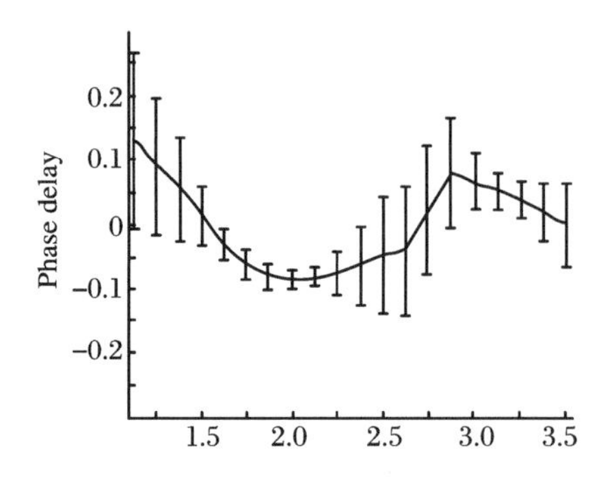


图 2.23 一维 S-H 传感器输出(流向距离已由边界层厚度归一化)[10]

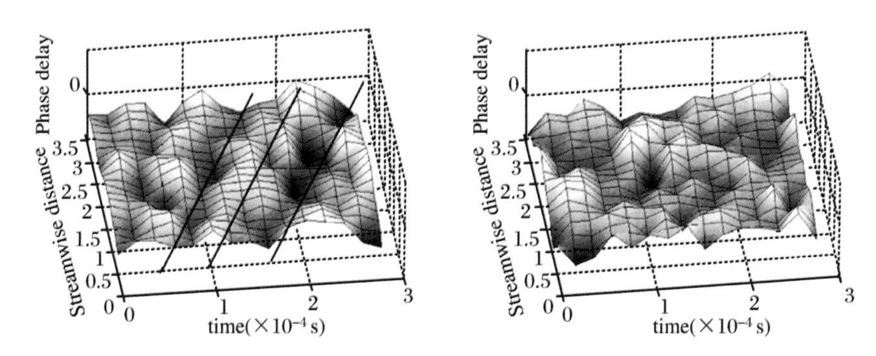


图 2.24 一维波前随时间展开的瀑布图[10]

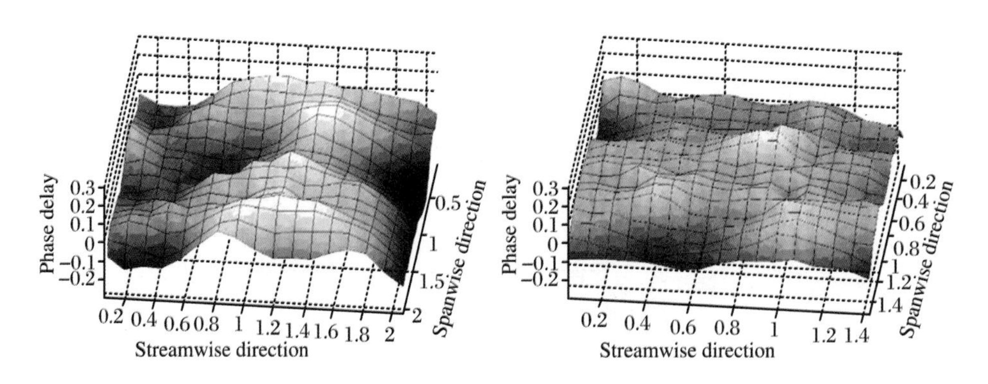


图 2.25 无冷却气体注入的二维波前图[10]

图 2.27 为无气体注入时相位失真的相关轮廓图实例。该图揭示跨声速流场的平均结构尺寸近似为 $1.2\delta$,相对对称。而高超声速流场的相关性轮廓在流向畸变大,平均结构尺寸 $1\delta$。式(2.33)可以写为

$$C_{\omega} = \frac{OPD_{\mathrm{rms}} r_2^{3/2}}{K_{\mathrm{GD}} \rho_e \delta M_e^2 \sqrt{C_f}} \tag{2.35}$$

实验中发现常数 $C_{\omega}$ 在大的马赫数范围(0.8～7.8)内变化很小，有独立于马赫数变化的常数特点。

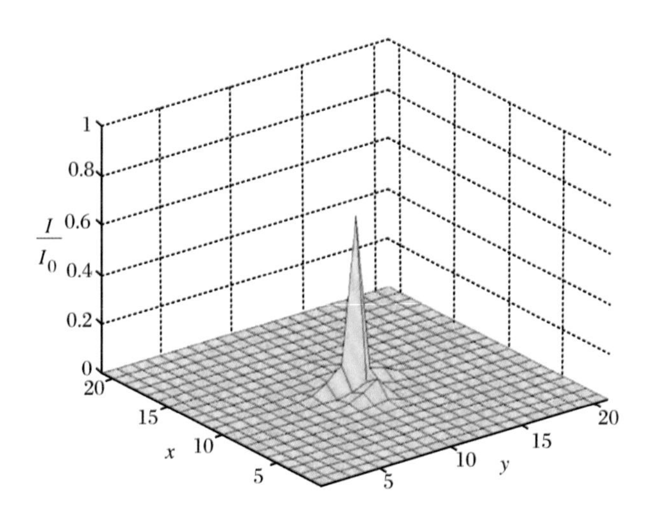


图 2.26　跨声速主流场无气体注入的远场图像的斯特涅尔比(SR)[10]

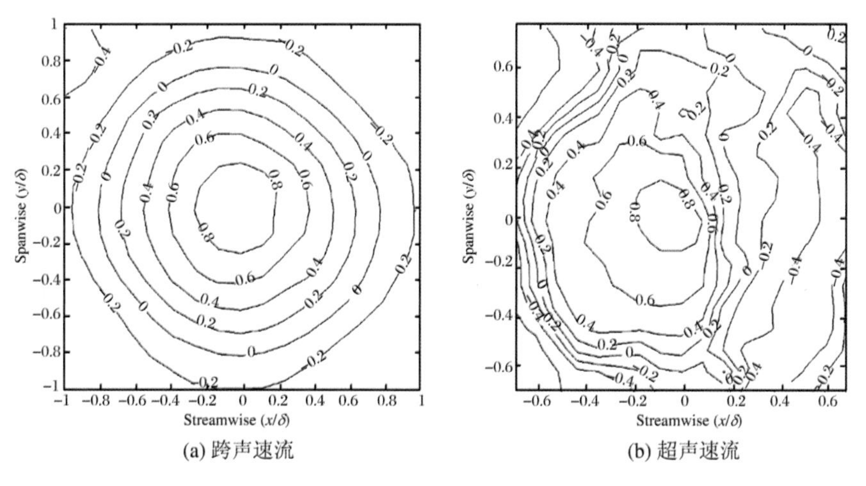


图 2.27　无气体注入时相位延迟的相关轮廓图[10]

2. 气动光学效应控制的研究

气动光学研究空气动力学可压缩流场对光波传输和光学成像影响的机理。由于气动光学效应不可避免，必须在掌握机理的基础上，研究如何控制流场的密度分布，在源头上减小其不利的影响。气动光学效应控制的研究在国外大体上包括如下几方面：

(1) 气动结构设计的优化

由于飞行器安装光学设备而使其局部表面内凹或外凸，形成不同深度的凹腔或凸台。在凹腔内常有较强的涡，而且是不稳定的，为了减小涡的速度，采用多孔边界栅板。栅板还能减小腔内压力脉动。而风洞实验表明，这种气动结构会引起板顶部具有较强密度脉动的剪切层，当栅板的高度减小，板顶部在飞行器机身附面层内侧时，这种影响相应减弱。还有一种多孔边界层栅板应用在装有大孔径望远镜的飞机上，栅板与机身表面的夹角可在0°～90°之内调整，精确跟踪天空中的星体。凸台或能旋转的凸台是美国用于机载激光和成像探测系统上与飞行环境之间的界面，例如球状凸台，凸台内装备有光学系统，旋转凸台可以灵活地调整激光投射或成像探测方向。

凸台附近存在不良流线体的压缩流动。流场形成空间分布的压力场，使空间密度分布不均匀。当光线从凸台入射或出射时，这种密度分布引起光程差变化或相位畸变，使光束偏斜散焦，或再聚焦时有高阶像差存在。在亚声速流动中的不良线流体也存在流场分离和涡破裂引起的不稳定流动。这种不稳定性可通过凸台附近的流场传递。在局地流场的马赫数大于1时，绕凸台周围形成激波，光束通过激波时发生折射和散射。在飞行过程中，自然湍流介质与气动结构相互作用还引起跳动，跳动的严重程度与凸台的凸起尺寸有关。对于上述这些问题，美国有关研究机构综合采用凸台外形的气动设计优化、流场控制（负压）或变向等方法，降低其影响到可接受的程度。

(2) 探测窗冷却方式的优化

高速飞行条件下探测窗口的气动加热(Aero-Heated)非常严重，如果不能有效冷却探测窗口，窗口温度偏高，不仅产生很强的辐射，造成强烈背景热噪声，而且窗口也可能被破坏。研究不同热环境条件下，有效冷却窗口的方式能达到的制冷效率，是气动热控制的关键技术。美国有关研究机构采用的一种技术是对光学窗口进行射流制冷。制冷气体与热的激波层气体混合，会引起流场密度的复杂变化，激波层速度与冷却层速度不同，混合层状态也不同，直接影响气动光学畸变的大小。因此，要合理设计探测窗的内冷或外冷系统，减小外冷探测窗面上自由流与冷却剂混合带来的光学畸变。

外冷方式：从窗口前缘及侧面喷射低温冷却液，在边界层中形成液膜，蒸发后在窗口形成气膜冷却层，达到冷却窗口、保护窗口外表面的目的。也可采用喷射起化学反应的气体或液体，产生化学分解吸收热量。这种冷却方法可以使窗面冷却，减小窗口的温度梯度，压力变小，但形成的附面层湍流会干扰光的传输。

内冷方式：在窗口材料内部设计一组冷却剂通道，高压冷却剂流经通道，窗面的高温向冷却剂通道的四壁热传导，经过对流交换，使制冷剂升温及气化，达到冷却窗口的目的。这种方式能减小由于外冷带来的湍流影响，但设计加工复杂，且减小了窗口的通光面积。

吸气动力学方式：指边界层内一些流体通过壁面上的小孔或夹缝流出附面层，使附面层厚度减小，转捩点向后移，从而保持全部或大部分附面层处于层流状态，起到适当控制湍流的作用。另外，通过吸气使附面层的速度分布趋于稳定，推迟转捩点过程。这里，壁面形状与流量控制的设计是需要解决的关键技术。

(3) 光谱滤波的优化

根据激波热辐射、窗口热辐射和探测对象的光谱特性的区别，采用光谱滤波优化设计、光学系统优化设计等方法，抑制在特定谱段的气动热辐射干扰能量，突出探测对象在特定谱段的能量和信号，从源头上相对提高信噪比、信杂比。

为控制气动光学效应，文献[38]报道了依据计算流体动力学、风洞实验以及飞行实验完成机载光学系统设计的研究，以下是吊舱设计的例子。

图2.28所示为几种典型的遥感侦察系统。其中，大气层内离遥感对象距离超过50公里的远距斜视遥感成像系统，安装在跨/超声速飞行器上经过气动设计修改的油箱状机载侦察吊舱内，如图2.29所示具有两个平的光学窗口。其设计要保证光学载荷窗口附近的流场是平滑的、无激波的。光学畸变的第一个来源是边界层和剪切层中的湍流。一般认为，小尺度的湍流引起光束反差的损失，中尺度的湍流引起光束的扩散，所以导致图像模糊，而大尺度的湍流引起光束的抖动。高速飞行器的边界层是充分湍流化的、较薄的，通常呈现出短的光程。然而，如流场分离发生，会呈现长的光程，可成为严重的光学降质源。湍流引起的波前误差可以估计为

$$\sigma^2 = 2G^2\int_0^L \overline{\rho'^2}(z)\Lambda(z)\mathrm{d}z \tag{2.36}$$

式中，$\sigma$是以微米为单位的均方根波前误差，$L$是通过湍流区的距离，$\Lambda$为欧拉积分尺度。假定边界层仍是附着的，则两个最重要的影响波前差的因素是密度起伏和边界层厚度。在跨声速马赫数条件下典型起伏为1%～2%的局地平均

密度量级。

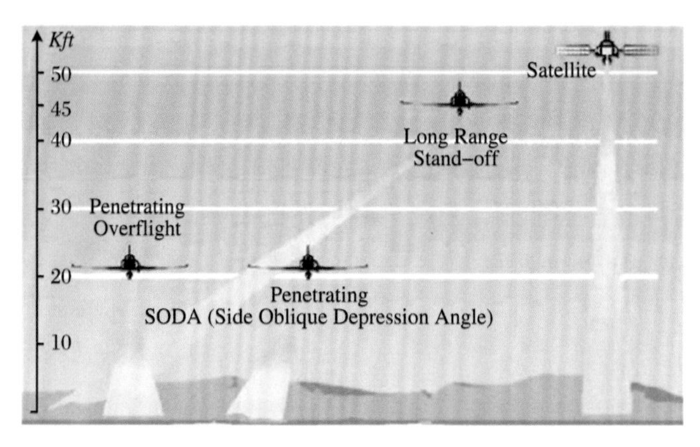


图 2.28　几种典型的遥感侦察系统[38]

激波引起的密度变化是第二个光学降质源。无论何时障碍物附近局地流场速度超过马赫数 1 时，激波就会发生。在跨声速流场中也存在恢复激波，甚至没有任何障碍物。横跨激波的大的密度变化，会引起沿光束传播路径的大的折射率变化。另外，在跨声速流场中的流场不稳定性引起激波的位置随时间变化。所有这些与激波相联系的密度变化呈现为最重要的气动光学降质源。

最后一个降质源是飞行器周围气流引起的密度变化，包括机身下的吊架等各种障碍物。这些密度变化明显小于激波引起的，但可以呈现出长的光程性质。

上述降质源支配着设计过程。因为流场迁移到湍流态，不能用常规手段防止，所以大多数工作是设法从光学窗口处去除激波及流场分离的影响。

原设计的具有凹腔的吊舱在 $M_\infty = 1.2$ 时流场激波的结构见图 2.30。

图2.29　一种远距离斜视成像吊舱[38]

图 2.30　原设计的具有凹腔的吊舱在 $M_\infty = 1.2$ 时流场激波的结构[38]

该具有凹腔的吊舱的流场密度分布如图 2.31 所示，沿凹腔处纵切面计算，得到在凹腔处因激波引起的尖锐的密度梯度，以及湍流分离产生的旋涡。这将导致折射率大的变化，进而成像模糊。

为了使跨声速激波远离光学窗口，设计者对原始吊舱的结构进行了修改，沿窗口表面的切平面进行切割，使光学窗口不再处于凹腔中，而是处于较长的平面内。计算得到密度分布见图 2.32，可见激波远离光学窗口，处在平面两端处。沿窗口的密度变化可忽略不计，即使流动是超声速的。

图 2.31　在马赫数 $M_\infty = 1.2$ 时原设计的具有凹腔窗口吊舱的密度分布[38]

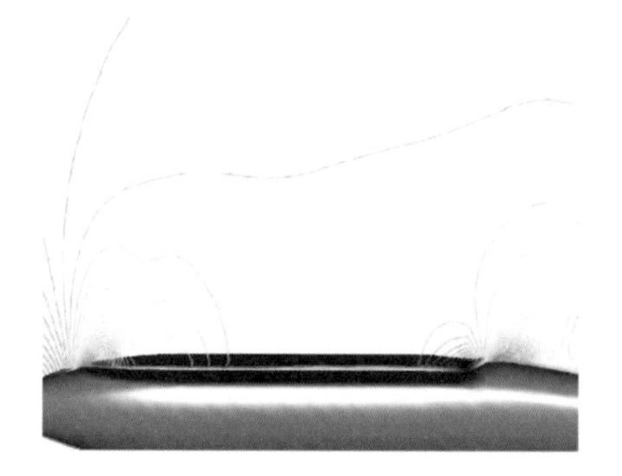

图 2.32　新设计的沿窗口表面平面切割的吊舱在马赫数 $M_\infty = 1.2$ 时的密度分布[38]

安装新吊舱的飞机在马赫数 $M_\infty = 1.2$ 时流场的马赫数轮廓见图 2.33，可见激波是远离成像窗口的。

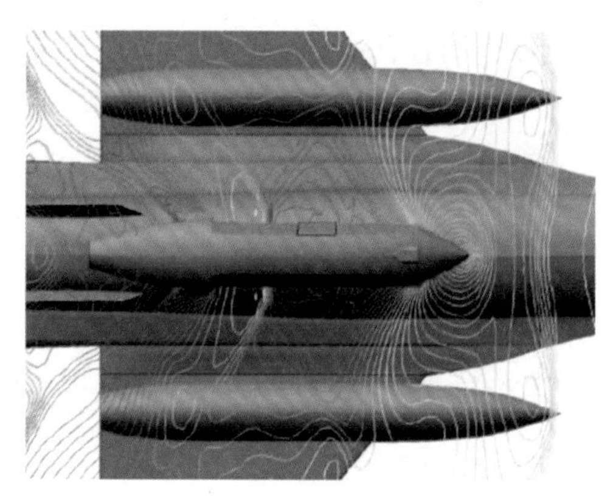

图 2.33　安装新设计吊舱的飞机在马赫数 $M_\infty = 1.2$ 时流场的马赫数轮廓[38]

由该光电吊舱获取的良好品质图像见图 2.34。

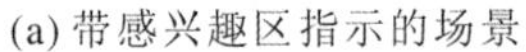

(a) 带感兴趣区指示的场景

(b) 感兴趣区图像

图 2.34 远距离斜视成像吊舱获取的图像[38]

3. 流场可视化研究

流场可视化给研究者直观的表达，方便理解复杂流场的性质，因此对气动光学的研究十分重要。图 2.35 为 Smits 等人对马赫数 2.9 时平板湍流边界层研究实验获取的可视化图像[16]，直观地展示了流场结构沿空间时间的演化，有利于进一步理解湍流边界层的气动光学效应。

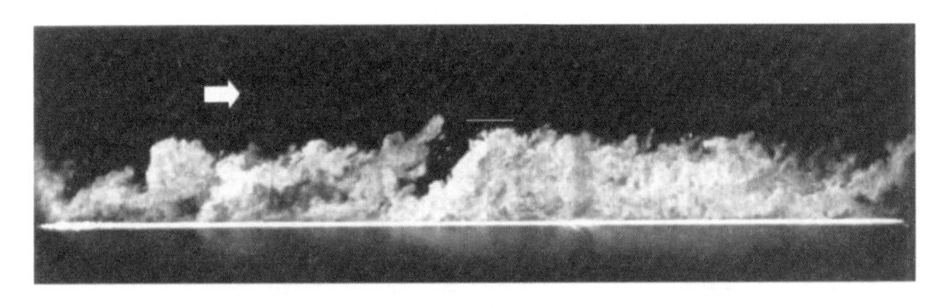

图 2.35 马赫数 2.9 时湍流边界层的可视化图

Visbal 等人使用计算机模拟计算方法和软件[42]，研究了外部注入气体的扰动对剪切层湍流演化及其对光波传输通过该剪切层的波前畸变影响。图 2.36 为剪切层的产生及其对平面波前传输畸变的可视化图，图 2.37 为瞬时剪切层成对涡漩的产生。

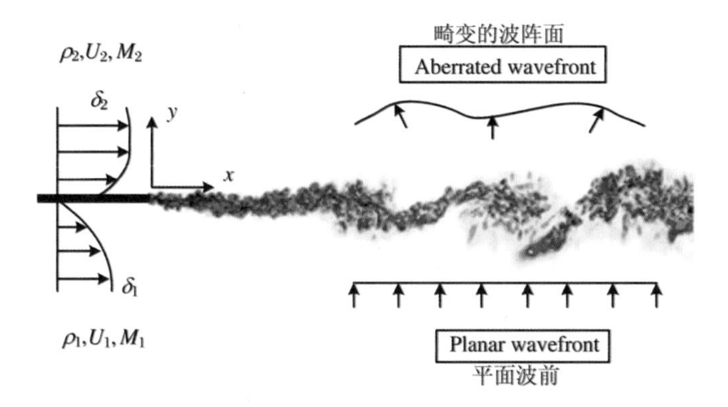


图 2.36　剪切层的产生及其对平面波前传输的畸变[42]

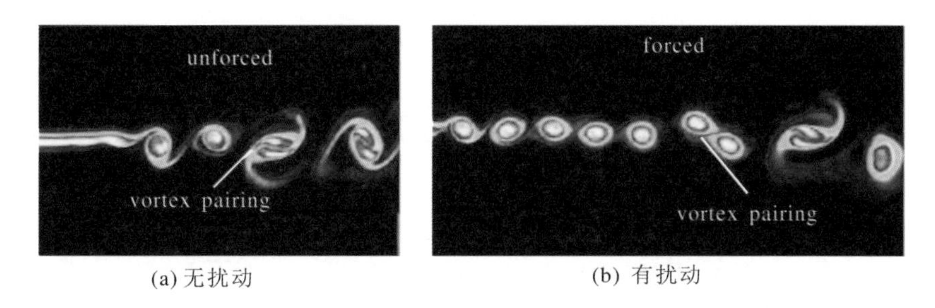


(a) 无扰动　(b) 有扰动

图 2.37　瞬时剪切层中成对涡旋的产生[42]

## 2.5　气动光学效应对成像探测的影响

在机理研究的基础上，国内外众多研究人员开展了气动光学效应对图像传输、目标探测影响的计算机仿真分析和实验研究[19~26,33,47~53]。

### 2.5.1　气动光学效应的统计模型

高速飞行器搭载的光学系统对光传播损失非常敏感，光传播的损耗是由于飞行器在大气层中飞行时对其周围流场引起的可压缩性效应造成的。这类损耗是流场内折射率改变的结果，即可压缩性使空气密度改变，从而折射率改变。

光学系统遭受的损失归因于两个不同的来源:第一个来源是光波束通过黏性边界层或剪切层的损失,该层贴近飞行器表面。这样的黏性层是典型的湍流形态,具有随机脉动的空气密度,需要对流场与光波相互作用效应进行统计分析。第二个来源是非黏性流场,它围绕飞行器但处于上述黏性薄层之外,其空间密度分布是稳定的或仅随时间缓慢变化[19,20]。

假设厚度为 $L$ 的湍流层对通过它的平面波前 $u(x,y)=1$ (波长为 $\lambda$)引入相位畸变,产生畸变的波前 $u(x,y)$,如图 2.38 所示。

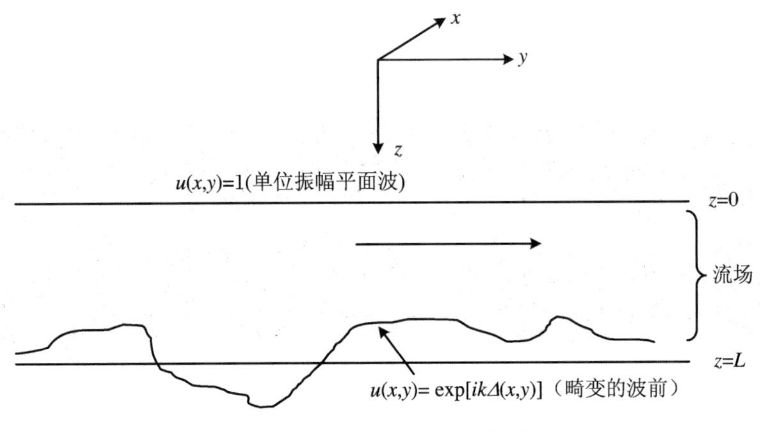


图 2.38 相位畸变的平面波[20]

$$u(x,y) = \exp[ik\Delta(x,y)] \tag{2.37}$$

$$\begin{aligned}\Delta(x,y) &= \int_0^L n(x,y,z)\mathrm{d}z \\ &= \int_0^L [1+n_1(x,y,z)]\mathrm{d}z \\ &= L + \int_0^L [n_1(x,y,z)]\mathrm{d}z \\ &= L + \Delta_1(x,y)\end{aligned} \tag{2.38}$$

上式为一阶几何光学近似(假定 $|n_1|\ll 1$),$x$、$y$ 为孔径坐标,$z$ 为光波传播方向坐标,$k$ 是波数($2\pi/\lambda$),$n$ 为局地折射率,$n_1$ 为折射率与其真空取值的偏差,相位移动 $\Delta$ 有时称为光线通过湍流层路径的光学长度。假设随机变量 $\Delta_1(x,y)$ 对任何 $(x,y)$ 是正态分布,是弱平稳的随机过程,令 $\langle\rangle$ 表示集合平均或数学期望,即 $\langle\Delta_1(x,y)\rangle=$ 常数,有

$$\langle(\Delta_1(x_1,y_1)-\langle\Delta_1\rangle)(\Delta_1(x_2,y_2)-\langle\Delta_1\rangle)\rangle = R(x_2-x_1,y_2-y_1) \tag{2.39}$$

空气密度 $\rho$ 与光学参数 $\Delta_1$ 满足下式：

$$n_1(x,y,z) = K\rho(x,y,z) \tag{2.40}$$

则

$$\Delta_1(x,y) = K\int_0^L \rho(x,y,z)\mathrm{d}z \tag{2.41}$$

式中 $K=0.000\,223$，称为 Gladstone-Dale 常数。密度脉动的协方差 $R_\rho$ 满足

$$R_\rho(x_1,y_1,z_1;x_2,y_2,z_2) = R_\rho(x_2-x_1,y_2-y_1;z_1,z_2) \tag{2.42}$$

$$R(x_2-x_1,y_2-y_1) = K^2\int_0^L\int_0^L R_\rho(x_2-x_1,y_2-y_1;z_1,z_2)\mathrm{d}z_1\mathrm{d}z_2 \tag{2.43}$$

令 $l_z$ 为在波传播方向上密度脉动的整体尺度，可以把湍流层划分为 $N$ 个薄层，使得 $l_z<h=L/N\ll L$，例如，$10<L/l_z<40$。

进一步令 $l_x$、$l_y$ 为湍流密度脉动在 $x$、$y$ 方向上的尺度大小，$R_\rho$ 可以简化表示为

$$\begin{aligned}
&R_\rho(x_2-x_1,y_2-y_1;z_1,z_2)\\
&\quad = R_\rho(x_2-x_1,y_2-y_1;u,v)\\
&\quad = \sigma_\rho{}^2(u)\exp\left\{-\sqrt{\left(\frac{x_2-x_1}{l_x(u)}\right)^2+\left(\frac{y_2-y_1}{l_y(u)}\right)^2+\left(\frac{v}{l_z(u)}\right)^2}\right\}
\end{aligned} \tag{2.44}$$

式中，$u=(z_1+z_2)/2$，$v=z_2-z_1$。进一步有

$$\begin{aligned}
R(x_2-x_1,y_2-y_1) = K^2\bigg\{&\int_0^{\frac{L}{2}}\int_{-2u}^{2u}R_\rho(x_2-x_1,y_2-y_1;u,v)\mathrm{d}v\mathrm{d}u\\
&+\int_{\frac{L}{2}}^{L}\int_{-2(L-u)}^{2(L-u)}R_\rho(x_2-x_1,y_2-y_1;u,v)\mathrm{d}v\mathrm{d}u\bigg\}
\end{aligned} \tag{2.45}$$

对于 $L\gg l_z$，有

$$\sigma^2 = R(0,0) \sim 2K^2\int_0^L \sigma_\rho^2(z)l_z(z)\mathrm{d}z \tag{2.45a}$$

可以将光学损失与多个空气动力学变量相联系，如湍流边界层的厚度、密度相关函数和长度尺度。通过一个折射率变化的流场，光学损失可以由光学传递函数来定量化分析。即一个点源在焦面图像的归一化二维傅里叶变换，也可以直接表述为在孔径平面中光波的函数，即[6,21]

$$\tau(\bar{x},\bar{y},t) = \frac{1}{p}\int_{-\infty}^{\infty}\int G^*(\xi,\eta,t)G(\xi+x,\eta+y,t)\mathrm{d}\xi\mathrm{d}\eta \tag{2.46}$$

式中瞳孔函数 $G$ 定义为

$$G(\xi,\eta,t)=\begin{cases}A(\xi,\eta,t)\mathrm{e}^{ik\Delta(\xi,\eta,t)}, & (\xi,\eta)\in\Sigma\\0, & (\xi,\eta)\notin\Sigma\end{cases}\tag{2.47}$$

光功率为

$$p=\iint_{-\infty}^{\infty}G^{*}(\xi,\eta,t)G(\xi,\eta,t)\mathrm{d}\xi\mathrm{d}\eta\tag{2.48}$$

光波的振幅和相位由 $A$ 和 $\Delta$ 表示，而 $k$ 是波数，$\Sigma$ 是孔径区域。孔径平面的空间坐标是 $(x,y)$，$(\xi,\eta)$，符号 $*$ 表示复共轭。焦平面上归一化的空间频率由 $\bar{x}$ 和 $\bar{y}$ 表示。因为光束传输的介质是湍流，所以振幅和相位均依赖于时间 $t$。

如果与相位的随机效应相比，忽略随机振幅的效应，则上两式可以简化为

$$G(\xi,\eta,t)=\begin{cases}A(\xi,\eta)\mathrm{e}^{ik\Delta(\xi,\eta,t)}, & (\xi,\eta)\in\Sigma\\0, & (\xi,\eta)\notin\Sigma\end{cases}\tag{2.49}$$

$$p=\iint_{-\infty}^{\infty}[A(\xi,\eta)]^{2}\mathrm{d}\xi\mathrm{d}\eta\tag{2.50}$$

进一步，相位和孔径函数可以分解为平均分量和随机分量，即

$$\Delta(\xi,\eta,t)=\Delta_{m}(\xi,\eta)+\Delta_{r}(\xi,\eta,t)\tag{2.51}$$

$$G_{m}(\xi,\eta)=\begin{cases}A(\xi,\eta)\mathrm{e}^{ik\Delta_{m}(\xi,\eta)}, & (\xi,\eta)\in\Sigma\\0, & (\xi,\eta)\notin\Sigma\end{cases}\tag{2.52}$$

$\Delta_{m}(\xi,\eta)$ 项包括一个倾斜分量。

光学传递函数变为

$$\tau(\bar{x},\bar{y},t)=\frac{1}{p}\iint_{-\infty}^{\infty}G_{m}^{*}(\xi,\eta)G_{m}(\xi+x,\eta+y)\mathrm{e}^{ik[\Delta_{r}(\xi+x,\eta+y,t)-\Delta_{r}(\xi,\eta,t)]}\mathrm{d}\xi\mathrm{d}\eta\tag{2.53}$$

假设随机量 $\Delta_{r}(\xi+x,\eta+y,t)$ 和 $\Delta_{r}(\xi,\eta,t)$ 满足高斯联合概率密度分布，则 $\tau$ 的期望为

$$\langle\tau(\bar{x},\bar{y},t)\rangle=\frac{1}{p}\iint_{-\infty}^{\infty}G_{m}^{*}(\xi,\eta)G_{m}(\xi+x,\eta+y)\mathrm{e}^{-k^{2}\left[\frac{1}{2}(\sigma_{1}^{2}+\sigma_{2}^{2})-\varphi_{12}\right]}\mathrm{d}\xi\mathrm{d}\eta\tag{2.54}$$

式中

$$\left.\begin{aligned}\sigma_{1}^{2}&=\langle\Delta_{r}(\xi+x,\eta+y,t)^{2}\rangle\\\sigma_{2}^{2}&=\langle\Delta_{r}(\xi,\eta,t)^{2}\rangle\\\varphi_{12}&=\langle\Delta_{r}(\xi+x,\eta+y,t)\Delta_{r}(\xi,\eta,t)\rangle\end{aligned}\right\}\tag{2.55}$$

若进一步满足平稳平均流场条件，则上述量的期望值可由时间平均取

代，即

$$\left.\begin{aligned}\sigma_1^2 &= \frac{1}{T}\int_0^T [\Delta_r(\xi+x,\eta+y,t)]^2 \mathrm{d}t \\ \sigma_2^2 &= \frac{1}{T}\int_0^T [\Delta_r(\xi,\eta,t)]^2 \mathrm{d}t \\ \varphi_{12} &= \frac{1}{T}\int_0^T \Delta_r(\xi,\eta,t)\Delta_r(\xi+x,\eta+y,t)\mathrm{d}t\end{aligned}\right\} \tag{2.56}$$

瞬时波前可以用瞬时密度表示，根据

$$\Delta(x,y,t) = K\int_0^\delta \rho(x,y,z,t)\mathrm{d}z \tag{2.57}$$

式中 $K$ 为 Gladstone-Dale 常数，$\delta$ 为湍流边界层/剪切层厚度。再以平均分量和随机密度分量表示，则有

$$\Delta_m = K\int_0^\delta \rho_m(x,y,z)\mathrm{d}z \tag{2.58}$$

$$\Delta_r(x,y,t) = K\int_0^\delta \rho_r(x,y,z,t)\mathrm{d}z$$

进一步可得

$$\varphi_{12} = \frac{K^2}{T}\int_0^T\int_0^\delta \rho_r(\xi,\eta,\zeta,t)\mathrm{d}\zeta\int_0^\delta \rho_r(\xi+x,\eta+y,\zeta',t)\mathrm{d}\zeta'\mathrm{d}t \tag{2.59}$$

因为 $\zeta$ 和 $\zeta'$ 相互独立，则

$$\varphi_{12} = \frac{K^2}{T}\int_0^T\int_0^\delta\int_0^\delta \rho_r(\xi,\eta,\zeta,t)\rho_r(\xi+x,\eta+y,\zeta',t)\mathrm{d}\zeta'\mathrm{d}\zeta\mathrm{d}t \tag{2.60}$$

用 $z=\zeta'-\zeta$ 取代，有

$$\varphi_{12} = \frac{K^2}{T}\int_0^\delta\int_{-\zeta}^{\delta-\zeta}\int_0^T \rho_r(\xi,\eta,\zeta,t)\rho_r(\xi+x,\eta+y,\zeta'+z,t)\mathrm{d}z\mathrm{d}\zeta\mathrm{d}t \tag{2.61}$$

$$\sigma_1^2 = \frac{K^2}{T}\int_0^\delta\int_{-\zeta}^{\delta-\zeta}\int_0^T \rho_r(\xi+x,\eta+y,\zeta',t)\rho_r(\xi+x,\eta+y,\zeta+z,t)\mathrm{d}t\mathrm{d}z\mathrm{d}\zeta \tag{2.62}$$

$$\sigma_2^2 = \frac{K^2}{T}\int_0^\delta\int_{-\zeta}^{\delta-\zeta}\int_0^T \rho_r(\xi,\eta,t)\rho_r(\xi,\eta,\zeta+z,t)\mathrm{d}t\mathrm{d}z\mathrm{d}\zeta \tag{2.63}$$

上述这些表达式的时间积分与密度相关函数 $R$ 和随机密度脉动的标准差 $\rho_r'$ 建立关系，即

$$\begin{aligned}&\frac{1}{T}\int_0^T \rho_r(\xi,\eta,\zeta,t)\rho_r(\xi+x,\eta+y,\zeta+z,t)\mathrm{d}t \\ &= [\rho'_r(\xi,\eta,\zeta)]^2 R(\xi,\eta,\zeta;x,y,z),\end{aligned}$$

$$\frac{1}{T}\int_0^T \rho_r(\xi + x, \eta + y, \zeta, t)\rho_r(\xi + x, \eta + y, \zeta + z, t)\mathrm{d}t$$
$$= [\rho'_r(\xi + x, \eta + y, \zeta + z)]^2 R(\xi + x, \eta + y; 0, 0, -z),$$
$$\frac{1}{T}\int_0^T \rho_r(\xi + \eta, \zeta, t)\rho_r(\xi, \eta, \zeta + z, t)\mathrm{d}t$$
$$= [\rho'_r(\xi, \eta, \zeta)]^2 R(\xi, \eta, \zeta; 0, 0, z) \tag{2.64}$$

于是光学传递函数的期望值可写为

$$\overline{\tau(\overline{x}, \overline{y})} = \frac{1}{p}\iint_{-\infty}^{\infty} G_m^*(\xi, \eta) G_m(\xi + x, \eta + y)$$
$$\cdot \exp\{-K^2 k^2 \delta^2 \int_0^1 \int_{-\zeta}^{1-\zeta} [\frac{1}{2}\rho'_r(\xi, \eta, \zeta)^2 R(\xi, \eta, \zeta; 0, 0, z)$$
$$+ \frac{1}{2}\rho'_r(\xi + x, \eta + y, \zeta + z)^2 R(\xi + x, \eta + y, \zeta + z; 0, 0, -z)$$
$$- \rho'_r(\xi, \eta, \zeta)^2 R(\xi, \eta, \zeta; x, y, z)]\mathrm{d}z\mathrm{d}\zeta\}\mathrm{d}\xi\mathrm{d}\eta \tag{2.65}$$

上式中,空间坐标已由边界层/剪切层厚度 $\delta$ 归一化。

利用上述表达式及其简化形式可以预测气动光学损失的基本趋势,即光学退化程度随着马赫数的增加(即可压缩效应)和光束直径的增加而增加。

斯特涅尔比(Strehl Ratio)$I/I_0$ 定义为对点源的响应,在图像平面上具有畸变的最大强度 $I$ 与没有畸变的最大强度 $I_0$ 之比:

$$I/I_0 = \iint_{-\infty}^{\infty} \tau(\overline{x}, \overline{y})\mathrm{d}\overline{x}\mathrm{d}\overline{y} \Big/ \iint_{-\infty}^{\infty} \tau_0(\overline{x}, \overline{y})\mathrm{d}\overline{x}\mathrm{d}\overline{y} \tag{2.66}$$

式中若 $\tau_0(x, y)$定义为瞳函数的归一化卷积:

$$\iint_{-\infty}^{\infty} \tau_0(\overline{x}, \overline{y})\mathrm{d}\overline{x}\mathrm{d}\overline{y} = \pi/4$$

则有

$$I/I_0 = (4/\pi)\iint_{-\infty}^{\infty} \tau(\overline{x}, \overline{y})\mathrm{d}\overline{x}\mathrm{d}\overline{y} \tag{2.67}$$

可以求出斯特涅尔比的一阶矩和二阶矩:

$$\left.\begin{aligned} \langle I/I_0 \rangle &= (4/\pi)\iint_{-\infty}^{\infty} \langle \tau(\overline{x}, \overline{y}) \rangle \mathrm{d}\overline{x}\mathrm{d}\overline{y} \\ \sigma_{I/I_0}^2 &= (4/\pi)^2 \iiiint_{-\infty}^{\infty} R_Z(x, y, x', y')\mathrm{d}x\mathrm{d}y\mathrm{d}x'\mathrm{d}y' \end{aligned}\right\} \tag{2.68}$$

据美国文献报道,远程巡航飞行器可以使用星光导航以精确地测量恒星的角位置。因飞行器周围的流场可产生各种失真透镜效应,引起测角误差,故必须在认识其起源的基础上进行校正。

### 2.5.2　成像品质劣化

由外部流场产生的光学畸变分为两大类：第一类是黏性流场现象，包括剪切层、层流层和扰动边界层，以及各个涡旋的产生、破碎等；第二类涉及外部非黏性流场。

对于非黏性流场引起的波前畸变，其波前的形状或相位畸变可以用在直径为 $R$ 的孔径上互相正交的泽内克（Zernike）多项式函数集合表示[19]：

$$F_1(r)=\left(\frac{1}{\pi R^2}\right)^{1/2}\quad\text{（均匀相位移动）}$$

$$\left.\begin{aligned}F_2(r)&=\left(\frac{1}{\pi R^4}\right)^{1/2}x\\F_3(r)&=\left(\frac{1}{\pi R^4}\right)^{1/2}y\end{aligned}\right\}\quad\text{（倾斜）}$$

$$F_4(r)=\left(\frac{12}{\pi R^6}\right)^{1/2}\left(x^2+y^2-\frac{R^2}{2}\right)\quad\text{（重聚焦）}$$

$$F_5(r)=\left(\frac{6}{\pi R^6}\right)^{1/2}(x^2-y^2)\quad\text{（像散）}$$

$$F_6(r)=\left(\frac{24}{\pi R^6}\right)^{1/2}(xy)\quad\text{（像散）}$$

$$\left.\begin{aligned}F_7(r)&=\left(\frac{8}{\pi R^8}\right)^{1/2}(x^3-3xy^2)\\F_8(r)&=\left(\frac{8}{\pi R^8}\right)^{1/2}(y^3-3yx^2)\\F_9(r)&=\left(\frac{8}{\pi R^8}\right)^{1/2}(3x^2+3y^2-2R^2)x\\F_{10}(r)&=\left(\frac{8}{\pi R^8}\right)^{1/2}(3x^2+3y^2-2R^2)y\end{aligned}\right\}\quad\text{（慧形像差）}$$

上述公式与各种典型的相位畸变有关，它们的加权组合可用于表达更一般的相位畸变形态：

$$p_d=\sum_{j=1}^{10}A_jF_j(r)\tag{2.69}$$

式中 $A_j$ 为加权系数，$A_j=\int_0^{2\pi}\int_0^R p(r,\theta)F(r,\theta)r\mathrm{d}r\mathrm{d}\theta$。

Sutton 通过理论分析、风洞实验和飞行试验的数据对比分析，给出了在各种边界层厚度、飞行马赫数和高度条件下，可见光成像品质的边界范围，如图2.39所示。图中 $\delta$ 为边界层厚度，$\alpha$ 为湍流的消光系数[53]。

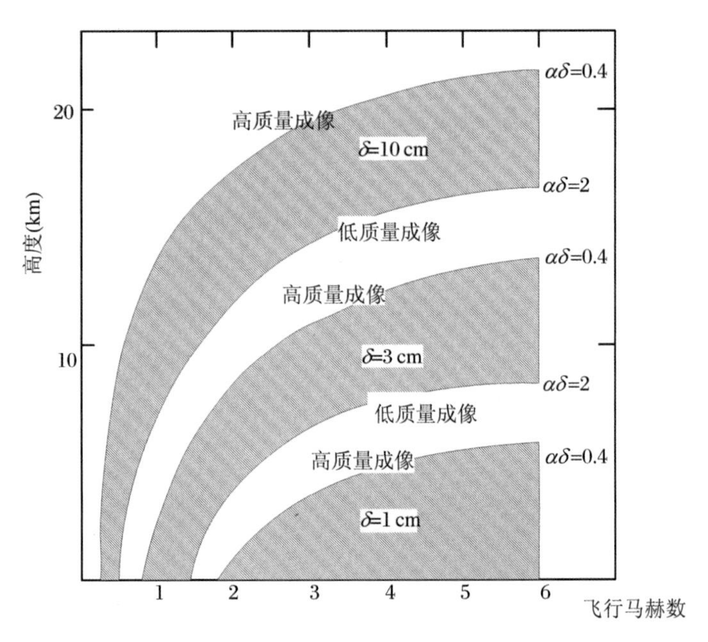


图2.39 可见光成像品质与飞行高度、边界层厚度、马赫数的关系[53]

这里 Sutton 定义了一个近似准则：若 $\alpha\delta>2$ 则成像品质差；若 $\alpha\delta<0.4$ 则成像品质好。从上图中可以看到，对于所有的马赫数，成像品质对边界层厚度敏感。所以，在成像设备窗口处使边界层厚度尽量薄，对成像质量是有好处的。另外，冷却窗口减少了由温度上升引起的气体密度脉动，也是有好处的。Sutton 指出，这个结论是基于成像装置在飞行器上具有平滑的观测窗口且与飞行器表面齐平这一条件的。观测窗凹进飞行器表面，可能增加湍流尺度的大小或光学传输路径的长度。

依据湍流涡模型、光学传输的相位屏模型以及计算流体动力学方法(CFD)，有关仿真和测试研究表明[39]：

(1) 波长与气动光学效应的严重程度密切相关。在同一流场条件下，较长波长的光线成像品质好于较短波长的，如图2.40所示[39]。其中左图测得的 RMS 波前误差为 0.35 μm，由式(2.70)的波长标度效应，该误差对短波长成像的劣化影响要大得多，如图2.40右图所示。

$$\varphi(x,y)=2\pi w(x,y)/\lambda \tag{2.70}$$

(2) 相对于小涡，大涡造成的气动光学效应更严重，控制涡尺度可提高成像品质。

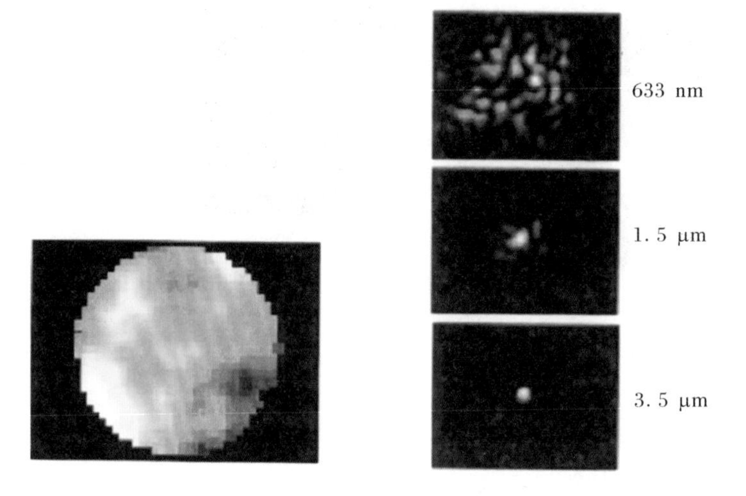


图2.40　湍流条件下(左)在633 nm测得波前误差(右)不同波长处计算的点扩展函数[39]

(3) Strehl比能体现整体成像品质的优劣，是涡的结构、涡数量和位置分布的函数。当涡均匀分布时，Strehl比较高。

从传输效应的角度看，成像探测窗附近的高速流场可以等效为一种特殊的光学透镜系统。这种透镜系统的光学传输特性随机变化，来自景物的光线经过该透镜系统形成随时间、空间变化的畸变图像。从热辐射效应的角度看，在特定的波段，高速流场和成像探测窗的热辐射可以等效为光路中的干扰光源。这些变化中的干扰与来自景物的光线一起进入焦平面，形成随时间、空间变化的畸变分量。

图像或图像序列的畸变包括以下几个方面：

(1) 视线或指向的偏移(Boresight Error)

高速流场产生的图像偏移引起视线或指向误差，主要由流场的层流部分产生。理论计算指出，在相同的飞行速度条件下，飞行高度增加，图像偏移量减小；在相同飞行高度的条件下，飞行速度增加，图像偏移量增加。视线的偏移导致瞄准偏差。图2.41为美国对小观测角下高速拦截器导引头视线角角偏移量随飞行高度/攻角变化规律的研究结果实例。

(2) 图像的抖动(Jitter)

抖动可用振幅、频率和方向来表征，它将引起感兴趣目标形心位置跳动，导致测量或定位的不准确性。抖动的效果可在一个相对短的曝光时间上观察到。

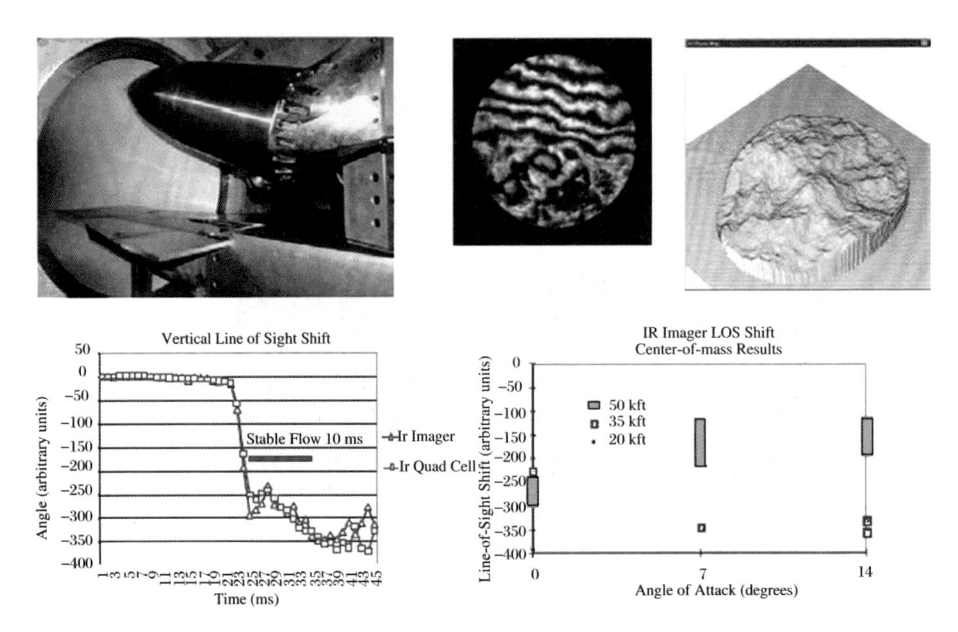


图 2.41 视线角角偏移量随飞行高度/攻角变化规律的研究[7]

(3) 图像模糊

流场介质密度的变化使光束发生随时间、空间变化的偏折和畸变，在一个相对长的曝光时间间隔上，这种光束在成像焦平面上的相对运动，造成记录的图像模糊。典型例子是，一个点源物体的斑状像的中心亮度减弱及衍射斑的扩大。

图像模糊导致探测对象强度衰减、探测距离降低、测量误差增加或探测失败的严重后果。

(4) 热辐射导致的图像饱和与信噪比降低

激波的辐照度和窗口的辐照度与背景的辐照度叠加，将使传感器工作点进入成像传感器的非线性饱和区。若不能恰当地控制曝光时间而避免这种状况发生，会丢失景物有效信息或降低信噪比、信杂比，使探测性能下降或功能失效。

### 2.5.3 成像品质评价[47,48]

评价图像品质的准则是评估气动光学效应严重程度以及校正效果的重要

研究课题，另外，可考虑基于目标识别任务的效果评估方法。本节给出的图像质量与退化程度评估指标主要包括退化图像与基准图像间的相关系数、图像信噪比、能量集中度、目标对比度、图像的模糊度、斯特涅尔比、图像归一化均方误差等。

1．相关系数

相关系数表征了两帧图像的相似程度。退化图像和基准图像的相关系数越小表示退化图像与基准图像的差别越大，退化程度越严重。

相关系数的数学表达式可以用下式表示：

$$K_{\text{conv}} = \frac{\text{Cov}(f_{(x,y)}, \hat{f}_{(x,y)})}{(D_{(f_{(x,y)})})^2 \cdot (D_{(\hat{f}_{(x,y)})})^2} \tag{2.71}$$

其中，$\text{Cov}(f_{(x,y)}, \hat{f}_{(x,y)})$为协方差，$f_{(x,y)}$为基准图像，$\hat{f}_{(x,y)}$为退化图像，$D(\cdot)$表示图像数据的方差。

对实际热辐射退化图像序列进行计算得出实验曲线如图 2.42 所示。

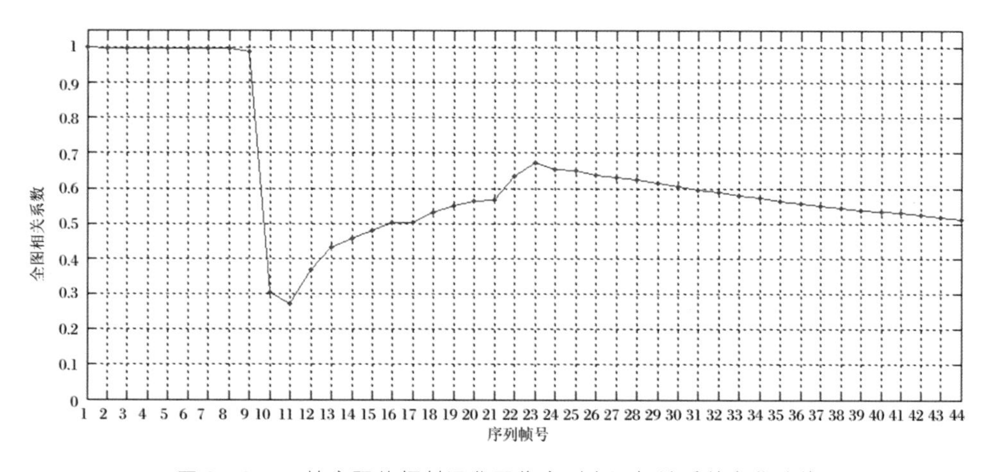


图 2.42　44 帧实际热辐射退化图像序列全图相关系数变化曲线

对该序列选择目标区域后进行序列中目标区域相关系数计算。选择的区域为：左上角(74,44)像素点到右下角(256,228)像素点，如图 2.43 框内区域所示。

实验结果数据如图 2.44 所示。

上述曲线表明，前 4 帧图像与基准图像的相关系数接近于 1，说明无吹风时，成像质量稳定。其后相关系数急剧减小，由此可见，热辐射对成像有较大影响，使图像质量显著变差，必然会对后续目标识别带来负面影响。

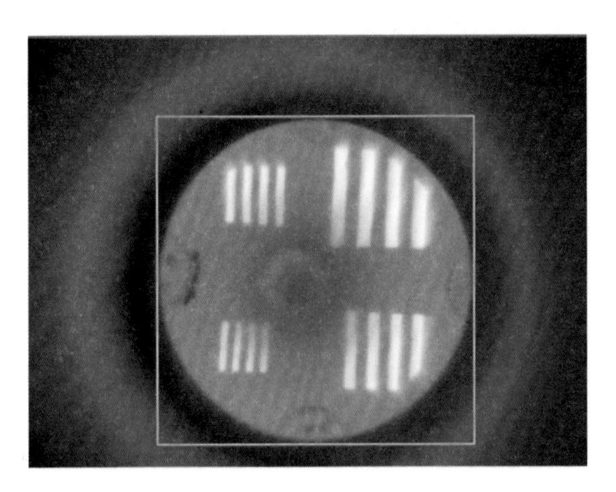

图2.43 风洞热辐射退化图像序列中选取的目标区域

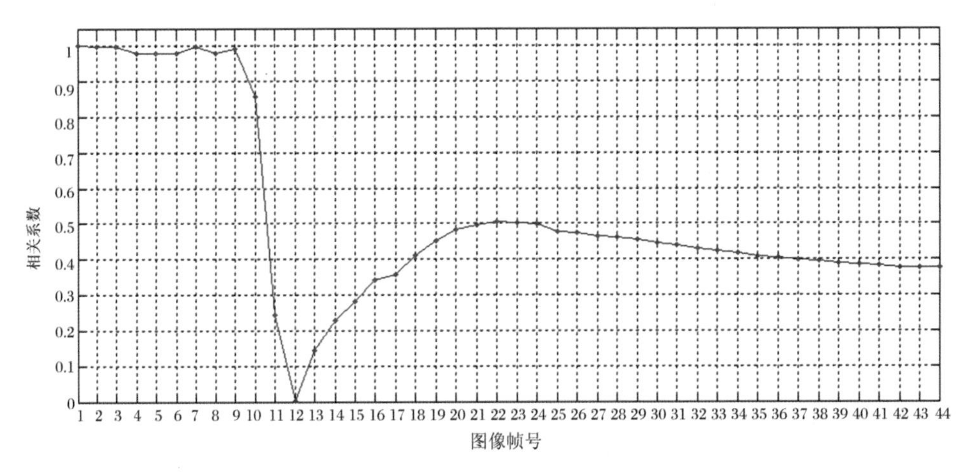


图2.44 热辐射退化图像序列中目标区域相关系数变化曲线

2. 信噪比

信噪比定义为

$$SNR = \frac{S_o}{\sigma_N} \tag{2.72}$$

其中，$S_o$ 表示目标的平均灰度值，$\sigma_N$ 表示噪声的标准差。

对于含噪图像，在未知基准图像的情况下可以通过图像滤波来估计无噪图像和噪声大小，从而近似计算出图像的信噪比。

热辐射退化图像序列全图信噪比计算得出实验变化曲线如图2.45所示。

对热辐射退化图像序列选择目标区域进行信噪比计算。选择的区域为：左上角(165,49)像素点到右下角(238,127)像素点，如图2.46框内区域所示。

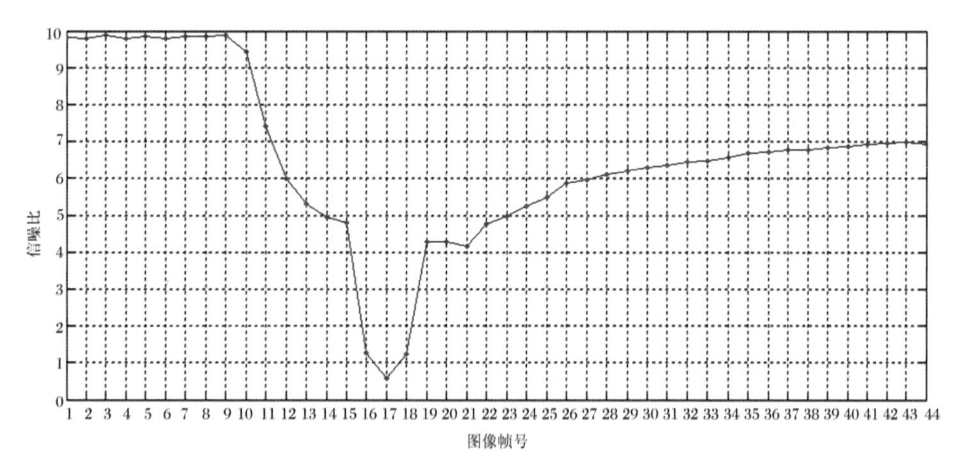


图 2.45　44 帧实际热辐射退化图像序列全图信噪比变化曲线

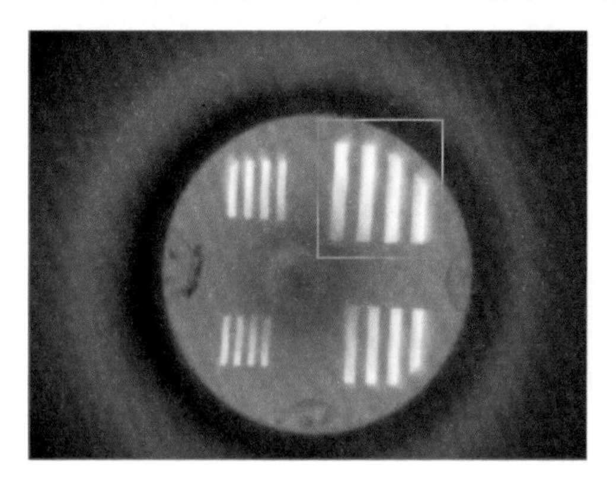

图 2.46　对 44 帧实际热辐射退化图像序列选取的目标区域

实验结果如图 2.47 所示。

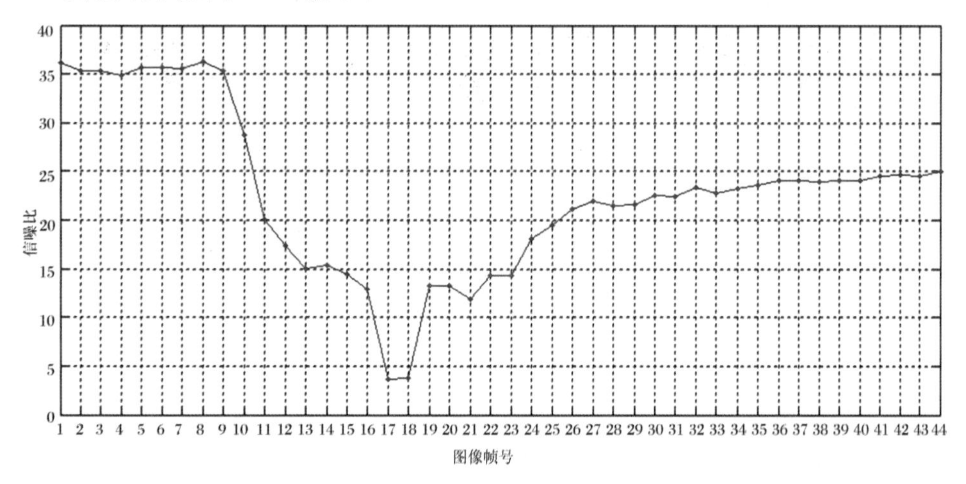


图 2.47　实际热辐射退化图像序列目标信噪比变化曲线

结果表明:气动光学效应使图像信噪比显著降低,会对后续目标识别带来较大影响。

3. 能量集中度

在目标位置,图像峰能量高,表明所要检测的目标能量集中,如图 2.48 所示。

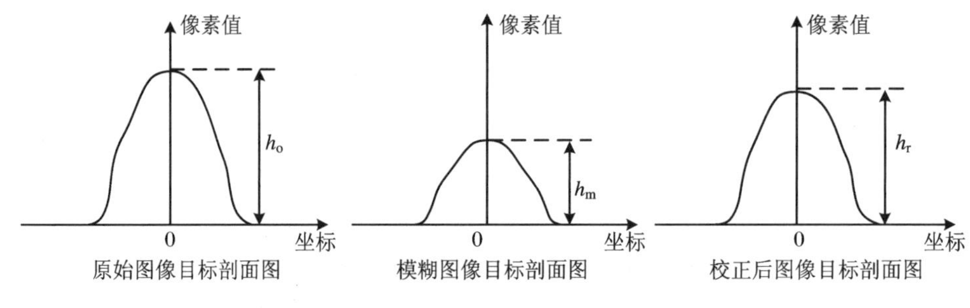


图 2.48 能量集中度示意图

定义模糊图像与原始图像能量集中度:$Y_{mo}=\dfrac{h_m}{h_o}$,校正后图像与原始图像能量集中度:$Y_{ro}=\dfrac{h_r}{h_o}$。其中,$h_o$ 为原始目标图像上的像素峰值;$h_m$ 为模糊目标图像上的像素峰值;$h_r$ 为校正图像目标区域上的像素峰值。$Y_{mo}$ 和 $Y_{ro}$ 在 0～1之间取值。$Y_{mo}$越小表明在退化图像中目标能量越扩散,$Y_{ro}$越大表明校正效果越好。仿真实验的一个例子如图 2.49、表 2.1 所示。

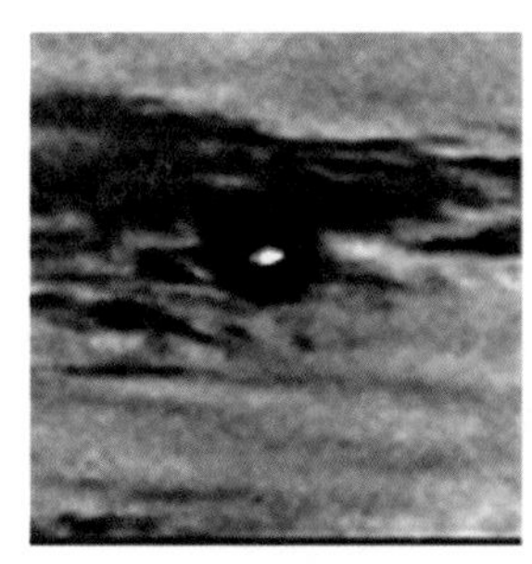

(a) 基准图像

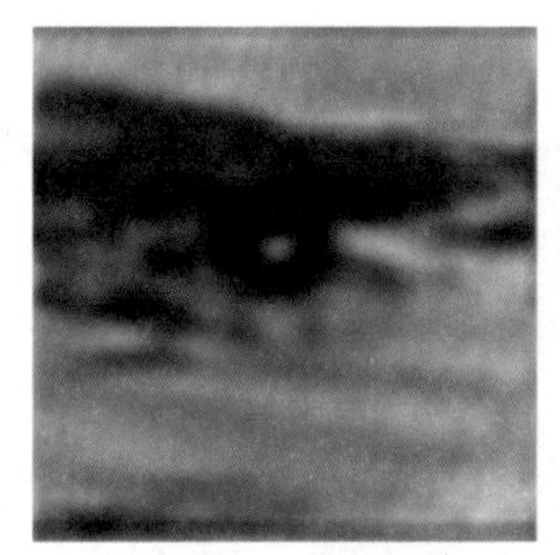

(b) 气动光学退化图像

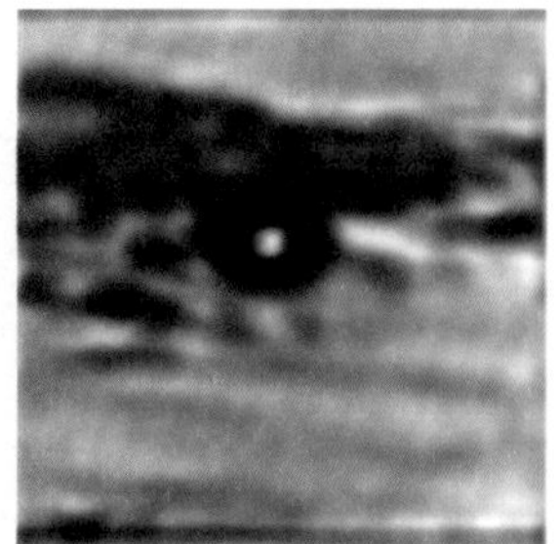

(c) 校正图像

图 2.49 能量集中度评价测试

表 2.1 校正前后能量集中度对比

| 计算对象 / 评价准则 | 退化图像比原始图像 | 校正图像比原始图像 |
| --- | --- | --- |
| 单点集中度 | 0.454 90(像素点(56,62)) | 0.883 25(像素点(56,62)) |

由上述图、表可以看出，校正图像在同一像素点的单点能量集中度比退化图像的单点能量集中度有了很大提高。

4. 目标对比度

图像的目标对比度反映了目标相对于背景的突出程度。目标对比度越大意味着目标与背景越容易区分；目标对比度低则意味着图像的梯度幅度较低，分割和轮廓提取效果差，从而导致后续目标识别正确率低。目标对比度可以定义为

$$K_{\mathrm{con}} = \frac{|S_{\mathrm{o}} - S_{\mathrm{b}}|}{S_{\mathrm{b}}} \tag{2.73}$$

其中，$S_{\mathrm{o}}$ 为目标的灰度均值，$S_{\mathrm{b}}$ 为背景的灰度均值。

对 44 帧实际热辐射退化图像序列选择目标区域后进行目标对比度计算。选择的区域为：左上角(106,153)像素点到右下角(142,191)像素点，如图 2.50 框内区域所示。

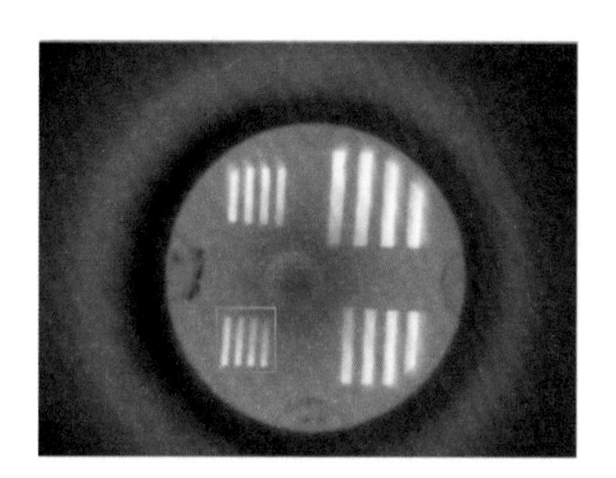

图 2.50　对 44 帧实际热辐射退化图像序列选取的目标区域

该目标区域对比度实验结果如图 2.51 所示。

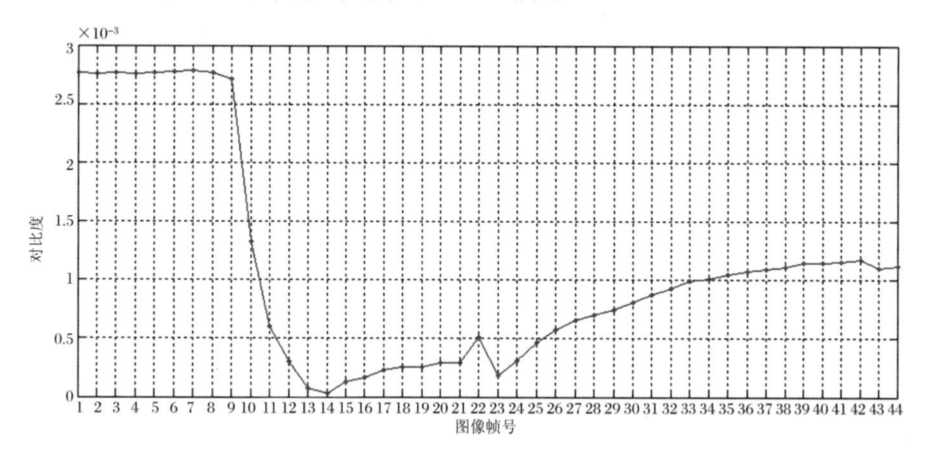


图 2.51　实际热辐射退化图像序列目标对比度曲线

对 100 帧实际热辐射退化图像序列选择目标区域后进行目标对比度计算。选择的区域为:左上角(167,41)像素点到右下角(236,113)像素点,如图 2.52 框内区域所示。

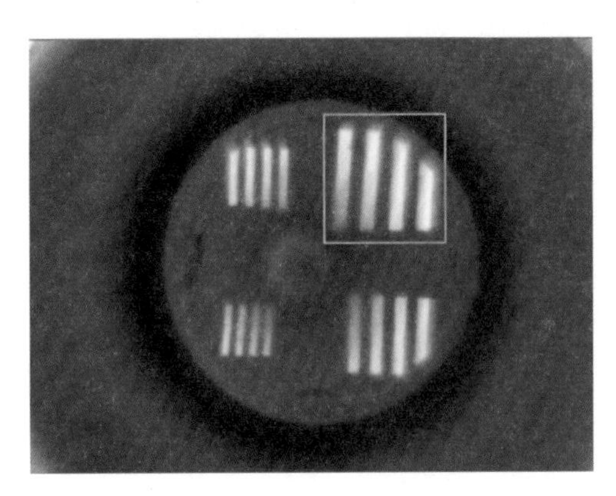

图 2.52 对 100 帧实际热辐射退化图像序列选取的目标区域

该目标区域对比度实验结果如图 2.53 所示。

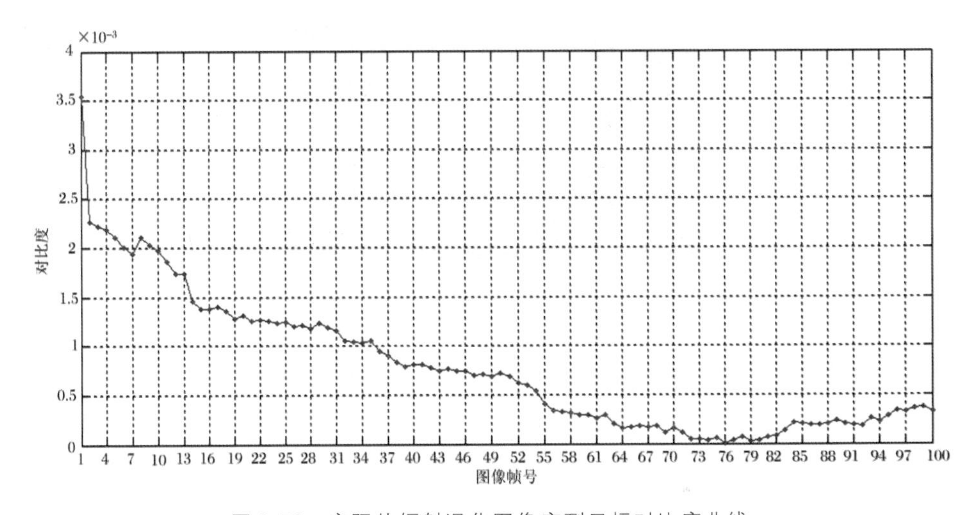


图 2.53 实际热辐射退化图像序列目标对比度曲线

另一个选择的区域为:左上角(106,139)像素点到右下角(142,178)像素点,如图 2.54 框内区域所示。

该目标区域对比度实验结果如图 2.55 所示。

由实验结果可见:吹风前基准图像中目标的对比度较高,吹风后退化图像中目标对比度显著下降,说明吹风后目标相对于背景的突出程度降低,会对后续目标识别检测造成影响。

图2.54 对100帧实际热辐射退化图像序列选取的目标区域

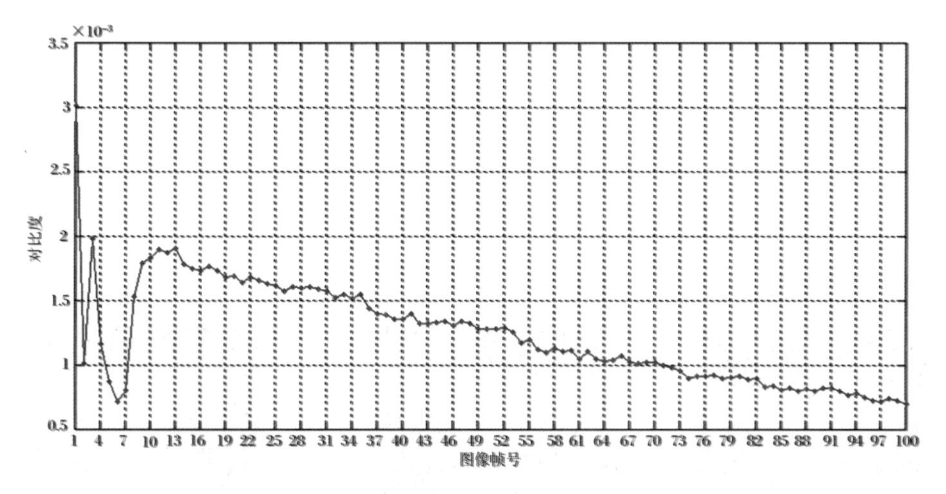


图2.55 实际热辐射退化图像序列目标对比度曲线

5. 图像模糊度

一种基于 Haar 小波变换的模糊程度判断算法能稳定有效地提取出图像中显著的边缘点,可对图像的模糊程度给出一个客观评价。采用 Haar 小波对图像进行小波变换,利用小波变换的多尺度特性把图像分解成不同尺度上的多个分量,小波系数模的局部极大值对应着图像中的边缘点。

利用二维 Haar 小波,图像可分解为

$$\left.\begin{aligned}
A_{2^s}^d f &= (f(x,y)\cdot\varphi_{2^s}(-x)\varphi_{2^s}(-y))(2^{-s}n,2^{-s}m)_{(n,m)\in Z^2}\\
D_{2^s}^1 f &= (f(x,y)\cdot\varphi_{2^s}(-x)\psi_{2^s}(-y))(2^{-s}n,2^{-s}m)_{(n,m)\in Z^2}\\
D_{2^s}^2 f &= (f(x,y)\cdot\psi_{2^s}(-x)\varphi_{2^s}(-y))(2^{-s}n,2^{-s}m)_{(n,m)\in Z^2}\\
D_{2^s}^3 f &= (f(x,y)\cdot\psi_{2^s}(-x)\psi_{2^s}(-y))(2^{-s}n,2^{-s}m)_{(n,m)\in Z^2}
\end{aligned}\right\}\tag{2.74}$$

其中，$\varphi$ 和 $\psi$ 分别是对应的尺度函数和小波函数。对于第 $s$ 级变换来说，图像被分解为 4 个 1/4 大小的图像，每个都是图像与小波基的内积，每一层包含从前一级来的低频信息 $A_{2^s}^d f$ 和水平、垂直及对角线信息 $D_{2^s}^1 f$、$D_{2^s}^2 f$、$D_{2^s}^3 f$。

图像经过某级 Haar 小波变换后得到了对角细节分量矩阵 $D_{2^s}^3 f$，对 $|D_{2^s}^3 f|$ 进行灰度转换，使矩阵上的细节分量值转换到 0～255 之间，得到对角细节分量灰度矩阵，此时矩阵上的局部极大值对应着图像中的边缘点，图像的平坦区域对应着矩阵上的 0 值。当图像模糊时，其边缘上的相邻像素由于邻域灰度特征相近，经过 Haar 小波变换后，得到的对角细节分量灰度矩阵上对应的相邻矩阵点的值就会相等，而且当图像模糊程度越大时，这类边缘邻域相等点就越多。在对角细节分量灰度矩阵上以这类边缘邻域相等点作为选取的特征点，检测出这些特征点的数目 $n_c$，矩阵像素数目为 $N$，模糊判断值 $d$ 的计算公式为

$$d = \frac{n_c}{N} \tag{2.75}$$

该值的大小处于 0 到 1 之间，一般情况下其值与图像的模糊程度成正相关。当典型值 $d>0.15$ 时，认为图像比较模糊。该方法适用于纹理特征明显的图像模糊度计算，如图 2.56 所示。

(a) 基准图像(模糊度0.003 64)

(b) 气动光学退化图像(模糊度0.120 71)

(c) 校正图像(模糊度0.048 39)

图 2.56 图像模糊度评价准则测试

从图 2.56 可以看出，基准图像的模糊度最小，校正图像的模糊度次之，退化图像的模糊度最大。实验结果显示模糊度评价准则能够较准确地反映图像的模糊程度，基本符合客观事实。

6. 斯特涅尔比

斯特涅尔比是以退化或校正图像的点扩展函数 PSF 评估退化或校正效果的参数，反映了模糊图像(或校正图像)相对于基准图像的点扩展函数与成像系统衍射的点扩展函数的偏离程度。成像系统衍射点扩展函数的宽度较小，斯特涅尔比归一化后峰值接近于 1；而退化模糊产生的点扩展函数宽度相对比较

大，斯特涅尔比的值显著小于 1；图像校正效果越好，校正后图像相对于基准图像的点扩展函数越趋向于标准冲击函数，斯特涅尔比的值越接近 1。

斯特涅尔比的值还可以反映点扩展函数的宽度，斯特涅尔比的值越大，点扩展函数的宽度越小。

根据惠更斯原理，瞳函数为 $A(x,y)$ 的波面，在像面上形成的振幅分布为

$$U(x',y') = \iint A(x,y)\exp\left[-i\frac{2\pi}{\lambda' f'}(xx'+yy')\right]\mathrm{d}x\mathrm{d}y \tag{2.76}$$

衍射瞳函数 $A(x,y)$ 在 $\sqrt{x^2+y^2}\leqslant\dfrac{D}{2}$ 的范围内为 1。为方便进行下一步快速傅里叶变换，外围扩散一定范围，满足 $2^n$ 幂的要求，一般为 128、256、512 等，其选取要根据图像的分辨率等因素来综合考虑。扩展范围中振幅取值为 0。

从式(2.76)可知像面的振幅分布为瞳函数的傅里叶变换。因光强正比于振幅的平方，所以点扩展函数为

$$PSF_{\mathrm{M}}(x',y') = |U(x',y')|^2 = U(x',y')\times U^*(x',y') \tag{2.77}$$

如图 2.57 所示，是一组斯特涅尔比评价实验。

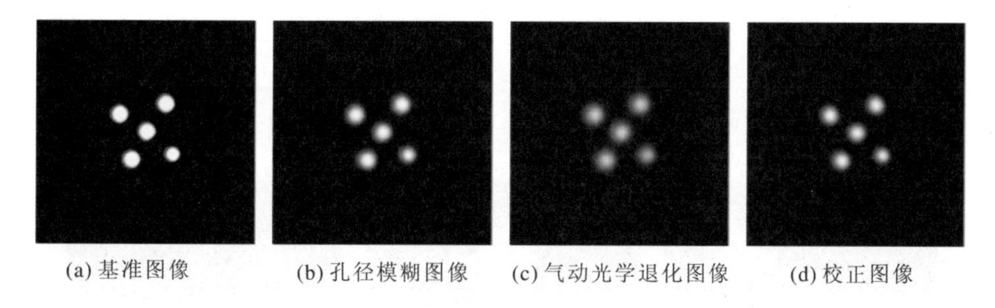

(a) 基准图像　(b) 孔径模糊图像　(c) 气动光学退化图像　(d) 校正图像

图 2.57　斯特涅尔比评价测试

如表 2.2 所示，由校正前后斯特涅尔比对照可以看出：校正后图像的点扩展函数接近基准图像。

表 2.2　校正前后斯特涅尔比对照

| | 退化图像 | 校正图像 |
|---|---|---|
| 斯特涅尔比 | 0.584 0 | 0.878 3 |

## 2.5.4　气动光学效应对探测性能的影响[47~49]

以下给出校正前后气动光学效应对目标特征提取效果与检测跟踪能力的

对比仿真例子，表明效应的负面影响和校正的必要。

1. 未校正直接检测点目标

对于无背景的目标仿真图像，通过叠加深空背景再经过气动光学效应退化后，对其未进行气动光学效应校正而直接进行单帧目标检测，实验结果如图 2.58 所示。

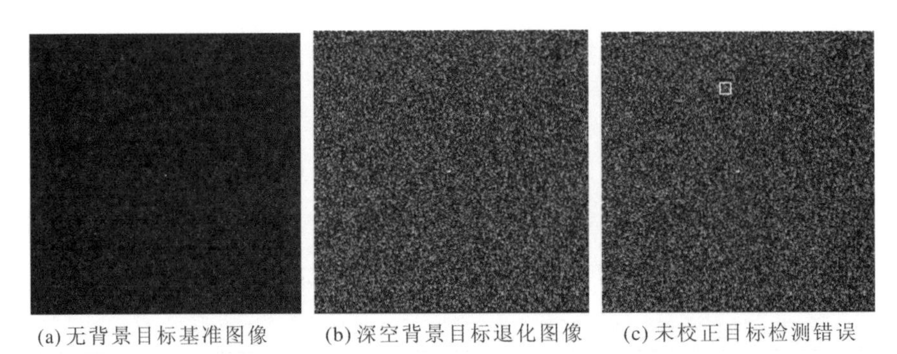

(a) 无背景目标基准图像　(b) 深空背景目标退化图像　(c) 未校正目标检测错误

图 2.58　气动光学效应对探测的影响，*SNR* = 10 dB(目标均值 2.28E－11，居于图像中心，噪声标准差 7.21E－12)，检测错误率高

2. 先校正再检测点目标

对于无背景的目标仿真图像，通过叠加深空背景再经过气动光学效应退化后，先对其进行气动光学效应校正再进行目标检测，实验结果如图 2.59 所示。

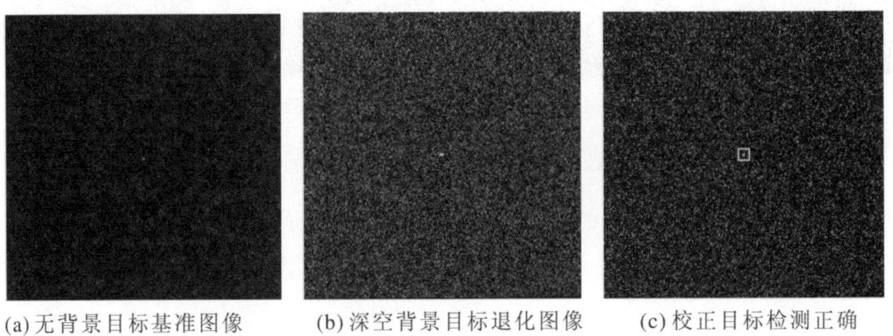

(a) 无背景目标基准图像　(b) 深空背景目标退化图像　(c) 校正目标检测正确

图 2.59　气动光学效应对探测的影响，*SNR* = 10 dB(目标均值 2.28E－11，噪声标准差 7.21E－12)，检测正确率较好

3. 校正前后目标跟踪与特征提取对比

校正前后目标跟踪与特征提取对比如图 2.60、图 2.61、图 2.62、图 2.63 所示。

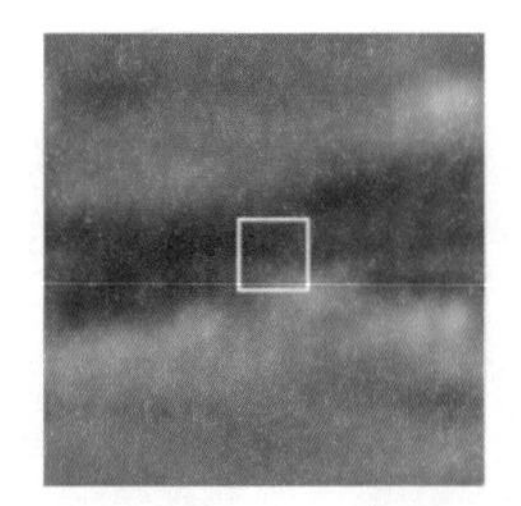

(a) 校正前目标跟踪丢失

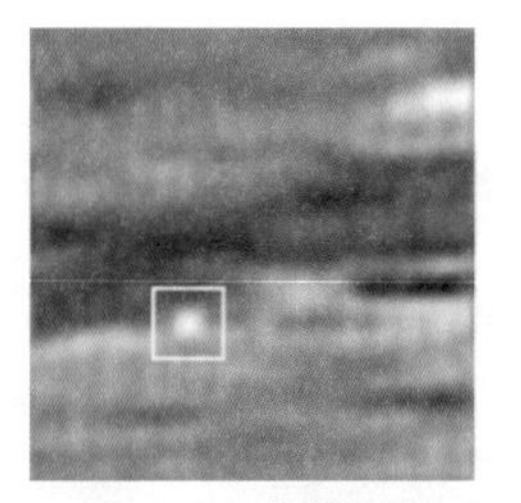

(b) 校正后目标跟踪准确

图 2.60　气动光学效应校正前后目标跟踪情况

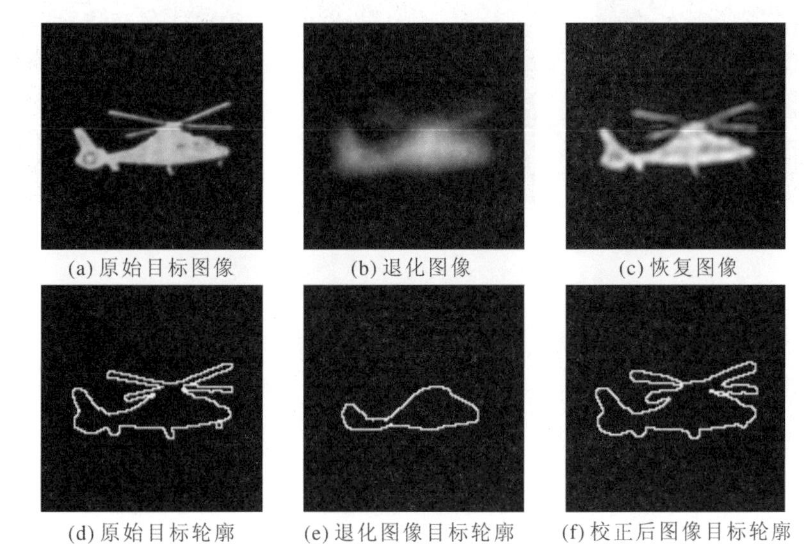

(a) 原始目标图像　(b) 退化图像　(c) 恢复图像

(d) 原始目标轮廓　(e) 退化图像目标轮廓　(f) 校正后图像目标轮廓

图 2.61　空中目标校正前后特征提取对比示例

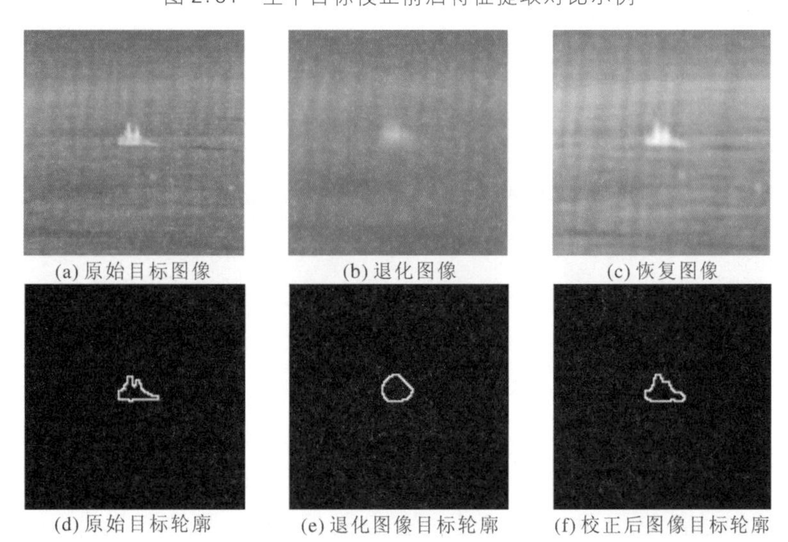

(a) 原始目标图像　(b) 退化图像　(c) 恢复图像

(d) 原始目标轮廓　(e) 退化图像目标轮廓　(f) 校正后图像目标轮廓

图 2.62　海上目标校正前后特征提取对比示例

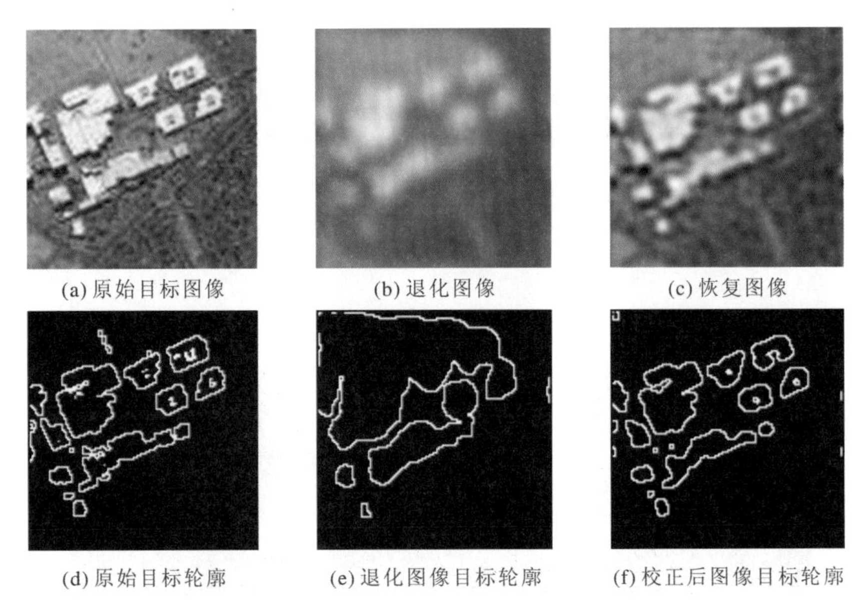


图 2.63　地面目标校正前后特征提取对比示例

上述图例表明，气动光学模糊效应如不进行模糊校正，将严重降低系统探测识别性能，甚至导致功能丧失；而校正后目标特征提取正确，探测性能相对校正前明显提高，功能得以恢复。

# 2.6　气动光学效应校正研究方法

气动光学效应的产生机理和控制方法是气动光学效应校正方法研究有效性的基础，只有在机理、模型研究相对清楚的条件下，气动光学效应的控制和校正方法才能得到稳步的发展和成功的应用[18]。

## 2.6.1　气动光学效应机理的指导

气动光学效应机理与控制的理论、模型、方法和技术的研究遵循着实践（试验）→理论、模型→实践的规律。光波在高速流场中传输的计算模拟流程如图 2.64 所示。

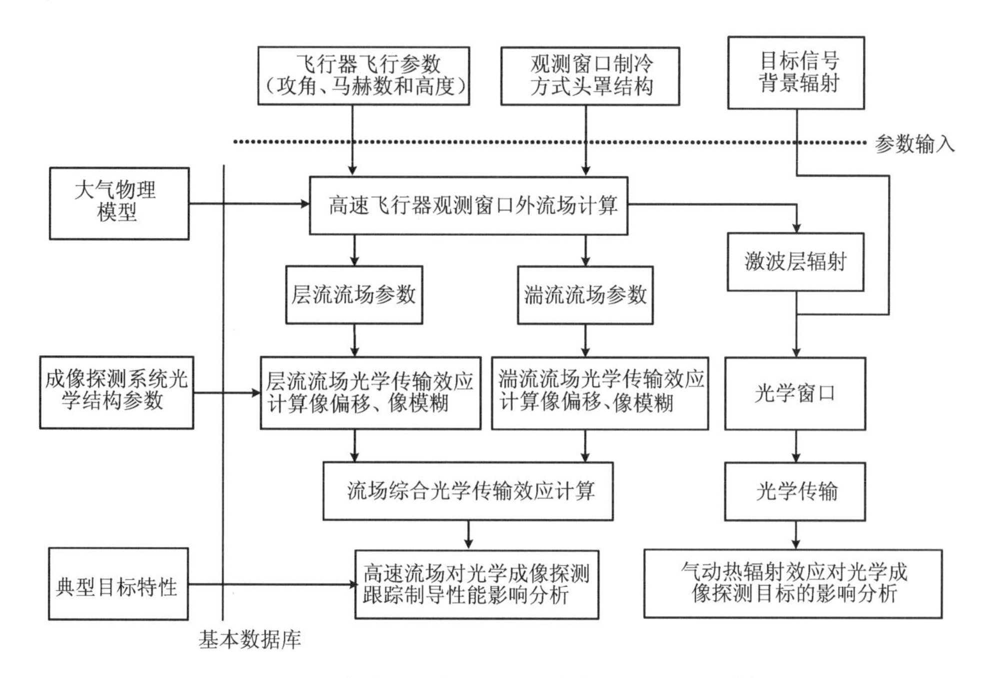


图 2.64　光波在高速流场中传输的计算模拟流程[5]

## 2.6.2　校正研究的基本框架

气动光学效应校正的目的是在实施气动光学效应控制之后的基础上，再使用各种技术手段对残存的或者说不可控制的气动效应进行校正，使成像质量尽可能恢复到接近无气动光学效应时的理想成像状态。实质上，这是一个将畸变图像或图像序列反演到高速流场之前的无气动效应的成像状态，即数学上讲的求逆问题。反演或求逆从原理上讲是一个不适定问题(Ill-Posed)，原则上讲没有唯一解，只能是在经过正则化后，得到满足特定准则的满意解。正则化的基本约束依赖于相关的模型和参数的确立，总体上说校正要达到满意的效果，应该在气动光学效应机理、飞行器相关参数、环境条件的模型约束和控制下开展研究。为了达到校正的实时性，校正系统应分为地面支撑系统和飞行器机载实时处理系统，基本的研究流程如图 2.65 所示。

## 2.6.3　气动光学效应现象学的建模仿真

开展气动光学效应校正方法的研究，必须建立良好的研究开发环境。地面支撑系统包括计算机全数字仿真研究子平台、半实物仿真子平台和风洞实验子平台。在计算机全数字仿真研究子平台上，可采用两种途径：机理仿真途径和现象学仿真途径。基于这两种途径，作为研究气动光学效应校正方法所需的原始数据，分别模拟产生在不同条件下的受气动光学效应影响前后的图像序列，支撑校正方法有效性和局限性的对比研究。

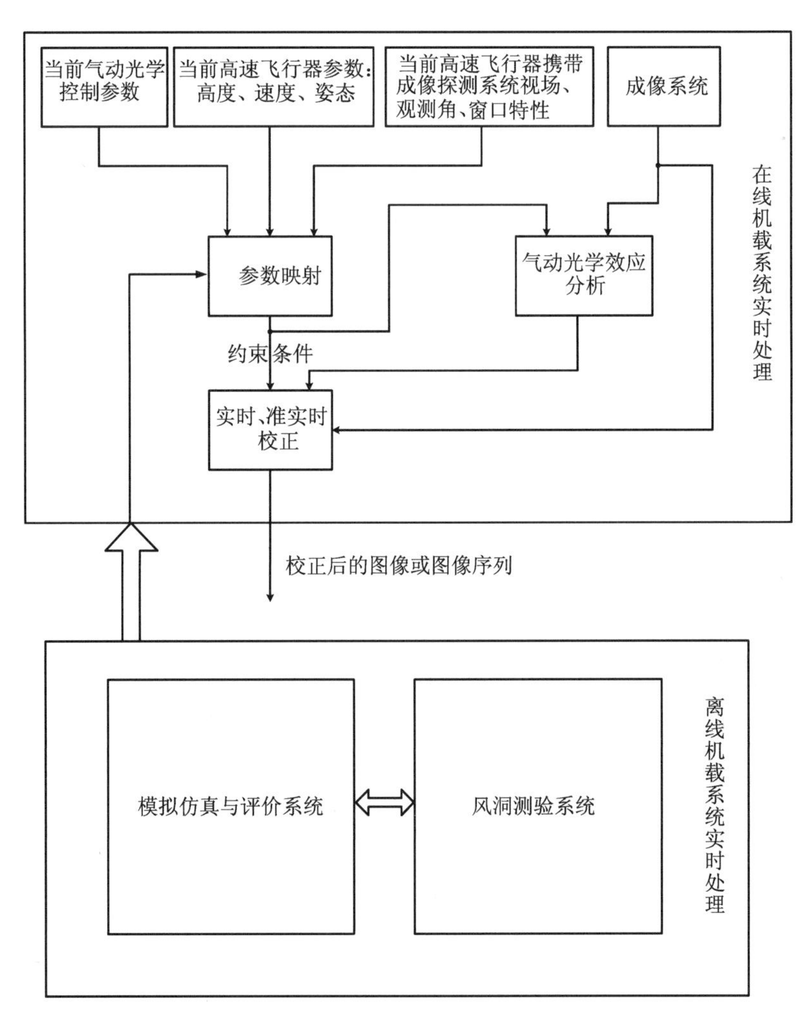


图 2.65 校正研究的基本框架[5]

1. 基于机理的建模与仿真途径

这类方法一般用到两个模型：湍流介质的流体动力学描述模型以及在该模型描述的气体特性的前提下光的传播问题。气动光学的发展借助于这两个方面的共同发展。

AIAA协会对该需求背景开展了长期研究。P. Cassady等人提出了一种自相似的湍流剪切层模型,用来分析高速飞行器开腔光学传感器周围的湍流退化光学效应的强度。他们用类Navier-Stokes的二维可压缩模型分析湍流场,然后用光线追迹的程序得到点扩展函数,最后用快速傅里叶变换得到焦平面上的退化图像。

R. L. Clark等人用数值方法分析了超声速侦察机上的光学系统前面冷却窗口的气动光学特性。由于侦察机的光学系统需要知道正确的目标位置,因而由于湍流造成的视场中心线偏移的估计就显得十分重要。R. L. Clark用数值方法分析预测了图像的模糊以及视场中心线的偏移。

高速飞行器在飞行过程中头罩周围会形成湍流场,从而造成折射率的脉动。R. Smith等人从相位误差的角度研究了经过流场的光波的退化。他们用梯状的传输方程计算折射率的脉动,然后再根据折射率脉动计算相位误差。最后他们将预测的结果与实验结果进行了比较。

湍流场的存在使光线遭受不同类型的扭曲和退化。Michele Banish等人分析了高速飞行器探测窗口的湍流场导致的不同类型的光波退化情况。他们提出了四种不同的光学效应,包括强度衰减、模糊、抖动以及视场中心线误差,并且说明了图像的失真主要是由湍流场中的剪切层造成的。

J. Gierloff等人用CFD(Computational Fluid Dynamics)软件输出的数据作为气动光学软件(Aero-Optics Code)的输入将流场量转化为光学量,然后再用物理光学软件(Physical Optics Code)计算得到远场图像。他们的研究成果表明:由于湍流场的存在,外部冷却的红外传感器窗口根据其采用的制冷方式和流场的参数,将产生不同程度的图像退化。

文献报道了很多方法描述气动光学效应。大多假设成像要么是长时间曝光的(即时间平均的)要么是短曝光的(即瞬时的)。曝光时间不同,所获得的图像也会不同。长时间曝光的图像表现出的退化形式为模糊和视场中心线偏移;而短曝光成像,曝光时间足够短能够凝固湍流图像,所表现的退化形式为模糊(Blur)、视场中心线偏移(Bore-Sight Error)、帧间跳动(Frame to Frame Jitter)。

A. D. Kathman等人研究了高速飞行器光学探测窗口周围的湍流场在不同的曝光时间下产生的不同的气动光学效应。他们不仅研究了长时间曝光和短时间曝光的情况,而且还研究了处于长时间曝光和短时间曝光之间过渡带情况下的退化效应。他们的研究结果表明不同的曝光时间所表现的湍流退化效应是不一样的。

2. 现象学建模与仿真途径

这种途径主要从气动光学效应引起传输图像在色度衰减和闪烁、模糊(Blurring)、抖动(Jitter)、视线误差、饱和等五个方面的现象,分别对这五个方面的现象进行数学建模和仿真,以产生气动光学效应影响前后的图像或图像序列。

(1) 空不变的点扩展函数与图像空不变退化仿真

根据高速飞行器光学传感器窗口气动光学特性,我们知道边界层中分布着很多紊流旋涡,这些紊流旋涡像很多小"透镜",导致光波的重新分布。

对每一个紊流旋涡单元,我们用类高斯函数来模拟表示其短曝光点扩展函数,其形式为:$h(r)=\exp[-x^2/(2\sigma_x^2)-y^2/(2\sigma_y^2)]$,其中 $\sigma_x$ 为 $x$ 方向模糊因子,$\sigma_y$ 为 $y$ 方向模糊因子。$h$ 可简称为"等效旋涡函数"。

因此,高速流场的总的点扩展函数的模型为

$$s(r)=\sum_{m=0}^{M-1} w_m \cdot k \cdot \exp\left[-\frac{(x-x_m)^2}{2\sigma_{x_m}^2}-\frac{(y-y_m)^2}{2\sigma_{y_m}^2}\right] \tag{2.78}$$

其中 $\sum_{m=0}^{M-1} w_m=1$,$M$ 表示等效旋涡函数 $h$ 的个数,$k$ 为归一化因子。每个旋涡函数的模糊因子 $\sigma_{x_m}$、$\sigma_{y_m}$ 代表该旋涡的大小。旋涡函数的权值 $w_m$ 表示该旋涡的强弱,假定为服从高斯分布。$x_m$ 和 $y_m$ 表示该旋涡的偏移位置,它们均为随机量。

因为光波在湍流大气中传播会出现抖动现象,即具有一定的周期性。因此,从整体上看,湍流总体点扩展函数的重心位置变动具有周期性,而从局部来看每个旋涡函数的偏移位置又是随机的。在仿真时,我们用下列公式模拟随机产生各湍流单元的点扩展函数的偏移位置 $x_m$、$y_m$:

$$x_m=\frac{M_1}{2.0}+R_1\cos(2\pi\times counter/T)+R_2\mathrm{Gause}(0,1) \tag{2.79}$$

$$y_m=\frac{M_1}{2.0}+R_1\sin(2\pi\times counter/T)+R_2\mathrm{Gause}(0,1) \tag{2.80}$$

其中,Gause(0,1)是以 0 为均值、1 为方差的随机数;$M_1$ 为总体点扩展函数的有效宽度;*counter* 为计数器,表示该图片在序列图像中的序列号;$T$ 为序列图像的周期;$R_1$、$R_2$ 可取适当的值。每帧图像的各旋涡函数的偏移位置 $x_m$、$y_m$

分别服从均值为 $\frac{M_1}{2.0}+R_1\times\cos(2\pi\times counter/T)$、$\frac{M_1}{2.0}+R_1\times\sin(2\pi\times counter/T)$，标准差为 $R_2$ 的正态随机分布，从而使得各帧图像的湍流总体点扩展函数的重心位置随时间连续地有规律地变化。

根据以上的讨论我们编程进行了实验仿真。

① 湍流退化点扩展函数的仿真

仿真结果如图 2.66 所示。图 2.66(a)为原图。图 2.66 (b)为旋涡函数个数 $M=3$，点扩展函数有效宽度 $M_1=12$，模糊因子 $\sigma_x=1.5$、$\sigma_y=1.5$ 时模拟的大气湍流模糊图；图 2.66(c)是 $M=20$，$M_1=28$，$\sigma_x=2.0$、$\sigma_y=2.5$ 的模拟退化图；图 2.66(d)为 $M=50$，$M_1=42$，$\sigma_x=3.5$、$\sigma_y=3.0$ 的模拟退化图。图 2.66(e)、图 2.66(f)、图 2.66(g)分别为图 2.36(b)、图 2.66(c)、图 2.66(d)

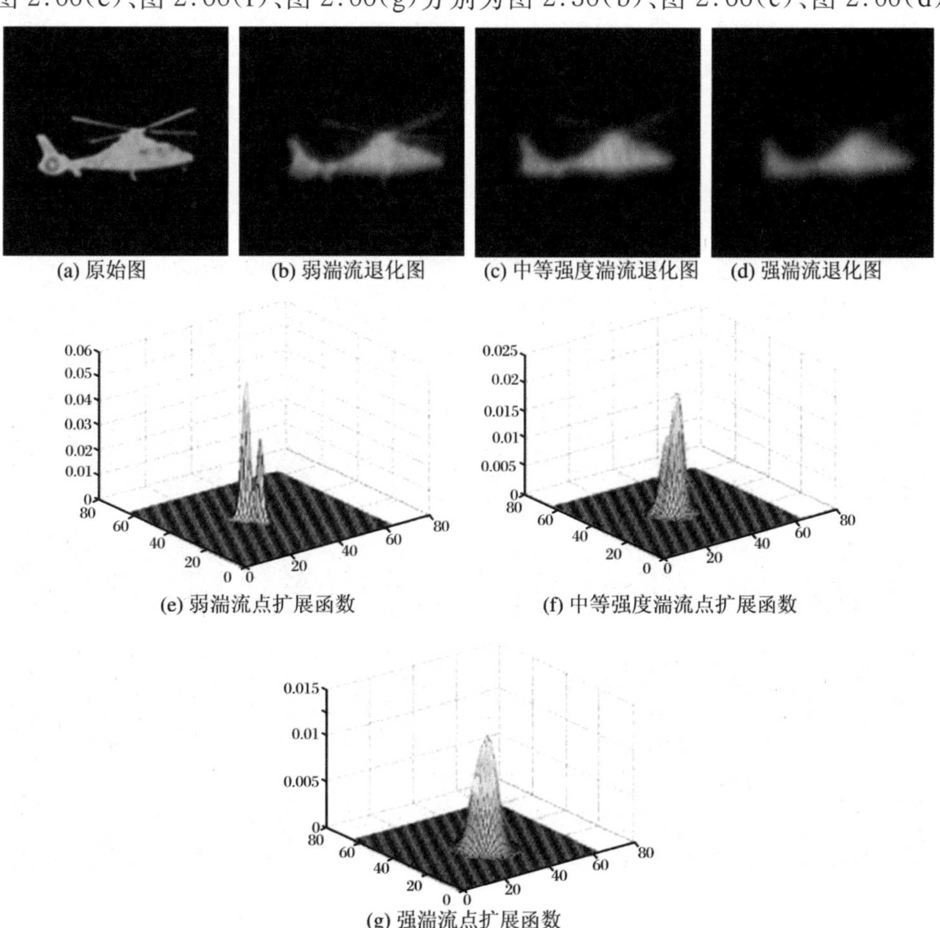


图 2.66　不同强弱程度湍流的图像退化仿真及其点扩展函数

对应的总体点扩展函数。图 2.66(b)、图 2.66(c)、图 2.66(d)分别代表弱湍流、中等强度湍流和强湍流引起的模糊图像。

通过模拟可以发现,有时总体点扩展函数会有多峰,随机性表现突出;有时斑点函数分布较集中,总体点扩展函数会相对较平滑。

② 像偏移以及像抖动的仿真

现设 4 张图片为一个周期,每秒钟采样帧数为 120,取 $M=20$,$\sigma_x=4.0$、$\sigma_y=4.5$,点扩展函数模板大小为 16×16,以图 2.66(a)为原图(128×128),生成 16 张序列图像,见图 2.67。

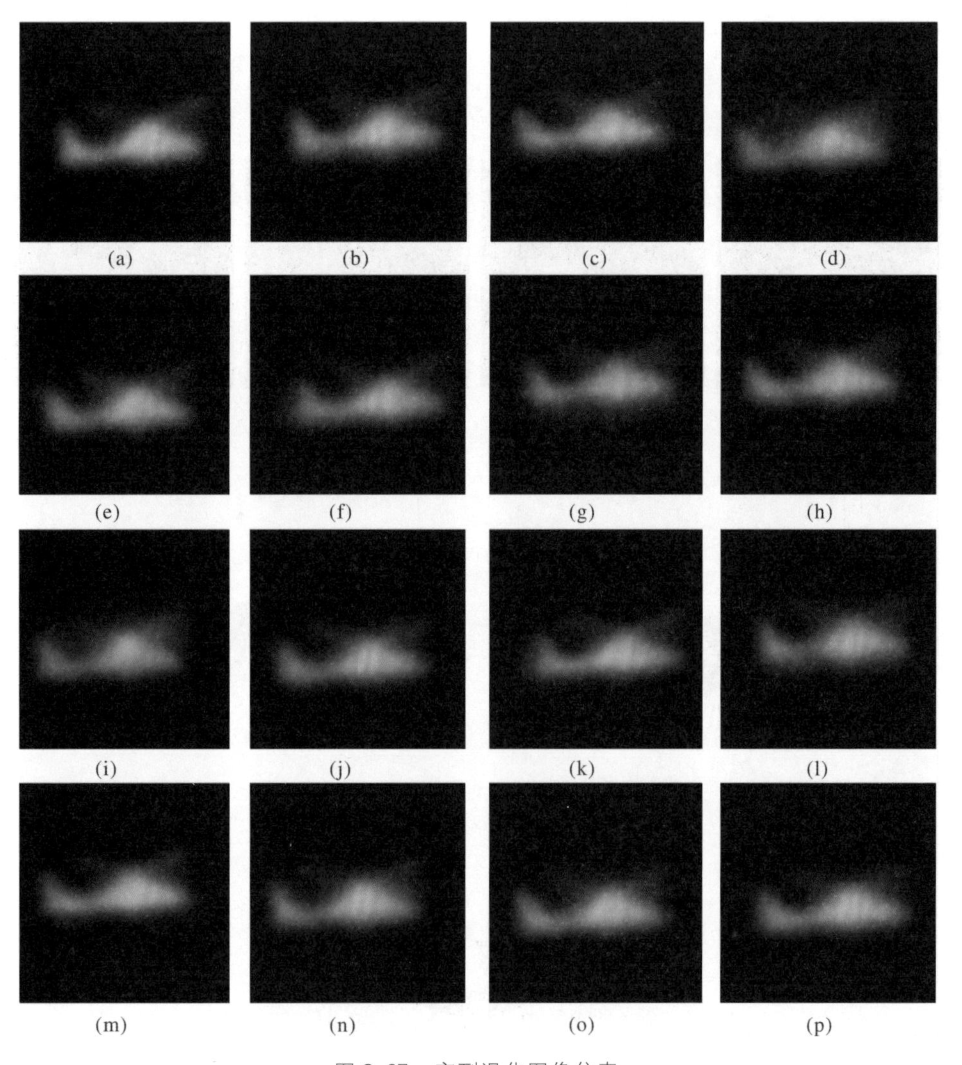


图 2.67 序列退化图像仿真

（2）空间可变的湍流点扩展函数的模拟与图像退化仿真

在空间可变的湍流退化点扩展函数的模拟退化仿真与恢复算法方面，相关科研人员及学者所做的工作相对较少。Liaobo Peng 等人提出了多层 Kolmogorov 相位叠加的空间可变点扩展函数的仿真方法。

根据湍流理论，在剪切层可以建立一个三维数学模型。如果剪切层有一定的厚度，那么可以将它看作多个相位偏移层叠加在一起形成的总的湍流层。

每一层湍流层给入射光波引入 Kolmogorov 相位差。Kolmogorov 相位差可以表示为 Kolmogorov 谱：

$$KolmogorovSpectrum = \frac{\partial}{1 + \left(\frac{r}{r_0}\right)^{\frac{11}{6}}} \tag{2.81}$$

式中，$r = \sqrt{x^2 + y^2}$；$\partial$，$r_0$ 为常数。

如果光线通过一层湍流的每个部分所引入的波前误差是相同的，那么称之为等晕（Isoplanatic）。在湍流如此复杂的情况下，等晕条件通常不成立。虽然从统计上来看，各个部分可能都是相同的，但是对某个时刻来说，湍流层的不同部分对光波的扭曲不相同，也就是说光线通过湍流层传播往往是非等晕的。

Liaobo Peng 等人采用两层 Kolmogorov 相位模拟这种非等晕的湍流层。上层的大小是下层的四倍。下层 Kolmogorov 相位固定，上层的相位逐个像素移动。每移动一个像素，上下两层被叠加起来作为一个观察区域（或者像素）的相位误差，如下式所示：

$$Q(u,v) = Q_2(u,v) + Q_1(u + u_0, v + v_0) \tag{2.82}$$

式中，$(u_0, v_0)$为移动像素数；$Q_1(u,v)$为上层 Kolmogorov 相位；$Q_2(u,v)$为下层 Kolmogorov 相位；$Q(u,v)$为观察系统的一个特定的 Kolmogorov 相位。

对于该相位误差，可以计算特定的 PSF（点扩展函数）：

$$P(x,y) = \left| FFT^{-1}(A(u,v) \cdot e^{jQ(u,v)}) \right|^2 \tag{2.83}$$

这个 PSF 是针对原始图像的某个区域或者某个像素。每个特定的 PSF 与原始图像的某一个像素相对应。该像素的非等晕输出结果是该像素的灰度值与 PSF 的乘积，因此整个原始图像的非等晕输出是每个像素的非等晕输出之和。Liaobo Peng 等人假设每个像素对应的点扩展函数的尺寸跟原始图像的尺寸一致。我们的方法中，可以定义点扩展函数的大小。

### 2.6.4 校正方法分类

从宏观的技术层面上看，校正方法可分为三大类，即（1）基于数字信号处理的数字校正法；（2）基于微光学和微电子的自适应光学校正方法；（3）数字与光学复合的校正法。

从模糊校正算法的层面看，有基于频域观点的校正方法、基于统计观点的迭代估计法和基于解方程组的代数法。其中，从频域角度研究校正算法有离散卷积算法、递归逆滤波反卷积算法、基于相位估计校正算法等；从统计角度研究校正算法，有基于贝叶斯估计的迭代校正算法、基于极大似然估计的迭代校正算法、最大后验估计算法、期望最大估计算法；从代数角度研究校正算法，是将校正图像的各个像素及其点扩展函数均视为多个变量，校正恢复就是求解一个多变量联立的方程组。

根据利用图像方式的不同，有基于单帧图像的校正算法和基于多帧图像的序列图像校正算法。从线性处理和非线性处理的角度看，有移不变的校正算法研究和空间—时间可变的校正算法研究。从算法的适应性和鲁棒性角度看，有机理知识指导的校正算法、环境自适应的校正算法、组合校正算法和智能型校正算法等。

从校正要达到最终目标的不同可分为基于图像保真的校正方法和基于特征保持的校正方法。前者要求校正的效果尽量保证图像的各种清晰度、分辨率的指标，后者仅要求感兴趣特征的保留，这些不同的目标取决于高速飞行器所要执行任务的区别。因此，给校正方法的发展和应用提供了广阔的空间。

从校正的最终用途分，可分为侦察、监视用的校正方法，制导定位用的校正方法，高速流场特性测量用的校正方法等。

## 参考文献

[1] Buell D A. Airloans near the open port of a one-meter airborne telescope[C].

AIAA13th Aerospace Sciences Meeting,1975.

[2] Gilbert K G, Otten L J. Aero-optical phenomena[M]. New York: AIAA, Inc.,1982.

[3] Sutten G W,Pond J E. Sofia telescope predicted aero-optics performance at flight conditions[J]. AIAA,1997.

[4] Trolinger J D, Rose W C. Technique for simulating and evaluating aero-optical effects in optical systems[C]//AIAA Aerospace Sciences Meeting and Exhibit,5-8 Jan.,2004. Reno,Nevada.

[5] 殷兴良.气动光学原理[M].北京:中国宇航出版社,2003.

[6] 李桂春.气动光学[M].北京:国防工业出版社,2006.

[7] Holden M S. Aerothermal and propulsion ground testing that can be conducted to increase chances for successful hypervelocity flight experiments[J]//In Flight Experiments for Hypersonic Vehicle Development. Educational Notes RTO-EN-AVT-130,Paper 1.2007:1-1 - 1-36.

[8] Gordeyev S, Post M L, McLaughlin T, et al. Aero-optical environment around a conformal-window turret[J]. AIAA Journal,2007,45(7):1514 - 1524.

[9] Fraser D,Thorpe G,Lambert A. Atmospheric turbulence visualization with wide-areamotion-blur restoration[J]. J. Opt. Soc. Am. A,1999,16(7):1751 - 1758.

[10] Christopher M Wyckham,Alexander J Smits. Aero-optic distortion in transonic and hypersonic turbulent boundary layers[J]. AIAA Journal,2009,47(9).

[11] Thomas J Horvath, Robert V Kerns, Kenneth M Jones. A vision of quantitative imaging technology for validation of advanced flight technologies[C]//42nd AIAA Thermophysics Conference. AIAA 2011:3325. 27 - 30 June 2011,Honolulu,Hawaii.

[12] John E Pond, George W Sutton. Aero-optic performance of an aircraft forward-facing optical turret[J]. Journal of Aircraft,2006,43(3):600 - 607.

[13] 傅德薰,马延文,李新亮,等.可压缩湍流直接数值模拟[M].北京:科学出版社,2010.

[14] Kan Wang, Meng Wang. Aero-optical distortions by subsonic turbulent boundary layers[C]//42nd AIAA Plasmadynamics and Lasers Conference. AIAA 2011:3278. 27 - 30 June 2011,Honolulu,Hawaii.

[15] Jacob A Cress,Stanislav Gordeyev,Eric J Jumper. Aero-optical measurements in a heated, subsonic, turbulent boundary layer[C]//48th AIAA Aerospace Sciences Meeting. AIAA 2010:434. 4 - 7 January 2010,Orlando,Florida.

[16] Christopher M Wyckham,Alexander J Smits. Comparison of aero-optic distortion in hypersonic and transonic, turbulent boundary layers with gas injection[C]//37th

AIAA Plasmadynamics and Lasers Conference. AIAA 2006:3067. 5-8 June 2006, San Francisco,California.

[17] Aaron Buckner, Stanislav Gordeyev, Eric Jumper. Conditional measurements of optically-aberrating structures in transonic attached boundary layers[C]//44th AIAA Aerospace Sciences Meeting and Exhibit. 9-12 Jan 2006, Reno, Nevada.

[18] Alexander J Smits, M Pino Martiny, Sharath Girimajiz. Current status of basic research in hypersonic turbulence[C]//39th AIAA Fluid Dynamics Conference and Exhibit. AIAA 2009.

[19] Fuchs A E, Fuchs S E. Optical phase distoration due to comprehessible flow over laser turrets[J]//Gilbert K G, Otten L J. Aero-Optical Phenomia. New York: AIAA Inc., 1982:101-138.

[20] Steinmetz W J. Second moments of optical degradation due to a thin turbulent layer [J]//Gilbert K G, Otten L J. Aero-optical Phenomia. New York: AIAA Inc., 1982: 78-100.

[21] Verhoff A. Prediction of opticalpropagation losses through turbulent boundary/shear layers[J]//Gilbert K G, Otten L J. Aero-optical phenomia. New York: AIAA Inc., 1982: 40-77.

[22] 韩志平,殷兴良.湍流对超音速导弹光学图像的影响数值仿真[J].系统工程与电子技术,2002,24(11):78-83.

[23] 殷兴良.高速飞行器气动光学传输效应的工程计算方法[J].中国工程科学,2006,8(11):74-79.

[24] 张义广,冯志高,蔡超,等.高超音速动条件下红外图像模拟方法研究[J].红外与激光工程,2006(35):301-305。

[25] 周成平,涂素平,蔡超,等.高超音速飞行器头罩气动流场数值模拟[J].华中科技大学学报,2006,34(1):50-52.

[26] 杨文霞,蔡超,丁明跃.超音速/高超音速飞行器湍流流场气动光学效应分析[J].光电工程,2009,36(1):88-92.

[27] Ziming W, Yonghong G, Dingchang C, et al. Calculating aero-optic effect of turbulent flow on the hypersonic flying vehicle[J]. Proc. SPIE, 2000(4125): 102-107.

[28] Masson B, Wissler J, McMackin L. Aero-optical study of a NC-135 fuselage boundary layer[C]//32nd Aerospace Sciences Meeting &Exhibit. Jan. 10-13, 1994. Reno, NY.

[29] Duffin D A. Feed-forward adaptive-optic correction of areo-optical aberrations

caused by a two-dimentional heated jet[C]//36th AIAA Plasmadynamics and Lasers Conferrence. 6-9 June 2005 Toronto, Canada.

[30] Duffin D A, Jumper E J. Feed-forward adaptive-optic correction of areo-optical aberrations caused by a two-dimentional heated jet[J]. AIAA J., 2011, 49(6).

[31] Ayyalasomayajula H, Arunajatesan S, Kannepall C, et al. Large eddy simulation of a supersonic flow over a backward-facing step for aero-optical analysis[C]//AIAA 2006-1416, 44th AIAA Aerospace Sciences Meeting &Exhibit. 9-12 Jan. 2006, Reno, Nevada.

[32] Zubair F R, Freeman A P, Piatrovich S, et al. Aero-optical interactions, imaging, and optimization in turbulent separated flows[C]//AIAA 2007-325, 45th Aerospace Sciences Meeting &Exhibit. 8-11 Jan. 2007, Reno, CA.

[33] 吴琳,房建成,杨照华.基于湍流涡模型的气动光学效应影响参数分析[J].红外与激光工程,2007,36(1):97－101.

[34] Donald I Soloway, Peter J Ouzts2, David H Wolpert, et al. The role of guidance, navigation, and control in hypersonic vehicle multidisciplinary design and optimization [C]//16th AIAA/DLR/DGLR International Space Planes and Hypersonic Systems and Technologies Conferenc. AIAA 2009:7329.

[35] Deepak Bose, James L Brown, Dinesh K Prabhu, et al. Uncertainty assessment of hypersonic aerothermodynamics prediction capability [C]//42nd AIAA Thermophysics Conference. AIAA 2011:3141. 27 - 30 June 2011, Honolulu, Hawaii.

[36] Joseph M Hank, James S Murphy, Richard C Mutzman. The X-51A scramjet engine flight demonstration program[C]//15th AIAA International Space Planes and Hypersonic Systems and Technologies Conference. AIAA 2008:2540.

[37] Donald I Soloway, Peter J Ouzts, David H Wolpert, et al. The role of guidance, navigation, and control in hypersonic vehicle multidisciplinary design and optimization [C]//16th AIAA/DLR/DGLR International Space Planes and Hypersonic Systems and Technologies Conferenc. AIAA 2009:7329.

[38] Yuval Levy, Mark Hornstein, David A Lednicer. Aero-optical design of a long-range oblique photography pod[J]. Journal of Aircraft, 2003, 40(3):516－522.

[39] Willianm J Yanta, W Charles Spring, John F Lafferty, et al. Near-and farfield measurements of aero-optical effects due to propagation through hypersonic flows [C]//31st AIAA Plasmadynamics and Lasers Conference. AIAA 2000:2357.

[40] Michele Banish, Rod Clark, Alan Kathman, et al. A valiated code to predict the performance of onboard broadband optical seekers through a turbulent transonic

flow [C]//AIAA SDIO Annual Interceptor Technology Conference. AIAA 1992:2792.

[41] Lawson S M, Clark R L, Banish M R, et al. Wave-optic model to determine image quality through supersonic boundary and mixing layers[J]. SPIE Vol. 1488 Infr. Imag. Syst.: Des., Anal., Model., and Test. II(1991).

[42] Miguel R Visbal, Donald P Rizzetta. Effect of flow excitation on aero-optical aberration[C]//46th AIAA Aerospace Sciences Meeting and Exhibit. AIAA 2008:1074.

[43] David Weber, Jams Trolinger, Willianm Rose. Computer simulation of aero-optic phenomena based on empirical data[J]. Proc. SPIE, 2001(4448):187 - 196.

[44] Marren D. Aero-optical demonstration test in the AEDC hypervelocity wind tunnel 9 * [R]. 1999.

[45] Smith M W, Smits A J. Visualization of the structure of supersonic turbulent boundary layers[J]. Experiments in Fluids, 1995(18):288 - 302.

[46] Muylaert J, Walpot L, Ottens H, et al. Aerothermodynamic reentry flight experiments expert [J]//In Flight Experiments for Hypersonic Vehicle Development, Educational Notes RTO-EN-AVT-130, 2007:13-1 - 13-34.

[47] 张天序,张新宇.气动光学效应校正技术研究报告[R].武汉:华中科技大学,2010.

[48] 洪汉玉.成像探测系统图像复原算法研究[D].武汉:华中科技大学,2004.

[49] 洪汉玉.高速飞行器成像探测气动光学效应校正理论与算法研究及DSP实现[R].武汉:华中科技大学,2007.

[50] 宋治.湍流退化成像分析、仿真及图像恢复算法实现[D].武汉:华中科技大学,2005.

[51] 何成剑.气动光学效应图像盲复原算法及其应用[D].武汉:华中科技大学,2006.

[52] 王进.气动光学效应评估方法研究[D].武汉:华中科技大学,2008.

[53] Sutton G W. Optical imaging through aircraft turbulent boundary layers[J]//Gilbert K G, Otten L J. Aero-optical phenomena, 1982:15 - 39.

# 第3章 成像谱段优选与热辐射校正

成像谱段优化选择的目的，是在分析高超声速飞行条件下场景中目标和高速来流、地/海面背景的辐射特性基础上，选择恰当的谱段或谱段组合，使得该谱段或谱段组合能在有效收集目标辐射的同时，避开高速来流及背景的辐射峰，保证在该谱段或谱段组合下的成像目标突出，目标/背景的对比度和图像的信杂比较高。

## 3.1 成像谱段优选方法

目标/背景与高速来流的辐射占据很宽的谱段，其数据集可以看作一个图像立方体(见图3.1)。其中有两维代表图像几何空间，另一维代表波长，信息量非常大。以AVIRIS超谱数据为例，其相邻谱段的波长相隔10 nm左右，图像空间和谱段间相关性都非常高。并不是所有的谱段都有同等的重要性，在不损失目标重要信息的条件下，通过选择面向任务的最有效的谱段而组成简约的多/超光谱图像子空间。

图3.1 光谱图像空间的立方体表示

对于高光谱图像数据处理而言，如果不加分析和选择地利用所有谱段的数据来进行处理，将可能导致背景对目标的干扰，且因相邻谱段的强相关性，增加了处理的运算量。在经过谱段选择后的数据中进行处理和分析，可以显著提高处理和分析效率。如果谱段选择不恰当以致丢失与目标有关的有效信息，那么，谱段选择就失去了意义。

高光谱数据与单谱段遥感器获取的数据相比，图像数据谱段众多，光谱分辨率高。每个像元都有一条精细的光谱曲线，高光谱图像数据具有“谱像合一”的特点。每个像元的光谱特征向量维数高，光谱维上的采样宽度窄，谱段间的相关性高，数据冗余明显。

可以用相关系数来表示谱段间的相关性，令$(X, Y)$代表两个谱段的数据，$n$ 表示每个谱段图像的像素数。

二维随机变量$(X, Y)$的协方差为

$$\operatorname{cov}(x, y) = E(X - EX)(Y - EY) = \frac{1}{n}\sum_{i=1}^{n}(x_i - \bar{x})(y_i - \bar{y}) \tag{3.1}$$

谱段间的相关系数计算为

$$R_{XY} = \frac{\operatorname{cov}(x, y)}{\sqrt{\frac{1}{n}\sum_{i=1}^{n}(x_i - \bar{x})^2}\sqrt{\frac{1}{n}\sum_{i=1}^{n}(y_i - \bar{y})^2}} \tag{3.2}$$

其中，$\bar{x} = \frac{1}{n}\sum_{i=1}^{n} x_i$，$\bar{y} = \frac{1}{n}\sum_{i=1}^{n} y_i$，分别代表两个谱段图像的灰度平均值。

图 3.2 加州圣地亚哥市海军机场的高光谱图像数据(波长 $\lambda = 2.03\ \mu$m)

以 AVIRIS 传感器获取的加州圣地亚哥市海军机场的高光谱图像数据为例。如图 3.2 所示，高光谱图像原始大小为 400×400，谱段数 224，覆盖波长范围 0.37～2.6 $\mu$m，其中有效谱段数为 202，波长范围在 1.43～1.49 $\mu$m(谱段 107～113)、1.9～2.02 $\mu$m(谱段 153～166)、2.6 $\mu$m(谱段 224)内的数据无效。该高光谱图像是应用 ENVI 进行大气校正后生成的反射率图像。

表 3.1 为波长在 0.37～0.44 $\mu$m 内、2.52～2.59 $\mu$m 内各自 8 个谱段数据间的相关系数矩阵，可见谱段间的数据冗余非常明显。而 0.37～0.44 $\mu$m 与

2.52～2.59 μm 之间的冗余性降低了。

表 3.1　AVIRIS 图像谱段间的相关系数矩阵例子

| | 0.37 μm | 0.38 μm | 0.39 μm | 0.40 μm | 0.41 μm | 0.42 μm | 0.43 μm | 0.44 μm |
|---|---|---|---|---|---|---|---|---|
| 0.37 μm | 1 | 0.755 089 | 0.787 668 | 0.751 672 | 0.733 901 | 0.714 728 | 0.691 545 | 0.698 998 |
| 0.38 μm | 0.755 089 | 1 | 0.936 709 | 0.945 725 | 0.905 163 | 0.882 019 | 0.866 923 | 0.877 153 |
| 0.39 μm | 0.787 668 | 0.936 709 | 1 | 0.950 643 | 0.890 037 | 0.857 004 | 0.835 484 | 0.847 375 |
| 0.40 μm | 0.751 672 | 0.945 725 | 0.950 643 | 1 | 0.978 984 | 0.961 035 | 0.947 149 | 0.954 06 |
| 0.41 μm | 0.733 901 | 0.905 163 | 0.890 037 | 0.978 984 | 1 | 0.995 987 | 0.986 591 | 0.989 992 |
| 0.42 μm | 0.714 728 | 0.882 019 | 0.857 004 | 0.961 035 | 0.995 987 | 1 | 0.995 084 | 0.996 896 |
| 0.43 μm | 0.691 545 | 0.866 923 | 0.835 484 | 0.947 149 | 0.986 591 | 0.995 084 | 1 | 0.998 912 |
| 0.44 μm | 0.698 998 | 0.877 153 | 0.847 375 | 0.95 406 | 0.989 992 | 0.996 896 | 0.998 912 | 1 |
| | 2.52 μm | 2.53 μm | 2.54 μm | 2.55 μm | 2.56 μm | 2.57 μm | 2.58 μm | 2.59 μm |
| 2.52 μm | 1 | 0.997 042 | 0.995 739 | 0.996 655 | 0.992 878 | 0.981 833 | 0.934 942 | 0.955 235 |
| 2.53 μm | 0.997 042 | 1 | 0.995 334 | 0.996 266 | 0.992 598 | 0.981 791 | 0.934 907 | 0.955 41 |
| 2.54 μm | 0.995 739 | 0.995 334 | 1 | 0.996 026 | 0.992 976 | 0.982 741 | 0.936 939 | 0.958 449 |
| 2.55 μm | 0.996 655 | 0.996 266 | 0.996 026 | 1 | 0.994 28 | 0.984 051 | 0.937 644 | 0.959 158 |
| 2.56 μm | 0.992 878 | 0.992 598 | 0.992 976 | 0.994 28 | 1 | 0.982 577 | 0.937 053 | 0.958 046 |
| 2.57 μm | 0.981 833 | 0.981 791 | 0.982 741 | 0.984 051 | 0.982 577 | 1 | 0.931 179 | 0.950 733 |
| 2.58 μm | 0.934 942 | 0.934 907 | 0.936 939 | 0.937 644 | 0.937 053 | 0.931 179 | 1 | 0.911 687 |
| 2.59 μm | 0.955 235 | 0.955 41 | 0.958 449 | 0.959 158 | 0.958 046 | 0.950 733 | 0.911 687 | 1 |
| | 0.37 μm | 0.38 μm | 0.39 μm | 0.40 μm | 0.41 μm | 0.42 μm | 0.43 μm | 0.44 μm |
| 2.52 μm | 0.453 419 | 0.734 377 | 0.747 995 | 0.734 892 | 0.649 299 | 0.617 016 | 0.623 424 | 0.628 527 |
| 2.53 μm | 0.45 284 | 0.733 272 | 0.747 654 | 0.734 514 | 0.648 694 | 0.616 239 | 0.622 409 | 0.627 509 |
| 2.54 μm | 0.455 073 | 0.735 062 | 0.750 765 | 0.738 933 | 0.653 838 | 0.621 315 | 0.626 89 | 0.631 948 |
| 2.55 μm | 0.456 996 | 0.735 511 | 0.750 675 | 0.741 592 | 0.658 451 | 0.626 498 | 0.632 416 | 0.637 041 |
| 2.56 μm | 0.461 859 | 0.738 021 | 0.753 372 | 0.747 255 | 0.666 484 | 0.634 976 | 0.640 282 | 0.644 756 |
| 2.57 μm | 0.461 182 | 0.733 968 | 0.749 193 | 0.745 44 | 0.667 164 | 0.636 271 | 0.641 133 | 0.645 395 |
| 2.58 μm | 0.447 887 | 0.708 139 | 0.721 714 | 0.720 379 | 0.648 134 | 0.619 492 | 0.624 762 | 0.628 46 |
| 2.59 μm | 0.457 834 | 0.721 623 | 0.737 05 | 0.740 385 | 0.669 373 | 0.641 022 | 0.646 512 | 0.649 87 |

图 3.3 为 224 个谱段数据间的相关系数矩阵的可视图，相邻谱段间的相关系数高，存在高的光谱信息冗余。

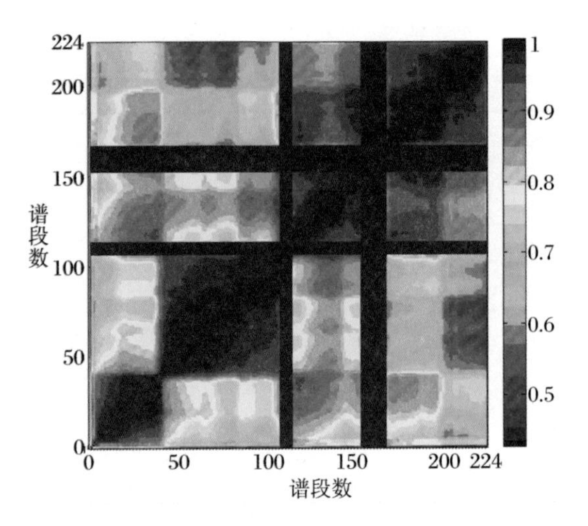


图 3.3 AVIRIS 图像谱段间的相关系数矩阵可视图

在分析高光谱图像数据后可以通过谱段选择实现对原始高维数据的简化，即通过特定的准则选择部分合适的谱段来实现应用规定的高光谱图像数据分析和检测任务。

### 3.1.1 基于信息量的谱段选择方法

一般来说，某谱段内图像方差的大小体现了所含信息量的多少。由于场景中各个谱段的反射/辐射特性之间的相关性，谱段间所包含的信息有冗余。因此对于多个谱段组合，须同时考虑方差尽量大而相关性尽量小两个条件，才能达到所选谱段组合的图像的信息量更大。基于信息量的谱段选择方法主要是比较各谱段的信息量，各个谱段间的相关性，还有各谱段数据的联合熵和最佳指数等[6]。

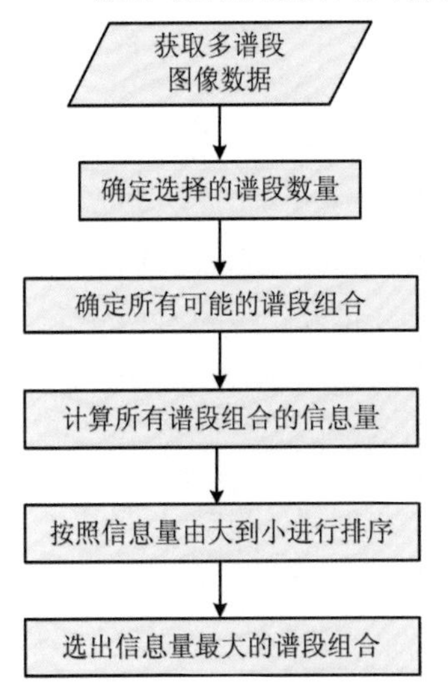


图 3.4 基于信息量的谱段选择方法流程图

基于信息量的谱段选择方法的流程如图 3.4 所示。

1. 基于方差的谱段选择

选择谱段的一个主要依据是该谱段数据的方差尽可能大，方差的大小反映了图像的纹理信息丰富程度。方差的计算为

$$\sigma^2 = \frac{1}{n}\sum_{i=1}^{n}(x_i - \bar{x})^2 \tag{3.3}$$

其中，$\bar{x} = \frac{1}{n}\sum_{i=1}^{n} x_i$，表示某谱段图像数据中地物的平均反射/辐射强度，某谱段图像数据的亮度差 $f_{\text{range}} = f_{\max} - f_{\min}$ 反映的是灰度值变化的范围。计算各个谱段图像数据的平均反射/辐射强度、亮度差、方差，各谱段的相关参数，挑选出信息量比较丰富的谱段用于处理和分析。

2. 基于熵和联合熵的谱段选择

根据信息论理论，一帧 $L$ bit 图像的像素随机变量信息熵为

$$H(x) = -\sum_{i=0}^{2^L-1} P_i \log_2 P_i \tag{3.4}$$

其中，$P_i$ 表示图像像素 $x$ 的灰度值为 $i$ 的概率。通过计算各个谱段图像数据的信息熵就可以获得每个谱段数据的平均信息量，选择信息熵大的谱段可以挑选出信息量比较丰富的谱段。

由于地物在各谱段的反射/辐射特性之间的相关性，用几个方差最大的谱段组合的结果不一定能获得最多的信息。当它们之间相关性很强时，各谱段所包含的信息之间有着大量冗余。须同时考虑方差要大而相关性要小这样两个条件，即考虑组合图像的联合熵为最大。

在接收到多变量信息时，各个事件不是相互独立的，其相关性会降低所有事件所携带的信息量，多个谱段图像的联合熵为

$$H(X_1, X_2, \cdots, X_n) = -\sum_{i_1, i_2, \cdots, i_n} P_{i_1, i_2, \cdots, i_n} \log_2 P_{i_1, i_2, \cdots, i_n} \tag{3.5}$$

其中，$P_{i_1, i_2, \cdots, i_n}$ 为图像 $X_k$ 中像素 $x$ 灰度值为 $i_k$ 的联合概率密度。一般来说，$H(X_1, X_2, \cdots, X_n)$ 越大，图像谱段组合的信息量就越大，这样对于所有可能谱段组合计算其联合熵，并按照由大到小的顺序进行排列，即可选出最佳谱段组合。

3. 基于组合谱段的协方差矩阵行列式的谱段选择

设在各个谱段成像数据服从正态分布，有

$$P_i(x) = \frac{1}{K_s}\exp\left[-\frac{1}{2}(\boldsymbol{x} - \bar{x})^{\mathrm{T}} M_s^{-1}(\boldsymbol{x} - \bar{x})\right] \tag{3.6}$$

其中，$K_s = (2\pi)^{N/2}\sqrt{|M_s|}$，$\bar{x} = \frac{1}{n}\sum_{i=1}^{n} x_i$，$M_s$ 为协方差矩阵，$\boldsymbol{x}$ 为图像像元变量组成的矢量，$n$ 为像元总数，$N$ 为谱段数。

对于高光谱图像数据 $S$，其熵值为

$$H(S) = \ln(K_s) + \frac{1}{2}\sum_{i=1}^{n} \boldsymbol{x}^{\mathrm{T}} M_s^{-1} P_i(x) \tag{3.7}$$

对于无偏估计，由上式可得到

$$H(S) = \frac{N}{2} + \ln(K_s) = \frac{N}{2} + \frac{N}{2}\ln(2\pi) + \frac{1}{2}\ln|M_s| \tag{3.8}$$

由此可以看出，图像信息熵随协方差矩阵 $M_s$ 的行列式值的变化而变化。$H(S)$首先由 Sheffield 提出来，所以 $H(S)$也称为雪氏熵值。这样，计算几个谱段组合的协方差矩阵行列式，其数值的大小就反映了组合谱段的信息量的大小。可以利用谱段组合的协方差矩阵行列式数值的大小优选谱段组合。

4. 基于最优索引因素/最佳指数的谱段选择

最优索引因素（Optimum Index Factor，OIF）的组合谱段优化方法是由美国学者 Chavez、Berlin 和 Sowers 等提出的，该方法主要依据

$$OIF = \frac{\sum_{i=1}^{n} \sigma_i}{\sum_{i=1}^{n}\sum_{j=i+1}^{n} |R_{ij}|} \tag{3.9}$$

给出 $n$ 个谱段组合中最优的指数。式中 $\sigma_i$ 为第 $i$ 个谱段的标准差，$R_{ij}$ 为第 $i$ 个谱段和第 $j$ 个谱段之间的相关系数。该方法依据上述公式给出 $n$ 个谱段组合中最优的指数。假定选择的谱段数目为 3，即将所有可能的 3 个谱段组合在一起，$OIF$ 越大，对应的组合越佳。按照 $OIF$ 由大到小的顺序进行排列，即可选出最优的成像谱段组合。

### 3.1.2 基于类间可分性的谱段选择方法

在进行高光谱数据解译时，往往需要分析不同地物类别之间在哪些谱段或谱段组合上最容易区分，也就是说要研究高光谱数据各谱段、各地物类别间的可分性。在谱段选择中，除了要考虑谱段信息量的多少和谱段间数据的相关性强弱外，还需要考虑的就是对于所研究的区域，想要识别的地物类别的光谱响应特点。也就是说需要选择信息量大、相关性小、地物的光谱差异大、可分性好的谱段组合。

对于不同的应用目的，往往需要分析目标和背景在哪些谱段或谱段组合上最容易区分，即要研究高光谱数据各谱段、目标/背景间的可分性，使得在所选

谱段条件下成像的目标/背景对比度最大。基于类间可分性谱段选择的基本思想是求取已知类别样本区域在各谱段或谱段组合上的统计距离，包括均值间的标准距离、离散度和 Bhattacharyya 距离（简称 B 距离）等。对于任何一个给定的场景，只要算出目标和背景这两个不同类别在所有可能的谱段组合中的标准距离、离散度或 B 距离，并取最大者，便是区分这两个类别的最佳谱段组合，即最优谱子集。

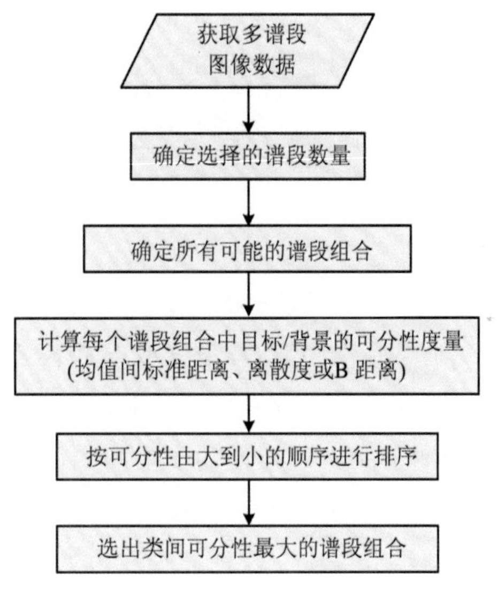


图 3.5　基于类间可分性的最佳谱段选择方法流程图

基于类间可分性的最佳谱段选择方法的具体流程如图 3.5 所示。

目前，基于类间可分性的最佳谱段选择方法有以下几种：

1. 基于均值间的标准距离的最佳谱段选择方法

均值间的标准距离：

$$d = \frac{|\mu_1 - \mu_2|}{\sigma_1 + \sigma_2} \tag{3.10}$$

其中，$\mu_1$、$\mu_2$ 分别为两类对应的样本区域的均值；$\sigma_1$、$\sigma_2$ 分别为两类对应的样本区域的方差。$d$ 反映两类在每一谱段内的可分性大小，$d$ 越大，可分性越好。

该方法是一维特征空间中两类别间可分性的一种度量，它不适于进行多变量的研究。对于多维特征空间、多变量的可分性研究，可用离散度、B 距离等方法。

2. 基于离散度的最佳谱段选择方法

离散度表示两个类别 $\omega_i$ 和 $\omega_j$ 之间的可分性大小，其计算公式为

$$\begin{aligned} D_{ij} &= \frac{1}{2}\mathrm{tr}[(\boldsymbol{\Sigma}_i - \boldsymbol{\Sigma}_j)(\boldsymbol{\Sigma}_i^{-1} - \boldsymbol{\Sigma}_j^{-1})] \\ &\quad + \frac{1}{2}\mathrm{tr}[(\boldsymbol{\Sigma}_i^{-1} - \boldsymbol{\Sigma}_j^{-1})(\boldsymbol{U}_i - \boldsymbol{U}_j)(\boldsymbol{U}_i - \boldsymbol{U}_j)^{\mathrm{T}}] \end{aligned} \tag{3.11}$$

式中，$\boldsymbol{U}_i$、$\boldsymbol{U}_j$ 分别为 $i$、$j$ 类的亮度均值矢量；$\boldsymbol{\Sigma}_i$、$\boldsymbol{\Sigma}_j$ 分别为 $i$、$j$ 类的协方差矩阵；$\mathrm{tr}[\boldsymbol{A}]$ 表示矩阵 $\boldsymbol{A}$ 的迹，即矩阵 $\boldsymbol{A}$ 的对角线元素之和。

3. 基于B距离的最佳谱段选择方法

两个类别之间的Bhattacharyya距离(B距离)定义为

$$D_{ij}=\frac{1}{8}(\boldsymbol{U}_i-\boldsymbol{U}_j)^{\mathrm{T}}\left(\frac{\boldsymbol{\Sigma}_i+\boldsymbol{\Sigma}_j}{2}\right)^{-1}(\boldsymbol{U}_i-\boldsymbol{U}_j)+\frac{1}{2}\ln\left[\frac{\left|\frac{\boldsymbol{\Sigma}_i+\boldsymbol{\Sigma}_j}{2}\right|}{\sqrt{|\boldsymbol{\Sigma}_i||\boldsymbol{\Sigma}_j|}}\right] \tag{3.12}$$

4. 基于类间平均可分性的最佳谱段选择方法

通常标准距离、离散度或B距离都是针对两个已知类别而言的,也就是说它们都是两类可分性度量。对于多类别而言,一个常用的办法是计算平均可分性,即计算每一种可能的子空间中,每个两类间的统计距离,再计算这些类对间统计可分性的平均值,并按平均值的大小排列所有被评价的子集顺序,从而选择最佳组合谱段。这种方法称为类间平均可分性方法。

如上所述传统的谱段选择方法一般采用单一指标,对各谱段下的成像进行谱段选择。对高速条件下红外成像谱段选择,大气和高速来流的影响不可忽略。高速流场中的气体和电离介质等会有很强的辐射,可能对目标成像产生强烈干扰,其背景是地/海面背景散射/辐射、大气散射/辐射以及高速流场/窗口散射/热辐射共同作用的结果。这些辐射会随着条件(例如天气、温度、流场速度等)变化而变化。因此,高速条件下成像谱段选择与常规谱段选择问题既具有共性,又有特殊性。需要综合高速流场/窗口散射/辐射实现高速条件下成像的谱段优化选择,使得所选谱段及其组合成像数据的信息量最大、相关性最小、地/海面目标在所选谱段中的辐射强、背景(包括地/海面背景、大气背景和高速流场)的辐射在所选谱段弱。

我们提出了一种高速条件下成像谱段优化选择方法[9,11],称之为多准则联合的谱段选择法(Joint Multi-Criteria Spectrum Selectim,JMCSS),综合考虑了成像场景中的大气辐射强度、高速流场/窗口热辐射强度、地/海面背景辐射强度、目标辐射强度等因素。同时,结合图像的相关系数和熵构造出相应的代价函数,通过搜索算法求解使得该代价函数达到最小的谱段或谱段组合,使得所选谱段成像的目标/背景对比度最大,图像品质最佳。图3.6为高速条件下成像谱段优化选择方法的流程。

### 3.1.3　谱段优化选择的准则

高速条件下的成像，背景不仅仅是简单的地/海面背景，而是地/海面背景辐射、大气辐射以及高速流场的辐射共同作用的结果，这些辐射会随着各种条件（例如天气、温度、流场速度等）的变化而变化。

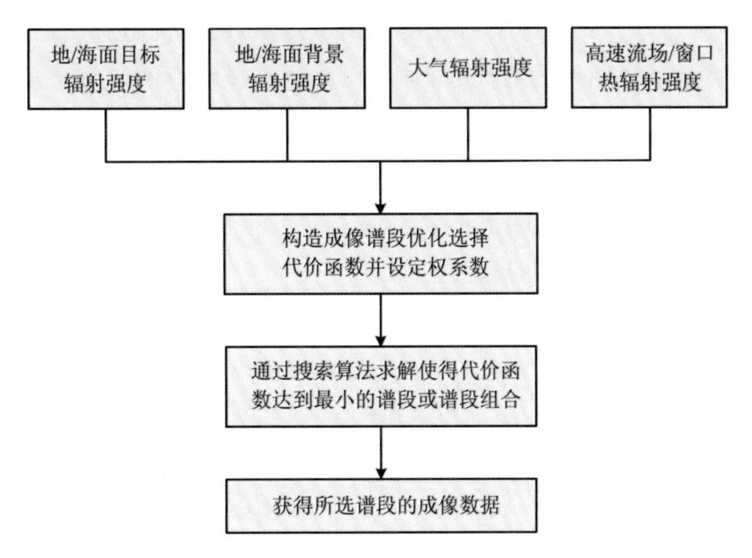


图3.6　高速条件下成像谱段优化选择方法

物质的光谱信息反映了该物质固有的物理、化学、结构的性质，物质分子的光谱就如同人的指纹，具有特征性。高光谱图像中地物的光谱特征通常是以地物在图像上的灰度体现出来的，不同地物在同一波段图像上表现出的灰度一般不相同，并且不同地物在各个谱段的图像上所呈现的变化规律也不同。在某些谱段上，其特征会比较明显，即目标相对背景的光谱辐射强度较高。

因此，优化选择成像谱段，需要在对高速流场的辐射波谱特性研究的基础上，分析目标/背景的辐射波谱特性，通过实验获取相应的数据，构造适合高速条件的代价函数以及相应的权系数，从而进行谱段优化选择。

设高光谱图像数据$\{f_k \mid k=1,2,\cdots,n\}$的地/海面背景辐射强度函数为$\{W_1(r,\lambda_k) \mid k=1,2,\cdots,n\}$，大气辐射强度函数为$\{W_2(r,\lambda_k) \mid k=1,2,\cdots,n\}$，高速流场辐射强度函数为$\{W_3(r,\lambda_k) \mid k=1,2,\cdots,n\}$，地/海面目标辐射强度函数为$\{W_4(r,\lambda_k) \mid k=1,2,\cdots,n\}$。其中，$\lambda$表示波长，$r$表示大气透过率/流场传输率。成像目标辐射强度函数$W_o(r,\lambda_k)$及成像背景辐

射强度函数 $W_b(r,\lambda_k)$为

$$W_o(r,\lambda_k) = W_4(r,\lambda_k) \tag{3.13}$$

$$W_b(r,\lambda_k) = W_1(r,\lambda_k) + W_2(r,\lambda_k) + W_3(r,\lambda_k) \tag{3.14}$$

成像谱段优化便转化为了选择若干合适的谱段 $\lambda_k$ 或组合，使得在该谱段或该组合内的目标的辐射强度 $W_o(r,\lambda_k)$较高，而背景的辐射强度 $W_b(r,\lambda_k)$较低。

图 3.7 为目标和背景的辐射强度对比示意图，最大的目标/背景信号比可以在目标/背景对比曲线的最大处得到，在此处选择合适的工作谱段有利于提高成像系统的探测能力。在此基础上，建立相应的数学模型，需要考虑以下几个因素：

① 所选谱段成像数据的信息量大。

② 所选谱段成像数据的相关性小。

③ 地/海面目标在所选谱段下的辐射强度高。

④ 背景（包括地/海面背景、大气背景和高速流场/窗口）的辐射强度在所选谱段低。

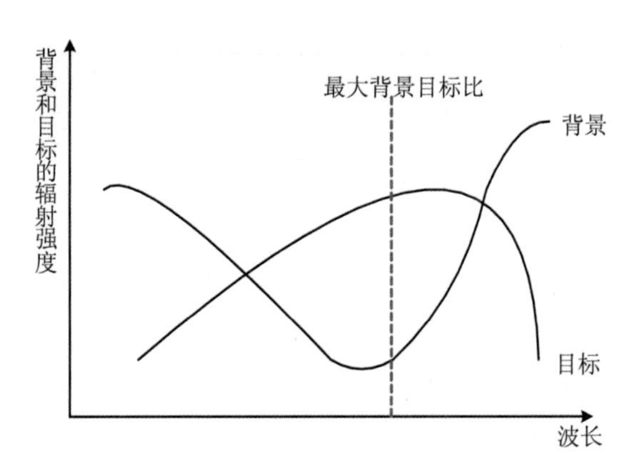


图 3.7 目标/背景的辐射强度对比示意图

这里信息量用成像数据的熵来度量，相关性用相关系数来度量。根据以上约束条件，可建立一种综合准则如下：

$$C(f,\lambda) = \alpha_1 F(R(f)) - \alpha_2 F(H(f)) - \alpha_3 F(W_o(r,\lambda)) + \alpha_4 F(W_b(r,\lambda)) \tag{3.15}$$

其中，$F$ 为单调递增函数，可取 $F(z)=z$；$R(f)$为图像 $f$ 与其前后谱段图像的相关系数，由式(3.16)计算得到；$H(f)$为图像 $f$ 的熵，由式(3.17)计算得到；$\alpha_i>0(i=1,2,3,4)$为权系数，权系数越大，则该因子的影响越大。

$$R(f_k) = \frac{1}{2}\left(\frac{E[(f_{k-1} - \bar{f}_{k-1})(f_k - \bar{f}_k)]}{\sqrt{E(f_{k-1} - \bar{f}_{k-1})^2 E(f_k - \bar{f}_k)^2}} + \frac{E[(f_k - \bar{f}_k)(f_{k+1} - \bar{f}_{k+1})]}{\sqrt{E(f_k - \bar{f}_k)^2 E(f_{k+1} - \bar{f}_{k+1})^2}}\right) \tag{3.16}$$

其中，$\bar{f}_k$ 表示图像 $f_k$ 的灰度均值，$\bar{f} = \frac{1}{M \times N}\sum_{x=0}^{M-1}\sum_{y=0}^{N-1} f(x,y)$；$E(z)$ 表示 $z$ 的期望。

$$H(f_k) = -\sum_{j=1}^{L} P(r_j)\log P(r_j) \tag{3.17}$$

其中，$P(r_j)$表示图像 $f_k$ 中各灰度级 $r_j(j=1,2,\cdots,L)$出现的概率，$P(r_j) = \frac{s_j}{s}$；$L$ 为图像$f_k$ 中的灰度级数；$s_j$ 是图像$f_k$ 中灰度级为 $r_j$ 的像素数；$s$ 为图像 $f_k$ 中的像素总数，即 $s = M \times N$。

将由式(3.13)、式(3.14)、式(3.16)、式(3.17)推导出的结果代入式(3.15)，可得到高光谱图像数据 $f_k$ 的代价函数：

$$C(f_k, \lambda_k) = \alpha_1 F(R(f_k)) - \alpha_2 F(H(f_k)) - \alpha_3 F(W_o(r, \lambda_k)) + \alpha_4 F(W_b(r, \lambda_k)) \tag{3.18}$$

通过相应的搜索算法，求解使得上述代价函数达到最小值的一个谱段组合，即可实现高速条件下成像谱段优化选择。

### 3.1.4　谱段优化选择的子空间划分

对于高光谱图像谱段选择而言，如果把高光谱图像数据当成 $n$ 维数据，谱段选择就是要在这 $n$ 维数据集中选择出 $m$ 维的数据子集($m < n$)，并且能够保证不丢失重要的信息，因而谱段选择的问题实际上可以转化为一个特征子集的优化选择问题。

从图 3.3 所示的 AVIRIS 图像谱段间相关系数矩阵的可视图中可以看出，AVIRIS 图像的相关系数矩阵具有规则的分块特性。这种明显的分块特性正好说明了高光谱图像数据本身的特点，即子块区域内各谱段的相关性较强，而不同子块区域间各谱段之间的相关性较弱，因此可将谱段分为若干个子集，即划分子空间。该方法通过定义谱段相关系数矩阵及其邻近可传递相关矢量将高光谱数据空间划分为适合的数据子空间，即根据相关系数矩阵灰度图成块的特点,结合计算得到的高光谱影像相邻谱段相关系数的大小来划分[7]。

具体的方法可根据高光谱图像各谱段间的相关系数矩阵,确定一个相邻谱段划分的相关系数阈值,将整个高光谱影像数据的谱段划分为 $m$ 个子空间。

$$P = \bigcup_{i=1}^{m} p_i \tag{3.19}$$

其中,$P$ 为整个高光谱图像数据空间,其总谱段数(维数)为 $N$;$p_i$ 为划分后的第 $i$ 个数据子空间,其谱段数(维数)为 $N_i$,即有

$$N = \sum_{i=1}^{m} N_i \tag{3.20}$$

不同的数据子空间的谱段数可以不同,而具有相近光谱特征的谱段将划分到同一子空间中。具体的步骤大致可分为两步:第一步,计算高光谱图像各谱段间的相关系数矩阵;第二步,将相关性超过一定阈值 $T$ 的相邻谱段划分为一组,从而生成一系列的谱段组,即划分成为若干谱段子空间。该方法流程图如图 3.8 所示。

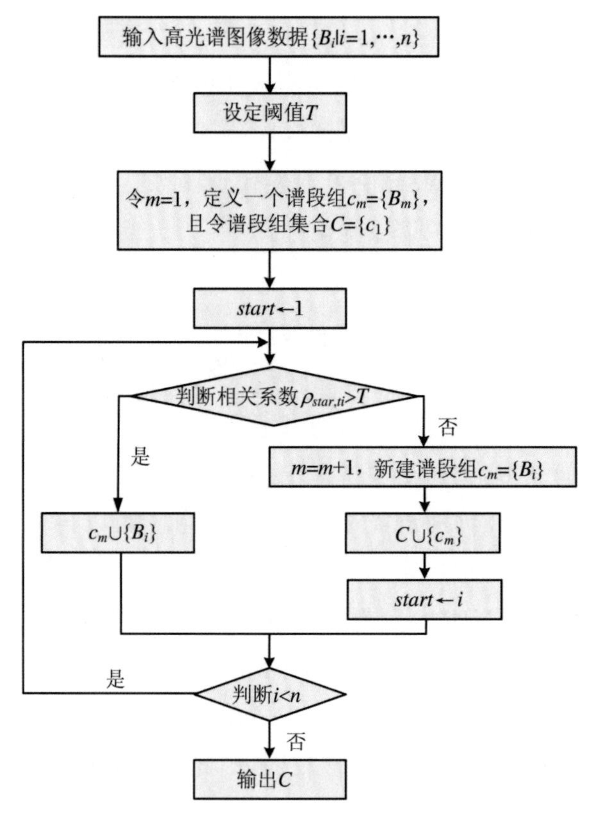


图 3.8 谱段子空间划分方法流程图

而后我们即可采用一定的搜索算法在不同的子空间中选取具有代表性的谱段组合。子空间划分的方法充分反映了数据的局部特性，解决了由于数据的全局统计特性与局部统计特性存在差异导致的在全部谱段空间进行谱段选择不一定能选出最优谱段的问题。

# 3.2　谱段优选实例与分析

按上节中提出的方法，对图 3.2 例子中所示的加州圣地亚哥市海军机场的 224 个谱段的高光谱图像数据进行谱段优化选择。计算图像谱段之间的相关系数，得到如图 3.3 所示的相关系数矩阵，此相关系数矩阵是对称阵，由此相关系数矩阵容易得到相邻谱段相关系数向量。图 3.9 显示了图 3.3 中相关系数矩阵的第 60 行数据。去除未成像谱段（谱段 107～113、153～166 及 224），得到含有 202 个谱段的图像子集。结合图 3.9 按照 3.1.4 节提出的方法对谱段组进行划分，可将此谱段组划分为 4 个集合：[1,40]、[41,106]、[114,152]以及[167,223]，各子空间的谱段个数分别为 40、66、39、57。谱段子集内的相关性大，而集合间的谱段相关性低。

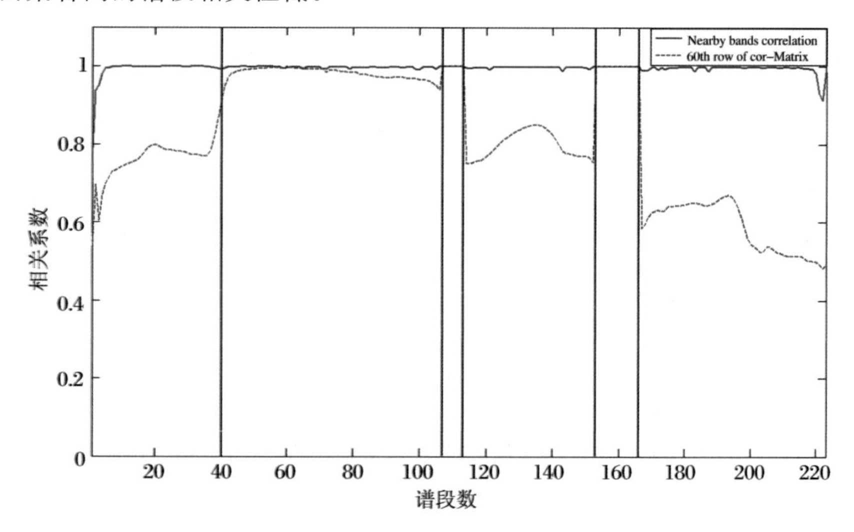


图 3.9　谱段子空间划分实例

图 3.10 是对图 3.2 中成像场景的目标/背景选取示意图，本章实验中选取的目标为加州圣地亚哥市海军机场跑道上的飞机。

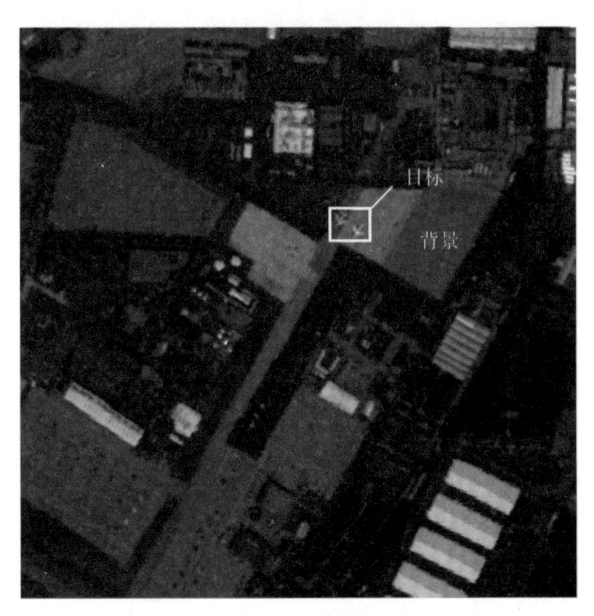


图 3.10　成像场景中的目标/背景选取

图 3.11 为在 224 个谱段下(波长范围为 0.37～2.6 μm)图 3.10 中所选取的目标/背景的相对辐射强度图。从图 3.11 可以看出，目标的辐射强度随着波长增大大体上处于下降的趋势，而背景的辐射强度则大体上处于上升的趋势。

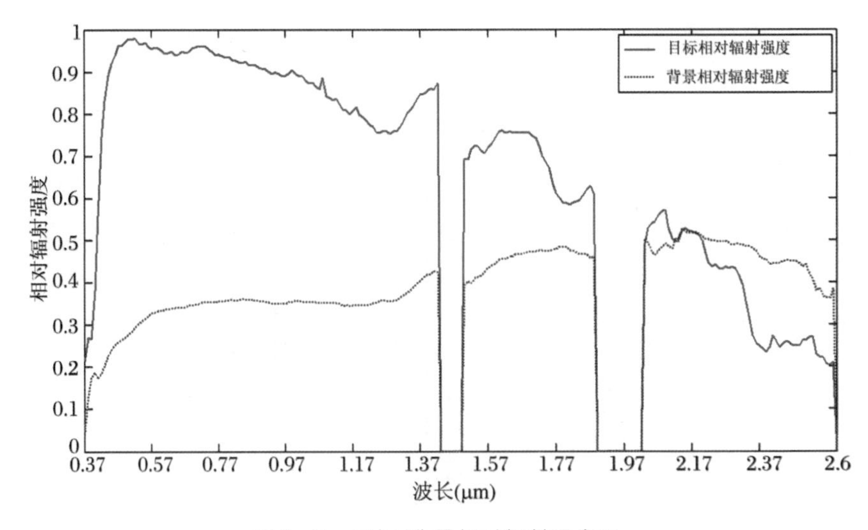


图 3.11　目标/背景相对辐射强度图

图 3.12 是利用 LOWTRAN 软件在波长 0.37～2.6 μm 内，计算的大气透过率曲线。

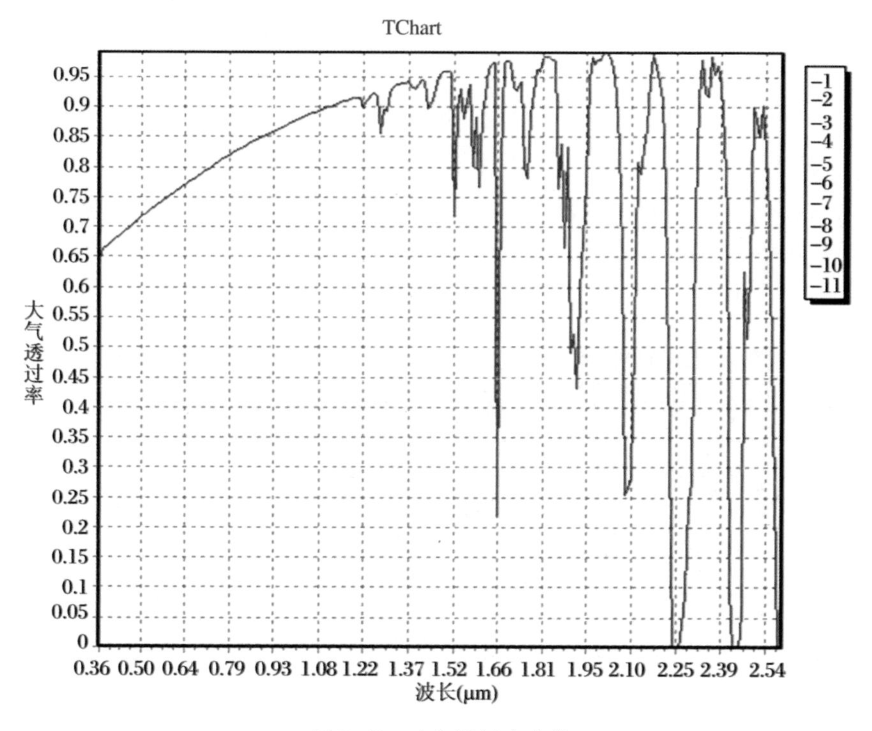


图 3.12　大气透过率曲线

对划分后的谱段子集按照 3.1.3 节和 3.1.4 节中提出的高速条件下成像谱段优化选择方法进行谱段选择，使所选谱段及其组合成像数据的信息量最大，相关性最小，同时结合图 3.12 中的分析结果，即所选成像谱段下目标辐射尽量强，而背景的辐射尽量弱。这里设定所选谱段组合数为 4，得到图 3.13 中的谱段组合，各谱段均来自不同的子空间，这样谱段间的相关性与信息冗余较小。

将其与基于信息量的谱段选择方法和基于类间可分性的谱段选择方法进行比较，表 3.2 给出了这 3 种方法所选择出的 4 个谱段的图像。

图 3.14 和图 3.15 分别为利用基于信息量的谱段选择方法和基于类间可分性的谱段选择方法所选择出的谱段组合，这里设定所选谱段组合数为 4。

从表 3.2 及图 3.13、图 3.14、图 3.15 可以看出：(1) 基于信息量的谱段选择方法所选择出的谱段主要分布于整个谱段范围的前 1/4 部分，目标/背景在图像中的反映基本相同，图像的灰度分布十分相似，存在大量的冗余信息。这主要是由于成像光谱仪的工作特性，往往使得在一定光谱范围内的具有相似特性的谱段图像均具有较大的信息量，而其他光谱范围内的波段数据包含的信息量相对而言虽然较小，却包含了与那些谱段不同的信息，反映了不同的目标/背景特征，而基于信息量的谱段选择方法并不能将这些谱段挑选出来，也就不利于后续的融合处理。(2) 基于类间可分性的谱段选择方法虽然选择出的谱段处于不同的谱段范围内，但这些谱段的图像质量较差，不是可以利用的最优谱段。(3) 高速条件下成像谱段优化选择方法则较好地弥补了上述方法的不足，利用该方法所选择出的谱段分布得较宽，涵盖了不同的特征谱段，所选谱段的图像质量较好，信息冗余较低，互补性信息丰富，数据的可利用性较高，有利于后续的融合处理。

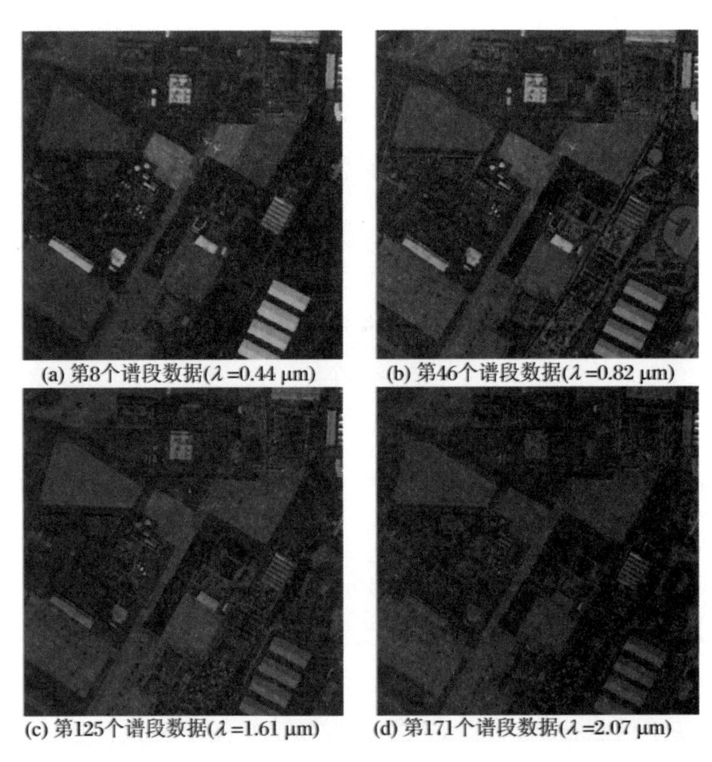

(a) 第8个谱段数据($\lambda=0.44\ \mu m$)　(b) 第46个谱段数据($\lambda=0.82\ \mu m$)

(c) 第125个谱段数据($\lambda=1.61\ \mu m$)　(d) 第171个谱段数据($\lambda=2.07\ \mu m$)

图 3.13　高速条件下成像谱段优化选择方法(JMCSS)结果

表 3.2　应用不同谱段选择方法选出的谱段

| 谱段选择方法 | 选择出的前 4 个谱段序号 |
|---|---|
| 基于信息量的谱段选择方法 | 46,43,47,48 |
| 基于类间可分性的谱段选择方法 | 60,89,59,91 |
| 高速条件下成像谱段优化选择方法(JMCSS) | 8,46,125,171 |

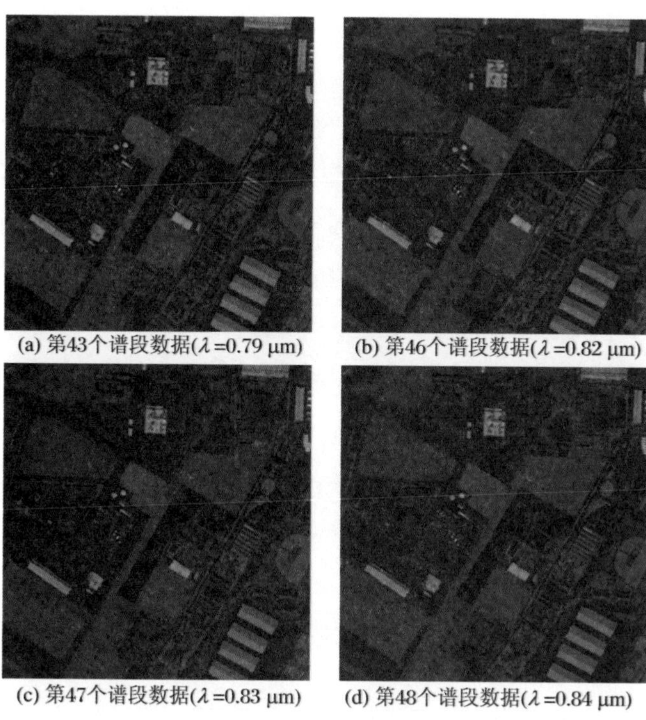

(a) 第43个谱段数据($\lambda$=0.79 μm)　(b) 第46个谱段数据($\lambda$=0.82 μm)

(c) 第47个谱段数据($\lambda$=0.83 μm)　(d) 第48个谱段数据($\lambda$=0.84 μm)

图3.14　基于信息量的谱段选择方法结果

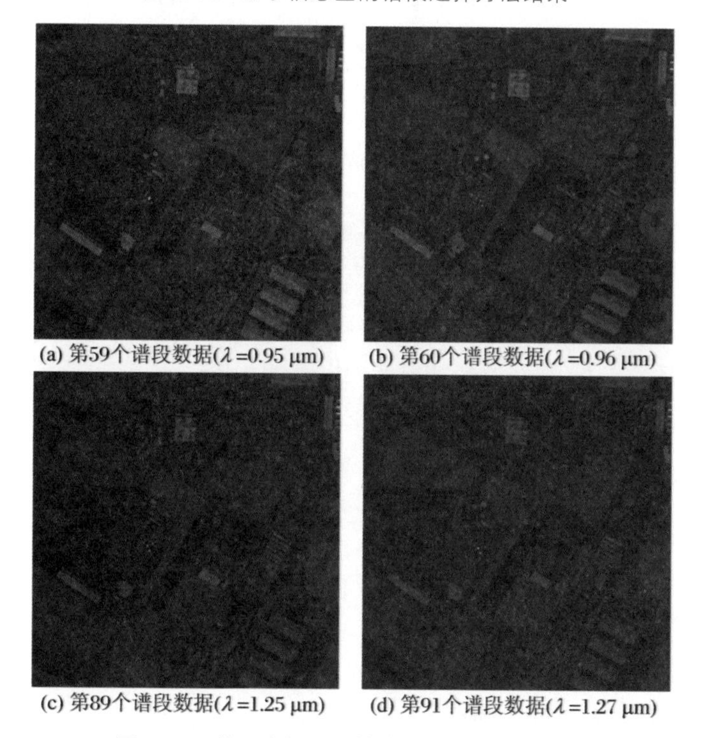

(a) 第59个谱段数据($\lambda$=0.95 μm)　(b) 第60个谱段数据($\lambda$=0.96 μm)

(c) 第89个谱段数据($\lambda$=1.25 μm)　(d) 第91个谱段数据($\lambda$=1.27 μm)

图3.15　基于类间可分性的谱段选择方法结果

由上述方法进行谱段优化选择后，超光谱图像空间的数据量得到了大幅度的减少，图像数据由之前的上百谱段缩减到几个谱段。如有必要，在此基础上，可对选取的 $n$ 个谱段进行小波分解、小波加权融合和重建。

小波分解将图像进行 3 层小波分解，在小波分解的每一层上，图像都将被分解为 4 个 1/4 原图大小的子图像。这 4 个图像中的每一个子图像都可以看作是原图像与一对正交镜像滤波器组 $h_0$ 和 $h_1$ 来等效实现的。在分辨率为 $j$ 时，图像 $f$ 的近似信号为

$$A_j^i = \sum_{x,y\in \mathbf{Z}} h_0(x-2m)h_0(y-2n)A_{j-1}^i \tag{3.21}$$

图像进行小波分解后，需要对其进行融合，融合的同时需要充分考虑到每幅图像对最终融合图像的贡献，从而采用了加权融合的方法。该方法中选取的是每幅图像的方差作为确定权值的量度。对于每个谱段的图像来说，最终归一化的权系数为

$$W_i = \sigma_i^2 \Big/ \sum \sigma_i^2 \tag{3.22}$$

根据滤波器原理，当行和列上的滤波器互为镜像滤波器，且为实偶函数时，能够根据子图像序列无失真地重建图像。图像重建的过程与分解过程类似，图像重建将依据下列公式进行：

$$\begin{aligned} A_{j-1}^i = & \sum_{m,n\in \mathbf{Z}} A_j^i h_0(x-2m)h_0(y-2n) \\ & + \sum_{m,n\in \mathbf{Z}} \alpha_j^i h_0(x-2m)h_1(y-2n) \\ & + \sum_{m,n\in \mathbf{Z}} \beta_j^i h_1(x-2m)h_0(y-2n) \\ & + \sum_{m,n\in \mathbf{Z}} \gamma_j^i h_1(x-2m)h_1(y-2n) \end{aligned} \tag{3.23}$$

$$\left.\begin{aligned} \alpha_j^i &= \sum_{x,y\in \mathbf{Z}} h_0(x-2m)h_1(y-2n)A_{j-1}^i \\ \beta_j^i &= \sum_{x,y\in \mathbf{Z}} h_1(x-2m)h_0(y-2n)A_{j-1}^i \\ \gamma_j^i &= \sum_{x,y\in \mathbf{Z}} h_1(x-2m)h_1(y-2n)A_{j-1}^i \end{aligned}\right\} \tag{3.24}$$

式中，$i$ 为谱段号；$j=1,2,3$。三种方法分别选出多谱段图像融合，如图 3.16 所示。

表 3.3 是不同谱段选择方法的融合图像的熵、目标及背景区域的标准差、目标/背景对比度的计算结果。

(a) 信息量选择

(b) 类间可分性选择

(c) 本书的选择

图 3.16 不同谱段选择方法融合图像对比

表 3.3 不同谱段选择方法所选择谱段的融合图像的定量评价

| | 信息量的谱段选择法 | 类间可分性的选择法 | 本书的优化选择法 |
|---|---|---|---|
| 熵 | 11.683 8 | 9.614 0 | 11.807 1 |
| 目标区域标准差 | 15.203 8 | 8.084 5 | 18.795 9 |
| 背景区域标准差 | 3.960 9 | 1.917 6 | 5.942 1 |
| 目标/背景对比度 | 0.180 55 | 0.125 03 | 0.218 1 |

针对高速飞行条件下高速流场和光学窗口被气动加热而导致成像产生热辐射效应，在进行热辐射退化仿真实验的基础上对其进行谱段选择。图 3.17 为热辐射退化仿真实验结果对比例子。

表 3.4 给出了利用上述三种不同的谱段选择方法对存在/不存在热辐射效应的高光谱图像数据进行选择，得到的谱段选择结果。

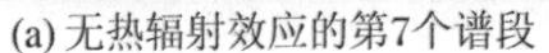

(a) 无热辐射效应的第7个谱段

(b) 叠加热辐射效应后

图 3.17 热辐射退化仿真实验对比

表 3.4 不同谱段选择方法选出的存在/不存在热辐射效应的成像谱段

| 谱段选择方法 | 选择出的谱段序号（不存在热辐射效应） | 选择出的谱段序号（存在热辐射效应） |
|---|---|---|
| 基于信息量的谱段选择方法 | 46 | 3 |
| 基于类间可分性的谱段选择方法 | 60 | 59 |
| 本书成像谱段选择方法 | 8 | 7 |

表 3.5 为对表 3.4 中应用上述三种不同的谱段选择方法选出的存在热辐射效应的谱段的成像的熵、目标及背景区域的标准差、目标/背景对比度的计算结果。

表 3.5 不同谱段选择方法所选择谱段成像的定量评价

| | 基于信息量的谱段选择 | 类间可分性的谱段选择 | 本书的成像谱段选择 |
|---|---|---|---|
| 熵 | 13.886 7 | 12.125 7 | 13.498 4 |
| 目标区域标准差 | 6.248 1 | 6.599 1 | 16.824 9 |
| 背景区域标准差 | 12.972 4 | 4.657 2 | 14.864 0 |
| 目标/背景对比度 | 0.260 5 | 0.183 1 | 0.338 0 |

其中，标准差反映了图像灰度相对于图像均值的偏离程度，对于目标及背景区域而言，其标准差越大，表明该区域的纹理信息越丰富；熵越大则说明图像所包含的信息量越大。从实验结果可以看出，所提出的成像谱段优化选择方法所选出的谱段的融合图像的信息量大，纹理信息最丰富，目标/背景对比度最

大，表明该方法所选出的谱段图像的质量最好，融合效果最佳。

## 小结

为了寻找合适的工作谱段以提高光学成像系统的探测能力，需要综合考虑诸如目标辐射、背景辐射等多种因素的影响，并在此基础上选出最优的成像谱段或谱段组合。所提出的成像谱段优化选择方法在分析高速来流、场景中目标和背景的辐射特性的基础上，选择一个谱段或谱段组合，使得该谱段或谱段组合能在尽量接近目标的较强辐射的同时，偏离高速来流及背景的辐射特性，使得选择出的谱段下成像的目标/背景对比度尽可能大，图像质量最佳。图3.18为我们研发的谱段优化选择软件界面。

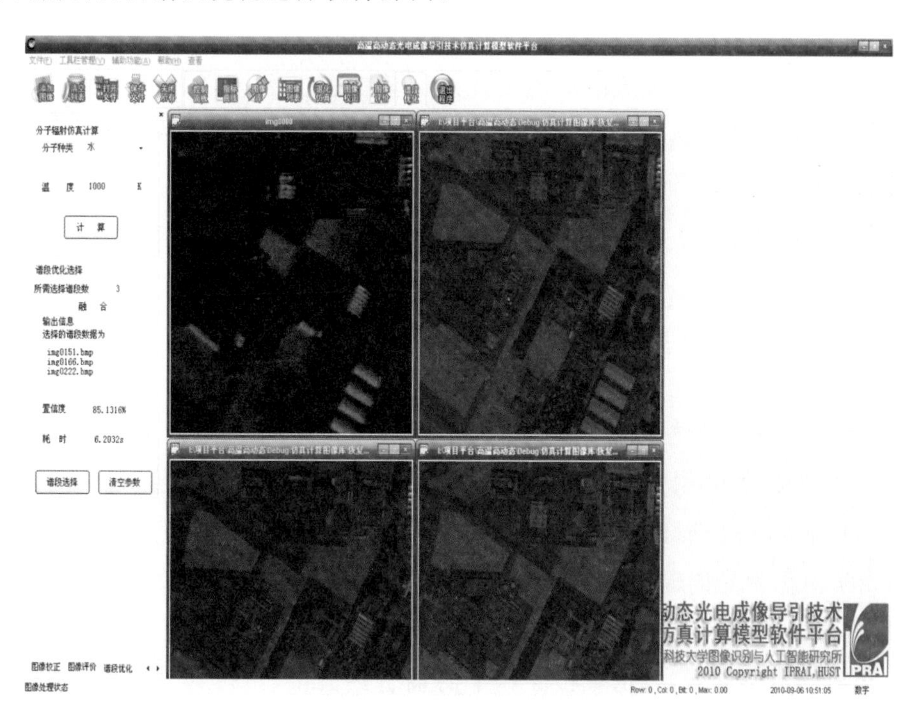


图3.18　谱段优化选择软件界面

# 3.3 热辐射的空间—时间指纹建模[10~12]

高超声速飞行器在飞行过程中，其前缘弓形激波后的高温和飞行器表面边界层中的高温，可以激发气体分子的振动，引起电离；而飞行器表面的烧蚀引起复杂的化学反应，对高超声速飞行器的气动力有着重要的影响，特别是对复杂外形的飞行器，影响很大。飞行器在大气层中高速飞行，来流与探测器光学头罩头部相遇时受到压缩而被阻滞，同时空气本身有黏性，与光学头罩表面相接触的气流同样受到阻滞。这两种情况都使得气流速度降低，在头罩表面附近形成边界层，在边界层内来流的动能被耗散而转变成热能，使头罩周围的气流温度升高，其表面被加热。这种高速来流与头罩表面的对流换热称为气动加热。光学头罩被气动加热而处于严重的气动热环境中，激波层和光学窗口将产生热辐射噪声，从而降低了光电探测系统对目标探测的信噪比和图像质量[3,4]。

## 3.3.1 热辐射基础

1. 热流量与热流密度

辐射热流量 $Q$，作为光学辐射的热效应，在光学上等效为辐射功率或辐(射能)通量，表示单位时间内的辐射热量(能量)，单位为 W。光谱辐射热流量 $Q_\lambda$，光学上称为光谱辐射功率，表示以波长 $\lambda$ 为中心的单位波长间隔内的辐射热流量，单位为 W/μm。

辐射热流密度 $q$，表示单位面积上的辐射热流量，单位为 $W/m^2$。光谱辐射热流密度 $q_\lambda$，单位为 $W/(m^2 \cdot \mu m)$。

2. 热辐射物理特性

光学窗口对于目标的入射辐射必然存在着吸收、反射和透射。如图 3.19 所示，假设光学窗口 A 的温度为 $T_A$，外界辐射投射到该光学窗口的热流量 $Q$ 中，一部分 $Q_\alpha$ 被吸收，另一部分 $Q_\rho$ 被反射，其余部分 $Q_\gamma$ 穿透光学窗口 A，各部分的能量遵守能量守恒定律，即

$$\frac{Q_\alpha}{Q} + \frac{Q_\rho}{Q} + \frac{Q_\gamma}{Q} = 1 \tag{3.25}$$

其中，$\alpha(T_A) = \frac{Q_\alpha}{Q}$、$\rho(T_A) = \frac{Q_\rho}{Q}$、$\gamma(T_A) = \frac{Q_\gamma}{Q}$分别表示该光学窗口对投射辐射的吸收率、反射率和透过率，即

$$\alpha(T_A) + \rho(T_A) + \gamma(T_A) = 1 \tag{3.26}$$

光学窗口的辐射度除了依赖于温度和波长外，还与构成该窗口的材料性质及表面状态等因素有关，这种随材料性质及表面状态变化的辐射系数 $\varepsilon(T_A)$就是常说的发射率，又称辐射率、比辐射率：

$$\varepsilon(T_A) = \frac{E(T_A)}{E_b(T_A)} \tag{3.27}$$

对于某特定波长，这种关系也成立：

$$\varepsilon_\lambda(T_A) = \frac{E_\lambda(T_A)}{E_{b\lambda}(T_A)} \tag{3.28}$$

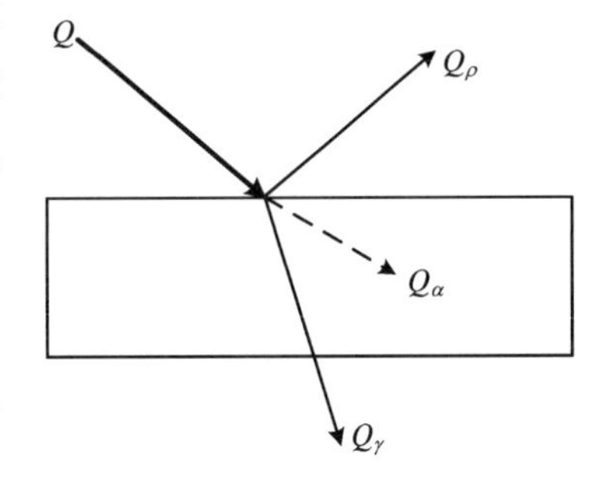


图 3.19　光学窗口表面的反射、吸收和透射示意图

其中，$E(T_A)$表示温度为 $T_A$ 的物体的辐射出射度，$E_b(T_A)$表示同温黑体的辐射出射度。

在热平衡条件下，被窗口吸收的辐射能量必然转化为窗口向外发射的辐射能量，即在热平衡条件下，窗口的吸收率必然等于该窗口在同温度下的发射率：

$$\varepsilon(T_A) = \alpha(T_A) \tag{3.29}$$

高速飞行条件下，光学窗口的温度在短时间内将迅速上升。过高的温度将使窗口产生热辐射，进而湮没目标信号，无法正常成像。从根本上分析，这与窗口的热学性能有关。对此，需要对光学材料的透过率和发射率进行分析研究。

图 3.20 是不同温度环境下蓝宝石($Al_2O_3$)的透过率变化曲线，在 3 ～4 μm 范围内它对温度的影响不敏感；在 4～5 μm 范围，随温度升高，透红外性能恶化，在 700 ℃时波长为 5 μm 的红外透过率降低一半。图 3.21 是硫化锌(ZnS)的透过率变化曲线，当温度为 600 ℃时，波长从 10 μm 增至 14 μm，其透过率从 72%呈直线下降，几乎接近于零。

通过以上分析可知，光学窗口材料的透过率与波长有关，在短波段，受温度影响较小；在长波段，其透过率随温度升高而下降。

表 3.6 给出了几种光学材料在不同温度下的发射率比较结果。

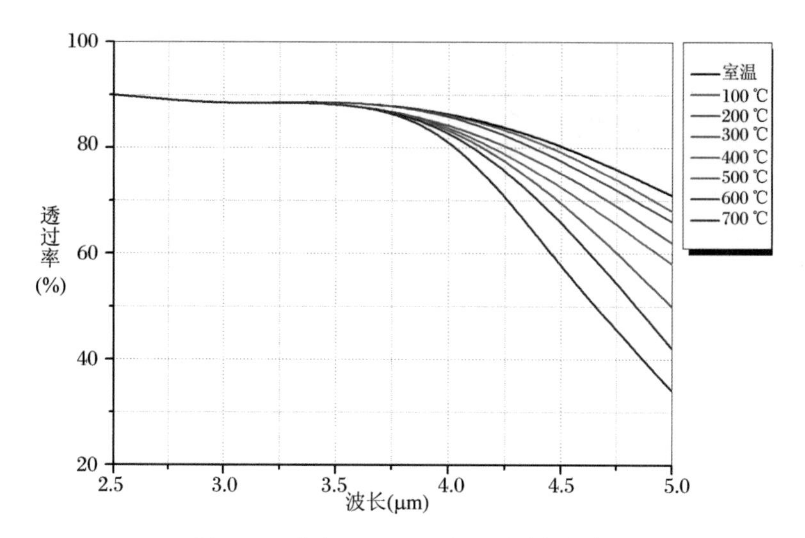


图 3.20 蓝宝石($Al_2O_3$)高温透过率曲线

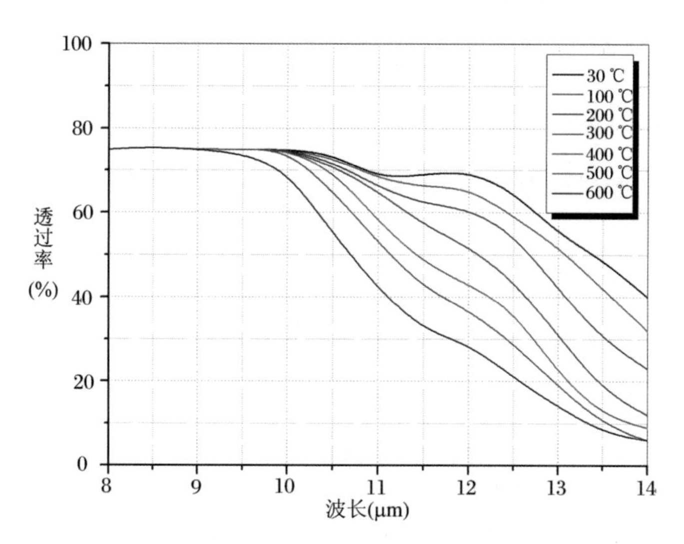


图 3.21 硫化锌(ZnS)高温透过率曲线

表 3.6 300 ℃、550 ℃光学材料发射率测试平均值

| 材料 | 谱段(μm) | 发射率平均值(%) 300 ℃ | 发射率平均值(%) 550 ℃ |
|---|---|---|---|
| $MgF_2$ | 3.0～5.0 | 0.017 25 | 0.023 25 |
| ZnS | 3.0～12.0 | 0.024 97 | 0.047 36 |
| $MgAl_2O_4$ | 3.0～5.0 | 0.020 52 | 0.020 52 |
| $Al_2O_3$ | 3.0～5.0 | 0.022 36 | 0.046 31 |

表 3.6 中的结果表明，这几种光学材料(除 $MgAl_2O_4$)的发射率皆随温度的升高而增大，其中，尖晶石($MgAl_2O_4$)受温度影响最小。几种光学窗口材料中，$MgF_2$ 发射率最低，尖晶石次之，而 ZnS 最高。

对于 ZnS 材料，在 8～9.5 μm 波长范围内，发射率几乎不变，当波长 $\lambda \geq$ 10 μm时，发射率随波长的增加而增加，如图 3.22 所示。

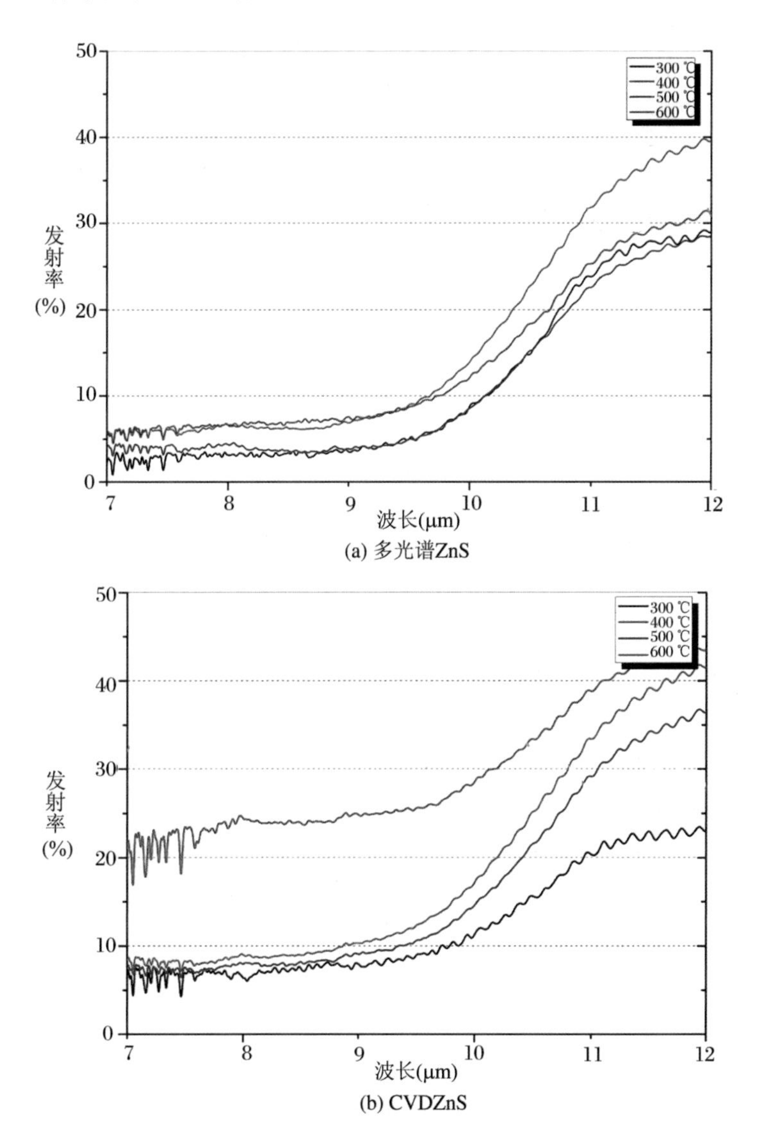


图 3.22　不同温度下几种硫化锌窗口的发射率与室温下的透过率随波长变化的曲线

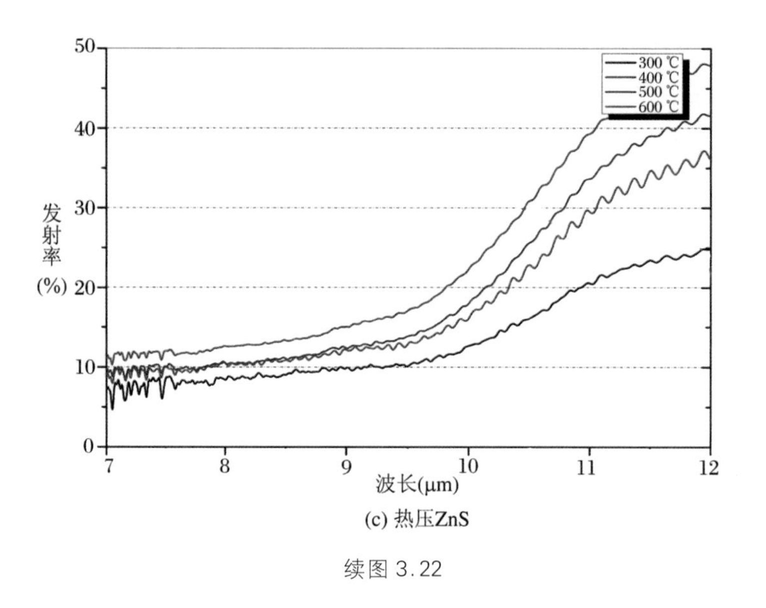


(c) 热压ZnS

续图 3.22

### 3.3.2 热辐射基本定律

从理论上讲，物体热辐射的波长可以包括整个波谱，但大部分能量位于红外光谱范围内，而在可见光谱段，即波长为 0.38～0.76 μm 内，热辐射能量的比重不大。红外光谱区通常可以划分为四个区域，即 0.76～3 μm 的近红外区(Near Infrared Region，NIR)、3～6 μm 的中红外区(Middle Wave Infrared Region，MIR)、6～15 μm 的长波红外区(Long Wave Infrared Region，LIR)和 15～1 000 μm 的极远红外区。在大气传输过程中，热辐射能通过 3～5 μm 和 8～14 μm 两个窗口。

自然界中实际存在的任何物体对不同波长的入射辐射都有一定的反射(吸收率不等于 1)，黑体只是人们抽象出来的一种理想化的物体模型。但黑体热辐射的基本规律是红外研究及应用的基础，它揭示了黑体发射的红外热辐射随温度及波长变化的定量关系。

1. 普朗克定律

普朗克定律给出了黑体发射光谱的变化规律，真空中其表达式为

$$E_{b\lambda} = \frac{c_1}{\lambda^5}\left(e^{c_2/\lambda T} - 1\right)^{-1} \tag{3.30}$$

其中，$E_{b\lambda}$ 为黑体光谱辐射出射度，单位 W/(m$^2$ · μm)；$c_1$ 为第一辐射常数，

$c_1=2\pi hc_0^2$；$c_2$ 为第二辐射常数，$c_2=hc_0^2/k_B$；$h$ 为普朗克常数，$h=6.626\,176\times10^{-34}$ J·s。$k_B$ 为玻耳兹曼常数，$k_B=1.380\,662\times10^{-23}$ J/K。

如果黑体处于介质中，则需考虑折射率的影响。介质中的光速 $c=c_0/n$，真空中光速 $c_0=2.997\,924\,58\times10^8$ m/s，$n$ 表示介质折射率，射线波长 $\lambda_m=\lambda/n$。介质中普朗克定律中的第一辐射常数和第二辐射常数分别记为 $c_{1m}$ 和 $c_{2m}$，则

$$\left.\begin{aligned} c_{1m} &= 2\pi hc^2 = 2\pi h\,(c_0/n)^2 = c_1/n^2 \\ c_{2m} &= hc/k_B = c_2/n \end{aligned}\right\} \tag{3.31}$$

将式(3.31)代入式(3.30)，可得介质中的黑体光谱出射度：

$$E_{b\lambda_m} = \frac{c_{1m}}{\lambda_m^5}\,(e^{c_{2m}/\lambda_m T}-1)^{-1} = \frac{c_1}{n^2\lambda_m^5}\,(e^{c_2/n\lambda_m T}-1)^{-1} \tag{3.32}$$

如图3.23所示。

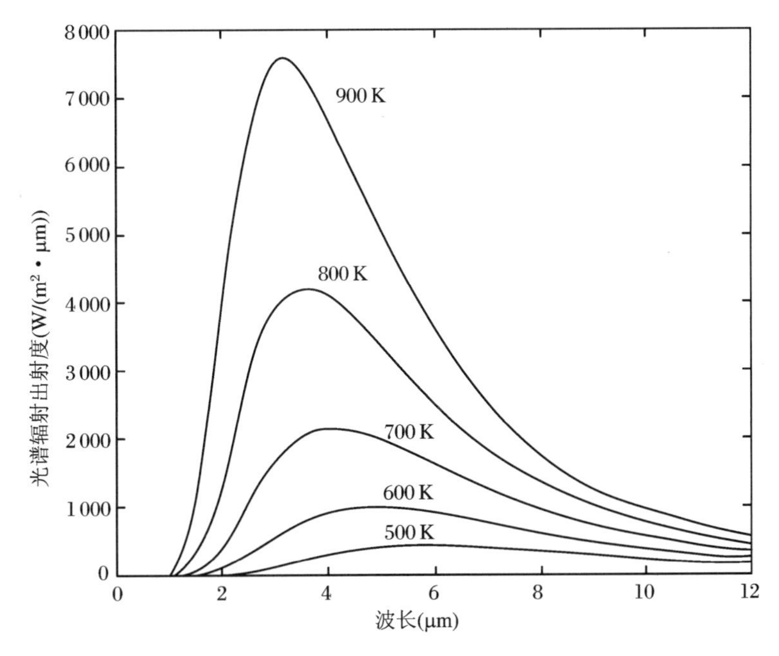


图3.23　不同温度黑体的光谱辐射出射度与波长的关系

2. 维恩位移定律

维恩位移定律说明了黑体的峰值辐射波长与温度的关系，其在真空中的表达式为

$$\lambda_{\max}T = \frac{c_2}{4.965\,1} = c_3 = 2\,897.79\ (\mu\text{m}\cdot\text{K}) \tag{3.33}$$

通过类似的推论，可得维恩位移定律，令 $\lambda_{m,\max}$ 为介质中黑体辐射的峰值波长，则有

$$n\lambda_{m,\max} T = 2\,897.79\ (\mu\text{m} \cdot \text{K}) \tag{3.34}$$

由维恩位移定理可知，温度越高，波长越短。例如，300 K 黑体光谱辐射亮度在 8～12 μm 波段的光通量比在 3～5 μm 波段的约多 46 倍，所以对于温度为 300 K 左右的地面目标，一般气象条件下，长波 8～12 μm 比中波 3～5 μm 灵敏度要高。而对于 300 K 以上的目标背景辐射对比度，中波 3～5 μm 高于长波 8～12 μm，有利于目标探测识别。另外，由于白天太阳光谱中存在大量的中波成分，受地物反射影响，中波探测器接收的能量中 70% 来自阳光反射成分，而长波探测器在白天不会受阳光反射成分影响。

3. 斯蒂芬—玻耳兹曼定律

斯蒂芬—玻耳兹曼定律描述的是黑体光谱辐射出射度随其温度的变化规律，其在真空中的表达式为

$$E_{\mathrm{b}} = \frac{\pi^4 c_1 T^4}{15 c_2^4} = \sigma T^4 \tag{3.35}$$

其中，$\sigma$ 为黑体辐射常数，$\sigma = 5.670\,3 \times 10^{-8}\ \text{W}/(\text{m}^2 \cdot \text{K}^4)$。斯蒂芬—玻耳兹曼定律表明，凡是温度高于开式零度的物体都会自发地向外发射红外热辐射，并且黑体单位表面积光谱辐射出射度与开式温度的四次方成正比，即使温度的较小变化都会引起物体的辐射出射度很大的变化。

### 3.3.3 影响光学窗口热辐射大小的因素

当飞行器以亚声速或速度不高于 2 倍声速飞行时，由于其红外窗口温升较小，同时在红外成像探测系统的工作波段上，通常要求窗口材料的透过率很高，红外辐射系数很低，因而一般情况下窗口材料的红外辐射亮度比目标/背景的要低得多。再加上光学窗口一般距离成像系统很近，在探测器焦面上放大成像，光学窗口辐射要小于目标/背景红外辐射对图像的影响。这时对低速飞行器可以忽略光学窗口的辐射影响，而只考虑背景辐射的原因。

但是当飞行器以高马赫数飞行时，光学窗口温度急剧升高，而其窗口的辐射出射度与温度的四次方成正比，即使光学窗口材料的辐射系数低，但其辐射对红外成像系统探测性能的影响也会非常严重，因此要研究光学窗口的热辐射效应对目标探测的影响，必须要考虑图 3.24 中的目标辐射、背景辐射、激波辐

射等各种因素。

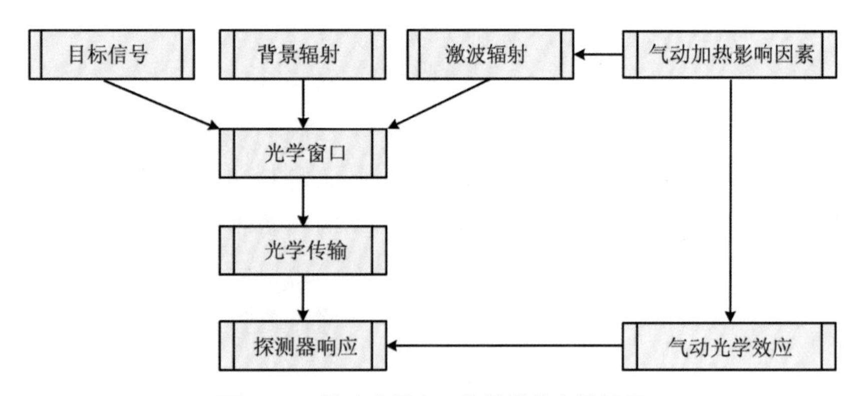


图3.24 影响光学窗口热辐射的各种因素

光学窗口是固体介质,与气体介质有很大不同,在特定温度和压强下其材料变形会有特定规律。研究高温高压影响下材料变形引起的气动光学传输畸变,包括模糊和偏移的规律,建立其数学模型,我们称该模型为传输畸变指纹。在此基础上,进一步建立多种光学窗口的传输畸变与热辐射畸变指纹,形成多种窗口畸变指纹库,利用该指纹库可计算得到每种光学窗口在某一温度、某一压强下的畸变函数,并以此为约束条件,进行光学窗口产生的图像畸变校正。图3.25为我们提出的光学窗口传输畸变和热辐射畸变指纹库的建立流程[10~12]。

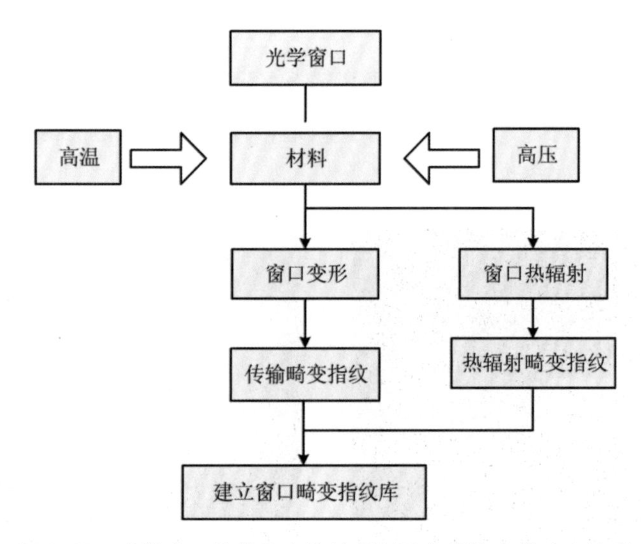


图3.25 光学窗口传输畸变和热辐射畸变指纹库的建立流程

### 3.3.4 光学窗口电弧风洞试验数据分析与建模

图 3.26 为光学窗口电弧风洞试验示意图。结合电弧风洞试验，研究不同材质的光学窗口在不同热流密度条件下的辐射特性；通过实时获取的图像数据，分析光学窗口的气动热辐射效应，支撑后续的气动热辐射退化图像校正。

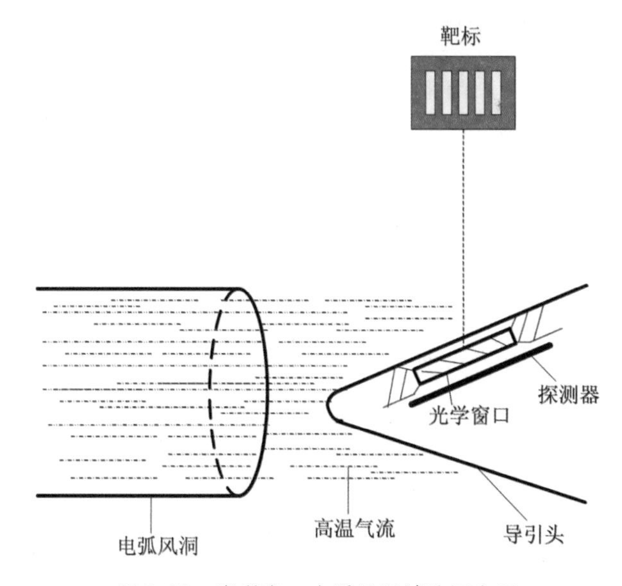


图 3.26 光学窗口电弧风洞试验示意图

从图 3.27、图 3.28 和图 3.29 可以看出，随着电弧风洞中热流密度的增大，光学窗口的温度逐渐升高，其热辐射效应逐渐增强，靶标图像的目标/背景的区域对比度处于总体下降的趋势。

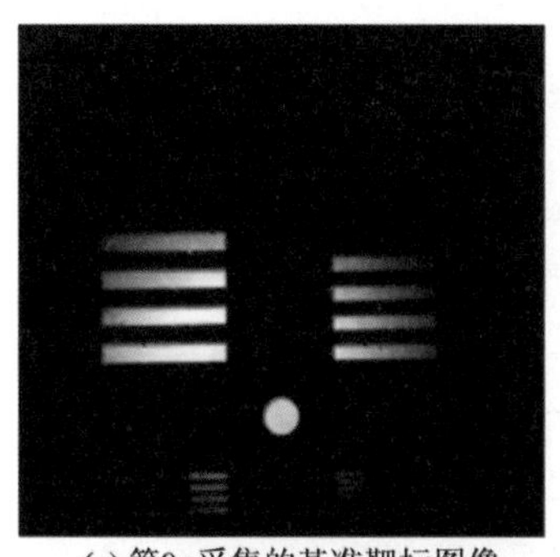

(a) 第0 s采集的基准靶标图像

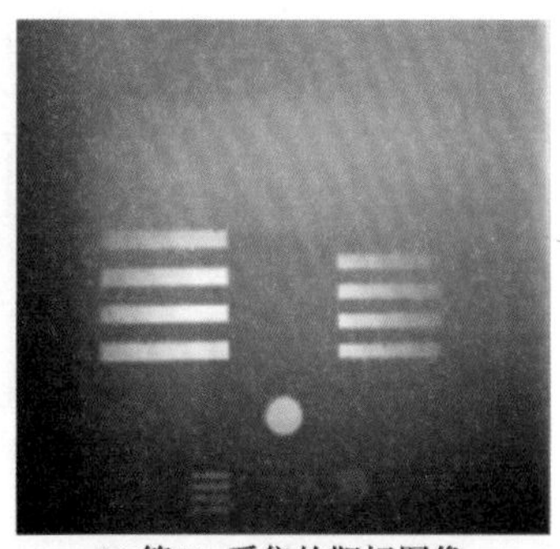

(b) 第20 s采集的靶标图像

图 3.27 靶标图像

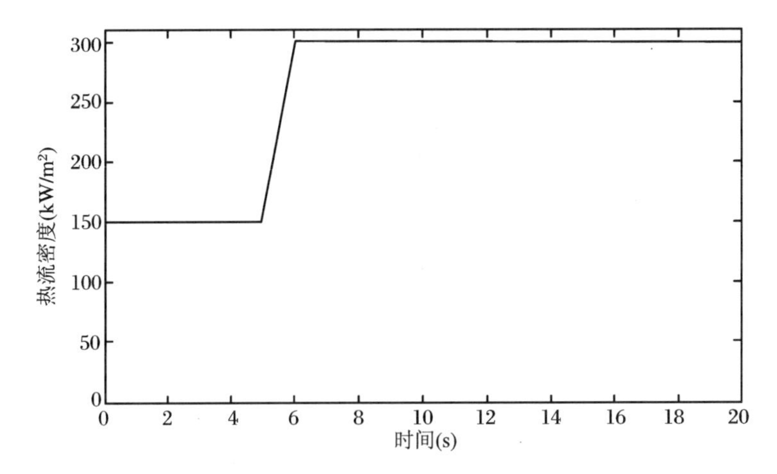


图 3.28　高温气流热流密度随时间变化的曲线

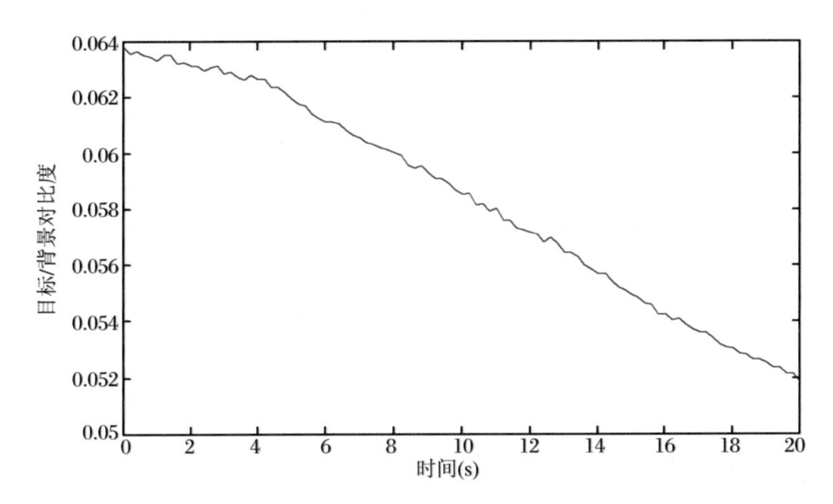


图 3.29　目标/背景的区域对比度随时间变化的曲线

通过风洞试验获取规定的气动热环境下的气动热辐射退化图像序列 $\{f_k \mid k=1,2,\cdots,n-1,n\}$，将其与基准图像 $f_0$ 成对分组，对每一组图像 $\{(f_0,f_k)\}$ 进行配准，得到配准后的图像组合 $\{(f_0,f'_k)\}$ 以及偏移值 $\{(\Delta x_k,\Delta y_k)\}$；对配准后的每一组图像 $\{(f_0,f'_k)\}$，求其图像之差，得到差值图像序列 $\{d_k \mid d_k=f'_k-f_0\}$；对 $\{d_k\}$ 进行多尺度建模分析，得到气动热辐射退化图像 $\{f_k\}$ 在多个尺度下的热辐射指纹，从而得到热辐射退化模型与时间、温度的关系；继而建立多尺度的热辐射指纹库，而后即可利用该指纹库对实际的气动热辐射退化图像进行校正，从而有效地提高图像的信噪比和图像质量。我们提出的多尺度气动热辐射指纹库(Multi-Scale Aero-Optic Effect Fingerprint Base Building，MSAOEF)的建立流程图和多尺度分析流程如图 3.30、图 3.31

所示[10~12]。

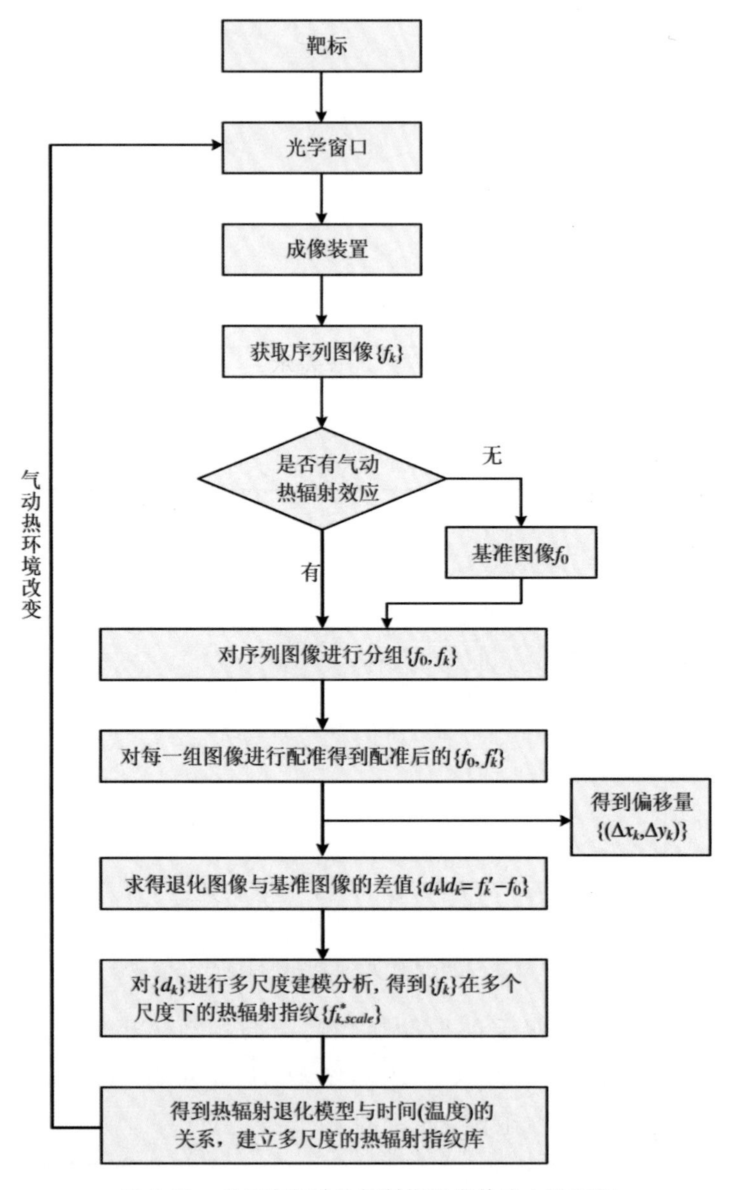


图3.30 多尺度气动热辐射指纹库的建立流程图

对差值图像序列$\{d_k\}$进行多尺度分析建模的具体步骤为：

步骤1 设图像大小为$M\times N$，对差值图像序列$\{d_k\}$在全图区域内进行采样，取$M'\times N'$个差值点进行大尺度下的多项式曲面拟合，得到其在大尺度下的拟合曲面$\left\{f_{k,1}^*(x,y)\,\middle|\,f_{k,1}^*(x,y)=\sum_{i=0}^{p}\sum_{j=0}^{q}a_{ij(k,1)}x^iy^j\right\}$，进而得到热辐射退

化图像在大尺度下的热辐射指纹$\{a_{ij(k,1)}\}$。

步骤2　细化上一级的拟合尺度，即将上一级的拟合曲面$\{f^*_{k,s}\}$划分为多个分块区域，计算各分块区域的拟合误差，如果其中任一分块区域的拟合误差不小于预设的当前细化尺度下的误差门限值，则对该分块区域进行再次拟合，获得该分块区域的拟合曲面。

分析得到的上一级尺度下的拟合曲面$f^*_{k,s}$，对其进行当前尺度下的分析，将其划分成$R_{s+1}\times R_{s+1}$个子块（对于中尺度，$R_2$可取2～4），各子块用$f^*_{k,s(r)}$（$r$为子块的序号，$r=1,2,\cdots,R_{s+1}\times R_{s+1}$）表示，同样，将差值图像$d_k$对应划分成$R_{s+1}\times R_{s+1}$个子块，各子块用$d_{k,s+1(r)}$表示。

在全图区域内计算上一级尺度下的拟合曲面的相对误差：

$$E_{k,s}=\frac{\sum_{u=0}^{M}\sum_{v=0}^{N}\left|f^*_{k,s}(x_u,y_v)-d_k(x_u,y_v)\right|}{\sum_{u=0}^{M}\sum_{v=0}^{N}f_0(x_u,y_v)} \tag{3.36}$$

计算当前尺度下各子块区域（$M_{s+1(r)}\times N_{s+1(r)}$）内拟合曲面的相对误差：

$$E_{k,s(r)}=\frac{\sum_{u=0}^{M_{s+1(r)}-1}\sum_{v=0}^{N_{s+1(r)}-1}\left|f^*_{k,s(r)}(x_u,y_v)-d_{k,s+1(r)}(x_u,y_v)\right|}{\sum_{u=0}^{M_{s+1(r)}-1}\sum_{v=0}^{N_{s+1(r)}-1}f_0(x_u,y_v)} \tag{3.37}$$

如果$E_{k,s(r)}<\dfrac{E_{k,s}}{R_{s+1}\times R_{s+1}}$，则当前尺度下相应子块的拟合曲面$f^*_{k,s+1(r)}=f^*_{k,s(r)}$，进而得到相应子块在当前尺度下的热辐射指纹$\{a_{ij(k,s+1(r))}\mid a_{ij(k,s+1(r))}=a_{ij(k,s(r))}\}$。

如果$E_{k,s(r)}\geqslant\dfrac{E_{k,s}}{R_{s+1}\times R_{s+1}}$，则对差值子块$d_{k,s+1(r)}$区域内的$M_{s+1(r)}\times N_{s+1(r)}$个差值点进行采样，取$M'_{s+1(r)}\times N'_{s+1(r)}$个差值点进行当前尺度下的多项式曲面拟合，得到当前尺度下拟合的曲面多项式$\left\{f^*_{k,s+1(r)}(x,y)\,\middle|\,f^*_{k,s+1(r)}(x,y)=\sum_{i=0}^{p}\sum_{j=0}^{q}a_{ij(k,s+1(r))}x^iy^j\right\}$，进而得到相应的子块在当前尺度下的热辐射指纹$\{a_{ij(k,s+1(r))}\}$。

步骤3　重复步骤2，即可得到一定气动热环境下多个尺度的热辐射指纹$\{a_{ij(k,s)}\}$，从而建立多尺度的气动热辐射图像校正指纹库。

各尺度拟合的多项式系数$\{a_{ij(k,s)}\}$称为多尺度动态热辐射指纹，是时间或热流密度的函数。$k$为时间；$s$表示尺度级别，$s=1,2,3,\cdots$，分别代表大尺度、中尺度和小尺度等；$p$、$q$ 为多项式的最高幂次方。

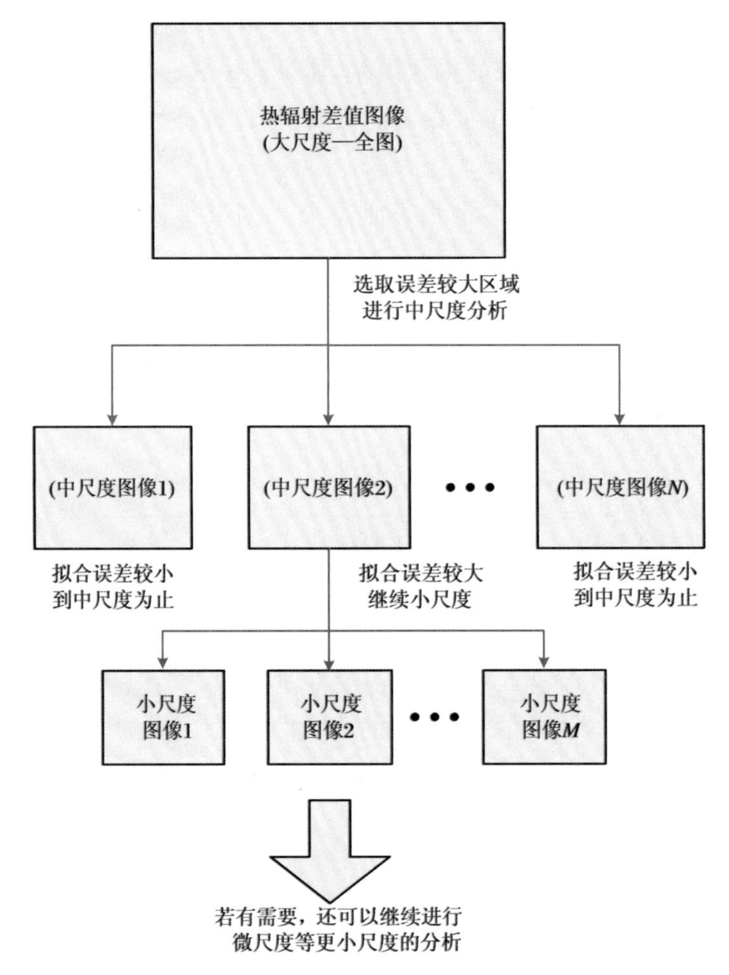


图 3.31　气动热辐射图像的多尺度分析流程

图 3.32 为由一个大尺度热辐射退化模型得到的大尺度热辐射指纹。

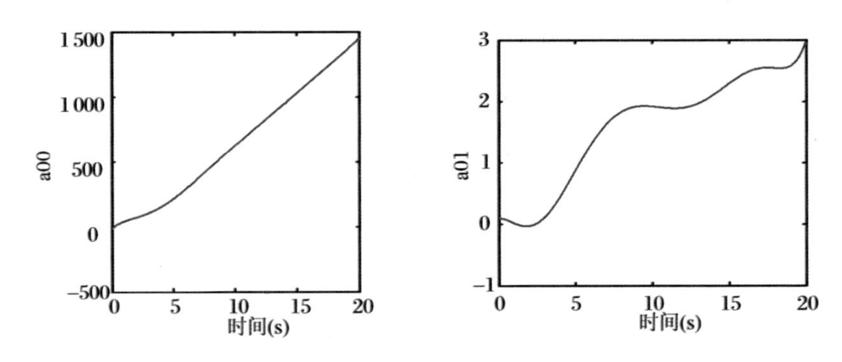


图 3.32　大尺度热辐射指纹的例子

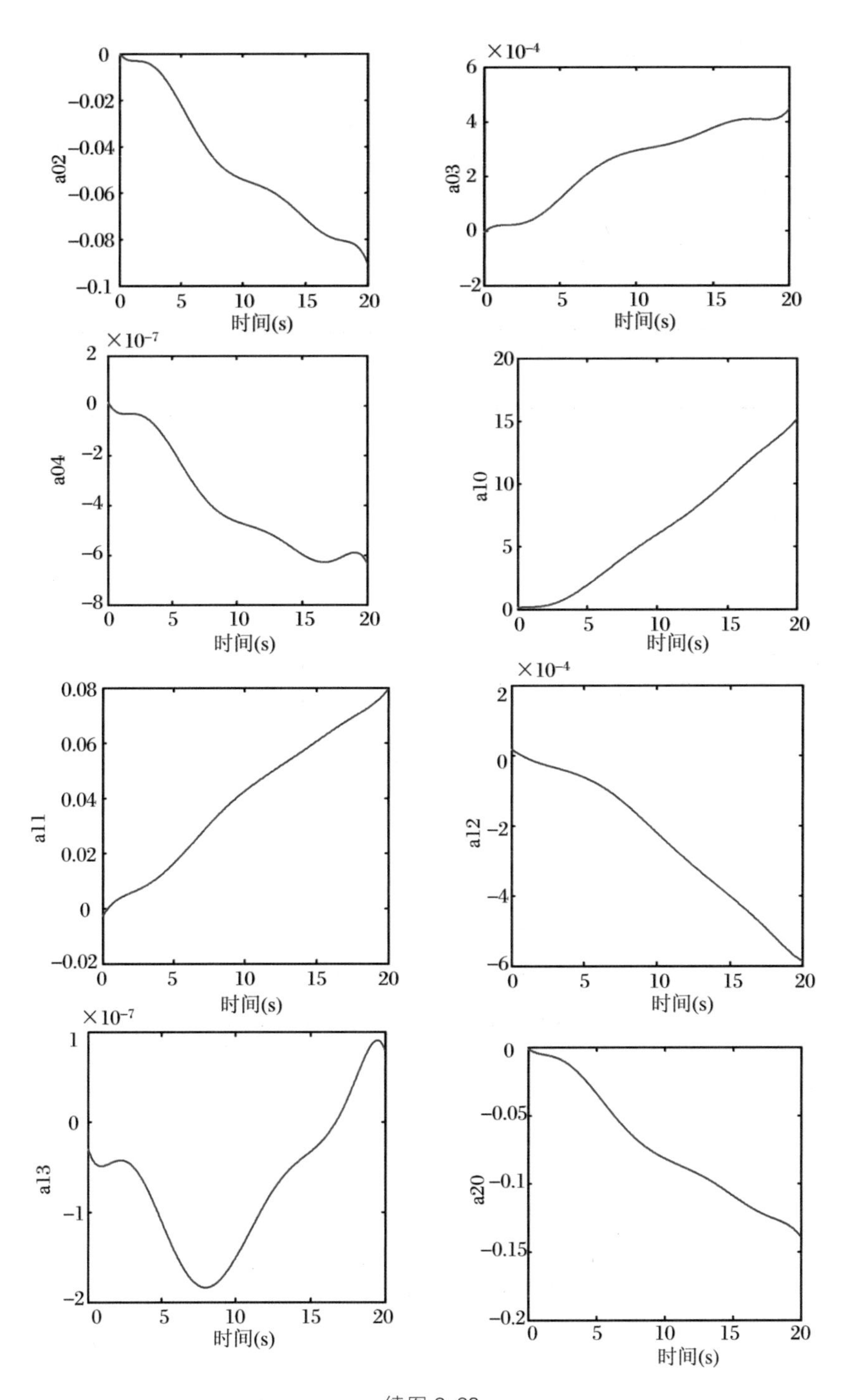


续图 3.32

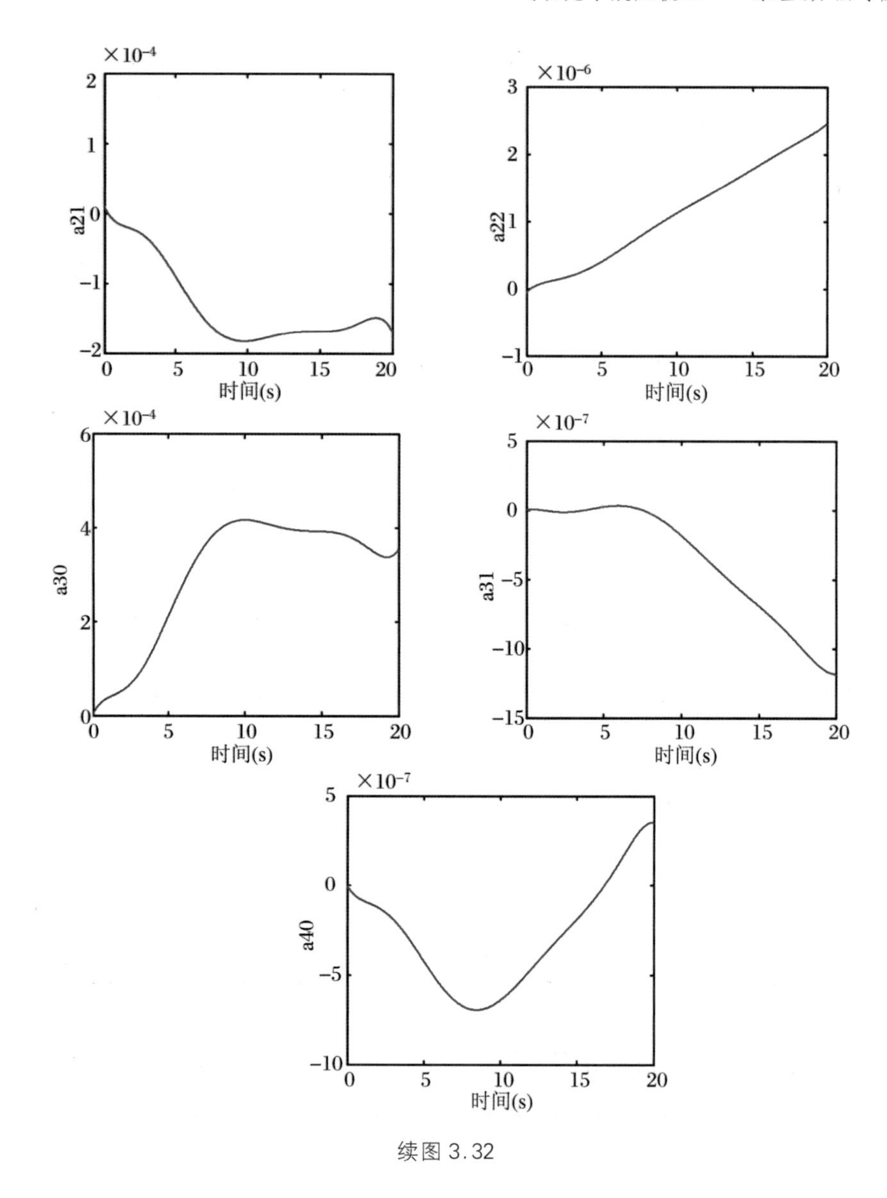


续图 3.32

# 3.4 热辐射校正方法

1. 热辐射校正模型

我们提出的窗口热辐射/传输畸变指纹库指导下的气动光学效应图像校正

过程模型，称之为 Window Aero-Optic Effect Fingerprint Guided Correction Model（WEFGCM），如图 3.33 所示。

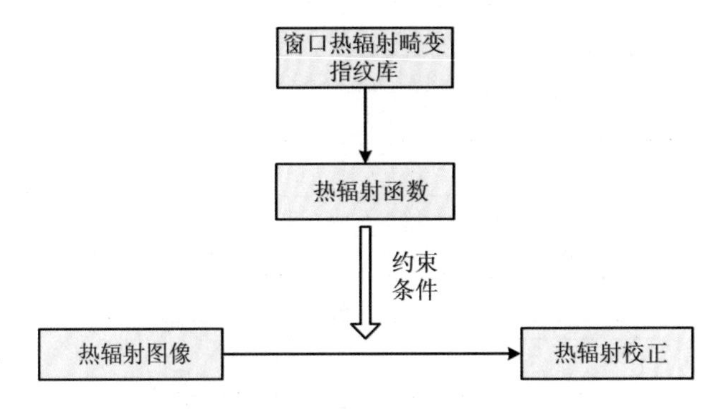


(a) 窗口热辐射畸变指纹库指导热辐射图像校正

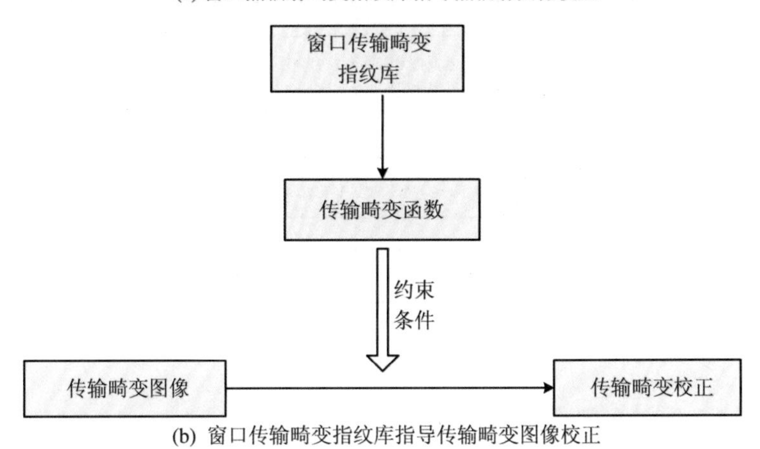


(b) 窗口传输畸变指纹库指导传输畸变图像校正

图 3.33 窗口气动光学效应指纹指导的图像校正模型（WEFGCM）

2. 热辐射校正算法

利用指纹校正热辐射畸变图像序列的算法（WEFGCM）流程如图 3.34 所示。

具体步骤为：

步骤 1 对实际的气动热辐射退化图像 $g_k$，在气动热辐射图像校正指纹库中获取近似气动热环境条件下的多个尺度的热辐射指纹参数序列 $\{a_{ij(k-l,s)},\cdots,a_{ij(k,s)},\cdots,a_{ij(k+l,s)}\}$ 及相应的光轴偏移量 $\{(\Delta x_{k-l},\Delta y_{k-l}),\cdots,(\Delta x_k,\Delta y_k),\cdots,(\Delta x_{k+l},\Delta y_{k+l})\}$。

步骤 2 利用获取的光轴偏移量，得到配准后的气动热辐射退化图像序列：

$$\{g'_K(x,y) \mid g'_K(x,y) = g_k(x-\Delta x_K, y-\Delta y_K),\ K = k-l,\cdots,k,\cdots,k+l\} \tag{3.38}$$

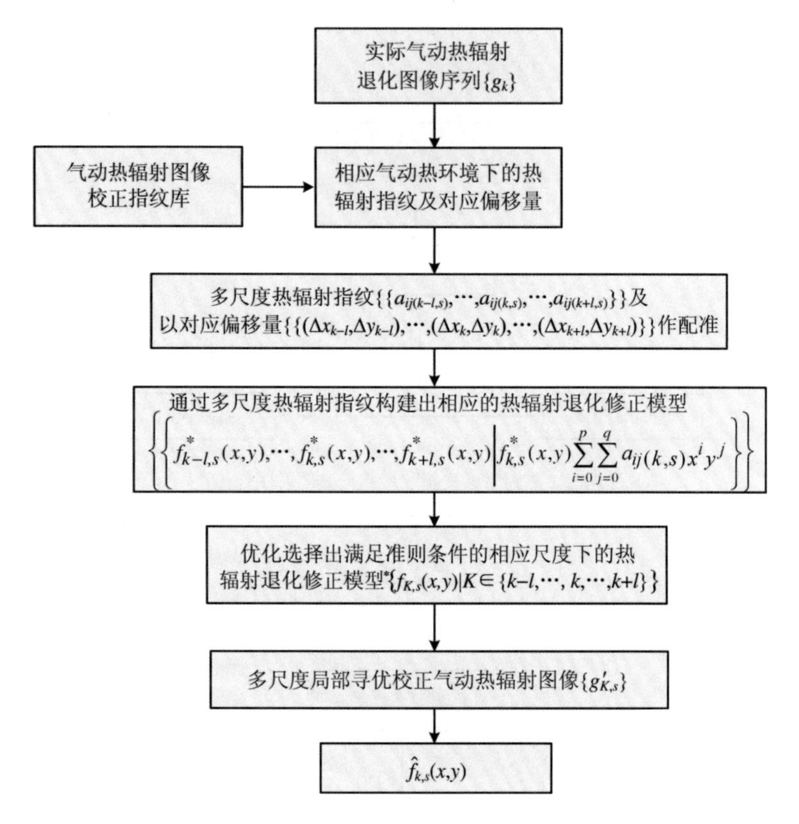


图 3.34　多尺度的气动热辐射图像校正算法(WEFGCM)流程图

步骤 3　通过多尺度热辐射指纹参数$\{a_{ij(k-l,s)},\cdots,a_{ij(k,s)},\cdots,a_{ij(k+l,s)}\}$选出相应的热辐射修正模型$\{\{f^*_{k-l,s}(x,y),\cdots,f^*_{k,s}(x,y),\cdots,f^*_{k+l,s}(x,y)\mid f^*_{k,s}(x,y)=\sum_{i=0}^{p}\sum_{j=0}^{q}a_{ij(k,s)}x^iy^j\}\}$。

步骤 4　根据实际需要对气动热辐射退化图像进行多尺度的校正,即将$\{g'_K(x,y)\}$按可变权系数 $\alpha$ 减去步骤 3 中由多尺度热辐射指纹参数构建的多尺度热辐射修正模型,得到其在多个尺度下的校正结果:

$$\{\hat{f}_{K,s}(x,y)\mid g'_{K,s}(x,y)=g'_K(x,y)-\alpha f^*_{K,s}(x,y),\quad K=k-l,\cdots,k,\cdots,k+l\}\tag{3.39}$$

如果对校正图像在局部细节上的要求不高,则利用大尺度热辐射修正模型$\{f^*_{K,1}(x,y)\}$,得到其在大尺度下的校正图像$\{g'_{K,1}(x,y)\}$;如果对校正图像在局部细节上的要求较高,则可对气动热辐射退化图像进行进一步细化尺度下的校正,依此类推。

步骤5　以满足最大对比度为局部寻优准则，即可使校正结果$\hat{f}_{K,s}(x,y)$的区域对比度达到最大，而迭代选择加权系数$\alpha$和热辐射修正模型$f^*_{t,s}(x,y)$，$t\in\{k-l,\cdots,k,\cdots,k+l\}$，得到气动热辐射退化图像$g_k$最优的校正结果满足：

$$\hat{f}_{K,s}(x,y)=g'_t(x,y)-\hat{\alpha}\hat{f}^*_{t,s}(x,y)$$

$$C_{\max}(K)=\frac{\max\{\text{O\_meanvalue}(K)-\text{B\_meanvalue}(K)\}}{\text{B\_meanvalue}(K)} \tag{3.40}$$

其中，$C_{\max}(K)$为最大反差度量，$\hat{f}_{K,s}(x,y)$为最优校正结果，O_meanvalue$(K)$、B_meanvalue$(K)$分别代表寻优进程中$\hat{f}_{K,s}(x,y)$的目标区域及背景区域的灰度均值，$\hat{\alpha}$为最优加权系数，$\hat{f}^*_{t,s}$为局部调整的热辐射修正模型。

3. 热辐射校正实例

利用多尺度建模方法，我们对实际风洞图像进行了实验。从一组图像序列中提取出第00001帧图像（未吹风图像）和第00600帧图像（已吹风图像），如图3.35(a)、图3.35(b)所示，将两幅图像配准后相减，我们可以得到如图3.35(c)

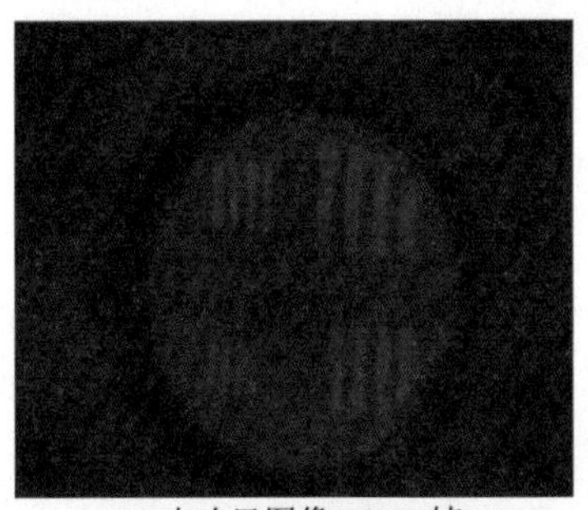

(a) 未吹风图像(00001帧)

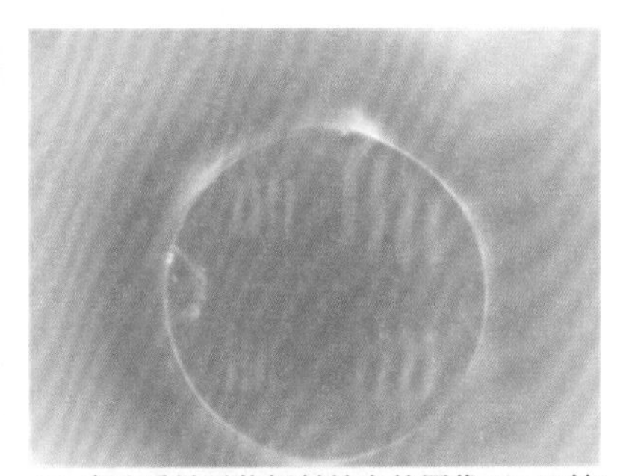

(b) 吹风后显示热辐射效应的图像(00600帧)

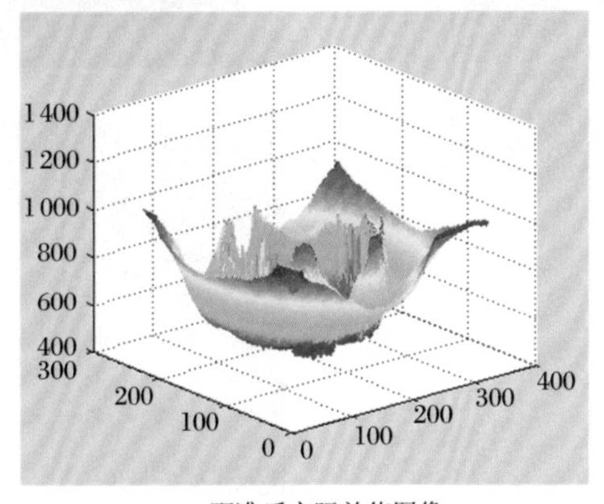


(c) 配准后实际差值图像

图3.35　热辐射图像差值模型

所示的实际差值图像。这个差图像的信息相当于叠加在未吹风图像上之后产生了第00600帧图像的热辐射原始数据。

利用大尺度、中尺度和小尺度对其进行多尺度建模，得到如图3.36所示的拟合建模结果。从中我们可以看出，大尺度模型能够基本表现出热数据的大体走势，四个角的值稍大，中间偏低，但无法表现出中间圆盘区域的细节变化。随着尺度的细化，我们可以看到中尺度的结果相比大尺度而言更为准确，而小尺度的结果就能够表现出更多的细节成分。利用多尺度模型作校正可以得到灵活、准确的校正结果。

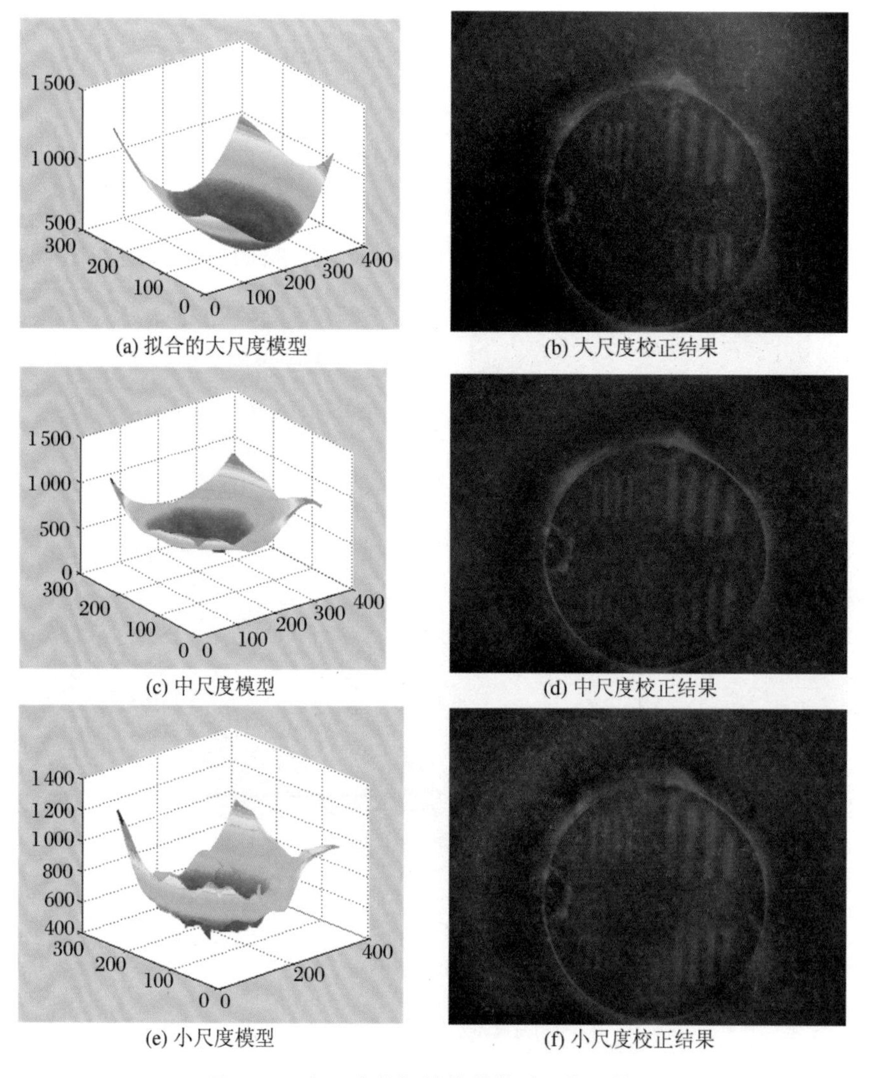


图3.36 多尺度热辐射数学模型及校正结果

我们分别将大尺度、中尺度和小尺度模型与原始热辐射数据进行对比，如图 3.37 所示，可以看到误差在逐步减小。

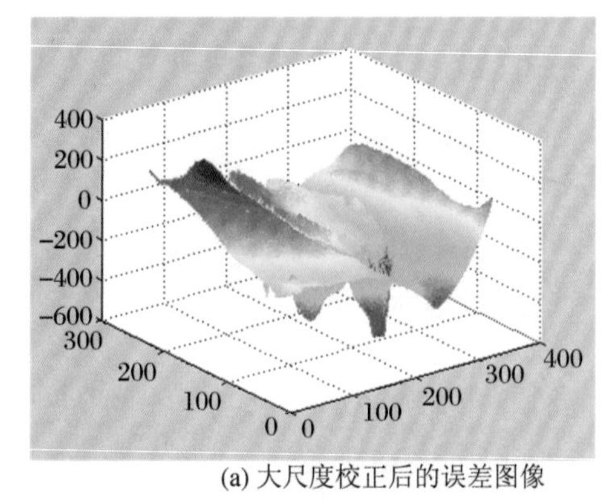


(a) 大尺度校正后的误差图像

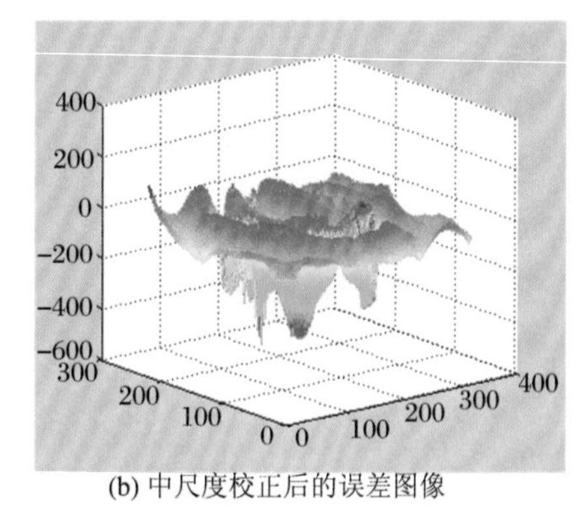


(b) 中尺度校正后的误差图像

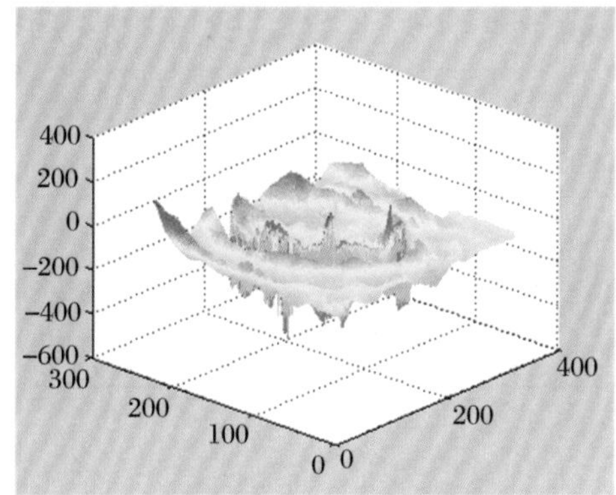


(c) 小尺度校正后的误差图像

图 3.37　误差图像模型

分析校正之后的目标区域的对比度信息：

针对区域((170，53)，(237，124))，即图 3.38 中方框区域，为对比方便起见，对在同一尺度下进行线性拉伸的未吹风图像 00001、吹风图像 000600 以及大尺度、中尺度和小尺度校正图像进行区域对比度评价，所得结果如图 3.39、表 3.7 所示。

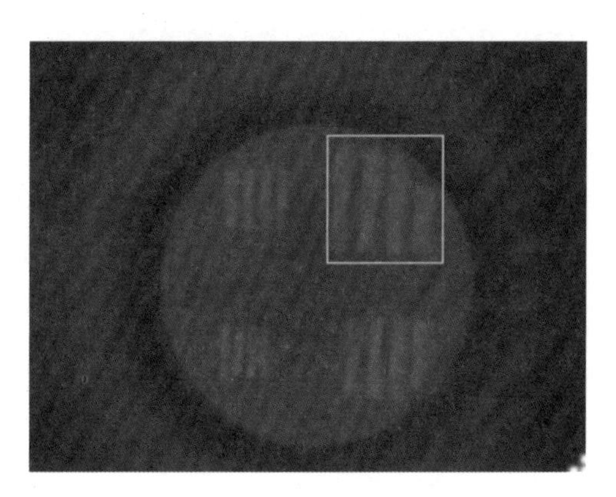

图 3.38　目标区域对比度分析

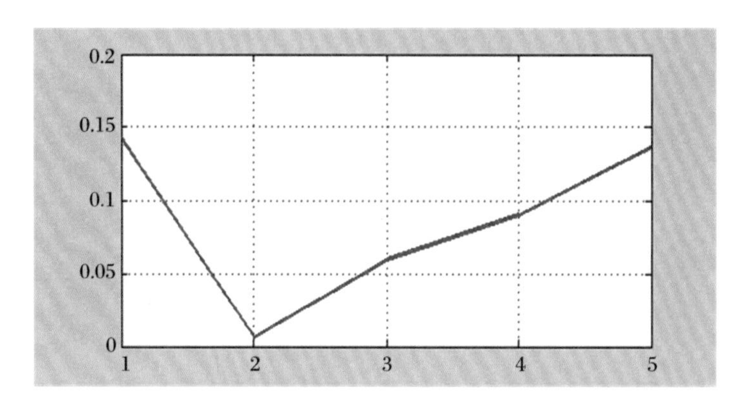


图 3.39　多尺度热辐射图像校正前后区域对比度曲线

表 3.7　多尺度热辐射图像校正前后区域对比度

| 图像 | 区域对比度 |
|---|---|
| 第 000001 帧 | 14.243 9% |
| 第 000600 帧 | 0.619 4% |
| 大尺度校正图像 | 5.925 5% |
| 中尺度校正图像 | 8.985 6% |
| 小尺度校正图像 | 13.632 2% |

从上述实验结果可以看出:经过多尺度图像校正之后,明显提高了吹风后的热辐射图像目标区域的对比度,并且随着尺度的细化,提升更明显。

成像窗口的热辐射效应研究中,可以将窗口热辐射变化规律理解为窗口气动效应指纹,在温度变化的情况下,其基本形态保持一致,局部峰值会随温度的变化而变化。因此,在对窗口辐射指纹进行多尺度建模分析中使用最小二乘方法,以方便其后对气动热辐射图像的校正。

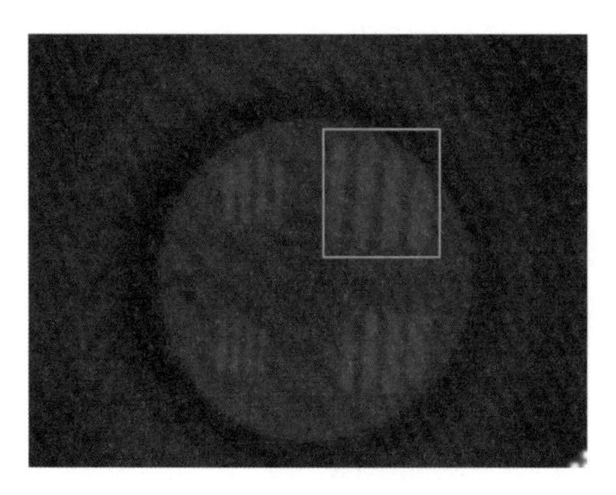

图 3.40　序列图像的选定区域

利用上述的多尺度热辐射建模校正方法,我们对某序列图像进行处理,查看实验结果。选定区域((167,38),(237,115)),即图 3.40 中方框区域。

分别对图像进行大尺度、中尺度和小尺度校正处理，得到的数据结果如图3.41所示。

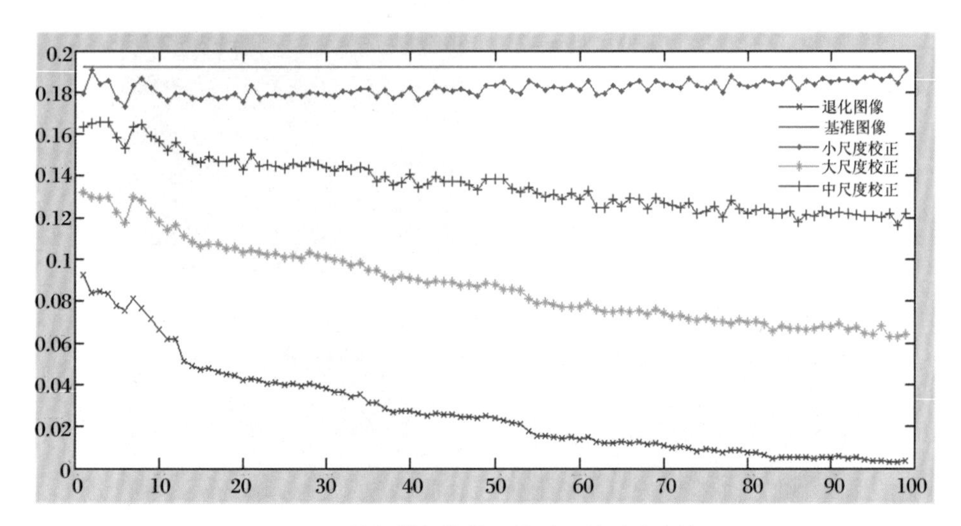


图3.41　热辐射图像校正前后区域对比度结果

从图3.41可以看出，校正之后的目标区域对比度明显提升，而且随着尺度的细化，对比度提升更为明显，证明了该方法的有效性。

以另一组电弧风洞试验中采集的热辐射退化图像序列来验证方法的有效性。

图3.42(a)为该序列中第15 s采集的热辐射退化图像，图3.42(b)为其利用图3.32中的大尺度热辐射指纹进行校正得到的校正结果，图3.42 (c)、(d)分别为采用本节中的气动热辐射图像校正方法，通过利用多尺度建模方法获取的中尺度及小尺度热辐射指纹进行校正而得到的相应校正结果[12]。

图3.43为该热辐射退化图像序列的多尺度校正结果的目标/背景区域对比度随时间变化的曲线图。

从图3.43可以看出：校正之后的图像的目标/背景的区域对比度明显提升，且随着尺度细化，其对比度也略有提升。

图3.44为该热辐射退化图像序列的多尺度校正结果的信噪比随时间变化的曲线图。

从图3.44可以看出：校正之后的图像的信噪比明显提高，但是随着尺度的细化，信噪比的提高并不明显，说明大尺度的热辐射指纹已经能较好地校正热辐射畸变图像，证明了该方法的有效性。

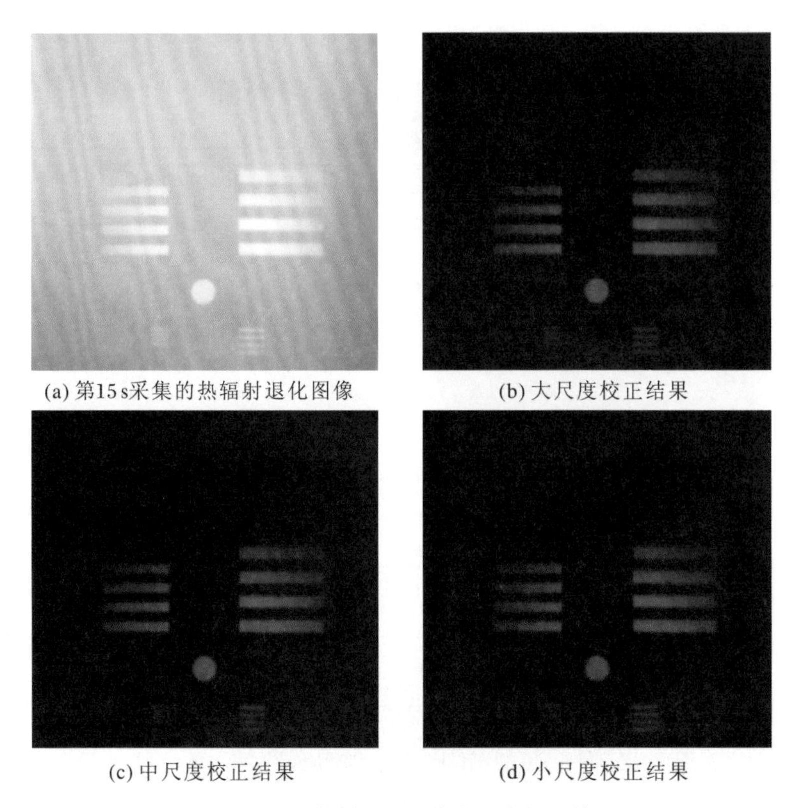

(a) 第15 s采集的热辐射退化图像　(b) 大尺度校正结果

(c) 中尺度校正结果　(d) 小尺度校正结果

图 3.42　热辐射退化图像多尺度校正结果

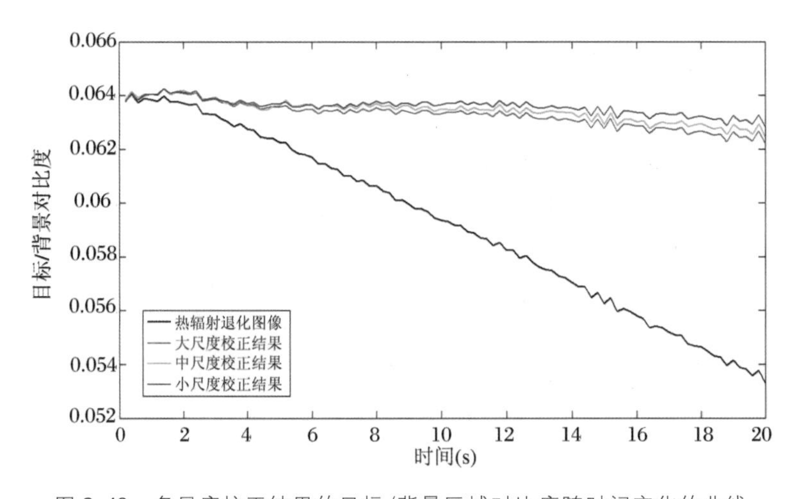


图 3.43　多尺度校正结果的目标/背景区域对比度随时间变化的曲线

图 3.45 为我们研发的热辐射退化图像校正算法软件平台界面。

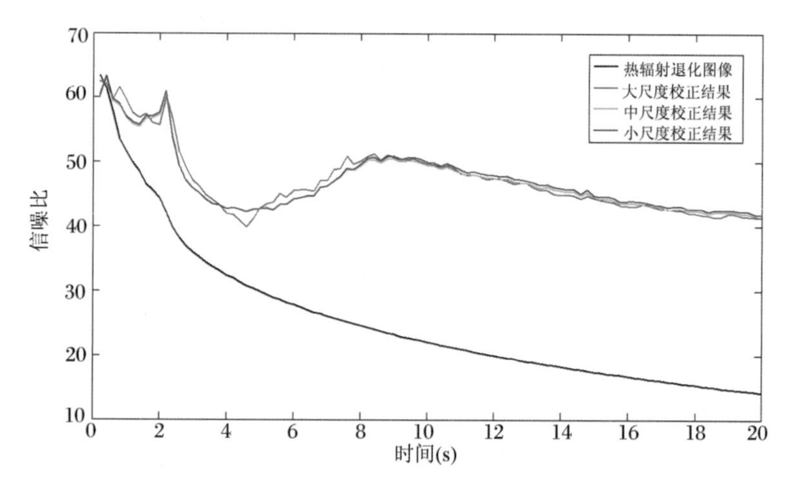


图 3.44　多尺度校正结果的信噪比随时间变化的曲线

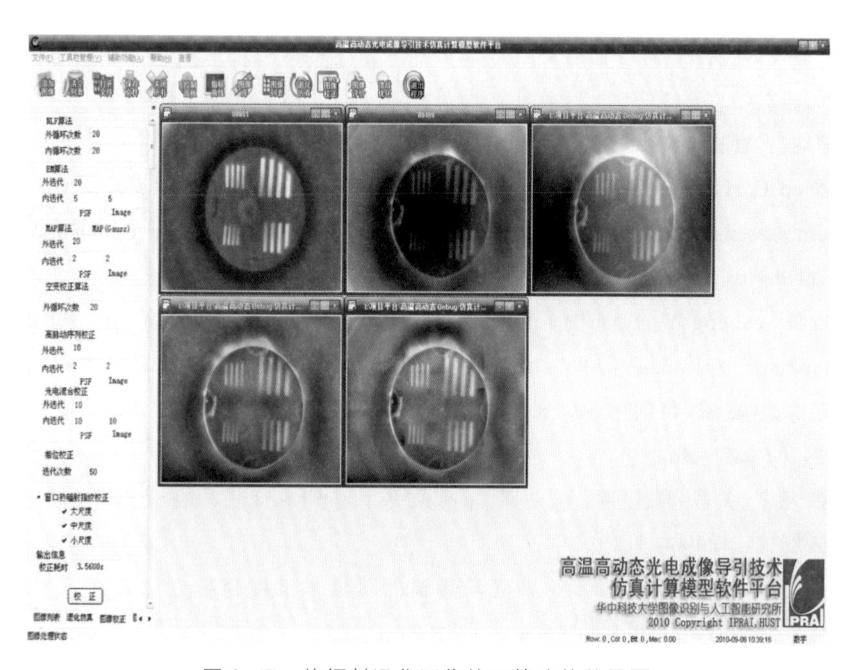


图 3.45　热辐射退化图像校正算法软件界面

## 小结

3.3 节提出了一种气动热辐射图像空间—时间指纹建模分析及校正方法，对风洞实测数据进行分析，得到不同窗口材质下的热辐射指纹随温度变化的规律。利用窗口热辐射指纹为约束，对实际气动热辐射退化图像序列进行校正恢复，有效地提高了图像的目标/背景对比度和图像质量。

# 参考文献


[1] 殷兴良.气动光学原理[M].北京：中国宇航出版社，2003.

[2] 李桂春.气动光学[M].北京：国防工业出版社，2006.

[3] 陈连忠，张嘉祥，费锦东.气动加热对红外成像的影响试验研究[J].激光与红外，2009，32(1)：01-00036-03.

[4] 马毅飞，赵文平.窗口辐射对红外成像探测影响的研究[J].系统工程与电子技术，2005，27(3)：03-427-04.

[5] 浦瑞良，宫鹏.高光谱遥感及其应用[M].北京：高等教育出版社，2000.

[6] Zhao C H，Chen W H，Yang L. Research advances and analysis of hyperspectral remote sensing image band selection [J].Journal of Nature Science of Heilongjiang University，2007，24(5)：592 - 602.

[7] Su H J，Sheng Y H，Du P J. Study on auto-subspace partition for band selection of hyperspectral image [J]. Geo-information Science，2007，4(9)：123 - 128.

[8] 郭雷，常威威，付朝阳.高光谱图像融合最佳波段选择方法[J].宇航学报，2011，32(2)：02-0374-06.

[9] 张天序，关静，陈建冲，等.一种高速条件下红外成像谱段优化选择方法：中国，ZL201110134064.7[P].

[10] 张天序，关静，余铮，等.一种气动热辐射图像多尺度建模方法及其应用：中国，ZL201010614054.9[P].

[11] 关静.高速平台红外成像与图像预处理方法研究[D].武汉：华中科技大学，2012.

[12] 张天序，刘立，关静，等.一种气动热辐射指纹库的建立方法及其应用：中国，201210594906.1[P].

# 第4章　单帧图像的数字校正恢复

## 4.1　改进的IBD校正算法

图像的退化过程理论上是一个卷积的过程，也就是说退化图像 $g(x,y)$ 是目标图像 $f(x,y)$ 和退化函数（或者称为点扩展函数）$h(x,y)$ 卷积的结果，在实际情况中还包含有噪声 $n(x,y)$。相应地，图像恢复就是一个反卷积的过程。图像退化的数学过程可以表示如下：

$$g(x,y) = f(x,y) \otimes h(x,y) + n(x,y) \tag{4.1}$$

在频域中的形式为

$$G(u,v) = H(u,v)F(u,v) + N(u,v) \tag{4.2}$$

其中 $G$、$F$、$H$、$N$ 分别对应退化图像、目标图像、PSF和噪声的频谱。

常规的反卷积方法大多是基于以各种物理方法获得成像系统的点扩展函数而实现的。但是，气动光学效应的复杂性导致点扩展函数难以预先较准确地获得。因此，采用盲反卷积技术是一种可取的途径。盲反卷积从原则上说比常规反卷积更困难，主要原因是，盲反卷积需要估计图像和退化函数两个未知函数，典型的做法是将盲反卷积问题转化为交替地估计两个卷积因子的问题。对每个卷积因子的估计都是一个常规反卷积问题。

对于盲反卷积问题，Ayers 和 Dainty[4] 设计了一个迭代盲反卷积（IBD）算法，是由 Gerchberg-Papoulis 算法演变而来的。所谓的 Gerchberg-Papoulis 算法是利用傅里叶变换和反变换将图像在频域和空域之间反复地变换，在变换的过程中加入约束条件在两个域中进行反复修正，最后得到结果图像。Ayers 和

Dainty 的算法能够得出相对较接近的解，并且所需的计算量较低，但是由于在频域中只是采用了简单的逆滤波方式，病态性严重，收敛也不稳定。本章基于 Gerchberg-Papoulis 算法的基本结构框架，引入了约束最小均方误差滤波和共轭梯度法等频域算法，并加入带限滤波、能量重分配技术等，以提高算法的抗噪性和稳定性。

### 4.1.1 算法的基本原理和框架

迭代盲反卷积算法的基本框架如图 4.1 所示。

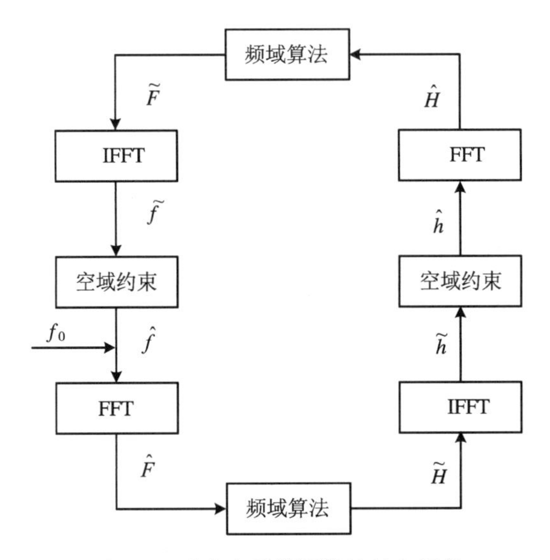


图 4.1 迭代盲反卷积算法基本框架

由图 4.1 可知，迭代过程从一个起始预设值 $f_0$ 开始，然后通过使用 FFT 和 IFFT 在空域和频域中交替地估计目标图像 $\hat{f}$ 和点扩展函数 $\hat{h}$。

对于这样一个典型的迭代盲反卷积算法，有两个问题是不可避免的：

(1) 容易出现病态问题，尤其容易引起噪声放大。

(2) 容易丢失信息。

对于以上两个问题，可以通过在空域和频域中加入约束来解决。

### 4.1.2 空域约束

在图像恢复中，正性约束[24]和支持域限制是空域中最常用的约束条件。

对于目标图像，一般来说是把支持域以内的负值像素用零值替换，而把支持域以外的非零像素用背景像素值替换。显然，这种替换方法只适用于单一背景的图像。而且仅仅这样处理会损失能量（信息），并且目标图像的支持域很难估计准确。因此本章算法采用能量重分配方法作为图像的空域约束。对于 $M \times M$ 的图像 $f$，在每次迭代过程中得到图像的估计值 $\tilde{f}$ 以后，都进行如下处理：

$$\hat{f}(i,j) = \begin{cases} \tilde{f}(i,j), & \tilde{f}(i,j) > 0 \\ 0, & \text{otherwise} \end{cases} \tag{4.3}$$

$$E = \sum_i \sum_j (\hat{f}(i,j) - \tilde{f}(i,j)) \Big/ M^2 \tag{4.4}$$

$$\hat{f}(i,j) = \tilde{f}(i,j) + E \tag{4.5}$$

这样，既保证了目标图像的正性，也最大程度地保证了不损失能量。

对于点扩展函数 $h$，本章也采用正性条件，同时估计其支持域作为先验知识。定义如下的正性约束函数 $N_h$ 和支持域约束函数 $S_h$：

$$N_h = \begin{cases} 1, & \tilde{h}(i,j) > 0 \\ 0, & \tilde{h}(i,j) \leqslant 0 \end{cases} \tag{4.6}$$

$$S_h = \begin{cases} 1, & D(i,j) \leqslant d \\ 0, & D(i,j) > d \end{cases} \tag{4.7}$$

其中 $D(i,j) = \sqrt{(i - M/2)^2 + (j - M/2)^2}$，$d$ 为估计的 PSF 支持域半径。

在每次迭代过程中得到点扩展函数的估计值 $\tilde{h}$ 以后，将 $\tilde{h}$ 与以上两个约束函数点乘，对点扩展函数进行正性约束和支持域限制，得到约束后的估计值 $\hat{h}$。当然，支持域无法精确获得，需要估计其半径。

### 4.1.3　频域算法

1. 约束最小均方误差滤波器

逆滤波是最简单最直接的频域恢复方式，但是在实际处理中，退化图像总是包含着噪声，因此逆滤波的病态性是很严重的，恢复性能较差。本节方法建立在认为图像和噪声是随机过程的基础上，而目的是找到一个目标图像 $f$ 的估计值 $\hat{f}$，使它们之间的均方误差最小。

为达到上述目的，这里首先想到的是维纳滤波器[25]，估计公式为

$$\widetilde{F}(u,v)=\frac{G(u,v)\hat{H}^{*}(u,v)}{|\hat{H}(u,v)|^{2}+S_{\eta}(u,v)/S_{f}(u,v)} \tag{4.8}$$

其中 $\hat{H}^{*}$ 为 $\hat{H}$ 的复共轭，$S_\eta$ 为噪声的功率谱，$S_f$ 为未退化目标图像的功率谱。

维纳滤波在抗噪性能上比简单的直接逆滤波要有显著的提高，这是由于比值 $S_\eta(u,v)/S_f(u,v)$ 起到了正则化的作用。当处理白噪声时，噪声功率谱 $S_\eta$ 是一个常数，大大简化了处理过程。然而，未退化目标图像的功率谱很少是已知的，因此，基于该算法的迭代特性，将上一次图像估计值的功率谱作为 $S_f$ 的近似替代，可以得到下面的表达式作为图像频谱的估计公式：

$$\widetilde{F}_{k}(u,v)=\frac{G(u,v)\hat{H}_{k-1}^{*}(u,v)}{|\hat{H}_{k-1}(u,v)|^{2}+\alpha/|\widetilde{F}_{k-1}(u,v)|^{2}} \tag{4.9}$$

其中 $k$ 表示迭代次数，正常数 $\alpha$ 可以用噪声水平的先验知识来确定，一般可取图像信噪比的倒数的平方。

为了进一步克服反卷积问题的病态性，我们使用 Phillips 的正则化方法[26]。利用循环矩阵模型，图像退化方程可以写成

$$g=Hf+\eta \tag{4.10}$$

从概念上说，反卷积的剩余误差必须是有界的，剩余误差应该与噪声相关联，因此，解满足

$$\|g-Hf\|^{2}=\|\eta\|^{2} \tag{4.11}$$

按照 Phillips 的正则化方法，应该保证解的二阶导数的范数平方 $\|f''\|^2$ 最小。在离散情况下，用二阶差分代替二阶导数。容易证明图像 $f$ 的二阶差分可以通过卷积 $f\otimes c$ 来计算，其中二阶差分算子

$$c=\frac{1}{8}\begin{bmatrix}0&1&0\\1&-4&1\\0&1&0\end{bmatrix} \tag{4.12}$$

又称为 Laplace 算子。用循环矩阵和向量表达卷积，正则化要求具体化为以下的最小化问题：

$$\min\|\widetilde{C}f\|^{2} \tag{4.13}$$

其中 $\widetilde{C}$ 是 $c$ 生成的循环矩阵。带约束式(4.11)式的最小化问题式(4.13)可以应用 Lagrange 乘子法则变成无约束的最小化问题[27,28]：

$$\min J(f) \tag{4.14}$$

$$J(f) = \lambda(\| g - Hf \|^2 - \| \eta \|^2) + \| \tilde{C} f \|^2 \tag{4.15}$$

最小化这个代价函数，并将解写成数组表达形式，就得到

$$F(u,v) = \frac{G(u,v)H^*(u,v)}{|H(u,v)|^2 + \gamma |C(u,v)|^2} \tag{4.16}$$

式中，$C$ 是 $c$ 填零延拓后的离散傅里叶变换，$\gamma = 1/\lambda$。可以看到，这其实就是一个约束最小二乘算法[29]。

结合以上的分析，本节算法将维纳滤波和约束最小二乘算法综合应用，得到以下的迭代公式：

$$\tilde{H}_k(u,v) = \frac{G(u,v)\hat{F}_{k-1}^*(u,v)}{|\hat{F}_{k-1}(u,v)|^2 + \alpha / |\tilde{H}_{k-1}(u,v)|^2 + \gamma |C(u,v)|^2} \tag{4.17}$$

$$\tilde{F}_k(u,v) = \frac{G(u,v)\hat{H}_{k-1}^*(u,v)}{|\hat{H}_{k-1}(u,v)|^2 + \alpha / |\tilde{F}_{k-1}(u,v)|^2 + \gamma |C(u,v)|^2} \tag{4.18}$$

其中 $\gamma$ 可采用一维直线搜索技术来确定。在实验中，我们在较高信噪比的情况下选择较小的值，这样可以很好地恢复图像的细节；当退化图像的信噪比较低时，宜选择较大的值，可以适当地抑制噪声的影响。注意到，在首次迭代采用(4.17)式和(4.18)式计算时，由于并没有前次的迭代结果，因此修改以上两式得到如下的近似公式：

$$\tilde{H}_1(u,v) = \frac{G(u,v)\hat{F}_0^*(u,v)}{|\hat{F}_0(u,v)|^2 + \gamma |C(u,v)|^2} \tag{4.19}$$

$$\tilde{F}_1(u,v) = \frac{G(u,v)\hat{H}_1^*(u,v)}{|\hat{H}_1(u,v)|^2 + \gamma |C(u,v)|^2} \tag{4.20}$$

另外还要注意到，在退化图像频谱的高频部分总是会有大片低值和零值区域，这是由于参与卷积的点扩展函数的高于某一截止空间频率的部分总是出现大量的低值和零值[4]。因此可以构造一个带限滤波器 $W$，使低于某一带限频率的所有空间频率处的值均为一个大于 1 的值，其余的值置为 1。即

$$W(i,j) = \begin{cases} 1, & D(i,j) \geqslant cutoff \\ \rho, & D(i,j) < cutoff \end{cases} \tag{4.21}$$

其中 $D(i,j) = \sqrt{(i - M/2)^2 + (j - M/2)^2}$，$\rho > 1$，$cutoff$ 为截止频率。$\rho$ 需经过多次实验求取经验值。

在每次迭代估计出点扩展函数的频谱 $\hat{H}$ 后乘以该矩阵 $W$，然后将频谱转换到空域得到估计的点扩展函数并进行空间域约束，经过傅里叶变换得到修正的频谱 $\tilde{H}$ 后再除以 $W$。

2. 共轭梯度法

共轭梯度(Conjugate Gradient,CG)法[30]是求解无约束最优化问题的一种有效的最优化方法,特别适用于目标函数具有二次型性质的问题。共轭梯度法提供了代数方程迭代求解的新技术[31],但一般来说都是用于空间域迭代计算的。本节算法中,CG 方法将完全用于频域的迭代求解。

根据 CG 法的流程,设计如下的算法。首先构造最小化价格泛函:

$$\begin{aligned} E &= \sum_u \sum_v [G(u,v) - F(u,v)H(u,v)]^* [G(u,v) - F(u,v)H(u,v)] \\ &= \sum_u \sum_v |G(u,v) - F(u,v)H(u,v)|^2 \end{aligned} \tag{4.22}$$

其中,$G$、$F$、$H$ 分别是模糊图像、原始图像和点扩展函数的傅里叶频谱。分别采用 $\mathfrak{R}[\,]$和 $\mathfrak{I}[\,]$表示频谱的实部和虚部。于是可以得到价格泛函对目标图像频谱实部与虚部的导数如下:

$$\begin{aligned} \frac{\partial E}{\partial \mathfrak{R}[F(u,v)]} &= -2\mathfrak{R}[H(u,v)]\{\mathfrak{R}[G(u,v)] - \mathfrak{R}[F(u,v)]\mathfrak{R}[H(u,v)] \\ &\quad + \mathfrak{I}[F(u,v)]\mathfrak{I}[H(u,v)]\} - 2\mathfrak{I}[H(u,v)]\{\mathfrak{I}[G(u,v)] \\ &\quad - \mathfrak{I}[F(u,v)]\mathfrak{R}[H(u,v)] - \mathfrak{R}[F(u,v)]\mathfrak{I}[H(u,v)]\} \\ &= 2|H(u,v)|^2\mathfrak{R}[F(u,v)] - 2(\mathfrak{R}[H(u,v)]\mathfrak{R}[G(u,v)] \\ &\quad + \mathfrak{I}[H(u,v)]\mathfrak{I}[G(u,v)]) \end{aligned} \tag{4.23}$$

$$\begin{aligned} \frac{\partial E}{\partial \mathfrak{I}[F(u,v)]} &= 2\mathfrak{I}[H(u,v)]\{\mathfrak{R}[G(u,v)] - \mathfrak{R}[F(u,v)]\mathfrak{R}[H(u,v)] \\ &\quad + \mathfrak{I}[F(u,v)]\mathfrak{I}[H(u,v)]\} - 2\mathfrak{R}[H(u,v)]\{\mathfrak{I}[G(u,v)] \\ &\quad - \mathfrak{I}[F(u,v)]\mathfrak{R}[H(u,v)] - \mathfrak{R}[F(u,v)]\mathfrak{I}[H(u,v)]\} \\ &= 2|H(u,v)|^2\mathfrak{I}[F(u,v)] - 2(\mathfrak{R}[H(u,v)]\mathfrak{I}[G(u,v)] \\ &\quad - \mathfrak{I}[H(u,v)]\mathfrak{R}[G(u,v)]) \end{aligned} \tag{4.24}$$

式(4.23)和式(4.24)分别是迭代过程中由退化图像频谱和估计的点扩展函数频谱计算代价函数关于目标图像频谱实部和虚部的梯度的公式。同理,可得出由退化图像频谱和估计的目标图像频谱分别计算代价函数关于点扩展函数频谱实部和虚部的梯度的公式。因而可以根据这四个梯度,分别采用 CG 方法估计出目标图像频谱的实部和虚部、点扩展函数频谱的实部和虚部。

另外,我们的算法同样采用了带限滤波器 $W$,以抑制点扩展函数频谱中的低值和零值区域对反卷积造成的病态影响。

### 4.1.4　算法的流程及实现

1. 流程图

给出本算法的流程图如图 4.2、图 4.3 所示。由于频域约束方式的不同，所以采用约束最小均方误差滤波器和共轭梯度法的算法的流程有稍许不同。在频域中采用共轭梯度法时，整个迭代过程中还将包括采用共轭梯度法估计目标图像和点扩展函数频谱的实部和虚部的四个内循环过程。

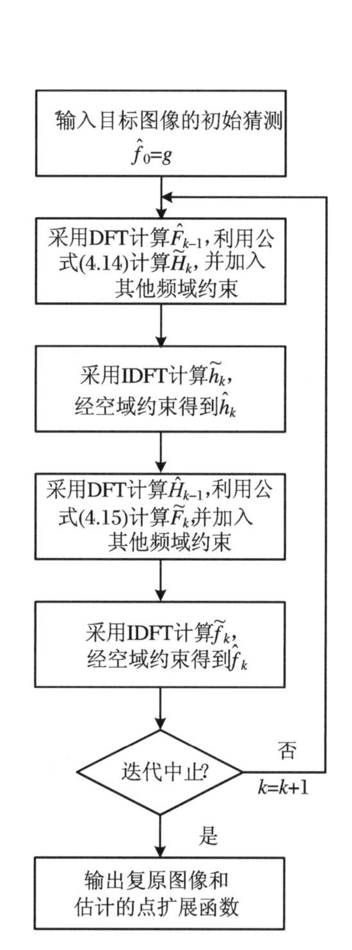


图 4.2　采用约束最小均方误差滤波器的算法流程图

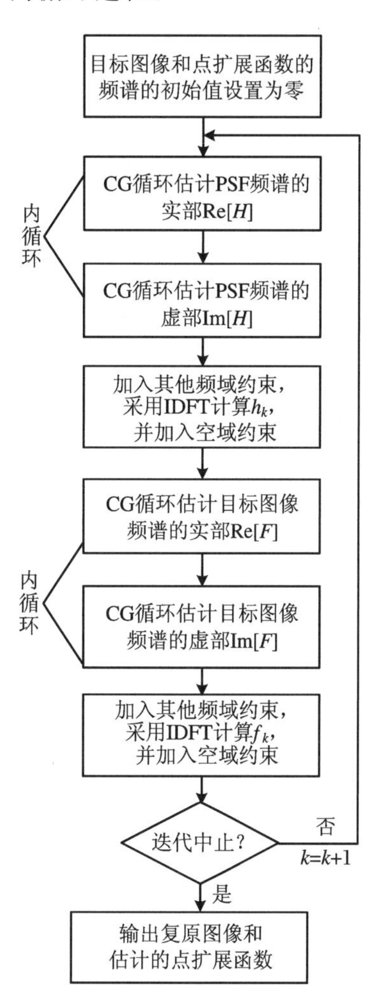


图 4.3　采用共轭梯度法的算法流程图

2. 迭代中止条件

在实际恢复过程中，需要判断恢复估计是否已经收敛到最优解或是达到比较满意的解，这就要采用一定的标准来对恢复估计进行衡量。这里采用以下的迭代终止条件：

(1) 指定的迭代次数。

(2) $\| G - \tilde{H}\tilde{F} \| / \| G \| < \varepsilon$，$\varepsilon$ 为设定的阈值。

(3) $\| \vec{b} - \tilde{A}\vec{x} \| / \vec{b} < tol$，$tol$ 为设定的阈值。

当频域中采用约束最小均方误差滤波器时，即在流程图 4.2 中，我们综合采用条件(1)和条件(2)作为整个循环过程的迭代终止条件；当采用频域共轭梯度法时，即在流程图 4.3 中，我们采用条件(1)作为整个外循环过程的迭代终止条件，而在 CG 内循环的过程中，则综合采用条件(1)和(3)控制迭代的进行。

### 4.1.5 实验结果与分析

为了方便描述，将基于约束最小均方误差滤波器的算法称为算法一，基于频域共轭梯度法的算法称为算法二。给出如下几组实验来说明算法的性能。

首先给出几组仿真实验结果。采用气动光学图像校正算法软件对目标图像进行模糊。以文献[32]中提出的评价准则 *NMSE* 和 *RMSE* 作为评价算法性能的定量指标。计算公式如下所示，其中 $\hat{f}(x,y)$ 代表估计目标图像，$f(x,y)$ 为原始目标图像。

归一化的均方误差 *NMSE*：

$$NMSE = \frac{\sqrt{\frac{1}{NM}\sum_{x=0}^{N-1}\sum_{y=0}^{M-1}[\hat{f}(x,y) - f(x,y)]^2}}{\sqrt{\sum_{x=0}^{N-1}\sum_{y=0}^{M-1} f(x,y)^2}} \tag{4.25}$$

像能量损失均方差 *RMSE*：

$$RMSE = \sqrt{\frac{1}{NM}\sum_{x=0}^{N-1}\sum_{y=0}^{M-1}[\hat{f}(x,y) - f(x,y)]^2} \tag{4.26}$$

图 4.4 所示为 128×128 大小的原始卫星图像，图 4.5(a)为加入高信噪比 60 dB 的高斯白噪声的退化图像，采用算法一和算法二的恢复结果分别如图 4.5(b)和图 4.5(c)所示。为了验证算法的抗噪能力，将噪声提高到 30 dB，退

化图像如图 4.6(a)所示，图 4.6(b)和图 4.6(c)分别为算法一和算法二的恢复结果。进一步加大噪声，图 4.7(a)为信噪比为 10 dB 的退化图像，图 4.7(b)和图 4.7(c)分别为算法一和算法二的恢复结果。对于算法二，在外循环的初始阶段，内循环都达到了最大迭代次数，但随着外循环的进行，内循环迭代次数开始降低，尤其是估计目标图像频谱的迭代次数下降得很快，而估计点扩展函数频谱的虚部时，迭代次数下降得并不显著。较之算法二，算法一的结构非常简单，计算量也很少，在中、高信噪比条件下的恢复效果较好。但当信噪比低于 20 dB 时，算法一的噪声放大现象较为严重，无法得到满意的效果。从表 4.1 中两者的 *NMSE* 和 *RMSE* 的值以及图 4.8 中两者的恢复性能量化曲线可以清楚看到：算法二的抗噪性能更强，在较低信噪比(15～20 dB)条件下恢复效果依然满足要求。

图 4.4　原始的卫星图像

(a) 模拟退化图像

(b) 算法一恢复图像

(c) 算法二恢复图像

图 4.5　单一背景卫星图像的恢复( *SNR* = 60 dB)

(a) 模拟退化图像

(b) 算法一恢复图像

(c) 算法二恢复图像

图 4.6　单一背景卫星图像的恢复( *SNR* = 30 dB)

 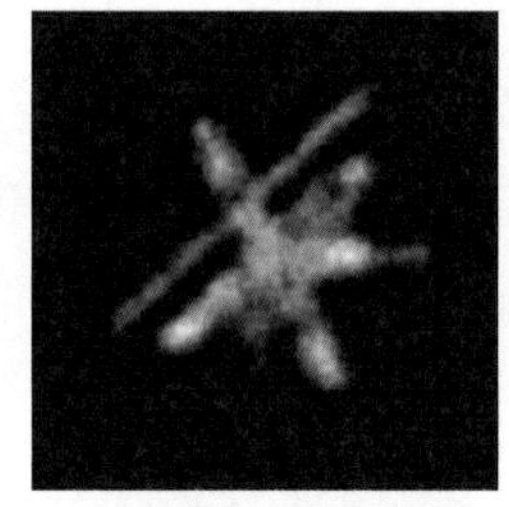 

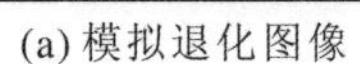

(a) 模拟退化图像 (b) 算法一恢复图像 (c) 算法二恢复图像

图 4.7 单一背景卫星图像的恢复( $SNR$ = 10 dB)

表 4.1 恢复质量的定量评价

| 评价准则 \ 图像 | 退化图像图 4.5(a) | 恢复图像图 4.5(b) | 恢复图像图 4.5(c) |
|---|---|---|---|
| *NMSE* | 0.966 6% | 0.693 2% | 0.718 3% |
| *RMSE* | 32.962 7 | 23.641 2 | 23.776 3 |
| | 退化图像图 4.6(a) | 恢复图像图 4.6(b) | 恢复图像图 4.6(c) |
| *NMSE* | 1.072 9% | 0.910 8% | 0.902 4% |
| *RMSE* | 36.588 6 | 31.058 4 | 30.818 1 |
| | 退化图像图 4.7(a) | 恢复图像图 4.7(b) | 恢复图像图 4.7(c) |
| *NMSE* | 1.245 8% | 1.117 5% | 0.947 6% |
| *RMSE* | 42.482 3 | 38.108 4 | 32.318 3 |

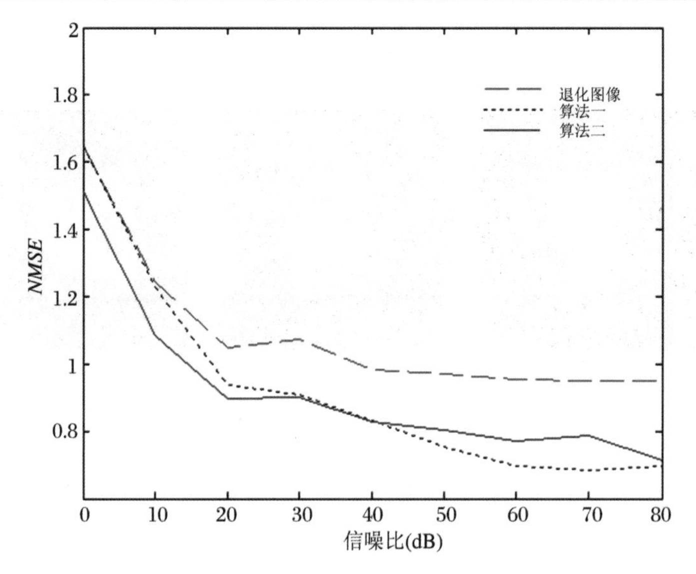


图 4.8 不同信噪比条件下算法一和算法二的恢复性能量化对比曲线

图 4.9 为具有 3 个斑点的目标图像，大小为 128×128。图 4.10(a)为加入高信噪比 60 dB 高斯白噪声的退化图像，采用算法一和算法二的恢复结果分别如图 4.10(b)和图 4.10(c)所示。进一步加大噪声，图 4.11(a)为加入了 20 dB 的高斯白噪声的退化图像，图 4.11(b)为算法一的恢复结果，图 4.11(c)为算法二的恢复结果。

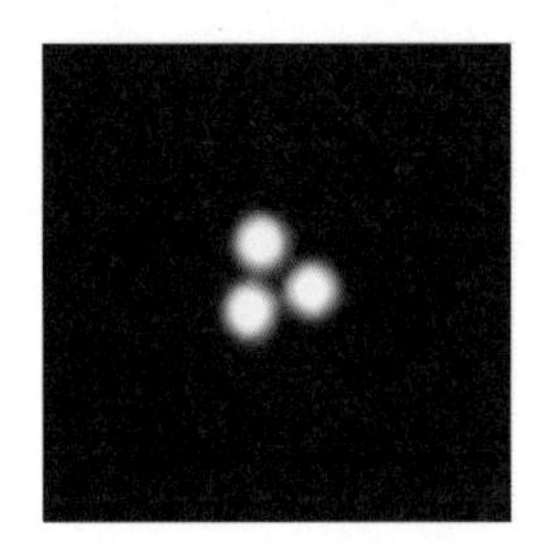

图 4.9　原始斑点图像

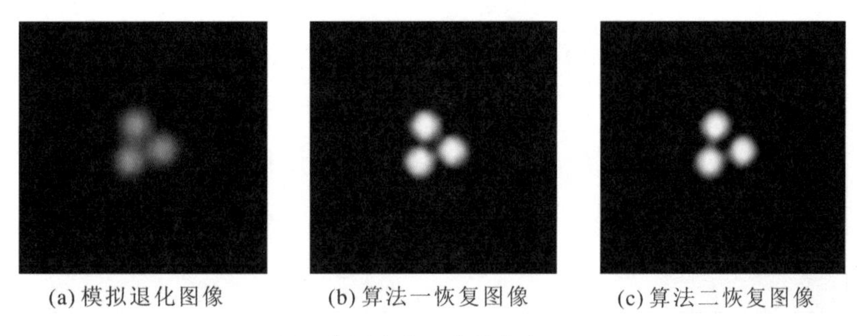

(a) 模拟退化图像　(b) 算法一恢复图像　(c) 算法二恢复图像

图 4.10　单一背景斑点图像的恢复($SNR=60$ dB)

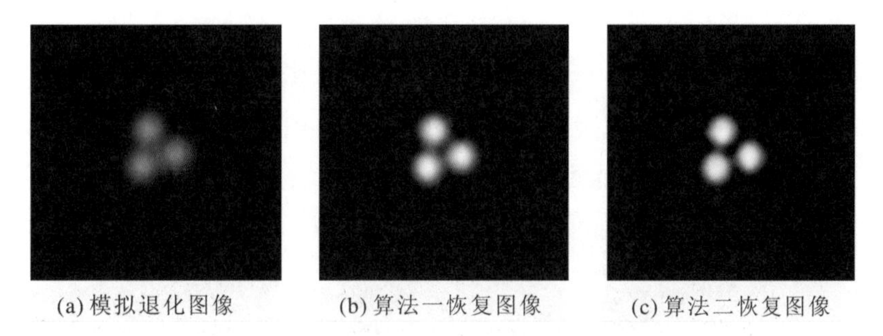

(a) 模拟退化图像　(b) 算法一恢复图像　(c) 算法二恢复图像

图 4.11　单一背景斑点图像的恢复($SNR=20$ dB)

计算 *NMSE* 和 *RMSE* 的值对算法的性能进行定量评价，如表 4.2 所示。从表中数值可以看到，对于轮廓较规则的简单目标，在中、高信噪比条件下，算法一和算法二都具有较好的恢复性能，但是算法二的抗噪性能更好。

表 4.2 恢复质量的定量评价

| 图像<br>评价准则 | 退化图像图 4.10(a) | 恢复图像图 4.10(b) | 恢复图像图 4.10(c) |
|---|---|---|---|
| *NMSE* | 0.900 6% | 0.329 6% | 0.495 2% |
| *RMSE* | 8.512 0 | 3.115 3 | 3.078 6 |
| | 退化图像图 4.11(a) | 恢复图像图 4.11(b) | 恢复图像图 4.11(c) |
| *NMSE* | 1.102 2% | 0.667 2% | 0.606 9% |
| *RMSE* | 10.417 2 | 6.305 5 | 6.059 6 |

为了验证本文算法对具有较复杂背景的目标图像的恢复性能，给出如下实验。图 4.12 所示为 128×128 大小的原始红外小目标图像。图 4.13(a)为加入高信噪比 60 dB 高斯白噪声的模拟退化图像，采用本节算法一和算法二的恢复结果分别如图 4.13(b)和图 4.13(c)所示。进一步加大噪声，图 4.14(a)为加入了 30 dB 的高斯白噪声的退化图像，图 4.14(b)为算法一迭代 100 次的恢复结果；图 4.14(c)为算法二的恢复结果，外循环 30 次，内循环的迭代次数由最大迭代次数 200 和误差门限值 $tol = 1.0e-5$ 共同确定。图 4.15(a)为加入了低信噪比 10 dB 的退化图像，图 4.15(b)和图 4.15(c)分别为算法一和算法二的恢复结果。可以看到，随着噪声的增强，算法一的恢复图像会产生波纹效应。在强噪声条件下，算法一比算法二的噪声放大现象更为严重。图 4.16 给出了不同信噪比条件下算法一和算法二的恢复性能量化对比曲线，从定量的角度可以看到，在处理复杂背景的目标图像时，算法一的性能更优，抗噪性更强。

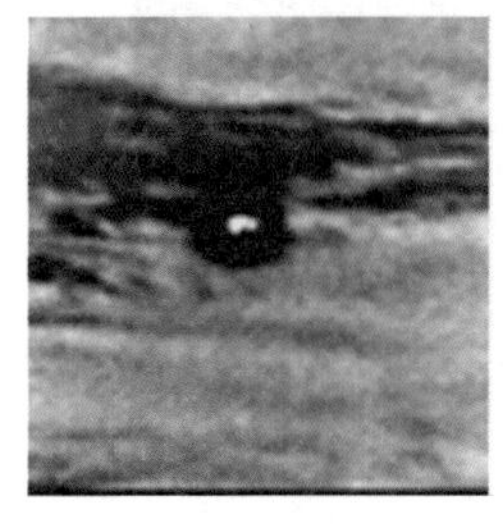

图 4.12 原始小目标图像

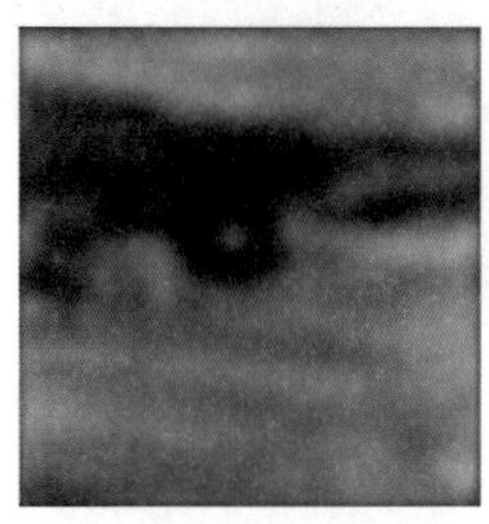

(a) 模拟退化图像

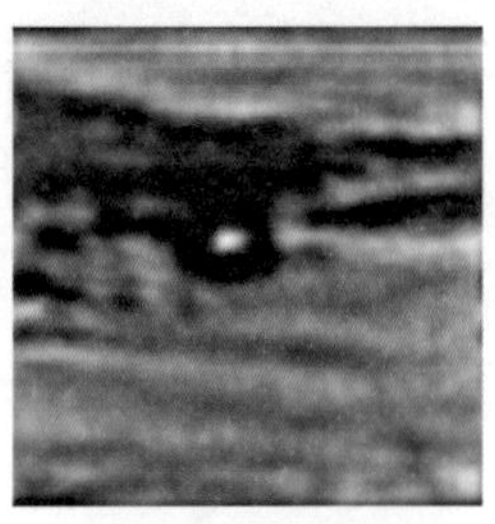

(b) 算法一恢复图像

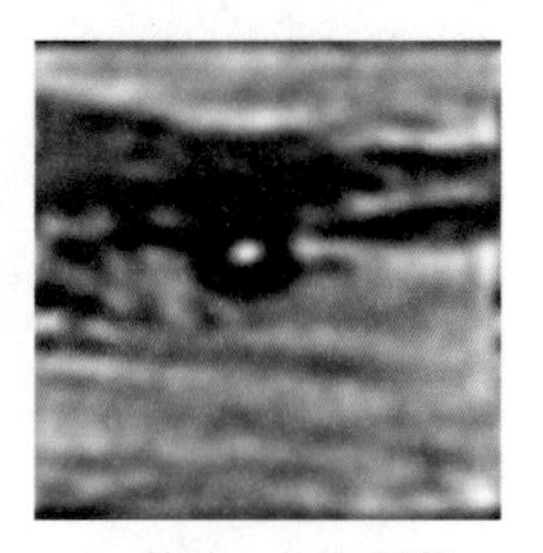

(c) 算法二恢复图像

图 4.13 复杂背景小目标图像恢复($SNR = 60$ dB)

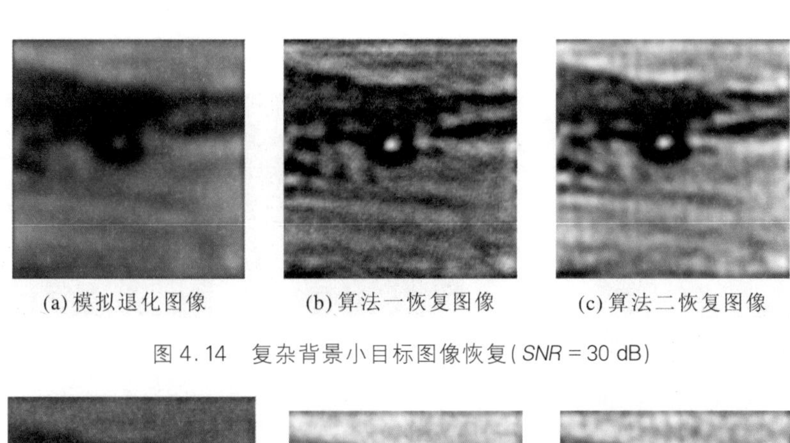

(a) 模拟退化图像　(b) 算法一恢复图像　(c) 算法二恢复图像

图 4.14　复杂背景小目标图像恢复( $SNR$ = 30 dB)

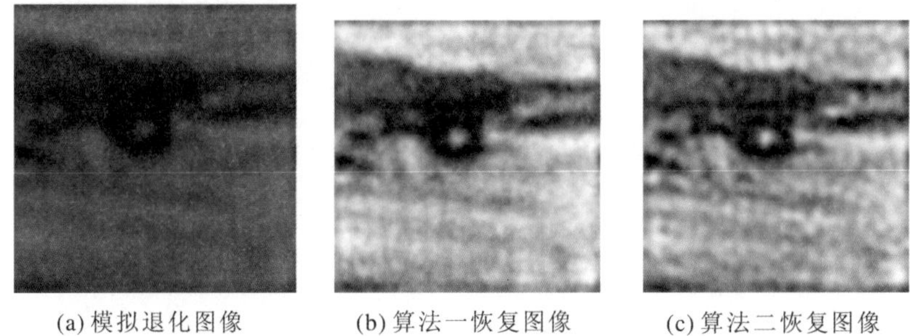

(a) 模拟退化图像　(b) 算法一恢复图像　(c) 算法二恢复图像

图 4.15　复杂背景小目标图像恢复( $SNR$ = 10 dB)

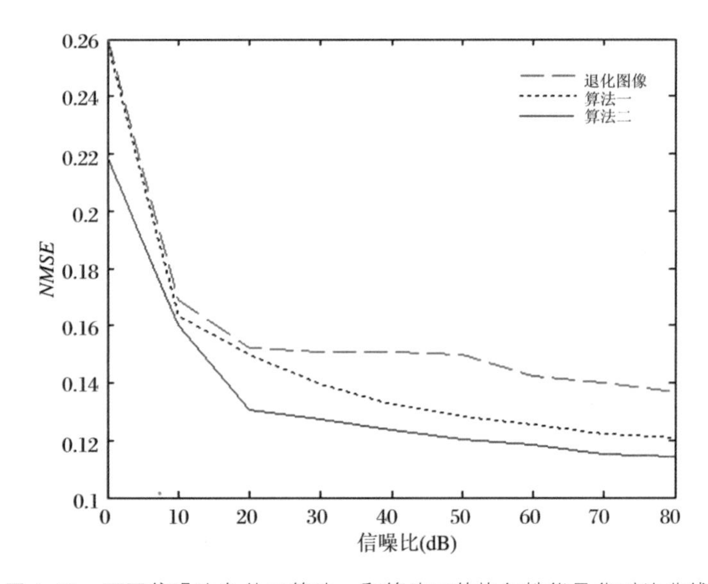


图 4.16　不同信噪比条件下算法一和算法二的恢复性能量化对比曲线

下面给出一组实验数据来验证本节算法处理实际图像的性能。图 4.17 为实际的风洞图像,图 4.18(a)、(b)分别为采用算法一和算法二的恢复结果。实际风洞图像的信噪比较低。从这组实验结果也可以看到:算法二的抗噪性能较算法一更强。

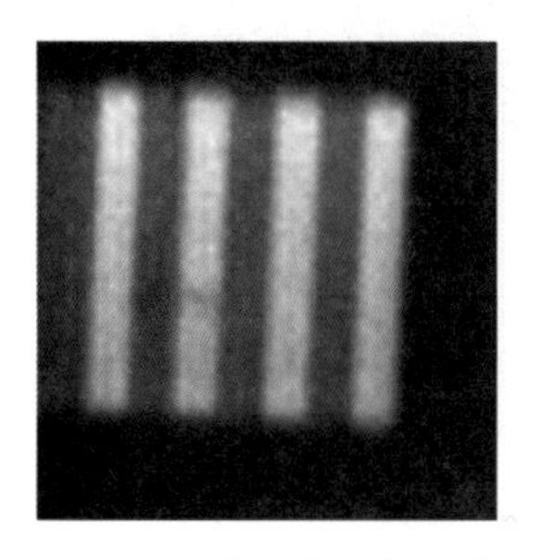

图4.17 实际的风洞图像

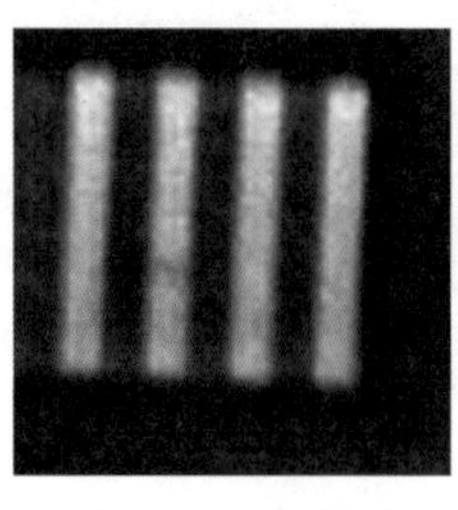

(a) 算法一恢复图像

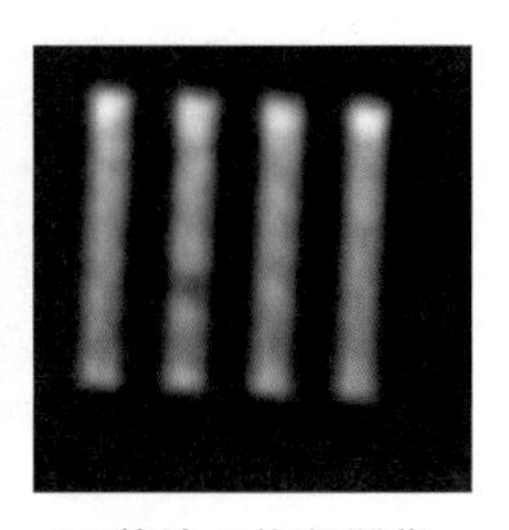

(b) 算法二恢复图像

图 4.18 实际风洞图像的恢复

### 4.1.6 小结

盲反卷积技术对于点扩展函数未知的图像恢复问题是一种非常可行的手段。它需要估计图像和退化函数两个未知函数,因此一般来说可将盲反卷积问题转化为交替地估计两个卷积因子的问题,而在交替估计中,约束条件的应用是影响恢复结果好坏的重要因素。支持域限制和非负性是最常用的空域约束条件,除此以外,本节还提出了一种能量重分配的方式来确保不损失图像的能量。另外,本节采用了两种频域算法,一种基于约束最小均方误差滤波器,另一种则采用了共轭梯度法。前者的算法结构简单,计算量较小,但是在信噪比较低时,会产生噪声放大的现象;而后者计算相对复杂,但抗噪性和稳定性较好,尤其在低信噪比情况下的恢复性能比前者更好。但在估计点扩展函数频谱的实部和虚部的时候,会出现不同步的情况,一般来说,虚部的收敛要慢于实部的收敛,因此需要修改两者的迭代次数,使估计虚部的过程经历更多的迭代。

## 4.2 递归逆滤波反卷积校正算法

由于气动光学效应的复杂性,引起图像退化的点扩展函数很难预先较为准确地获得,因此在实际应用中,盲恢复的思想就尤为重要。盲恢复技术即在不知道点扩展函数的先验信息情况下采用一定的知识分别对目标图像和点扩展函数进行估计,从而达到恢复图像的目的。但是,大多数的盲恢复算法仍然需要估计点扩展函数的支持域作为先验知识来对算法进行约束,以获得更加接近的解。因此,点扩展函数的支持域估计得是否准确、是否接近实际值会影响算法恢复结果。

1998 年,Kundur 和 Hatzinakos[33,34]首次提出了一种基于图像非负性和支持域限制的递归逆滤波(Nonnegativity and Support Constraints Recursive Inverse Filtering,NASRIF)盲恢复算法,不需要点扩展函数的先验知识,而以一个滤波器代替点扩展函数的逆形式来估计目标图像。该算法属于非参数化有限支持域恢复技术。这一类技术都假设实际图像是非负的,目标图像的支持域为方形区域,且具有单一背景。此后很多研究者对这一算法进行了各种改进和应用[35~39]。本节算法以递归逆滤波思想为基础,提出目标图像支持域的自适应估计方法,引入保边缘正则化思想与半二次正则化技术,同时利用点扩展函数的非负性来约束滤波器以抑制能量的衰减。经过改进,本节的算法不仅能一定程度地保存图像的梯度信息并抑制噪声放大,而且能恢复具有较复杂背景的目标图像。

### 4.2.1　算法的基本原理

本节算法使用一个二维变差系数有限冲激响应(FIR)滤波器 $u(x,y)$对式(4.1)进行修改,如下所示:

$$u(x,y)\otimes g(x,y)=u(x,y)\otimes h(x,y)\otimes f(x,y)+u(x,y)\otimes \eta(x,y) \tag{4.27}$$

当满足 $u(x,y)\otimes h(x,y)=1$ 时,可以得到

$$f(x,y)=u(x,y)\otimes g(x,y)-u(x,y)\otimes \eta(x,y) \tag{4.28}$$

因此,本节算法以 FIR 滤波器作为点扩展函数的逆形式,通过迭代过程来修正滤波器的系数以计算目标图像。

基于以上的恢复模型,可以将算法的基本原理表述如下:将退化图像 $g(x,y)$与 FIR 滤波器 $u(x,y)$进行卷积,得到的结果代表了目标图像的估计值 $\hat{f}(x,y)$。该估计值通过一个非线性(NL)约束过程进行约束得到另一个估计值 $\hat{f}_{\mathrm{NL}}(x,y)$,它代表了实际图像的特性,即非负性和具有有限的支持域。将

$\hat{f}(x,y)$和$\hat{f}_{NL}(x,y)$之间的差值作为一个误差信号，通过某种优化算法来修正FIR滤波器$u(x,y)$的系数，从而得到目标图像新的估计值，然后继续循环迭代下去直至迭代终止。这个过程可以用图4.19表示。

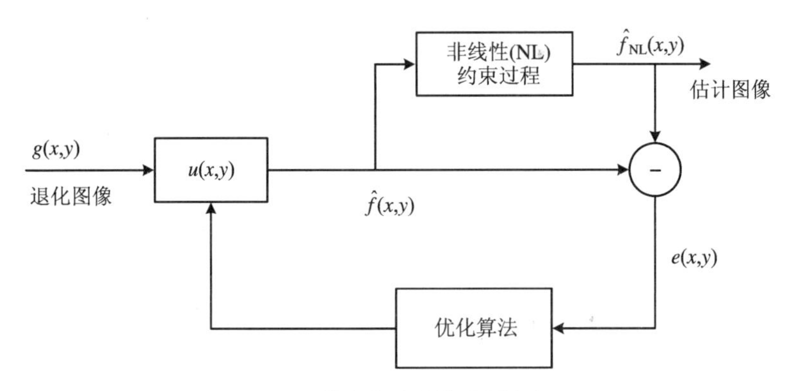


图4.19 递归逆滤波算法原理框图

本节算法将采用误差信号修正滤波器的过程转化为选取恰当的滤波器以最小化代价函数的问题，定义如下的代价函数：

$$J = \sum_{\forall(x,y)} [\hat{f}_{NL}(x,y) - \hat{f}(x,y)]^2 \tag{4.29}$$

其中

$$\hat{f}_{NL}(x,y) = \begin{cases} \hat{f}(x,y), & \text{如果 } \hat{f}(x,y) \geqslant 0 \text{ 且}(x,y) \in D_{sup} \\ 0, & \text{如果 } \hat{f}(x,y) < 0 \text{ 且}(x,y) \in D_{sup} \\ L_B, & \text{如果}(x,y) \notin D_{sup} \end{cases} \tag{4.30}$$

且$\hat{f}(x,y) = g(x,y) \otimes u(x,y)$，$D_{sup}$表示位于目标图像支持域以内的所有点的集合，$\overline{D_{sup}}$表示位于图像支持域以外的所有点的集合。可以看到，当$L_B = 0$（背景为黑）时，若$u(x,y) = 0$则可以使$J$全局最小化，从而导致恢复图像$\hat{f}(x,y) = 0$。为了避免这种平凡解的出现，我们可以对滤波器的系数$u(x,y)$的和进行约束，使它等于一个任意的正常数，在这里我们令

$$\sum_{\forall(x,y)} u(x,y) = 1 \tag{4.31}$$

另外，由于滤波器代表了点扩展函数的逆形式，而点扩展函数本身具有非负性，因而采用非负性对该滤波器进行约束，以减缓迭代过程中由于滤波器系数出现负值而造成的图像能量的衰减。

将以上约束条件转换为惩罚泛函加入代价函数(4.29)式中，得到基本的代价函数如下：

$$J = \sum_{(x,y)\in D_{\text{sup}}} [\hat{f}_{\text{NL}}(x,y) - \hat{f}(x,y)]^2 + \mu \sum_{\forall (x,y)} w(x,y)u^2(x,y) + \gamma \Big[\sum_{\forall (x,y)} u(x,y) - 1\Big]^2 \tag{4.32}$$

其中 $w(x,y)=\begin{cases}1, & \text{如果 } u(x,y)<0\\ 0, & \text{如果 } u(x,y)\geqslant 0\end{cases}$。

式(4.32)中第一项用来约束图像支持域内的负值像素和支持域外不等于背景值的像素，第二项是对滤波器系数的正性约束，第三项中的非负实变量 $\gamma$ 当且仅当 $L_B=0$(背景为黑)时才是非零的。根据该代价函数，在每次迭代过程中计算其梯度值，并采用优化方法来修正滤波器的系数。

在该基本算法中，支持域的确定是很重要的一个问题。这一类算法一般都是假设目标被包围于一个矩形的支持域内的。但是，对于非矩形的目标，其支持域以内的实际的背景像素将会被错误地划分为目标像素。这样会影响恢复质量的。因而，我们采用了一种简单的方法来对退化图像 $g(x,y)$ 的支持域以内和支持域以外的像素进行分类。构造一个关于退化图像 $g(x,y)$ 的二元函数 $s(x,y)$，设定一个门限值 $\delta$，于是有

$$s(x,y)=\begin{cases}1, & \text{如果 } g(x,y)>\delta\\ 0, & \text{如果 } g(x,y)\leqslant\delta\end{cases} \tag{4.33}$$

门限值 $\delta$ 可以较容易地从退化图像的直方图中得到。假设图像的背景强度值由数值表示，对于具有单一背景的退化图像 $g(x,y)$，其直方图的第一个最频值极有可能等于背景的强度值，所以门限值 $\delta$ 可以选择该数值。该算法对支持域还有一个要求，即估计的目标支持域不能小于目标的实际支持域，否则会使恢复质量恶化。因此在实际应用中，门限值 $\delta$ 应选取稍低于直方图最频值的某个常数。通过这种自适应处理，可以认为满足 $s(x,y)=1$ 的点 $(x,y)$ 的集合组成了目标的支持域 $D_{\text{sup}}$。

以上所述是本文算法的一个基本原理，适用于对单一背景的图像进行恢复。下面将会对算法进行进一步的改进，并引入正则化技术，使算法能够处理具有较复杂背景的目标图像，而且能尽量保存图像的细节并抑制噪声放大。

### 4.2.2　保边缘正则化

在实际的图像恢复应用中，图像总有许多由棱边和点构成的细节，而且图

像的细节常常难以和噪声相互区别。为了在平滑噪声的同时避免平滑图像的细节，尽可能地保存图像的边缘信息，本文算法中引入了保边缘正则化技术[40,41]。

一般情况下，正则化泛函可以表示成如下的形式：

$$J_R(f) = \int \varphi(|\nabla f|)\mathrm{d}x\mathrm{d}y \tag{4.34}$$

式中，$\nabla f := \begin{bmatrix} \partial f/\partial x \\ \partial f/\partial y \end{bmatrix} := \begin{bmatrix} f_x \\ f_y \end{bmatrix}$，$|\nabla f| = \sqrt{(\partial f/\partial x)^2 + (\partial f/\partial y)^2}$是图像 $f$ 的梯度场。

为了保存图像的细节，函数 $\varphi(\cdot)$必须满足以下的条件[26]：

(1) 在图像的连续区域，梯度$|\nabla f|$很小，应有较大的平滑。要求 $\varphi(t)$满足

$$\lim_{t \to 0^+} \frac{\varphi'(t)}{2t} = M, \quad 0 < M < +\infty \tag{4.35}$$

(2) 在棱边附近，梯度$|\nabla f|$很大。为了保存棱边，要求在梯度方向不作平滑，而在与梯度正交的方向上仍然有平滑。因此要求 $\varphi(t)$满足

$$\lim_{t \to \infty} \varphi''(t) = 0 \quad 以及 \quad \lim_{t \to \infty} \frac{\varphi'(t)}{2t} = \mathrm{const} > 0 \tag{4.36}$$

然而，同时满足条件(1)和(2)的函数难以构造，因此可以放松条件(2)的要求。例如可以要求平滑系数梯度方向减小到零的速率比梯度正交方向减小得要快，即

$$\lim_{t \to \infty} \varphi''(t) = 0, \quad \lim_{t \to \infty} \frac{\varphi'(t)}{2t} = 0, \quad \lim_{t \to \infty} \varphi''(t) \Big/ \frac{\varphi'(t)}{2t} = 0 \tag{4.37}$$

(3) 为了避免不稳定的平滑，要求 $\varphi'(t)/(2t)$在$[0, +\infty]$上是连续的和严格下降的。

以上三项表示了保存细节的正则化对函数 $\varphi(t)$的基本要求。如果这些要求得到满足，代价函数对解的平滑作用将决定于局部梯度值。平滑作用是各向异性的，在与梯度垂直的方向上有大的平滑，而在梯度方向上的平滑作用被削弱。

为了构造一个合理的惩罚泛函并适合于分析和数值处理，可附加其他要求：

(4) $\varphi(t) \geqslant 0, \forall\, t, \varphi(0) = 0$。

(5) $\varphi(t) = \varphi(-t)$。

(6) $\varphi(t)$连续可微。

(7) $\varphi'(t)\geqslant 0, \forall\, t\geqslant 0$。

表 4.3 中列出了几个典型函数。可证明 $\varphi(t)$的凸性和在无限远处的线性能保证最小化 $J_{\mathrm{R}}(f)$的问题在有界变差函数空间中解的存在和唯一。因此凸性对于最小化过程的收敛有意义。三个非凸 $\varphi(t)$函数当 $t\to\infty$ 时 $\varphi''(t)$从负值趋于 0。这可以造成在梯度方向的逆平滑,能够增强棱边。

表 4.3　几个典型的 $\varphi(t)$函数

| | $\varphi(t)$ | 凸性 | $\varphi'(t)/(2t)$ |
|---|---|---|---|
| Perona & Malik | $-e^{-t^2}+1$ | 否 | $e^{-t^2}$ |
| Geman & McClure | $t^2/(1+t^2)$ | 否 | $1/(1+t^2)^2$ |
| Hebert & Leahy | $\ln(1+t^2)$ | 否 | $2/(1+t^2)$ |
| Green | $\ln[\cosh(t)]$ | 是 | $\tanh(t)/(2t)$ |
| Charbonnier | $\sqrt{1+t^2}-1$ | 是 | $1/(2\sqrt{1+t^2})$ |

下面以构造函数 $\varphi(t)=t^2/(1+t^2)$为例,从离散化的角度对保边缘正则化技术进行更具体的分析。正则化惩罚泛函的离散化形式如下:

$$J_{\mathrm{R}}(f)=\sum(\varphi(D_{i,j}^{x}f)+\varphi(D_{i,j}^{y}f)) \tag{4.38}$$

式中

$$D_{i,j}^{x}f=(f_{i,j}-f_{i,j-1}),\quad D_{i,j}^{y}f=(f_{i,j}-f_{i-1,j}) \tag{4.39}$$

下面来计算反映像元值 $f_{i,j}$变化造成惩罚泛函变化的度量$\partial J_{\mathrm{R}}(f)/\partial f_{i,j}$,这个量反过来也表现了正则化项对 $f_{i,j}$的作用即平滑性影响。

$$\begin{aligned}\frac{\partial J_{\mathrm{R}}(f)}{\partial f_{i,j}} &= \frac{\partial}{\partial f_{i,j}}[\varphi(f_{i,j+1}-f_{i,j})+\varphi(f_{i,j}-f_{i,j-1})\\ &\quad +\varphi(f_{i+1,j}-f_{i,j})+\varphi(f_{i,j}-f_{i-1,j})]\\ &= -\varphi'(f_{i,j+1}-f_{i,j})+\varphi'(f_{i,j}-f_{i,j-1})\\ &\quad -\varphi'(f_{i+1,j}-f_{i,j})+\varphi'(f_{i,j}-f_{i-1,j})\\ &= -2\{\lambda_r f_{i,j+1}+\lambda_l f_{i,j-1}+\lambda_u f_{i+1,j}+\lambda_d f_{i-1,j}-\lambda_{\sum} f_{i,j}\}\end{aligned} \tag{4.40}$$

式中

$$\lambda_r=\frac{\varphi'(f_{i,j+1}-f_{i,j})}{2(f_{i,j+1}-f_{i,j})},\quad \lambda_l=\frac{\varphi'(f_{i,j}-f_{i,j-1})}{2(f_{i,j}-f_{i,j-1})},\quad \lambda_u=\frac{\varphi'(f_{i,j+1}-f_{i,j})}{2(f_{i,j+1}-f_{i,j})},$$

$$\lambda_d=\frac{\varphi'(f_{i,j}-f_{i-1,j})}{2(f_{i,j}-f_{i-1,j})},\quad \lambda_{\sum}=\lambda_r+\lambda_l+\lambda_u+\lambda_d$$

由式(4.40)得到正则化项对解在$(i,j)$点的平滑作用由该点的一阶邻域按下列矩阵的加权和来决定：

$$c=\begin{bmatrix}0 & \lambda_u & 0\\ \lambda_l & -\lambda_{\sum} & \lambda_r\\ 0 & \lambda_d & 0\end{bmatrix}$$

在图像的平坦区域，$f_{i,j+1}-f_{i,j}\approx f_{i,j}-f_{i,j-1}\approx f_{i+1,j}-f_{i,j}\approx f_{i,j}-f_{i-1,j}\approx 0$，于是有$\lim\limits_{t\to 0}\varphi'(t)/(2t)=\lim\limits_{t\to 0}\dfrac{1}{(1+t^2)^2}=1$，即 $\lambda_r=\lambda_l=\lambda_u=\lambda_d=1$，以及 $\lambda_{\sum}=4$。此时 $c$ 正好是普通的 Laplace 平滑算子。如果假定像元$(i,j)$和$(i,j-1)$之间不发生连续，则有 $\lambda_l=\lim\limits_{t\to 0}\varphi'(t)/(2t)=0$。于是加权算子为

$$c=\begin{bmatrix}0 & 1 & 0\\ 0 & -3 & 1\\ 0 & 1 & 0\end{bmatrix}$$

这意味着像元$(i,j-1)$不参与对$(i,j)$估计时的平滑作用。从这个例子可以看出该规整方法的局部自适应性。

根据上述分析，本文采用 Geman-McClure 正则化方法，选取 $\varphi(t)=t^2/(1+t^2)$，在这里考虑每个像素点的一阶邻域。

令

$$t=\hat{f}(x,y)-\hat{f}(x+\alpha,y+\beta)\tag{4.41}$$

其中$(\alpha,\beta)$取以下两组值：

$$\begin{cases}\alpha=0, & \beta=-1\\ \beta=0, & \alpha=-1\end{cases}$$

于是得到正则化惩罚泛函为

$$J_{\mathrm{R}}=\sum_{\forall(x,y)}\sum_{(\alpha,\beta)}\frac{t^2}{1+t^2}\tag{4.42}$$

将式(4.32)和式(4.42)综合，同时为了处理复杂背景图像，不采用图像的支持域而只采用图像的非负性作为图像的空域非线性约束，可得到改进后的迭代形式的代价函数如下所示：

$$\begin{aligned}J^{(k)}&=J_0+J_{\mathrm{R}}\\&=\Big(\sum_{\forall(x,y)}w_1^{(k)}(x,y)\,[\hat{f}^{(k)}(x,y)]^2+\mu\sum_{\forall(x,y)}w_2^{(k)}(x,y)[u^{(k)}(x,y)]^2\\&\quad+\gamma\Big[\sum_{\forall(x,y)}u^{(k)}(x,y)-1\Big]^2\Big)+\lambda\sum_{\forall(x,y)}\sum_{(\alpha,\beta)}\frac{t^2}{1+t^2}\end{aligned}\tag{4.43}$$

其中 $k$ 代表第 $k$ 次迭代，$\hat{f}^{(k)} = u^{(k)} \otimes g$，

$$w_1^{(k)}(x,y) = \begin{cases} 1, & \text{if}(\hat{f}^{(k)}(x,y) < 0) \\ 0, & \text{if}(\hat{f}^{(k)}(x,y) \geqslant 0) \end{cases}$$

$$w_2^{(k)}(x,y) = \begin{cases} 1, & \text{if}(u^{(k)}(x,y) < 0) \\ 0, & \text{if}(u^{(k)}(x,y) \geqslant 0) \end{cases}$$

### 4.2.3　凸半二次正则化方法

保边缘的正则化将导致一个较复杂的代价函数，而所选取的 $\varphi(t)$ 函数非凸，因此其最小化问题难以处理。半二次正则化[26,42]是一种处理算法，其基本思想是引入一个新的代价函数，它与原来的代价函数有相同的极小化子，但更易于数值处理。考虑价格泛函：

$$J(u) = J_0(u) + J_{\mathrm{R}}(u) \tag{4.44}$$

如果难于直接最小化，就设法构造一个新泛函：

$$J^*(u,b) = J_0(u) + \alpha J_{\mathrm{R}}^*(u,b) \tag{4.45}$$

新泛函具有下列性质：

(1) 对于每个 $u$

$$J_{\mathrm{R}}(u) = \min_b J_{\mathrm{R}}^*(u,b) \tag{4.46}$$

(2) 对于每个固定的 $b$，$J_{\mathrm{R}}^*(u,b)$是二次的（因此称为半二次正则化）。于是

$$\hat{u} = \arg_u \min_{u,b} J^*(u,b) \tag{4.47}$$

用一个实例说明 $J_{\mathrm{R}}^*(u,b)$的构造方法。设

$$J_{\mathrm{R}}(u) = \sum_{m=1}^{M} \omega_m \sum_{(i,j)\in S} \varphi(D_{i,j}^m u) \tag{4.48}$$

式中，$\varphi$ 是一个实函数；$\omega_m$ 是权值；$S$ 是图像定义域；$D^m$ 是离散型（一阶或二阶）微分算子，考虑 $M$ 个不同的算子，例如 $D_{i,j}^1 u = u_{i,j} - u_{i,j-1}$，$D_{i,j}^2 u = u_{i,j} - u_{i-1,j}$等等。新的正则化项可以定义为

$$J_{\mathrm{R}}^*(u,b) = \sum_{m=1}^{M} \omega_m \sum_{(i,j)\in S} \left(\frac{1}{2}(D_{i,j}^m u - b_{i,j}^m)^2 + \Psi(b_{i,j}^m)\right) \tag{4.49}$$

Charbonnier 等人基于基本的半二次正则化思想，建议了一种新的凸半二次正则化方法[43]，使得关于 $u$ 和 $b$ 的最小化问题都是凸优化问题，因此可以用确定性算法来得到最优解。

**定理**(Charbonnier) 设函数 $\varphi(t)$满足4.2.2节提出的条件(1)~(7),则

(1) 必存在一个严格凸且降的函数 $\Psi:(0,M]\to[0,\beta)$,使得

$$\varphi(t)=\inf_{0<b\leqslant M}(bt^2+\Psi(b)),$$

$$\beta=\lim_{t\to\infty}(\varphi(t)-t^2\varphi'(t)/(2t)) \tag{4.50}$$

(2) 对于每个固定的 $t$,函数$(bt^2+\Psi(b))$有唯一的极小化子,给定为

$$b_t=\varphi'(t)/(2t) \tag{4.51}$$

可以证明,对于选取的函数 $\varphi(t)=t^2/(1+t^2)$,其对应的辅助函数为 $\Psi(b)=b-2\sqrt{b}+1$。因此采用这种凸半二次正则化技术后,沿用式(4.43)的表示方法,所得的完整的价格泛函的迭代形式如下:

$$\begin{aligned}J^{(k)}(u,b^x,b^y)^{(k)}&=J_0+J_{\mathrm{R}}\\&=J_0+\lambda\Big(\sum_{i,j}[(b_{i,j}^x)^{(k)}(D_{i,j}^x f^{(k)})^2+\Psi((b_{i,j}^x)^{(k)})]\\&\quad+\sum_{i,j}[(b_{i,j}^y)^{(k)}(D_{i,j}^y f^{(k)})^2+\Psi((b_{i,j}^y)^{(k)})]\Big)\end{aligned} \tag{4.52}$$

其中 $\hat{f}^{(k)}=u^{(k)}\otimes g$。

根据以上的代价函数,采用交替最小化来寻找最优解。关于 $b^x$、$b^y$ 的迭代,由式(4.51)来计算,即

$$(b_{i,j}^x)^{(k)}=\frac{\varphi'(D_{i,j}^x f^{(k)})}{2(D_{i,j}^x f^{(k)})},\quad (b_{i,j}^y)^{(k)}=\frac{\varphi'(D_{i,j}^y f^{(k)})}{2(D_{i,j}^y f^{(k)})} \tag{4.53}$$

关于滤波器 $u$ 则采用共轭梯度法来计算,即计算代价函数式(4.43)关于滤波器系数的梯度$\nabla J(u^{(k)})$来修正该滤波器。梯度表达式如下:

$$\frac{\partial J^{(k)}}{\partial u^{(k)}(i,j)}=\frac{\partial J_0^{(k)}}{\partial u^{(k)}(i,j)}+\frac{\partial J_{\mathrm{R}}^{(k)}}{\partial u^{(k)}(i,j)} \tag{4.54}$$

其中

$$\begin{aligned}\frac{\partial J_0^{(k)}}{\partial u^{(k)}(i,j)}&=2\sum_{\forall(x,y)}w_1^{(k)}(x,y)\hat{f}^{(k)}(x,y)g(x-i+1,y-j+1)\\&\quad+2\eta\sum_{\forall(i,j)}w_2^{(k)}(i,j)u^{(k)}(i,j)+2\gamma\Big[\sum_{\forall(i,j)}u^{(k)}(i,j)-1\Big]\end{aligned}$$

$$\begin{aligned}\frac{\partial J_{\mathrm{R}}^{(k)}}{\partial u^{(k)}(i,j)}&=2\lambda\sum_{i,j}(b_{i,j}^x)^{(k)}(D_{i,j}^x f^{(k)})(g(x-i+1,y-j+2)\\&\quad-g(x-i+1,y-j+1))+2\lambda\sum_{i,j}(b_{i,j}^y)^{(k)}(D_{i,j}^y f^{(k)})\\&\quad\cdot(g(x-i+2,y-j+1)-g(x-i+1,y-j+1))\end{aligned}$$

### 4.2.4 算法流程图及实现步骤

算法流程图如图 4.20 所示。

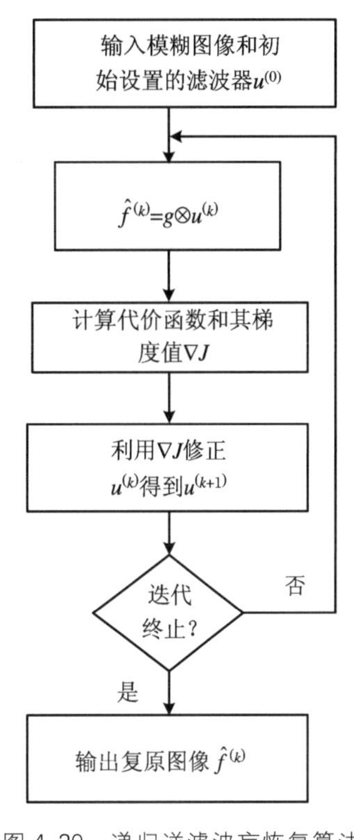


图 4.20　递归逆滤波盲恢复算法流程图

一般来说，由于点扩展函数是低通的，因此将滤波器 $u(x,y)$初始设置为中心点值为 1，其余各点均置为 0 的高通滤波器。将它与退化图像 $g(x,y)$卷积得到目标图像的初始估计，开始进入循环迭代。在每次迭代过程中，采用交替最小化方法来寻找最优解。根据式(4.53)计算每次的 $b^x$、$b^y$，然后根据式(4.54)计算梯度值$\nabla J(u^{(k)})$来修正 $u^{(k)}(x,y)$的系数。修正过程采用共轭梯度法，遵照以下规则进行：

若 $k=0$，则令 $d^{(k)}=-\nabla J(u^{(k)})$；

若 $k\geqslant 1$，则令

$$b^{(k-1)}=\frac{\langle \nabla J(u^{(k)})-\nabla J(u^{(k-1)}),\nabla J(u^{(k)})\rangle}{\|\nabla J(u^{(k)})\|^2}$$

(Polak-Ribiere-Polyak，PRP 公式)

$$d^{(k)}=-\nabla J(u^{(k)})+b^{(k-1)}d^{(k-1)}$$

则 $u^{(k+1)}=u^{(k)}+t^{(k)}d^{(k)}$，$t^{(k)}$为第 $k$ 次迭代中的步长，采用一维线性搜索方法获得。

本文算法的代价函数并不能用二次函数来近似，因而不能保证其二次收敛性。另外，沿共轭梯度方向进行一维搜索的不精确性和机器舍入误差的积累也会影响到算法的收敛性能，使得算法仅仅达到线性的收敛速度，因此引入以下两个策略来克服进展缓慢的缺点。首先，在共轭梯度法中采用 PRP 公式计算 $b^{(k)}$。因为 PRP 公式本身具有自动再开始的显著优点。当算法前进很少时，会出现$\nabla J(u^{(k+1)})\approx\nabla J(u^{(k)})$，这时 PRP 公式产生的 $b^{(k)}\approx 0$，因此 $d^{(k+1)}\approx-\nabla J(u^{(k+1)})$，即算法具有自动再开始的趋势。另外，还可以人为采用 $n$ 步重启动策略，即经过 $n$ 次迭代后，将搜索方向重置为该位置处的负梯度方向，即令 $d^{(k+1)}\approx-\nabla J(u^{(k+1)})$。

在该算法中，迭代终止条件可以是代价函数值小于某个门限值或者完成指定的迭代次数。前者需要在每次迭代过程中计算代价函数的值。本文将两者结合共同来控制迭代的终止。

### 4.2.5 实验结果及分析

给出如下几组实验结果来说明算法的性能。本文算法所使用的滤波器大小为11×11。原则上说，由于滤波器代表了点扩展函数的逆形式，因此滤波器大小与点扩展函数大小如果相当，则可以得到较好的恢复效果。从实验中可以得到一个简单的一般性规则，即滤波器尺寸过小，则需要非常多次的迭代次数才能收敛，而尺寸过大，则会显著增加每次迭代的计算量。

首先给出几组仿真实验。采用气动光学图像校正算法软件对目标图像进行模糊。为了说明本节算法处理单一背景目标图像的性能，采用NASRIF算法和本节算法进行对比实验。图4.21所示为128×128大小的原始卫星图像，图4.22(a)为高信噪比60 dB的退化图像，采用NASRIF算法和本节算法的恢复结果如图4.22(b)和图4.22(c)所示。为了验证算法的抗噪能力，加入30 dB的高斯白噪声，如图4.23(a)所示，图4.23(b)和图4.23(c)分别为NASRIF算法和本节算法的恢复结果。由实验结果可知，NASRIF算法的恢复结果存在着噪声放大和图像细节损失的现象，尤其是信噪比较低时这种现象更为明显，而本节算法在抑制噪声和保存目标细节信息上起到了较好的平衡作用。

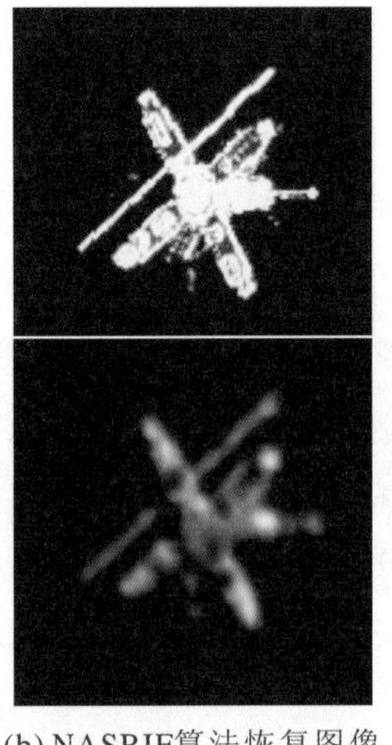

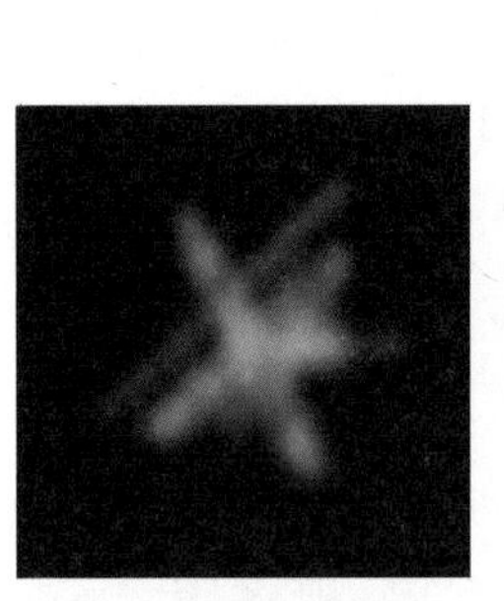

(a) 模拟退化图像

(b) NASRIF算法恢复图像

(c) 本节算法恢复图像

图4.22 单一背景卫星图像的恢复($SNR=60$ dB)

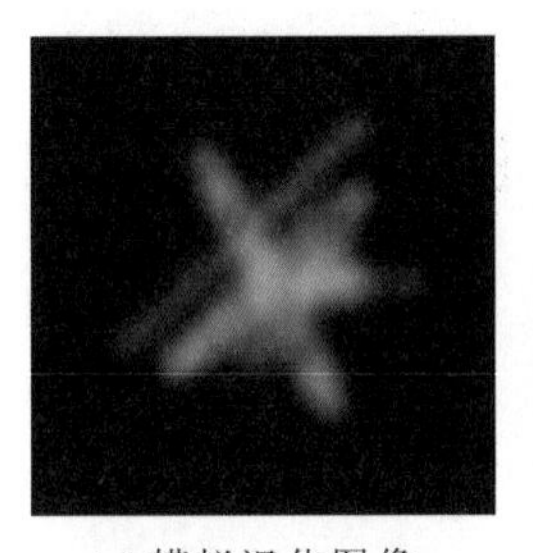
(a) 模拟退化图像

(b) NASRIF算法恢复图像

(c) 本节算法恢复图像

图 4.23　单一背景卫星图像的恢复（$SNR=30$ dB）

计算 *NMSE* 和 *RMSE* 值对算法的性能进行定量评价，如表 4.4 所示。从量化数值上也可以看到本节算法的抗噪性更好。

表 4.4　恢复质量定量评价

| 评价准则＼图像 | 退化图像图 4.22(a) | 恢复图像图 4.22(b) | 恢复图像图 4.22(c) |
|---|---|---|---|
| *NMSE* | 0.872 7% | 0.835 5% | 0.797 1% |
| *RMSE* | 29.760 1 | 28.490 5 | 27.181 5 |
| | 退化图像图 4.23(a) | 恢复图像图 4.23(b) | 恢复图像图 4.23(c) |
| *NMSE* | 0.970 4% | 0.946 4% | 0.830 0% |
| *RMSE* | 33.091 5 | 32.274 1 | 28.334 0 |

图 4.24 为具有 3 个斑点的目标图像，大小为 128×128。图 4.24(a)为加入高信噪比 60 dB 高斯白噪声的退化图像，采用 NASRIF 算法和本节算法的恢复结果分别如图 4.25(b)和图 4.25(c)所示。进一步加大噪声，图 4.26(a)为加入了 30dB 高斯白噪声的退化图像，图 4.26(b)为 NASRIF 算法的恢复结果，图 4.26(c)为本节算法的恢复结果。进一步加大噪声，图 4.27(a)为 10 dB的退化图像，图 4.27(b)和图 4.27(c)分别为 NASRIF 算法和本节算法的恢复结果。从实验结果看到，NASRIF 算法在低信噪比条件下的噪声放大现象非常严重，本节算法则相对稳定。

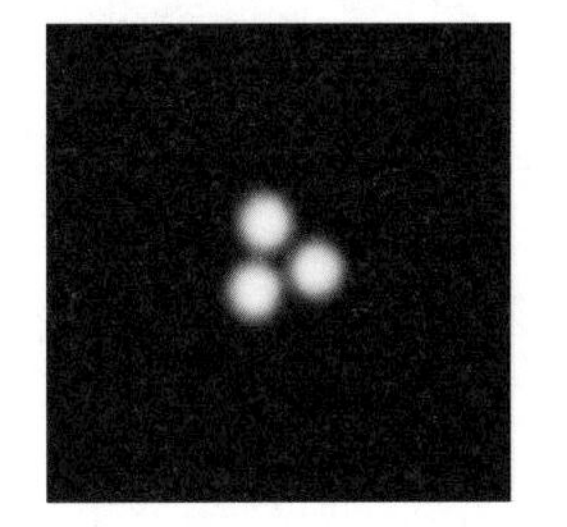
图 4.24　原始的斑点图像

计算 *NMSE* 和 *RMSE* 值对算法的性能进行定量评价，如表 4.5 所示。

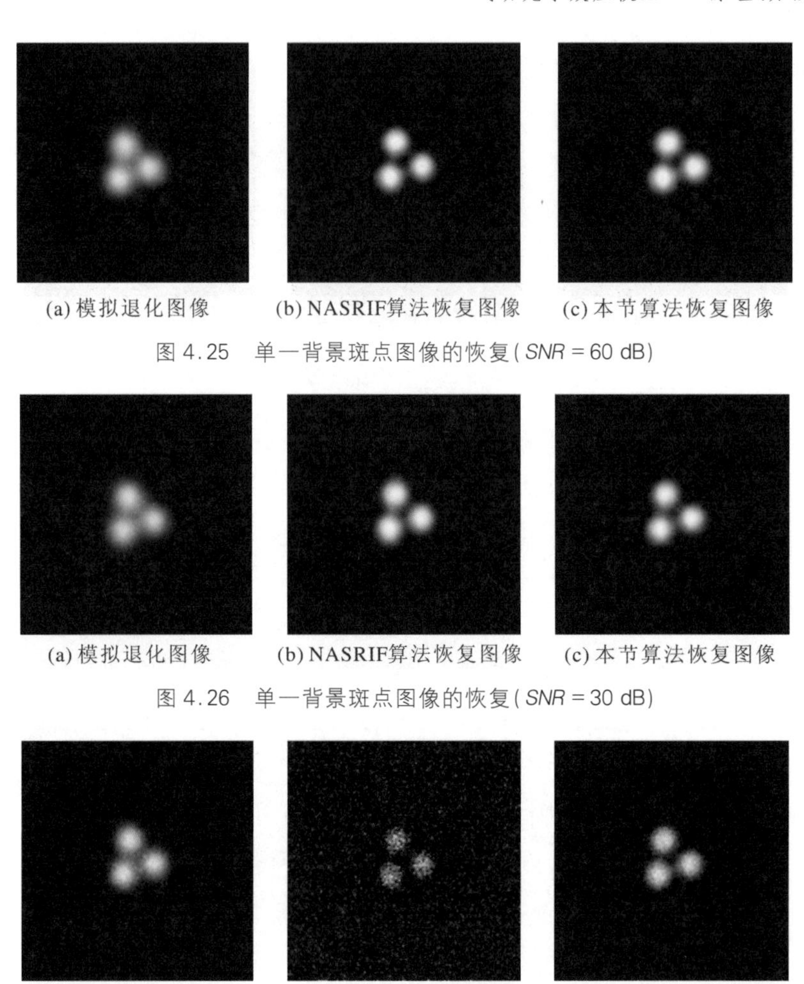

(a) 模拟退化图像　(b) NASRIF算法恢复图像　(c) 本节算法恢复图像

图 4.25　单一背景斑点图像的恢复($SNR$ = 60 dB)

(a) 模拟退化图像　(b) NASRIF算法恢复图像　(c) 本节算法恢复图像

图 4.26　单一背景斑点图像的恢复($SNR$ = 30 dB)

(a) 模拟退化图像　(b) NASRIF算法恢复图像　(c) 本节算法恢复图像

图 4.27　单一背景斑点图像的恢复($SNR$ = 10 dB)

表 4.5　恢复质量的定量评价

| 评价准则 \ 图像 | 退化图像图 4.25(a) | 恢复图像图 4.25(b) | 恢复图像图 4.25(c) |
| --- | --- | --- | --- |
| *NMSE* | 0.819 1% | 0.427 5% | 0.410 8% |
| *RMSE* | 7.741 7 | 4.040 5 | 3.882 8 |
|  | 退化图像图 4.26(a) | 恢复图像图 4.26(b) | 恢复图像图 4.26(c) |
| *NMSE* | 1.066 6% | 0.746 2% | 0.594 4% |
| *RMSE* | 10.080 8 | 7.052 6 | 5.617 3 |
|  | 退化图像图 4.27(a) | 恢复图像图 4.27(b) | 恢复图像图 4.27(c) |
| *NMSE* | 2.213 0% | 3.261 1% | 2.149 1% |
| *RMSE* | 20.916 0 | 30.820 9 | 20.315 5 |

根据上组实验，图 4.28 给出在不同信噪比下 NASRIF 算法和本节算法恢复性能的量化对比曲线。从表 4.5 的数据和图 4.28 的曲线可以看到，本节算法的抗噪性能比 NASRIF 算法强，但是由于逆滤波本身会放大噪声，因此在低信噪比（小于 20 dB）条件下，该算法的恢复性能并不十分令人满意。

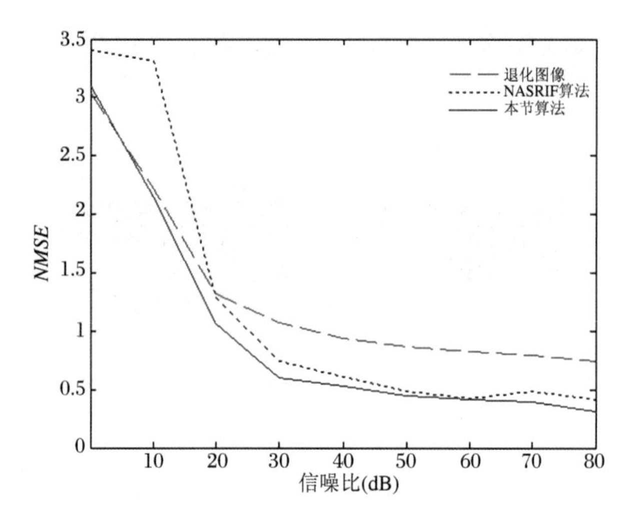


图 4.28　不同信噪比条件下 NASRIF 算法和本节算法恢复性能的量化对比曲线

NASRIF 算法只能处理单一背景的目标图像恢复，而本节算法却能够恢复具有较复杂背景的目标图像。图 4.29 所示为 128×128 大小的原始红外小目标图像。图 4.30(a)为高信噪比 60 dB 的退化图像，采用本节算法的恢复结果如图 4.30(b)所示。图 4.31(a)为加入了 30 dB 的高斯白噪声的退化图像，图 4.31(b)为恢复结果。进一步加大噪声，图 4.32(a)为加入了 10 dB 强噪声的退化图像，图 4.32(b)为恢复结果。图 4.33 给出了不同信噪比条件下本节算法的性能量化曲线。由实验结果可知，本节算法在中、高信噪比条件下，图像的边缘梯度信息都被有效地保存，恢复效果良好，性能稳定，在较低信噪比条件下也具有一定的抗噪能力。但在强噪声情况下，会出现显著的噪声放大现象。

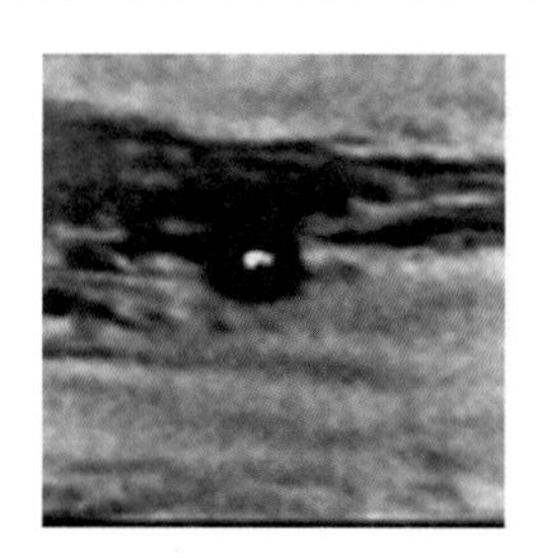

图 4.29　原始的小目标图像

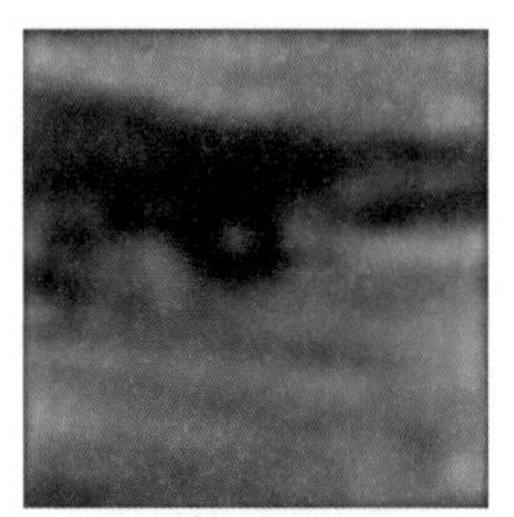

(a) 模拟退化图像

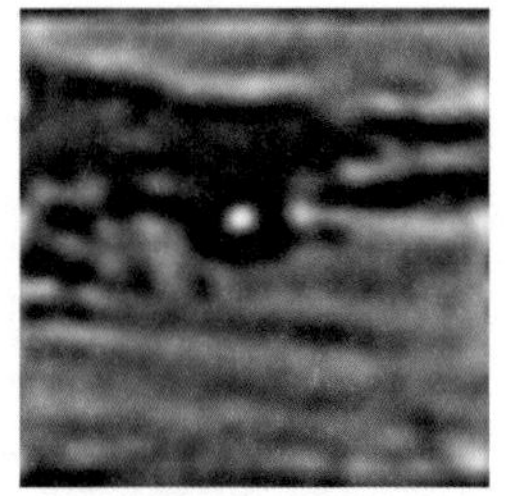

(b) 本节算法的恢复图像

图 4.30 复杂背景小目标图像的恢复( $SNR$ = 60 dB)

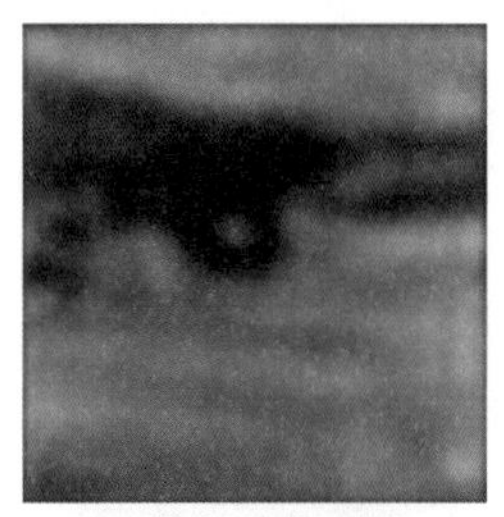

(a) 模拟退化图像

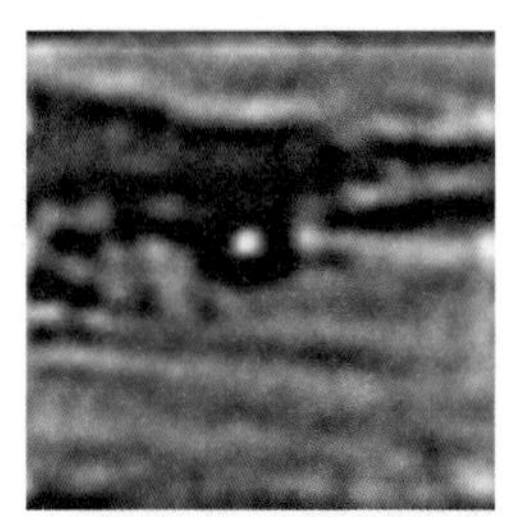

(b) 本节算法的恢复图像

图 4.31 复杂背景小目标图像的恢复( $SNR$ = 30 dB)

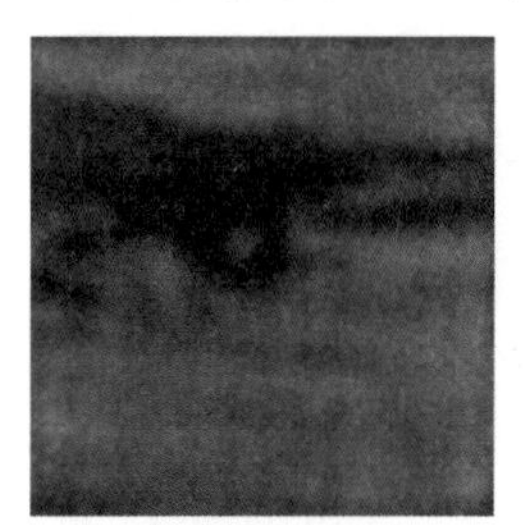

(a) 模拟退化图像

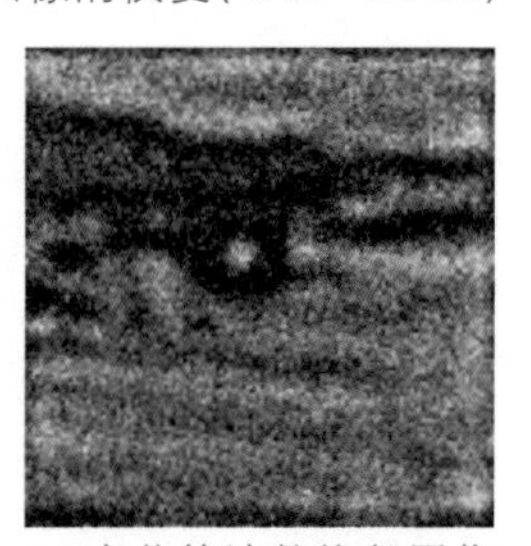

(b) 本节算法的恢复图像

图 4.32 复杂背景小目标图像的恢复( $SNR$ = 10 dB)

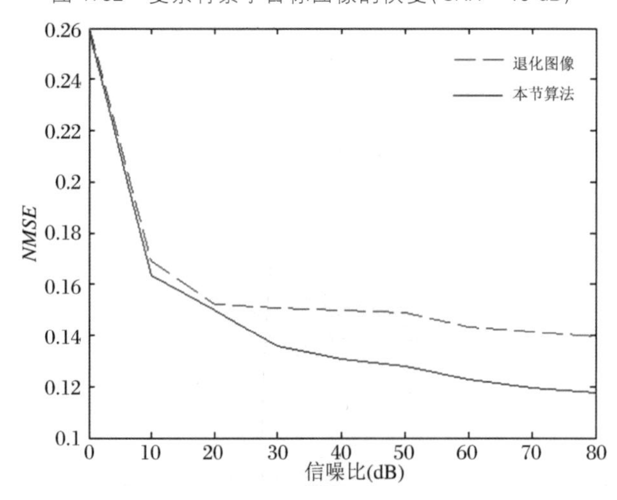


图 4.33 不同信噪比条件下本节算法恢复性能的量化曲线

采用风洞图像作为实验图像，验证本节算法处理实际图像的能力。图4.34为实际的风洞图像。图 4.35(a)和图 4.35(b)分别为采用 NASRIF 算法和本节算法的恢复结果。实际风洞图像的信噪比较低，从这组实验结果也可以看到，本节算法的抗噪性能较强，并且保存了目标细节，而 NASRIF 算法存在能量衰减和细节丢失的现象。

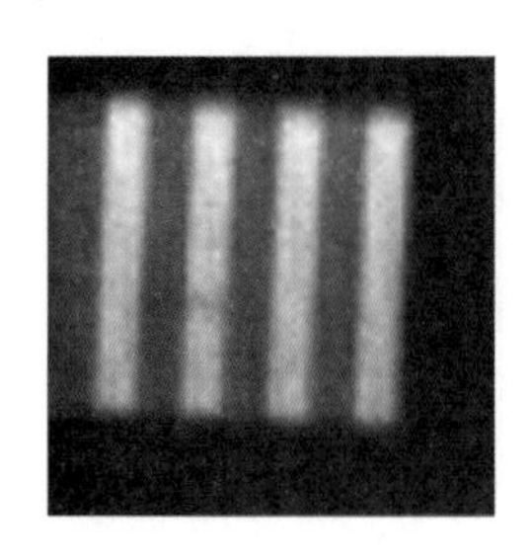

图 4.34　实际的风洞图像

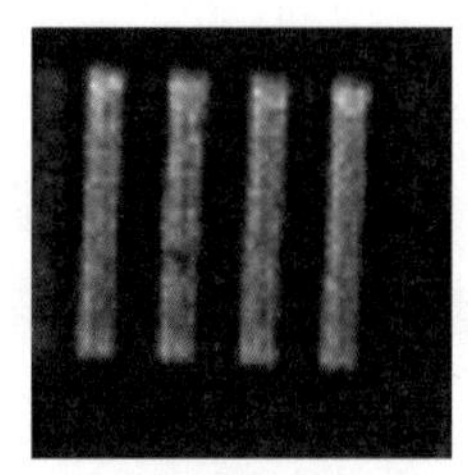

(a) NASRIF算法恢复图像

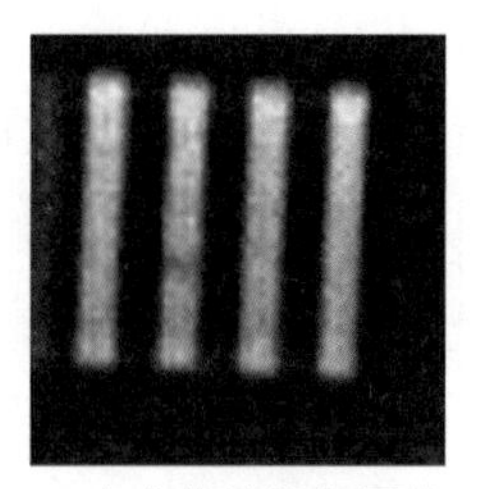

(b) 本节算法恢复图像

图 4.35　实际风洞图像的恢复

在图 4.36 中，绘出了本节算法对图 4.36 做不同次数迭代进行恢复的代价函数曲线。由图 4.36 可以看出，当迭代次数小于 15 次时，代价函数曲线下降很快，当迭代次数大于 20 次后，代价函数曲线变得很平稳，说明该算法收敛速度较快，收敛稳健。

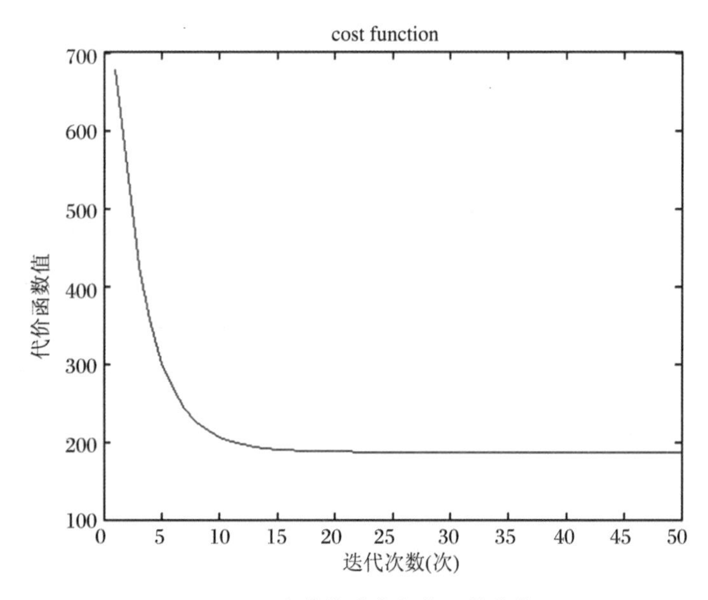


图 4.36　本节算法的代价函数曲线

### 4.2.6 小结

由于气动光学效应的复杂性，点扩展函数一般很难预先准确地获得。而大多数的盲恢复算法需要估计点扩展函数的支持域作为先验知识来对算法进行约束，以获得更加接近的解。因此，点扩展函数的支持域估计得是否准确、是否接近实际值会影响到算法结果的好坏。

本节所提出的单帧递归逆滤波盲恢复算法以一个FIR滤波器代表点扩展函数的逆形式，通过代价函数的优化来修正该滤波器的系数，从而估计目标图像。算法不需要估计点扩展函数的支持域大小，在处理较复杂背景图像时也不需要目标支持域作为先验信息。但是，由于逆滤波本身的病态性，而且滤波器是高通的，所以在信噪比较低的情况下，该算法会放大噪声，因而本节引入了保边缘正则化技术，一方面保存目标图像的细节信息，另一方面也在一定程度上克服噪声放大。保边缘的正则化将导致一个较复杂的代价函数，其最小化问题难以处理，因此算法采用凸半二次正则化方法来实现。

## 4.3 贝叶斯校正算法

气动光学效应退化图像的恢复具有重要的军事应用前景，也是目前亟须解决的问题。该问题的解决能够克服大气湍流扰动带来的图像降质，提高目标图像的分辨能力，从而便于后续的目标特征提取和识别等处理。本节提出了一种基于贝叶斯理论的单帧双重循环盲目去卷积图像恢复算法；对该算法的快速实现进行了研究；进行了稳健性分析与测试。实验结果表明，该算法具有较强的稳定性和抗噪声能力，对于缺乏先验知识的情况尤为适用，算法具有实用价值。

由于大气湍流扰动的影响，使得探测器（如地基天文望远镜、卫星成像探测装置等）获取的图像质量退化，甚至严重影响对目标的识别和检测[1]。为了恢复大气湍流造成的图像退化，国内外的一些专家学者提出了逆滤波、维纳滤波和卡尔曼滤波等方法，这些方法一般都是在确切知道点扩展函数的情况下来进行的。然而，通常我们很难准确地获得气动光学效应退化的点扩展函数，因为气动光学效应而产生的大气湍流的形成是高度随机的，很难建立一个准确的数学模型。因此，在不能获得点扩展函数的情况下，采用盲目去卷积技术是一种可取的途径。盲目去卷积技术即在不知道点扩展函数的先验信息情况下采用一定的知识分别对目标图像和点扩展函数进行估计，从而达到恢复图像的目的。这些盲目去卷积技术主要有空间域迭代盲目去卷积、利用傅里叶变换的迭代盲目去卷积、最大似然估计方法、模拟退火方法以及最小熵方法等[2]。其中空域或频域的迭代盲目去卷积算法都需要对点扩展函数的支持域进行较紧的约束，而且收敛性不够好，当然常常可以得到一个比较接近的解。最大似然估计方法[3,5]和本文的方法属于同一类方法。McCallum 提出的模拟退火方法[6]原则上说具有全局收敛性，但由于该方法计算量太大，因而限制了其使用范围，只能处理尺寸很小的盲目去卷积问题。

本文提出的改进的单帧盲目去卷积算法是从信号统计概率的角度出发利用贝叶斯定理推导出的图像恢复算法。与 Richardson 和 Lucy 等人提出的算法[7,8]不同的是，本文提供了该类算法的盲目去卷积形式，并对算法快速实现进行了研究，另外分析了算法的计算复杂性。该算法不需要点扩展函数的先验知识，能对气动光学效应模糊图像进行很好的恢复，且该算法具有较强的抗噪声能力。

### 4.3.1　算法原理

对于线性移不变系统的图像恢复问题，假定 $g,h,f$ 均为离散概率频率函数，那么 $g,h,f$ 上的每一点的数值可以认为是事件(假定收集到单位光子为一个事件)在该点上发生的频率数。在计算过程中，通常将 $f$ 归一化。为了叙述方便起见，我们对一些符号的表示进行约定：$g,h,f$ 若带下标则具有两个含义，例如，$g_{i,j}$ 既可以表示退化图像数组 $g$ 的位置$(i,j)$，又可以表示在位置$(i,j)$处的数值，若不带下标则表示整个数组或对整个数组求和的数值结果(如 $g=\sum g_i$)。若给定退化图像 $g$、点扩展函数 $h$，要求原始图像 $f$，很自然就想到贝叶斯定理。根据统计概率的知识，贝叶斯定理可由下式给出：

$$P(x|y)=\frac{P(y|x)P(x)}{\int P(y|x)P(x)\mathrm{d}x} \tag{4.55}$$

写成离散形式为

$$P(x \mid y) = \frac{P(y \mid x)P(x)}{\sum_{x \in X} P(y \mid x)P(x)} \tag{4.56}$$

其中 $P(y \mid x)$是事件 $y$ 在给定事件 $x$ 下的条件概率；$P(x)$是事件 $x$ 的概率；而 $P(x \mid y)$是逆条件概率，也就是给定事件 $y$ 下的事件 $x$ 的概率。

沿用上面提供的符号，给出在事件 $g_k$ 发生的条件下 $f_i$ 发生的概率的表达式：

$$P(f_i \mid g_k) = \frac{P(g_k \mid f_i)P(f_i)}{\sum_j P(g_k \mid f_j)P(f_j)} \tag{4.57}$$

其中，$f_i, f_j \in f$（原始图像空间），$g_k \in g$（退化图像空间），$g_k$ 指的是 $g$ 中的第 $k$ 个像元。考虑到所有的 $g_k$ 联合 $h$ 作用在 $f_i$ 上的独立性，有

$$P(f_i) = \sum_k P(f_i g_k) = \sum_k P(f_i \mid g_k)P(g_k) \tag{4.58}$$

将方程(4.57)式代入方程(4.58)式，得

$$P(f_i) = \sum_k \frac{P(g_k \mid f_i)P(f_i)P(g_k)}{\sum_j P(g_k \mid f_j)P(f_j)} \tag{4.59}$$

可以看到，在方程(4.59)式的右边也含有 $P(f_i)$项，直接求解很困难。在贝叶斯定理的许多应用中，若 $P(f_i)$这项未知时，可以采取这样的一个可以接受的策略，即从不太好的情况中选用一个最好的解并使用 $P(f_i)$的估计来获得近似的 $P(f_i \mid g_k)$，因此，由方程(4.59)式可以得到下面的迭代方程：

$$P^{n+1}(f_i) = P^n(f_i) \sum_k \frac{P(g_k \mid f_i)P(g_k)}{\sum_j P(g_k \mid f_j)P^n(f_j)} \tag{4.60}$$

其中，$n$ 为盲目迭代次数。

由于 $P(f_i) = f_i / f$，$P(g_k) = g_k / g$，又因为图像恢复过程是能量守恒的，即有关系：$f = g$（总能量即总光子数），而且

$$P(g_k \mid f_i) = P(h_{i,k}) = h_{i,k} / h, \quad h = \sum_j h_j$$

因此方程(4.60)式可写为

$$f_i^{n+1} / f = (f_i^n / f) \sum_k \frac{(h_{i,k} / h)(g_k / f)}{\sum_j (h_{j,k} / h)(f_j^n / f)}$$

即

$$f_i^{n+1} = f_i^n \sum_k \frac{h_{i,k} g_k}{\sum_j h_{j,k} f_j^n} \tag{4.61}$$

由方程(4.61)式可知，如果给出点扩展函数 $h$ 和目标图像的初始估计 $f_0$，就可以获得相应的迭代解。

为了推导叙述方便，将方程(4.61)式写成连续积分的形式：

$$f^{n+1}(x) = f^n(x) \int \frac{h(y,x) g(y) \mathrm{d}y}{\int h(y,z) f^n(z) \mathrm{d}z} \tag{4.62}$$

其中 $n$ 是盲目迭代次数；$x, z \in X$，$X$ 为目标的支撑域；$y \in Y$，$Y$ 为观察图像的支撑域，点扩展函数的支撑区域一般比图像的支撑区域要小。当假定观测目标的区域为等晕条件时，点扩展函数将会是空间移不变的，仅仅与$(y-x)$的差值有关，那么方程(4.62)式可以写成卷积形式：

$$f^{n+1}(x) = \left\{ \left[ \frac{g(x)}{h(x) * f^n(x)} \right] * h(-x) \right\}_n f^n(x) \tag{4.63}$$

其中“ * ”是卷积运算符。假定点扩展函数 $h(x)$是已知的，则可以通过对方程(4.63)式进行迭代直到其收敛来得到目标 $f(x)$。对目标 $f_0(x)$的一个初始估计被用来启动此算法。接着，在随后的迭代中，由于该算法所采取的形式，初始估计中相对于真实目标的较大的偏差在初始的迭代中被迅速地丢弃了；而细节则在随后的迭代中被更缓慢地添加上去。倘若初始估计 $f_0(x) \geqslant 0$ 的话，这一算法的优势还在于它包含一个非负约束条件，而且，随着迭代的进行，能量被加以保存。

在实际情况中，点扩展函数 $h(x)$一般都是未知的，那么上面的迭代算法就很难实施，因此，可以考虑采用新的算法策略，即分别对点扩展函数和目标图像进行迭代计算，从而获得盲目去卷积算法。对于该盲目去卷积算法，在第 $n$ 次盲目迭代时，假设目标由第 $n-1$ 次迭代得到。随后，点扩展函数 $h^n(x)$按照式(4.64)迭代计算，下标 $m$ 表示迭代次数。这一方程实质上是方程(4.63)式的逆形式，因为目标和点扩展函数是相逆的，并且它由目标来计算点扩展函数。然后，$f^n(x)$按照相同的迭代次数利用式(4.65)迭代计算，即

$$h_{m+1}^n(x) = \left\{ \left[ \frac{g(x)}{h_m^n(x) * f^{n-1}(x)} \right] * f^{n-1}(-x) \right\} h_m^n(x) \tag{4.64}$$

$$f_{m+1}^n(x) = \left\{ \left[ \frac{g(x)}{h^n(x) * f_m^n(x)} \right] * h^n(-x) \right\} f_m^n(x) \tag{4.65}$$

### 4.3.2 算法的快速实现

由于

$$f_1(t) * f_2(-t) = f_2(-t) * f_1(t) = \int_{-\infty}^{\infty} f_2(-\tau) f_1(t-\tau) \mathrm{d}\tau$$

令 $u=-\tau$，则

$$\int_{-\infty}^{\infty} f_2(-\tau) f_1(t-\tau) \mathrm{d}\tau = -\int_{+\infty}^{-\infty} f_2(u) f_1(t+u) \mathrm{d}u = \int_{-\infty}^{\infty} f_2(u) f_1(t+u) \mathrm{d}\tau$$

即 $f_1(t) * f_2(-t) = f_2 \circ f_1$，其中“$\circ$”表示相关运算。故方程(4.64)式和(4.65)式可写为

$$h_{m+1}^{n}(x) = \left\{ f^{n-1}(x) \circ \left[ \frac{g(x)}{h_m^n(x) * f^{n-1}(x)} \right] \right\} h_m^n(x) \tag{4.66}$$

$$f_{m+1}^{n}(x) = \left\{ h^{n}(x) \circ \left[ \frac{g(x)}{h^n(x) * f_m^{n}(x)} \right] \right\} f_m^n(x) \tag{4.67}$$

显然，由于该算法需要多次迭代，计算量太大，因此，为了快速恢复目标图像，需要将式(4.66)和式(4.67)中的卷积和相关运算用其快速算法来实现。

### 4.3.3 计算复杂性分析

设图像和点扩展函数空间大小均为 $N \times N$，则计算 $h_m^n * f^{n-1}$ 的计算复杂性为 $O(N^4)$，而采用卷积的快速算法时，计算的复杂性是 $O(6N^2 \log_2 N + 4N^2)$。因此，改进前算法总的计算复杂性为 $O(N^4)$，改进后算法总的计算复杂性仅为 $O(N^2 \log_2 N)$，这从理论上证明了计算速度确有极大提高。

### 4.3.4 算法编程实现及流程图

对算法进行编程实现时应该注意能量守恒(即退化前后图像的总强度相等)的问题，如果只做图像的归一化处理，那么很可能造成图像的强度集中分布在个别像素点上的情况，而其他像素上的灰度值太小，从而影响恢复结果。由于点扩展函数的和为1，模糊图像可以认为是原始图像强度的重新分布，因此，退化图像和原始图像的能量应该保持不变，表现在图像上即退化图像和原始图像的像素灰度值总和相等。这对调整恢复图像各个像素点的灰度值具有重要

意义，可以避免图像强度集中分布在个别像素点的情况。

1. 能量误差函数

为了量化该算法的收敛属性，我们定义如下的能量误差函数：

$$E = \iint_{\Omega} [g(x,y) - \hat{g}(x,y)]^2 \mathrm{d}x\mathrm{d}y \tag{4.68}$$

其中“$\Omega$”表示图像空间，$(x,y)$表示图像空间坐标位置，$g$、$\hat{g}$ 分别指的是模糊图像及其估计。误差能量函数值随着迭代次数的变化而变化，若误差能量函数值随着迭代次数的增加而变小，则说明估计的目标图像越来越精确，反之，估计的结果变差。通过绘制随迭代次数变化的能量误差函数曲线，可以分析算法的收敛稳定性，若该曲线为单调下降有界曲线，则说明算法的收敛很稳健；若该曲线出现抖动甚至发散，则可判定算法稳定性较差甚至不收敛。

2. 采用维纳滤波技术改善恢复效果

直接利用式(4.66)、式(4.67)进行迭代得到的恢复图像具有强度分布集中的缺点，这是由于利用信号概率统计的方法只能最大似然地恢复图像，而不能很好地保持图像的细节。为了克服这个缺点，在算法的循环迭代过程完成后，我们采用维纳滤波技术来进一步提高恢复图像的质量，即

$$\hat{F}(u,v) = \frac{H^*(u,v)}{|H(u,v)|^2 + \lambda |D(u,v)|^2} G(u,v) \tag{4.69}$$

其中 $H^*(u,v)$为 $H(u,v)$的复共轭，$D(u,v)$为二阶差分算子傅里叶变换的第 $u$ 项。求出 $\hat{F}(u,v)(u,v=0,1,\cdots,N-1)$后，再对 $\hat{F}(u,v)(u,v=0,1,\cdots,N-1)$进行傅里叶变换即可得到 $\hat{f}$。众所周知，正则化参数 $\lambda$ 的选择是个难点，在实验中，我们在较高信噪比的情况下选择较小的 $\lambda$ 值，这样可以很好地恢复图像的细节，当退化图像的信噪比较低时，宜选择较大的 $\lambda$ 值，可以适当地抑制噪声的影响。

3. 算法流程图

算法主要由两层循环组成：1 个外循环和 2 个内循环。外循环即整个盲目迭代过程，2 个内循环则分别用来估计点扩展函数和目标图像。整个算法流程即先对目标图像 $f_0^0(x)$和点扩展函数 $h_0^0(x)$进行初始估计，然后分别对点扩展函数和目标图像做 $m$ 次迭代得到估计的点扩展函数和目标图像，如此循环直到满足终止条件为止。循环结束后，再将迭代估计得到的点扩展函数代入式(4.68)，获得最后的恢复图像。算法流程图如图 4.37 所示。

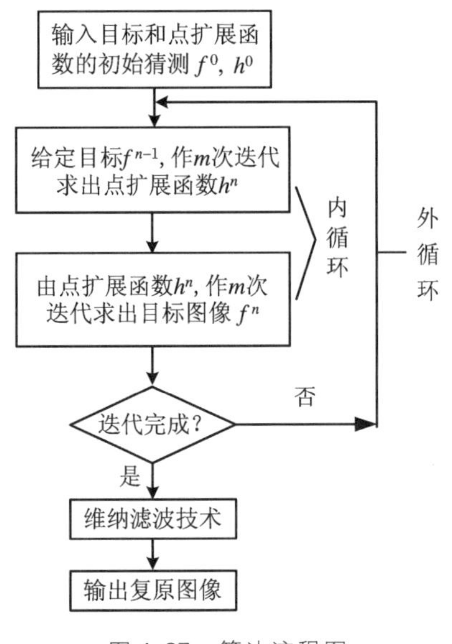


图 4.37 算法流程图

### 4.3.5 实验结果及分析

为了说明算法的快速性,我们在微机(Pentium Ⅳ 2.66 GHz)上做了如下对比实验。图像大小为 64×64 时,分别采用 Lucy 算法计算(添加了支持域约束,假定点扩展函数大小为 8×8)和本文算法计算做 10 次内循环、15 次外循环,得到它们的运算耗时分别为 1 分 27 秒、8 秒,后者速度提高约 11 倍。当图像大小为 128×128 时,两者的运算耗时分别为 22 分 56 秒、40 秒,本文算法比 Lucy 算法计算速度提高约 34.4 倍。由此可见,随着图像空间的增大,采用本文算法计算的速度提高是非常明显的。

对文中提出的算法进行了编程实现,下面给出一些实验结果。图 4.38(a)为 1 帧原始目标图像,大小为 128×128;图 4.38(b)为其模拟的气动光学效应退化图像;图 4.38(c)为用本文恢复算法做外循环 10 次、内循环 15 次所得到的恢复图像,其恢复效果较好。一般来说,随着迭代次数的增加,恢复出的目标图像将越来越清晰,但是由于模糊图像本身信息的丢失以及算法的局限性,恢复结果始终不可能完全与原始图像一致。图 4.39(a)为具有复杂背景的原始清晰图像,其模拟生成的气动光学效应退化图像如图 4.39(b)所示,图 4.39(c)为做外循环 20 次、内循环 150 次所得到的恢复结果。可以看出,该算法对于复杂图像也具有很好的恢复效果。图 4.40 提供了另外一组实验结果，它们分别是原始目标图像，气动光学效应退化图像以及用本文恢复算法做外循环 20 次、内循环 100 次的恢复图像。采用模糊图像作为目标图像的初始估计，点扩展函数的初始估计为 $N\times N$ 的全 1 矩阵。

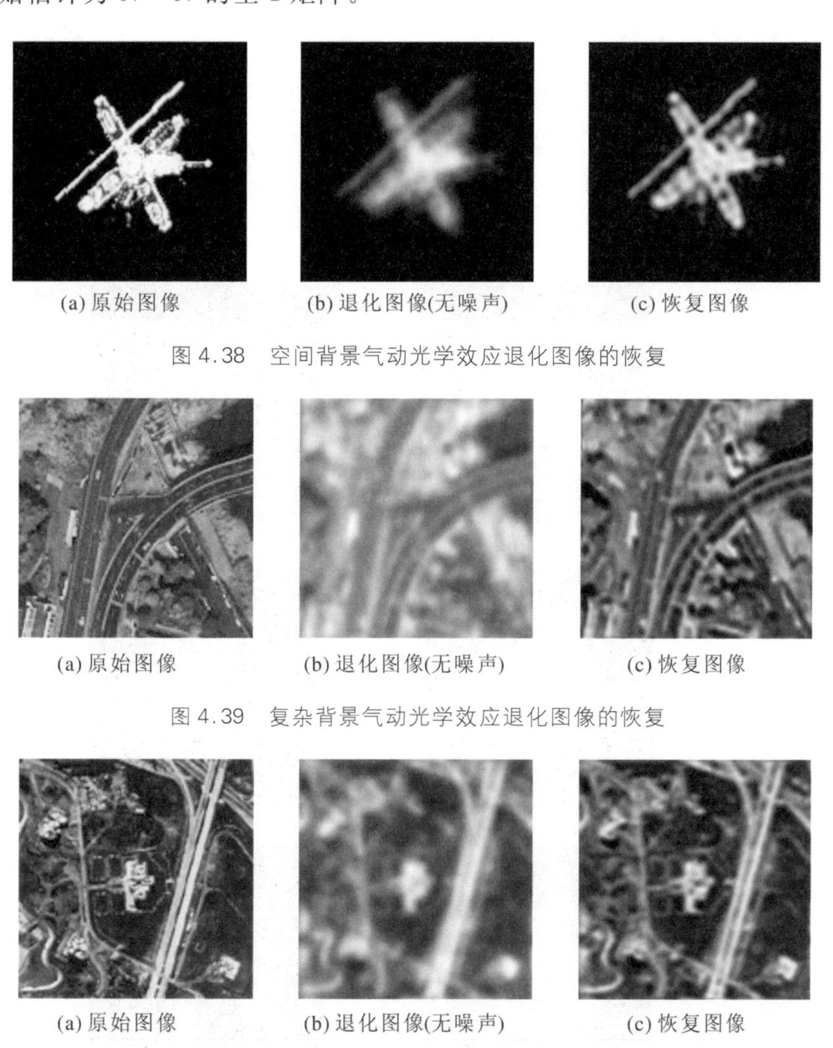

(a) 原始图像　(b) 退化图像(无噪声)　(c) 恢复图像

图 4.38　空间背景气动光学效应退化图像的恢复

(a) 原始图像　(b) 退化图像(无噪声)　(c) 恢复图像

图 4.39　复杂背景气动光学效应退化图像的恢复

(a) 原始图像　(b) 退化图像(无噪声)　(c) 恢复图像

图 4.40　复杂背景气动光学效应退化图像的恢复

为验证算法是否具有较好的抗噪声性能，我们做了如下实验。对图 4.38(b) 所示的气动光学效应退化图像添加信噪比为 40 dB 的加性白噪声得到图 4.41(a) 所示的噪声图像，图 4.41(b) 为对其进行外循环 10 次、内循环 15 次所得到的恢复图像，恢复图像的效果很好，可以清晰地辨认目标的细节信息。继续加大噪声的强度，对图 4.38(b) 所示的气动光学效应退化图像添加信噪比为 30 dB 的加性白噪声得到图 4.41(c)所示的噪声图像,图 4.41(d)为其恢复结果,恢复效果较好,说明算法具有良好的抗噪声能力。进一步加大噪声的强度,使信噪比达到 20 dB(如图 4.41(e)所示),恢复结果如图 4.41(f)所示,恢复图像受到噪声轻微污染,但是目标图像仍然可以被很好地辨识。值得注意的是,如果信噪比太低(如 $SNR<20$ dB),那么经过一定次数的迭代后,很可能使估计得到的点扩展函数仅为单位冲击函数,以致得到的恢复图像为模糊图像本身,从而达不到恢复图像的目的。为了避免这种情况的发生,可考虑对模糊图像做去噪处理,并在迭代过程中对点扩展函数做适当的约束,防止点扩展函数收敛成单位脉冲。

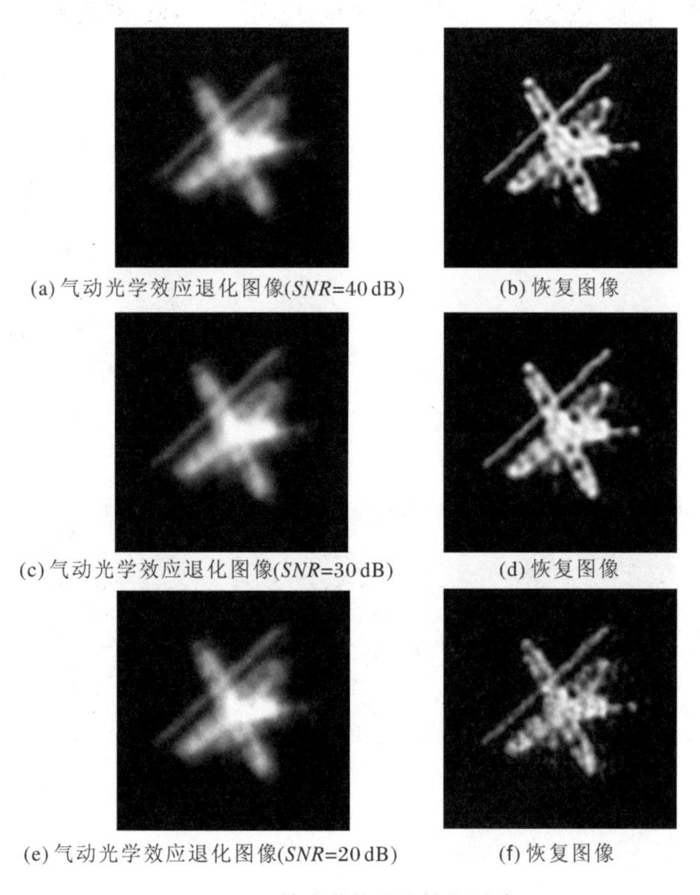

(a) 气动光学效应退化图像($SNR$=40 dB)　(b) 恢复图像

(c) 气动光学效应退化图像($SNR$=30 dB)　(d) 恢复图像

(e) 气动光学效应退化图像($SNR$=20 dB)　(f) 恢复图像

图 4.41　算法的抗噪声性能测试

在图 4.42 中,绘出了对图 4.41(a)做不同迭代次数恢复的能量误差函数曲线。为了便于说明问题,这里的迭代次数指的是外循环迭代次数,内循环次数保持 20 次不变,且图像数据已经做了归一化处理。由图 4.42 可以看出,当迭代次数小于20次时，能量误差函数曲线下降很快，当迭代次数大于50次时，能量误差函数曲线变得很平稳，说明该算法收敛很稳健，估计得到的点扩展函数和目标图像已经为全局极小。在编程实现时，除了指定有限次迭代来控制程序终止外，还可以通过设定期望的最小能量误差值来控制程序运行，从而达到程序的自适应性。

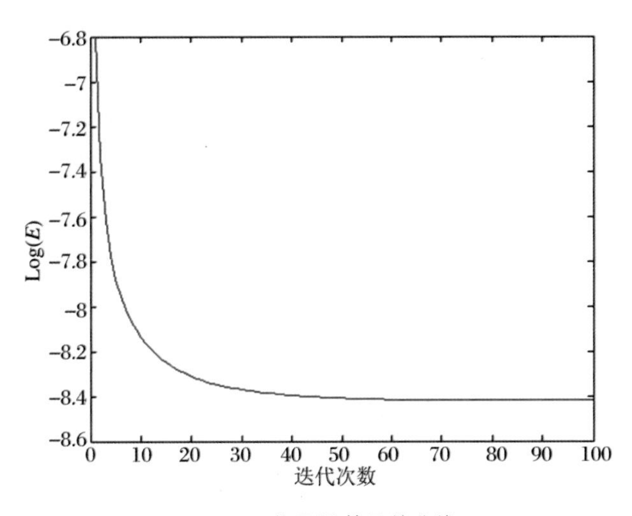


图4.42　能量误差函数曲线

### 4.3.6　算法的迭代终止条件

在实际恢复过程中，需要判断恢复估计是否已经收敛到最优解或是达到比较满意的解，这就要采用一定的标准来对恢复估计进行衡量。一般有以下几种算法迭代终止条件标准：

(1) 原始目标图像 $f$ 与恢复估计 $\hat{f}$ 之间的误差

$$e^n = \| f - \hat{f}^n \|$$

(2) 退化图像与估计图像产生的重新模糊图像之间的残差

$$r^n = \| g - H\hat{f}^n \|$$

(3) 相邻迭代步的图像估计之间的误差

$$d^n = \| \hat{f}^{n+1} - \hat{f}^n \|$$

由于在实际恢复过程中不可能知道原始目标图像，故一般不采用标准(1)，当然在做仿真模拟试验时用它来判断图像收敛情况比较精确。标准(2)、(3)可以作为实际恢复过程中的终止条件准则，上文提到的能量误差函数其实也是标准(2)的一个变体。需要说明的是,由于不同的图像在恢复过程中,它们往往具有不同水平的残差或是误差,因此需要谨慎选择终止条件参数 $r$ 和 $d$。因为如果终止条件参数 $r$ 和 $d$ 选得太小,则算法需要大量地迭代才能终止,反之,如果参数选择太大,则算法只能执行少数几次迭代,从而不能获得满意的解。

### 4.3.7 迭代算法的加速

迭代技术一般收敛速度都比较慢,很难达到最终的解。虽然非线性方法与线性方法相比具有更好的可控性和稳定性,但是计算量要大很多。迭代恢复技术在天文学领域得到了广泛的应用,这是由于采集到的天文图像数据极其庞大,然而相比之下,可用的计算资源和时间就越发匮乏。例如单帧图像的恢复就可能要经过几百次迭代数小时的处理才能获得恢复结果,由此可见恢复代价是非常大的,因而在一定程度上限制了更多的实际应用。迭代收敛加速意味着算法具有更快的处理速度,这就允许迭代技术应用于一些被认为是收敛太慢而不实用的算法中。

1. 迭代加速方法概述

算法加速的目的是减少实现某种程度恢复结果的时间,而不引入不想要的人工效应。加速因子为相同恢复水平下未加速的计算时间与加速算法的计算时间的比值。常用的一种误差度量是比较两帧图像的恢复效果。假如迭代算法需要一些额外的处理,那么其计算时间与迭代次数成比例。为了进行加速,有必要确定哪些参数适合作修改,而不是所有情况下图像的所有像素。文献[9～12]讨论了图像恢复迭代算法的一些加速策略。

一种简单的增加收敛速度的方法是预测在何种情况时由每次迭代而造成的图像每个像素趋于正确值。Meinel[13]提出了一种引入指数校正因子的改进的 R-L 算法:

$$\hat{f}_{k+1} = \hat{f}_k\left(h * \frac{g}{h \otimes \hat{f}_k}\right)^k \tag{4.70}$$

其中,$k>1$。该算法的优点是自动满足非负性,缺点是缺乏迭代收敛的稳定性。

线性搜索技术可以提供一个加性的校正因子:

$$\hat{f}_{k+1} = \hat{f}_k + \lambda g_k \tag{4.71}$$

$$g_k = \psi(\hat{f}_k) - \hat{f}_k \tag{4.72}$$

在这里，$g_k$ 是由迭代算法产生的差分向量，用来作为梯度方向的估计。由方程(4.71)式可知，每次迭代的加速因子即为 $\lambda$。

一种方法是利用线性搜索方法来调整 $\lambda$，从而使得在每次迭代过程中最大化对数似然函数，然后利用 Newton-Raphson 迭代找到新的值。该方法可以提供 2 到 5 倍的加速比，但是必须约束 $\lambda$ 以防止算法不稳定。Holmes 和 Liu[14] 提出了另一种类似的加速技术，该技术在迭代 10 000 次后具有 7 倍的最大加速比。在梯度向量方向上最大化函数常称为最陡上升法，反之，最小化函数则称为梯度下降法。所有的梯度上升法均类似于最陡下降法。如果加速步长太大或不精确，最陡上升法将可能会出问题。例如引入误差，如果加速过程放大，还会导致收敛不稳定。因此，最陡上升法常常用来在正确迭代后进行部分加速。

一种优于最陡上升法的梯度搜索方法是共轭梯度法[15]。共轭梯度法需要求解代价函数的梯度，并且进行精确的线性搜索技术。线性搜索技术的一个难点是如何精确有效地最大化代价函数。

2. 本文采用的迭代加速方法

为了克服线性搜索技术的一些缺点，本文采用 Biggs 提出的一种迭代加速技术[16]。主要的修改是计算和采用方向向量。线性搜索方法是基于由迭代算法与当前预测而产生的方向向量差分的，而新的技术通过计算当前迭代与前次迭代的差分来作为方向。假如 $x_k$ 是迭代点，$y_k$ 是预测点，$h_k$ 是方向向量，$\alpha_k$ 是加速参数，则有

$$y_k = x_k + \alpha_k h_k \tag{4.73}$$

$$h_k = x_k - x_{k-1} \tag{4.74}$$

$$x_{k+1} = y_k + g_k \tag{4.75}$$

$$g_k = \psi(y_k) - y_k \tag{4.76}$$

该加速方法具有向量外推形式[17]，即基于先前的点来预测后续的点。每次迭代提供一个校正步加上调整步长的一些信息。当每次迭代产生的恢复变化比较缓慢或算法本身不敏感时，可以应用加速方法。本节算法就具有这种特点。

3. 确定迭代加速参数 $\alpha_k$

为了最大化加速度并且防止不稳定，确定应用于以后每次迭代的加速水平就显得很重要。先前提到，本节算法可以通过把对数似然函数作为代价函数来进行加速。但是，该函数很难进行解析地最大化，因而常常采用数值近似的

方法。

迭代算法需要设计并计算其自身的代价函数。不同的算法可能会基于不同的数学计算方法。因此,提供较大的加速因子而不最大化代价函数就是一个非常大的优点。

这就导致我们研究称为自动加速的技术。在自动加速技术里,仅仅用到以前的信息,且不需要代价函数的导引。

$$\alpha_k = \frac{\sum g_{k-1} \cdot g_{k-2}}{\sum g_{k-2} \cdot g_{k-2}}, \quad 0 < \alpha_k < 1 \tag{4.77}$$

其中,"·"表示点乘。$\alpha_k$ 必须约束在 0 和 1 之间。由于绝大多数算法收敛速率下降,$\alpha_k$ 的上界一般很难达到,但是强制约束可以防止算法导致预测向量呈指数增长。若 $\alpha_k$ 为负数,则将其赋值为 0,这将使得加速过程停止并且重新开始。首次迭代不使用加速技术,因为这时没有足够的信息计算 $\alpha_k$。

$\alpha_k$ 的公式考虑了两个因素:每次迭代步的几何收敛和梯度向量方向的相似性。假如每个梯度向量共线,则可达到最大的加速水平。这可以通过考察具有线性收敛的一维序列 $2^{-k}$ 来进行说明。例如,应用新的加速技术变换序列 $2^{-k}$ 为 $2^{-k(k+1)/2}$,则后者具有超线性收敛的特性。

计算 $\alpha_k$ 方法的一个有趣的特点是不对已经通过最陡上升法得到的加速向量进行加速,因为每个梯度向量与前次的梯度向量正交。

当计算 $\alpha_k$ 时,确定第二个参数 $\beta_k$ 很有用,它可以在以后的估计加速参数因子中用到:

$$\beta_k = \frac{\sum g_{k-1} \cdot g_{k-2}}{\sum g_{k-1} \cdot g_{k-1}} = \alpha_k \frac{\sum g_{k-2} \cdot g_{k-2}}{\sum g_{k-1} \cdot g_{k-1}} \tag{4.78}$$

### 4.3.8 小结

上面对单帧模糊图像盲目去卷积问题做了探讨。单帧图像盲目去卷积作为一种重要的图像恢复方法,具有很大的实用价值,广泛应用于航天、天文观测、医学成像等领域。我们采用的迭代算法具有收敛稳健,克服噪声能力强等优点,比较适合应用于实际情况。实验结果也证明这种算法是有效的。在许多实际情况中,可能会出现这样的情形,即可以获得目标或点扩展函数的某些信息。此时,目标图像或点扩展函数并不是完全未知的,因而,我们可以在迭代算法中融入有关目标或点扩展函数的先验知识，从而可以获得更加精确的恢复结果。另外，该算法易于与其他算法相结合，如 IBD 算法、非线性正则化图像恢复算法等。在下一步工作中，我们将在这些方面开展深入的研究，进一步提高算法的性能。

# 4.4　自适应总变分最小化校正算法

## 4.4.1　图像盲恢复问题的病态性

1. 传统的图像恢复问题的病态性

传统的图像恢复问题就是在成像模型建立后，根据已知的退化图像 $g$ 和点扩展函数 $h$ 估计原始图像 $f$。如果把图像退化看作正问题，则图像恢复可视为逆问题，即沿着退化的过程逆推出原图像。1923 年，Hadamard 提出了良态问题的概念[18]，即问题的良态（Well-posed）是指满足以下条件：

（1）问题的解是存在的（存在性）。

（2）解是唯一的（唯一性）。

（3）解连续依赖于数据，在此条件下问题可获定解（稳定性）。

如果三个条件之一得不到满足，则称问题是病态或不适定的（Ill-posed）。理论研究表明，图像退化模型所描述的卷积型积分方程属于第一类 Fredholm 积分方程，它的求解是一个病态问题。因此，对图像恢复问题的求解会出现解不唯一，或解不连续依赖于观测数据的情况。后一点的含义是指观测数据的微小变化会导致解的很大变动。

对于图像恢复这样的逆问题，解的存在性通常不是大问题，如果数据空间被定义为正问题的解集，那么逆问题的解总是存在的。关于逆问题的唯一性，在不能保证解的唯一性的情况下，必须附加额外的数据或一些先验知识来限制解的个数。而第三条是最棘手的问题，在这种情况下，不可避免地引入的任何误差都可能被以任意大的倍数放大，导致计算所得的解完全无效。由于观测数据一般会受到噪声污染，因此问题的解可能偏离真解很远。

例如，由频域形式的退化模型 $\tilde{G}=\tilde{H}\tilde{F}+\tilde{N}$ 可得

$$\tilde{F}(u,v)=\frac{\tilde{G}(u,v)}{\tilde{H}(u,v)}-\frac{\tilde{N}(u,v)}{\tilde{H}(u,v)} \tag{4.79}$$

由于退化作用可看作一个低通滤波器，点扩展函数表现为低通特性，$H$ 高频成分的值非常小甚至为零。那么，在高频域$\frac{1}{\tilde{H}(u,v)}$趋于无穷大，噪声的一个微小的数值变动都会造成解的很大变动。所以由上式可以看到，$F$ 要么解不唯一，要么高频噪声被显著放大，导致解的不稳定。

2. 气动光学效应图像盲恢复的特殊困难

对于气动光学效应图像盲恢复这样比较新的问题而言，在求解上与传统的图像恢复问题相比，有其自身的特殊困难，这使得它成为一个世界性的难题。

一方面，气动流场随机性地急剧变化，难以为点扩展函数建立较精确的数学模型，因而进行盲恢复时，点扩展函数不能精确估计所引入的误差进一步加剧了恢复问题的病态；另一方面，在高速飞行器飞行过程中，飞行环境和运动状况的不断变化对成像系统造成了很大影响，噪声干扰严重，偏移、抖动等不确定因素较多，使目标的恢复、定位趋向不稳定，解的空间无形中被扩大，难以求得稳定的解。

因此，在气动光学效应图像盲恢复中必须采用一定的手段以改善盲恢复问题的病态性，达到恢复的目的。正则化方法就是普遍用来解决病态问题的一种重要手段。

### 4.4.2 传统的正则化方法及其不足

通常，解决病态问题的方法并不是获得该问题的真实解，而是寻求真实解的具有可接受的物理意义的近似值，并且使得该近似解从计算角度看是充分稳定的。正则化的基本思想就是用与原问题相近的良态问题去逼近原来的病态问题的解。常见的方法有：

(1) 修改问题的解的概念。比如，将先验知识作为附加约束，把求解问题变为一个最小化问题；把求解问题变为一个迭代或滤波过程，在其过程中使用附加约束对解进行修改。

(2) 限制数据。如使用奇异值分解等方法抑制数据误差的影响；对解的高

频分量进行估计和截断;用非线性滤波和投影方法消除不合理数据。

(3) 修改解空间。如给解构造一个合理的限制,使它属于一个紧集。

重要的是,任何修改和限制必须符合物理问题的先验知识,反过来,也需要利用物理问题的先验知识施加约束,使解连续依赖于观测数据并具有物理意义。

在这些正则化方法中,使用最广泛、实际效果也比较好的是 Tikhonov 和 Miller 所提出的一套正则化方法,统称为 Tikhonov-Miller 正则化方法[19,20]。它的基本思想是在忠实于原图像数据的基础上尽可能地获得平滑的效果。他们认为:大部分图像都是相对平滑的,仅含有较少的高频分量,所获得的恢复结果也应该是充分光滑的,所以可以约束恢复图像中的高频分量来保证结果的光滑性,从而抑制噪声的放大。使用 $\Omega(\tilde{f}) = \| C \cdot \tilde{f} \|^2$ 作为衡量恢复图像是否光滑的标准,其中 $C$ 称为正则化算子(Regularization Operator),通常选取和二阶微分或差分有关的形式,一般为二维 Laplace 算子的形式。

那么,对光滑度的约束为

$$\Omega(\tilde{f}) \leqslant E^2, \quad \Omega(\tilde{f}) = \| C \cdot \tilde{f} \|^2 \tag{4.80}$$

同时恢复结果必须与观测数据相拟合,则有

$$\varphi(\tilde{f}) \leqslant \varepsilon^2, \quad \varphi(\tilde{f}) = \| g - \tilde{f} \otimes h \|^2 = \| n \|^2 \tag{4.81}$$

于是所求解的集合就是分别满足以上两个条件的容许解集的交集部分。正则化的过程就变为寻求同时满足上述两个条件的 $\tilde{f}$。这样,将以上两个约束条件结合起来,转化为约束最优化问题,用 Lagrange 乘子法来求解:

$$\tilde{f} = \underset{f}{\operatorname{argmin}} \left\{ \| g - f \otimes h \|^2 + \alpha \| C \cdot f \|^2 \right\} \tag{4.82}$$

其中 $\alpha$ 是 Lagrange 乘子(Lagrange Multiplier),这里称为正则化参数(Regularization Parameter),调节它可以对图像恢复中数据拟合和噪声抑制的矛盾进行权衡折中。

传统的正则化方法,如经典的 Tikhonov-Miller 正则化方法,往往对恢复问题的解施加平滑性限制,使得解趋向于一个平滑解。从正则化算子来看,这是由于它采用的是各向同性的线性算子,比如最常用的 Laplace 正则化算子就是一个各向同性的线性算子,对于位置$(i,j)$而言,很显然它的四个邻域对该位置像素的作用相同,平滑是无方向的。而实际上,解的平滑常常是不情愿的,因为实际图像总是有许多棱边和点构成的特征细节,对解的平滑意味着以牺牲部分高频信息为代价来获得整体效果较好的恢复结果，所以自然会丢失图像的细节信息，难以获得视觉特性好的恢复效果。此外，图像的特征细节常常难以和噪声区别开来。为克服这些困难，人们拓广了正则化的概念，对解不再强调平滑限制，而是引入其他符合物理事实的限制。为进一步提高恢复效果，可以用非平滑性的约束条件和空间自适应处理来改善正则化。此外，还可以从各向异性扩散的角度进行惩罚，寻求更合理的正则化形式。更一般地，在许多图像恢复中存在着关于原图像的一些先验条件，它们也许不能表示成正则化算子的形式，但可以用来缩小解的范围，如图像的非负性约束。

当问题的先验条件增加时，从理论上说，问题的病态程度随之有所下降，使用更多的约束条件或者使用更严格的约束条件会使得解集更小，但同时也会增加实现的复杂性，所以应该针对特定的恢复问题，设计合理的约束条件，或者说正则化的方式，以有效地改善恢复效果。

### 4.4.3 空间自适应总变分最小化盲恢复算法

1. 总变分最小化盲恢复算法

在图像恢复技术中，总变分最小化（Total Variation Minimization，TVM）是一种以保持图像细节为目标的正则化恢复方法。

Rudin 等人[21]观察到，受噪声污染的图像的总变分明显大于无噪图像的总变分。根据泛函分析理论，总变分定义为梯度幅值的积分：

$$J(f) = \int |\nabla f| \mathrm{d}x\mathrm{d}y = \int \sqrt{f_x^2 + f_y^2}\mathrm{d}x\mathrm{d}y \tag{4.83}$$

其中，$f_x = \dfrac{\partial f}{\partial x}$，$f_y = \dfrac{\partial f}{\partial y}$。因而，限制总变分可以限制噪声。而且，总变分的一个非常好的性质在于限制噪声的同时并不对问题的解强加一种平滑作用，这样，就可以在恢复过程中使解的非平滑边缘尤其是跳变边缘得以保持。

在此基础上，T. F.Chan 等人[31]提出了一种总变分最小化的盲恢复算法。他们采用总变分进行正则化得到如下的关于图像盲恢复的最优化问题[31]：

$$\begin{cases} \min\limits_{f,h} J(f,h) \\ J(f,h) = \dfrac{1}{2} \| h \otimes f - g \|^2 + \alpha_1 \int |\nabla f| \mathrm{d}x\mathrm{d}y + \alpha_2 \int |\nabla h| \mathrm{d}x\mathrm{d}y \end{cases} \tag{4.84}$$

其中，$\alpha_1$，$\alpha_2$ 为正则化参数。该问题的解存在于下面的联立偏微分方程中：

$$\begin{cases} \dfrac{\partial J}{\partial f} = h(-x,-y) \otimes (h \otimes f - g) - \alpha_1 \nabla \cdot \left(\dfrac{\nabla f}{|\nabla f|}\right) = 0 \\ \dfrac{\partial J}{\partial h} = f(-x,-y) \otimes (f \otimes h - g) - \alpha_2 \nabla \cdot \left(\dfrac{\nabla h}{|\nabla h|}\right) = 0 \end{cases} \tag{4.85}$$

式中$\nabla \cdot \{\ \}$表示求散度，定义为$\nabla \cdot \{f\} = \dfrac{\partial f_x}{\partial x} + \dfrac{\partial f_y}{\partial y}$。根据上面的数学模型，只要求出该问题的最优解，便可得到原图像的一个最优估计。

除此之外，该算法还对点扩展函数和图像施加了如下约束。

对点扩展函数：

$h(x,y) \geqslant 0$　（非负约束）

$h(x,y) = [h(x,y) + h(-x,-y)]/2$　（中心对称约束）

$\sum\limits_{x,y} h(x,y) = 1$　（归一化约束）

对图像：

$$f(x,y) \geqslant 0 \quad \text{（非负约束）}$$

总变分最小化盲恢复算法能在一定程度上保护和恢复图像的边缘，对于总变分所构造的正则化形式，极小化问题$\min\limits_f \int |\nabla f| \mathrm{d}x\mathrm{d}y$ 的解不要求一定为连续函数，而是倾向于用分片连续函数逼近原始目标函数，因而对于许多实际的恢复问题都得到了良好的应用。许多著作，不管是数值研究方面还是理论分析方面，都描述了图像 $f$ 是“块状”(Blocky)，即几乎分段光滑的情况下，该方法应用于图像恢复的优越性。

2. 空间自适应的 TVM 盲恢复算法

总变分最小化盲恢复算法由于其自身的优点而受到国内外学者的重视，但对于气动光学效应图像盲恢复这类问题而言，它存在如下缺点：

(1) 它用分片连续函数逼近目标函数，适合于近似分片光滑的图像，然而对于不满足此要求的图像，常使恢复结果出现阶梯效应(Staircase Effect)，即对于变化较缓的边缘，比如斜坡状边缘，恢复的效果呈阶梯状，也就是变成了分段常值区域，影响了视觉效果的进一步改善。

(2) 它过分依赖正则化参数，对图像的正则化不能随空间特征的变化自行调整。由于实际图像存在许多不同的边缘特征，所以对图像的正则化应以空间自适应方式实现，不同的空间特征所对应的正则化程度应有所不同。在需要保留小尺度特征细节的位置，期望相对小的正则化，在无特征细节的位置，期望较大的正则化，即在噪声抑制和特征细节的保留之间达到某种平衡，这种平衡由噪声及图像本身的梯度变化决定，随空间位置不同而不同。因此，有必要针对图像的这些特点设计具有空间自适应特性的正则化形式，以满足实际图像的恢复要求。

(3) 实际成像中，点扩展函数不可能分片光滑，更不可能是中心对称的。事实上，总变分最小化算法对于锐边缘的点扩展函数有较好的恢复效果，如散焦模糊、运动模糊等，而对于高斯模糊等既非分片光滑，边缘过渡又较缓的点扩展函数，则恢复效果较差，且收敛较慢。因此，针对此类恢复问题，对点扩展函数不应简单地采用总变分正则化形式，要根据其特点设计更合适的形式。

根据上述分析，我们提出具有空间自适应特性的总变分最小化盲恢复算法。

对于图像的正则化约束，目标和背景区域内的像素梯度值较小，灰度值较接近，应作较大程度的正则化，以平滑该部分区域、抑制噪声影响。而在强调区域内部均匀性的同时，还应注意到目标与背景分界处像素灰度值的差异，对这部分区域的正则化要有所削弱以保持梯度差异。因此，对图像的正则化应在局部梯度值的指引下进行，以实现空间自适应性。可通过最小化下列代价函数实现：

$$J(f) = \int \varphi_f(|\nabla f|)|\nabla f| \mathrm{d}x\mathrm{d}y \tag{4.86}$$

在关于 TVM 算法的分析中，我们看到它对图像的正则化过于依赖于参数，对不同空间区域的正则化过于单一，应根据空间位置上不同的梯度变化情况来调节正则化的力度，尽量减小对正则化参数的依赖性，使算法在性能改善的同时多些自适应性。$\varphi_f(\cdot)$就是一个可以起到调整作用的正则化函数，它的目的就是根据局部梯度值$|\nabla f|$的变化来调整正则化的力度，使平滑的作用“有的放矢”。根据上述分析，该函数要满足这些要求：对梯度较小的区域进行较大的平滑，梯度较大的区域进行较小的平滑或不作平滑。因而选择了如下函数形式[22]：

$$\varphi_f(t) = \frac{1}{1 + t^2} \tag{4.87}$$

它控制正则化力度的示意如图 4.43 所示。

由图 4.43，注意到 $\varphi_f(\cdot)$的取值在[0,1]之间，我们可以比较清楚地了解

到正则化的空间自适应特性：对于梯度较小的位置，$\varphi_f(|\nabla f|)$较大，要使代价函数极小，就必须使总变分最小，因而总变分正则化的程度较强；反之，对于梯度较大的位置，$\varphi_f(|\nabla f|)$较小，相对的总变分正则化的程度就削弱了。这样，正则化的强弱就根据局部梯度值来调整，具有一定的空间自适应能力。

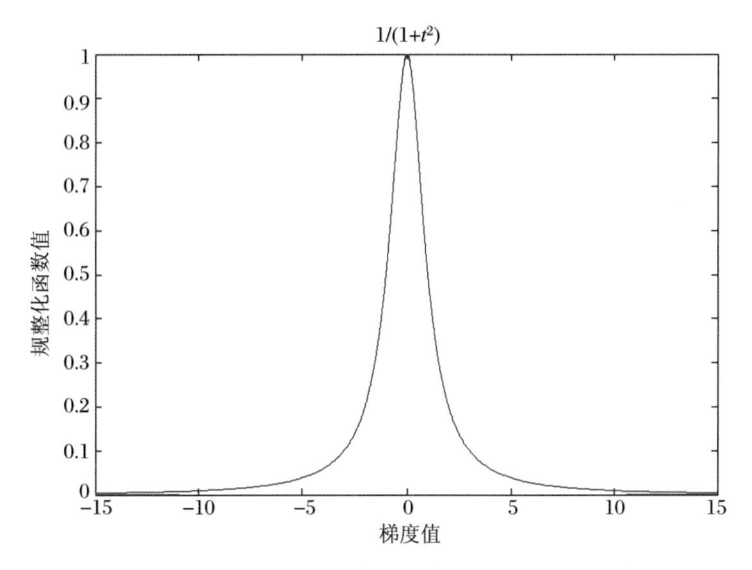


图 4.43　对图像的正则化进行空间自适应控制示意

对于点扩展函数的正则化约束，由气动光学效应退化点扩展函数的先验知识可知，它的梯度变化主要体现在整体的衰减性上，对于局部的像素而言，空间相关性较强，相邻像素之间过渡很缓慢。这时，就不能使用对图像所用的函数形式，而应选用变化更缓慢一些的函数[32]。这里，选用如下形式[32]：

$$\varphi_h(t) = \exp(-2t^2) \tag{4.88}$$

相应的代价函数如下：

$$J(h) = \int \varphi_h(|\nabla h|)|\nabla h| \mathrm{d}x\mathrm{d}y \tag{4.89}$$

对比上述三种情形的正则化函数形式的空间自适应性，如图 4.44 所示。

由图 4.44 易知，原来的总变分函数形式对空间中的不同梯度采用相同力度进行正则化，难免抹杀一些细节，而空间自适应正则化函数针对 $f$ 和 $h$ 各自的特点采取了不同的形式，对 $h$ 的正则化力度的控制应过渡平缓些，保持其平滑性，对 $f$ 的正则化力度的控制应该过渡快些，以保持相对较陡的边缘。

在此基础之上，可以得到关于图像盲恢复的新的代价函数：

$$\begin{cases}\min\limits_{f,h} J(f,h) \\ J(f,h) = \| h \otimes f - g \|^2 + \alpha_1 \int \varphi_f(|\nabla f|)|\nabla f| \mathrm{d}x\mathrm{d}y \\ \qquad + \alpha_2 \int \varphi_h(|\nabla h|)|\nabla h| \mathrm{d}x\mathrm{d}y \end{cases} \tag{4.90}$$

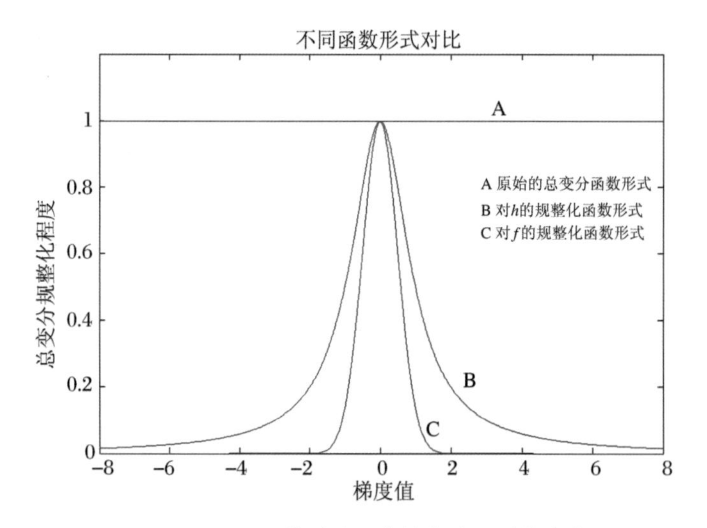


图 4.44 不同函数形式下的总变分正则化力度

### 4.4.4 算法的数值实现

1. 基本的实现策略

基于上面的数学模型，只要求出最优化问题的全局最优解，便可得到原图像的一个最优估计。我们采用交替最小化（Alternating Minimization）策略来求解，即

$$\begin{cases}\min\limits_{f} \dfrac{\partial J(f,h)}{\partial f} \\ \min\limits_{h} \dfrac{\partial J(f,h)}{\partial h}\end{cases} \tag{4.91}$$

将 $J(f,h)$ 分别对 $f$ 和 $h$ 作变分，或者说计算 $\dfrac{\partial J(f,h)}{\partial f}$ 和 $\dfrac{\partial J(f,h)}{\partial h}$ 并令其为零，得到 Euler-Lagrange 方程组：

$$\begin{cases} h(-x,-y)\otimes h(x,y)\otimes f-h(-x,-y)\otimes g \\ \quad -\alpha_1\nabla\cdot\left\{\dfrac{\varphi'_f(|\nabla f|)|\nabla f|+\varphi_f(|\nabla f|)}{|\nabla f|}\nabla f\right\}=0 \\ f(-x,-y)\otimes f(x,y)\otimes h-f(-x,-y)\otimes g \\ \quad -\alpha_2\nabla\cdot\left\{\dfrac{\varphi'_h(|\nabla h|)|\nabla h|+\varphi_h(|\nabla h|)}{|\nabla h|}\nabla h\right\}=0 \end{cases} \tag{4.92}$$

这样，最优化问题就变成了偏微分方程的求解，它的解决关键在于方程离散形式的构造和所采用的计算策略。为了表述方便，采用矩阵—向量形式来表示上述方程组：

$$\begin{cases} H^{\mathrm{T}}H\vec{f}-\alpha_1\nabla\cdot\left\{\dfrac{\varphi'_f(|\nabla f|)|\nabla f|+\varphi_f(|\nabla f|)}{|\nabla f|}\nabla f\right\}=H^{\mathrm{T}}\vec{g} \\ F^{\mathrm{T}}F\vec{h}-\alpha_2\nabla\cdot\left\{\dfrac{\varphi'_h(|\nabla h|)|\nabla h|+\varphi_h(|\nabla h|)}{|\nabla h|}\nabla h\right\}=F^{\mathrm{T}}\vec{g} \end{cases} \tag{4.93}$$

$F$ 和 $H$ 分别表示由 $f$ 和 $h$ 形成的卷积核矩阵。设 $L_f(u)$是一个采用 $\varphi_f(\cdot)$函数形式的偏微分算子，它作用于函数 $w$，定义为

$$L_f(u)w=-\nabla\cdot\left\{\frac{\varphi'_f(|\nabla u|)|\nabla u|+\varphi_f(|\nabla u|)}{|\nabla u|}\nabla w\right\} \tag{4.94}$$

类似地，采用 $\varphi_h(\cdot)$函数形式的偏微分算子定义为 $L_h(u)$，它作用于函数 $w$ 的形式同上。这样，方程组转换为如下标准形式：

$$\begin{cases} [H^{\mathrm{T}}-H+\alpha_1L_f(\vec{f})]\vec{f}=H^{\mathrm{T}}\vec{g} \\ [F^{\mathrm{T}}-F+\alpha_2L_h(\vec{h})]\vec{h}=F^{\mathrm{T}}\vec{g} \end{cases} \tag{4.95}$$

问题的求解变成交替地求解上述方程组中的两个方程，直至得到稳定解。

显然，由于偏微分算子部分的存在，方程为非线性方程，难以直接求解。借鉴 Vogel 等人[23]的滞后扩散定点迭代（FP）策略（Lagged Diffusivity Fixed Point Iteration）来解决这个问题。以 $f$ 为例，在固定 $h$ 的基础之上，对当前所要求解的变量 $f$，将其方程线性化，转换为一个线性方程进行求解，这称为一次FP迭代；线性化的思路很简单，对于偏微分算子部分 $L_f(\vec{f})$，用上一次FP迭代的结果来使其确定化，这样，对每一次方程的求解而言，该部分都是确定的，方程变成一个纯粹的线性方程。对 $h$ 的处理类似。具体实现如下：

(1) 已知 $h$，求解 $f^n$（在第 $i$ 次FP迭代的基础上）：

$$[H^{\mathrm{T}}-H+\alpha_1L_f(\vec{f}_i^n)]\vec{f}_{i+1}^n=H^{\mathrm{T}}\vec{g} \tag{4.96}$$

这样问题就转化为在每一次 FP 迭代中求解一个线性的矩阵方程：

$$\begin{cases} A_{f_i} = H^{\mathrm{T}} - H + \alpha_1 L_f(\vec{f}_i) \\ A_{f_i}\vec{f}_{i+1} = H^{\mathrm{T}} - \vec{g} \end{cases} \tag{4.97}$$

求解上述方程可以采用共轭梯度法(Conjugate Gradient Method,CG)。

(2) 已知 $f$,求解 $h^n$(在第 $i$ 次 FP 迭代的基础上)：

$$[F^{\mathrm{T}} - F + \alpha_2 L_h(\vec{h}_i^n)]\vec{h}_{i+1}^n = F^{\mathrm{T}}\vec{g} \tag{4.98}$$

这样问题就转化为在每一次 FP 迭代中求解一个线性的矩阵方程：

$$\begin{cases} A_{h_i} = F^{\mathrm{T}} - F + \alpha_2 L_h(\vec{h}_i) \\ A_{h_i}\vec{h}_{i+1} = F^{\mathrm{T}}\vec{g} \end{cases} \tag{4.99}$$

同样,可采用共轭梯度法(CG)求解上述方程。

算法的层次结构如图 4.45 所示。

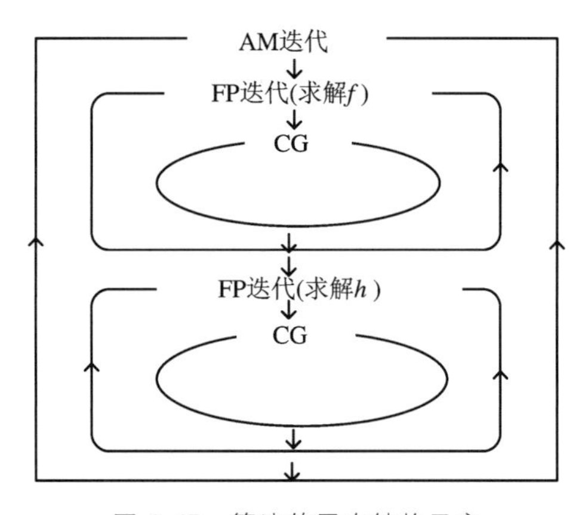


图 4.45 算法的层次结构示意

利用卷积定理和矩阵构造技巧,可以使用 FFT 技术来有效地实施共轭梯度法,而无需在求解矩阵方程的过程中生成和存储大尺寸的矩阵。

2. 算法流程图

算法流程图如图 4.46 所示。

3. 算法实现的基本步骤

根据算法的基本原理,它的实现主要由 3 个循环组成。

第一重循环,称为 AM 迭代,循环次数一般为 2～5 次;它的第 $n$ 次迭代先求解 $f^n$ 再求解 $h^n$,采用上次循环的结果 $f^{n-1}$、$h^{n-1}$作为初始估计。

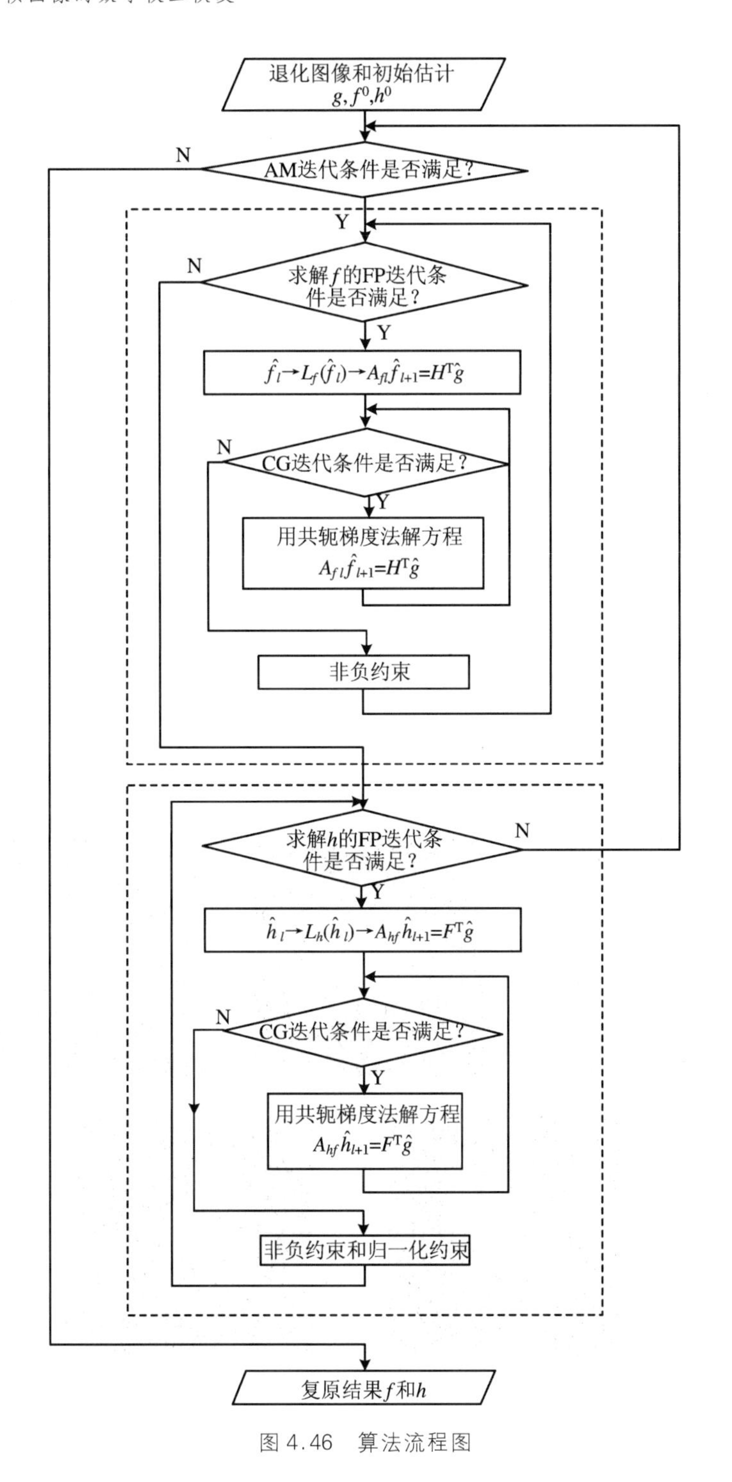


图4.46　算法流程图

第二重循环，称为FP迭代，循环次数为2～10次，分别以 $\| f_{i+1}^{n} - f_{i}^{n} \| \leqslant \varepsilon$

及 $\| h_{i+1}^{n} - h_{i}^{n} \| \leqslant \varepsilon$ 作为迭代停止条件，$\varepsilon$ 是一个很小的正数，一般取 $\varepsilon = 1.0 \times 10^{-5}$；它的第 $i+1$ 次循环用上次循环的结果 $f_i^n$、$h_i^n$ 构造偏微分算子 $L_f(f_i)$ 和 $L_h(h_i)$，将非线性的偏微分方程线性化，为其内层的第三重循环作准备。

第三重循环，是在每次 FP 迭代中求解一个系数矩阵确知的线性方程，它以相对残差(Relative Residual)作为迭代停止条件，迭代次数不大于 100。

### 4.4.5 实验结果

根据上面的算法设计，我们进行了一系列图像恢复实验以验证算法的可行性、抗噪性和稳健性。

1. 仿真退化图像的恢复测试

第一组恢复实验以海事卫星图像(图 4.47(a))为原始图像，采用气动光学效应计算机仿真软件(参考文献[35,36])来模拟生成退化图像图 4.47(b)，图 4.47(c)是对应的点扩展函数。用本节算法获得的恢复图像如图 4.47(d)所示，而图 4.47(e)是估计出来的点扩展函数。从结果可知，算法的去模糊能力较强，对图像和点扩展函数的细节保持较好。

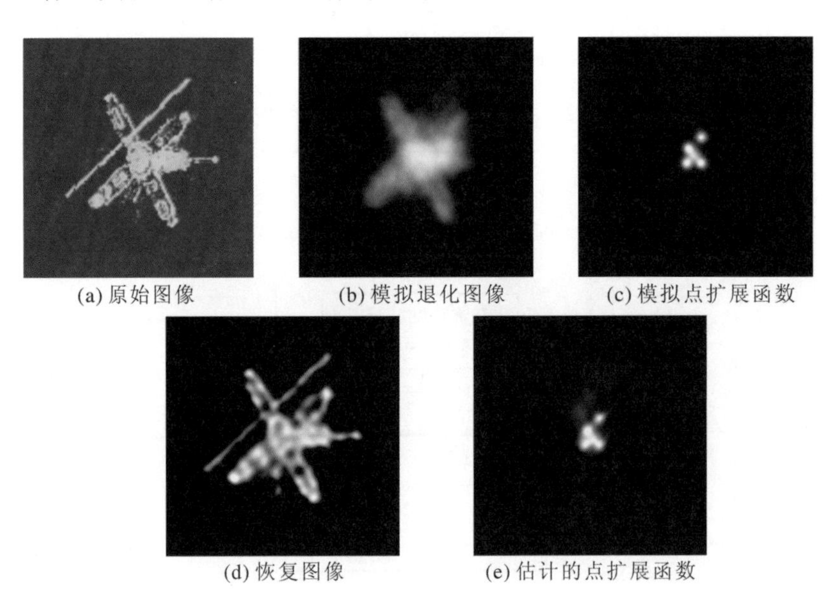
(a) 原始图像　(b) 模拟退化图像　(c) 模拟点扩展函数
(d) 恢复图像　(e) 估计的点扩展函数

图 4.47　恢复实验 1

第二组恢复实验以图 4.48(a)为原始图像，在更低的信噪比(25 dB)下进行恢复。实验结果表明该算法具有一定的抗噪性。

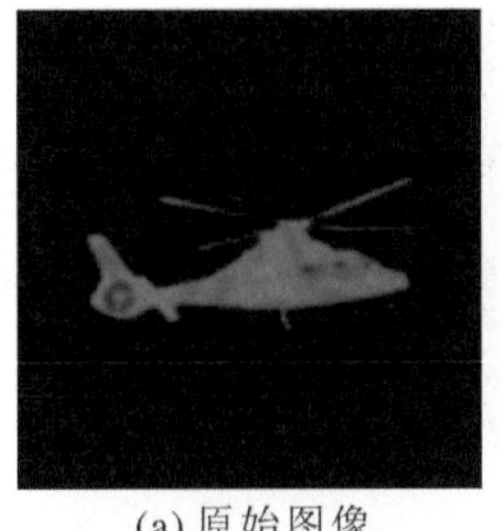
(a) 原始图像

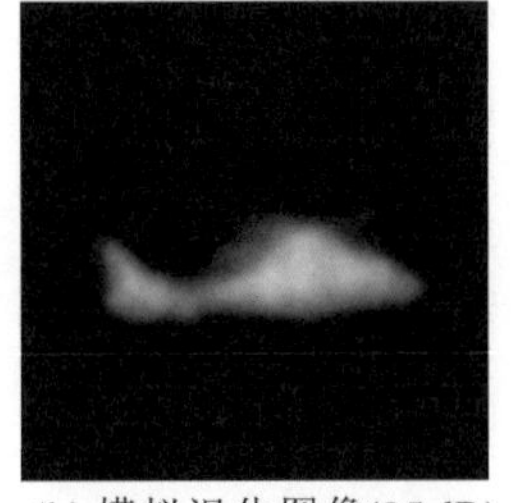
(b) 模拟退化图像(25 dB)

(c) 恢复图像

图4.48 恢复实验2

2. 算法恢复效果对比测试

下面给出几组对比实验结果,验证本节所提出的算法相对于TVM算法的优越性,并用归一化均方误差 *NMSE* 来进行量化评价[32],它的定义如下:

$$NMSE = 100 \times \frac{\sqrt{\sum_x \sum_y [f(x,y) - \hat{f}(x,y)]^2}}{\sum_x \sum_y f(x,y)} \tag{4.100}$$

第一组实验以桥梁图像(图4.49)为原始目标图像。图4.50(a)为随机生成的退化图像,信噪比为30 dB。TVM算法的恢复效果如图4.50(b)所示,而图4.50(c)是本节算法的恢复结果。由图可见,改善的效果还是很明显的。为进一步考察算法的抗噪极限,对低信噪比下的图像进行了恢复实验。图4.51(a)是10 dB条件下的退化图像,图4.51(b)是TVM恢复结果,图4.51(c)是本节算法的恢复结果。图4.52是不同信噪比条件下的恢复效果以量化评价形式给出的对比结果。

图4.49 原始图像

(a) 模拟退化图像

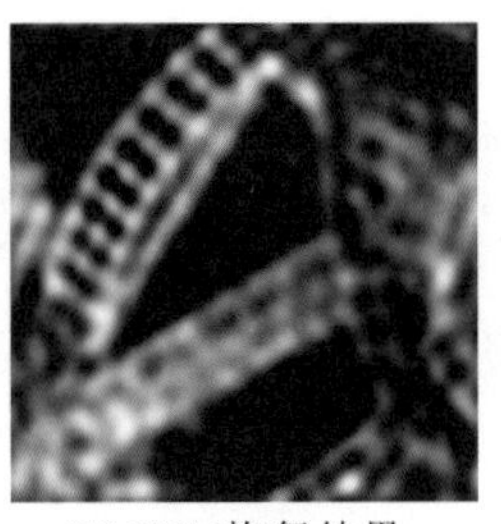
(b) TVM恢复结果

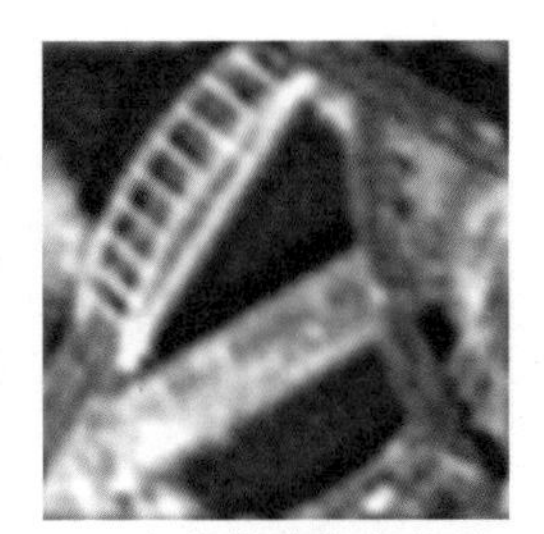
(c) 本节算法恢复结果

图4.50 对比实验(*SNR* = 30 dB)

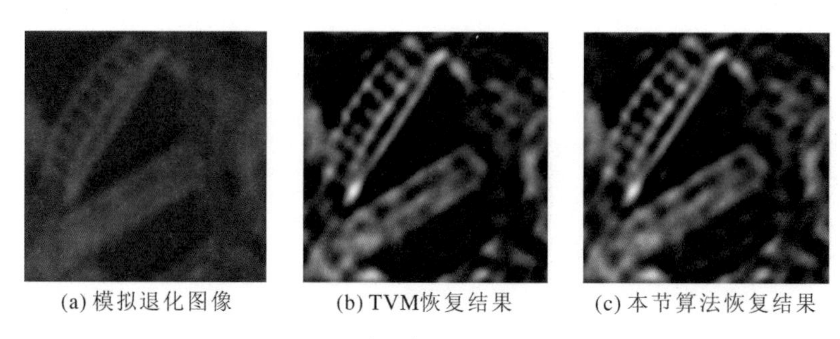

(a) 模拟退化图像 (b) TVM恢复结果 (c) 本节算法恢复结果

图 4.51 对比实验($SNR=20$ dB)

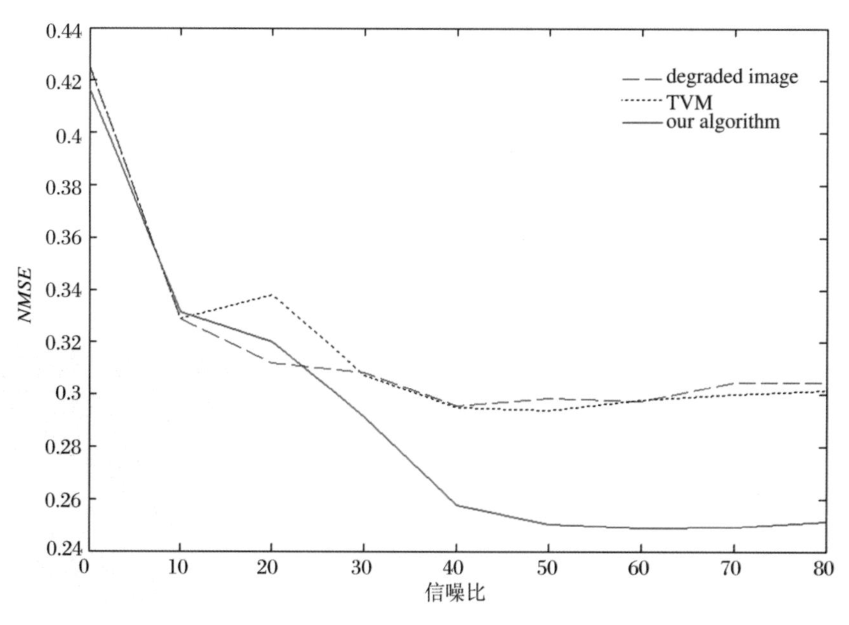


图 4.52 不同信噪比条件下恢复效果的量化评价对比 1

第二组实验以红外小目标图像(图 4.53)为原始目标图像。随机生成退化图像(图 4.54(a))。由 TVM 算法的恢复效果(图 4.54(b))和本节所提出的算法恢复的效果(图 4.54(c))对比可以看出,我们的算法对目标和背景的特征把握更准确,目标和背景由于气动流场的干扰而抹杀了的差别得到了较好的恢复。为测试算法的抗噪性,进一步考察了较低信噪比下的恢复效果。图 4.55(a)是 20 dB 下的退化图像,图 4.55(b)是 TVM 恢复效果,本节算法的恢复结果如图 4.55(c)所示。而图 4.56 是该组实验在不同信噪

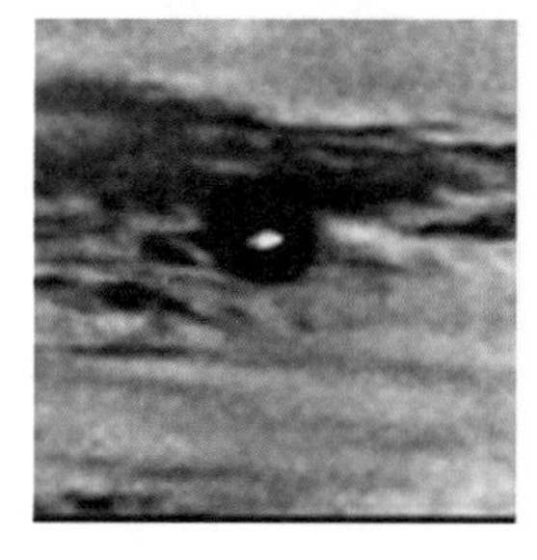

图 4.53 原始图像

比条件下的量化评价对比结果，可见，噪声对复杂背景图像恢复的影响更为严重。

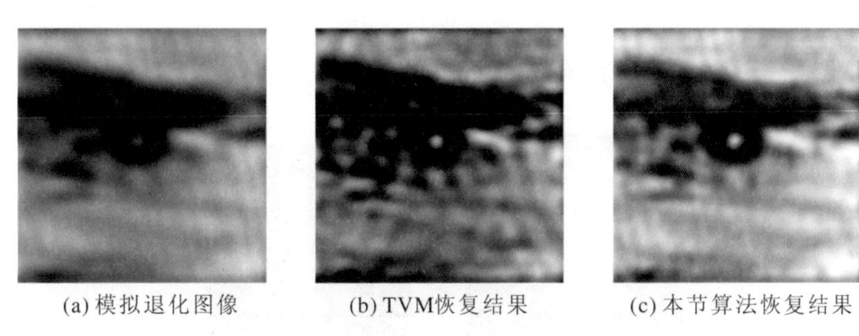


图 4.54　对比实验（$SNR$ = 30 dB）

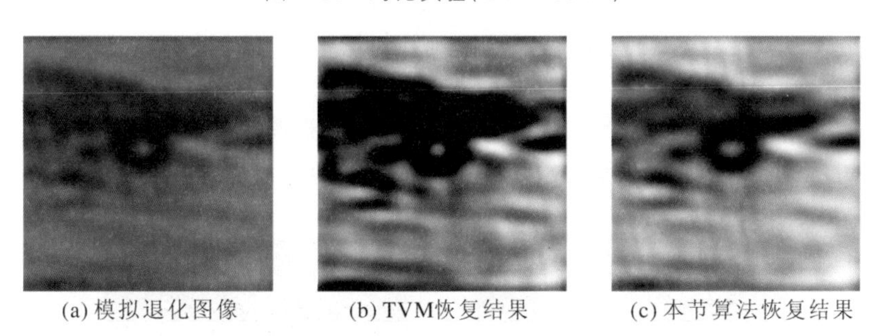


图 4.55　对比实验（$SNR$ = 20 dB）

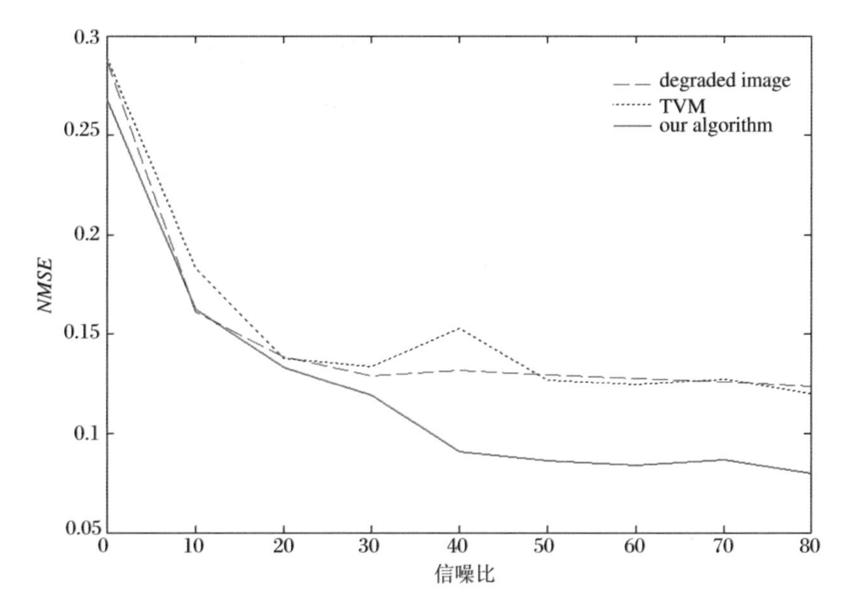


图 4.56　不同信噪比条件下恢复效果的量化评价对比 2

3. 实际退化图像的恢复

我们还用风洞实验得到的实际退化图像来对算法进行了验证。

第一组实验中，图 4.57(a)是实际退化图像，图 4.57(b)是本节算法的恢复结果。可见去模糊效果较为明显。

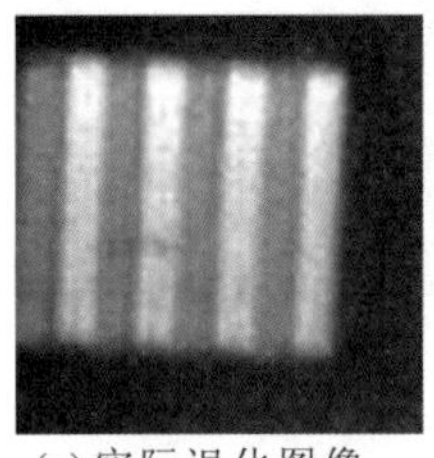
(a) 实际退化图像

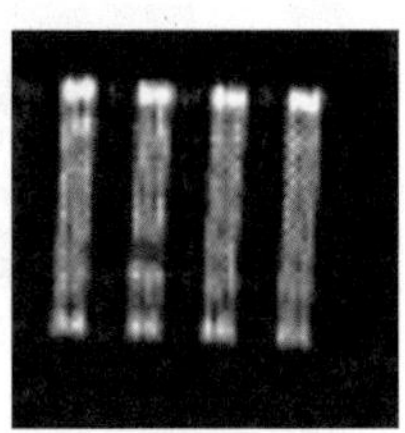
(b) 恢复结果

图 4.57 实际退化图像恢复测试 1

第二组实验中，图 4.58(a)是退化图像，恢复结果如图 4.58(b)所示。可见对目标边缘的恢复较为明显。

(a) 实际退化图像

(b) 恢复结果

图 4.58 实际退化图像恢复测试 2

### 4.4.6 小结

本节主要研究了采用具有空间自适应特性的正则化算法对气动光学效应图像进行盲恢复。在借鉴国内外学者已有的研究成果之上，针对气动光学效应图像的一些特点，对总变分最小化恢复算法进行了改进，以适应新的应用需要。在正则化的空间自适应实现上做了较深入的研究，并初步探讨了此类算法与其他算法的有机结合，以求取得更大的改进。结合仿真退化图像和实际退化图像进行了一系列恢复实验，验证了该算法的有效性。

在今后的研究工作中，还应进一步改善算法参数选择的自适应性，减小参数数量，同时深入研究能更有效地实现该类算法的数值策略，以提高算法的执行效率。

## 4.5　双重正则化极大似然估计恢复校正算法

从统计角度看，通过探测器探测和转换得到的观测图像是一个随机过程，而物体的发光也可认为是一个随机过程。因此原始目标物体与其所成像满足一定的统计规律，强度按一定统计特性分布，可用随机场来建立模型。图像的随机场模型为按照极大似然准则来估计图像提供了可能，利用它可以把图像的盲恢复问题转换为极大似然估计问题。采用极大似然估计方法进行恢复，就是寻找最适合的参数来最大化基于图像概率分布模型构造的似然函数。它的优点在于：是一种建立在真实物理特征上的优化方法，容易引入先验知识扩展成带约束或惩罚项的有效算法，并且有较多的数学方法来进行处理和实现。由于气动光学效应图像盲恢复所能得到的先验知识很有限，对信噪比较低的图像难以取得较理想的恢复效果，因此引入正则化约束，有效地利用先验知识并抑制噪声，就显得非常必要，而极大似然估计方法恰恰具备这些优势。

为此，本节对带正则化约束的极大似然估计盲恢复算法进行了研究，提出了一种基于双重正则化的气动光学效应退化图像盲恢复算法。通过合理建立针对红外图像的气动光学效应退化模型，根据极大似然准则设计恢复算法。由于气动光学效应条件下点扩展函数是随机变化的，而且红外成像中引入的噪声对恢复效果，尤其是图像细节的恢复影响极大，为此，算法对原有的单一正则化方法进行了扩展，采用双重正则化的策略，将其分为两个各有侧重点的层次，即对噪声的抑制和含噪条件下图像细节的保持，根据有限的先验知识对估计过程进行正则化，将恢复问题转化为带正则化约束的最优估计问题。在微机上进行了一系列恢复实验，并给出了一些对比结果，证实了该算法的有效性。

### 4.5.1　算法原理

由于成像过程满足一定的统计规律，根据 Bayes 分析理论，在已知观测图

像 $g$ 的条件下,原始图像 $f$ 的概率可写为

$$P[f \mid g] = \frac{P[g \mid f]P[f]}{P[g]} \tag{4.101}$$

由极大似然准则,如果只考虑条件概率,假设 $\tilde{f}$ 是条件概率取最大值时的 $f$,则它是 $f$ 的极大似然估计。此时对应的最优化问题为

$$\max_{f}\{P[g \mid f]\} \tag{4.102}$$

而对于图像盲恢复问题,情况更为复杂,相应的最优化问题为

$$\max_{f,h}\{P[g \mid f,h]\} \tag{4.103}$$

为此,须对图像建立合理的统计模型以采用极大似然方法解决图像盲恢复问题。

1. 图像的统计建模

图像的统计建模是用某种概率统计模型来表达图像的特征或基本属性。

针对气动光学效应图像恢复问题,为图像建立合适的统计模型具有重要的意义。首先,图像恢复是一个病态问题,合理的统计模型可以为病态问题的正则化提供先验知识或约束。其次,模型所提供的数学特征信息使得对目标图像和点扩展函数的估计容易把握。图像和噪声在统计特征上的差异也有利于拟定适当的算法在恢复图像时更好地抑制噪声。适当的模型还可以对恢复过程进行局部控制以更好地恢复和保存图像中的棱边和细节。

把图像看作一个随机场,用一个概率分布函数来描述,就称之为图像的概率分布模型,它是采用极大似然估计方法等统计优化方法进行图像盲恢复的基础。通常对图像所采用的概率分布模型有 Gauss、Poisson 和 Markov 随机场模型[26]。

2. 基于红外成像特性的退化图像概率分布模型

以图像退化过程的数学模型为基础,关于气动光学效应的图像退化模型的像元强度形式可表示为

$$g_{i,j} = \underbrace{\sum_{m=0}^{N-1}\sum_{n=0}^{N-1} h_{i-m,j-n} f_{m,n}}_{\text{确定性部分}} + \underbrace{n_{i,j}}_{\text{随机性部分}}, \quad i,j \in \{x \mid x \in [0,1,\cdots,N-1]\} \tag{4.104}$$

我们把图像退化分为两部分,即确定性部分和随机性部分,确定性部分指由点扩展函数与原始目标图像相互作用所得到的部分,记为 $\hat{g}_{i,j} =$

$\sum_{m=0}^{N-1}\sum_{n=0}^{N-1} h_{i-m,j-n} f_{m,n}$，而随机性部分则主要体现在噪声所造成的退化上，它的最终结果为 $g_{i,j}$。

为了达到图像恢复的更好效果，希望图像的统计模型能更精确地反映成像机理，或者说模型可以从成像机理上得到直接的物理解释。关于红外成像有如下共知的先验知识：

(1) 红外图像的像素之间具有良好的相关性，灰度变化相对较缓慢，灰度均值相对较稳定，梯度变化不大；低频信息较多，相对的高频信息较少。

(2) 成像过程中引入的噪声在空间分布上是非平稳的，与图像的灰度值相关。对单帧图像而言，局部区域中的噪声可近似认为是空间平稳的 Gauss 噪声过程，它在像素点 $(i,j)$ 处的方差 $\sigma_{i,j}^2$ 满足线性关系：

$$\sigma_{i,j}^2 = \bar{I}_{i,j} \tag{4.105}$$

$\bar{I}_{i,j}$ 是像素点 $(i,j)$ 处的局部灰度均值，指的是图像平面上以 $(i,j)$ 为中心的某一窗口区域(如 $5\times5$，$8\times8$)内像素的灰度均值。由于 Gauss 噪声的均值可从信号中测量和消除，故采用方差为 $\sigma_{i,j}^2$、均值为 0 的 Gauss 概率密度函数进行描述，即

$$P[n_{i,j}] \sim N(0,\sigma_{i,j}^2) \sim N(0,\bar{I}_{i,j}) \tag{4.106}$$

因而，从统计理论的角度出发，红外成像条件下的退化图像可用具有 Gauss 分布特性的随机场来建立统计模型。考虑给定 $f,h$ 的条件下，退化图像的概率分布模型。既然 $f,h$ 给定，如果没有噪声，退化图像应该是 $\hat{g}=f\otimes h$，即退化图像的确定性部分；由于有噪声，观测到的退化图像 $g$ 是一个随机场，可以认为该随机场的均值为 $\hat{g}=f\otimes h$。这样，给定 $f,h$ 条件下的 $g$ 分布正好是 $P[g-\hat{g}]=P[n]$，即退化图像的条件概率密度分布函数为

$$\begin{aligned} P[g_{i,j} \mid f,h] &= P[g_{i,j} = \hat{g}_{i,j} + n_{i,j}] \\ &= P[n_{i,j} = g_{i,j} - \hat{g}_{i,j}] \\ &= \exp\left\{-\frac{(g_{i,j}-\hat{g}_{i,j})^2}{2\sigma_{i,j}^2}\right\} \\ &= \exp\left\{-\frac{(g_{i,j}-\hat{g}_{i,j})^2}{2\bar{I}_{i,j}}\right\} \end{aligned} \tag{4.107}$$

由于红外图像灰度均值相对较稳定，为降低算法的复杂性，像素点 $(i,j)$ 处的局部灰度均值由确定性部分的灰度值来近似，即 $\bar{I}_{i,j}\approx\hat{g}_{i,j}$。这样，上式变为

$$P[g_{i,j} \mid f,h] = \exp\left\{-\frac{(g_{i,j}-\hat{g}_{i,j})^2}{2\hat{g}_{i,j}}\right\} \tag{4.108}$$

设各像元相互独立[47]，则整个退化图像的概率分布似然函数可表示如下：

$$P(g \mid f,h) = \prod_{i,j} P(g_{i,j} \mid f,h) = \prod_{i,j} \exp\left\{-\frac{(g_{i,j}-\hat{g}_{i,j})^2}{2\hat{g}_{i,j}}\right\} \tag{4.109}$$

3. 极大似然估计准则下的盲恢复

这样，建立了关于退化图像的概率分布模型，根据极大似然准则，可通过最大化对数似然函数 $L(f,h)$ 来估计图像 $f$ 和点扩展函数 $h$，即

$$\begin{cases} \max\limits_{f,h} L(f,h) \\ L(f,h) = \ln P(g \mid f,h) = -\sum\limits_{i,j} \dfrac{(g_{i,j}-\hat{g}_{i,j})^2}{2\hat{g}_{i,j}} \end{cases} \tag{4.110}$$

采用极大似然估计方法进行盲恢复就是通过交替估计的方式逐步寻找图像和点扩展函数的最优值，即寻找 $\tilde{f}$ 和 $\tilde{h}$ 满足 $L(\tilde{f},\tilde{h}) \geqslant L(f,h)$，使对数似然函数实现最大化。

4. 基于双重正则化的盲恢复

(1) 引入正则化方法的必要性

图像盲恢复问题的求解本身是一个病态问题。

对于气动光学效应退化图像的盲恢复，病态问题更为突出。一方面，由于来自气动流场的干扰高度随机变化，先验知识很少，虽然根据成像机理建立统计模型为问题的求解提供了有效的约束，但解空间仍然较大；另一方面，由于噪声的干扰，最大化似然函数所得到的解常常是不唯一的，直接进行迭代估计，很可能得不到最优解，尤其在信噪比较低时容易陷入局部不良解甚至得出错误解。

因此，有必要引入正则化方法，在估计过程中融合相关的符合物理事实的限制或约束，缩小解空间，抑制噪声所带来的干扰，使估计结果尽可能地逼近最优解。

(2) 双重正则化盲恢复策略

分析图像退化模型(4.104)式可知，退化因素可分为两个方面：一方面是气动流场的干扰造成的成像模糊或抖动，以退化图像的确定性部分 $\hat{g}$ 表示；另一方面是随机性部分即噪声所带来的进一步干扰，这里，可以认为它所直接作用的是受气动流场干扰后的部分，即确定性部分 $\hat{g}_{i,j}$。这两个方面的干扰都很强，而盲恢复算法应用时受噪声影响，其恢复性能随信噪比的降低而下降尤为显著。

因此，对盲恢复问题的正则化应充分考虑这些因素，着眼于两个方面：一是抑制噪声对确定性部分 $\hat{g}_{i,j}$ 的影响，在恢复过程中降低噪声的干扰；二是引入更多关于气动流场干扰的先验知识，对点扩展函数 $h$ 施加适当约束以缩小解空间。

由此观点出发，采用双重正则化的策略来进行盲恢复：一方面，着重对确定性部分 $\hat{g}_{i,j}$ 进行正则化，尽可能地抑制噪声的影响，即构造代价函数 $J(\hat{g})$，通过在恢复过程中对其最小化来施加约束，可以说，这部分的正则化将噪声抑制与数据恢复结合在了一起；另一方面，结合关于气动光学效应点扩展函数的先验知识对解进行约束，即构造代价函数 $J(h)$，在恢复过程中尽可能地保持相关细节。

采用双重正则化的盲恢复问题可以表示为如下约束组合的优化估计问题：使 $f,h$ 同时满足

$$\begin{cases}\min\{-L(f,h)\}\\ \min\{J(\hat{g})\}\\ \min\{J(h)\}\end{cases}\tag{4.111}$$

这样，根据最优化理论[39]，上述问题可以转换为如下的无约束最优估计问题：

$$\begin{cases}\min J(f,h)\\ J(f,h)=-L(f,h)+\gamma J(\hat{g})+\alpha J(h)\end{cases}\tag{4.112}$$

式中，原先的代价函数 $J(\hat{g})$，$J(h)$分别转化为总的代价函数 $J(f,h)$中的正则化约束项，$\gamma$，$\alpha$ 分别为$J(\hat{g})$，$J(h)$的正则化参数。

此时盲恢复问题的解空间示意图如图 4.59 所示。

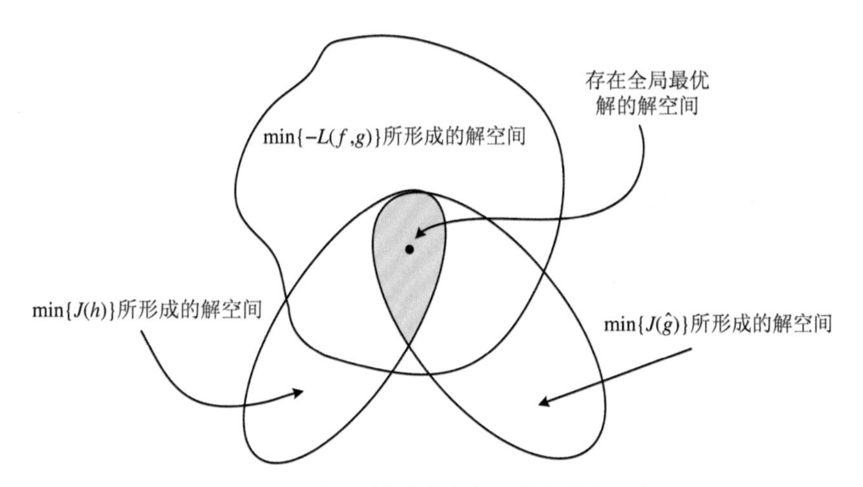


图 4.59　双重正则化盲恢复问题的解空间示意图

(3) 关于确定性部分的正则化约束项

对确定性部分 $\hat{g}_{i,j}$ 的“抑噪”正则化，关键是较好地抑制噪声，并且不对解强加一种平滑作用，尽量保持受噪声污染前的原貌。关于 $\hat{g}_{i,j}$ 的正则化项可表示为

$$J(\hat{g}) = \int |\nabla \hat{g}| \mathrm{d}x\mathrm{d}y = \sum_{i,j} \sqrt{(\hat{g}_{i,j}^x)^2 + (\hat{g}_{i,j}^y)^2} \tag{4.113}$$

其中，$\nabla \hat{g}$ 是 $\hat{g}$ 的梯度，$|\nabla \cdot|$ 则表示对梯度求幅值，而 $\hat{g}_{i,j}^x = \hat{g}_{i,j+1} - \hat{g}_{i,j}$，$\hat{g}_{i,j}^y = \hat{g}_{i+1,j} - \hat{g}_{i,j}$。

(4) 关于点扩展函数 $h$ 的正则化约束项

由归纳可知，气动光学效应退化点扩展函数具有如下特性[38]：

① 衰减性，即点扩展函数的能量集中在较小的范围内，在峰值附近很快地衰减下来，并光滑地过渡到零值。

② 复杂多峰性，即局部会有一定程度的梯度变化，除整体有一峰值外，还有一些小峰状起伏。

③ 空间相关性或平滑性，即数值间的变化相对较连续。

根据这些先验知识，构造如下的正则化项对点扩展函数的估计进行约束：

$$J(h) = \sum_{i,j} \varphi(|\nabla h_{i,j}|) |Ch_{i,j}|^2 \tag{4.114}$$

这里，$\nabla h_{i,j}$ 为像元 $h_{i,j}$ 的梯度值，可以写为 $(\nabla h_{i,j})^x = h_{i,j+1} - h_{i,j}$，$(\nabla h_{i,j})^y = h_{i+1,j} - h_{i,j}$；$C$ 为 Laplace 算子，对 $|Ch_{i,j}|^2$ 极小化对解起到平滑的作用；$\varphi(\cdot)$ 为非线性正则化函数，它需要根据点扩展函数的先验知识，基于正则化理论和泛函分析理论来确定其形式，目的是使点扩展函数的估计值更好地符合上述特性要求，同时能稳定求解，不对噪声过分放大。具体地说，该函数应满足如下要求[38,40,41]：

① 由于点扩展函数的空间平滑性，在 $|\nabla h|$ 很小处应有较大平滑，以抑制噪声。

② 由于点扩展函数的衰减性和复杂多峰性，需要在估计过程中保持它的梯度差异，即在 $|\nabla h|$ 较大的地方，梯度方向上不作平滑或作较小的平滑，而在与梯度正交的方向上仍进行一定程度的平滑。

满足这些要求的正则化项将以局部梯度值来指导对解的平滑过程，因而具有一定的局部适应性。同时，由机理研究可知，气动光学效应退化点扩展函数具有类高斯和艾利斑状的特征。这样，我们选择了类高斯型的正则化函数

形式：

$$\varphi(x) = \exp(-\frac{x^2}{K}), \quad K > 0 \tag{4.115}$$

$K$ 为平滑控制系数，应根据点扩展函数的先验知识如衰减程度来确定，衰减越快的取得越小些以保护大梯度，反之可取大些[32]。

### 4.5.2 算法的实现

算法的计算过程集中在求解最优化问题式(4.111)，采用交替迭代估计的策略[39]来实现，即令

$$\begin{cases} \dfrac{\partial J(f,h)}{\partial f} = \dfrac{\partial}{\partial f}\{-L(f,h)\} + \gamma\dfrac{\partial}{\partial f}\{J(\hat{g})\} \to 0 \\ \dfrac{\partial J(f,h)}{\partial h} = \dfrac{\partial}{\partial h}\{-L(f,h)\} + \gamma\dfrac{\partial}{\partial h}\{J(\hat{g})\} + \alpha\dfrac{\partial}{\partial h}\{J(h)\} \to 0 \end{cases} \tag{4.116}$$

其中

$$\frac{\partial}{\partial f_{i,j}}\{-L(f,h)\} = \sum_m\sum_n\left(\frac{g_{m,n}}{\hat{g}_{m,n}}\right)^2 h_{m-i,n-j} - \sum_m\sum_n h_{m-i,n-j} \tag{4.117}$$

而正则化项的梯度表达式为

$$\frac{\partial}{\partial f_{i,j}}\{J(\hat{g})\} = \frac{\partial J(\hat{g})}{\partial \hat{g}}\frac{\partial \hat{g}}{\partial f_{i,j}} = \sum_m\sum_n\left(\frac{\partial J(\hat{g})}{\partial \hat{g}}\right)_{m,n} h_{m-i,n-j} \tag{4.118}$$

$$\begin{aligned} \frac{\partial}{\partial h_{i,j}}\{J(h)\} = & -\varphi'(h_{i,j+1} - h_{i,j}) + \varphi'(h_{i,j} - h_{i,j-1}) \\ & -\varphi'(h_{i+1,j} - h_{i,j}) + \varphi'(h_{i,j} - h_{i-1,j}) \end{aligned} \tag{4.119}$$

为使恢复前后能量保持恒定，令 $\sum\limits_{i,j} f_{i,j} \equiv 1$，$\sum\limits_{i,j} h_{i,j} \equiv 1$，采用乘性迭代方式[39,47]得到关于 $f$ 的第 $n+1$ 次迭代的估计式：

$$\begin{cases} A_{i,j}^n = f_{i,j}^n\left[\sum_m\sum_n\left(\dfrac{g_{m,n}}{\hat{g}_{m,n}}\right)^2 h_{m-i,n-j}\right] \\ f_{i,j}^{n+1} = \dfrac{A_{i,j}^n}{1 + \gamma\sum_m\sum_n\left(\dfrac{\partial J(\hat{g})}{\partial \hat{g}}\right)_{m,n} h_{m-i,n-j}} \end{cases} \tag{4.120}$$

同理，关于 $h$ 的迭代估计式为

$$\begin{cases} B_{i,j}^{n} = h_{i,j}^{n}\left[\sum_{m}\sum_{n}\left(\dfrac{g_{m,n}}{\hat{g}_{m,n}}\right)^{2} f_{m-i,n-j}\right] \\ h_{i,j}^{n+1} = \dfrac{B_{i,j}^{n}}{1+\gamma\sum_{m}\sum_{n}\left(\dfrac{\partial J(\hat{g})}{\partial \hat{g}}\right)_{m,n} f_{m-i,n-j} + \alpha\dfrac{\partial J(h)}{\partial h_{i,j}}} \end{cases} \tag{4.121}$$

由于正则化项的非线性，这里采用一步滞后（One-Step-Late）迭代策略[47]对其进行线性化，即对非线性正则化部分采用上一次迭代的估计结果先行计算出梯度值和整个正则化约束项的数值，再代入迭代式。

算法的流程图如图 4.60 所示。

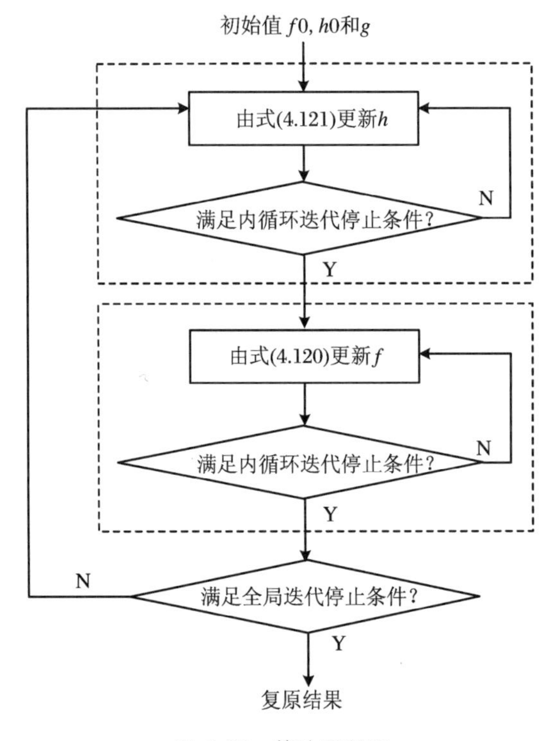


图 4.60 算法流程图

### 4.5.3 一些问题的处理

1. 迭代初始值的选取

求解最优估计问题时，总是希望迭代算法输入的初始值尽可能靠近真解，这样更容易收敛到全局最优解，收敛过程也更稳定、快捷。因而对于最优估计

问题，好的初始值常常影响结果的好坏。M. P. Elfendahl[44]研究证明：总存在一个区域 $S=\{f: \| f-\tilde{f} \| < \delta\}$，即在一定的条件下，极大似然算法是收敛的，当且仅当迭代的初始值包含在 $S$ 中。实际情况表明，退化图像 $g$ 一般都满足上述条件。因此在恢复算法中将 $g$ 作为恢复的初始值较好。

关于点扩展函数的初始估计，有不少选择。一种是单位冲激函数，但在极大似然方法中，这样的选择容易导致平凡解，因为若无其他相关的严格约束，平凡解常常也使代价函数满足极小；另一种选择是常数函数[39]，即

$$f^0(i,j)=1, \quad \text{for all } (i,j) \tag{4.122}$$

这种初始值很简单，在没有足够的先验知识对点扩展函数进行初始估计时很实用，也能得到较好的结果。我们在恢复算法中采用后者。

2. 迭代停止条件

在实际的迭代恢复过程中，需要判断迭代的结果是否已经收敛到最优解或是达到比较满意的解，这就要采用一定的标准来对其进行衡量，称为迭代停止条件或停止准则（Stopping Rule/Stopping Criterion）。在盲恢复算法中，迭代停止条件的设定是算法有效实现的重要环节，具有更为重要的作用。一方面，对局部而言，它控制着内循环中针对图像 $f$ 或点扩展函数 $h$ 的估计精度，估计不足会使恢复质量下降，或难以发挥正则化方法抑制噪声放大、保持细节的优势；估计过量则会出现“过估计”现象，使恢复数据过分拟合退化数据导致噪声放大，或是出现“过正则化”的问题，过多地强化了图像中的梯度，导致图像中的边缘部分出现振铃现象，而且估计过量还会浪费计算时间。只有在上述两者之间协调好才能充分发挥算法本身的优势，以最少的时间达到最佳的效果。

对本算法，我们采用综合的迭代停止条件去衡量各部分的迭代恢复质量，具体分为两部分：

(1) 全局迭代停止条件

很自然的，我们可以采用算法的代价函数 $J(f,h)$ 来作为全局的迭代停止条件。但在实际应用中，使用的方式很重要。由于不知道代价函数的最小值，不可能设定一个固定值使代价函数小于它时自动停止。所以，我们只能设计相近的条件逼近最优的情况。一是保证 $J(f,h)$ 总体上是下降的，即有最小化的趋势并朝此方向迭代推进；二是迭代过程中可能会出现波动，代价函数曲线会有所起伏，不能一有起伏就停止，这样极有可能收敛到局部极小值或错误解。根据算法的特点，我们设定如下迭代准则：

$$E_0 = \frac{\| J^{n+1} - J^n \|^2}{\| J^n \|^2} < \varepsilon, \quad 0 < \varepsilon \ll 1 \tag{4.123}$$

当它们都满足时整个算法的全局迭代停止。

(2) 局部(内循环)迭代停止条件

以估计 $f$ 的内循环为例($h$ 类似),这部分的迭代估计也可以视为一个最优估计问题,只不过从总体来看它是整个算法的局部最优估计问题而已。根据最优理论与方法[39],注意到量值的关系,有如下迭代准则:

当 $\| f^n \| > \varepsilon_2$ 和 $|(\partial J/\partial f)^n| > \varepsilon_2$ 时,采用

$$\frac{\| f^{n+1} - f^n \|}{\| f^n \|} \leqslant \varepsilon_1, \quad \frac{|(\partial J/\partial f)^{n+1} - (\partial J/\partial f)^n|}{|(\partial J/\partial f)^n|} \leqslant \varepsilon_1 \tag{4.124a}$$

否则采用

$$\| f^{n+1} - f^n \| \leqslant \varepsilon_1, \quad |(\partial J/\partial f)^{n+1} - (\partial J/\partial f)^n| \leqslant \varepsilon_1 \tag{4.124b}$$

当 $\partial^2 J/\partial f^2$ 存在时,还可以采用

$$\left\| \frac{\partial^2 J}{\partial f^2} \right\| \leqslant \varepsilon_3 \tag{4.124c}$$

由于临界点可能是鞍点,所以单独使用某一准则不一定能得到稳定的结果,可以将它们结合起来对迭代情况进行判断。其中,$0 < \varepsilon_1, \varepsilon_2, \varepsilon_3 \ll 1$,一般取 $\varepsilon_1 = \varepsilon_2 = 10^{-5}$,$\varepsilon_3 = 10^{-4}$。

3. 图像恢复中的边界处理

实际恢复中边界的处理是一个不可忽视的问题。如果不消除由于边界的不连续所带来的误差,会在迭代过程中给图像细节的恢复带来很不利的影响,尤其当算法收敛较慢时,这种误差会有放大的趋势,由边界附近向图像中心扩散,从而影响图像整体的恢复效果。根据本算法的迭代结构,我们从以下几方面对边界误差进行抑制。

(1) 对退化图像采用边界修正的方法进行预处理,减小边界的不连续性:

$$g(i,j) = W(i,j) \cdot g(i,j) + [1 - W(i,j)] \cdot [g(i,j) \otimes h_G(i,j)] \tag{4.125}$$

$W(i,j)$是采用 Hanning 窗函数的加权因子,$h_G$ 是很小的高斯核函数,对边界进行微小的平滑,在 $W$ 的作用下,这种平滑作用越靠近边界越明显。

(2) 在基于极大似然方法的算法迭代过程中,需要作卷积或相关运算,而卷积和相关运算必然涉及边界信息丢失问题,因此,我们采用边界延拓的方式对此类运算进行处理。

(3) 除此之外，我们还在迭代过程中进一步采用与(1)类似的方法对重新卷积图像，即 $\hat{g}^n = \tilde{f}^n \otimes \tilde{h}^n$（$\tilde{f}^n$，$\tilde{h}^n$ 是第 $n$ 次迭代的结果）进行抑制边界误差的处理[39]：

$$\hat{g}^n(i,j) = W(i,j) \cdot \hat{g}^n(i,j) + [1 - W(i,j)] \cdot \hat{g}^n(i,j) \quad (4.126)$$

## 4.5.4　实验结果及分析

为了验证该算法的有效性，在微机上进行了一系列图像盲恢复实验，这些实验包括仿真退化图像和实际退化图像的恢复，还包括与国外经典盲恢复算法的恢复效果对比，所用到的图像有简单图像也有复杂图像，测试条件有信噪比较高的情形也有较低的情形。实验在微机(Pentium Ⅳ 2.66 GHz)上测试得到。对于仿真退化图像恢复实验，采用气动光学效应计算机仿真软件(参考文献[35,36])来模拟生成气动光学效应退化图像；对于实际退化图像恢复实验，采用风洞实验图像数据作为测试用图。

1. 不同背景目标图像的恢复

第一组实验以海面目标红外图像(图 4.61(a))为原始目标图像，图 4.61(b)是它的频谱图，为了对比效果，我们在实验中对频谱进行了相同的对数变换。采用仿真软件模拟气动流场造成的退化后叠加高斯噪声(信噪比约为 60 dB)得到仿真的退化图像图 4.61(c)，图 4.61(d)是相应的频谱。图 4.61(e)是恢复图像，图 4.61(f)则是恢复的频谱。图 4.61(g)是代价函数的变化曲线，它可以反映算法的迭代收敛情况。由图可知，算法基本从气动流场造成的退化模糊中恢复出了目标的轮廓，有利于后续目标识别。从频谱的对比也可以看出，高频部分丢失的信息也有了一定程度的恢复。而代价函数下降较平滑，表明算法的收敛性能较稳健。

第二组实验以地面目标红外图像(图 4.62(a))为原始图像，仿真的退化图像图 4.62(c)由软件模拟并添加高斯噪声(信噪比约为 40 dB)得到，图 4.62(e)是恢复的结果，图 4.62(g)是代价函数的变化曲线。

第三组实验以空中目标红外图像(图 4.63(a))为原始图像，图 4.63(b)是它的频谱。仿真过程与上两组实验相同，信噪比约为 20 dB，得到的退化图像为图 4.63(c)，图 4.63(d)是其频谱。而图 4.63(e)、(f)则是恢复图像及其频谱。同样，给出了算法代价函数的变化曲线，如图 4.63(g)所示。

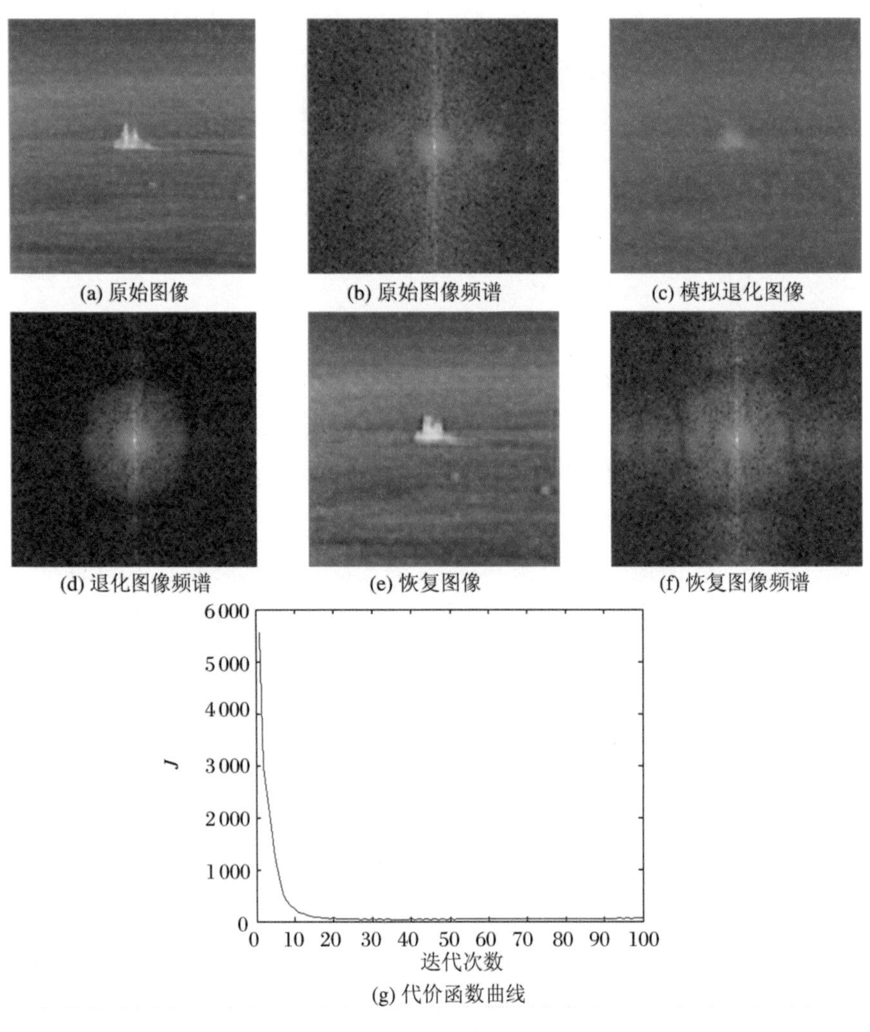


(a) 原始图像 (b) 原始图像频谱 (c) 模拟退化图像

(d) 退化图像频谱 (e) 恢复图像 (f) 恢复图像频谱

(g) 代价函数曲线

图 4.61 海面目标红外图像恢复实验

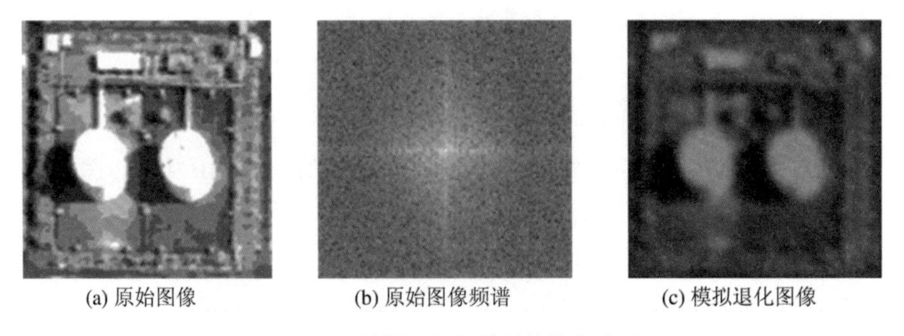

(a) 原始图像 (b) 原始图像频谱 (c) 模拟退化图像

图 4.62 地面目标红外图像恢复实验

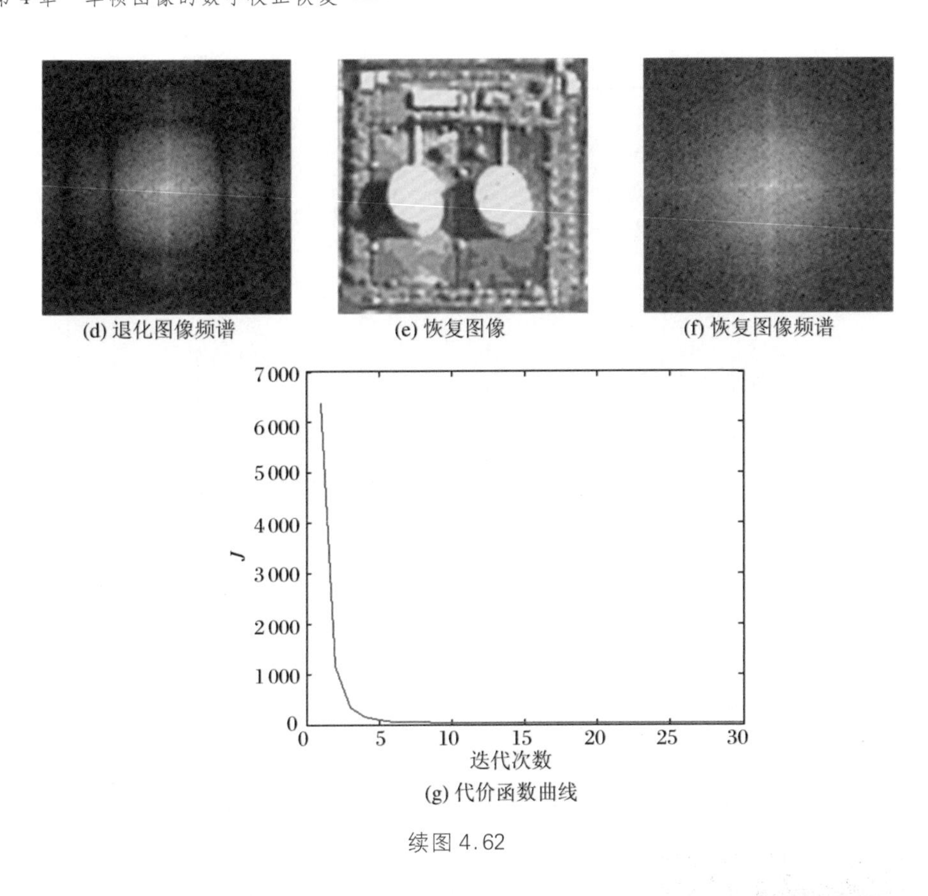


(d) 退化图像频谱　(e) 恢复图像　(f) 恢复图像频谱

(g) 代价函数曲线

续图 4.62

(a) 原始图像　(b) 原始图像频谱　(c) 模拟退化图像

(d) 退化图像频谱　(e) 恢复图像　(f) 恢复图像频谱

图 4.63　空中目标红外图像恢复实验

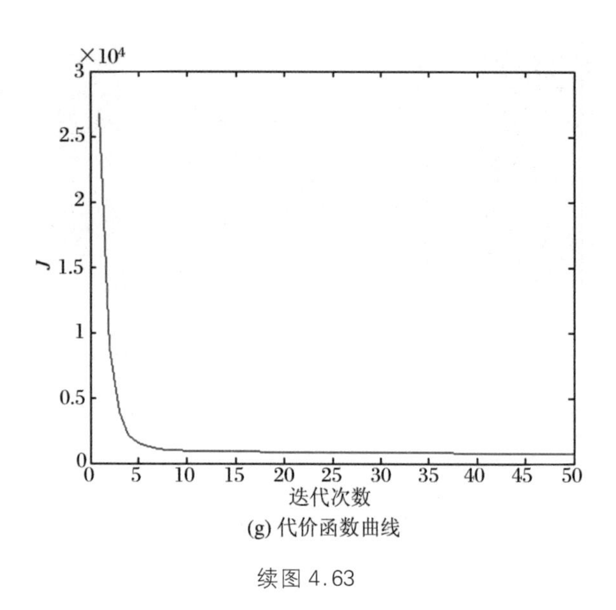

(g) 代价函数曲线

续图 4.63

2. 与经典盲恢复算法的对比

为比较算法的恢复效果，采用两种经典的盲恢复算法做对比。一是迭代盲反卷积方法（IBD）[45]，二是 Richardson-Lucy 算法（RL）[46]，并给出了量化评价的对比结果，评价准则为归一化均方误差 *NMSE*。

图 4.64 原始图像

第一组实验以空间背景目标图像（图 4.64）作为原图，模拟生成气动光学效应退化图像并加上 60 dB 噪声，得到退化图像图 4.65(a)。图 4.65(b)是采用 RL 方法的恢复结果。采用本算法恢复的结果为图 4.65(c)。第二组实验在信噪比较低的条件下进行，以进一步考查该算法的抗噪能力和稳健性。采用图 4.64 模拟得到信噪比 30 dB 的退化图像图 4.66(a)。RL 方法在此条件下的恢复结果为图 4.66(b)。本算法的恢复结果为图 4.66(c)。为了测试算法抗噪性的极限，对低信噪比条件的退化图像进行了恢复实验。第三组实验在 10 dB 条件下进行，图 4.67(a)是退化图像，图 4.67(b)是 RL 算法的恢复结果，图 4.67(c)则是本算法的恢复结果。可以看到噪声干扰很明显，使恢复结果恶化。第四组实验在更低的信噪比 1 dB 下进行，图 4.68(a)是退化图像，图 4.68(b)是 RL 算法恢复结果，本算法恢复结果如图 4.68(c)所示。此时噪声干扰更为显著，恢复效果严重恶化。两种算法恢复效果的量化评价对比结果见图 4.69，它是两种算法不同信噪比下的量化评价结果的变化曲线示意。

由上述对比结果可知,我们的算法更好地降低了退化图像的模糊程度,目标的细节信息恢复较好,且信噪比较低的条件下表现较稳定。同时由量化评价对比结果也可以看到,噪声对算法性能的影响还是比较大的,随着信噪比的下降,恢复效果也有所下降,所以算法的抗噪能力的提高至关重要,需要进一步加强。

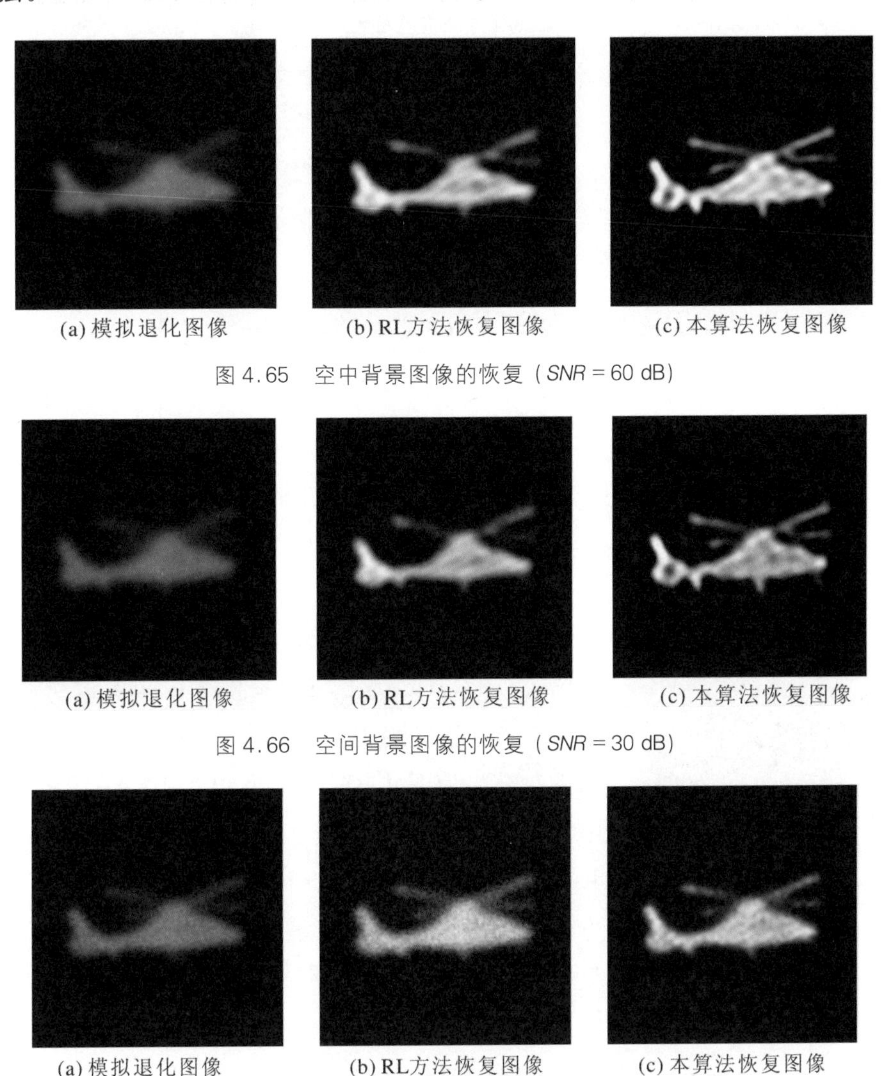

(a) 模拟退化图像　(b) RL方法恢复图像　(c) 本算法恢复图像

图4.65　空中背景图像的恢复($SNR$ = 60 dB)

(a) 模拟退化图像　(b) RL方法恢复图像　(c) 本算法恢复图像

图4.66　空间背景图像的恢复($SNR$ = 30 dB)

(a) 模拟退化图像　(b) RL方法恢复图像　(c) 本算法恢复图像

图4.67　空中背景图像的恢复($SNR$ = 10 dB)

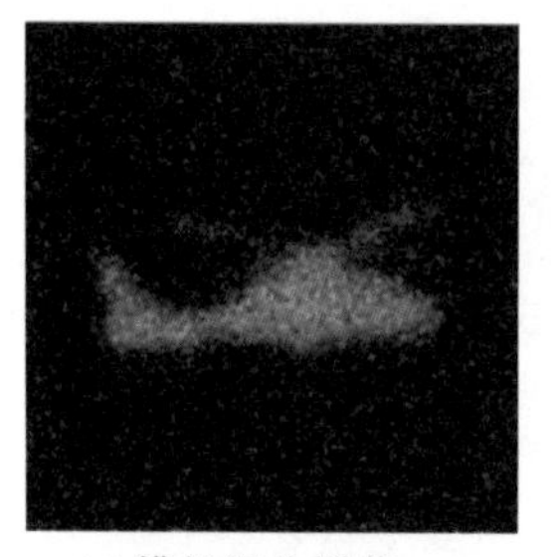
(a) 模拟退化图像

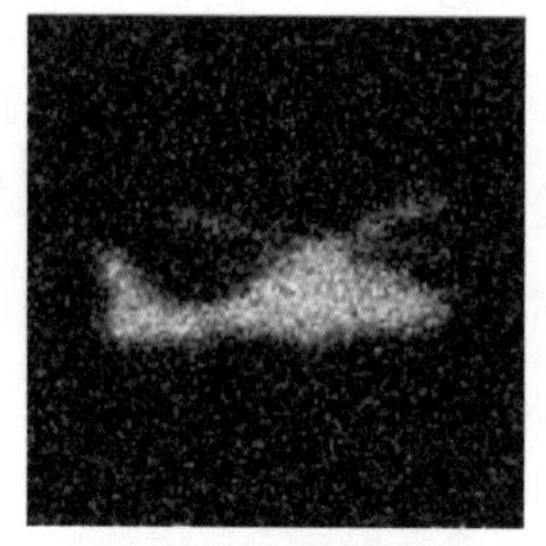
(b) RL方法恢复图像

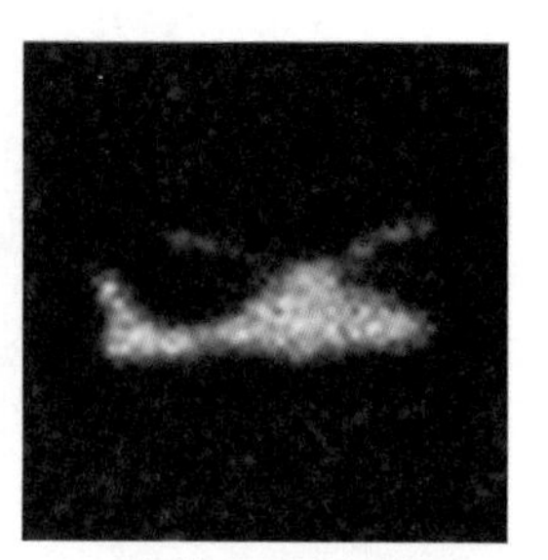
(c) 本算法恢复图像

图 4.68 空中背景图像的恢复（*SNR* = 1 dB）

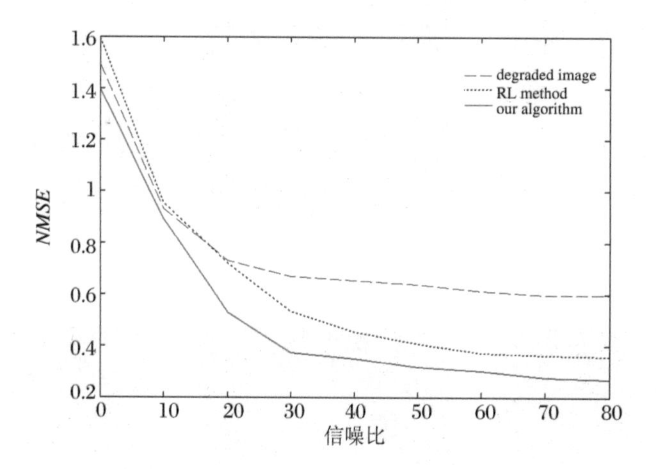


图 4.69 不同信噪比条件下恢复效果的量化评价对比

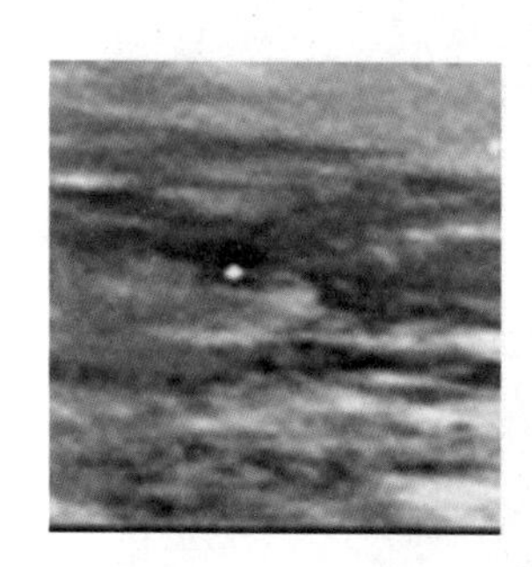
图 4.70 原始图像

第五组实验以复杂背景小目标图像（图 4.70）为原图，图 4.71(a)为 60 dB 条件下模拟的退化图像。图 4.71(b)是采用 IBD 方法的恢复结果，本文算法的恢复结果为图 4.71(c)。第六组实验采用图 4.67 模拟退化图像，在信噪比 30 dB 的条件下进行。图 4.72(a)是模拟得到的退化图像，图 4.72(b)是 IBD 方法在此信噪比条件下的恢复结果，而本算法的恢复结果则如图 4.72(c)所示。第七组实验和第八组实验分别在 10 dB 和 1 dB 条件下测试了算法的抗噪极限，它们的对比结果如图 4.73 和图 4.74 所示。两种恢复算法恢复效果的量化评价对比结果见图 4.75，它是相应的不同信噪比下的变化曲线示意图。实验结果表明，针对复杂背景的气动光学效应退化图像，我们的算法较好地保持了图像细节，信噪比较低的条件下表现也较稳定，但随着信噪比的下降，噪声对恢复性能的影响越来越严重，需要进一步提高算法的抗噪性。

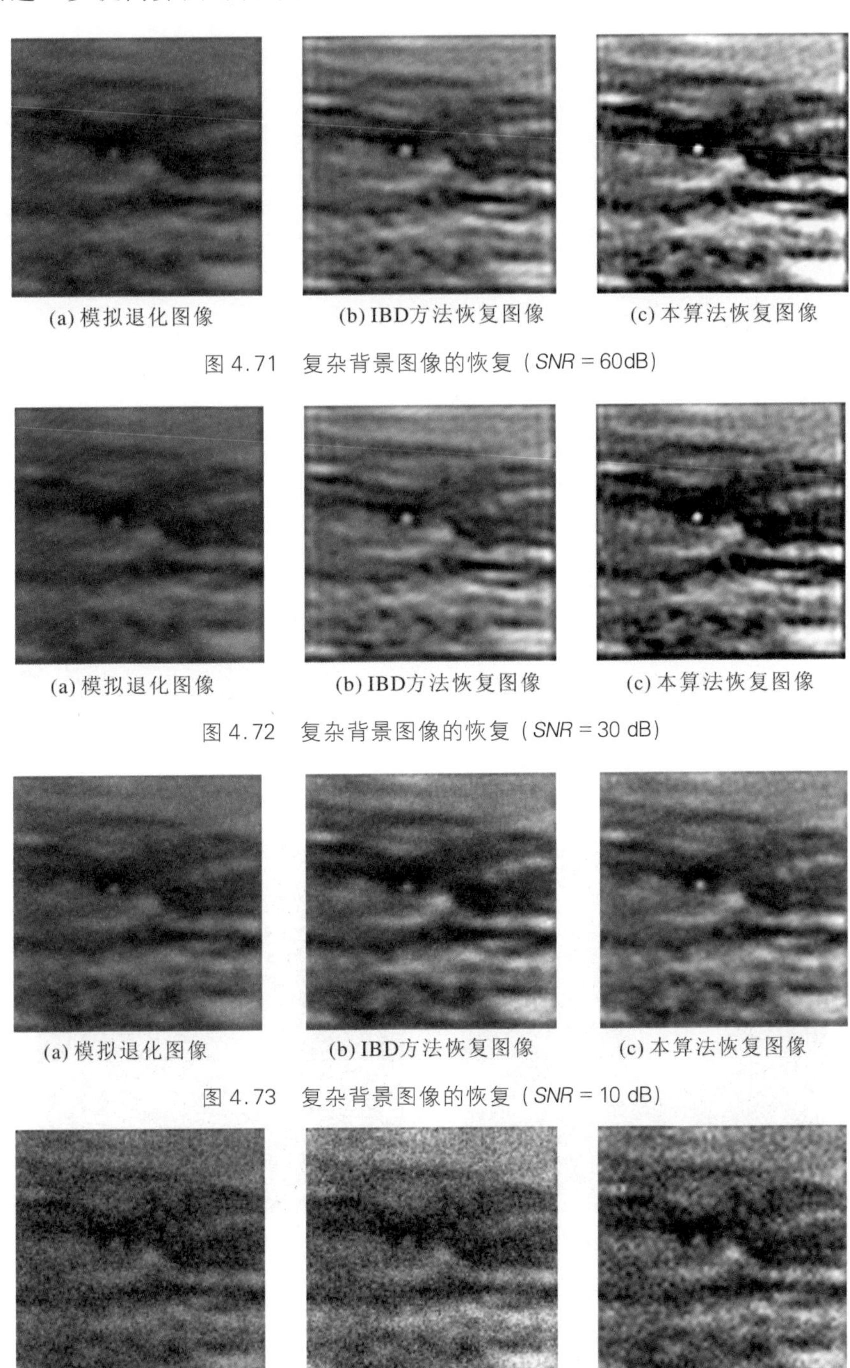

(a) 模拟退化图像　(b) IBD方法恢复图像　(c) 本算法恢复图像

图 4.71　复杂背景图像的恢复（$SNR = 60$dB）

(a) 模拟退化图像　(b) IBD方法恢复图像　(c) 本算法恢复图像

图 4.72　复杂背景图像的恢复（$SNR = 30$ dB）

(a) 模拟退化图像　(b) IBD方法恢复图像　(c) 本算法恢复图像

图 4.73　复杂背景图像的恢复（$SNR = 10$ dB）

(a) 模拟退化图像　(b) IBD方法恢复图像　(c) 本算法恢复图像

图 4.74　复杂背景图像的恢复（$SNR = 1$ dB）

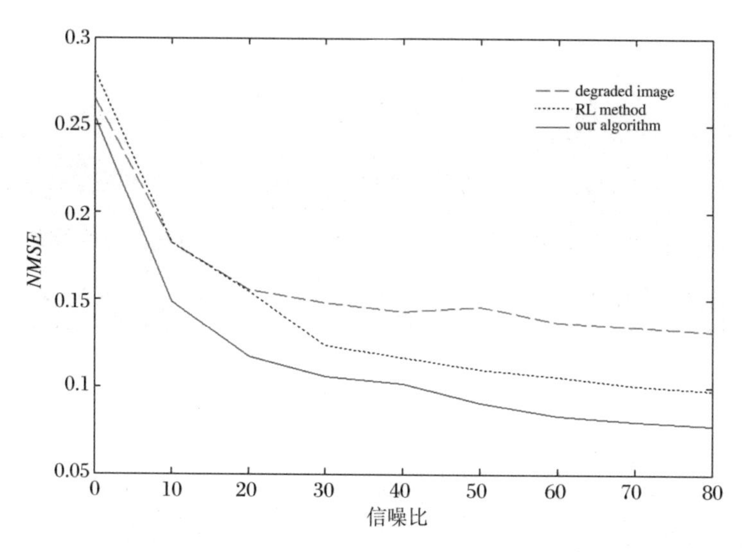


图 4.75　不同信噪比条件下恢复效果的量化评价对比

3. 实际退化图像的恢复

进一步采用实际退化图像来验证算法的恢复能力。所采用的退化图像全都来自风洞实验所获取的图像数据。

第一组实验以图 4.76(a)为退化图像,图 4.76(b)是算法的恢复结果,可以看出算法对气动流场干扰所造成的模糊有较好的抑制作用。

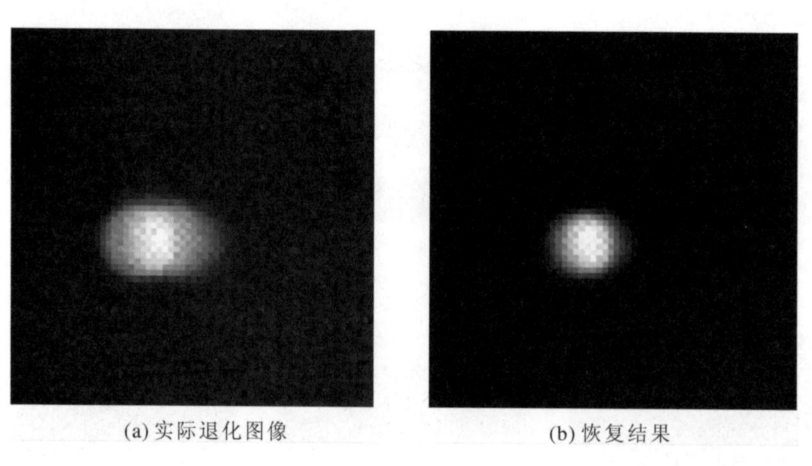

(a) 实际退化图像　　(b) 恢复结果

图 4.76　第一组风洞实验数据恢复效果

第二组实验中,图 4.77(a)为退化图像,可以看出气动流场造成的模糊很明显,图 4.77(b)是算法恢复的结果。

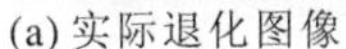

(a) 实际退化图像

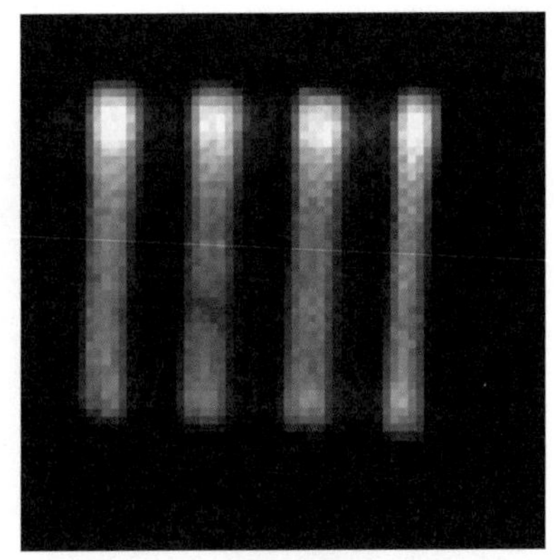

(b) 恢复结果

图4.77　第二组风洞实验数据恢复效果

### 4.5.5　小结

本节对采用正则化极大似然估计算法恢复气动光学效应图像进行了研究。极大似然方法作为一种统计优化方法，在图像恢复领域具有广阔的应用前景，而引入正则化方法后，由于充分考虑了成像机理及关于退化过程等方面的先验知识，使得恢复更有针对性，克服噪声能力更强。

针对气动光学效应条件下红外退化图像受噪声干扰较为严重，恢复时先验信息较少的情况，我们提出了一种基于双重正则化的保细节盲恢复算法，利用有限的先验知识，从两个侧重点不同的层次在恢复过程中进行正则化约束，兼顾噪声的抑制和目标细节特征的保持。对仿真图像和实际图像的实验证明了该算法具有一定的抗噪能力，恢复性能也较稳定。

在恢复过程中，正则化参数的选择是一个比较复杂的问题，它直接影响到恢复的质量，因此参数的自适应选取值得进一步深入研究。此外，引入先验知识形成正则化的同时还意味着算法复杂性的加大，如何在两者之间平衡，如何选择更合适的函数形式或模型进行正则化，如何采用更有效的数学方法求解最优化问题，都是需要深入研究解决的问题。

# 4.6 基于过渡区提取的图像恢复

## 4.6.1 引言

在目标探测过程中，由于受湍流、运动、散射等多种因素的影响，目标探测多谱图像包含有运动、湍流、散射等多种退化模式，各种退化模式对多谱探测图像的退化影响程度也是不相同的，不同的退化模式具有不同的退化模型[47]，因此从多谱探测图像中很难分清具体的退化模式及各种退化因素及其影响程度。目前的恢复方法是寻找各种具体的退化模式和模型，然后进行反卷积恢复图像，但这些方法是不能适应于高速飞行器探测的，首先是退化模式是不知道的，其次时间也不许可。实际上，从多谱探测图像中是很难分清图像退化模式的，因此，研究和提出统一恢复方法是很有实际意义和实用价值的。

目前，从已报道文献上看，还没有一个有效的恢复方法能用在任一实际图像上。基于参数化的半盲目恢复方法需要退化图像的点扩展函数符合确定的数学模型，如高斯函数，而实际退化图像的点扩展函数不一定是高斯型的。基于模型的恢复方法虽然对仿真退化图像的恢复效果好，但对实际图像的恢复无能为力。目前图像恢复技术陷入困境。但不一定就不存在解决问题的办法。问题的解决就是在非常复杂的图像内容中抓住问题的本质，然后用简单而美好的数学方法把它们表达出来，这就是我们的想法。图像的过渡区是图像退化信息的重要载体，当图像被退化后，退化方式及模型信息主要隐藏在退化图像的过渡区中，因此获取退化图像的过渡区，利用过渡区信息寻找退化模式的统一数学模型是完全可能的。这样可以避开现有图像恢复算法的所有缺点，转变思维，走出目前图像恢复领域中的困境，实现实时统一恢复。

因此，洪汉玉、张天序等最近研究和提出一种适用于目标探测多谱图像的统一恢复方法，称之为 Universal Deblurring Method for Real Image Using Transition Region（UDUTR）[48]。主要利用退化图像中对实际点扩展函数有贡献的信息，构造关于退化模型的非负最小二乘空间平滑性约束的极小化准则函数，求出退化模型，最后进行非线性滤波得到清晰图像。

### 4.6.2　过渡区有效信息的提取

当图像被各种退化方式退化后，退化信息隐藏在退化图像中，我们可以从退化图像中找出退化模型而无需知道图像是被何种方式所退化的。将退化图像分成目标区、背景区以及两者之间的过渡区三部分（见图 4.78），那么退化信息主要包含在过渡区之中，平坦的目标区和背景区含有的退化信息不显著，对寻找退化模式是没有贡献的，因而本文主要利用图像的有用信息对退化图像进行恢复。

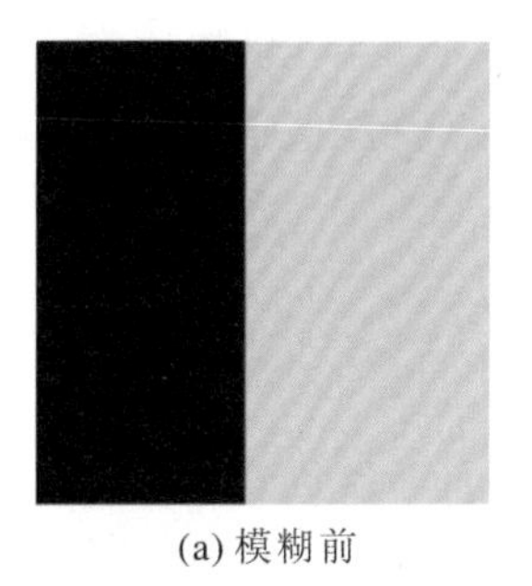
(a) 模糊前

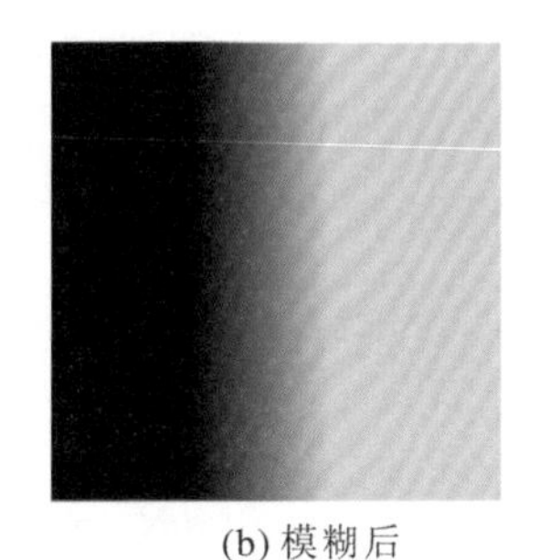
(b) 模糊后

图 4.78　图像过渡区

现有的图像盲恢复方法主要是利用整个退化图像或者退化图像的一整块区域通过交替迭代进行恢复[48,49,50,51,52]。退化图像中平坦的目标区和背景区都参与了计算，由于平坦的目标区和背景区包含的退化信息不显著，冗余的信息会对恢复带来不确定性，影响恢复结果的准确性，且增加了计算负担，延误了时间，不适合应用于弹/机/星载飞行器系统中。本文的方法仅使用退化图像的有效信息进行恢复，过渡区包含大量的退化信息，是我们最为感兴趣的区域，用过渡区的信息来求解退化模型不仅使恢复时间大大降低，而且最大限度地保证了恢复结果的精确性和实时性。

### 4.6.3　信息预测

当图像被模糊后，图像可分为目标区域、背景区域以及两者之间的过渡区域。目标区域和背景区域灰度较为平坦，变化不大，而过渡区域灰度值会出现较大变化。模糊信息主要集中在过渡区域，我们从原始模糊图像的过渡区可以预测出清晰图像的过渡区，因为模糊图像与对应的清晰图像相比，过渡区域的相对位置是没有发生改变的，改变的只是像素灰度值的分布情况。我们从模糊图像过渡区像素值的分布情况来预测清晰图像过渡区的像素值灰度分布，最终获得清晰图像的过渡区信息。

### 4.6.4 点扩展函数求解及恢复

在不考虑噪声的情况下，模糊图像的任一点用卷积形式表示。由卷积定义可知，模糊图像中的任一点的值是由清晰图像的一块与退化模型的激励区域(其大小设定为 $M\times N$)卷积而成的。我们把预测的清晰图像过渡区当作一块原图像看待，那么每选择模糊图像上的一个点就对应有一个方程，如果取 $P$ 个模糊点，那么将得到 $P$ 个方程。为了使用更多有效信息，我们取 $P>M\times N$，可得到方程：

$$Ax = b \tag{4.127}$$

其中 $b$ 是以模糊图像中选取的像素点构成的一维向量，$A$ 是与模糊点对应的预测图上的一块区域，$x$ 是所需求解的退化模型的一维堆积向量形式。该方程组的最小二乘准则函数为

$$J(x) = \| Ax - b \|^2 \tag{4.128}$$

由于图像有噪声及预测图与原图还是有差异的，用最小二乘准则所得到的退化模型误差较大。在此，我们采用基于空间相关约束的非负最小二乘法来估算退化模型值。给定非负性和空间相关性的约束条件，在最小二乘准则函数上增加两个惩罚项。

非负性惩罚项：

$$F = \eta \| \Lambda x \|^2 \tag{4.129}$$

其中 $\eta$ 是常数，$\Lambda$ 是对角矩阵，对角矩阵对角线上的值由 $x$ 的值决定。其表达式如下：

$$\Lambda(l,l) = \begin{cases} 1, & x_l < 0 \\ 0, & x_l \geqslant 0 \end{cases} \tag{4.130}$$

空间相关性约束惩罚项：

$$D = \lambda \sum_i \sum_w \alpha(|\nabla x(i,w)|)[Qx]_{i,w}^2 \tag{4.131}$$

其中 $\lambda$ 是常数，$\alpha(\cdot)$是各向异性的平滑因子，$Q$ 为梯度算子矩阵，有关表达式

如下：

$$\alpha(t) = 1/(1+t^2)^n \tag{4.132}$$

$$|\nabla x(i,.w)| = |x_i - x_w| \tag{4.133}$$

$$[Qx]_{i,w} = x_i - x_w \tag{4.134}$$

非负性惩罚项对解向量 $x$ 中的负元素值进行惩罚，出现负值时，则要付出代价，逼使解向量各元素值向非负方向发展。空间相关性约束惩罚项保证退化模型相邻点之间的差异在先验知识的约束条件下为极小，从而使退化模型具有某种光滑性（空间相关性）。

将式(4.129)和式(4.131)加入到式(4.128)中，得

$$J(x) = \| Ax - b \|^2 + \eta \| \Lambda x \|^2 + \lambda \sum_i \sum_w \alpha(|\nabla x(i,w)|)[Qx]_{i,w}^2 \tag{4.135}$$

采用滞后迭代极小化方法[41]求解 $\hat{x}^k$。当退化模型求解出来后，我们可以利用洪汉玉和 In Kyu Park 提出的基于最大似然估计的非线性滤波方法[50]来恢复图像。

### 4.6.5　实验结果与分析

为验证目标探测多谱图像统一恢复方法的有效性及其稳定性，在微机(1.8 GHz，512 MB RAM)上进行了一系列恢复实验。输入实际的各种光谱退化图像，事先不用知道退化方式，运行算法，输出结果。实验结果表明我们的算法能对各种红外、毫米波、太赫兹等多种光谱退化图像进行恢复，不需要知道退化方式，恢复效果较好，时间在十秒之内，采用高性能 DSP 计算，则可望用在目标探测过程中。

首先对实际红外退化图像进行了恢复实验。图 4.79(a)是一幅小船的红外退化图像，为了验证本文方法的有效性，我们分别用 Fish 恢复算法[46]、TV 恢复算法[31]和本文的恢复方法恢复图 4.79(a)，分别得到图 4.79(b)、图 4.79(c)和图 4.79(d)。从恢复结果可以看出，应用本文提出的恢复算法后，小船的轮廓变得很清晰，比其他两种方法恢复效果更好。

### 4.6.6　应用于其他退化图像的恢复

用本文提出的恢复方法对实际的毫米波图像进行恢复实验。图 4.80(a)

是一幅用 3 mm 波段、口径为 360 mm、单通道扫描毫米波相机拍摄的实际的毫米波退化图像。图中建筑物的轮廓已经模糊不清。用本文提出的恢复方法恢复后得到图 4.80(b),比较图 4.80(b)和图 4.80(a)可以发现本文的恢复方法对毫米波图像也有良好的效果。为了进一步验证本文方法的有效性,对另一幅实际毫米波图像进行了恢复实验,结果相似。

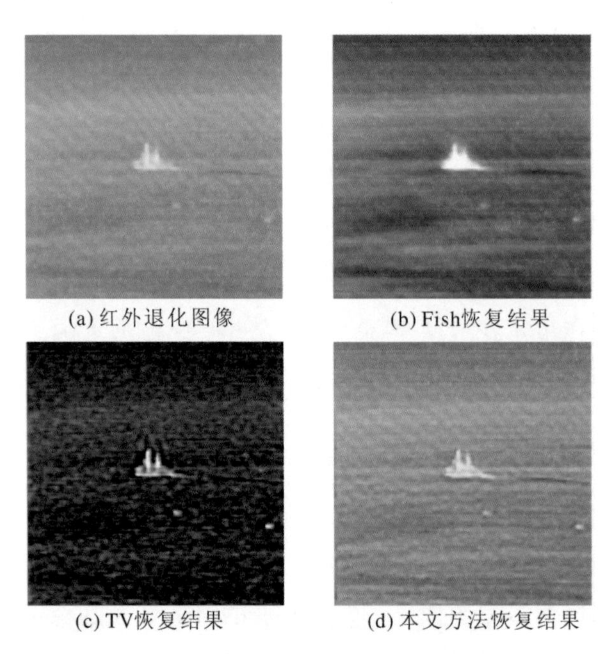

(a) 红外退化图像 (b) Fish恢复结果

(c) TV恢复结果 (d) 本文方法恢复结果

图 4.79 实际红外退化图像恢复

(a) 毫米波退化图像

(b) 恢复结果

图 4.80 实际毫米波退化图像恢复

为了验证本文提出的恢复方法对遥感图像同样有效,进一步对遥感图像进行了恢复实验。图 4.81(a)是一幅遥感退化图像,利用本文提出的算法我们对图 4.81(a)进行恢复得到图 4.81(b)。从图中可以看出,遥感图像得到了恢复,变得更为清晰。

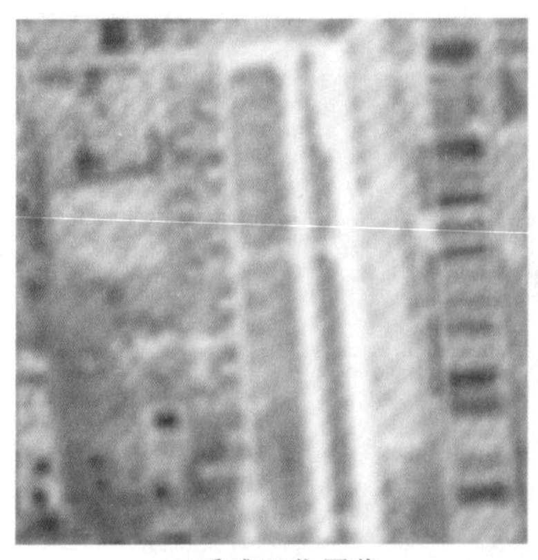

(a) 遥感退化图像　　(b) 恢复结果

图 4.81　遥感图像恢复

为验证方法对多谱图像复原的有效性，我们也对太赫兹图像进行了恢复实验。图 4.82(a)是装有刀具、光盘和钢笔的皮包的太赫兹图像，用我们提出的恢复方法对图像进行恢复得到图 4.82(b)。将恢复结果图 4.82(b)与图 4.82(a)对比，可以发现使用本文的恢复方法后，图像得到高清晰化。

(a) 太赫兹图像　　(b) 太赫兹恢复结果

图 4.82　实际太赫兹图像恢复

我们对实际可见光模糊图像进行了恢复实验。图 4.83 是我们在国内进行的实际图像恢复实验。我们在公路的上坡路段拍摄到一辆运动的汽车图像截取一块区域得到图 4.83(a)，用本文的方法对图 4.83(a)进行恢复，得到图 4.83(b)，从恢复结果我们可以看到，图中模糊不清的文字变得很清晰。

以下实验图像源于公开发表的资料。

我们对神舟八号与天宫一号对接过程中实际所拍图像进行了恢复实验，图 4.84(a)是一幅对接过程中拍摄的高清红外图像(截图)，我们对其恢复得到图 4.84(b)，显然恢复图像更清晰。图 4.84(c)是对接过程中拍摄的可见光图像

(截图),使用本文恢复方法恢复后得到图 4.84(d),图像轮廓更加清晰。神舟九号与天宫一号对接图像的恢复见图 4.85。图 4.86(a)是神七航天员出舱后在太空中的图像,恢复后得到图 4.86(b),图像清晰。

(a) 模糊图像

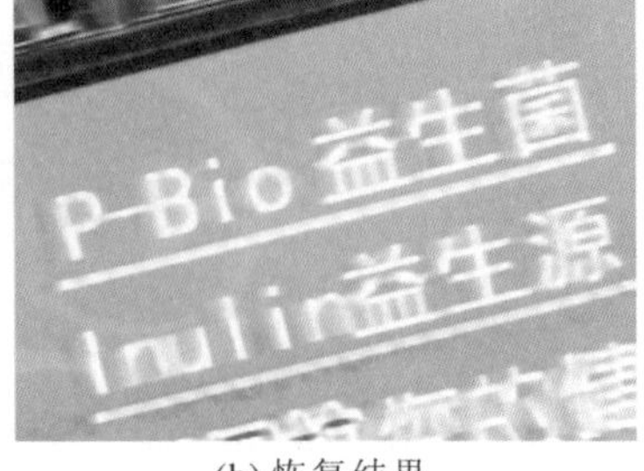

(b) 恢复结果

图 4.83　实际运动模糊图像恢复

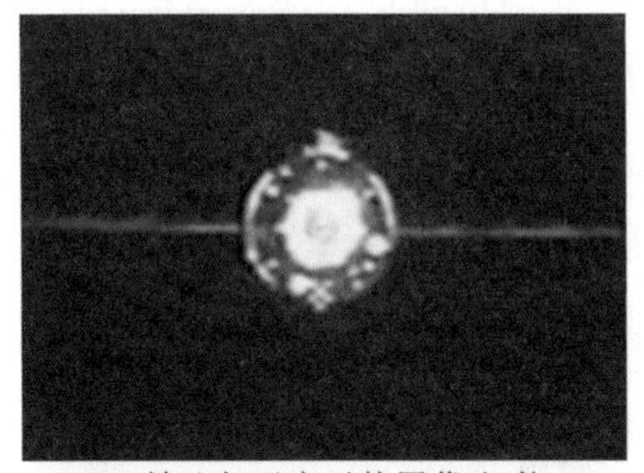
(a) 神八与天宫对接图像(红外)

(b) 神八与天宫对接图像的恢复结果

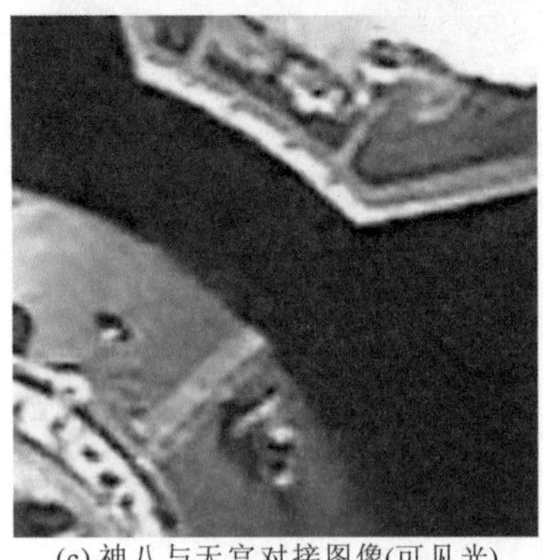
(c) 神八与天宫对接图像(可见光)

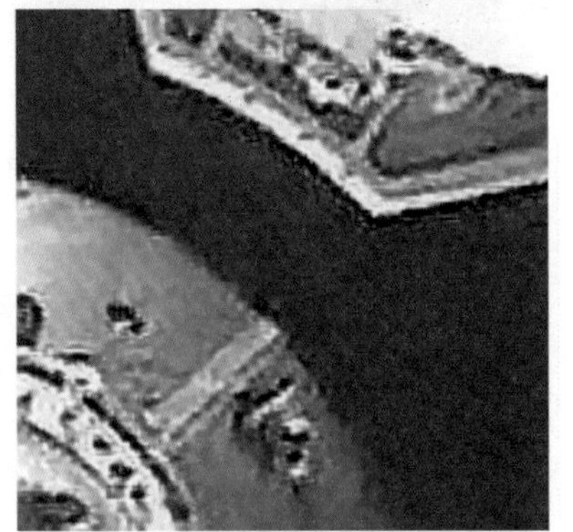
(d) 图(c)恢复结果

图 4.84　神舟八号与天宫一号对接图像的恢复

另外,在水下探测过程中,由于受不可压缩的水下波动湍流影响,水下探测图像是模糊的。海中及海底所摄取图像由于受海水介质的随机干扰,同样存在湍流光学效应现象,必须要进行图像复原处理。为了检验统一复原算法对我国深海探测图像复原的有效性,我们对蛟龙号深海探测图像进行了一系列恢复实验。图4.87(a)是蛟龙号试航员展示的深海5 000米画面图像,运行我们的算法,得到清晰的恢复图像见图4.87(b)。蛟龙号6 900多米和7 000多米海底工作采样照片的恢复见图4.88和图4.89。显然,恢复后深海探测图像清晰可见。

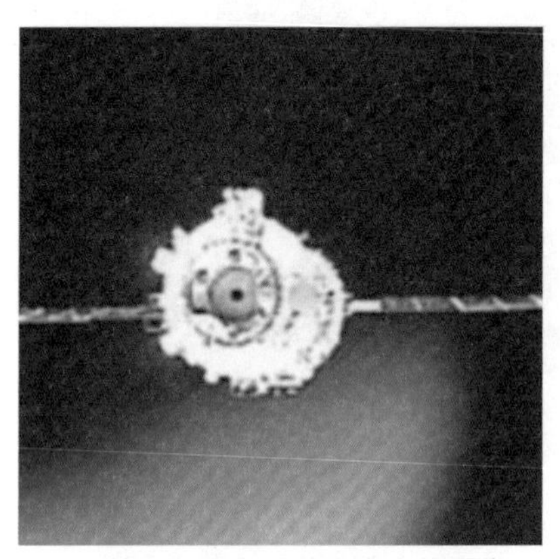
(a) 神九与天宫一号交会对接图像

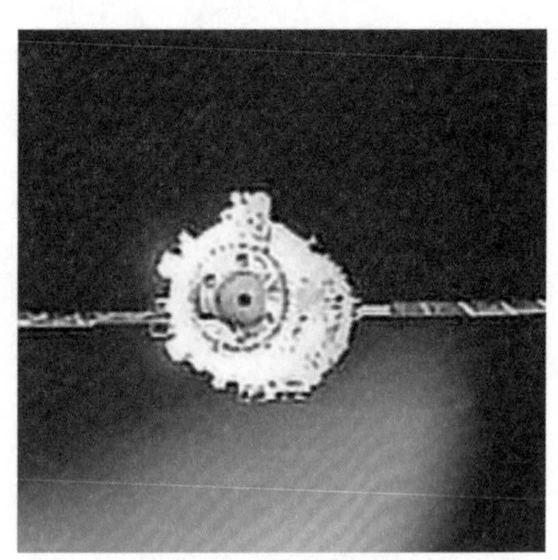
(b) 神九与天宫一号交会对接图像的恢复结果

图4.85　神九与天宫一号交会对接图像的恢复

(a) 神七航天员出舱后在太空的图像

(b) 神七航天员太空图像恢复结果

图4.86　中国航天员出舱后在天空的图像恢复

(a) 蛟龙号试航员展示的深海5 000米精彩画面图像

图4.87　蛟龙号试航员展示的深海5 000米图像的恢复

(b) 蛟龙号试航员展示的深海5 000米精彩画面图像的恢复结果

续图 4.87

(a) 蛟龙号6 900多米海底工作采样照片(模糊)

(b) 蛟龙号6 900多米海底工作采样照片的恢复结果(清晰)

(c) 蛟龙号6 900多米海底工作采样图像(模糊)

图 4.88 蛟龙号 6 900 多米海底工作采样照片的恢复

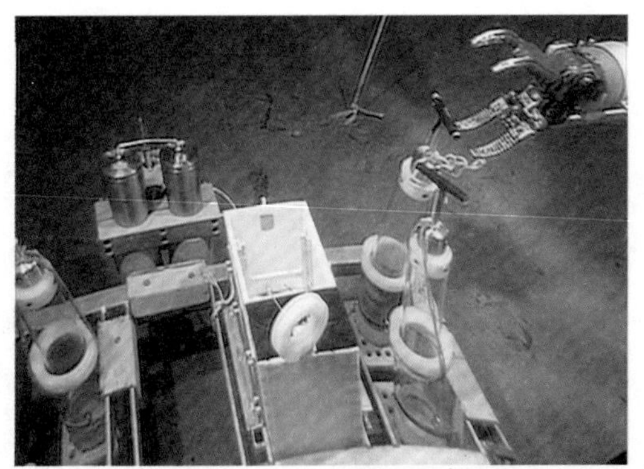

(d) 蛟龙号6 900多米海底工作采样图像的恢复结果(清晰)

续图 4.88

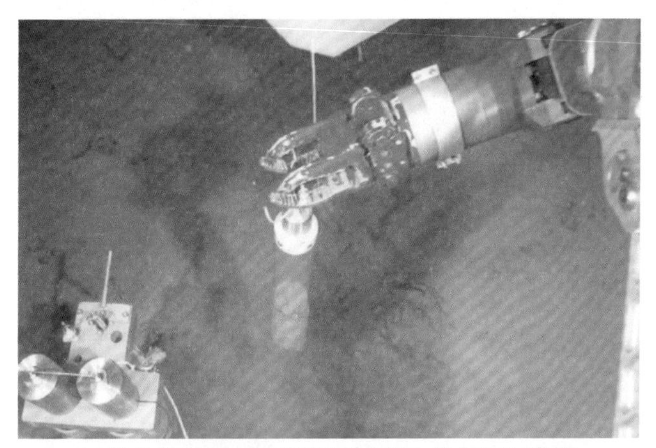

(a) 蛟龙号在7 000米深海底采集泥土样品照片(模糊)

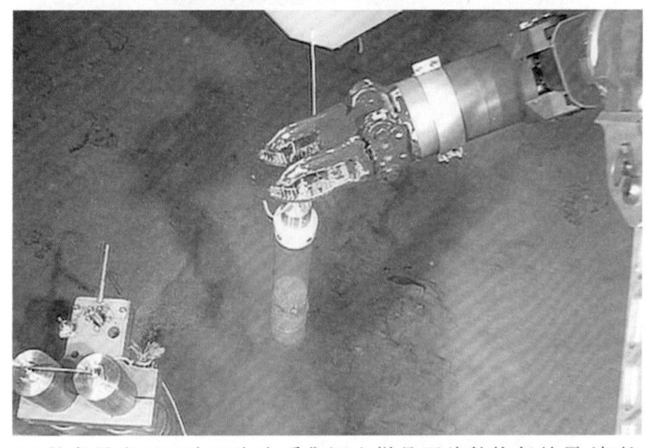

(b) 蛟龙号在7 000米深海底采集泥土样品照片的恢复结果(清晰)

图 4.89　蛟龙号在 7 000 米深海底采集泥土样品照片的恢复

由此证实我们的统一恢复算法不仅对天空探测图像恢复有效，而且对深海探测图像的恢复也非常有效。

### 4.6.7 小结

本节提出了一种适用于目标探测多谱图像的统一恢复方法，该方法无需知道退化方式，输入一帧实际光谱退化图像，运行算法即可输出一帧高清晰图像。实验结果表明该恢复方法在无需知道谱源和退化方式的情况下，能对红外、毫米波、太赫兹等多种光谱退化图像进行有效恢复，对大气湍流退化、气动效应退化、深海探测等各种退化模式的图像能进行恢复，而且恢复效果较好，耗时少。

本章的研究工作得到了武汉工程大学和国家自然科学基金项目（编号61175013）的支持，在此表示感谢。

## 参 考 文 献

[1] Molina R, Nunez J, Cortijo F J. Image restoration in astronomy: a Bayesian perspective[J]. IEEE Trans. on Signal Processing Magazine, 2001, 18(2): 11 - 29.

[2] Kundur D, Hatzinakos D. Blind image deconvolution[J]. IEEE Trans. on Signal Processing Magazine, 1996(13): 43 - 64.

[3] Schulz T J. Multiframe blind deconvolution of astronomical images[J]. J. Opt. Soc. Am. A, 1993, 10(5): 1064 - 1073.

[4] Ayers G R, Dainty J C. Iterative blind deconvolution method and its applications [J]. Optics Letters, 1988(13): 547 - 549.

[5] Dempster A P, Laird N M, Rubin D B. Maximum likelihood from incomplete data via the EM algorithm [J]. Journal of the Royal Statistical Society Series B, 1977, 39 (1): 1 - 38.

[6] McCallum B C. Blind deconvolution by simulated annealing [J]. Optics Communications, 1990, 75(2): 101 - 105.

[7] Richardson W H. Bayesian-based iterative method of image restoration[J]. Journal of Optical Society of America A, 1972(62): 55 - 99.

[8] Tsumuraya F, Miura N, Baba N. Iterative blind deconvolution method using Lucy's

algorithm [J]. Astronomy and Astrophysics, 1994(282): 669 - 708.

[9] Hudson H M, Larkin R S. Accelerated image reconstruction using ordered subsets of projection data[J]. IEEE Trans. on Medical Imaging, 1994, 13(4): 601 - 609.

[10] Premaratne P, Premaratne M. Accelerated iterative blind deconvolution of still images[C]//TENCON 2003. Conference on Convergent Technologies for Asia-Pacific Region, 2003, 1(15 - 17): 6 - 10.

[11] Robini M C, Rastello T, Magnin I E. Simulated annealing, acceleration techniques, and image restoration[J]. IEEE Transactions on Image Processing, 1999, 8(10): 1374 - 1387.

[12] Ferreira P J S G. Convergence acceleration and band-limited image restoration [C]//Proceedings of the 15th Annual International Conference of the IEEE. Engineering in Medicine and Biology Society, 1993(28 - 31): 422 - 423.

[13] Meinel E S. Origins of linear and non-linear recursive restoration algorithms[J]. Journal of Optical Society of America A, 1992, 3(7): 1072 - 1085.

[14] Holmes T J, Liu Y H. Acceleration of maximum likelihood image restoration for fluoroscopy microscopy and other noncoherent imagery [J]. Journal of Optical Society of America A, 1991(8): 893 - 907.

[15] Biggs D S C, Andrews M. Conjugate gradient acceleration of maximum- likelihood image restoration[J]. Electronics Letters, 1995, 31(23): 1985 - 1986.

[16] Biggs D S C, Andrews M. Acceleration of iterative image restoration algorithms[J]. Applied Optics, 1997, 36 (8): 1766 - 1775.

[17] Rajeevan N, Rajgopal K, Krishna G. Vector-extrapolated fast maximum likelihood estimation algorithms for emission tomography[J]. IEEE Transactions on Medical Imaging, 1992, 11(1): 9 - 20.

[18] Hadamard J. Lectures on the Cauchy problem in linear partial differential equations [M]. New Haven: Yale University Press, 1923: 51 - 62.

[19] Tikhonov A N, Arsenin V Y. Solutions of ill-posed problems[M]. New York: Wiley, 1977: 23 - 46.

[20] Miller K. Least squares methods for ill-posed problems with a prescribed bound[J]. SIAM J. Math., Anal., 1970, 1(4): 52 - 74.

[21] Rudin L I, Osher S, Fatemi E. Nonlinear total variation based noise removal algorithm[J]. Physica D, 1992, 60(2): 259 - 268.

[22] Geman S, McClure D E. Bayes image analysis: An application to single photon emission tomography[J]. IEEE Transactions On Image Processing, 1996, 16(3): 76

-80.

[23] Vogel C R,Oman M E. Iterative methods for variation denoising[J]. SIAM J. Sci. Comput.,1996,17(1):227-238.

[24] ZHONG Shan,SHEN Zhenkang. Blind deconvolution of infrared image[J]. SPIE, 2001(4548):275-279.

[25] Sekko E, Thomas G, Boukrouche A. A deconvolution technique using optimal Wiener filtering and regularization[J]. Elsevier Science Signal Processing, 1999(72):23-32.

[26] 邹谋炎.反卷积和信号恢复[M].北京:国防工业出版社,2001.

[27] Aggelos K Katsaggelos,Jan Biemond,Ronald W Schafer. A regularized iterative image restoration algorithm[J]. IEEE Transactions On Signal processing,1991,39(4):914-929.

[28] Yu-Li You, Kaveh M. A regularization approach to joint blur identification and image restoration[J]. IEEE Transactions On Image Processing, 1996, 5(3):416-428.

[29] 冈萨雷斯.数字图像处理[M].2版.阮秋琦,等,译.北京:电子工业出版社,2003.

[30] 符曦.系统最优化及控制[M].北京:机械工业出版社,1998.

[31] Tony F Chan, Chiu-Kwong Wong. Total variation blind deconvolution[J]. IEEE Transactions On Image Processing,1998,7(3):370-375.

[32] You Y L,Kaveh M. Blind image restoration by anisotropic regularization[J]. IEEE Transactions On Image Processing,1999,8(3):396-407.

[33] Deepa Kundur, Dimitrios Hatzinakos. A novel blind deconvolution scheme for image restoration using recursive filtering[J]. IEEE Transactions On Signal Processing,1998,46(2):375-390.

[34] Deepa Kundur,Dimitrios Hatzinakos. Blind image deconvolution[J]. IEEE Signal Processing Magazine,1996(13):43-64.

[35] 殷兴良.气动光学原理[M]. 北京:中国宇航出版社,2003:1-100.

[36] 张天序,洪汉玉.基于估计总体点扩展函数值的湍流退化图像恢复[J].自动化学报,2003,29(4):573-581.

[37] Peter J Green. Bayesan reconstruction from emission tomography data using a modified EM algorithm[J]. IEEE Transactions On Medical Imaging,1990,9(1):84-93.

[38] 洪汉玉,张天序.基于多分辨率盲目去卷积的气动光学效应退化图像恢复算法[J].计算机学报,2004,27(7):952-963.

[39] 余国亮.湍流退化图像恢复算法研究[D].武汉:华中科技大学,2005.

[40] Donald Geman, George Reynolds. Constrained restoration and the recovery of discontinuities [J]. IEEE Transactions on Pattern Analysis and Machine Intelligence,1992,14(3):367-383.

[41] Pierre Charbonnier, Laure Blanc-Feraud, Gilles Aubert, et al. Deterministic edge-preserving regularization in computed imaging[J]. IEEE Transactions On Image Processing,1997,6(2):298-311.

[42] Donald Geman, Chengda Yang. Nonlinear image recovery with half-quadratic regularization[J]. IEEE Transactions On Image processing,1995,4(7):932-946.

[43] Jerome Idier. Convex half-quadratic criteria and interacting auxiliary variables for image restoration[J]. IEEE Transactions On Image Processing, 2001, 10(7): 1001-1009.

[44] Elfendahl M P. Investigation of the convergence properties of an iterative image restoration algorithm[J]. IEEE Transactions On Image Processing,1994,5(2):28-31.

[45] Law N F, Lane R G. Blind deconvolution using least squares minimization[J]. Optics Communications,1996(128):341-352.

[46] Fish D A, Brinicombe A M, et al. Blind deconvolution by means of the Richardson-Lucy algorithm[J]. J. Opt. Soc. Am. A,1995,12(1):58-65.

[47] Banham M R, Katsagellos A K. Digital image restoration[J]. IEEE Signal Process. Mag.,1997(14):24-41.

[48] Hong H Y, Li L C, Park I K, et al. Universal deblurring method for real images using transition region[J]. Optic Engineering,2012,51(4),047006:1-10.

[49] Fergus R, Singh B, Hertzmann A, et al. Removing camera shake from a single image [J]. ACM Transactions on Graphics,2006,25(3):787-794.

[50] Shan Q, Jia J, Agarwala A. High-quality motion deblurring from a single image[J]. ACM Trans. on Graphics,2008,27(3):73.

[51] Hong H, Park I K. Single image motion deblurring using adaptive anisotropic regularization[J]. Optical Engineering,2010,49(9),097008:1-13.

[52] Hong H Y, Zhang T X. Fast restoration approach for rotational motion blurred image based on deconvolution along the blurring paths[J]. Optical Engineering, 2003,42(12):3471-3486.

[53] 耿则勋,陈波,王振国,等.自适应光学图像复原理论与方法[M].北京:科学出版社,2010.

[54] 洪汉玉.成像探测系统图像复原算法研究[D].武汉:华中科技大学,2004.

# 第5章　序列图像的数字校正恢复

## 5.1　两帧图像校正恢复方法(相邻帧方法)

在气动光学效应退化图像恢复问题中,气动光学效应随机点扩展函数的正确估计是其核心部分。为避开向导星技术和克服单帧迭代盲目去卷积(IBD)过多地依赖先验知识的缺点,我们提出了一种新颖的利用相邻两帧气动光学效应退化图像来估计气动光学效应总体点扩展函数离散值的方法,称之为Restoration Method Using Two Neiboring Frames(RUTNF)。本方法不再利用邻近目标的自然或人工的向导星(点)图像来测量点扩展函数值,而是直接利用两帧短曝光气动光学效应退化图像数据作为输入,经快速傅里叶变换后,在频域中建立和选择用来计算气动光学效应总体点扩展函数离散值的一系列线性方程式,在误差扰动理论分析的基础上制定了一些行之有效的挑选方程的规则。为了克服噪声对点扩展函数值估计的干扰,张天序、洪汉玉提出了基于非负最小二乘约束的点扩展函数离散值的优化估计及其退化图像恢复方法,该方法在点扩展函数非负性和空间相关性的双重约束条件下,将计算问题转化为基于非负最小二乘的优化估计问题,通过迭代方式估计点扩展函数离散值,进而恢复目标图像。为气动光学效应退化图像的复原校正提供了一种新的途径。

### 5.1.1　概述

大气绕流随机地干扰光波的传播,给目标识别带来了很大的困难。为了确定大气对短曝光图像的影响，人们最初提出用自然向导星（点）的图像或人工向导星来探测变形[1]，但这些技术包含有复杂的设备，且在目标跟踪及未制导过程中，根本无法寻找向导星。由于气动光学效应的点扩展函数是未知的、复杂的和随时间变化的，因此气动光学效应退化图像的复原问题比较困难。由图像退化模型 $g(x,y)=h(x,y)\otimes f(x,y)$ 可知，仅有观测图像数据 $g(x,y)$，在点扩展函数 $h(x,y)$ 未知的情况下，目标图像 $f(x,y)$ 是不能唯一确定的。另外退化图像还含有噪声，这进一步加大了复原的难度。由此可知，气动光学效应退化图像复原是一个富有挑战性的课题。当点扩展函数数据无法得到时，必须转而借助盲目去卷积，为此，人们提出了盲目去卷积方法。其关键在于在复原过程中如何合理引入先验信息。在退化模型未知的情况下，直接从退化图像中估计目标的强度，G. R. Ayers 和 J. C. Dainty 于 1988 年提出了单帧迭代盲目去卷积方法[2]，简称为 IBD，且将其应用在大气退化图像的复原中。该方法是在未知点扩展函数的情况下，不用向导星（点源）作参考，而是利用一些合理的先验知识，如目标的强度和点扩展函数离散值都是非负的，基于在频率域上某些已知的特性来估计目标的强度[2~4]，但其单值性和收敛特性是不能确定的，其效果依赖过多的先验知识，可靠性和稳定性难以保证[5]。

为了快速有效地恢复气动光学效应退化图像，美国研究大气光学的资深专家 Frieden 提出了一种图像相除方法[7]。Frieden 结合湍流的光学统计理论[6]将大气湍流对光波的影响分解为一系列的光学湍流单元，将大气湍流的总体点扩展函数模型化为一系列“扰动函数（Disturbance Function）”（或称斑点函数）的随机叠加过程，利用两帧短曝光图像的傅里叶频谱来建立关于各“斑点函数”的权重和位移的非线性方程组。Frieden 用 Newton-Raphson 迭代方法[6]和 Marquadt-Levenberg 迭代方法[7]，求解各“斑点函数”的权重和其偏移位置；再计算各斑点函数值，相加后分别得到两帧气动光学效应退化图像的总体点扩展函数，最后通过传统的逆滤波方法恢复目标图像。Wang 则采用多准则神经网络方法来求解每个“斑点函数”的权重和其偏移位置[8]。Frieden 提出的图像相除方法是一种可行的最有发展前途的实时恢复气动光学效应退化图像方法，是一种在大气层环境工作的机/弹载摄像设备实时恢复目标图像和提高成像质量的技术途径，值得注意和研究。但目前的解决方法都是假设湍流单元数目保持不变和其基本扰动函数的参数和形式不变。实际上，这些假设并非特别有效。对于气动光学效应退化图像的复原，显然面临如下 3 个难点：① 使原图像退化的湍流单元数目，事先是未知的，很难从已摄取的气动光学效应退化图像中正确估计出。② 由于各种随机因素的干扰，各“斑点函数”的形式和参数是多变的，在不同的瞬时(短曝光)和在不同的空间位置上，或多或少会发生改变，甚至有一些会消失或再现。假定它们形状不变，湍流光学单元数目不变，不适合于瞬息万变的实际湍流环境，与实际相去甚远。③ 计算复杂性和整体结果对计算误差的敏感性。当湍流单元数目及参数随时间变化时，用现有的非线性迭代方法求解每个“斑点函数”权重和位置的精确值是非常困难和耗时的。

本文避开了这些问题。气动光学理论[9,10]及人们对向导星的观测结果表明，气动光学效应退化图像(短曝光)的点扩展函数具有衰减性质[1]，在峰值不远处很快地衰减下来。如果将一幅气动光学效应退化图像的点扩展函数区域(等同图像尺寸)分为激励区域(函数值大于零)和非激励区域(函数值为零)，则点扩展函数的激励区域的范围比气动光学效应退化图像尺寸小得多[1,11]，一般为图像范围的1/8～1/4或更小[1]，与大气湍流的强度及成像分辨率有关。因此，大气湍流对目标图像的各种影响可看作累积和叠加在这个激励区域中。我们只对激励区域感兴趣，只需求解气动光学效应退化图像的总体点扩展函数的激励区域的离散值，非激励区域的值可近似为零。而激励区域的大小可以从退化图像中根据目标模糊范围来测定[11]。这样，可将问题归结为直接从两帧气动光学效应退化图像中估算出两个总体的点扩展函数的离散值。由此，张天序、洪汉玉提出了一种更符合实际的恢复气动光学效应退化图像的新算法——基于估计总体点扩展函数离散值的气动光学效应退化图像恢复算法[12]，且考虑了其快速实现。新算法和技术途径与Frieden所采用及其他的一些气动光学效应退化图像复原方法有如下重要不同之处：① 新算法主要是从总体上来考察随机湍流对目标图像的影响，把点扩展函数区域分为激励区和非激励区，由于流场点扩展函数复杂，难以用数学解析式来表达，因此，新算法将点扩展函数进行离散化，求解流场点扩展函数在激励区(或称支持域)的离散值。② 在空间域内将气动光学效应退化图像进行了适当的背景延拓，而非在频率域中进行50%过采样[13]，克服了Frieden过采样方法的局限性，Frieden在文献[12]中并未给出高速流场随机点扩展函数估计及气动光学效应退化图像恢复的充分实例，仅仅给出了一个大小为16×16的图示。③ 在选择和构造方程时，为了降低方程组系数矩阵的条件数，作者在理论探索的基础上制定了一些有用的规则，采用准等间隔的挑选方法，保证解的稳定性。④ 为了避免噪声的干扰，利用点扩展函数值的空间相关性,提出了一种基于非负最小二乘的估计总体点扩展函数离散值的优化算法,提高了噪声抵抗能力,获得了较好的效果。

### 5.1.2　点扩展函数(PSF)及气动流场的光学传递函数

红外成像探测器窗口外的气动流场的光学特性是随时间不断变化的,于是气动流场对目标图像的光学影响函数为时间函数,来自目标的红外辐射穿过流场后在光学焦平面的成像模型可表示为

$$g(x,y) = h\{f(x,y)\} \tag{5.1}$$

式中 $g(x,y)$为观察到的退化图像,$f(x,y)$为目标原图像。

采用二维积分的形式,二维图像的形成过程可模型化为

$$g(x,y) = h\{f(x,y)\} = \int_{-\infty}^{\infty}\int_{-\infty}^{\infty} h(x,y;s,t)f(s,t)\mathrm{d}s\mathrm{d}t \tag{5.2}$$

其中 $h(x,y;s,t)$的物理含义为气动流场的瞬时冲激函数或点扩展函数(PSF)。

离散后,(5.2)式可表达为

$$g(x,y) = \sum_s \sum_t h(x,y;s,t)f(s,t) \tag{5.3}$$

一般情况下,在短曝光时间内,可假定大气湍流对目标成像的影响具有时移不变性,即对于气动光学效应退化图像,其退化过程一般可假定为空不变的[1,11,14],模糊算子具有位移不变性,则有

$$h(x,y;s,t) = h(x-s,y-t) \tag{5.4}$$

将式(5.4)代入式(5.3),得

$$g(x,y) = \int_{-\infty}^{\infty}\int_{-\infty}^{\infty} f(s,t)h(x-s,y-t)\mathrm{d}s\mathrm{d}t = f(x,y) \otimes h(x,y) \tag{5.5}$$

其中$\otimes$为卷积符号。由式(5.5)可知,点扩展函数 $h(x,y)$描述了气动流场对目标图像的综合影响,只有获取点扩展函数,才可能复原出目标图像。

对气动流场的点扩展函数进行傅里叶变换就可得到其光学传递函数:

$$H(u,v) = \int_{-\infty}^{\infty}\int_{-\infty}^{\infty} h(x,y)\exp[-\mathrm{j}2\pi(ux+vy)]\mathrm{d}x\mathrm{d}y$$

流场光学传递函数描述了流场对目标图像的各种空间频率分量的影响。

成像传感器还有噪声干扰,退化图像还含有噪声,这时 $g(x,y)$可表示为

$$g(x,y) = h(x,y) \otimes f(x,y) + n(x,y) \tag{5.6}$$

式中 $n(x,y)$为噪声项,一般可假定其为加性高斯白噪声。

### 5.1.3 流场点扩展函数离散值的计算方程

首先,我们假定所摄取到的气动光学效应模糊图像包含目标部分的所有能量信息,即模糊图像与原目标图像在总体上能量保持相等。点扩展函数的作用只是改变了目标图像强度的分布,使原目标图像灰度峰值减小、像点强度分布扩散和像素偏移。但应确保目标完全在图像内,否则就会出现能量丢失。在实际中,一般拍摄到的场景图像不仅包含目标,还有背景,也就是说在跟踪目标时,图像框定的范围比目标本身要大一些。

人们对气动光学效应的研究目前主要集中在高速流场辐射机制和气动光学传输效应模型的建立及综合分析上[9,10,15,16]。由于我们的最终目的是能够从采集到的退化图像中复原出目标图像,因此,结合光波在大气传输中的一些研究结论及其有关先验知识从退化图像中重建出其点扩展函数具有重大实际意义。基于这一思想以及点扩展函数比较复杂、难以用数学模型表达的客观事实,本节提出一种基于估计点扩展函数离散值的图像复原算法,采用两帧退化图像来估计点扩展函数离散值,进而恢复图像。设目标保持不变,对目标场景连续拍摄两帧受气动流场影响而退化的图像。大气湍流是随机和瞬息万变的。大气湍流的变化频率(一般高达 $10^6$ Hz[9])远远大于探测成像系统的帧频数(500～1 500 Hz),于是在两帧短曝光图像的间隔内,大气湍流分布有较大的变化[6,9,12,16],两帧短曝光图像可看作相同目标被两个不同的相对独立分布的气动流场所干扰得到的退化图像[6]。

暂不考虑噪声项,根据式(5.6)对两帧退化图像 $g_n(x,y)(n=1,2)$分别进行二维离散傅里叶变换,有

$$g_n(x,y) = h_n(x,y) \otimes f(x,y) \Leftrightarrow G_n(u,v) = H_n(u,v)F(u,v) \tag{5.7}$$

即

$$G_1(u,v) = H_1(u,v)F(u,v) \tag{5.8}$$

$$G_2(u,v) = H_2(u,v)F(u,v) \tag{5.9}$$

$G_1(u,v)$和 $G_2(u,v)$由已知的观察图像 $g_n(x,y)(n=1,2)$的傅里叶变

换得到，但原图像的频谱 $F(u,v)$ 是未知的，两个短曝光图像 $g_1(x,y)$、$g_2(x,y)$ 可看成是目标图像被两个未知的随机的光学传递函数 $H_1(u,v)$、$H_2(u,v)$ 所退化。

将两个退化图像的频谱相除，得

$$D(u,v) = \frac{G_1(u,v)}{G_2(u,v)} \tag{5.10}$$

将式(5.8)和式(5.9)代入式(5.10)，有

$$D(u,v) = \frac{G_1(u,v)}{G_2(u,v)} = \frac{H_1(u,v)F(u,v)}{H_2(u,v)F(u,v)} = \frac{H_1(u,v)}{H_2(u,v)} \tag{5.11}$$

其中

$$H_1(u,v) = \sum_{x=0}^{N-1}\sum_{y=0}^{N-1} h_1(x,y)\exp[-\mathrm{j}2\pi(ux+vy)/N] \tag{5.12}$$

$$H_2(u,v) = \sum_{x=0}^{N-1}\sum_{y=0}^{N-1} h_2(x,y)\exp[-\mathrm{j}2\pi(ux+vy)/N] \tag{5.13}$$

设高速流场总体点扩展函数 $h_n(x,y)$ 的激励区域(或称支持域)尺寸为 $M\times M$，称 $M$ 为高速流场总体点扩展函数的有效宽度，在大多数情况下，$M$ 远小于图像尺寸。

$$h_n(x,y)\begin{cases} >0, & \text{离散点}(x,y)\text{在激励区域内} \\ =0, & \text{离散点}(x,y)\text{在激励区域外} \end{cases}$$

设原图像 $f(x,y)$ 目标区域的尺寸为 $R\times C$。点扩展函数的作用改变了目标图像像素点强度的分布，使原图像峰值降低，像点强度扩散，图像模糊。在气动光学效应退化图像 $g_n(x,y)$ 中目标实际所占区域比原图目标区域要大。由二维卷积理论可知，其模糊区域大小为 $(R+M-1)\times(C+M-1)$。拍摄到的场景图像包含目标和背景，为了避免目标能量丢失，摄取目标图像时，应确保整个目标在像平面内。也就是说在大气高速流场条件下，跟踪目标时，框定的范围一般要比目标区域大一些。设气动光学效应退化图像的大小为 $W\times H$，则应保证 $W\geqslant R+M-1$，$H\geqslant C+M-1$。为了便于利用 FFT，在此要对气动光学效应退化图像 $g_n(x,y)$ 的范围进行适当的选择。为便于讨论，设其大小为 $N\times N$，$N$ 为待选定的整数值。这里，选择 $N$ 为关于 2 幂次方的整数值。

高速流场的点扩展函数值在其峰值附近会很快地衰减下来[1]，有意义的支持域不是很大(短曝光)，设支持域的最大尺寸为 $M\times M$，其大小与气动流场的物理特性及光学特性有关，取决于飞行器光学头罩外来流流场参数和成像探测

系统的光电参数,可由这些参数计算及预测出[9,10]。

对 $h_n(x,y)$进行离散傅里叶变换,则式(5.12)和式(5.13)可表示如下:

$$\begin{aligned}H_1(u,v) &= \sum_{x=0}^{N-1}\sum_{y=0}^{N-1} h_1(x,y)\exp[-\mathrm{j}2\pi(ux+vy)/N] \\ &= \sum_{x=0}^{M-1}\sum_{y=0}^{M-1} h_1(x,y)\exp[-\mathrm{j}2\pi(ux+vy)/N] \\ &(u,v=0,1,\cdots,N-1)\end{aligned} \tag{5.14}$$

$$\begin{aligned}H_2(u,v) &= \sum_{x=0}^{N-1}\sum_{y=0}^{N-1} h_2(x,y)\exp[-\mathrm{j}2\pi(ux+vy)/N] \\ &= \sum_{x=0}^{M-1}\sum_{y=0}^{M-1} h_2(x,y)\exp[-\mathrm{j}2\pi(ux+vy)/N] \\ &(u,v=0,1,\cdots,N-1)\end{aligned} \tag{5.15}$$

将式(5.14)、式(5.15)代入式(5.11),有

$$D(u,v) = \frac{\sum\limits_{x=0}^{M-1}\sum\limits_{y=0}^{M-1} h_1(x,y)\exp[-\mathrm{j}2\pi(ux+uy)/N]}{\sum\limits_{x=0}^{M-1}\sum\limits_{y=0}^{M-1} h_2(x,y)\exp[-\mathrm{j}2\pi(ux+uy)/N]} \quad (u,v=0,1,\cdots,N-1) \tag{5.16}$$

对上式进行移项和整理,得

$$\sum_{x=0}^{M-1}\sum_{y=0}^{M-1}[h_1(x,y)-D(u,v)h_2(x,y)]\exp[-\mathrm{j}2\pi(ux+vy)/N] = 0 \quad (u,v=0,1,\cdots,N-1) \tag{5.17}$$

在两帧图像间隔内,当目标有相对移动时,上式中的 $D(u,v)$要进行一些修正。设第 2 帧图像目标的相对位移偏量为$(x_0,y_0)$,则有

$$g_1(x,y)=h_1(x,y)\otimes f(x,y)\Leftrightarrow G_1(u,v)=H_1(u,v)F(u,v)$$

$$\begin{aligned}g_2(x,y)&=h_2(x,y)\otimes f(x-x_0,y-y_0)\\ &\Leftrightarrow G_2(u,v)=H_2(u,v)F(u,v)\exp[-\mathrm{j}2\pi(ux_0+vy_0)/N]\end{aligned}$$

令 $C(u,v)=\exp[-\mathrm{j}2\pi(ux_0+vy_0)/N]$,将两个退化图像的频谱相除,得

$$D'(u,v) = \frac{G_1(u,v)}{G_2(u,v)} = \frac{H_1(u,v)F(u,v)}{H_2(u,v)F(u,v)C(u,v)} = \frac{H_1(u,v)}{H_2(u,v)C(u,v)}$$

将 $C(u,v)$移项,得

$$D(u,v) = C(u,v)D'(u,v) = C(u,v)\frac{G_1(u,v)}{G_2(u,v)} = \frac{H_1(u,v)}{H_2(u,v)}$$

由上式可知,当有相对偏移时,用 $C(u,v)$对两退化图像频谱相除量

$D'(u,v)$进行修正即可得到 $D(u,v)$。

将 $D(u,v)$用幅度 $M_n(u,v)$和相位角 $\varphi(u,v)$表示为

$$D(u,v) = M_n(u,v)\exp[\mathrm{j}2\pi\varphi(u,v)/N] \tag{5.18}$$

方程组(5.17)式为复数方程,将式(5.18)代入式(5.17),分别将实部和虚部展开,得到的一系列的实部方程和虚部方程分别为

$$\begin{aligned}
&\sum_{x=0}^{M-1}\sum_{y=0}^{M-1}\left(\cos\frac{2\pi}{N}(ux+vy)\right)h_1(x,y) \\
&\quad -\sum_{x=0}^{M-1}\sum_{y=0}^{M-1}\left[M_n(u,v)\cos\frac{2\pi}{N}(\varphi(u,v)-ux-vy)\right]h_2(x,y)=0, \\
&\sum_{x=0}^{M-1}\sum_{y=0}^{M-1}\left(\sin\frac{2\pi}{N}(ux+vy)\right)h_1(x,y) \\
&\quad +\sum_{x=0}^{M-1}\sum_{y=0}^{M-1}\left[M_n(u,v)\sin\frac{2\pi}{N}(\varphi(u,v)-ux-vy)\right]h_2(x,y)=0 \\
&\quad (u,v=0,1,\cdots,N-1)
\end{aligned} \tag{5.19}$$

方程组(5.19)式(含实部和虚部)含有未知变量 $h_1(x,y)$及 $h_2(x,y)(x,y=0,1,\cdots,M-1)$共 $2M^2$ 个。而方程组(5.19)式中方程个数为 $2N^2$。我们注意到图像频谱在频率域 $uv$ 中具有共轭对称性,因此 $2N^2$ 个方程中大约有一半是重合的。实际上,线性独立的方程组个数为 $N^2+4$,大约为 $2N^2$ 的一半。因此,要想准确求解 $h_1(x,y)$及 $h_2(x,y)$,必须保证:$N^2+4>2M^2$,即 $N>\sqrt{2}M$,另外,为了能利用快速 FFT 算法,选择 $N$ 为 2 的幂次方的整数。综上所述,选择 $N$ 使其满足如下 3 个条件:① $N\geqslant\max(W,H)$;② $N>(\mathrm{int})\sqrt{2}M$;③ $N$ 为 2 的幂次方的整数,即 $N=2^n$,$n$ 为正整数。

### 5.1.4　方程的线性相关性与独立性

为了方便论述方程组(5.19)式中方程之间存在着的相关性,在此将复变量 $D(u,v)$表示为实部 $R(u,v)$和虚部 $I(u,v)$,有

$$D(u,v) = R(u,v) + \mathrm{j}I(u,v) \tag{5.20}$$

方程组(5.17)式为复数方程,将式(5.20)代入式(5.17),且将实部和虚部分别展开,得到的一系列的实部方程和虚部方程分别为

$$\sum_{x=0}^{M-1}\sum_{y=0}^{M-1}\left(\cos\frac{2\pi}{N}(ux+vy)\right)s_1(x,y)-\sum_{x=0}^{M-1}\sum_{y=0}^{M-1}\left(R(u,v)\cos\frac{2\pi}{N}(ux+vy)\right.$$

$$+ I(u,v)\sin\frac{2\pi}{N}(ux+vy))s_2(x,y) = 0,$$

$$\sum_{x=0}^{M-1}\sum_{y=0}^{M-1}(\sin\frac{2\pi}{N}(ux+vy))s_1(x,y) + \sum_{x=0}^{M-1}\sum_{y=0}^{M-1}(-R(u,v)\sin\frac{2\pi}{N}(ux+vy)$$

$$+ I(u,v)\cos\frac{2\pi}{N}(ux+vy))s_2(x,y) = 0 \quad (u,v=0,1,\cdots,N-1) \tag{5.21}$$

方程组(5.21)式共有未知量 $h_1(x,y)$、$h_2(x,y)$ $(x,y=0,1,\cdots,M-1)$ $2M^2$个,方程数量为 $2N^2$,但 $2N^2$ 个方程中大约有一半是线性相关的。为了说明这种线性相关性,令

$$A1(u,v,x,y) = \cos\frac{2\pi}{N}(ux+vy)$$

$$A2(u,v,x,y) = -(R(u,v)\cos\frac{2\pi}{N}(ux+vy) + I(u,v)\sin\frac{2\pi}{N}(ux+vy))$$

$$A3(u,v,x,y) = \sin\frac{2\pi}{N}(ux+vy)$$

$$A4(u,v,x,y) = -R(u,v)\sin\frac{2\pi}{N}(ux+vy) + I(u,v)\cos\frac{2\pi}{N}(ux+vy)$$

方程组(5.21)式用矩阵向量的形式可表示如下:

$$\begin{array}{c} (u,v)\downarrow \\ (0,0) \\ (0,1) \\ \vdots \\ (N-1,N-1) \\ (0,0) \\ (0,1) \\ \vdots \\ (N-1,N-1) \end{array} \begin{bmatrix} \overset{(x,y)\rightarrow}{(0,0)} \quad (0,1) \quad \cdots \quad (M-1,M-1); & (0,0) \quad (0,1) \quad \cdots \quad (M-1,M-1) \\ A1(u,v,x,y) & A2(u,v,x,y) \\ A3(u,v,x,y) & A4(u,v,x,y) \end{bmatrix}$$

$$\cdot \begin{bmatrix} h_1(0,0) \\ h_1(0,1) \\ \vdots \\ h_1(M-1,M-1) \\ h_2(0,0) \\ h_2(0,1) \\ \vdots \\ h_2(M-1,M-1) \end{bmatrix} = \mathbf{0} \tag{5.22}$$

容易证明,系数变量 $A1(u,v,x,y)$在图 5.1(a)箭头所示的两部分对应点

的值是相等的，$A2(u,v,x,y)$也是如此；而 $A2(u,v,x,y)$及 $A3(u,v,x,y)$在图 5.1(a)箭头所示的两部分对应点的绝对值相等，符号相反。方程系数在频域坐标系中，除点(0,0)外，第一行是关于点($u=0,v=N/2$)重叠的，第一列是关于点($u=N/2,v=0$)重叠的，其余各点是关于点($u=N/2,v=N/2$)重叠的。方程组(5.19)式中具有独立性的方程在频域坐标中的分布及数量如表5.1所示。由此可计算出具有独立性方程的数量为 $N^2+4$。

表 5.1　独立性方程的频域坐标分布及统计

| 频域坐标$(u,v)$ | | 独立方程数（实部） | 独立方程数（虚部） |
|---|---|---|---|
| $u=0$, | $v=0,1,\cdots,N/2$ | $N/2+1$ | $N/2+1$ |
| $u=1,\cdots,N/2-1$, | $v=0,1,\cdots,N-1$ | $(N/2-1)N$ | $(N/2-1)N$ |
| $u=N/2$ | $v=0,1,\cdots,N/2$ | $N/2+1$ | $N/2+1$ |

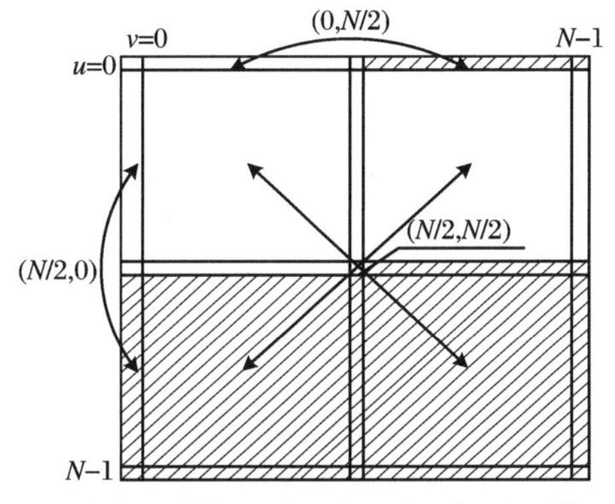


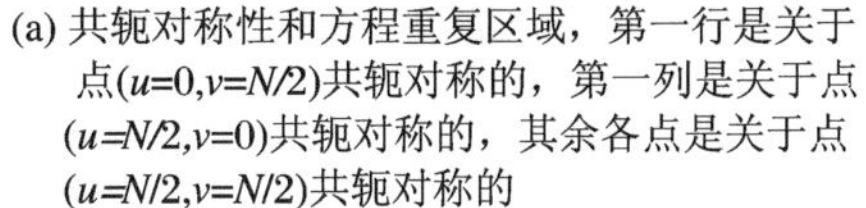
(a) 共轭对称性和方程重复区域，第一行是关于点($u=0,v=N/2$)共轭对称的，第一列是关于点($u=N/2,v=0$)共轭对称的，其余各点是关于点($u=N/2,v=N/2$)共轭对称的

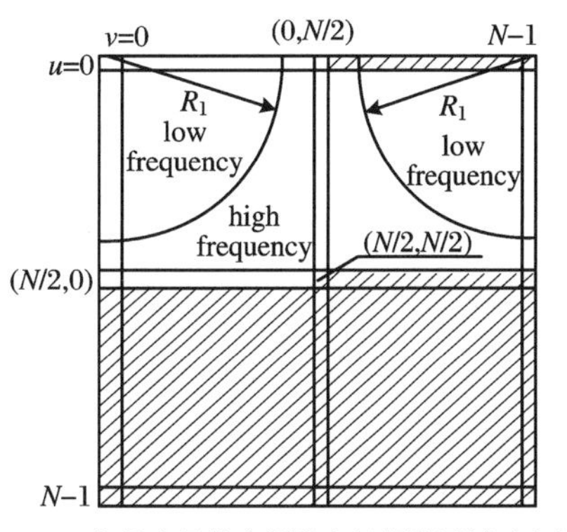


(b) 方程选择的高频段和低频段区域示意图（频谱未移位）

图 5.1　频域坐标系中方程的选择

设

$$\boldsymbol{x}=[\boldsymbol{h}_1^{\mathrm{T}}\quad \boldsymbol{h}_2^{\mathrm{T}}]^{\mathrm{T}} \tag{5.23}$$

其中 $\boldsymbol{h}_n=[h_n(0,0)\quad h_n(0,1)\quad \cdots\quad h_n(M-1,M-1)]^{\mathrm{T}}(n=1,2)$，此时，方程组(5.20)式用矩阵向量的形式可简化地表示为

$$\boldsymbol{A}\boldsymbol{x}=\boldsymbol{0} \tag{5.24}$$

此时，$\boldsymbol{A}$ 为 $2N^2\times 2M^2$ 维矩阵，$\boldsymbol{x}$ 为 $2M^2\times 1$ 维向量。

### 5.1.5 线性方程组解的数值分析与先验约束

我们是通过线性方程组(5.19)式来估计点扩展函数值，进而恢复目标图像的。为了得到具有实际物理意义的点扩展函数值，先来分析线性方程组(5.19)式的解。对以下特殊情况必须认真对待，需要增加一些先验约束消除无价值的解。

(1) 首先，$h_1(x,y)=0,h_2(x,y)=0(x,y=0,1,\cdots,M-1)$ 是线性方程组(5.19)式的一个解。显然，这是一个毫无价值的解，导致恢复出的目标图像为全黑。点扩展函数是系统冲激响应函数，具有非负性[11,17]，但不会全为零，点扩展函数值应满足一些先验约束[11,18,19]。显然，这种全为零的解可通过设定点扩展函数的先验约束来消除。

(2) 其次，当 $\boldsymbol{x}$ 为线性方程组(5.19)式的一个解时，$K\cdot\boldsymbol{x}$（$K$ 为一比例系数）也为它的解，即 $h_1(x,y),h_2(x,y)(x,y=0,1,\cdots,M-1)$ 为它的解，则它们的比例缩放值 $K\cdot h_1(x,y),K\cdot h_2(x,y)(x,y=0,1,\cdots,M-1)$ 也为它的解。图像模糊退化是一个物理过程，点扩展函数是一个系统函数，它对原图像的影响只是改变了其灰度分布，使图像模糊、能量扩散。一般来说，它既不吸收能量，也不会增加能量，模糊前后图像能量基本上是保持不变的[11]，由此可推出，点扩展函数在其区域内的积分为 1 [11,19]，经采样后，其离散值之和为 1 [11]，因此点扩展函数值为以下集合的元素[18]：

$$\Omega \xlongequal{\text{def}} \left[h(x,y):\sum_{x=0}^{M-1}\sum_{y=0}^{M-1}h(x,y)=1,\ h(x,y)\geqslant 0\right] \tag{5.25}$$

其中 $h(x,y)\geqslant 0$ 是指它的非负性，意味着点扩展函数不吸收能量；$\sum\limits_{x=0}^{M-1}\sum\limits_{y=0}^{M-1}h(x,y)=1$，即归一化性，意味着它不会增加能量。因此，由归一化性约束可以消除 $K>1$ 及 $K<1$ 的多解情况。

(3) 最后，分析 $g_1(x,y)=K\cdot g_2(x,y)$的情况。由 $g_1(x,y)=K\cdot g_2(x,y)$ 可推出 $D(u,v)=K$，即有公因子，$H_1(u,v)/H_2(u,v)=K$（$K$ 为一常数）。此时，$D(u,v)$的实部 $R(u,v)$为一常数，其虚部 $I(u,v)$为零，将其代入方程组(5.19)式中，系数矩阵的秩为 $M^2$，小于变量数 $2M^2$。此时方程组是欠定的，可验证其解为：$h_1(x,y)=K\cdot h_2(x,y)(x,y=0,1,\cdots,M-1)$，具有 $M^2$ 个自由变量，有无数个解。我们需要分析这种情况存在的可能性。$g_1(x,y)=K\cdot g_2(x,y)$，显然，这是一个关于退化图像灰度值的比例缩放问题。即当两帧退化图像各对应像素点的灰度值成比例时,方程组(5.19)式是欠定的,此时无法得出点扩展函数的真实估计值,因为满足关系 $h_1(x,y)=K\cdot h_2(x,y)$ 的任何一组数值都为其解。由归一化性约束可以消除 $K>1$ 及 $K<1$ 的情况。但理论上,$K=1$ 这种可能性还是存在的,也就是两帧退化图像的数据完全一致。这种现象只是在气动流场的光学特性严格不变时才会发生,即流场点扩展函数保持不变,气动光学效应包含有层流效应和湍流效应[9],无湍流效应时才会有这种现象。为了回避这种现象,我们需做一些预处理工作,当所采集到的两帧退化图像对应点灰度值相等(或成比例)时,就不要用这两帧图像数据来估计点扩展函数值,而是再取下一帧图像,从而可有效地避开方程组的欠定性问题,保证解的稳定性。

### 5.1.6　线性方程组的改造

方程组(5.19)式的矩阵向量形式为 $\boldsymbol{Ax}=\boldsymbol{0}$,这是一个齐次线性方程组,显然,$\boldsymbol{x}=\boldsymbol{0}$即 $h_1(x,y)=0,h_2(x,y)=0(x,y=0,1,\cdots,M-1)$ 为它的一个解,但这不是我们所要求的解。根据线性代数理论,要求非零解,须把方程组(5.19)式变成 $\boldsymbol{Ax}=\boldsymbol{b}$ 的形式。同时为了保证系数矩阵可逆,必须剔除式(5.19)中线性相关的方程。另外,由卷积定理的比例性可知,将点扩展函数 $h_n(x,y)$乘以一固定的比例系数 $K$,仅提高图像数据的灰度值,不改变其相对灰度分布形状。可将方程(5.19)式中某一变量及其对应系数移到方程右边,称其为基准变量,方程两边同时除以该变量,这样形成降了一维的非齐次线性方程 $\boldsymbol{Ax}=\boldsymbol{b}$。求解此方程组,所得的解为点扩展函数值 $h_1(x,y)$和 $h_2(x,y)$ $(x,y=0,1,2,\cdots,M-1$,不包含基准变量)与基准变量的比值。要求出其准确解,必须增加一个约束条件方程。在图像能量保持守恒的情况下,显然可将每幅气动光学效应退化图像的点扩展函数值之和为1作为一个约束条件。在整个目标都在框定的情况下,模糊前后的图像能量基本上保持不变,因此,各帧退化图像的点扩展函数值之和总是接近于1的。另外,要合理地选择基准变量,显然,其值不应为零,且不能太小,太小容易将计算误差放大。可合理地假定点扩展函数的峰值出现在点扩展函数激励区域的中心附近,由此,可以选择点扩展函数激励区域的中心点($x_0=M/2,y_0=M/2$)的变量作为基准变量,不失一般性,令其值为1.0,来求解其他各点的值。也就是将方程组(5.19)式中的基准变量

$h_1(x_0,y_0)$及其对应系数移入方程右边,设基准变量 $h_1(x_0,y_0)$的值为 1.0。

为了将式(5.25)融入到方程组(5.19)式中,在此可将方程组(5.19)式中某一变量 $h_1(x_0,y_0)$(如峰值附近点($x_0=M/2,y_0=M/2$))及其对应系数移到方程右边,方程两边同时除以该变量,这样将方程组(5.19)式形成降了一维的非齐次线性方程组:

$$\begin{aligned}&\sum_{\substack{x=0\\x\neq x_0}}^{M-1}\sum_{\substack{y=0\\y\neq y_0}}^{M-1}\left(\cos\frac{2\pi}{N}(ux+vy)\right)h_1(x,y)\\&\quad-\sum_{x=0}^{M-1}\sum_{y=0}^{M-1}\left[M_n(u,v)\cos\frac{2\pi}{N}(\varphi(u,v)-ux-vy)\right]h_2(x,y)\\&\quad=-\cos\frac{2\pi}{N}(ux_0+vy_0),\\&\sum_{\substack{x=0\\x\neq x_0}}^{M-1}\sum_{\substack{y=0\\y\neq y_0}}^{M-1}\left(\sin\frac{2\pi}{N}(ux+vy)\right)h_1(x,y)\\&\quad+\sum_{x=0}^{M-1}\sum_{y=0}^{M-1}\left[M_n(u,v)\sin\frac{2\pi}{N}(\varphi(u,v)-ux-vy)\right]h_2(x,y)\\&\quad=-\sin\frac{2\pi}{N}(ux_0+vy_0)\quad(u,v=0,1,\cdots,N-1)\end{aligned}\tag{5.26}$$

将复变量 $D(u,v)$表示为实部 $R(u,v)$和虚部 $I(u,v)$时,则有

$$\begin{aligned}&\sum_{\substack{x=0\\x\neq x_0}}^{M-1}\sum_{\substack{y=0\\y\neq y_0}}^{M-1}\left(\cos\frac{2\pi}{N}(ux+vy)\right)h_1(x,y)-\sum_{x=0}^{M-1}\sum_{y=0}^{M-1}\left(R(u,v)\cos\frac{2\pi}{N}(ux+vy)\right.\\&\quad\left.+I(u,v)\sin\frac{2\pi}{N}(ux+vy)\right)h_2(x,y)\\&\quad=-\cos\frac{2\pi}{N}(ux_0+vy_0),\\&\sum_{\substack{x=0\\x\neq x_0}}^{M-1}\sum_{\substack{y=0\\y\neq y_0}}^{M-1}\left(\sin\frac{2\pi}{N}(ux+vy)\right)h_1(x,y)+\sum_{x=0}^{M-1}\sum_{y=0}^{M-1}\left(-R(u,v)\sin\frac{2\pi}{N}(ux+vy)\right.\\&\quad\left.+I(u,v)\cos\frac{2\pi}{N}(ux+vy)\right)h_2(x,y)\\&\quad=-\sin\frac{2\pi}{N}(ux_0+vy_0)\quad(u,v=0,1,\cdots,N-1)\end{aligned}\tag{5.27}$$

从方程组(5.26)式或(5.27)式中将线性相关方程去掉,剩余的用矩阵向量的形式表示为

$$\boldsymbol{A}\boldsymbol{x}=\boldsymbol{b}\tag{5.28}$$

此时,$\boldsymbol{A}$ 为$(N^2+4)\times(2M^2-1)$维矩阵。

求解 $h_1(x,y)$ 和 $h_2(x,y)$，只需选出 $2M^2-1$ 个方程。在大多数情况下，$N$ 较大，一般有 $(N^2+4)\gg(2M^2-1)$，这时有选择余地。为保证解的稳定，即系数矩阵 $\boldsymbol{A}$ 稍有扰动时也有稳定的解，由代数理论可知，系数矩阵的条件数 $\text{cond}(\boldsymbol{A})=\|\boldsymbol{A}\|\,\|\boldsymbol{A}^{-1}\|$ 应越小越好[20]。因此，应从频域坐标中挑选系数有一定差异的方程组成方程组。

### 5.1.7 方程的选择与系数矩阵的条件数

这一步在气动光学效应总体点扩展函数离散值的正确估计中是至关重要的，是算法的关键部分。为了保证解的可靠性和稳健性，必须从 $2N^2$ 个方程中，挑选出 $(2M^2-1)$ 个方程构成具有线性无关的方程组，本文采用如下规则来有效地选择方程：

(1) 首先剔除一些线性相关的方程。图像的傅里叶频谱具有共轭对称性质，其中，第一行 $(u=0,v=0,1,\cdots,N-1)$ 是关于点 $(u=0,v=N/2)$ 共轭对称的；第一列 $(u=0,1,\cdots,N-1,v=0)$ 是关于点 $(u=N/2,v=0)$ 共轭对称的；其余各点是关于点 $(u=N/2,v=N/2)$ 共轭对称的。频域上 $2N^2(u,v=0,1,\cdots,N-1)$ 个方程中，实际上大约有一半是重复和线性相关的。本文采用的方法是在频域坐标 $(u,v)$ 中从左到右，从上到下，避开重复区域（如图5.1所示），来挑选 $(2M^2-1)$ 个线性无关方程。

(2) 其次，为了保证解的稳定性，要避开 $G_n(u,v)$ $(n=1,2)$ 为0及接近于0的频域坐标点 $(u,v)$，同时应尽可能地降低方程组系数矩阵 $\boldsymbol{A}$ 的条件数 $\text{cond}(\boldsymbol{A})$。本文采用准等间距的方法从频率坐标 $(u,v)$（如图5.1）中挑选对应系数有一定差异的方程。系数矩阵 $\boldsymbol{A}$ 因噪声干扰或计算误差会有扰动，而右端向量 $\boldsymbol{b}$ 是精确的，$\boldsymbol{A}$ 有误差，可表示为 $\boldsymbol{A}+\delta\boldsymbol{A}$，相应的解向量变为 $\boldsymbol{x}+\delta\boldsymbol{x}$，用 $\|\cdot\|$ 表示范数，对于非奇异矩阵 $\boldsymbol{A}$ 的条件数 $\text{cond}(\boldsymbol{A})=\|\boldsymbol{A}\|\,\|\boldsymbol{A}^{-1}\|$，文献[19]给出了解的相对误差与矩阵系数的相对误差的关系为

$$\frac{\|\delta\boldsymbol{x}\|}{\|\boldsymbol{x}+\delta\boldsymbol{x}\|}\leqslant\|\boldsymbol{A}^{-1}\|\,\|\delta\boldsymbol{A}\|=\text{cond}(\boldsymbol{A})\frac{\|\delta\boldsymbol{A}\|}{\|\boldsymbol{A}\|}\tag{5.29}$$

由上式可知，线性方程组的解的（相对）误差是由系数矩阵条件数和系数矩阵的（相对）误差共同确定的。要想降低解的相对误差，当系数矩阵 $\boldsymbol{A}$ 的相对误差被控制在一定范围内的情况下，系数矩阵 $\boldsymbol{A}$ 的条件数 $\text{cond}(\boldsymbol{A})$ 应越小越好。显然，应保证方程变量的相应系数值存在一定的差异。在频率坐标 $(u,v)$

系中，我们需要选择$(2M^2-1)$个线性无关方程。当 $N$ 较大时，可供选择的方程较多。在频域中选相邻坐标点所构成的两方程的系数值较接近，显然，不能选相邻坐标点。在频域坐标平面$(u,v)$选择$(2M^2-1)$个方程的大量实验过程中，我们得出如下结论：当所选坐标间距较小时，系数矩阵 $\boldsymbol{A}$ 的条件数较大；随间距加大（在其值的许可范围内），系数矩阵 $\boldsymbol{A}$ 的条件数总体上呈下降趋势。表 5.2 是作者在实验中所取得的一组实验数据，图 5.2 是其对应的数据曲线图，具体实验图片及详细内容可见本文作者发表在国际学术期刊《Optical Engineering》（美国）上的论文"Restoration algorithms for turbulence-degraded images based on the optimized estimation of the discrete values of overall PSFs"。根据以上分析，我们就有了方程选择的简便方法。为了降低系数矩阵 $\boldsymbol{A}$ 的条件数，采用准等间距的方法从频率坐标$(u,v)$来挑选$(2M^2-1)$个线性无关方程。在频域上选择坐标点$(u,v)$，其中 $u(i)=(\text{int})\,i\times step$，$v(j)=(\text{int})\,j\times step$，其中 int 表示对右边的计算值进行取整；$i,j$ 均为正整数；$step$ 为间距，为了避免累计误差，其值可为实数，其范围可在$(N/2M\sim N/\sqrt{2}M)$内取值。

表 5.2　不同间距的条件数

| 间距 | 1 | 2 | 10 | 11 | 12 | 17 | 20 | 21 | 23 |
|---|---|---|---|---|---|---|---|---|---|
| 条件数 | $1.3923\times10^{10}$ | $1.086\times10^{10}$ | $7.206\times10^{8}$ | $6.0804\times10^{8}$ | $7.869\times10^{8}$ | $1.3481\times10^{7}$ | $9.234\times10^{6}$ | $5.6577\times10^{6}$ | $2.1419\times10^{5}$ |

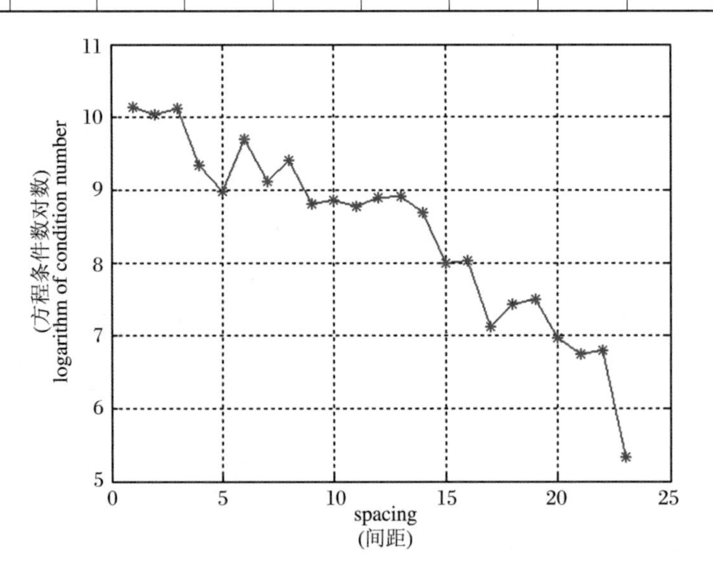


图 5.2　方程条件数（取对数值后）与间距的关系

(3) 最后,在有噪声的情况下,在低频部分尽可能多地选择一些方程。我们注意到,原目标图像经湍流作用后,峰值扩散,图像模糊,在频率域中,气动光学效应退化图像的能量主要分布集中在低频部分,在低频中的值较大,在高频部分的值较小,而噪声一般分布在高频部分,在低频中的值一般较小,因此,在对噪声无足够先验知识的情况下,在低频部分应多选择一些方程,使系数矩阵 $\boldsymbol{A}$ 的变化不太大,系数矩阵 $\boldsymbol{A}$ 的值的扰动较小。另一方面,为了保证解的稳定性,间距应该稍大一些。在实际应用中,为便于算法编程和易于操作,在频域中定义一个半径 $R_1$,如图 5.1(b)所示,从左上角和右上角两个圆弧范围内来挑选 $(2M^2-1)$ 个方程。一般应有 $R_1 \leqslant N/2$,另一方面,可推出如下关系:$\frac{1}{4}\pi R_1^2 > (\frac{\sqrt{2}}{2}M-1)^2$,有 $R_1 > (\sqrt{2}M-2)/\sqrt{\pi}$。这样,我们可在 $R_1$ 值的范围内选择一个适当的值。当 $R_1$ 的值确定后,计算间距,$step \approx \sqrt{\pi}R_1/(\sqrt{2}M-2)$。最后,同样采用准等间距方法来选择频域坐标 $(u,v)$,其中 $u(i)=(\text{int})\,i\times step$,$v(j)=(\text{int})\,j\times step$,且要求当 $v \leqslant N/2$ 时,$u$ 和 $v$ 满足关系式 $(u^2+v^2)^{1/2} \leqslant R_1$;当 $v > N/2$ 时,$u$ 和 $v$ 满足 $(u^2+(v-N+1)^2)^{1/2} \leqslant R_1$,见图 5.1(b)。

### 5.1.8　总体点扩展函数离散值的计算与直接法

运用上述所提出的方程选择方法从方程组(5.26)式中挑选出 $(2M^2-1)$ 个线性无关的方程,且能确保系数矩阵 $\boldsymbol{A}$ 可逆和其条件数相对较小,构成方程组

$$\boldsymbol{Ax} = \boldsymbol{b} \tag{5.30}$$

在无噪声及很少量噪声的情况下,$n_1(x,y) \approx 0$,$n_2(x,y) \approx 0$,此时

$$D(u,v) = \frac{G_1(u,v)}{G_2(u,v)} = R(u,v) + \mathrm{j}I(u,v)$$

将上式代入式(5.27),对方程组(5.30)式进行求解,获得两帧气动光学效应退化图像的总体点扩展函数离散值与基本变量的比值。对求出的比值进行如下归一化,可分别得到两帧退化图像的归一化了的点扩展函数离散估计值 $\hat{h}_1(x,y)$ 和 $\hat{h}_2(x,y)$。

$$\hat{h}_n(x,y) = \frac{h_n(x,y)}{\sum_{x=0}^{M-1}\sum_{y=0}^{M-1} h_n(x,y)},\quad n=1,2;\ x,y=0,1,2,\cdots,M-1 \tag{5.31}$$

对 $\hat{h}_1(x,y)$ 及 $\hat{h}_2(x,y)$ 分别进行傅里叶变换，得到 $\hat{H}_1(u,v)$ 及 $\hat{H}_2(u,v)$，采用如下逆滤波得到原图像的频谱：

$$\hat{F}_n(u,v) = \frac{\hat{H}_n^*(u,v)G_n(u,v)}{|\hat{H}_n(u,v)|^2 + \lambda}, \quad n = 1,2 \tag{5.32}$$

式中 $\hat{H}_n^*(u,v)$ 为 $\hat{H}_n(u,v)$ 的复共轭，$\lambda$ 为一个较小的常数。对 $\hat{F}_n(u,v)$ 进行傅里叶反变换后，进而恢复图像。我们将本节提出的这种通过线性方程组(5.30)式的直接求解获取点扩展函数离散估计值的方法称之为直接法。

### 5.1.9 基于非负最小二乘和空间平滑性约束的优化估计及图像复原

1. 基于非负和空间平滑性惩罚项的约束优化估计

图像常被各种强度的噪声干扰，在有噪声情况下，由以上理论分析和式(5.29)可知，直接求解线性方程组(直接法)所得到的点扩展函数值的误差太大，复原效果不可靠。根据优化理论，可将线性方程组的计算问题转化为最小优化问题，采用最优估计的计算方法来估计点扩展函数值。这里采用带约束条件的非负最小二乘法来估算点扩展函数值。噪声是随机的，此时，两帧图像的噪声项 $\eta_1(x,y)$ 和 $\eta_2(x,y)$ 不可预测，令

$$\hat{D}(u,v) = \frac{G_1(u,v)}{G_2(u,v)}$$

噪声的频谱 $N_1(u,v)$ 和 $N_2(u,v)$ 未知，但当 $G_1(u,v)$ 远大于 $N_1(u,v)$，$G_2(u,v)$ 远大于 $N_2(u,v)$ 时，有 $\hat{D}(u,v) \approx D(u,v)$。将 $\hat{D}(u,v)$ 作为 $D(u,v)$ 的实际值。气动光学效应退化图像频谱能量的分布主要集中在低频部分，在低频中的幅值较大。噪声一般分布在高频部分，在低频中的幅值很小，对高斯白噪声而言，虽频带分布较平坦，但其幅值相对较小。由此可知，在图像低频部分有 $\hat{D}(u,v) \approx D(u,v)$。在对噪声无足够先验知识的情况下，可在低频部分多选择一些方程，使方程组(5.30)式的系数矩阵 $\boldsymbol{A}$ 的元素的值变化不太大，扰动较小，使 $\delta\boldsymbol{A} \approx 0$，总体上有 $\boldsymbol{Ax} \approx \boldsymbol{b}$。然后，根据点扩展函数一些合理的先验知识对解加以约束，将线性方程求解问题转换为最小二乘的极小值问题，即按照某准则，寻找 $\boldsymbol{x}$ 的最佳估计 $\hat{\boldsymbol{x}}$，使 $\hat{\boldsymbol{A}}\hat{\boldsymbol{x}}$ 在二乘均方误差的意义下最接近 $\boldsymbol{b}$。一个合理的先验约束是点扩展函数值大于或等于零。这样问题归结为求线性方程组(5.30)式的非负最小二乘解：

$$\min \|\boldsymbol{Ax} - \boldsymbol{b}\|_2, \quad x \geqslant 0 \tag{5.33}$$

即 $\boldsymbol{x}$ 为方程组(5.30)式的非负最小二乘解向量。也就是求如下准则函数 $\Phi(x)$ 在非负约束下的极小解：

$$\begin{aligned}\Phi(\boldsymbol{x}) &= (\boldsymbol{A}\boldsymbol{x}-\boldsymbol{b})^{\mathrm{T}}(\boldsymbol{A}\boldsymbol{x}-\boldsymbol{b}) \\ x &= \underset{x}{\operatorname{argmin}}\,\Phi(\boldsymbol{x}), \quad \boldsymbol{x} \geqslant 0\end{aligned} \tag{5.34}$$

显然,这是一个非负约束最小二乘问题。C.L.Lawson 和 R.J.Hanson 在文献[20]中提供了一个标准的非负最小二乘算法。但在应用中,作者注意到标准的非负最小二乘算法没有任何空间约束。它允许近邻点的函数值有很大的差异,对噪声项的影响尤其敏感。为了避免这个潜在的问题和减少这种可能性,根据点扩展函数离散值的空间相关性,必须在准则函数(5.34)式中增加一些起光滑作用的惩罚项,使近邻点之间的函数值的差异不要太大。上述问题可归结为如下约束优化问题：

$$\begin{aligned}\Phi(\boldsymbol{x}) &= (\boldsymbol{A}\boldsymbol{x}-\boldsymbol{b})^{\mathrm{T}}(\boldsymbol{A}\boldsymbol{x}-\boldsymbol{b}) + \alpha\sum_{i}P_i(\boldsymbol{x}) \\ \hat{x} &= \underset{x}{\operatorname{argmin}}\,\Phi(\boldsymbol{x}), \quad \boldsymbol{x} \geqslant 0\end{aligned} \tag{5.35}$$

式中 $P_i(\boldsymbol{x})$是关于 $\boldsymbol{x}$ 中第 $i$ 个分量的空间平滑惩罚项,$\alpha$ 为调节参数。

使用二次的空间惩罚函数,表述如下：

$$\boldsymbol{P}_i(\boldsymbol{x}) = \sum_{j}\sum_{k} w_{jk}\,(x_{ij}-x_{ik})^2 \tag{5.36}$$

式中,第 $i$ 个分量 $x_i$ 的水平和垂直的4个最近邻点的 $w_{jk}$ 等于1,其余为0。

调节参数 $\alpha$ 的选择是一个很困难的问题。太小起不到空间平滑作用,太大又会产生过光滑结果。我们在文献[21]中分析和给出了自适应方法来选择可变的调节参数 $\alpha(\boldsymbol{x})$。最后,选择 Coordinate Decent 迭代算法,且将 $\boldsymbol{x}$ 中各分量 $x_i(i=1,\cdots,N)$的非负约束条件自然地加入到迭代过程中,通过如下迭代方式和非负约束来求解点扩展函数离散值：

$$x_i^{n+1} = x_i^n - \frac{\dfrac{\partial}{\partial x_i}\Phi(\boldsymbol{x})\Big|_{x_i=x_i^n}}{\dfrac{\partial^2}{\partial x_i^2}\Phi(\boldsymbol{x})\Big|_{x_i=x_i^n}} \tag{5.37}$$

$$x_i^{n+1} = \begin{cases} x_i^{n+1}, & x_i^{n+1} > 0 \\ 0, & x_i^{n+1} \leqslant 0 \end{cases} \tag{5.38}$$

经过了一定次数的迭代计算后,在以后的每次迭代计算过程中对差异值特别大的奇异点进行一些调整和控制,使其向有利的方向发展,以加快计算速度和保证其空间相关性。

2. 基于最小二乘和最大平滑准则滤波的频谱估计与复原

将求得的解向量 $\boldsymbol{x}$ 转换为点扩展函数二维离散值 $\hat{h}_1(x,y)$ 和 $\hat{h}_2(x,y)$ $(x,y=0,1,2,\cdots,M-1)$，再利用(5.31)式分别进行归一化处理，得到两幅气动光学效应退化图像的点扩展函数各离散点的估计量。

对 $\hat{h}_1(x,y)$ 及 $\hat{h}_2(x,y)$ 进行傅里叶变换，得到 $\hat{H}_1(u,v)$ 及 $\hat{H}_2(u,v)$。由于退化图像有噪声污染，在此采用文献[11]介绍的基于最小二乘和最大平滑准则的方法估计原图像的频谱 $\hat{F}_n(u,v)$：

$$\hat{F}_n(u,v) = \frac{\hat{H}_n^*(u,v)G_n(u,v)}{|\hat{H}_n(u,v)|^2 + \lambda\,|P(u,v)|^2},\quad n = 1,2 \tag{5.39}$$

式中 $\hat{H}_n^*(u,v)$ 为 $\hat{H}_n(u,v)$ $(n=1,2)$ 的复共轭；$P(u,v)$ 为拉普拉斯(Laplacian)算子的傅里叶变换；$\lambda$ 为一调节因子，与图像信噪比($SNR$)有关，一般依据经验公式取值[20]。对 $\hat{F}_n(u,v)(n=1,2)$ 进行傅里叶反变换，可得恢复图像。本节将这种用非负最小二乘的优化方法来估计总体点扩展函数离散值进而恢复图像的复原方法称之为 NNLS 优化算法。

### 5.1.10 实验结果与分析

根据上述算法，在微机上用 VC6.0 编程，建立了气动光学效应退化图像复原算法软件系统[22](本系统已进行了 3 次改进，目前已交付航天二院)。本节实验是在 Pentium Ⅳ 2.66 GHz，512 MB 内存的微机上进行的。采用美国学者 Frieden 提出的湍流单元随机叠加模型[6,7]，其遵循湍流 Kolmogorov 定律[6,7]，由气动光学效应仿真软件来生成一系列的高速流场退化序列图像。将高速流场对目标图像的影响模型化为一个随机叠加过程，若干个湍流单元的扰动函数(Disturbance Function)以随机的权系数及在空间中随机分布的方式叠加在一起，形成瞬时的、综合的高速流场点扩展函数(PSF)$h_n(\boldsymbol{r})$，$\boldsymbol{r}=(x,y)$：

$$h_n(\boldsymbol{r}) = \sum_{k=0}^{K-1} w_{nk}h_{nk}(\boldsymbol{r} - \boldsymbol{r}_{nk}) \tag{5.40}$$

式中 $h_{nk}(\boldsymbol{r})$ 为湍流单元的模糊算子，也称为斑点函数[6,7,8,23]，如类艾利函数、类高斯函数等；权重 $w_{nk}$ 和位偏移向量 $r_{nk}(k=0,1,2,\cdots,K-1)$ 为随时间变化的随机的权值和位移向量$(x_k,y_k)$。$K$ 为湍流光学单元数目，斑点函数的权值 $w_k$ 表示该斑点的强弱，$x_k$ 和 $y_k$ 表示该斑点的偏移位置，均为随机量。本章与文献[6,7,23]中用固定的湍流单元数目和不变的参数模型形成退化图像不同的是:这里的湍流光学单元的数目及各湍流光学单元的模型参数值都随时间在某一范围内作随机变化,这与实际更相符一些。本章提出的复原算法是估计气动光学效应总体点扩展函数的离散值,与湍流光学单元数目及模型参数无关。

**实验一** 直接法复原实验。图5.3(a)为原图(卫星云图)。随机生成的点扩展函数如图5.3(b)和图5.3(c)所示,其激励区域为48×48,其中湍流光学单元数量是在80～100范围内随机取的值。两帧气动光学效应退化图像如图5.3(d)和图5.3(e)所示。用本节提出的直接法从退化图像图5.3(d)和图5.3(e)中估计出的两帧退化图像总体点扩展函数如图5.3(f)和图5.3(g)所示,与原点扩展函数一致。恢复出的两帧图像分别为图5.3(h)和图5.3(i)。恢复效果很好,说明在无噪声及少量噪声情况下,这种基于估计气动光学效应退化图像的总体点扩展函数的离散值的恢复算法是很有效的,可精确地恢复图像,表明本节的算法理论是切实可行的。

下面采用本节提出的直接法对不同模糊程度的气动光学效应退化图像做一组复原对比实验。为保证有一个可靠的解,本节中的直接法采用高斯主元消去法(也可采用列主元消去来加快速度,但稳定性相对差一些)来求解线性方程组。直接法在无噪声的情况下都能很好地恢复出原图像,但随点扩展函数支持域的增大即模糊范围加大,复原所需时间消耗急剧增长,所花时间对比见表5.3。

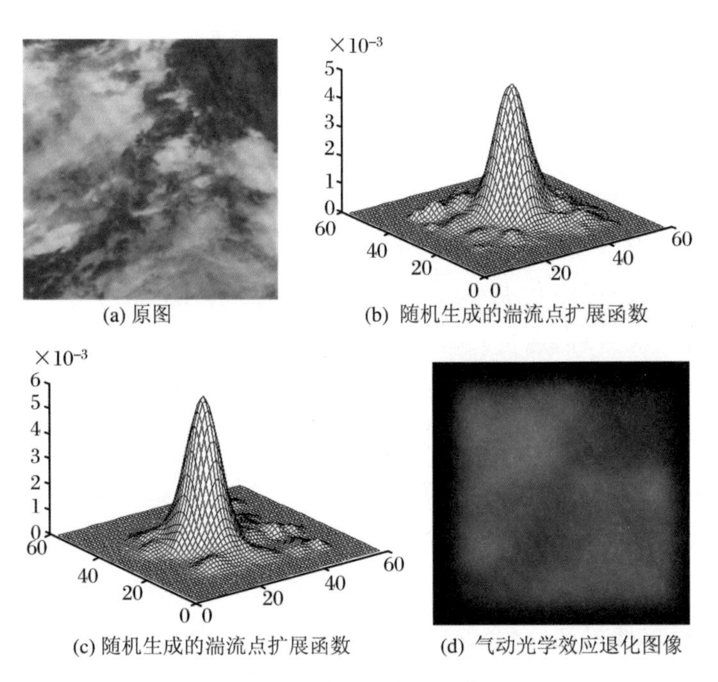


(a) 原图 (b) 随机生成的湍流点扩展函数

(c) 随机生成的湍流点扩展函数 (d) 气动光学效应退化图像

图5.3 直接法复原图像

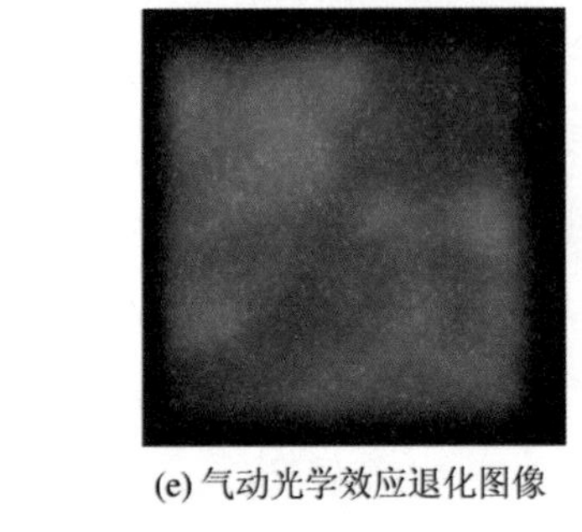
(e) 气动光学效应退化图像

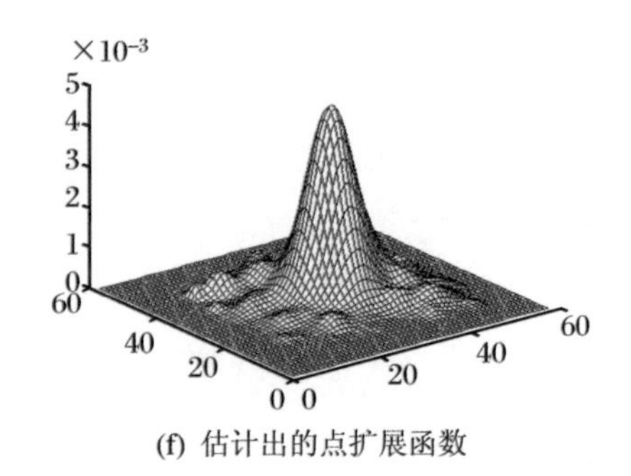

(f) 估计出的点扩展函数

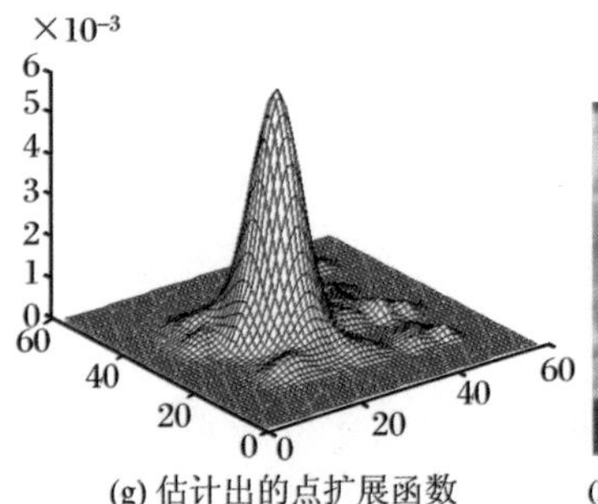

(g) 估计出的点扩展函数

(h) 从(d)和(e)两帧中恢复出的图像

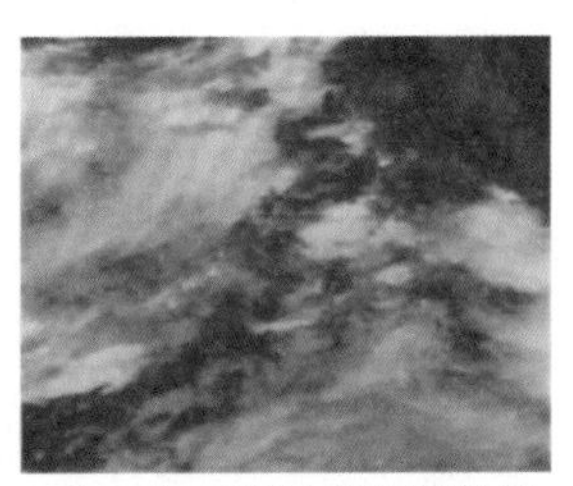
(i) 从(d)和(e)两帧中恢复出的图像

续图 5.3

表 5.3 不同模糊程度图像复原(直接法)耗时对比

| PSF 支持域大小 | 12×12 | 16×16 | 20×20 | 24×24 | 28×28 | 32×32 |
|---|---|---|---|---|---|---|
| 复原时间 | 1 秒 | 3 秒 | 10 秒 | 28 秒 | 2 分 27 秒 | 10 分 17 秒 |

直接法对噪声比较敏感,下面以实验结果来说明。以图 5.3(a)为原图(200 像素×200 像素)。两帧气动光学效应模糊图像分别如图 5.4(a)、图 5.4(b)所示,未加任何噪声。从这两帧图像恢复出的图像如图 5.4(c)、图 5.4(d)所示。在两帧模糊图像图 5.4(a)、图 5.4(b)基础上分别添加高斯白噪声,得到具有不同信噪比(*SNR*)的退化图像(模糊 + 噪声,图略),其中 *SNR* 以 dB(分贝)形式定义为[18] $SNR = 10\lg(\sigma_B^2/\sigma_N^2)$,$\sigma_B^2$ 及 $\sigma_N^2$ 分别为图像及噪声的方差。在图像信噪比 *SNR* 为 60 dB 的情况下,恢复出的两帧图像分别如图 5.4(e)、图 5.4(f)所示。在信噪比 *SNR* 为 50 dB 的情况下,恢复出的两帧图像分别如图 5.4(h)、图 5.4(i)所示,其振铃效应十分严重。随着噪声的增强,复原图像的视觉效果越来越差。由此可见,这种直接法对信噪比的要求是比较高的,抗噪能力较弱。由此可知,有必要引入约束优化技术,为此本节在直接法的基础上提出了基于非负最小二乘的约束优化估计复原算法(NNLS)。

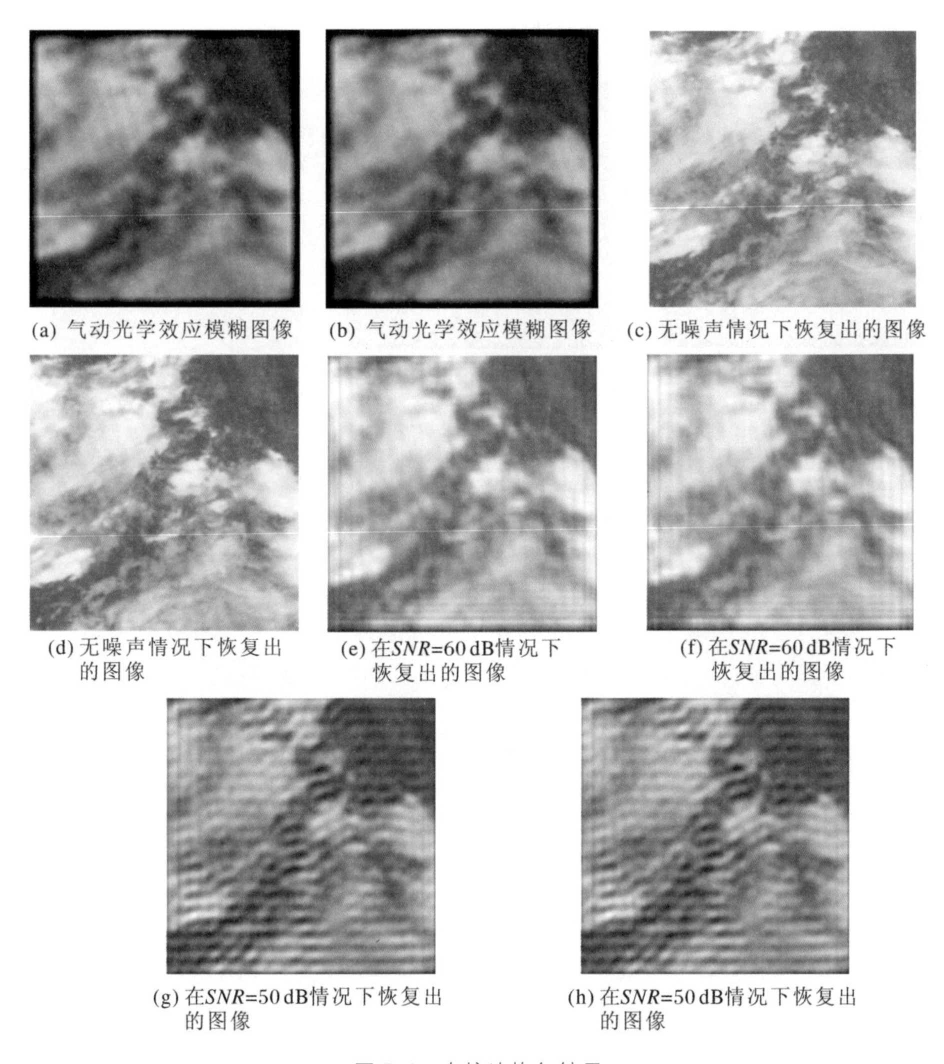

(a) 气动光学效应模糊图像 (b) 气动光学效应模糊图像 (c) 无噪声情况下恢复出的图像

(d) 无噪声情况下恢复出的图像 (e) 在 $SNR$=60 dB情况下恢复出的图像 (f) 在 $SNR$=60 dB情况下恢复出的图像

(g) 在 $SNR$=50 dB情况下恢复出的图像 (h) 在 $SNR$=50 dB情况下恢复出的图像

图 5.4 直接法恢复结果

**实验二** NNLS 优化算法复原性能及对比实验。下面主要验证本节提出的 NNLS 优化算法在有噪声情况下的恢复效果和稳定性。仍以图 5.3(a)为原图像。两帧气动光学效应退化图像分别如图 5.5(a)和图 5.5(b)所示，其点扩展函数的激励区域为 8×8，且随机添加了高斯白噪声，$SNR$ 为 30 dB；图 5.5(c)和图 5.5(d)为从图 5.5(a)和图 5.5(b)中恢复出的两帧图像，花费时间为 3 秒，速度较快，恢复效果比较理想，这表明 NNLS 优化算法可抵抗噪声干扰。而采用 Image-Division 方法[13]时(该方法对噪声是很敏感的)，所恢复出的两帧图像如图 5.5(e)和图 5.5(f)所示，恢复所需时间为 3 分 54 秒，有较粗的虚假轮廓

(振铃波纹)存在,其恢复效果不太好。

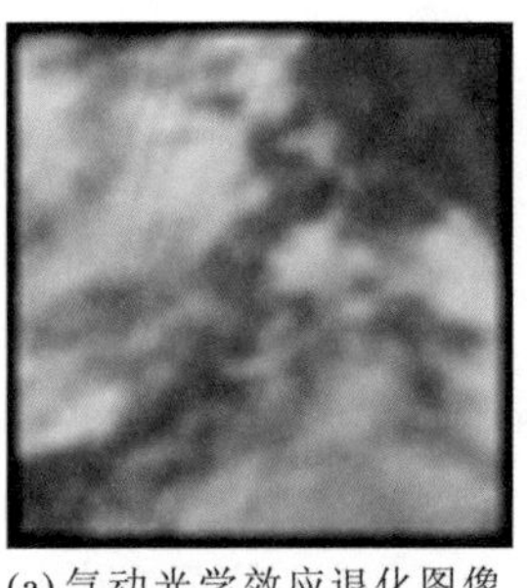

(a) 气动光学效应退化图像(PSF支持域为8×8),加白噪声,$SNR$=30 dB

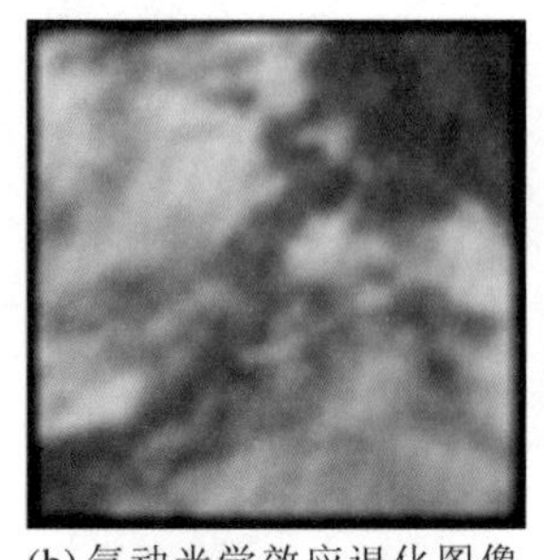

(b) 气动光学效应退化图像(PSF支持域为8×8),加白噪声,$SNR$=30 dB

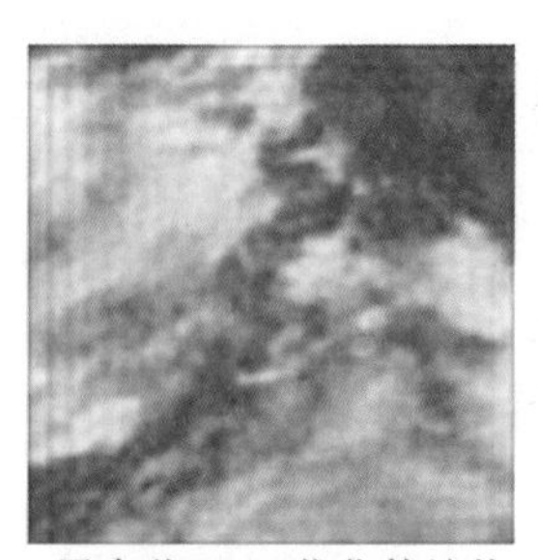

(c) 用本节NNLS优化算法恢复出的图像

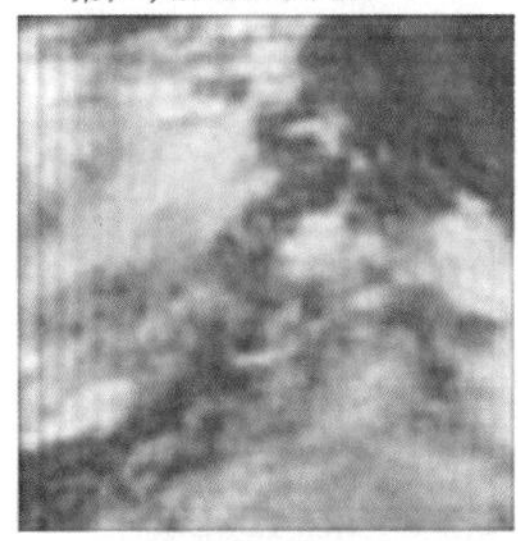

(d) 用本节NNLS优化算法恢复出的图像

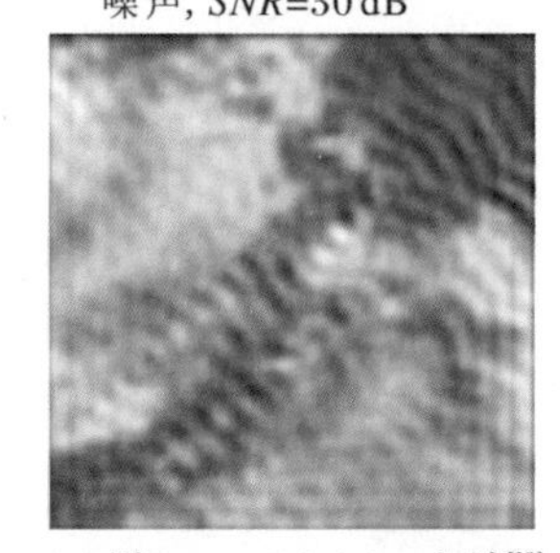

(e) 用Image-Division方法[13]恢复出的图像

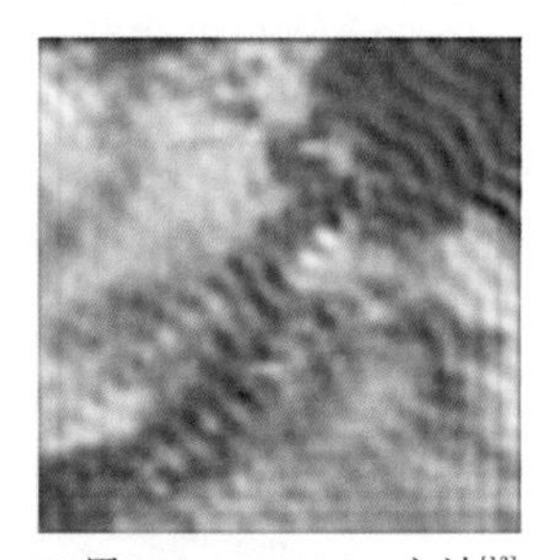

(f) 用Image-Division方法[13]恢复出的图像

图 5.5 NNLS 优化算法复原结果

加大模糊,将点扩展函数的激励区域扩大为 12×12,产生两帧气动光学效应退化图像,并加上 $SNR$ = 40 dB 的高斯白噪声,得到图像如图 5.6(a)、图 5.6(b)所示。用本节的 NNLS 优化算法进行复原,得到图像如图 5.6(c)和图 5.6(d)所示,恢复所需时间为 1 分 20 秒,效果较好。采用图像相除方法[13]时,所恢复的两帧图像如图 5.6(e)和图 5.6(f)所示,耗时 5 分 45 秒,其虚假轮廓太多。

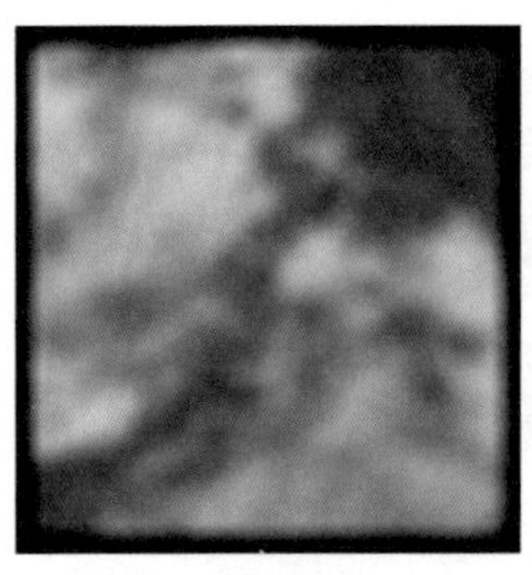

(a) 气动光学效应退化图像(PSF支持域为12×12),$SNR$=40 dB

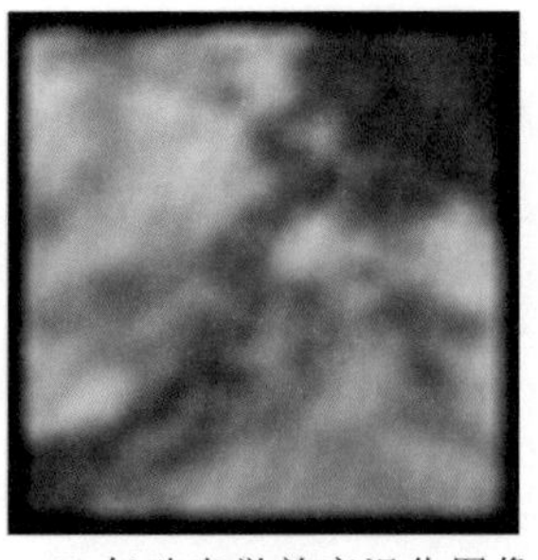

(b) 气动光学效应退化图像(PSF支持域为12×12),$SNR$=40 dB

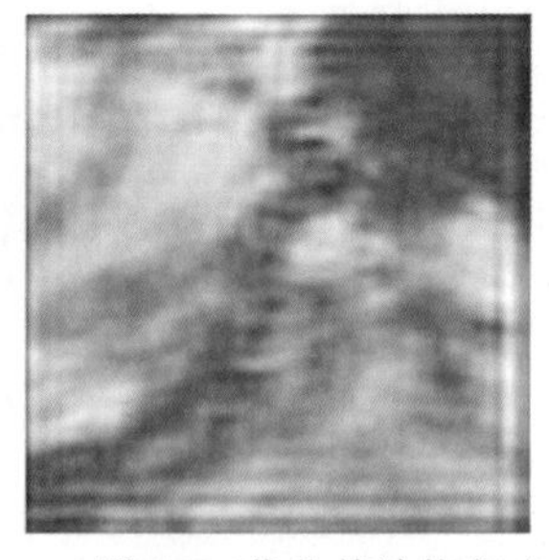

(c) 用NNLS优化算法恢复出的图像

图 5.6

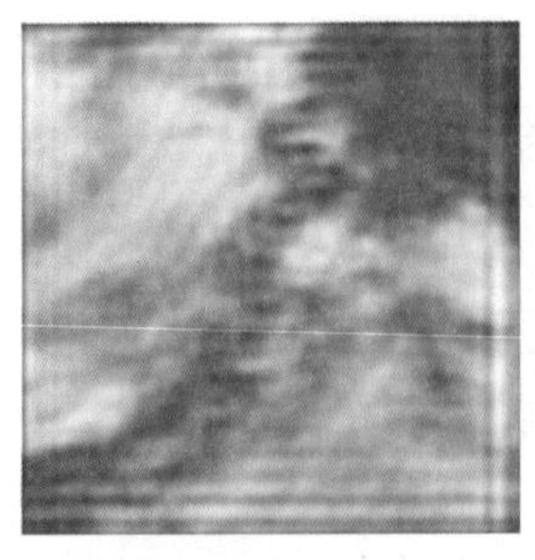

(d) 用NNLS优化算法恢复出的图像

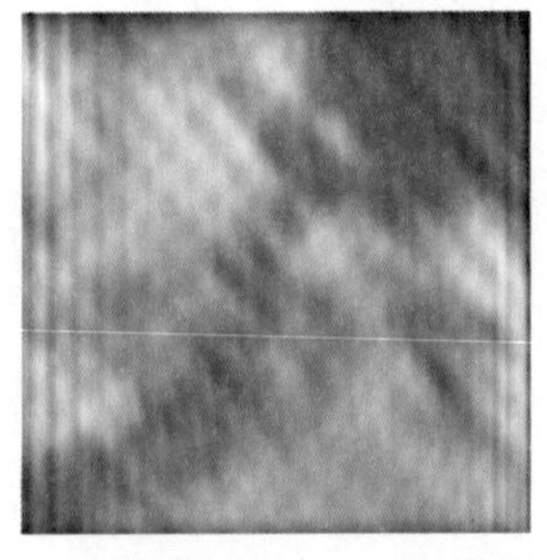

(e) 用Image-Division方法[14]恢复出的图像

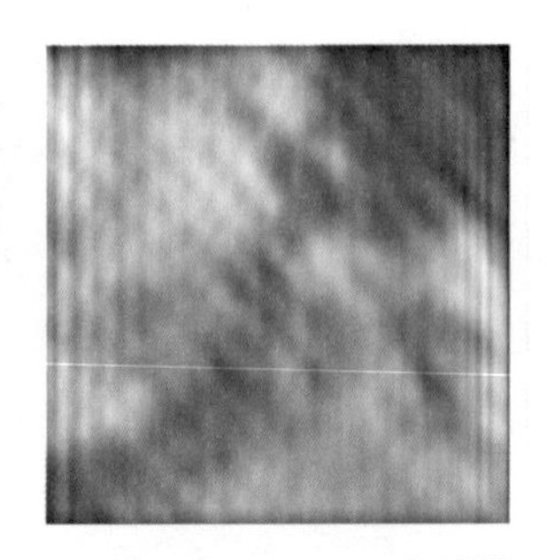

(f) 用Image-Division方法[14]恢复出的图像

续图 5.6

进一步加大模糊，将点扩展函数的激励区域扩大为 16×16，产生两帧气动光学效应退化图像，并加上高斯白噪声，使 $SNR = 40$ dB，得到图像如图5.7(a)、图 5.7(b)所示。用 NNLS 优化算法进行复原，得到图像如图 5.7(c)和图 5.7(d)所示，恢复所需时间为 19 分 28 秒，恢复效果基本上满意，但时间花费太长。采用文献[12]所述的 Image-Division 方法时，所恢复出的两帧图像如图 5.7(e)和 5.7(f)所示，效果较差。

(a) 气动光学效应退化图像 (PSF激励区为16×16)，$SNR$=40 dB

(b) 气动光学效应退化图像 (PSF激励区为16×16)，$SNR$=40 dB

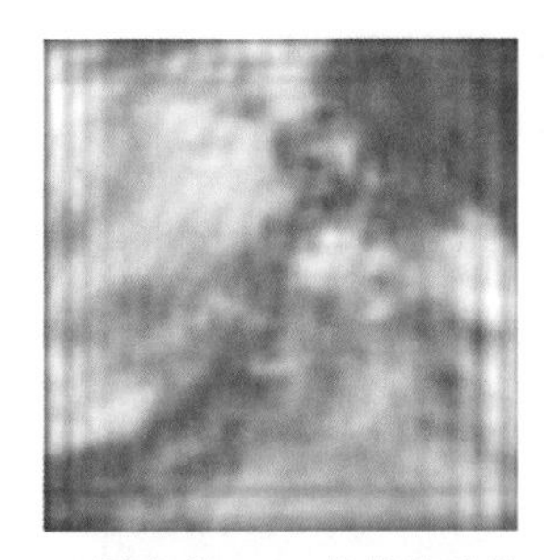

(c) 用本节NNLS优化算法恢复出的图像

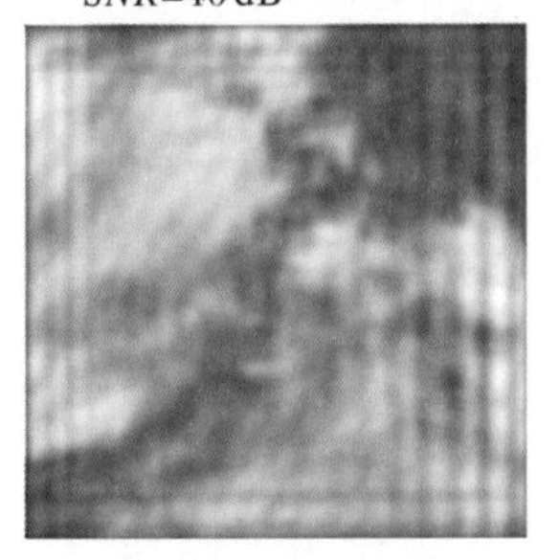

(d) 用本节NNLS优化算法恢复出的图像

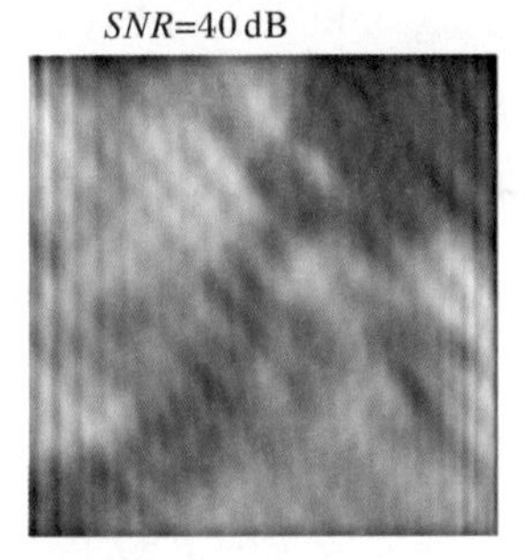

(e) 用Image-Division方法[14]恢复出的图像

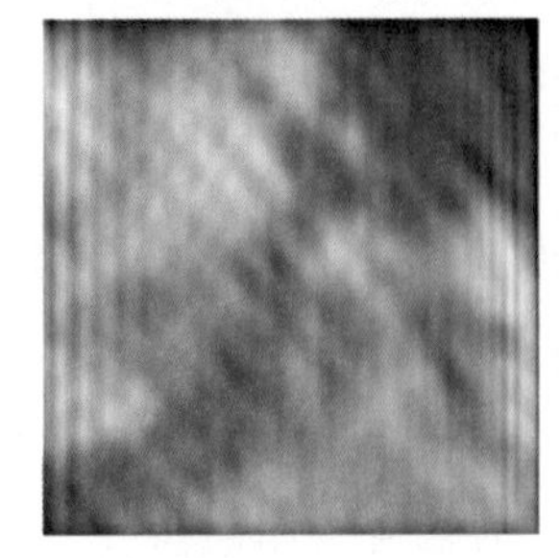

(f) 用Image-Division方法[14]恢复出的图像

图 5.7

由以上几组实验结果可知，在既有模糊又有噪声时，采用本节提出的NNLS优化算法可降低像模糊程度，恢复效果有改善，算法的稳定性也得到了增强，振铃波纹(虚假轮廓)明显减少。这表明NNLS优化算法可克服噪声的一些干扰，图像信息基本上能恢复出来。但其主要缺点是当点扩展函数支持域范围大于16×16时，耗时特别长，花费时间几乎难以承受。这是由于NNLS优化算法采用了约束迭代技术求解点扩展函数离散值，需要采用很多次迭代才能获得满意的结果。当湍流强度变大时，点扩展函数区域增大，所需求解的未知量急剧增多，这种约束优化算法在耗时方面难以接受。另外，NNLS优化算法的复原效果需要进一步提高，有噪声假象。这需要进一步地引入正则化技术，将点扩展函数的一些先验知识及性质进一步地融合在点扩展函数离散值的求解计算过程中。

### 5.1.11 小结

由于湍流点扩展函数是复杂和随机多变的，难以用数学解模型来表达，因此本节在理论研究基础上提出一种利用两帧短曝光气动光学效应退化图像来直接估计气动光学效应总体点扩展函数的离散值，进而恢复气动光学效应退化图像的新方法。这种方法避免了用自然(或人工)向导星来测量点扩展函数值的传统做法，并克服了目前用假定已知的湍流光学基本单元数学模型和其数目来估计各单元的位移和点扩展函数进而获得总体点扩展函数这种方法的一些局限性。本节方法对两帧气动光学效应退化图像同时进行傅里叶变换，在频域上建立了关于求解气动光学效应总体点扩展函数离散值的计算方程组。对方程组解的扰动与稳定性进行了理论和实验分析，得出了一些规律。为了构造系数矩阵可逆及其条件数较小的稳定性较好的方程组，在理论探索的基础上制定了一些行之有效的挑选方程规则。为了克服噪声的影响，提出了基于非负最小二乘和空间相关性约束的优化估计点扩展函数离散值的算法。用本节算法对气动光学效应退化图像进行了一系列的恢复实验，实验结果表明本节方法速度较快，恢复效果较好，稳定性得到了增强，表明该方法具有可行性。但还有以下问题有待进一步解决。当湍流强度较大时，气动光学效应退化图像的模糊是相当严重的，即图像模糊范围较大，用直接法虽可准确和快速地计算出点扩展函数离散值，但直接法对图像信噪比要求较高($SNR>50$ dB)，用基于非负最小二乘的优化估计方法(NNLS)来估计总体点扩展函数值,可在一定程度上克服噪声的干扰,增强算法的稳定性,但计算时间太长。因此,为了有效地和快速地恢复气动光学效应退化图像,需要进一步地引入正则化技术,将气动光学效应流场点扩展函数的一些性质进一步地融合在点扩展函数离散值的求解过程中,同时为了快速复原,还可将基于小波分解的图像多分辨率技术用于本节算法中,把大图像、高分辨率的恢复问题转换为小图像、粗分辨率的恢复问题。本节的主要贡献是为气动光学效应退化图像的复原提供了一种新的途径。

## 5.2 各向异性和非线性正则化的校正算法

本节在上一节的研究基础上提出了一种基于各向异性和非线性正则化(Regularization)的复原校正新算法,该算法主要结合气动光学效应流场点扩展函数的一些性质来估计点扩展函数离散值。为了估计出与真实情况接近的点扩展函数和提高算法的稳定性和抗噪能力,在气动光学效应流场点扩展函数离散值的优化估计过程中合理地融合了有关气动光学效应点扩展函数的一些基本的先验知识。首先,将其非负性和空间相关性约束转化为惩罚项,加入到目标函数中;其次,再针对气动光学效应点扩展函数的衰减性质,建立了一个具有非线性和空间各向异性的正则化函数,使其在估计点扩展函数值时能自适应地进行梯度平滑;最后,通过滞后迭代方案(也称定点迭代方案,Fixed Point Iteration)来极小化目标函数和处理方程的线性化,由此可快速地估计气动光学效应点扩展函数的离散值,进而恢复图像。

### 5.2.1 基于各向异性的非线性正则化及点扩展函数的优化估计

气动光学效应退化图像的复原之所以成为了世界性难题,是由于气动光学效应点扩展函数(即退化模型)是未知的和随机变化的,且受各种随机因素影响,目前很难用数学模型来描述。在气动光学效应点扩展函数未知的情况下,显然可利用一些合理的先验知识以及某些已知的特性通过优化迭代方法来正确估计点扩展函数在支持域上的离散值。点扩展函数值优化估计方法的关键是气动光学效应退化性质和点扩展函数先验知识的合理应用。能否结合气动光学效应机理研究和气动光学效应退化点扩展函数的先验知识,避开复杂性尽快地恢复气动光学效应退化图像,已经引起各国学者的特别重视并成为了研究热点。受几何制约的各向异性扩散理论为图像处理和分析开辟了一个新的研究方向[19,24,25]。人们将各向异性扩散的基本思想应用在图像保边缘和平滑噪声的正则化处理过程中。为了估计出与真实情况接近的点扩展函数和解决噪声对点扩展函数值估计的干扰问题,本节提出一种基于各向异性和非线性正则化的气动光学效应退化图像复原新算法。该算法在用两帧退化图像估计点扩展函数值的优化过程中合理地融合气动光学效应点扩展函数的一些基本的先验知识,采用一种基于各向异性、非线性、自适应的正则化思想,使其在点扩展函数值的估计过程中能适当地进行空间调整和平滑,避免过平滑现象,提高算法的稳定性和抗噪声干扰能力,且采用滞后迭代方案(也称定点迭代方案)极小化目标函数来快速求解点扩展函数离散值。

1. 基于非负性和光滑性约束的目标函数

在成像过程中成像传感器还受到噪声的随机干扰,进入成像传感器的辐射强度值,除了湍流对光波的干扰之外,还被各种强度的噪声所干扰,使得记录在CCD像元上的灰度值或多或少地发生些变化,退化图像还含有噪声项。由于噪声会对点扩展函数的估计造成不良影响,使系数矩阵 $\boldsymbol{A}$ 发生了变动 $\boldsymbol{A}\rightarrow\boldsymbol{A}+\Delta\boldsymbol{A}$,因此采用直接法求方程组(5.30)式所得到的解与真实的点扩展函数值将存在很大差别。因此,必须利用一些合理的先验知识来对解进行约束,采用约束优化方法正确地估计出与真实情况接近的点扩展函数值。

大气湍流流场的点扩展函数值具有非负性、某种光滑性(确切地说是指其空间相关性,一般用光滑性来描述),如何融合点扩展函数的非负性、光滑性约束是算法的关键所在。为便于有效和快速求解,本节将点扩展函数的非负性和光滑性约束都转化为在数学上可描述的惩罚项,加入到关于方程组(5.30)式的最小二乘准则函数中,构成具有如下形式的目标函数:

$$J(\boldsymbol{x}) = \|\boldsymbol{A}\boldsymbol{x}-\boldsymbol{b}\|^2+\eta\|\,|\boldsymbol{x}|-\boldsymbol{x}\|^2+\lambda\sum_i\sum_w\alpha(|\nabla x(i,w)|)\,[\boldsymbol{Q}\boldsymbol{x}]_{i,w}^2 \tag{5.41}$$

其中

$$[|\boldsymbol{x}|-\boldsymbol{x}]_i=\begin{cases}-2x_i, & x_i<0\\ 0, & x_i\geqslant 0\end{cases} \tag{5.42}$$

$$|\nabla x(i,w)|=|x_i-x_w| \tag{5.43}$$

$$[\boldsymbol{Qx}]_{i,w}=x_i-x_w \tag{5.44}$$

式中，$x_w$ 为点 $x_i$ 的近邻点的点扩展函数值，$\boldsymbol{Q}$ 为梯度算子矩阵。

目标函数(5.41)式中，第二项对解向量 $\boldsymbol{x}$ 中的负元素值进行惩罚，出现负值时，则要付出代价，逼使解向量各元素值向非负方向发展，$\eta$ 为一常量。第三项为梯度惩罚项，保证点扩展函数相邻点之间的差异在先验知识的约束条件下为极小，从而使点扩展函数具有某种光滑性(空间相关性)。其中 $\alpha(\cdot)$称为正则化因子(有些文献称规整化因子或平滑因子)。在此，要特别指出的是，本文将正则化系数分为两部分：$\lambda$ 和 $\alpha(\cdot)$，其中 $\lambda$ 为一常系数，$\alpha(\cdot)$为与各点的梯度有关的可变的正则化系数。

2. 基于各向异性的非线性正则化函数的选择

在整个优化过程中，正则化因子的选择很重要，它控制着目标函数的解向量数据的发展方向。根据点扩展函数所具有的某种光滑性，选择合适的正则化因子值得研究。在此，应根据气动光学效应流场光学点扩展函数的性质和先验知识，来选择合适的正则化因子 $\alpha(\cdot)$。

首先，我们来分析一下传统的正则化方法。为了使图像具有平滑性(分片光滑)，传统的正则化方法采用了一个固定的系数乘以二维拉普拉斯算子来平滑梯度[11,18]，如对点 $x_{m,n}$ 的4-近邻梯度进行平滑，其表达式为

$$p(m,n)=\alpha(x_{m-1,n}+x_{m+1,n}+x_{m,n-1}+x_{m,n+1}-4x_{m,n})$$

即有

$$\begin{aligned}p(m,n)=&\alpha(x_{m-1,n}-x_{m,n})+\alpha(x_{m+1,n}-x_{m,n})\\&+\alpha(x_{m,n-1}-x_{m,n})+\alpha(x_{m,n+1}-x_{m,n})\end{aligned} \tag{5.45}$$

显然，这是一种各向同性的线性正则化方案，它的平滑作用在点 $x(m,n)$ 的4个梯度方向上的程度是相同的，如图5.8所示。针对传统的正则化常系数方法，M. G. Kang 和 A. K. Katsaggelos 提出了一种正则化因子可调整的正则化方法[26]。使正则化参数 $\alpha(\boldsymbol{x})$为可变参数 $\alpha(\boldsymbol{x})$，在迭代过程中变化，但其实质仍为各向同性正则化，即每次迭代时在各个方向上进行了同等程度的平滑。该方法避免了对初值敏感等缺点，但恢复质量并不高，收敛速度慢，计算耗时仍然很大[27]。不过，M. G. Kang 和 A. K. Katsaggelos 首次提出了用正则化函数

取代正则化常系数，这在图像复原和数据重建领域中具有重要贡献。而为了保边缘特征，Y.L.You 和 M.Kaveh 提出了一种更有效的基于各向异性调整的非线性的正则化方法[18]，各向异性如图5.9所示，使其在平滑图像的同时能够保留边缘特征，并给出了算法收敛性证明。由此，可得到启示，本节将基于各向异性调整的正则化方法应用到点扩展函数的估计中。

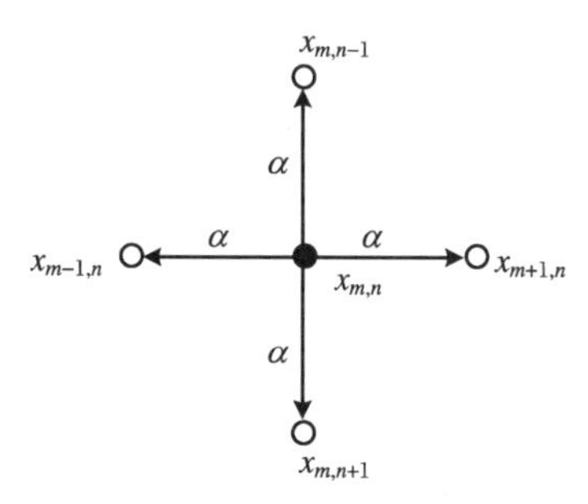


图5.8 各向同性正则化

$m$，$n$ 表示像素点坐标，$x$ 表示像素点灰度值

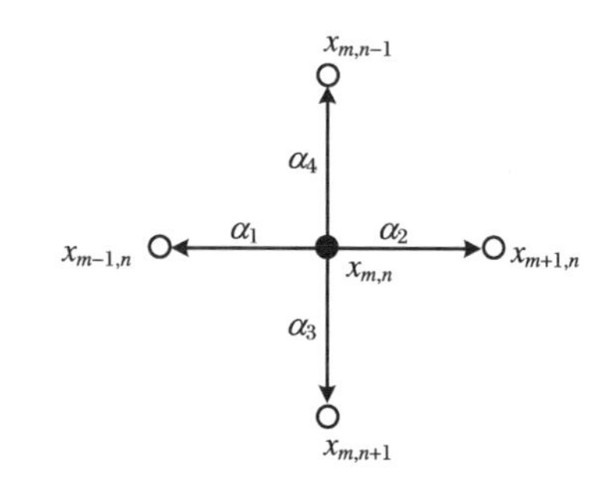


图5.9 各向异性($\alpha_1 \neq \alpha_2 \neq \alpha_3 \neq \alpha_4$)正则化

$m$，$n$ 表示像素点坐标，$x$ 表示像素点灰度值

(a) 向导星观测到的点扩展函数图像

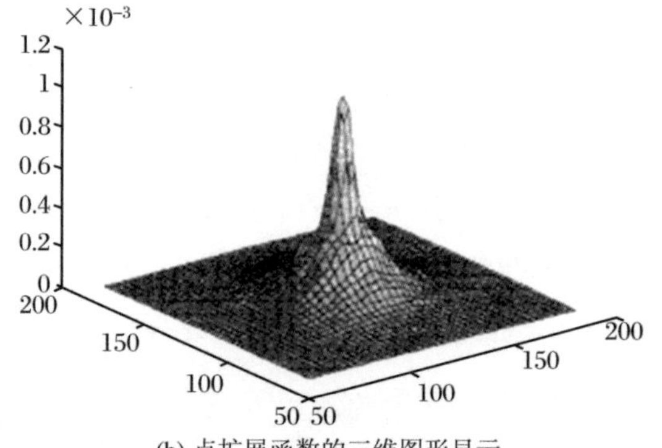


(b) 点扩展函数的三维图形显示

图5.10 向导星技术观测到的大气湍流点扩展函数

图片数据来源：美国空军 Philips 气动光学实验室[1]

气动流场光学点扩展函数除了拥有非负性和归一化性等一些基本性质外，还有如下一些重要特性：(1) 它是一个有限的冲击响应(FIR)[1]，一般不具有对称性；(2) 整体上具有衰减性，点扩展函数值在其峰值附近会很快地衰减下来[1,28]，如图5.10所示；(3)点扩展函数整体上有峰值之外，局部上可能会有一些小峰，湍流短曝光点扩展函数某些局部呈锯齿形[6,13,16]，而长曝光点扩展函数则宽且略为光滑些。衰减性决定了流场的点扩展函数在其支撑域内各近邻点的值是有差异的，不是均匀分布的(散焦模糊、直线运动模糊的点扩展函数是

均匀分布的[18]），局部上存在有差异。且这种差异是有方向性的，其大小和方向在数学上可用一阶梯度表示。显然，要重建气动光学效应点扩展函数，就应该保护这些差异。要保护这些差异，就不能对各方向的梯度进行同等程度的平滑，否则会导出一个过平滑的解，这有悖于气动流场的点扩展函数性质。因此，对其进行光滑性约束时应注意其整体上的衰减性，要保护这些局部上的梯度差异。由此可知，我们应采用基于空间自适应的各向异性的非线性平滑调整方法。

平滑因子的大小应与各点的梯度有关，梯度是有方向性的，当点的不同方向的梯度幅值不一样时，平滑应不一样。在二维离散平面上，我们主要考虑点的 4 个近邻梯度方向，如图 5.9 所示，对点 $x_{m,n}$（其中 $m,n$ 表示像素点坐标，$x$ 表示像素点灰度值，其一维标识符记为 $x_i$，下标 $i=m(M-1)+n$）来说，其 4 个方向的梯度幅值分别为 $|\nabla x_1(i,w)|=|x_i-x_w|=|x_{m,n}-x_{m-1,n}|$，$|\nabla x_2(i,w)|=|x_i-x_w|=|x_{m,n}-x_{m+1,n}|$，$|\nabla x_3(i,w)|=|x_i-x_w|=|x_{m,n}-x_{m,n-1}|$，$|\nabla x_4(i,w)|=|x_i-x_w|=|x_{m,n}-x_{m,n+1}|$，显然，这里 $w$ 共有 4 个值。由此可见，当点 $x_i$ 即点 $x_{m,n}$ 的 4 个方向的梯度幅值不同时，我们应对这 4 个方向的正则化因子分别进行不同的调整，从而达到对该点在不同方向上进行不同的平滑。因此，选正则化因子 $\alpha(\cdot)$ 为与点 $x_i$（即点 $x_{m,n}$）的 4 个方向的梯度幅值 $|\nabla x(i,w)|$ 有关的参变量形式 $\alpha(|\nabla x(i,w)|)$，使其能对该点 $x_i$ 的 4 个方向的梯度作适当的惩罚，对大梯度不要惩罚过度，防止过平滑。显然，在大梯度区域内为了保护点扩展函数峰值，正则化因子应小一点，在小梯度区域为了抑制噪声，则应取较大值[29]，这样，正则化因子在数学解析表达上应为单调下降的函数形式[30]。针对某些具体图像的重建问题，人们提出了几种正则化系数的函数形式。如 P. Charbonnier 在保边缘的图像重建[30]中采用“半二次函数”规整化时取正则化系数 $\alpha(t)=1/(1+t^2)^2$，而 T. Hebert 在重建具有 Gibbs 分布的数据[31]时，取正则化系数 $\alpha(t)=1/(1+t^2)$，图像的重建结果得到改善。这些方案在保边缘时有作用，因边缘是灰度不连续的结果，其梯度变化有阶跃，因此，在保边缘时，采用陡峭的正则化函数比较适宜。但在重建点扩展函数时，显然，这种陡峭的正则化函数不太适合，其单调下降函数曲线太陡峭，如图 5.11(a)所示，其自适应性较差，且缺乏可选择性。点扩展函数具有类高斯和艾利斑状，各点梯度的上升和下降相对边缘来说是比较连续和缓慢的，且其梯度变化与湍流强度等有关。对各种湍流强度的随机非确定的点扩展函数的重建，为算法实现方便，我们希望正则化系数的函数形式具有系列化和

方便选择以及有一个统一的模式。因此，在重建点扩展函数时，我们设计如下具有指数形式的正则化系数的函数形式：

$$\alpha(\nabla x) = \exp^{-\frac{|\nabla x|^2}{2\xi^2}} \tag{5.46}$$

其中参数 $\xi$ 为可供选择的平滑控制系数，显然有 $0<\alpha(\nabla x)\leqslant 1$，其单调下降函数曲线如图 5.11(b)所示。$\xi$ 的取值应根据点扩展函数的先验知识如衰减性来确定，衰减愈快，$\xi$ 取小些，即保护大梯度，反之取大些，使其具有空间自适应性。由此可知，式(5.46)具有比较灵活的统一形式。可以验证正则化系数 $\alpha(\nabla x)$ 具有文献[30]所述的权系数的一般性质：(1) $\alpha(\nabla x)=\alpha(-\nabla x)$；(2) $\alpha(\nabla x)\geqslant 0, \forall \nabla x\geqslant 0$；(3) $\alpha(\nabla x)$ 连续且在区间 $[0\ +\infty)$ 上严格递减；(4) $\lim\limits_{\nabla x\to\infty}\alpha(\nabla x)=0$；(5) $\lim\limits_{\nabla x\to 0^+}\alpha(\nabla x)=1$，即 $\max(\alpha(\nabla x))=1$。其中(1)、(2)是权系数的基本性质即对称性和非负性，(3)～(5)是保证对梯度进行适当的惩罚，且使算法具有收敛性，即梯度惩罚项为二次函数，为凸函数，而权系数非负有界($0\leqslant\alpha(\nabla x)\leqslant 1$)，因此，目标函数的全局极小值是必然存在的。$\xi=\infty$ 时，$\alpha(\nabla x)=1.0$，即为传统的同性正则化常系数方法。

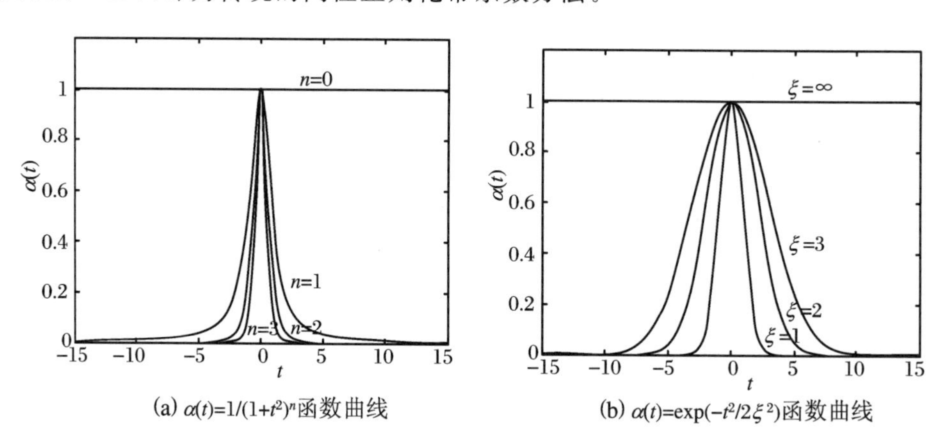


(a) $\alpha(t)=1/(1+t^2)^n$函数曲线　　(b) $\alpha(t)=\exp(-t^2/2\xi^2)$函数曲线

图 5.11　几种正则化系数函数曲线的比较和选择

3. 点扩展函数值的快速求解

在式(5.41)中，当正则化因子 $\alpha(|\nabla x(i,w)|)$ 为已知时，式(5.41)描述的目标函数为二次函数，显然，它是一个凸函数，它的极小值是唯一和必然存在的。在应用数学文献中关于式(5.41)的求解方法有很多，如基于梯度下降的迭代法，但采用梯度下降迭代法来求逼近解时，收敛速度很慢。在此，本文采用文献[18,25,30]所介绍的一种滞后迭代极小化方法(也称定点迭代方案[32,33]，Fixed Point Iteration，FP)来快速求解，用已知的上一步迭代的解 $\boldsymbol{x}^{k-1}$ 来确定

正则化因子 $\alpha(|\nabla x(i,w)|)$值,将非线性求解问题作线性化处理[25,30],有逼近关系 $\boldsymbol{x}^{k-1}\to\boldsymbol{x}^k\to\hat{\boldsymbol{x}}$,当迭代达到收敛时,应该有 $\boldsymbol{x}^{k-1}=\boldsymbol{x}^k$。Charbonnier 等人分析了这种线性化迭代极小方法的收敛性,且实际收敛是很快的[30]。于是,在每次迭代过程中,用前一次迭代所获得的解 $\boldsymbol{x}^{k-1}$ 来计算正则化因子变量 $\alpha(|\nabla x(i,w)|)$,由此可建立如下迭代关系:

$$\hat{\boldsymbol{x}}^k=\underset{x}{\operatorname{argmin}}(J(x))=\underset{x}{\operatorname{argmin}}\Big(\|\boldsymbol{A}\boldsymbol{x}^k-\boldsymbol{b}\|^2+\eta\|\boldsymbol{\Lambda}^{k-1}\boldsymbol{x}^k\|^2+\lambda\sum_i\sum_w\alpha(|\nabla x^{k-1}(i,w)|)[Qx^k]_{i,w}^2\Big) \tag{5.47}$$

其中 $\boldsymbol{\Lambda}^{k-1}$为与向量 $\boldsymbol{x}^{k-1}$的各元素有关的对角阵,即有

$$\boldsymbol{\Lambda}^{k-1}(l,l)=\begin{cases}2, & x_l^{k-1}<0\\ 0, & x_l^{k-1}\geqslant 0\end{cases} \tag{5.48}$$

对目标函数求导,令当前导数为零,可得最佳解向量$\hat{\boldsymbol{x}}^k$,即有

$$\hat{\boldsymbol{x}}^k=\underset{x^k}{\operatorname{argmin}}(J(\boldsymbol{x}^k,\boldsymbol{\Lambda}^{k-1},\alpha|\nabla x^{k-1}(i,w)|))\Rightarrow\left.\frac{\partial J(\boldsymbol{x}^k)}{\partial\boldsymbol{x}^k}\right|_{x^k=\hat{x}^k}=0 \tag{5.49}$$

由于目标函数 $J(\boldsymbol{x}^k)$为二次函数,求导后可得到关于解向量$\hat{\boldsymbol{x}}^k$ 的线性方程组,由此,可通过如高斯主元消去法或 Gauss-Seide 算法求解线性方程组,可快速得到当前最佳逼近解向量$\hat{\boldsymbol{x}}^k$。

显然,向量数据 $\hat{\boldsymbol{x}}$ 的初值可用上节所述的直接法得到,$\hat{\boldsymbol{x}}^0=\boldsymbol{A}^{-1}\boldsymbol{b}$。根据文献[25,30],也可直接置为零。其步骤为:

(1) $\hat{\boldsymbol{x}}^0=\boldsymbol{A}^{-1}\boldsymbol{b}$(直接法),或直接置 $\hat{\boldsymbol{x}}^0=\boldsymbol{0}$。

(2) $\hat{\boldsymbol{x}}^k=\underset{x^k}{\operatorname{argmin}}(J(\boldsymbol{x}^k,\boldsymbol{\Lambda}^{k-1},\alpha|\nabla x^{k-1}(i,w)|))$。

(3) 满足 $|\hat{\boldsymbol{x}}^k-\hat{\boldsymbol{x}}^{k-1}|/|\hat{\boldsymbol{x}}^k|\Rightarrow\varepsilon$ 时停止($\varepsilon$ 为设定任意小值);否则 $k=k+1$,转向(2)。

将最终求得的解向量 $\hat{\boldsymbol{x}}$ 转换为点扩展函数的二维离散值 $\hat{h}_1(x,y)$和 $\hat{h}_2(x,y)$ $(x,y=0,1,2,\cdots,M-1)$,再分别进行归一化处理,得到两帧气动光学效应退化图像点扩展函数的离散值的估计量。

### 5.2.2 基于频域滤波去卷积的图像复原

对 $\hat{h}_1(x,y)$及 $\hat{h}_2(x,y)$进行傅里叶变换,得到 $\hat{H}_1(u,v)$及 $\hat{H}_2(u,v)$。为了平滑噪声,在频域上采用基于最小二乘和最大平滑准则滤波方法[11] 去除卷

积，得到原图像的频谱估计值 $\hat{F}(u,v)$：

$$\hat{F}_t(u,v)=\frac{\hat{H}_t^*(u,v)G_t(u,v)}{|\hat{H}_t(u,v)|^2+\lambda\,|P(u,v)|^2},\quad t=1,2 \tag{5.50}$$

式中，$\hat{H}_t^*(u,v)$为 $H_t(u,v)$的复共轭；$P(u,v)$为拉普拉斯（Laplacian）算子的傅里叶变换；$\lambda$ 为一调节因子，经验取值 $\lambda=1.0/(SNR^2+10)$，其中 $SNR$ 为图像信噪比。

对 $\hat{F}_t(u,v)$进行傅里叶反变换，可得复原图像 $\hat{o}_t(x,y)$。

### 5.2.3 实验结果与分析

下面对本节提出的算法进行一系列的复原实验，算法是在微机上（Pentium Ⅳ，512 MB 内存）用 VC6.0 编程实现和测试通过的。对图像复原质量的评价，目前还没有一个合适的客观测度，人们提出的一些评价参数不是特别有效，与视觉特性不太相符，有时与客观实际相距太远。图像复原主要是提高图像的清晰度，图像的清晰与轮廓细节相关，视觉系统对图像细节极其敏感，因此，视觉效果是图像复原质量最有效的评价工具[18]。本文主要是从视觉效果上来评价复原效果，同时借用一些文献常用的误差项作为辅助的客观评价参数来衡量和比较算法复原质量。本节主要采用文献[34]定义的归一化均方误差 *NMSE*（Normalized Squared-error）或相对误差 *Error*（Relative Error）作为客观指标来评价点扩展函数的重建效果和原图像的复原质量：

$$NMSE_i=\frac{\sqrt{\sum_{x=0}^{M-1}\sum_{y=0}^{M-1}(h_i(x,y)-h_i(x,y))^2}}{\sum_{x=0}^{M-1}\sum_{y=0}^{M-1}h_i(x,y)}$$

$$Error_i=\frac{\sum_{x=0}^{N-1}\sum_{y=0}^{N-1}|\hat{f}_i(x,y)-f(x,y)|}{\sum_{x=0}^{N-1}\sum_{y=0}^{N-1}f(x,y)}$$

**实验一** 本节算法复原效果和稳定性的验证实验。图 5.12 为原图，大小为 200 像素×200 像素（为便于排版，图片以 80%比例显示）。随机生成的两个点扩展函数如图 5.13(a)和图 5.13(b)所示，其点扩展函数的支持域为 12×12。由气动光学效应仿真软件生成两帧气动光学效应模糊图像，且在两帧模糊图像的基础上添加不同程度的随机白噪声，其图像信噪比 $SNR$ 分别为 ∞（无噪）、

50 dB、40 dB、30 dB、20 dB、10 dB，所得的两帧气动光学效应退化图像（模糊 + 噪声）分别为图 5.14(a)和图 5.14(b)、图 5.14(c)和图 5.14(d)、图5.14(e)和图 5.14(f)、图 5.14(g)和图 5.14(h)、图 5.14(i)和图 5.14(j)、图5.14(m)和图 5.14(n)。采用本节非线性正则化算法，从图 5.14 中的相应两帧退化图像中，估计出的对应的两点扩展函数分别如图 5.15(a)和图 5.15(b)、图 5.15(c)和图 5.15(d)、图 5.15(e)和图 5.15(f)、图 5.15(g)和图 5.15(h)所示（其余略），其中选正则化函数 $\xi = 1.5$。两帧复原图像分别为图 5.16(a)和图 5.16(b)、图 5.16(c)和图 5.16(d)、图 5.16(e)和图 5.16(f)、图 5 .16(g)和图 5.16(h)、图 5.16(i)和图 5.16(j)、图 5.16(m)和图 5.16(n)。从主观视觉上来看，估计出的点扩展函数形状及其整体变化趋势与原点扩展函数基本一致，凸峰明显。复原后的图像视觉效果较好，目标轮廓清晰。但随噪声的加大，点扩展函数有些变形，复原图像有少数振铃现象出现。用客观指标——均方误差 *NMSE* 和相对误差 *Error* 来评价算法，点扩展函数和复原图像在各种噪声条件下的均方误差 *NMSE* 和相对误差 *Error* 的数据如表 5.4 所示。从表中可知，无噪时，均方误差和相对误差为零，表明本节算法可精确地估计点扩展函数值，可准确地复原目标图像；当信噪比为 50～30 dB 时，算法复原效果比较稳定，误差（*NMSE* 和 *Error*）变化不是很大；当信噪比为 20 dB 时，误差开始增大；当信噪比为 10 dB 时，图像有较多的虚假纹理噪声现象，这是频域滤波方法目前仍不可避免地会产生的噪声假象[17]。从表 5.4 中还可知，算法的复原速度较快，只需要 13 秒左右，比上节所述的基于梯度下降的 NNLS 优化算法在相同条件下需要 1 分 20 秒（见上节实验）要快得多，且其抗噪能力及稳定性也提高了，由此可见本节方法具有先进性。

图 5.12　原图像

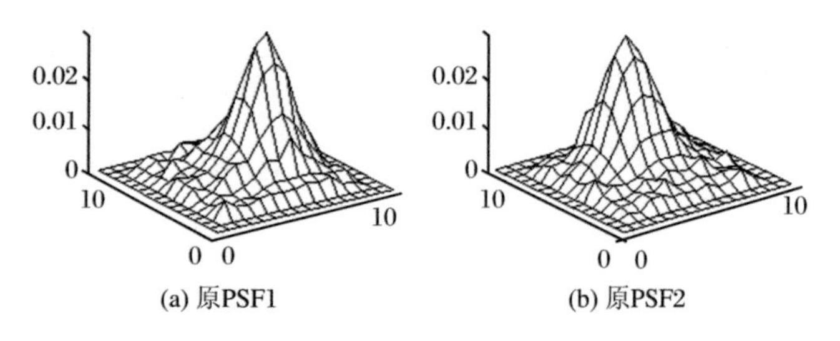


(a) 原PSF1　(b) 原PSF2

图 5.13　两个随机生成的点扩展函数

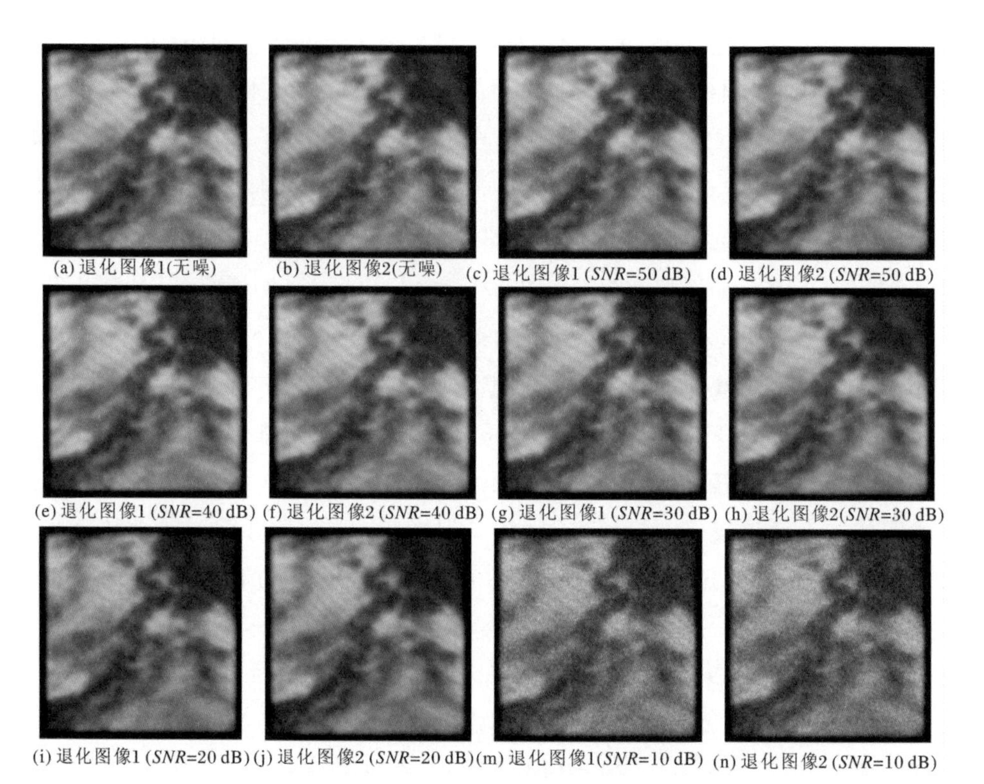


图 5.14 不同强度噪声条件下的气动光学效应退化图像

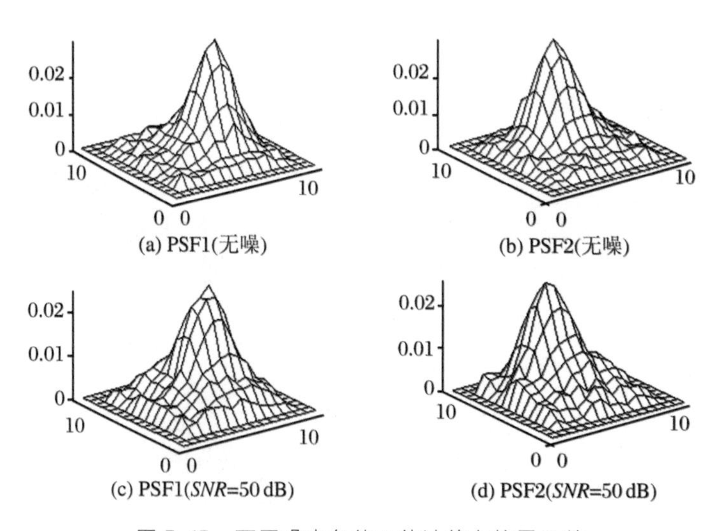


图 5.15 不同噪声条件下估计的点扩展函数

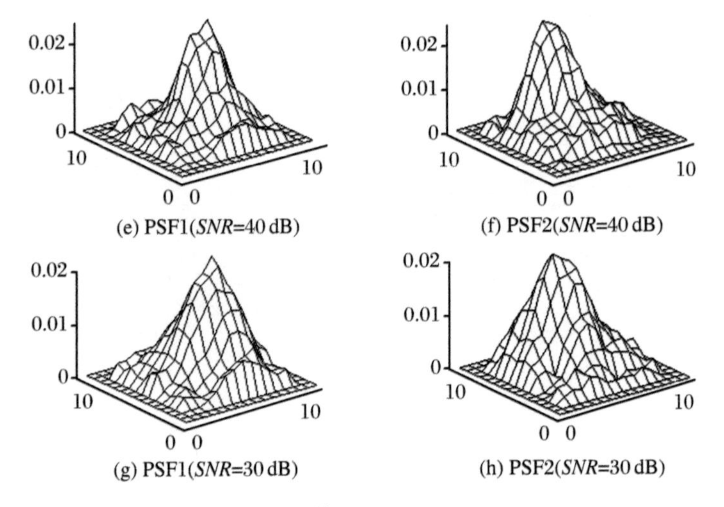


(e) PSF1($SNR$=40 dB)　(f) PSF2($SNR$=40 dB)

(g) PSF1($SNR$=30 dB)　(h) PSF2($SNR$=30 dB)

续图 5.15

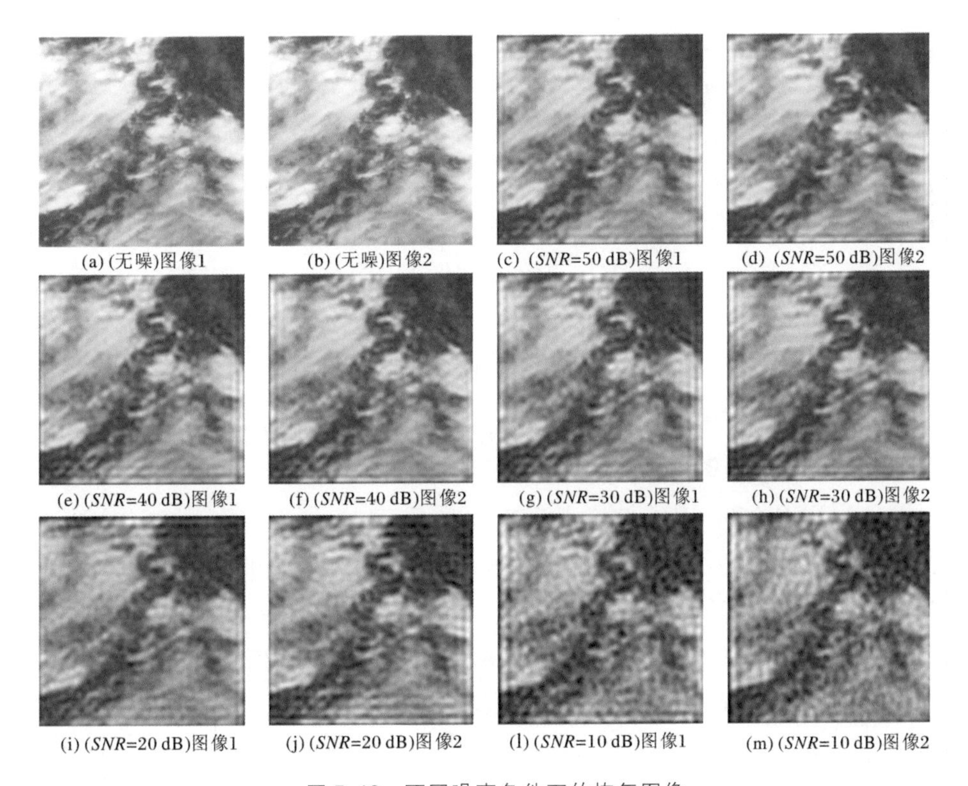

(a) (无噪)图像1　(b) (无噪)图像2　(c) ($SNR$=50 dB)图像1　(d) ($SNR$=50 dB)图像2

(e) ($SNR$=40 dB)图像1　(f) ($SNR$=40 dB)图像2　(g) ($SNR$=30 dB)图像1　(h) ($SNR$=30 dB)图像2

(i) ($SNR$=20 dB)图像1　(j) ($SNR$=20 dB)图像2　(l) ($SNR$=10 dB)图像1　(m) ($SNR$=10 dB)图像2

图 5.16　不同噪声条件下的恢复图像

表 5.4 实验数据(PSF 支持域大小为 12×12)

| 参数 \ SNR | ∞(无噪) | 50 dB | 40 dB | 30 dB | 20 dB | 10 dB |
|---|---|---|---|---|---|---|
| $NMSE_1$ | 0.000 00 | 0.028 714 | 0.031 408 | 0.044 475 | 0.046 882 | 0.061 052 |
| $NMSE_2$ | 0.000 00 | 0.030 515 | 0.032 859 | 0.039 557 | 0.046 628 | 0.056 355 |
| $Error_1$ | 0.000 | 0.041 095 | 0.045 400 | 0.059 0085 | 0.070 451 | 0.100 416 |
| $Error_2$ | 0.000 | 0.040 542 | 0.042 871 | 0.052 587 | 0.075 003 | 0.090 3490 |
| 迭代次数 | 2 | 11 | 15 | 15 | 16 | 16 |
| 时间(秒) | 2 | 9 | 12 | 12 | 13 | 13 |

图 5.17 原图像

**实验二** 验证算法在模糊程度较大时的复原性能。图 5.17 为原图,加大模糊程度,扩大点扩展函数的支持域范围为 20×20,两个随机生成的点扩展函数如图 5.18(a)和图 5.18(b)所示。由气动光学效应仿真软件生成两帧气动光学效应退化图像且添加不同程度的高斯白噪声,使图像的信噪比分别为∞(无噪)、50 dB、40 dB、30 dB,得到图 5.19(a)和图 5.19(b)(无噪)、图 5.19(c)和图 5.19(d)(50 dB)、图 5.19(e)和图 5.19(f)(40 dB)、图 5.19(g)和图5.19(h)(30 dB)。分别从对应两帧气动光学效应退化图像中估计出的点扩展函数如图 5.20(a)和图 5.20(b)(无噪)、图 5.20(c)和图 5.20(d)($SNR$ = 50 dB)、图 5.20(e)和图 5.20(f)($SNR$ = 40 dB)、图 5.20(g)和图5.20(h)($SNR$ = 30 dB),与原点扩展函数比较,均方误差分别为 $NMSE_1$ = 0.000 000,$NMSE_2$ = 0.000 000(无噪);$NMSE_1$ = 0.012 693,$NMSE_2$ = 0.013 127($SNR$ = 50 dB);$NMSE_1$ = 0.013 821,$NMSE_2$ = 0.014 314($SNR$ = 40 dB);$NMSE_1$ = 0.022 753,$NMSE_2$ = 0.024 553($SNR$ = 30 dB)。本次实验的正则化函数的 $\xi$ 参数值选为 1.25。随点扩展函数支持域区域的扩大,所采用的正则化函数能较好地对点扩展函数离散值进行规整化和保护各级梯度,均方误差有所降低。在耗时方面,无噪时迭代次数为 2 次,耗时 26 秒;其余迭代次数为 9 次,耗时 1 分 33 秒。恢复出的图像如图 5.21(a)和图5.21(b)(无噪)、图 5.21(c)和图 5.21(d)($SNR$ = 50 dB)、图 5.21(e)和图 5.21(f)($SNR$ = 40 dB)、图 5.21(g)和图 5.21(h)($SNR$ = 30 dB)。与原图比较,相对误差分别为 $Error_1$

$=0.00000$，$Error_2=0.00000$（无噪）；$Error_1=0.048920$，$Error_2=0.052430$（$SNR=50$ dB）；$Error_1=0.048958$，$Error_2=0.054461$（$SNR=40$ dB）；$Error_1=0.067484$，$Error_2=0.073095$（$SNR=30$ dB）。恢复效果在信噪比为50 dB～30 dB时比较稳定。当信噪比 $SNR\leqslant 20$ dB时，点扩展函数和复原图像效果不是很好。

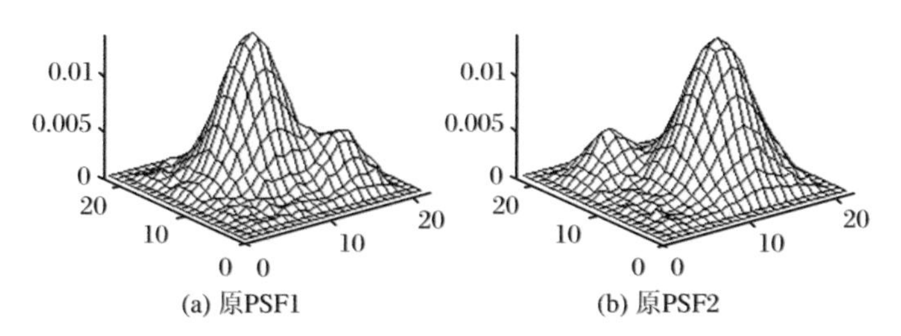

(a) 原PSF1　　(b) 原PSF2

图5.18　随机生成的点扩展函数(支持域大小为20×20)

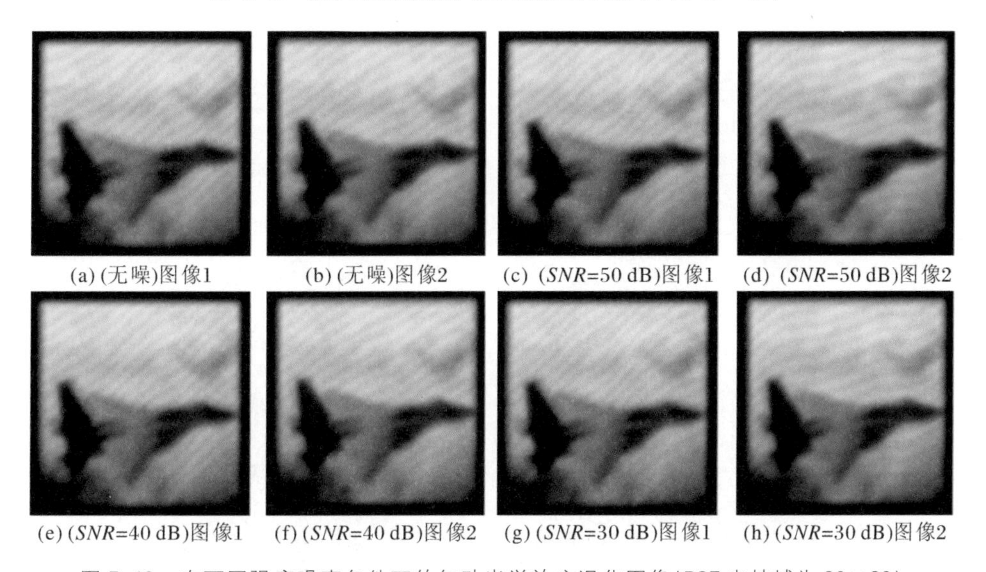
(a) (无噪)图像1　(b) (无噪)图像2　(c) ($SNR$=50 dB)图像1　(d) ($SNR$=50 dB)图像2
(e) ($SNR$=40 dB)图像1　(f) ($SNR$=40 dB)图像2　(g) ($SNR$=30 dB)图像1　(h) ($SNR$=30 dB)图像2

图5.19　在不同强度噪声条件下的气动光学效应退化图像(PSF支持域为20×20)

**实验三**　与单帧盲目去卷积复原算法作对比实验。T. F. Chan[32]于1998年提出了一种基于单帧图像的总变分(TV)盲目复原算法，是目前复原效果和稳定性都比较好的一种单帧盲目复原算法。这种算法及大多数盲目去卷积复原算法主要用于背景比较简单的目标图像复原，如空中目标红外图像。由于相对误差与图像内容及图像大小有关，因此在本实验中，用视觉效果和平均误差（$=\dfrac{1}{NM}\sum_{i=0}^{N-1}\sum_{j=0}^{M-1}|\hat{f}(i,j)-f(i,j)|$）来评价目标图像复原算法效果。图5.22(a)为原图(红外直升机图像，大小为128×128)，由气动光学效应仿真软件

生成的两帧气动光学效应模糊图像如图 5.22(b)、图 5.22(c)。在气动光学效应模糊图像图 5.22(b)、图 5.22(c)的基础上添加不同程度的高斯白噪声，得到不同信噪比退化图像(图略)。采用 T.F.Chan[32] 总变分算法(其中对 PSF 不加对称约束)对信噪比 *SNR* 分别为 ∞(无噪)、40 dB、25 dB 的气动光学效应退化图像进行复原，所得图像分别为图 5.22(d)、图 5.22(e)、图 5.22(f)，复原图像平均误差分别为 10.907 9、11.166 0、12.129 6，耗时 34 秒(迭代 100 次)。采用本节算法对信噪比 *SNR* 分别为 ∞(无噪)、40 dB、25 dB 的气动光学效应退化图像进行复原，所得图像(第 1 帧、第 2 帧略)分别为图 5.22(g)、图 5.22(h)、图 5.22(i)，复原图像视觉效果较好，平均误差分别为 0.013 9(精确复原)、7.268 0、9.471 1，耗时 28 秒(同时复原两帧图像)。对比实验表明本节算法比较稳定。

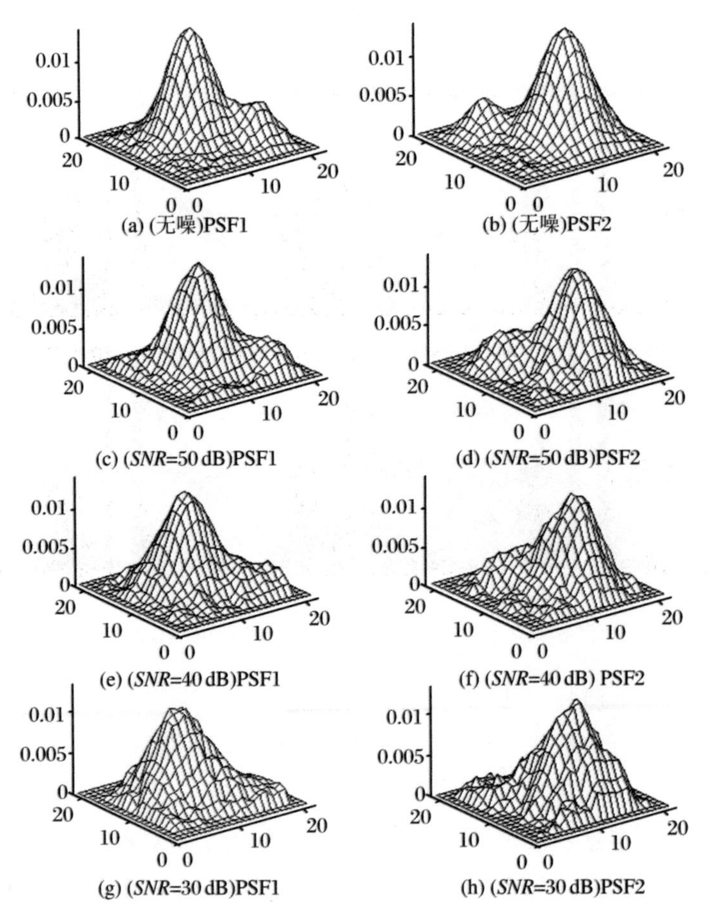


图 5.20 *SNR* = ∞、50 dB、40 dB、30 dB 下估计的点扩展函数(支持域 20×20)

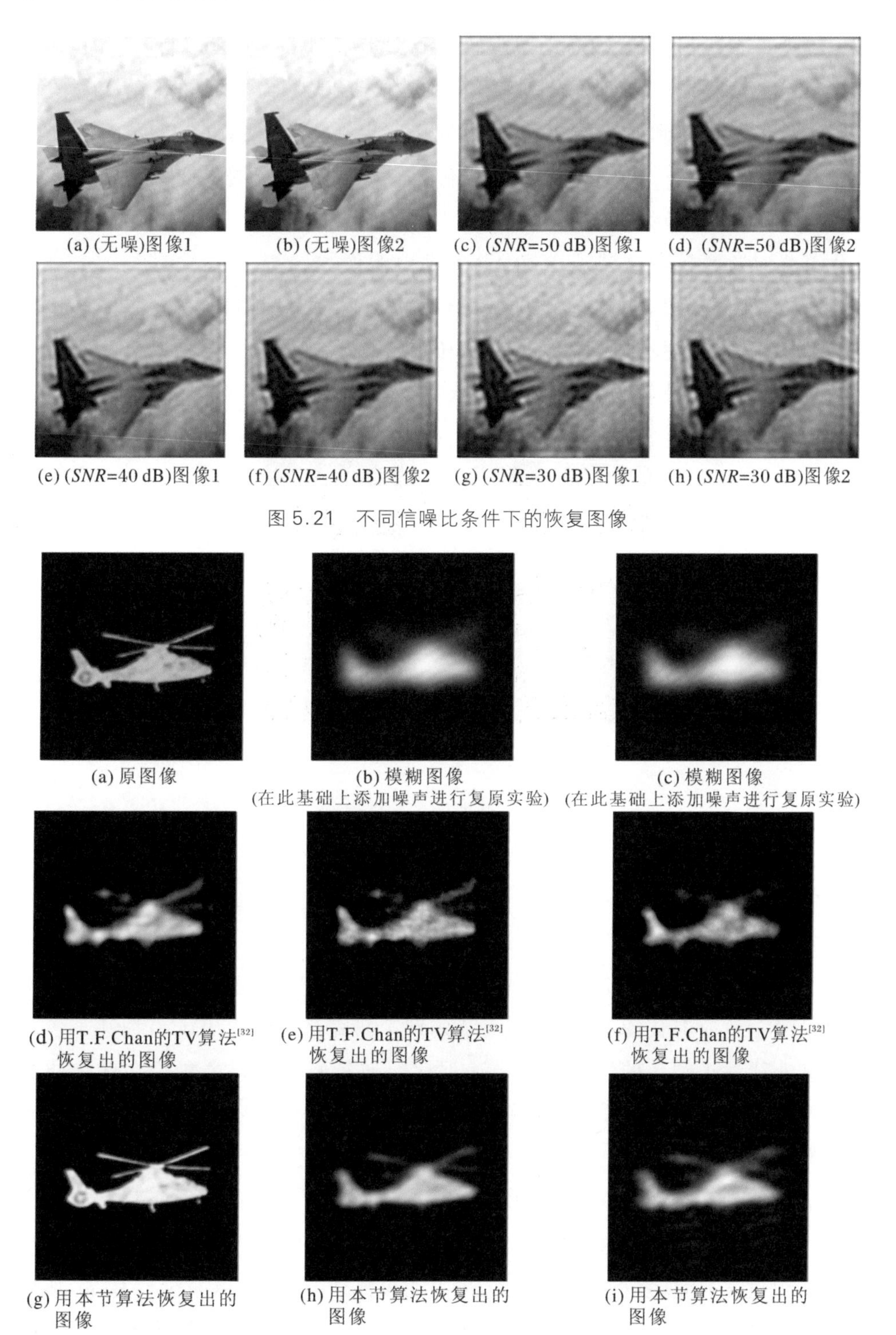


图 5.21　不同信噪比条件下的恢复图像



图 5.22　在不同强度噪声条件下本节算法与 T.F.Chan 的 TV 算法[32]的对比实验复原结果

**实验四** 最后，以气动光学效应风洞测试实验中所采集的实际红外序列图像的复原为例验证本节算法。图 5.23(a)和图 5.23(b)为航天二院在气动光学风洞实验中所采集到的红外序列图像(四条靶目标，成像帧频 100 Hz，图像大小 64×64，3 517 帧)中的其中连续两帧图像，根据风洞实验参数(见文献[1])及成像分辨率，点扩展函数支持域大小预测为 6×6 左右。以本节所述的非线性正则化算法对这两帧图像进行复原，得到复原图像如图 5.23(c)和图 5.23(d)。显然，与红外图像图 5.23(a)和图 5.23(b)相比，清晰度提高了许多，图像得到较好的复原，这表明本节算法具有实用价值。

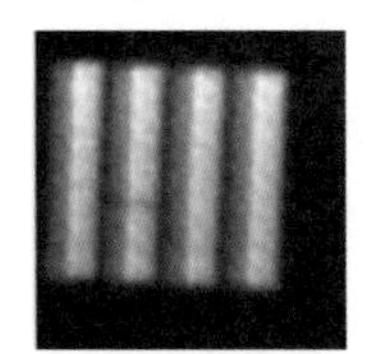

(a) 红外图像1(四条靶目标)

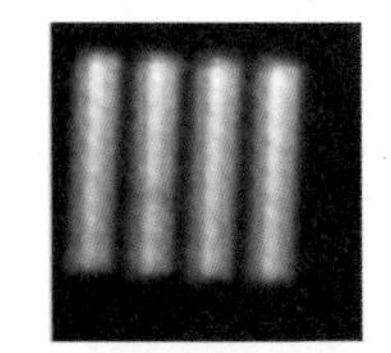

(b) 红外图像2(四条靶目标)

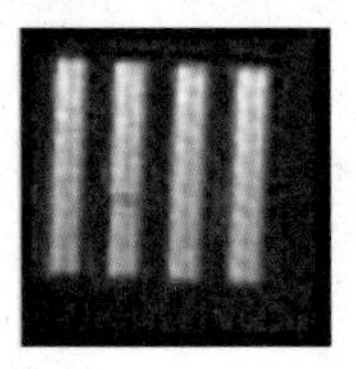

(c) 恢复图像1

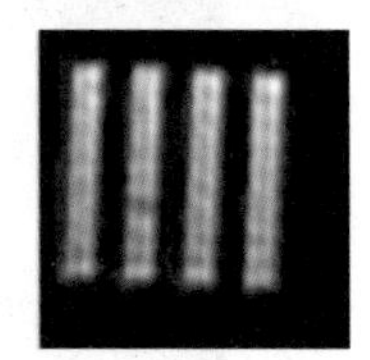

(d) 恢复图像2

图 5.23 风洞实验采集红外图像的恢复结果

### 5.2.4 小结

为了有效地从两帧退化图像中估计出与真实情况接近的点扩展函数和恢复气动光学效应退化图像，本节在上节的理论研究基础上提出了一种基于各向异性和非线性正则化的气动光学效应退化图像复原算法。主要是在优化估计过程中合理地融合了点扩展函数的一些基本的先验知识，将其非负性和光滑性约束转化为惩罚项，加入到目标函数中。针对点扩展函数的衰减性质，给出一种具有非线性和空间各向异性的正则化方案，使其在重建点扩展函数时能适当地进行平滑梯度。通过迭代极小化目标函数来优化估计与真实情况接近的点扩展函数值，进而恢复图像。实验结果表明该算法有效，可以减少计算量，加快恢复速度，图像质量也得到了提高。用目前我国航天二院在激波风洞实验中所获得的实际红外图像序列对本节算法进行了测试，复原效果较好，表明算法具有实用价值，是一种很有吸引力的气动光学效应退化图像复原方法。关于气动光学效应复杂背景退化图像的相邻两帧图像复原方法，我们在文献[27]中详细地进行了论述，有兴趣读者请参考文献[27]。

## 5.3　多帧图像恢复的极大似然估计算法

本节主要关注空中目标图像的极大似然估计复原问题。受气动光学效应的干扰，探测到的目标图像是严重模糊的。为了将目标图像有效地恢复出来，本节提出了一种新颖的基于图像统计模型和极大似然估计准则的交替迭代多帧复原算法。该算法利用多帧气动光学效应退化图像数据信息的互补，将航天图像的 Poisson 随机场概率模型作为先验知识，序列多帧气动光学效应退化图像被一齐进行极大似然估计，建立了有关多帧图像数据的对数似然函数。通过极大化该对数似然函数，推导出了目标图像及各帧点扩展函数离散值的交替迭代求解关系，可将目标图像和各帧点扩展函数同时估计出来。该算法能用多帧图像极大程度地恢复出目标图像。同时，为了提高算法计算效率，针对算法流程与结构特点，提出了一种整体数据传输、分块计算复原的任务并行处理方法，为算法在多 DSP 条件下的实现提供了可行方案。

### 5.3.1　图像建模与极大似然估计复原

空中目标的成像探测研究越来越重要。要求探测系统能将远距离的空中目标分辨出来。目标在几十公里远时，探测器所探测到的目标一般为斑点状(目标细节是探测不到的)。远距离的目标红外成像是斑点状的，红外成像探测系统必须将远距离红外斑点状的目标分辨出来，锁定目标，以便在关键时刻(帧)发射击中目标。空中目标要透过大气才能进行成像，而大气风速的随机变化会引起大气的湍流运动。大气湍流运动对光波的干扰引起的光学失真导致目标成像模糊严重，使空中目标检测与识别非常困难。如不对观测到的气动光学效应退化图像(模糊 + 噪声)进行目标复原，就无法实现成像探测系统对目标的定位与跟踪[9,15,17]。气动光学效应退化图像复原的困难之处在于其退化模型(即点扩展函数)是未知的。为了测定大气湍流对目标成像的影响,人们最初采用向导星技术,观测一个与目标邻近的点状向导星的图像来估计退化模型。这种技术无实时性要求,主要适合于天文望远镜观察图像恢复。但在目标探测与跟踪过程中,是无法去寻找向导星的,且进行长时间计算也是不太现实的,向导星技术受到了限制。传统的一些图像复原技术是在退化模型确定的情况下进行复原的,即先确定点扩展函数或其参数,然后再利用逆滤波方法或维纳滤波恢复图像[11,18]。由于湍流场对目标成像影响的复杂多变性,导致湍流点扩展函数难以测定,其形式也是无法事先确定的,且是随机变化的,这给目标图像的复原带来了很大的困难。在湍流退化模型未知的情况下,直接从退化图像中估计目标的强度,人们提出了单帧盲目去卷积方法,且将其应用在大气湍流退化图像的复原中。但单帧盲目去卷积方法不够完善,主要问题是对噪声太敏感,不能有过多的噪声[5,18,35]。在图像工程应用中,要明确如下观点:由于噪声的存在,目标图像退化信息的精确估计和原始目标的完全复原是不可能的[19,29,36]。实际成像是有噪声干扰的,在有噪的情况下,要尽可能地将目标恢复出来。极大似然估计方法是目前处理这类问题的比较好的处理方法。由此看来,极大似然估计方法是一种用来解决这类问题的较好的选择。

图像建模是用数学的解析式来表述图像的基本属性。图像模型可作为先验知识或约束用于图像复原和图像重建中。图像模型对于图像复原的意义是十分重要的。首先,图像复原是一个不适定(Ill-posed)问题。图像模型是一个附加的先验知识或约束,可以对这种不适定求解问题作正则化(Regularization)技术处理。图像模型的数学表示使得目标图像及点扩展函数的估计变得容易把握[37]。其次,图像的概率分布模型提供了按照最大似然估计准则和最大后验准则来估计图像的可能性。也就是说,利用图像概率分布模型可以把图像复原问题转化为关于图像的贝叶斯估计问题,从而在概率意义上达到极大程度地恢复图像的目的。

对于被复原的原始目标图像而言,采用多个不同的模糊帧是一个强有力的约束条件[3]。这样可以针对空中目标图像,将其统计模型及其数学建模作为先验知识,使其复原问题变成参数优化问题。即由多帧气动光学效应退化图像恢复目标图像的原始信息,采用最大似然估计方法对各帧点扩展函数和目标图像进行联合最佳估计。另外,单帧图像盲目复原算法存在解的不确定性。易验证：$g(x)=h(x)\otimes f(x)=h(x+x_0)\otimes f(x-x_0)$，如图 5.24 所示，即图 5.24(a)与图 5.24(b)的卷积结果(见图 5.24(c))跟图 5.24(d)与图 5.24(e)的卷积结果(见图 5.24(f))是完全一致的。由此可知，单帧复原方法无法确定像偏移，因此不能消除气动光学像抖动效应。显然，多帧图像的使用对于确定和控制像抖动，实现稳定复原是有重要作用的。因此，本节采用最大似然估计方法来寻找最相似于退化图像的点扩展函数和目标图像，即寻找最适合的点扩展函数和目标图像数据来极大化似然函数，通过迭代方式估计出点扩展函数和目标图像。实验结果表明这种方法能在有噪声污染的气动光学效应退化图像中有效地恢复目标图像，具有稳定的复原效果。

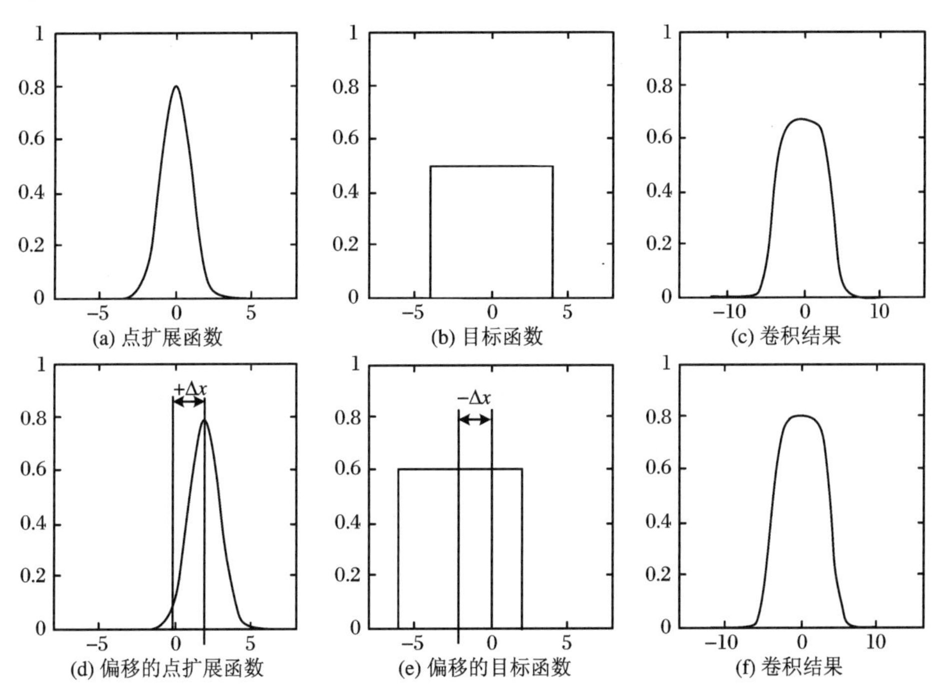


图 5.24　单帧图像盲目复原算法存在解的不确定性

### 5.3.2　目标通过大气湍流的成像退化模型

在大气湍流的干扰下，空中目标的成像退化模型可表示为

$$g(i,j)=\iint_D h(i,j;\alpha,\beta)f(i-\alpha,j-\beta)\mathrm{d}\alpha\mathrm{d}\beta+n(i,j),$$
$$(\alpha,\beta)\in D;(i,j)\in X \tag{5.51}$$

式中 $g(i,j)$ 为某一时刻的气动光学效应退化图像，$f(i,j)$ 为目标原图像，

$n(i,j)$为传感器噪声，$h(i,j;\alpha,\beta)$为湍流的点扩展函数，$D$ 为点扩展函数的支持域，$X$ 为目标图像的支持域。气动光学效应对目标成像的影响使原目标图像能量扩散，像素灰度峰值降低，图像模糊。从信号理论上讲，可看作支持域为 $D$ 的点扩展函数模板在目标图像的支持域内移动和卷积，使目标图像模糊。因此，观察图像的支持域 $Y$ 比原目标图像的支持域 $X$ 要大，可表达为 $Y \geqslant D \cup X$，如图 5.25(a)所示。

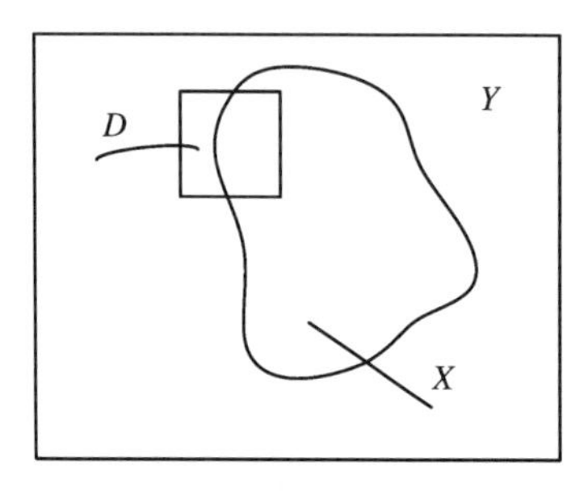

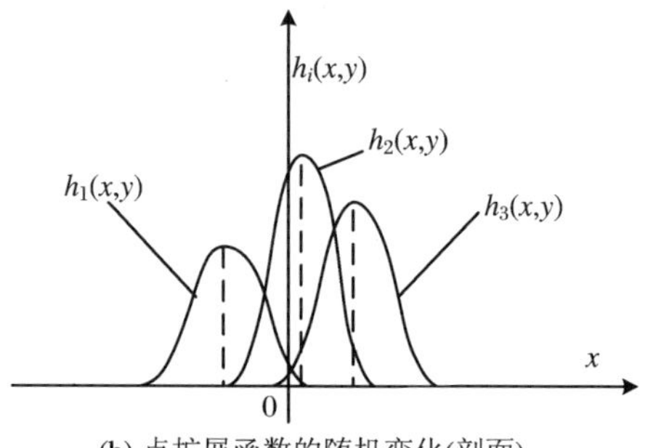


图 5.25　点扩展函数对目标图像的影响及其随机变化

湍流点扩展函数为一有限冲激响应，有意义的支持区域集中在峰值附近[1]，即支持域为有限区域。显然，在模糊图像中，目标能量扩散后所占区域比原图目标区域要大。实际观察到的图像包含有目标部分和背景部分，为了避免目标能量丢失，摄取图像时，应确保整个目标在像平面内。也就是说在大气湍流环境中，跟踪目标时，框定的范围一般要比目标能量分布区域要大。大气湍流对目标成像的影响通常可假定为线性移位不变，即点扩展函数具有空不变性[1,14,18]，可描述为

$$h(i,j;\alpha,\beta) = h(\alpha,\beta), \quad (i,j) \in D \tag{5.52}$$

将式(5.52)代入式(5.51)，则可得出如下卷积形式：

$$\begin{aligned} g(i,j) &= \iint_D h(\alpha,\beta) f(i-\alpha, j-\beta) \mathrm{d}\alpha \mathrm{d}\beta + n(i,j) \\ &= h(i,j) \otimes f(i,j) + n(i,j) \end{aligned} \tag{5.53}$$

由式(5.53)可知，$g(i,j)$包含有三个未知项：目标图像、点扩展函数及噪声。且点扩展函数及噪声都是随机的，非确定的，这就给目标图像的复原造成了很大的困难。在实际中，同一目标的多帧气动光学效应退化图像是可以得到的，如序列短曝光图像。我们采用多帧气动光学效应退化图像来估计湍流点扩展函数和目标图像。由于大气湍流的高频随机特性，因此各帧气动光学效应退

化图像的点扩展函数是变化的,如图5.25(b)所示,正是这种随机变化导致观察到的气动光学效应退化图像呈抖动效应。由于每帧图像的退化信息是未知的,必须在去卷积过程中也要进行估计,因此本节采用一种交替迭代方法来同时估计目标图像和各帧点扩展函数,这与Sheppard等人提出的多帧迭代复原方法[36]有所不同,其点扩展函数是事先确定的,即假定通过波前传感器技术已测定出,是一种基于波前传感器测量的后处理技术。

### 5.3.3 目标图像与点扩展函数交替迭代复原算法原理

在大气动力环境下,目标图像的畸变将会十分严重。由于流场瞬息万变,引起点扩展函数随机变化,同一目标在不同瞬时有不同的退化图像。本节采用包含有相同目标的多帧序列短曝光图像$\{g_k\}_{k=1}^{K}$来恢复目标图像$f$,其中$K$为帧数。由于大气湍流是瞬息万变的,各帧短曝光气动光学效应退化图像可认为是被互相独立的气动流场干扰所得到的退化图像[38]。为了简化记号,对图像使用一维描述。首先定义目标强度为非负函数:$\{f(x),x\in X\}$,定义气动光学效应对目标图像影响的点扩展函数为:$\{h_k(y|x),y\in Y\},k=1,2,\cdots,K$;$Y$为观察图像的支持域。根据湍流冻结理论[13,16],湍流短曝光图像的点扩展函数可看成是空间不变的。定义$i_k(y)$为第$k$帧图像在坐标$y$处的强度,则有

$$i_k(y)=\sum_{x\in X}h_k(y\mid x)f(x)=\sum_{x\in X}h_k(y-x)f(x),\quad y\in Y;k=1,2,\cdots,K \tag{5.54}$$

由于$h_k()$为空间不变的卷积算子,因此式(5.54)也可表示为

$$i_k(y)=\sum_{x\in X}h_k(x)f(y-x),\quad y\in Y;k=1,2,\cdots,K \tag{5.55}$$

实际上,$i_k$的值是不可能被完美地检测到的,它总是被一些噪声所污染,使其或多或少地发生些变化。设在第$k$帧图像的某像元位置$y$处实际观测到的图像数据灰度值为$g_k(y)$。由于有噪声,观测到的$g_k(y)$是一个随机场,可以认为该随机场的均值是$i_k$。在许多情况下,短曝光天文图像可用Poisson随机场来建模[37,39],空中目标气动光学效应退化图像也可用Poisson随机场来建模,即测定到的光学强度具有Poisson分布性质[39]。由此可见,在给定目标强度$f$和点扩展函数$\boldsymbol{h}_k$条件下,可以假定$g_k(y)$是一个以$i_k(y;\boldsymbol{f},\boldsymbol{h}_k)$为均值的服从Poisson分布的独立随机变量,因此,在像元位置$y$处取整数灰度值$g_k(y)$的概

率可以表达为[37]

$$P(g_k(y) \mid \boldsymbol{f}, \boldsymbol{h}_k) = \frac{i_k^{g_k} \mathrm{e}^{-i_k}}{g_k!} \tag{5.56}$$

假定观测图像各像元是相互独立的[37,39]，则其联合概率分布为

$$P(g_k(y_1 y_2 \cdots y_n) \mid \boldsymbol{f}, \boldsymbol{h}_k) = \prod_{y \in Y} \frac{i_k^{g_k} \mathrm{e}^{-i_k}}{g_k!} \tag{5.57}$$

对式(5.57)取对数，得到其对数似然函数为

$$\begin{aligned} \ln P(\boldsymbol{g}_k(y_1 y_2 \cdots y_n) \mid \boldsymbol{f}, \boldsymbol{h}_k) &= \sum_y (-i_k + g_k \ln i_k - \ln g_k!) \\ &= (-\sum_y i_k + \sum_y g_k \ln i_k) - \sum_y \ln g_k! \end{aligned} \tag{5.58}$$

假定 $K$ 帧观测图像$\{\boldsymbol{g}_1(y_1 y_2 \cdots y_n), \boldsymbol{g}_2(y_1 y_2 \cdots y_n), \cdots, \boldsymbol{g}_K(y_1 y_2 \cdots y_n)\}$在统计上是互相独立的[13,36]，则多帧泊松联合概率分布的对数似然函数为

$$\begin{aligned} \ln P(\{\boldsymbol{g}_k\} \mid \boldsymbol{f}, \{\boldsymbol{h}_k\}) &= \sum_k \sum_y (-i_k + g_k \ln i_k - \ln g_k!) \\ &= -\sum_{k=1}^{K} \sum_y i_k + \sum_{k=1}^{K} \sum_y g_k \ln i_k - \sum_{k=1}^{K} \sum_y \ln g_k! \end{aligned} \tag{5.59}$$

由于式(5.58)中的最后一项为常数，它不影响似然函数的变化，故将其舍去，且将式(5.54)代入式(5.59)，可得对数似然函数为

$$\begin{aligned} L(\boldsymbol{f}, \{\boldsymbol{h}_k\}) &= \ln P(\{\boldsymbol{g}_k\} \mid \boldsymbol{f}, \{\boldsymbol{h}_k\}) \\ &= -\sum_k \sum_{y \in Y} \sum_{x \in X} h_k(y-x) f(x) \\ &\quad + \sum_k \sum_{y \in Y} [g_k(y) \ln \sum_{x \in X} h_k(y-x) f(x)] \end{aligned} \tag{5.60}$$

为了极大化对数似然函数，可将式(5.60)分别对各分量 $f(x)$和 $h_k(x)$ $(k=1,2,\cdots,K)$求导并令其导数等于零，可以推导出

$$\frac{\partial L(\boldsymbol{f}, \{\boldsymbol{h}_k\})}{\partial f(x)} = -\sum_k \sum_{y \in Y} h_k(y-x) + \sum_k \sum_{y \in Y} g_k(y) \frac{h_k(y-x)}{\sum_{z \in X} h_k(y-z) f(z)} = 0 \tag{5.61}$$

在图像能量保持守恒的情况下，每幅气动光学效应退化图像的点扩展函数值之和为 1[11]，即假定模糊前后图像能量保持不变，可导出各帧气动光学效应退化图像的点扩展函数值之和为 1，于是有

$$\frac{1}{K} \sum_k \sum_{y \in Y} g_k(y) \frac{h_k(y-x)}{\sum_{z \in X} h_k(y-z) f(z)} = 1 \tag{5.62}$$

设已知上次迭代估计的结果为 $f^{(n)}(\cdot)$ 和 $h^{(n)}(\cdot)$，采用先估计 $f$ 再估计 $h$ 的策略，也可采用先估计 $h$ 再估计 $f$ 的策略。由此，可建立如下迭代关系：

$$f^{(n+1)}(x) = f^{(n)}(x)\frac{1}{K}\sum_{k}\sum_{y\in Y}g_k(y)\frac{h_k^{(n)}(y-x)}{\sum_{z\in X}h_k^{(n)}(y-z)f^{(n)}(z)} \tag{5.63}$$

为了便于对 $h_k(x)(k=1,2,\cdots,K)$ 求导，将 $i_k$ 用式(5.55)表示，代入式(5.60)，此时，对数似然函数可等效地表示为

$$\begin{aligned}L(f,\{h_k\}) &= \ln P(\{g_k\}\mid f,\{h_k\})\\ &= -\sum_{k}\sum_{y\in Y}\sum_{x\in X}h_k(x)f(y-x)+\sum_{k}\sum_{y\in Y}(g_k(y)\ln\sum_{x\in X}h_k(x)f(y-x))\end{aligned} \tag{5.64}$$

对 $h_k(x)(k=1,2,\cdots,K)$ 求导并令其为 0，得

$$\frac{\partial L(f,\{h_k\})}{\partial h_k(x)} = -\sum_{y\in Y}f(y-x)+\sum_{y\in Y}g_k(y)\frac{f(y-x)}{\sum_{z\in X}h_k(z)f(y-z)} = 0 \tag{5.65}$$

目标图像在观察图像的支持域之内，事先对目标原图像 $f$ 进行归一化处理，即有 $\sum_{x\in X}f(x)=1$，因此，在观察图像的支持域之内，目标原图像能量值之和为 1，于是有

$$\sum_{y\in Y}g_k(y)\frac{f(y-x)}{\sum_{z\in X}h_k(z)f(y-z)} = 1$$

同理，当目标图像 $f^{(n+1)}(x)$ 用式(5.63)估计出来后，可以建立如下求解新点扩展函数 $h_k^{(n+1)}(x)$ 的迭代关系：

$$h_k^{(n+1)}(x) = h_k^{(n)}(x)\sum_{y\in Y}g_k(y)\frac{f^{(n+1)}(y-x)}{\sum_{z\in X}h_k^{(n)}(z)f^{(n+1)}(y-z)} \tag{5.66}$$

由此可通过使用基于极大似然原理的迭代估计来设法找到与检测到的图像数据最相似的目标强度 $\boldsymbol{f}$ 和点扩展函数 $\{\boldsymbol{h}_k\}$。

### 5.3.4　复原算法实现流程图与算法并行计算处理

利用最大似然估计原理推导出了气动光学效应退化图像的点扩展函数和目标图像的迭代求解公式。在此算法的盲目形式中，先对目标 $f^{(0)}$ 和点扩展函数 $h_k^{(0)}$ 进行初始估计来启动该算法，利用式(5.63)和式(5.66)就可以对目标图

像和各帧点扩展函数进行交替迭代估计，这是一种非线性估计复原算法，充分利用了多帧图像数据信息，构成信息互补和关系约束。由式(5.63)和式(5.66)可知，当点扩展函数区域为 $M \times M$，图像大小为 $N \times N$ 时，其加法和乘法运算量正比于 $N^2 M^2$，计算量较大。可根据有关湍流点扩展函数的先验知识[1]对点扩展函数的支持域大小进行适当控制，选择适当的较紧一点的点扩展函数的支持域，可降低计算量。将迭代公式(5.63)式和(5.66)式中的有关卷积及相关运算转换到频域中，借助快速傅里叶变换(FFT)来实现，则其加法和乘法运算量大约正比于$(10N^2 + 12N^2 \log_2 N)$，对大小为2的幂次方的大图像来说，计算量将大大降低，且对点扩展函数支持域大小可不进行限制性约束(与图像支持域大小相同)，本节采用FFT来实现有关卷积及相关运算。复原算法实现的流程图如图5.26所示。从算法流程与结构上研究，本节算法可采用一种计算任务分块并行的方式进行处理，由式(5.63)和式(5.66)可知，将整体数据传输到各计算节点上，$\boldsymbol{f}(x)$与$\boldsymbol{h}_k(x)$均可采用分块(将支持域分成几块)方法进行计算，即整体数据传输，分块计算复原，将算法的计算量分解到各计算节点，实现快速高效恢复图像。显然，这一并行方案有利于算法的多DSP实现，算法已在两个DSP(处理器使用的是ADI公司的ADSP-TS101 TigerSHARC Processor)上通过了测试[12,40]。

从理论上讲，以上所导出的基于交替迭代的最大似然估计复原算法要用很多帧图像才能获得较好的复原结果。但在工程实际应用中，我们总是希望能用少数帧(1～5帧)图像获取较好的复原结果。从算法流程图(见图5.26)可知，在每一轮循环中，对目标的估计 $f^{(n+1)}$ 和对各帧点扩展函数 $h_k^{(n+1)}$ 的估计仅用了一次迭代，也就是说内循环仅用了一次迭代。在盲目迭代复原中，为了获得较好的复原结果，D. A. Fish[41]等人在研究Richardon-Lucy复原算法(单帧复原)时提出适当增加内循环迭代次数(一般增加到10次左右)，T. F. Chan[32]等人在研究总变分盲目去卷积交替极小(Alternating Minimization，AM)迭代算法时也采取增加内循环迭代，获得了较好的复原结果。在此，将本节算法流程稍作些改造，增加内循环迭代次数。算法有如下两步是必备的：

(1) 假定已得到 $f^{(n)}$，求 $f^{(n+1)}$ 时，进行如下 $M$ 次迭代：

$$f_{(m+1)}^{(n+1)}(x) = f_{(m)}^{(n)}(x) \frac{1}{K} \sum_{k} \sum_{y \in Y} g_k(y) \frac{h_k^{(n)}(y-x)}{\sum_{z \in X} h_k^{(n)}(y-z) f_{(m)}^{(n)}(z)},$$

$$m = 0, 1, \cdots, M-1$$

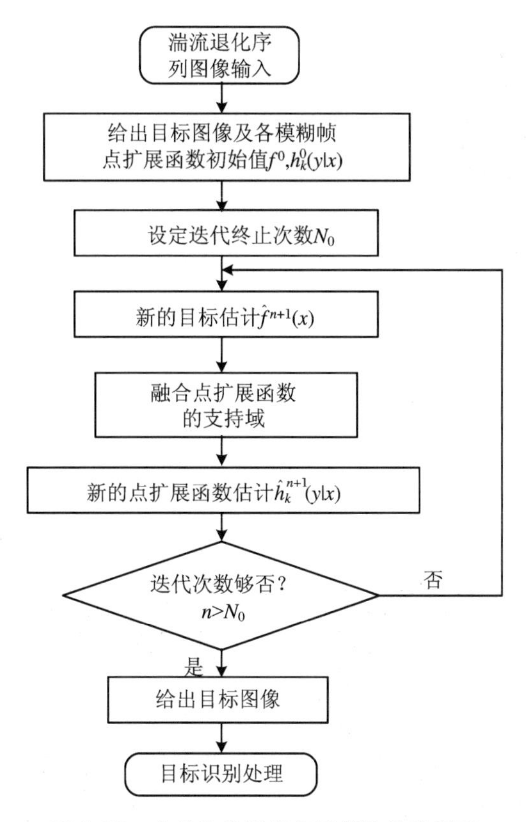


图5.26　交替迭代图像复原算法的流程图

(2) 假定已得出 $h_k^{(n)}$，求 $h_k^{(n+1)}$，进行如下 $M$ 次迭代：

$$h_{k\,(m+1)}^{\,(n+1)}(x) = h_{k\,(m)}^{\,(n)}(x)\sum_{y\in Y} g_k(y)\,\frac{f^{(n+1)}(y-x)}{\sum\limits_{z\in X} h_{k\,(m)}^{\,(n)}(z)\,f^{(n+1)}(y-z)},$$

$$m = 0,1,\cdots,M-1$$

其中下标 $m$ 表示内循环。在求解 $f^{(n+1)}$ 及 $h_k^{(n+1)}$ 的内循环中，分别进行 $M$ 次($m=0,1,\cdots,M-1$)迭代。完成所有内循环迭代后，进入外循环，外循环执行 $N$ 次($n=0,1,\cdots,N-1$)。内循环迭代次数增加后，外循环次数可降低，否则计算量会增大，主要适合于只能用少数帧(1～5帧)图像进行目标复原的场合。

## 5.3.5　实验结果分析

为验证本节算法的恢复效果和可靠性，在微机(Pentium Ⅳ 2.66 GHz，512 MB内存)上对算法进行了实现和验证。对气动光学效应退化图像进行了

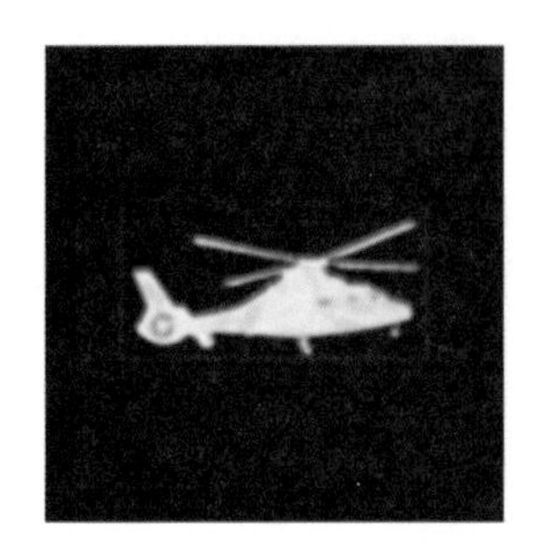
图 5.27 原始目标图像

一些复原实验。图 5.27 为原图像(直升机红外成像,大小为 128×128),其 5 帧序列气动光学效应退化图像(为节省篇幅,这里仅显示两帧,其余略)如图 5.28(a)、图 5.28(b)所示,目标图像被模糊,从气动光学效应模糊图像中,人们无法分辨出目标的形状。采用本节算法由 5 帧序列气动光学效应退化图像(见图 5.28),迭代次数分别为 50、100 次时所复原出的图像如图 5.29(a)、图 5.29(b)所示,耗时分别为 10.657 0秒和 20.609 0 秒。其恢复效果良好,从中可看出目标的形状信息已基本上恢复出来了,可辨认出目标,这对空中目标的自动探测和识别是很重要的。随着迭代次数的增加,恢复出的目标图像越来越清晰,但耗时也成倍增大。

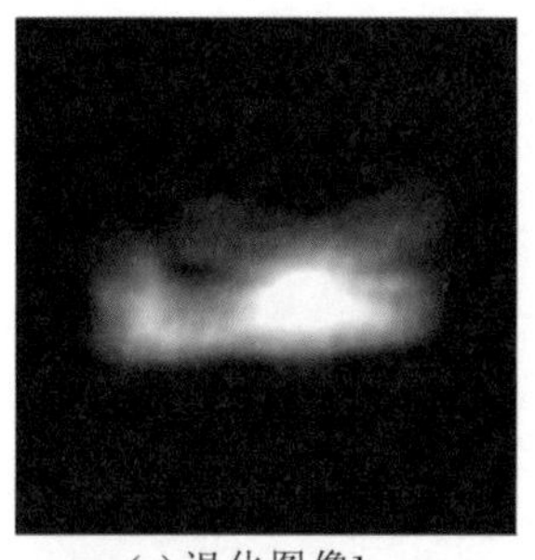
(a) 退化图像1

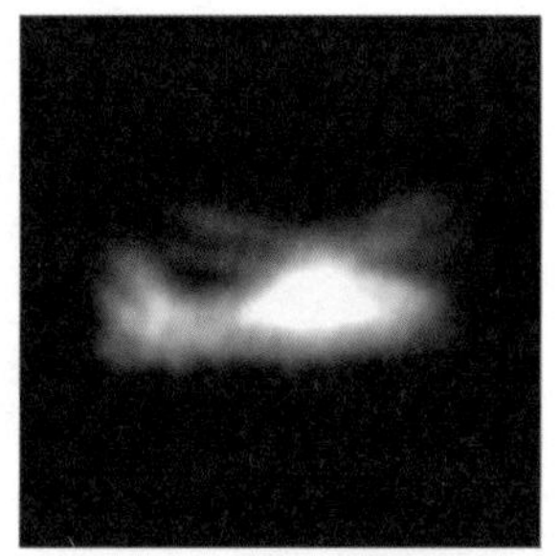
(b) 退化图像2

图 5.28 无噪声时的多帧序列气动光学效应退化图像

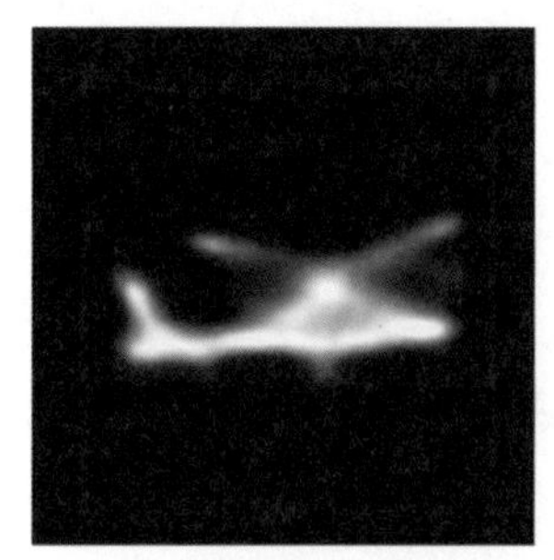
(a) 图像1(迭代50次)

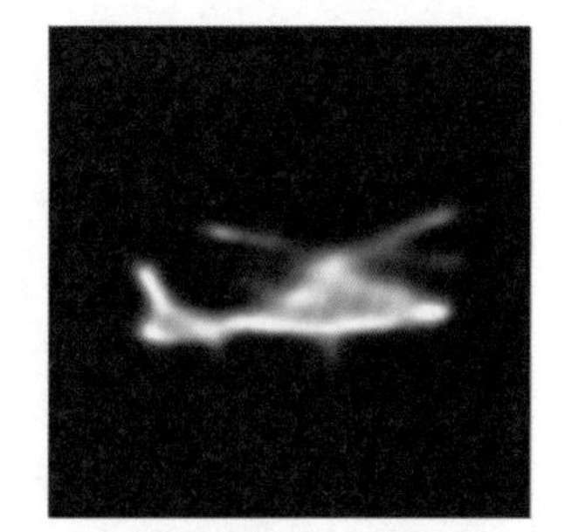
(b) 图像2(迭代100次)

图 5.29 本节算法恢复的目标图像

实际成像有噪声,现有的一些单帧盲目去卷积复原算法对噪声是比较敏感的,它的应用受到了限制。下面验证本文算法的抗噪能力和稳定性。对图5.28所示的序列气动光学效应退化图像分别添加高斯白噪声,使图像信噪比 *SNR* 为 20 dB,得到图 5.30(a)、图 5.30(b)(仅显示两帧,其余略)。图 5.31(a)及图

5.31(b)是采用本节算法分别迭代 50 次和 100 次所得到的复原图像。从图 5.31(a)及图 5.31(b)可以看出:本节算法具有较好的抗噪声能力,目标信息基本上被恢复出来了。进一步添加噪声,使信噪比 *SNR* 达到 10 dB(强噪声),得到序列退化图像如图 5.32(a)、图 5.32(b)所示(仅显示两帧,其余略)。图 5.33(a)及图 5.33(b)是用本文算法迭代 50 次及 100 次后的恢复图像。在 10 dB强噪声的条件下,复原图像有些毛刺(噪声引起),但目标依然被恢复出来了,这充分证实了本节算法的稳定性,说明算法对气动光学效应退化图像(模糊 + 噪声)具有很好的恢复效果。当然,在有限帧数及迭代次数的情况下,是不可能将目标图像完全地恢复出来的。当图像帧数增加时,恢复效果将越来越好,但计算量和耗时也随之增长。

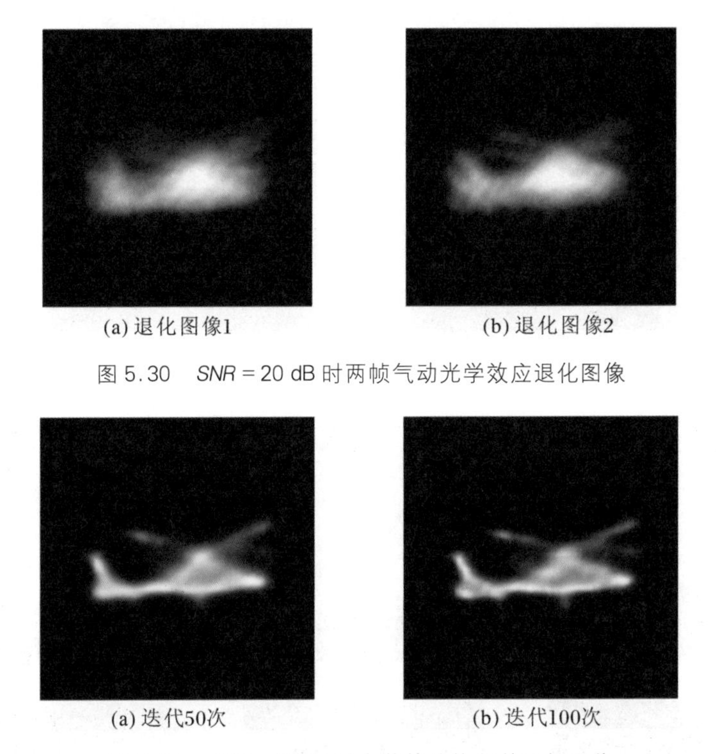

(a) 退化图像1　　(b) 退化图像2

图 5.30　*SNR* = 20 dB 时两帧气动光学效应退化图像

(a) 迭代50次　　(b) 迭代100次

图 5.31　*SNR* = 20 dB 时本节算法恢复的目标图像

在只能用少数帧图像进行目标复原的情况下,可增加内循环次数来提高复原质量。图 5.34(a)、图 5.34(b)、图 5.34(c)为 3 帧气动光学效应退化图像,*SNR* = 30 dB,与 3 帧气动光学效应退化图像对应的复杂的气动光学效应流场点扩展函数如图 5.34(d)、图 5.34(e)、图 5.34(f)所示。用这 3 帧退化图像进行复原,选择内循环 10 次、外循环 12 次,所复原出的图像如图 5.35(a)所示,可以看到目标图像细节已基本上恢复出来了，耗时共 17.0150 秒。估计出的气动光学效应流场点扩展函数分别如图 5.35 (b)、图 5.35(c)、图 5.35(d)，与原点扩展函数分别相似。

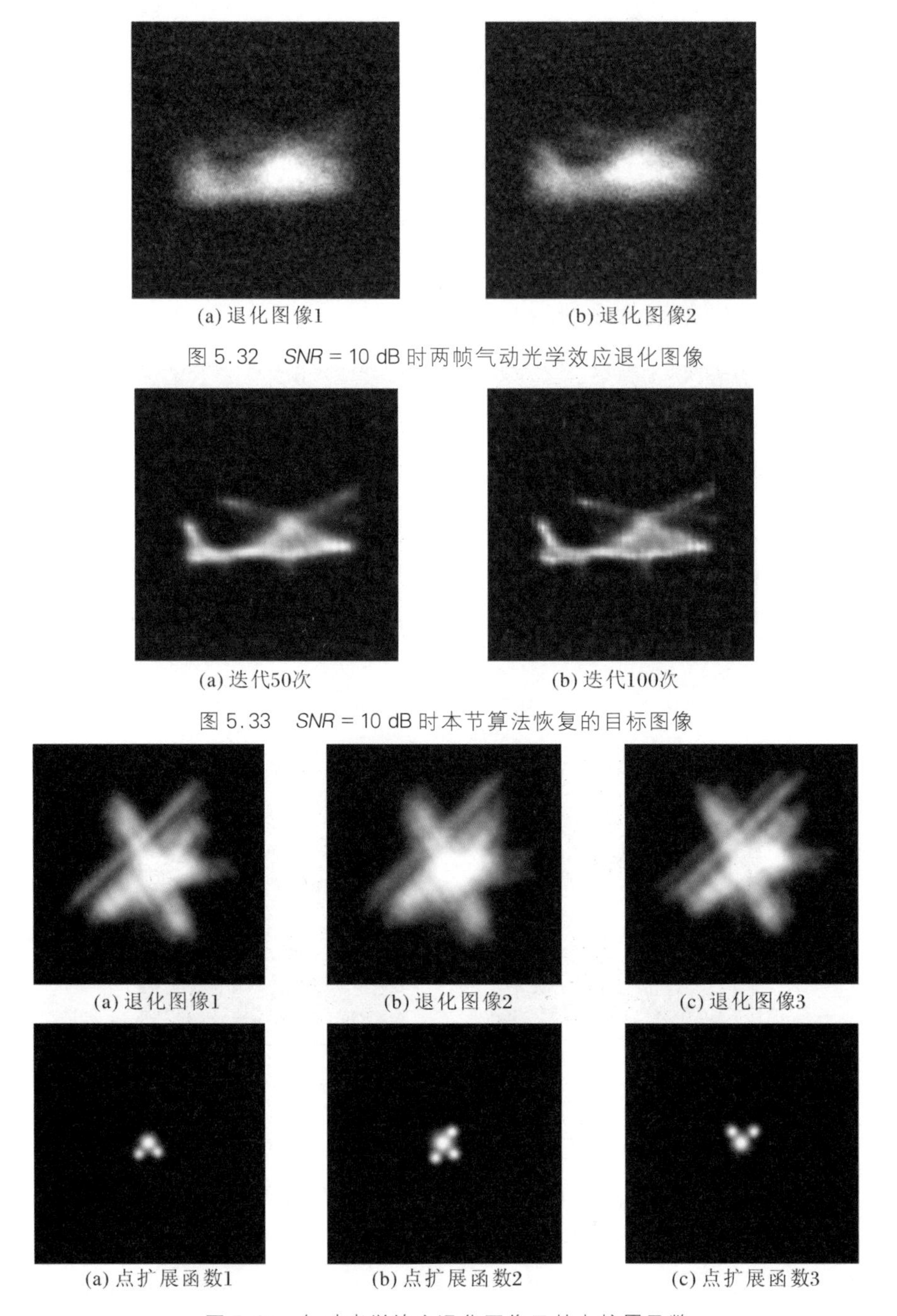

(a) 退化图像1　(b) 退化图像2

图 5.32　$SNR=10$ dB 时两帧气动光学效应退化图像

(a) 迭代50次　(b) 迭代100次

图 5.33　$SNR=10$ dB 时本节算法恢复的目标图像

(a) 退化图像1　(b) 退化图像2　(c) 退化图像3

(a) 点扩展函数1　(b) 点扩展函数2　(c) 点扩展函数3

图 5.34　气动光学效应退化图像及其点扩展函数

(a) 3帧恢复的图像，内循环10次，外循环12次

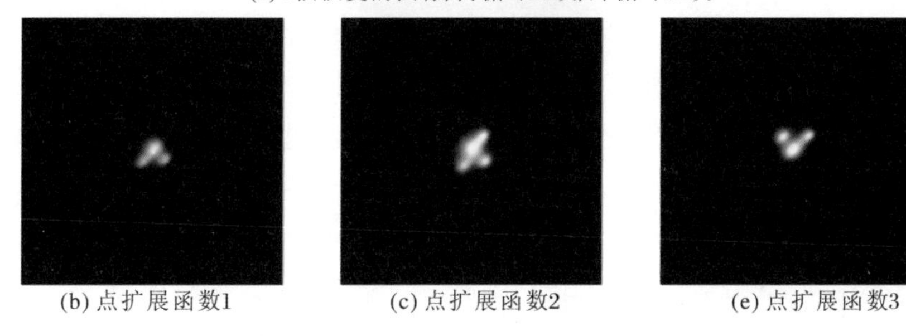

(b) 点扩展函数1　(c) 点扩展函数2　(e) 点扩展函数3

图 5.35　恢复的图像及估计的点扩展函数

本节算法目前已成功移植到了气动光学效应图像校正 DSP 系统中，并通过了测试[22,40]。可对序列退化图像进行连续复原，图 5.36(a)、图 5.36(b)和图 5.36(c)、图 5.36(d)分别为两组实验的输入和输出结果实例，图 5.36(e)为气动光学效应图像校正 DSP 系统界面输出显示[40]。由于算法在两个 DSP 上采用了本节提出的分块计算并行方案，速度有了显著的提高，对 64×64 大小的海事卫星序列退化图像的复原，单 DSP 的运行时间为每帧平均 0.6 秒，两个 DSP 的运行时间为每帧平均 0.32 秒，而在微机(Pentium Ⅳ 2.66 GHz，512 MB 内存)上运算时间需要 3.0 秒/帧。

### 5.3.6　小结

本节主要针对空中目标图像复原，将图像统计模型作为先验知识，在气动光学效应流场点扩展函数未知及随机变化的情况下，为了能有效地从气动光学效应退化图像数据中将目标图像恢复出来以便后继的目标识别，提出了一种基于交替迭代的多帧图像极大似然估计复原算法。本节算法具有良好的抗噪能力，且在图像复原的过程中，不需要知道气动光学效应流场点扩展函数的数学模型和其支持域范围，用少数几帧图像经过有限次迭代就能获得较好的复原效果。为了验证本节算法的复原效果和可靠性，对强噪声污染条件下的气动光学效应退化图像进行了恢复实验，实验结果初步表明本文算法对空中目标气动光学效应退化图像的复原是非常有效的，具有较稳定的复原效果。在强噪声条件下能将目标图像有效地恢复出来，这充分证实了算法的可靠性和稳定性。也是目前其他的盲目去卷积复原算法在抗噪性能方面无法比拟的。本节提出的基于极大似然估计的交替迭代多帧复原算法具有高容噪性，稳定性较好。这对远距离光电探测系统的图像复原与校正具有重要的作用。在本节中，多帧极大似然估计复原算法是针对盲目去卷积推导出来的，其点扩展函数也是在迭代过程中逐步估计出来的，是一种交替迭代估计，这是本节的主要改进之处，与文献[36]所述多帧极大似然估计复原算法有根本不同之处，其点扩展函数数据是通过波前传感器测定而获取的。多帧图像的使用对于抑制图像噪声和控制像抖动及实现稳定复原是有重要作用的。对于盲目去卷积问题而言，采用多帧的方式除了可以控制噪声外，还可增强解的稳定。诚然，本节算法还需要引入正则化(Regularization)技术，进一步研究见下节。

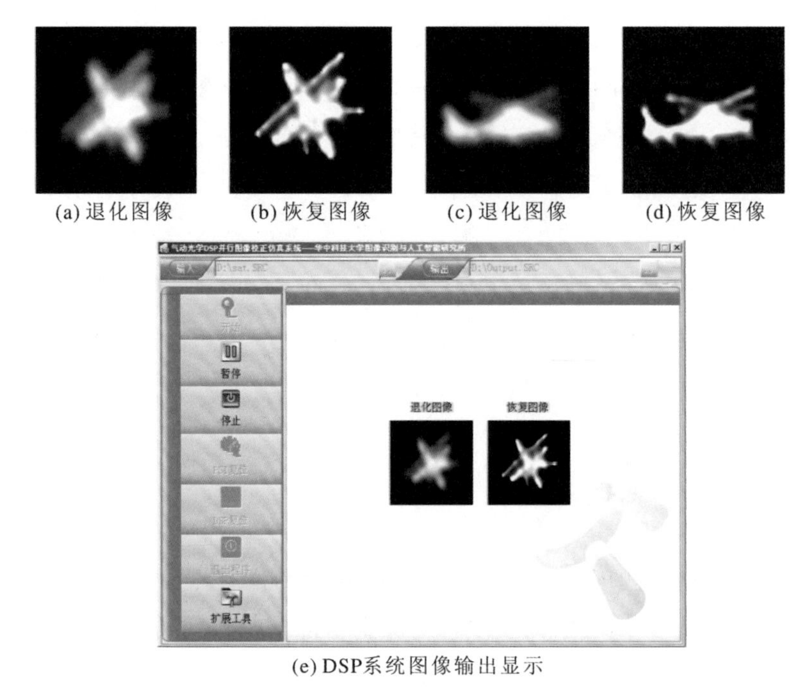


(a) 退化图像　(b) 恢复图像　(c) 退化图像　(d) 恢复图像

(e) DSP系统图像输出显示

图 5.36　图像复原算法的 DSP 实现结果(序列图像输出)[40]

# 5.4 极大似然估计恢复算法的正则化问题

本节在上节的基础上对提出的极大似然估计复原算法的正则化(Regularization)技术进行一些探讨。为了有效地从气动光学效应退化图像中恢复出目标,对极大似然估计复原算法做些改进,给出了一种基于平滑项和辅助惩罚项的极大似然估计图像复原算法。主要目的是为了在平滑噪声的过程中能保存图像细节和避免无价值的解。将基于保图像细节的平滑准则及辅助惩罚项加入到对数似然函数中。采用极大似然估计方法来寻找最相似于退化图像的点扩展函数和目标图像的数据。由于这些数据是高度非线性的,它们的直接解几乎是不可能得到的,本节引用EM算法来有效地极大化带有平滑规整项的对数似然函数,通过迭代技术将点扩展函数和目标图像同时估计出来。

## 5.4.1 极大似然函数与正则化技术

在大气湍流干扰环境中,由于湍流的高频随机变化特性,所以序列短曝光图像可看成是目标图像受到多个具有不同分布性质的气动光学效应流场的影响而得到的多通道退化图像[34,42],即相同目标不同版本的序列退化图像。本节采用极大似然估计从$K$帧含有相同目标的短曝光序列图像$\{\boldsymbol{g}_k\}_{k=1}^{K}$中收集图像数据信息来恢复目标图像$\boldsymbol{f}$,从而达到在概率意义上极大程度地恢复目标图像的目的。与前一节相同,假定像元观测值$g_k(y)$是一个以$i_k(y;\boldsymbol{f},\boldsymbol{h}_k)$为均值的服从Poisson分布的独立随机变量,假定观测图像各像元是相互独立的,则其联合概率分布为

$$P(\boldsymbol{g}_k(y_1 y_2 \cdots y_n) \mid \boldsymbol{f},\boldsymbol{h}_k) = \prod_{y\in Y} \frac{i_k^{g_k} \mathrm{e}^{-i_k}}{g_k!} \tag{5.67}$$

其中

$$i_k(y) = \sum_{x\in X} h_k(y \mid x) f(x) = \sum_{x\in X} h_k(y-x) f(x), \quad y\in Y; k = 1,2,\cdots,K \tag{5.68}$$

假定 $K$ 帧观测图像$\{\boldsymbol{g}_1(y_1y_2\cdots y_n),\boldsymbol{g}_2(y_1y_2\cdots y_n),\cdots,\boldsymbol{g}_K(y_1y_2\cdots y_n)\}$在统计上是互相独立的[36,39]，则多帧泊松联合概率分布的对数似然函数(舍去常数项)可表示为

$$\begin{aligned}L(\boldsymbol{f},\{\boldsymbol{h}_k\}) &= \ln P(\{\boldsymbol{g}_k\}\mid \boldsymbol{f},\{\boldsymbol{h}_k\})\\ &= -\sum_k\sum_y\sum_x h(y-x)f(x)+\sum_k\sum_y\left(g_k\ln\sum_x h_k(y-x)f(x)\right)\end{aligned} \tag{5.69}$$

通过使用最大似然估计准则来设法找到与检测到的图像数据最相似的目标强度和点扩展函数，即寻找 $\hat{\boldsymbol{f}}$ 和$\{\hat{\boldsymbol{h}}_k\}$，使得

$$L(\hat{\boldsymbol{f}},\{\hat{\boldsymbol{h}}_k\})\geqslant L(\boldsymbol{f},\{\boldsymbol{h}_k\}) \tag{5.70}$$

显然，上述问题的解空间较大。有必要引入正则化(Regularization)技术对解进行一些附加约束和限制。图像复原正则化理论与方法主要是针对图像复原算法的有效性和稳定性问题而提出的，是一个正在研究和需要进一步发展的课题[17,43,44]。在图像观测数据受到扰动的情况下，复原出的图像偏离真实解，解的空间变大。由文献[45]可知，如果先验地知道原来的解在一个紧集中，图像去卷积问题将是一个良态问题。如果引入附加限制，定义一个包含真解的紧集，那就可以在原来的解空间和这个紧集中去找真解，这就是正则化技术的最基本想法。本节利用正则化技术对最大似然估计复原算法做些可能的修改，引入符合物理事实的限制或约束，从而保证解靠近或尽快靠近原问题的真解。

可以在对数似然函数(5.69)式的基础上增加一些合理的辅助准则函数(惩罚函数)，以便得到所需要的解。但需要我们考虑的问题是，辅助准则函数取什么形式有利于既平滑噪声又保护图像细节。它使估计问题得到正则化处理，同时还应使估计问题容易求解，能够有效地在计算机上实现。

### 5.4.2 基于保护图像细节的平滑准则函数

图像一般可以分为目标区域和背景区域，由边界线将各区连在一起，图像具有分片光滑性。在图像复原过程中，除了利用像素自身的灰度性质外，还可以利用像素邻域的一些局部性质。最常用的像素邻域局部性质是像素的梯度值。目标和背景区内部像素的梯度值小。也就是说，各区域像素的灰度值具有高度相关性，与邻域像素的灰度值接近。在恢复过程中，要充分利用灰度信息和像素邻域的空间信息。于是，我们要强调图像区域内部的均匀性，使目标及

背景区域内部的灰度分布尽可能均匀。这样，邻域灰度值差分极小可作为一个先验的空间相关性平滑约束加入到图像恢复过程中，即有

$$\text{Minimize}\left\{\sum_{x}\sum_{x'}\alpha\left|f(x)-f(x')\right|\right\} \tag{5.71}$$

其中，$x'$取像元 $x$ 的4近邻，$\alpha$ 为调节参数，即平滑系数。显然，式(5.71)的作用是对目标原图像的解产生各向同性平滑的影响。意味着对每个像元的邻域差异进行同等程度的平滑，即采用同等加权系数 $\alpha$ 并求和，然后用这个和值影响解的估计。由于式(5.71)对像元的4近邻起同等程度的平滑，因此式(5.71)的平滑作用是无方向的。它会平滑一些噪声，但主要强调区域内部的均匀性，所产生的解会出现过平滑现象，导致图像细节丢失。

另一方面，在强调图像区域内部均匀性的同时，还应注意到目标区与背景区的分界处(边缘)像素灰度值的差异。在目标和背景分界线上的一些像素的灰度值与其邻域灰度值的差异是较大的，即边界线像素梯度较大，从视觉上我们能够大致地感觉到。一个自然的问题就是，我们希望导出的复原算法在平滑噪声的同时，能够更好地保护图像细节(一般对应图像边缘部分)。为了在恢复过程中尽量保存图像的细节信息，建议在迭代过程中采用保梯度技术，对具有大梯度(一般对应图像细节)的平滑系数应取小一点[29,30]，也就是放松一些，惩罚小一点；而对于较小梯度(一般可认为是由噪声引起的)的平滑系数应取大一点，惩罚大一些。为此，构造如下准则函数 $J(f)$：

$$J(f)=\sum_{x}\sum_{x'}\alpha(t)\left|f(x)-f(x')\right| \tag{5.72}$$

式中 $\alpha(t)$是正则化系数，其中 $t$ 为一阶梯度，$t=f(x)-f(x')$。

如何选择 $\alpha(t)$的形式对于保存图像细节如边缘是很重要的。首先，边缘是有方向性的，其大小和方向在数学上可用一阶梯度表示。要保护细节，就不能对像素点各方向的梯度进行同等程度的惩罚[18,29,30]，否则会模糊细节，导出一个过平滑的解，由此可见，正则化系数的大小应与各点的梯度值有关，不同方向的梯度大小是不一样的，即 $\alpha(t)$应不一样，如图5.37所示。其次，在重建图像时，要

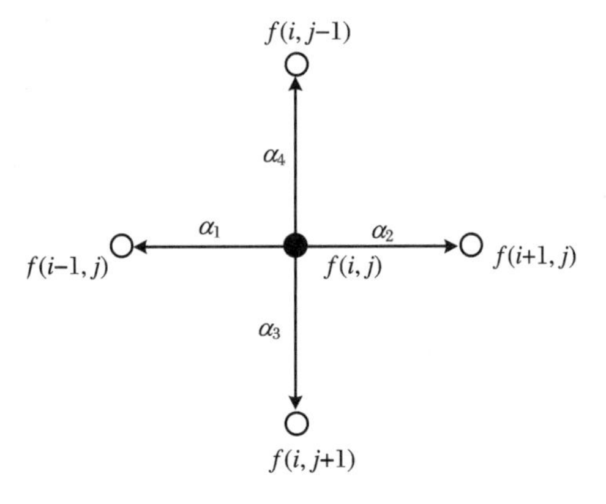


图5.37　各向异性($\alpha_1\neq\alpha_2\neq\alpha_3\neq\alpha_4$)的梯度平滑

保护细节就应保护一些比较大一点的梯度值(这一点也是基于“一个正常的图像不应该有太多的噪声”这种合理的假定[37]),于是要允许相邻点之间有差异存在[26,29,30],对大梯度惩罚要小一些,对小梯度,惩罚要稍大一些。同时要抑制噪声的放大,对梯度要进行适当的惩罚,常系数 $\lambda$ 要适当选择,不宜太大。于是,要采用基于空间自适应的各向异性的非线性正则化方法。选正则化系数与各点梯度有关的参变量形式 $\alpha(t)$,使其对梯度进行自适应惩罚[29,30],由此导出的复原算法有希望更好地保持图像细节信息。

同理,取 $\alpha(t)=\exp(\frac{-t^2}{2\sigma^2})$,$0<\alpha(t)\leqslant 1$,显然,梯度 $t$ 越大,惩罚越小,梯度 $t$ 越小,惩罚越大,$\sigma$ 为调整项,可根据图像信噪比选择适当的值。

显然,希望式(5.72)为极小。为了将其加入到极大似然函数(5.69)式中,可进行如下变换,也就是使下式为极大:

$$J(f)=\eta\left[1-\sum_{x}\sum_{x'}\alpha(t)\left|f(x)-f(x')\right|\right] \tag{5.73}$$

式中 $\eta$ 为平滑常系数,起控制平滑项的作用,值取大时,平滑作用大。

### 5.4.3 辅助惩罚项的构造

如果选择 $\hat{f}(x)=\delta(x)$(Dirac 函数)以及 $\hat{h}_k(y|x)=g_k(y)$,那么 $i_k(y;\hat{f},\hat{h}_k)$ 将等于 $g_k(y)$,显然这是方程解集中的一个无价值的解。这种情形在恢复远距离斑点状单一目标图像时可能会出现。为了避免这种情况发生,可在极大似然函数准则的基础上加上一个适当的可以抑制这种趋势的辅助惩罚项 $P(f)$:

$$P(f)=\beta\sum_{x}\ln[1-f(x)] \tag{5.74}$$

上述辅助惩罚项可以防止 $\hat{f}(x)=\delta(x)$ 的情况[39],因为当 $\hat{f}(x)=\delta(x)$ 时,辅助项将为负无穷大,不可能使似然函数极大化,从而抑制这种发展趋势。

将基于保细节的平滑准则函数(5.73)式及辅助惩罚项(5.74)式加入到(5.69)式,有

$$\begin{aligned}
&L_P(\boldsymbol{f},\{\boldsymbol{h}_k\})\\
&\quad=L(\boldsymbol{f},\{\boldsymbol{h}_k\})+P(f)+J(f)\\
&\quad=-\sum_{k}\sum_{y}\sum_{x}h(y-x)f(x)+\sum_{k}\sum_{y}g_k\ln i_k+P(f)+J(f)\\
&\quad=-\sum_{k}\sum_{y}\sum_{x}h(y-x)f(x)+\sum_{k}\sum_{y}g_k\ln\ i_k+\beta\sum_{x}\ln[1-f(x)]
\end{aligned}$$

$$+\eta[1-\sum_{x}\sum_{x'}\alpha(t)|f(x)-f(x')|] \tag{5.75}$$

由上式可以看出,当 $\hat{f}(x)=\delta(x)$ 时,式(5.75)将不可能被极大化,因为惩罚项的第一项此时为负无穷大,从而避免了无价值的解,同时迫使解向有意义的方向发展。于是,可以通过求解带惩罚的极大似然估计问题来找到 $\hat{\boldsymbol{f}}$ 和 $\{\hat{\boldsymbol{h}}_k\}$,满足

$$L_P(\hat{\boldsymbol{f}},\{\hat{\boldsymbol{h}}_k\})\geqslant L_P(\boldsymbol{f},\{\boldsymbol{h}_k\}) \tag{5.76}$$

对于上述问题,一个直接的封闭形式的解是很难找到的。但此类问题,可以用 Ddempster 提出的 EM 算法[39,46]通过迭代求解较为理想的 $\hat{\boldsymbol{f}}$ 和 $\{\hat{\boldsymbol{h}}_k\}$。

### 5.4.4 $\hat{\boldsymbol{f}}$ 和 $\hat{\boldsymbol{h}}_k$ 的迭代求解

EM 算法是一个迭代算法,假定有概率模型 $f(u:\theta)$,其中 $f(\cdot)$ 对离散型随机变量是分布函数,对连续型随机变量是概率密度。向量 $u$ 是一个完全数据向量。这种向量构成的集合称为完全数据集,记为 $U$。$\theta$ 是该概率模型中涉及的参数。假定概率函数 $f(u:\theta)$ 已知,如果有 $u$ 的观测值,可以通过极大化 $f(u:\theta)$ 或它的对数 $\ln f(u:\theta)$ 来找 $\theta$ 的估计。然而实际问题中常常观测不到完全数据 $u$ 的全部,只能观测到一个不完全的数据向量 $v$,EM 算法的基本思想[37,46]是找给定的观测 $v$ 条件下使 $f(u:\theta)$ 或它的对数 $\ln f(u:\theta)$ 的期望达到极大的 $\theta$。EM 算法采取迭代的形式,算法先从 $\theta$ 的一个起始猜测 $\hat{\theta}^{[0]}$ 开始,交替地实施两个基本计算步骤:E 步(计算期望步)和 M 步(极大化计算步)。E 步的实质是通过已知的概率模型和观测 $v$ 以及当前的参数估计量 $\hat{\theta}^{[k]}$,估计完全数据中未知部分的期望值,从而获得对数期望 $E[\ln f(u;\theta)|v;\hat{\theta}^{[k]}]$。M 步则是将这个函数作为似然函数,对参数作极大似然估计。即 E 步:给定观测 $v$ 和已知参数 $\hat{\theta}^{[k]}$ 条件下,计算对数似然函数的期望值;M 步:寻找使对数似然函数的期望值极大的参数 $\theta$,作为对该参数的新估计。在此,运用 EM 算法原理[46],经过有限次的迭代运算,找到最适合的点扩展函数的估计(在离散域中),同时极大程度地恢复目标图像。

结合 EM 算法的思想,可以认为 $g_k(y)$ 是一个"不完全数据",因为这仅仅只是"完全数据"的第 $k$ 次观测结果,设完全数据集为 $\{\tilde{g}_k(y|x)\}$[39],则观测数据 $g_k(y)$ 可写为

$$g_k(y)=\sum_x \tilde{g}_k(y\mid x) \tag{5.77}$$

其中数据集$\{\tilde{g}_k(y|x)\}$中各元素是独立的，是一些具有泊松分布的随机变量，它的期望为

$$E[\tilde{g}_k(y|x)]=h_k(y-x)f(x) \tag{5.78}$$

由式(5.77)可知，由于观测数据 $g_k(y)$是一些具有泊松分布的独立随机变量之和，因此，它也是服从泊松分布的，它的期望是

$$E(g_k(y))=E(\sum_x \tilde{g}_k(y\mid x))=\sum_x h_k(y-x)f(x)=i_k(y;\boldsymbol{f},\boldsymbol{h}_k) \tag{5.79}$$

完全数据和不完全数据在统计意义上是相对应的[46]，于是，与完全数据对应的似然函数[39]可写为

$$\begin{aligned}L'(\boldsymbol{f},\boldsymbol{h})=&-\sum_k\sum_y\sum_x h(y-x)f(x)+\sum_k\sum_y\sum_x \tilde{g}_k(y\mid x)\ln h_k(y-x)f(x)\\&+\beta\sum_x\ln[1-f(x)]+\eta[1-\sum_x\sum_{x'}\alpha(t)\,|f(x)-f(x')|]\end{aligned} \tag{5.80}$$

同时，恢复出的图像能量要保持恒定，经归一化后，保证有$\sum_x f(x)\equiv 1$，根据 Lagrange 理论，将此约束加入到目标函数(5.80) 式中，有

$$\begin{aligned}L'(\boldsymbol{f},\boldsymbol{h})=&-\sum_k\sum_y\sum_x h(y-x)f(x)+\sum_k\sum_y\sum_x \tilde{g}_k(y\mid x)\ln h_k(y-x)f(x)\\&+\beta\sum_x\ln[1-f(x)]+\eta[1-\sum_x\sum_{x'}\alpha(t)\,|f(x)-f(x')|]\\&+\lambda(1-\sum_x f(x))\end{aligned} \tag{5.81}$$

在迭代过程中，假定已知第 $n-1$ 次迭代数据，且用第 $n-1$ 次的数据确定$\alpha(t)$(滞后定点迭代技术[32,33,37])，则对数似然函数的当前期望值为

$$\begin{aligned}&E^n[L'(\boldsymbol{f},\boldsymbol{h})\mid\{g_k(y)\},\boldsymbol{f}^{n-1},\boldsymbol{h}^{n-1}]\\&=-\sum_k\sum_x h_k^n(x)+\sum_k\sum_y\sum_x E^{n-1}[\tilde{g}_k(y\mid x)\mid g_k(y)]\ln[h_k^n(y-x)f^n(x)]\\&\quad+\beta\sum_x\ln[1-f^n(x)]+\eta[1-\sum_x\sum_{x'}\alpha(t^{n-1})\,|f^n(x)-f^n(x')|]\\&\quad+\lambda(1-\sum_x f^n(x))\end{aligned} \tag{5.82}$$

其中上标 $n$ 表示第 $n$ 次迭代。为了极大化对数似然函数的期望值，可将式(5.82)分别对 $h_k^n(x)$和 $f^n(x)$求导并令其导数等于零，可以推导出

$$\frac{\partial E^n[L'(f,h) \mid \{g_k(y)\}]}{\partial h_k(x)}$$

$$= -1 + \frac{1}{h_k^n(x)} \sum_y E^{n-1}[\tilde{g}_k(y \mid y-x) \mid g_k(y)] = 0 \tag{5.83}$$

$$\frac{\partial E^n[L'(f,h) \mid \{g_k(y)\}]}{\partial f^n(x)}$$

$$= \frac{U_x}{f^n(x)} - \frac{\beta}{1-f^n(x)} - \eta \sum_{x'} \alpha(t^{n-1}) \operatorname{sgn}(f^{n-1}(x) - f^{n-1}(x')) - \lambda$$

$$= 0 \tag{5.84}$$

其中

$$U_x = \sum_k \sum_y E^{n-1}[\tilde{g}_k(y \mid x) \mid g_k(y)] \tag{5.85}$$

由方程(5.83)式可得

$$h_k^n(x) = \sum_y E^{n-1}[\tilde{g}_k(y \mid y-x) \mid g_k(y)] \tag{5.86}$$

令 $A = \eta \sum_{x'} \alpha(t^{n-1}) \operatorname{sgn}(f^{n-1}(x) - f^{n-1}(x')) + \lambda$，则方程(5.84)式可整理为

$$A(f^n(x))^2 - (U_x + \beta + A) f^n(x) + U_x = 0 \tag{5.87}$$

解上面的方程，得

$$f^n(x) = \frac{[U_x + \beta + A] - \sqrt{(U_x + \beta + A)^2 - 4AU_x}}{2A} \tag{5.88}$$

由文献[68]可知，假如 $z_1$ 和 $z_2$ 是独立的均值分别为 $\lambda_1$、$\lambda_2$ 的泊松分布的随机变量，则有条件期望

$$E[z_1 \mid (z_1 + z_2)] = \frac{\lambda_1}{\lambda_1 + \lambda_2}(z_1 + z_2) \tag{5.89}$$

利用上述结论，以及式(5.78)及式(5.79)，可得

$$E^{n-1}[\tilde{g}_k(y \mid x)] = f^{n-1}(x) h_k^{n-1}(y-x)$$

$$E^{n-1}[g_k(y)] = \sum_x f^{n-1}(x) h_k^{n-1}(y-x) = i_k^{n-1}(y)$$

可推出

$$E^{n-1}[\tilde{g}_k(y \mid x) \mid g_k(y)] = \frac{f^{n-1}(x) h_k^{n-1}(y-x)}{i_k^{n-1}} g_k(y)$$

将其代入式(5.85)，可得

$$U_x = f^{n-1}(x) \sum_k \sum_y \frac{h_k^{n-1}(y-x)}{i_k^{n-1}} g_k(y) \tag{5.90}$$

由式(5.86)，同理可推得

$$h_k^n(x) = h_k^{n-1}(x)\sum_y \frac{f^{n-1}(y-x)}{i_k^{n-1}} g_k(y) \tag{5.91}$$

本节利用正则化技术，结合EM算法推导了气动光学效应退化图像点扩展函数和目标图像的迭代求解方法，EM算法被融合在迭代过程中，利用式(5.88)、式(5.90)和式(5.91)就可以获得目标图像 $\hat{f}$ 及多帧点扩展函数 $\{\hat{\boldsymbol{h}}_k\}$ 的迭代解，算法流程与上节基本一致。由式(5.88)、式(5.90)、式(5.91)可知，在图像空间域直接进行计算时，计算工作量比较大，当点扩展函数区域为 $M\times M$、图像大小为 $N\times N$ 时，其加法和乘法运算量正比于 $N^2M^2$，可以根据有关先验知识采用适当的较紧一点的点扩展函数的支持域来降低计算量，提高复原速度。同理，将式(5.68)的卷积运算和迭代公式(5.90)式、(5.91)式中的相关运算转换到频域中借助快速傅里叶变换来实现，每次迭代其加法和乘法运算量大约正比于$(10N^2+12N^2\log_2 N)$，对大小为2的幂次方的大图像来说，计算量将降低，其计算复杂性与NAS-RIF[47]、TV[32]等单帧去卷积算法在同一个数量级上，比上节算法的计算量稍有增加，即增加了式(5.88)的计算量。同理，从算法流程与结构上研究，本节算法同样可采用上节给出的整体数据传输、分块计算复原的并行方案进行处理，由式(5.88)和式(5.91)可知，将整体数据传输到各计算节点上，$\boldsymbol{f}(x)$与$\boldsymbol{h}_k(x)$可采用分块(将支持域分成几块)方法进行计算。本节算法的并行处理已在MPI并行集群8个节点上运行通过，实现了MPI并行集群计算。并行处理大大减少了算法的运行时间，提高了计算效率[48]。基于本节算法的气动光学MPI并行计算图像复原软件系统已安装在中国航天二院二部的并行计算集群中，该集群由8个计算节点组成，每台计算节点的CPU速度为2.6 GHz，通过带宽1 000 M的光纤局域网连接在一起，8个节点同时计算时，加速比(引入并行计算后计算速度加快的倍数)是单机计算的6.19倍[48]。

### 5.4.5 实验结果

本节算法用VC6.0编程进行了实现。为验证本节算法的恢复效果，在微机(Pentium Ⅳ 2.66 GHz，512 MB内存)上对气动光学效应退化图像进行如下复原实验。

**实验一** 空中远距离红外斑点状多目标气动光学效应退化图像的复原实验。图5.38为原始图像，为多目标远距离斑点状的红外成像模拟。采用气动光学效应图像退化仿真软件生成5帧序列气动光学效应退化图像，如图

5.39(a)、图5.39(b)、图5.39(c)(为节省篇幅,这里仅显示3帧,其余略)所示。从气动光学效应退化图像中,人们无法分辨出各目标的形状和相互位置信息。图5.40(a)、图5.40(b)、图5.40(c)分别是采用本节算法用5帧气动光学效应退化图像,迭代次数分别为50次、200次、300次时所得的复原图像。其恢复效果良好,原目标图像的形状及相互位置信息已基本恢复出来,可辨认出各单个目标及相互位置,这对空中目标的自动探测和识别是很重要的。随着迭代次数的增加,恢复出的目标图像越来越清晰,但耗时也成倍增大。当然,极大似然估计方法作为概率统计上的一种点估计方法,在有限的样本(图像帧数)和有限次迭代的条件下,它不可能完全地将原始图像恢复出来。若样本足够多时恢复效果将会越来越好,但将增加计算负担,不能满足实时性的要求。

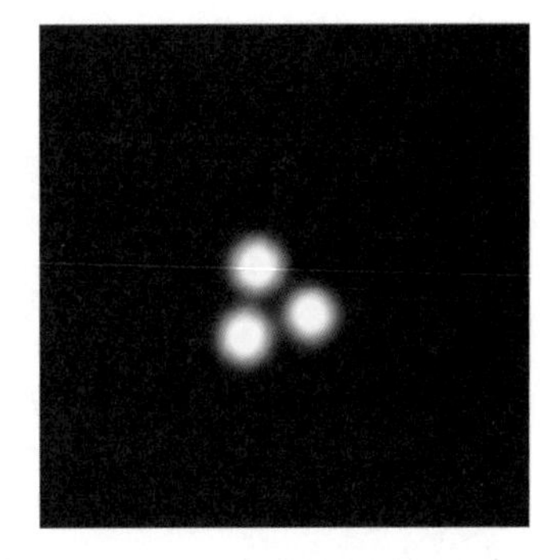

图5.38 原目标图像(红外斑点状多目标成像模拟)

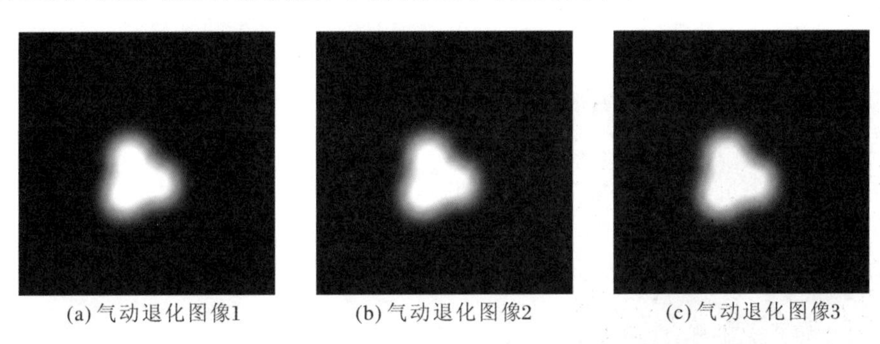


图5.39 无噪声时的多帧气动退化图像(这里仅显示3帧,其余略)

图5.40 用本节算法所恢复出的目标图像

**实验二** 算法的稳定性实验。下面验证该算法的抗噪能力和稳定性。对图5.39所示的序列气动光学效应退化图像分别添加高斯白噪声,使图像信噪

比 *SNR* 为 20 dB，得到图 5.41(a)、图 5.41(b)、图 5.41(c)(仅显示 3 帧，其余略)。图 5.42 是采用本节恢复算法迭代 200 次得到的复原图像。从图 5.42 可以看出：该算法具有很好的抗噪声能力，目标信息能够基本上被恢复出来。为了检验该方法的抗噪声能力，进一步添加噪声，使信噪比 *SNR* 达到10 dB(强噪声)，得到图 5.43(a)、图 5.43(b)、图 5.43(c)(这里仅显示 3 帧，其余略)。图 5.44 是迭代 200 次后的恢复图像，恢复效果比较好，在强噪声的条件下，目标依然被恢复出来了，这证实了该算法的稳定性。

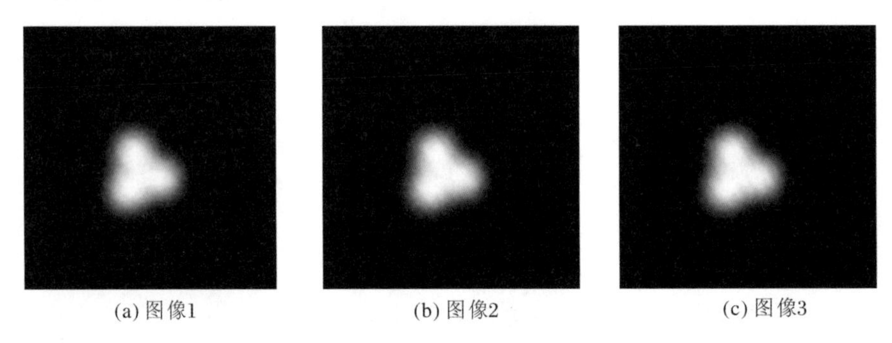

(a) 图像1　(b) 图像2　(c) 图像3

图 5.41　信噪比 *SNR* = 20 dB 时的多帧气动退化图像

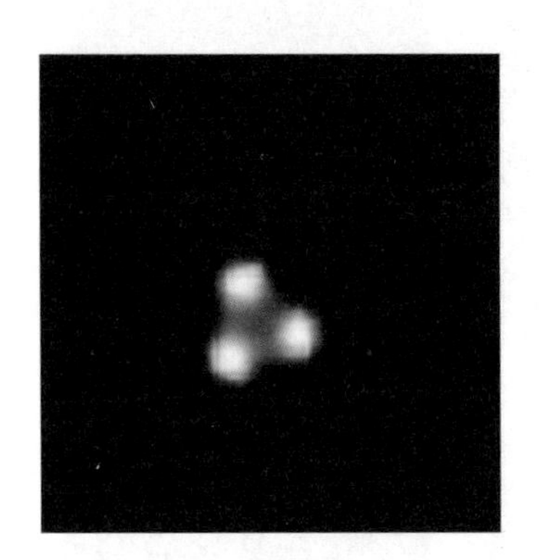

图 5.42　*SNR* = 20 dB 时本节算法恢复的目标图像(迭代 200 次)

**实验三**　对比实验与分析。实际成像有噪声，算法的容噪性是衡量算法是否具有实用价值的重要依据。单帧盲目去卷积复原算法对噪声敏感，在高信噪比(*SNR*≥50 dB)的情况下，能取得较好的复原效果；在中等强度噪声(*SNR* = 40～30 dB)情况下，图像复原效果变差；在低信噪比 *SNR* = 20～10 dB 的强噪声条件下，复原效果出现恶化[5]，限制了它们的应用。下面以信噪比 *SNR* = 20 dB 为例，将本节算法与本书 5.1 节所提出的基于两帧去卷积复原算法以及目前国际上比较先进的 NAS-RIF 去卷积复原算法[47]作对比实验。图5.45(a)为原图(红外直升机，128×128)，其序列气动光学效应退化图像如图 5.45(b)、图 5.45(c)(这里仅显示两帧，其余略)所示，且添加了随机噪声，信噪比 *SNR* 为 20 dB。采用 NAS-RIF 去卷积复原算法(单帧)，恢复出的图像如图5.45(d)所示，噪声放大。采用基于两帧去卷积方法所复原出的图像如图5.45(f)，有振铃效应。采用本节方法来恢复图像(采用 5 帧退化图像数据来复原)，所得图像如图 5.45(e)，基本信息已恢复出，视觉效果有了很大的提高。以上对比实验说明本节算法在稳定性上具有优越性，证实了这种基于正则化的最大似然去卷积算法抗噪能力较强，比较稳定，能够提供一个接近最佳的复原效果，具有实用价值和发展潜力。

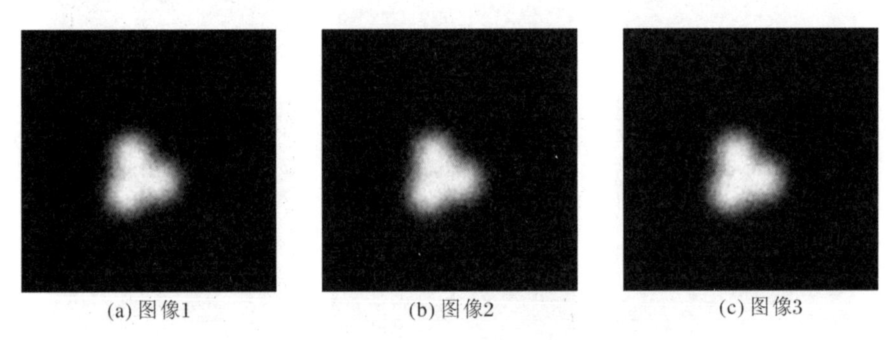


图 5.43　信噪比 $SNR=10$ dB 时的多帧气动退化图像

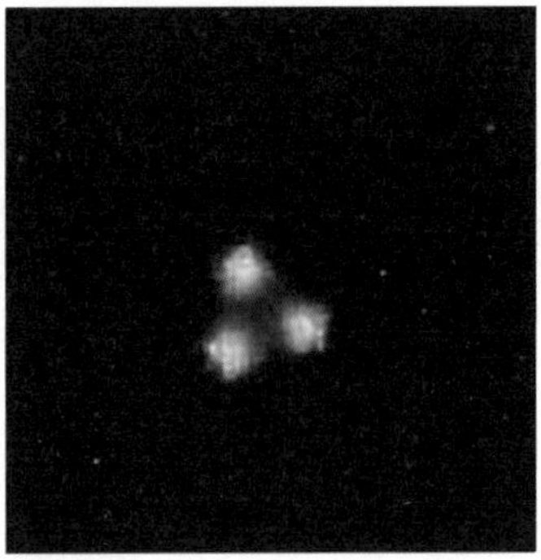

**实验四**　风洞实验实际红外图像的复原。下面以航天二院在气动光学效应风洞测试实验中所采集到的实际红外序列图像为例进行复原(风洞实验场景参数见文献[9]，目前我国所进行的气动光学效应风洞实验取得了两组序列图像数据)。图 5.46(a)为航天二院在风洞实验中所摄取的圆靶目标序列红外图像中的连续 5 帧，采用本节算法用 5 帧图像分别经过 25 次和 50 次迭代后所得到的复原图像如图 5.46(b)、图 5.46(c)，耗时分别为 1.860 秒和 3.078 0 秒。显然，复原目标图像清晰了许多。图 5.47(a)为在风洞实验中所摄取的另一组红外图像(四条靶目标)，采用上节交替迭代最大似然复原算法，经过 100 次和 200 次迭代后所得到的复原图像如图 5.47(b)、图 5.47(c)，耗时分别为 5.141 0秒和 9.750 0 秒。图像已得到恢复，但复原图像区域内部有许多毛刺(低信噪比时出现的噪声放大现象)。采用本节所述的正则化技术进行复原，经过 100 次和 200 次迭代后所得到的复原图像如图 5.47(d)和图 5.47(e)，耗时分别为 5.563 0 秒和 10.359 0 秒，耗时稍有增加，但复原图像区域内部的均匀性得到了改善，这正是算法所期望的。实际红外图像的复原效果表明算法在空中目标红外成像探测系统中具有实用价值。

图 5.44　$SNR=10$ dB 时本节算法恢复的目标图像(迭代 200 次)

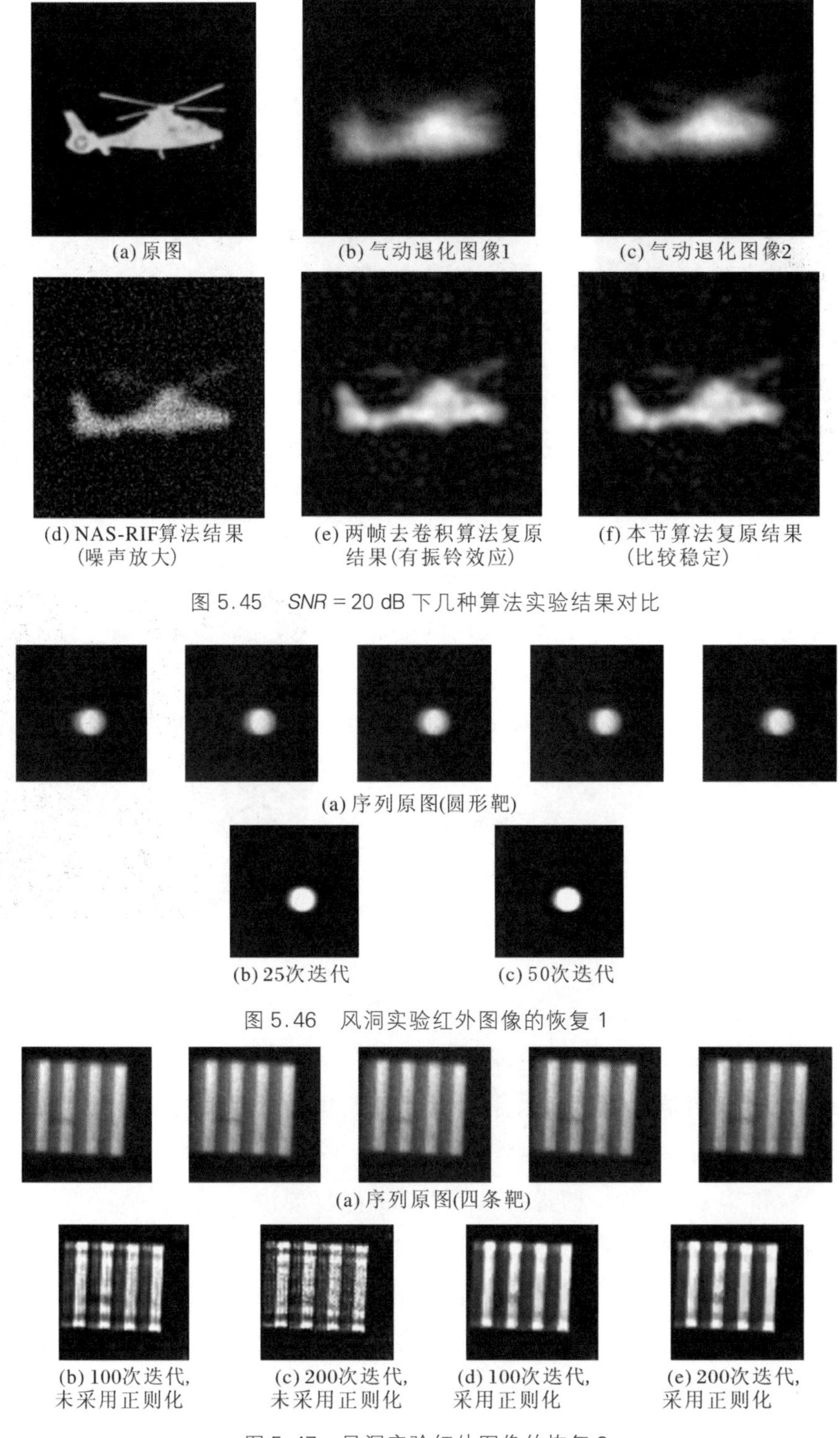

(a) 原图 (b) 气动退化图像1 (c) 气动退化图像2

(d) NAS-RIF算法结果（噪声放大） (e) 两帧去卷积算法复原结果(有振铃效应) (f) 本节算法复原结果（比较稳定）

图 5.45 *SNR* = 20 dB 下几种算法实验结果对比

(a) 序列原图(圆形靶)

(b) 25次迭代 (c) 50次迭代

图 5.46 风洞实验红外图像的恢复 1

(a) 序列原图(四条靶)

(b) 100次迭代，未采用正则化 (c) 200次迭代，未采用正则化 (d) 100次迭代，采用正则化 (e) 200次迭代，采用正则化

图 5.47 风洞实验红外图像的恢复 2

### 5.4.6 小结

本节对极大似然估计复原算法的正则化技术进行了一些理论探讨,得到了一种基于平滑项和辅助惩罚项的极大似然估计图像复原算法。将带有保细节的平滑准则函数及辅助惩罚项加入到对数似然函数中,采用极大似然估计方法来寻找最相似于退化图像的点扩展函数和目标图像,由此导出的复原算法有希望更好地在平滑噪声的同时保存图像细节。利用EM算法通过迭代技术将点扩展函数和目标图像同时估计出来,从而在概率意义上达到极大程度地恢复目标图像的目的。实验结果表明,本节算法具有良好的抗噪能力和稳定性,且在图像复原的过程中,不需要确切知道点扩展函数的具体形式,经过有限次迭代能够得到复原效果较好的目标图像。用气动光学效应风洞实验的实际红外序列图像对本节算法进行了验证,算法具有实用价值。

## 5.5 EM复原校正算法的并行实现

本节主要介绍一种基于极大似然估计准则的EM图像复原算法的并行集群实现方法。为了提高图像复原的速度,提出了并行计算的基本概念,并对EM复原算法的并行实现进行了研究。针对气动光学效应图像复原问题,为提高计算效率,对复原算法结构与流程的并行处理进行了研究,提出了整体数据传输、分块计算的并行处理方法。该方法在MPI集群并行环境中8个计算节点运行通过,解决了算法的并行集群处理问题。在集群上进行系列的校正实验,并行计算结果和并行计算时空图表明,本文提出的并行方法十分有效,并行计算效率高。

### 5.5.1 引言

对气动光学效应引起的退化图像进行校正和复原是红外远距离成像探测

研究的重要课题[48~59]。传统的复原方法是在目标图像点扩展函数确定的情况下,用去卷积的方法来实现图像的复原。而在通常情况下,特别是在复杂高速流场条件下,点扩展函数是很难测定和预先获得的。因此,传统方法存在着无法预知点扩展函数的困难。基于极大似然估计准则的正则化图像复原算法利用序列多帧退化图像数据,采用极大似然估计方法来寻找最相似于退化图像的点扩展函数和目标图像,从概率意义上达到极大程度地恢复图像的目的。

由于该复原算法采用迭代的方式,因此,计算量大,计算速度较慢,为了缩短计算时间,加快计算速度,对该算法采用并行化处理值得深入研究[60]。

MPI(Message Passing Interface)是目前比较流行的并行计算开发环境之一。MPI 是一个并行计算消息传递接口标准。近年来,随着科学技术的飞速发展,越来越多的大型科学和工程计算问题对计算机的速度提出了非常高的要求。在图像处理方面,大规模的地形匹配、神经网络计算等大计算量的任务都需要计算机有强大的计算性能。近年来,微处理器的性能不断提高,高速局域网不断发展,可以利用相对廉价的微机通过高速局域网构建高性能的并行集群计算系统。与传统的超级计算机相比,并行集群计算系统具有较高的性价比和良好的可扩展性,可以满足不同规模的大型计算问题。

针对气动光学效应图像校正问题,基于 MPI 环境,建立了气动光学效应并行校正集群系统,成功地在 8 节点的集群上实现了 EM 算法的 MPI 并行处理。

### 5.5.2 EM 算法的原理

为了去除气动光学效应导致的图像模糊,传统的做法是先估计出点扩展函数,然后再利用去卷积技术来恢复图像。然而,在复杂高速流场环境中,点扩展函数是很难测定和预先获得的,这就给我们的工作造成了很大的困难。为了从观测到的退化图像中获得原始清晰目标图像的估计,我们需要采用新的方法来进行模糊识别以及对一些图像参数的确定。最大似然估计方法是处理这类问题的一种可选的比较好的处理方法。最大似然估计方法通过寻找最相似于退化图像的点扩展函数和目标图像估计,将点扩展函数和目标图像同时估计出来,从而在概率意义上达到最大程度地恢复图像的目的。实践证明,这种图像复原方法是可行的而且也是很有效的。

1. 目标成像退化模型

来自目标的可见光或红外辐射穿过大气流场后在焦平面的成像模型一般

可表示为

$$g_t(i,j)=\iint_D h_t(i,j;\alpha,\beta)f(i-\alpha,j-\beta)\mathrm{d}\alpha\mathrm{d}\beta+n(i,j),$$
$$(\alpha,\beta)\in D;(i,j)\in\Omega \tag{5.92}$$

式中 $g_t(i,j)$为气动光学效应退化图像,$f(i,j)$为目标原图像,$n(i,j)$为传感器噪声,$h_t(i,j;\alpha,\beta)$为高速流场点扩展函数,$D$ 为点扩展函数的支持区域,$\Omega$ 为图像目标区域。高速流场对目标成像的影响是使目标图像能量扩散,图像模糊。

大气对目标成像的影响通常可设定模糊算子(点扩展函数)具有空间移不变性,可描述为

$$h_t(i,j;\alpha,\beta)=h_t(\alpha,\beta),\quad (i,j)\in\Omega$$

代入式(5.92),可得如下形式:

$$\begin{aligned}g_t(i,j)&=\iint_D h_t(\alpha,\beta)f(i-\alpha,j-\beta)\mathrm{d}\alpha\mathrm{d}\beta+n(i,j)\\&=h_t(i,j)\otimes f(i,j)+n(i,j)\end{aligned} \tag{5.93}$$

由式(5.93)可知,只有得到高速流场点扩展函数,才能从退化图像中恢复出原目标图像,这就需要从气动光学效应退化图像中同时估计出高速流场点扩展函数和目标图像。

2. 最大似然估计算法原理

高速流场点扩展函数是随机变化的,序列图像有抖动效应。我们利用含有相同目标的短曝光序列图像来估计点扩展函数和恢复序列图像。为了简化记号,对图像使用一维描述。定义目标强度为非负的函数:$\{f(x),x\in X\}$,$X$ 为目标的支持域;定义高速流场点扩展函数为:$\{h_k(y|x),y\in Y\},k=1,2,\cdots,K\}$,其中 $Y$ 为图像的支持域。短曝光高速流场点扩展函数可看成是空间不变的,定义 $i_k(y)$为第 $k$ 帧图像在坐标 $y$ 处的强度,则

$$i_k(y)=\sum_{x\in X}h_k(y\mid x)f(x)=\sum_{x\in X}h_k(y-x)f(x) \tag{5.94}$$

设第 $k$ 帧图像在某像元位置 $y$ 处实际观测到的图像数据为 $g_k(y)$。在给定目标强度 $f$ 和点扩展函数 $h_k$ 条件下,假定 $g_k(y)$是一个以 $i_k(y;f,h_k)$为均值的服从 Poisson 分布的独立随机变量,在像元位置 $y$ 处去整数灰度值 $g_k(y)$ 的概率可以表示为

$$P(g_k(y)\mid f,h_k)=\frac{i_k^{g_k}\mathrm{e}^{-i_k}}{g_k!}$$

假定观测图像各像元是相互独立的，则其联合概率分布为

$$P(g_k(y_1,y_2,\cdots,y_n)\mid f,h_k)=\prod_{y\in Y}\frac{i_k^{g_k}\mathrm{e}^{-i_k}}{g_k!} \tag{5.95}$$

最大似然估计复原的原理：寻找最合适的目标强度 $f$ 和点扩展函数 $h_k$，使上式的似然函数最大化，把此时的 $f$ 和 $h_k$ 作为目标强度和点扩展函数的估计值，记为 $\hat{f}$ 和$\hat{h}_k$。为了使式(5.94)最大化，取其对数，得到对数似然函数形式：

$$\begin{aligned}\ln P(g_k(y_1,y_2,\cdots,y_n)\mid f,h_k)&=\ln\prod_{y\in Y}\frac{i_k^{g_k}\mathrm{e}^{-i_k}}{g_k!}\\&=(-\sum_y i_k+\sum_y g_k\ln i_k)-\sum_y\ln g_k!\end{aligned} \tag{5.96}$$

假定 $k$ 帧图像$\{g_1(y_1,y_2,\cdots,y_n),\cdots,g_k(y_1,y_2,\cdots,y_n)\}$在统计上是相互独立的，则多帧泊松联合概率分布的对数似然函数为

$$\begin{aligned}&\ln P(\{g_k\}\mid f,\{h_k\})\\&=-\sum_{k=1}^{K}\sum_y i_k+\sum_{k=1}^{K}\sum_y g_k\ln i_k-\sum_{k=1}^{K}\sum_y\ln g_k!\\&=-\sum_k\sum_y\sum_x h(y-x)f(x)+\sum_k\sum_y(gk\ln\sum_x h_k(y-x)f(x))\end{aligned} \tag{5.97}$$

3. $\hat{f}$ 和$\{\hat{h}_k\}$的迭代求解

上述最大似然估计复原是通过迭代方式逐步寻找目标强度的估计 $\hat{f}$ 和点扩展函数的估计 $\hat{h}_k$，从而使似然函数最大。这种迭代形式交替地实施 2 个基本计算步骤：E 步(计算期望值)和 M 步(极大化计算步)。根据 EM 算法原理，可有如下迭代公式：

$$U_x=\sum_k\sum_y E^{n-1}[\tilde{g}_k(y\mid x)g_k(y)]=f^{n-1}(x)\sum_k\sum_y\frac{h_k^{n-1}(y-x)g_k(y)}{i_k^{n-1}} \tag{5.98}$$

$$h_k^n(x)=h_k^{n-1}(x)\sum_y\frac{f^{n-1}(y-x)g_k(y)}{i_k^{n-1}} \tag{5.99}$$

通过式(5.98)、式(5.99)可获得目标图像高速流场点扩展函数的迭代解：

$$f^n(x)=\frac{(U_x+\beta+A)-\sqrt{(U_x+\beta+A)^2-4AU_x}}{2A} \tag{5.100}$$

4. EM 算法的流程图

由以上分析可得 EM 算法的流程图如图 5.48 所示。

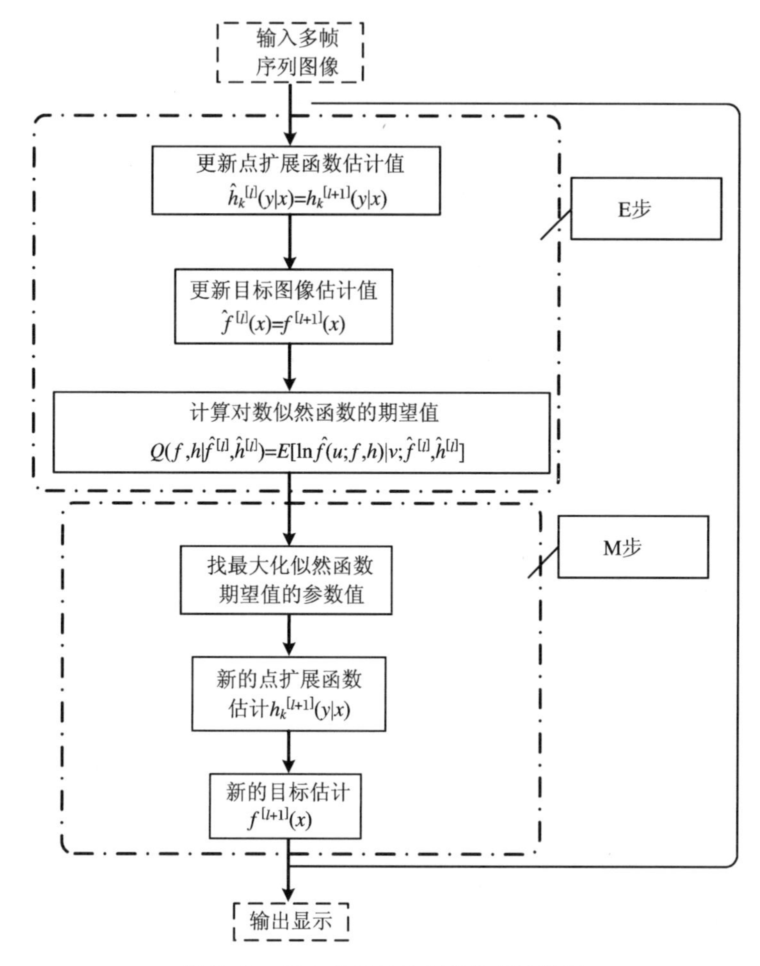


图5.48　最大似然估计图像复原流程图

### 5.5.3　EM算法的并行处理方法

由式(5.98)、式(5.99)、式(5.100)可知，若图像大小为 $N\times N$，点扩展函数支持域 $M\times M$，其加法和乘法运算量正比于 $N^2M^2$，计算量很大，恢复图像的速度较慢。为了缩短计算时间，加快计算速度，可考虑将EM算法做并行化处理。

1. EM算法的计算量分析

从EM算法流程图可以看到，EM算法是一个多次迭代过程，每一次迭代过程都包含多个计算步骤。我们没有必要把每一个计算步骤都并行化，因为并不是每一个计算步骤都需要并行化，对计算量过小的计算步骤并行化，引入的通信时间会大于并行计算节省的计算时间,反而会降低算法的运行速度。所以,我们只选取计算量较大的计算步骤进行并行化,计算量小的部分,在根节点上单机计算,在实现并行计算的同时达到减少节点间通信量的目的。

我们对单机上运行的串行 EM 算法每一次迭代过程中的各个步骤计算时间进行了记录。两帧大小为 128×128 的图像,在点扩展函数大小为 21×21 的条件下进行单机计算,各个步骤的计算时间记录如表 5.5 所示。

表 5.5 EM 算法主要计算步骤及计算量

| 主要计算步骤 | 计算名称及计算式 | 计算时间 |
|---|---|---|
| a | 循环卷积计算 $i_k$ 变量(见式(5.94)) | 183 ms |
| b | 计算新的点扩展函数 $h_k$(见式(5.99)) | 388 ms |
| c | 计算 $U_k$ 变量(见式(5.98)) | 4389 ms |
| d | 计算新的目标估计并归一化 | 1.3 ms |
| e | 计算新的对数似然函数期望值 | 3 ms |
| f | 计算老的对数似然函数期望值 | 3 ms |
| g | 更新目标估计值 | 0.4 ms |

从单机运行的时间结果来看,一次迭代过程中 a、b、c 三个计算步骤用时为 4 960 ms,占一次迭代计算总时间的 99%以上,只要我们把这三个步骤并行化,就可以大大降低计算耗时。其他几个步骤计算复杂度比较低,计算耗时在 3 ms 以下,没有并行计算的必要。如果执意并行化这些计算步骤,那么引入的节点间的数据通信和计算同步需要的时间可能会大于 3 ms,反而会降低计算速度。所以,我们决定把 a、b、c 三个步骤在各个节点上进行并行计算,其他步骤在根节点(进程序号 rank 为 0 的节点)上用单机计算。

2. 并行处理方法

并行计算就是把计算任务分配到各个计算节点。以上 3 个需并行处理的 $i_k$、$h_k$ 及 $U_k$,均可看成具有 $M$ 行和 $N$ 列的二维图像。由于每一块的计算均涉及整体图像数据,所以我们提出整体数据传输、分块计算复原的并行处理方法:将整个图像数据都传输到每一个计算节点上,在每一个节点上计算每一块的数据值,然后传回到根节点上,再整体传输到各节点上再分块计算,直至计算终止。

我们采用的分配方法是细粒度任务划分的方法,即把图像分成更小的子图像,由于图像一般是按行存放的,所以按行对图像进行分配计算是最方便的并行方法。把图像根据计算节点的数量平均分配成为 $N$ 个子图像,每个子图像在一个计算节点上运行。任务分配如图 5.49 所示。

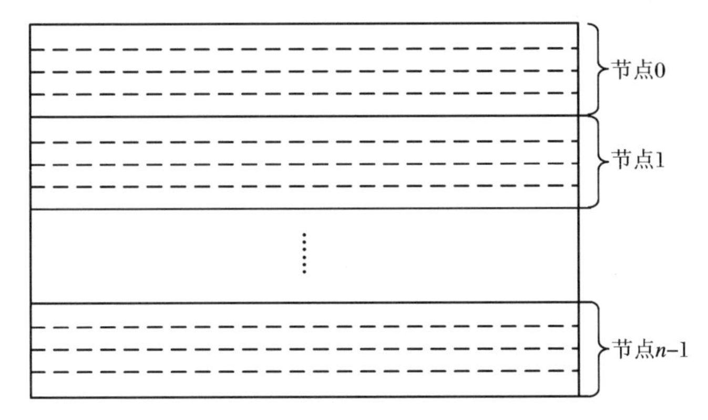


图 5.49　各节点计算任务分配图

由于每一块的计算均涉及整体图像数据,所以我们提出了整体数据传输、分块计算复原的并行处理方法。该方法可用图 5.50 表示。

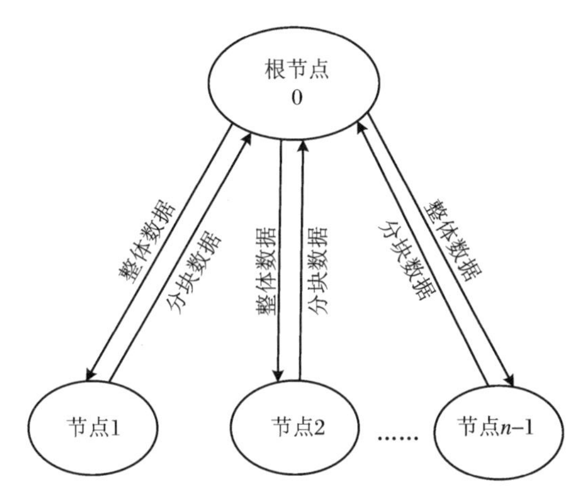


图 5.50　数据传输示意图

3. 并行计算的编程实现

根据以上计算任务的分配,下面这段程序演示了对图像按行分块进行并行处理的方法:

```
MPI_Comm_size(MPI_COMM_WORLD,&size);    //获得参与计算节点个数
MPI_Comm_rank(MPI_COMM_WORLD,&rank);    //获得当前进程序号
num = sum/size;                         //计算每一个进程处理的行数
start_line = num * rank;                //计算当前进程处理的起始行
end_line = start_line + num;            //计算当前进程处理的中止行
if (rank == size -1) end_line = sum;    //保证最后一个进程处理所有剩余行

for(int i=start_line; i<end_line; i++)
{
    ......                              //各计算节点行计算
}
```

变量说明：

size:int——计算节点个数；

rank:int——当前进程号；

sum:int——算法要处理的总行数；

num:int——每个计算节点要处理的行数；

start_line:int——每个进程处理的起始行；

end_line:int——每个进程处理的中止行。

### 5.5.4 MPI程序与主运行程序的连接

1. 基本原理

MPI并行计算进程必须由mpirun命令启动，mpirun命令只支持以命令提示符的方式启动并行计算进程，因此我们无法在气动光学效应校正软件的主界面中调用MPI函数，只能通过命令行调用mpirun命令启动并行计算进程。主界面程序调用MPI进程进行计算的过程如图5.51所示。

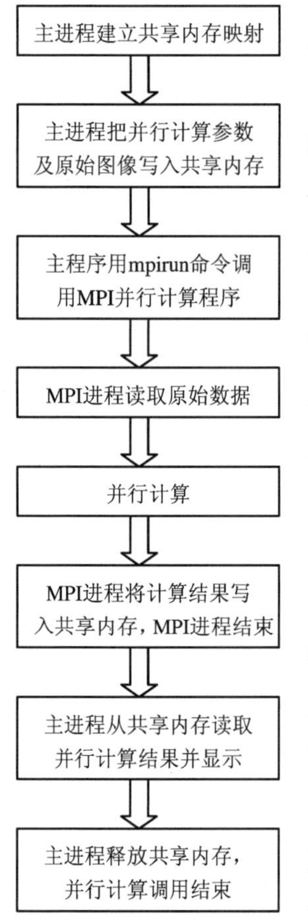

图5.51 并行计算调用过程

由图5.51可见，主程序和MPI并行计算程序是两个独立的进程，各个进程的存储区是独立的，进程和进程之间不能直接传递数据。并行计算输入参数和输入图像的传递是用共享内存映射的方法来实现的。建立共享内存映射就是建立一段共享内存，这段内存不属于某个进程独有，每个进程都可以通过这段内存的名字来访问这段内存。在MFC中CreateFileMapping函数可用来建立一段内存映射。主进程创建了共享内存以后，MPI进程和主进程都可以使用这段内存空间，主进程首先把并行计算需要的参数和输入图像都拷贝到共享内存空间，然后启动MPI进程进行并行计算，MPI进程计算完毕仍然把计算结果图像拷贝到这段共享内存，主程序读取共享内存后释放共享内存。通过这个过程就完成了算法的 MPI 并行计算。

2. 并行计算程序的调用

Windows 提供了程序调用命令，我们可以在一个进程中创建另一个进程。程序调用的命令为：

```
int system(const char * command );
```

其中，“command”就是我们要调用的程序以及参数。

软件系统中，我们启动 MPI 命令的代码如下：

```
                /* 主程序代码 */
char callname[150];      //callname 数组存放要调用的命令名字
char name[100];          //name 变量保存当前路径
GetModuleFileName(NULL,name,100);
CString path(name);
path = path.Left(path.ReverseFind('\\'));  //获得并行计算程序路径
sprintf(callname, "mpirun -localroot -np %d ", nodeNum);
strcat(callname, path.GetBuffer(path.GetLength()));
strcat(callname, "\\MPI\\EMRec_MPI.exe");
rlt = system(callname);     //调用并行计算命令
```

代码清单 5.1　启动并行程序代码

EM 算法的 MPI 并行程序名称为 EMRec_MPI.exe，该文件和应用程序存放在同一个目录下面，我们用 GetModuleFileName 命令获得当前应用程序所在路径，就可以得到并行程序所在路径。在 mpirun 命令中，我们使用了“-np”和“-localroot”参数；变量“nodeNum”指定参与并行计算节点的数目，这个变量由用户通过校正软件人机交互界面设置。我们使用默认的节点设置，参与计算的节点在图像恢复软件系统启动之前就配置完成。

3. 程序之间的数据传递

图像校正软件系统主程序进程和图像恢复并行计算程序进程是两个独立的进程，各个进程的存储区是独立的，进程和进程之间不能直接通过变量或者内存地址的方式传递数据。我们用共享内存文件映射的方法来实现主进程和并行计算进程间的数据传递。共享内存文件由某一个进程创建，这个文件映射对象的内容能够为多个其他进程所映射，这些进程共享的是物理存储器的同一个页面。因此，当一个进程将数据写入此共享文件映射对象的内容时，其他进程可以立即获取数据变更情况。

主进程通过 CreateFileMapping()函数创建一个内存映射文件对象,并把该文件对象命名为 EM_rec_mem,在并行计算进程中,就可以通过这个名字找到该内存文件。如果创建成功就通过 MapViewOfFile()函数将此文件映射对象的视图映射进地址空间,同时得到此映射视图的首址。代码清单如下:

```
/* 主程序代码 */
//计算要分配内存的大小
mem_size = 40 + sizeof(double) * row * col * (frame + 1);
//创建共享内存文件
hMapFile = CreateFileMapping((HANDLE) - 1, NULL, PAGE_
READWRITE, 0, mem_size, "EM_rec_mem");
if (hMapFile = = NULL) {
    AfxMessageBox("Could not create file-mapping object.\n");
    return;
}
//获得该内存文件在内存中的首地址
lpMapAddress = MapViewOfFile(hMapFile, FILE_MAP_ALL_
ACCESS, 0, 0, 0);
if (lpMapAddress = = NULL) {
    AfxMessageBox("Could not map view of file.");
    return;
}
```

代码清单 5.2 创建共享内存文件并得到其地址

在计算需要创建的内存文件的大小时,“40”为头信息空间,用于保存算法的输入参数等信息;然后加上存储 frame 帧输入图像和 1 帧输出图像数据的空间。

内存文件创建成功以后,把输入数据(包括图像恢复参数、输入图像数据)写入共享文件内存,代码清单如下:

```
/* 主程序代码 */
mem_head = (int *)lpMapAddress;//获得内存文件的首地址
*mem_head = row;//写入图像行数
```

```
*(mem_head + 1) = col;//写入图像列数
*(mem_head + 2) = rowp;//写入扩展函数行数
*(mem_head + 3) = colp;//写入扩展函数列数
*(mem_head + 4) = frame;//写入图像帧数
*(mem_head + 5) = itertimes;//写入迭代次数
//拷贝原始图像到共享内存区
int img_size = sizeof(double) * row * col;
IMG cur_img;
char *pdata = (char*)lpMapAddress +40;
for(i=0; i<frame; i++){
cur_img = *(imagedata + i);
memcpy((pdata + img_size*i), *cur_img, img_size);
}
```

代码清单 5.3　把输入数据写入共享内存文件

初始化工作进行完毕以后，我们就可以调用并行计算程序，代码见代码清单 5.1。

并行计算进程由 mpirun 命令启动以后，首先用 CreateFileMapping()函数得到主进程创建的内存文件 EM_rec_mem。代码如下：

```
/* 并行计算程序代码 */
if(0 == rank) {
hMapFile = CreateFileMapping ((HANDLE) - 1, NULL, PAGE_READWRITE, 0, 20,"EM_rec_mem");
if (hMapFile == NULL) {
    printf("Could not create file-mapping object.\n");
    return;
}
lpMapAddress = MapViewOfFile (hMapFile, FILE_MAP_ALL_ACCESS, 0, 0, 0);if (lpMapAddress == NULL) {
printf("Could not map view of file.");
}
}
```

代码清单 5.4 主进程创建的内存文件

然后主进程获得输入数据并把输入数据用 MPI_Bcast 的方法广播到各个计算节点上的子进程，开始并行计算。并行计算完成以后，主进程再把处理结果写入共享内存文件，然后返回。

并行计算程序返回结果以后，主进程中的程序调用 system( )方法结束，主程序保存计算结果图像并释放内存。UnmapViewOfFile ( )函数用来取消内存映射，CloseHandle( )函数用来关闭内存映射文件。

```
/* 主程序代码 */
//获得结果图像数据指针并保存并行处理结果
double * * precdata = recover_image.GetImagePointer();
memcpy( * precdata, pdata + img_size * frame, img_size);
if (lpMapAddress ! = NULL){
    UnmapViewOfFile(lpMapAddress);
    lpMapAddress = NULL;
}
if (hMapFile ! = NULL){
    CloseHandle(hMapFile);
    hMapFile = NULL;
}
```

代码清单 5.5 保存处理结果图像并释放内存文件

到此为止，程序完成了一次并行 EM 算法的调用。

4. 查看并行计算时空图

并行计算程序运行完毕后，会产生一个 * .clog 记录文件，这个文件记录了并行计算过程，包括各种基于消息传递的通信和同步的操作以及它们运行的时间。MPICH 同时提供了一个工具 jumpshot，这个工具可以可视化地显示记录文件 * . slog，在上面我们看到的并行计算时空图都是用 jumpshot 显示的，jumpshot 工具是一个用 java 编写的应用程序，调用 jumpshot 显示时空图的代码为：

```
java-jar jumpshot.jar EMRec_MPI.exe.slog
```

MPICH 提供了一个应用程序 clog2slog.exe，这个应用程序可以把并行计算程序 * .clog 转换成为 * .slog，调用代码为：

clog2slog EMRec_MPI.exe.clog

运行这行代码会生成一个 EMRec_MPI.exe.slog 文件，提供给 jumpshot 程序作显示。

这些指令同样可作控制台命令，把它们集成到我们研制的图像校正软件系统中去，代码如下：

```
/* 主程序代码 */
char callname[200];
char name[100];
GetModuleFileName(NULL,name,100);
CString path(name);
path = path.Left(path.ReverseFind('\\'));      //获得 clog 文件的存放路径
sprintf(name, "%s\\mpi", path.GetBuffer(path.GetLength()));
sprintf(callname, "-jar jumpshot3.jar EMRec_MPI.exe.slog");
ShellExecute(NULL, NULL, "clog2slog.exe", "EMRec_MPI.exe.clog", name, SW_SHOWNORMAL);//转换 clog 文件到 slog 文件
ShellExecute(NULL, NULL, "java", callname, name, SW_SHOWNORMAL);//显示时空图
```

代码清单5.6　查看时空图代码

和调用 mpirun 命令不同，我们利用 ShellExecute( )函数启动进程，ShellExecute 可以在被启动进程结束之前就返回，避免了查看时空图时主程序的等待。

### 5.5.5　实验结果与分析

针对 EM 复原算法，我们引入并行计算，在微机(Pentium Ⅳ 2.66 GHz，1 024 MB内存)上用 VC6.0 编程进行了实现。

1. 红外直升机目标图像

红外直升机目标图像的并行恢复如图5.52所示。

由图5.52可见：在节点设置为1～8个时，由模糊图像复原出来的图像基本相同。这是由于各个节点分开计算模糊图像的部分数据，并不改变复原算法

本身。

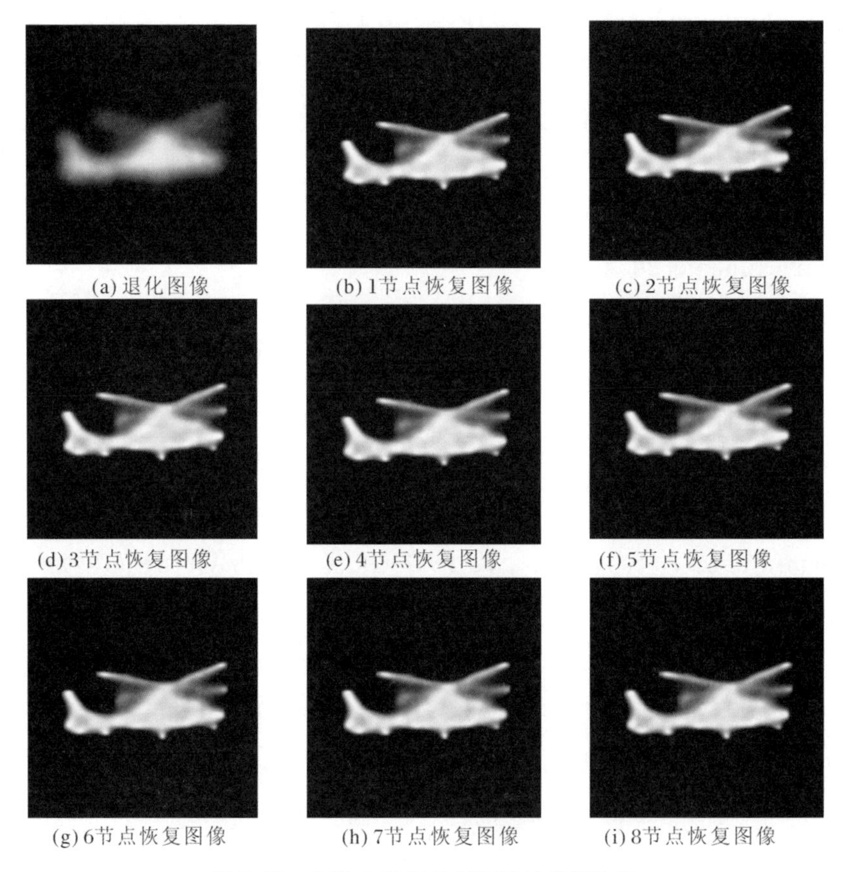


图 5.52 红外直升机目标图像的并行恢复

并行计算耗费时间对比如表 5.6 所示。

表 5.6 并行计算耗费时间

| 节点数 | 1 | 2 | 3 | 4 | 5 | 6 | 7 | 8 |
|---|---|---|---|---|---|---|---|---|
| 运算时间(s) | 169.08 | 88.01 | 61.46 | 47.88 | 39.50 | 33.37 | 30.14 | 27.17 |

由表 5.6 可见:随着节点数增多,耗费时间呈反比例逐渐减少,这是由于各个节点几乎平均分担了计算任务。

并行运算的时空图如图 5.53 所示。

由图 5.53 可见:节点之间的数据通信所耗费的时间相对于整个计算时间较短。但随着节点数增多,通信量增多,数据通信耗费时间增多,因此,节点数并不是越多越好,当节点数达到一定的时候,复原算法耗费时间将达到稳定。

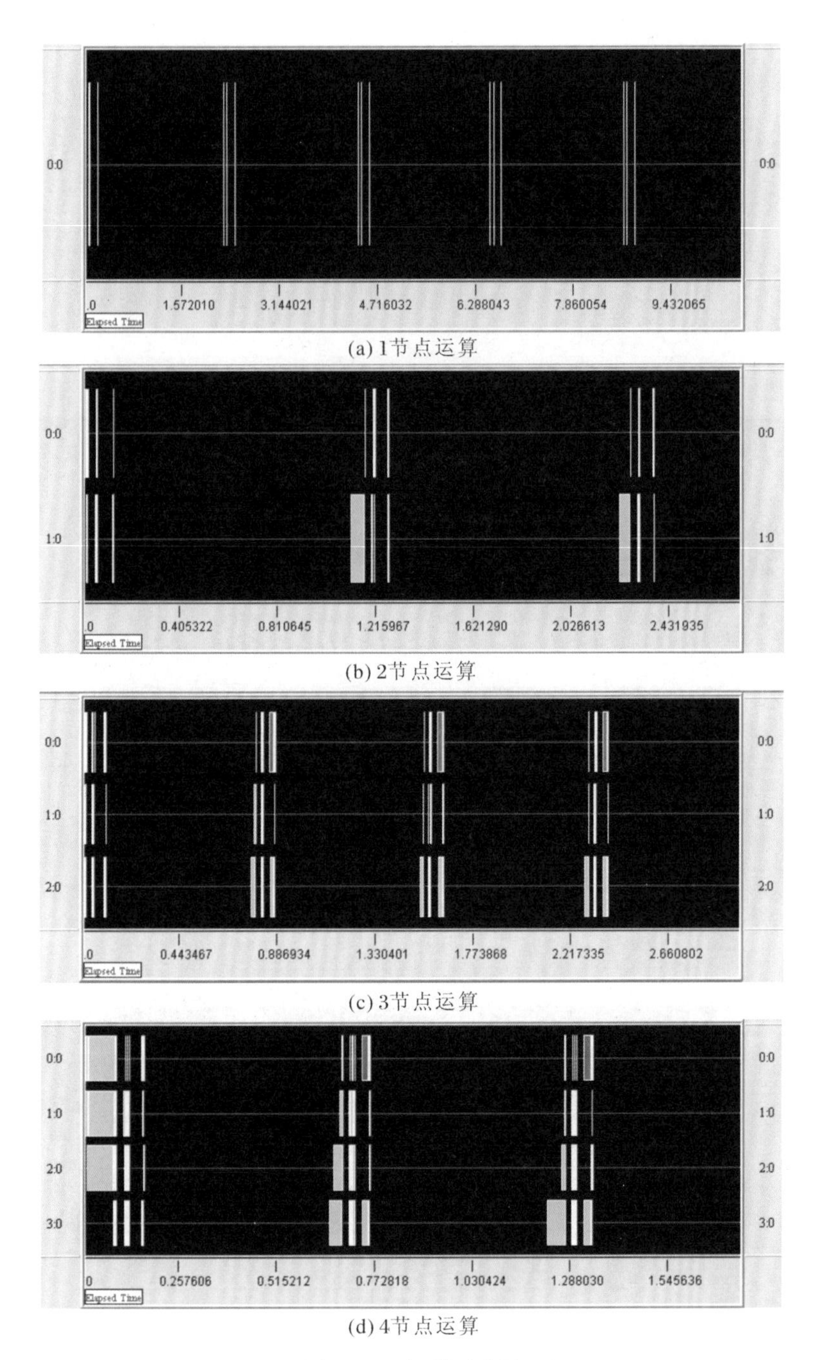


(a) 1节点运算



(b) 2节点运算



(c) 3节点运算



(d) 4节点运算

图 5.53　运算时空图

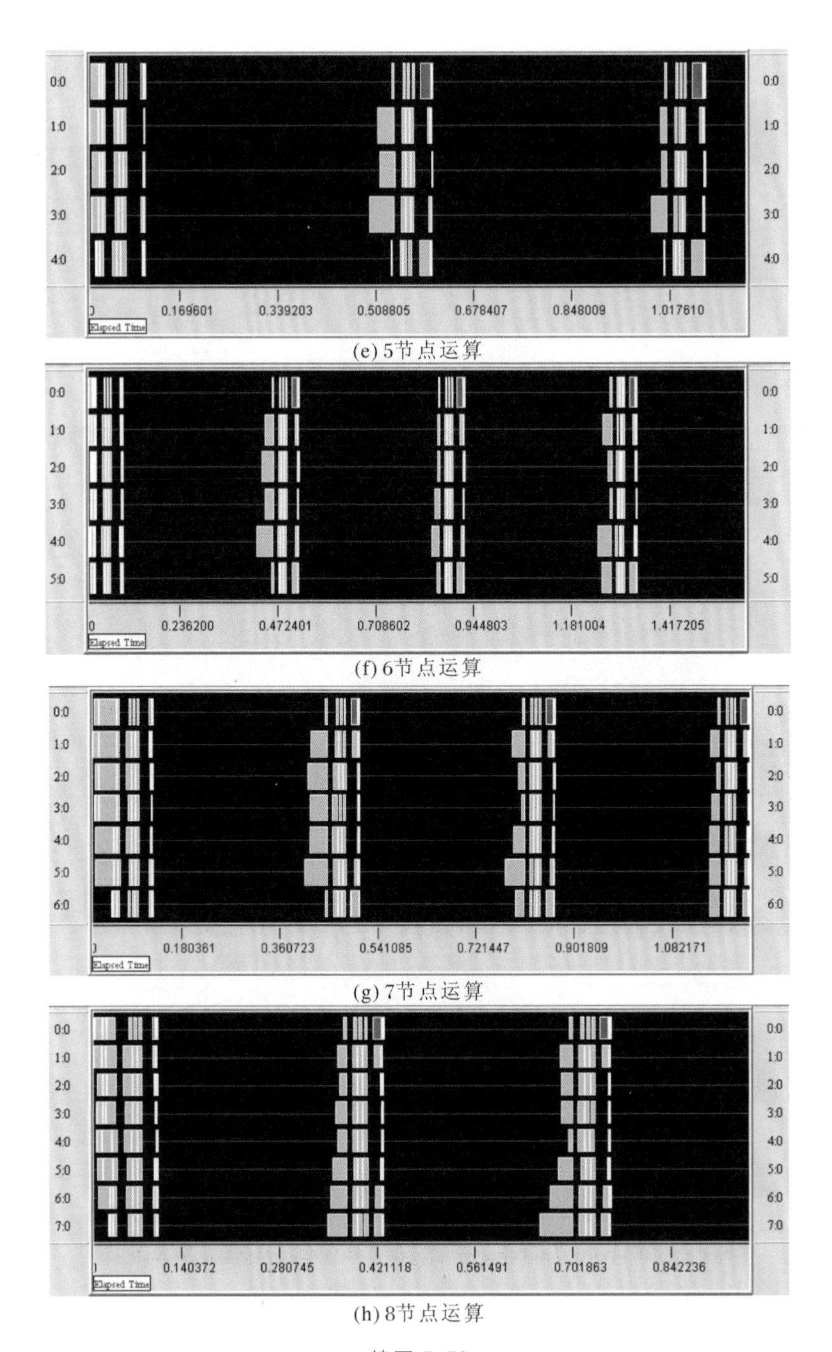


(e) 5节点运算

(f) 6节点运算

(g) 7节点运算

(h) 8节点运算

续图 5.53

2. 卫星目标图像

卫星目标图像的并行恢复如图 5.54 所示。

由图 5.54 可见:在节点设置为 1～8 个时,由模糊图像复原出来的图像基本相同。这是由于各个节点分开计算模糊图像的部分数据,并不改变复原算法本身。

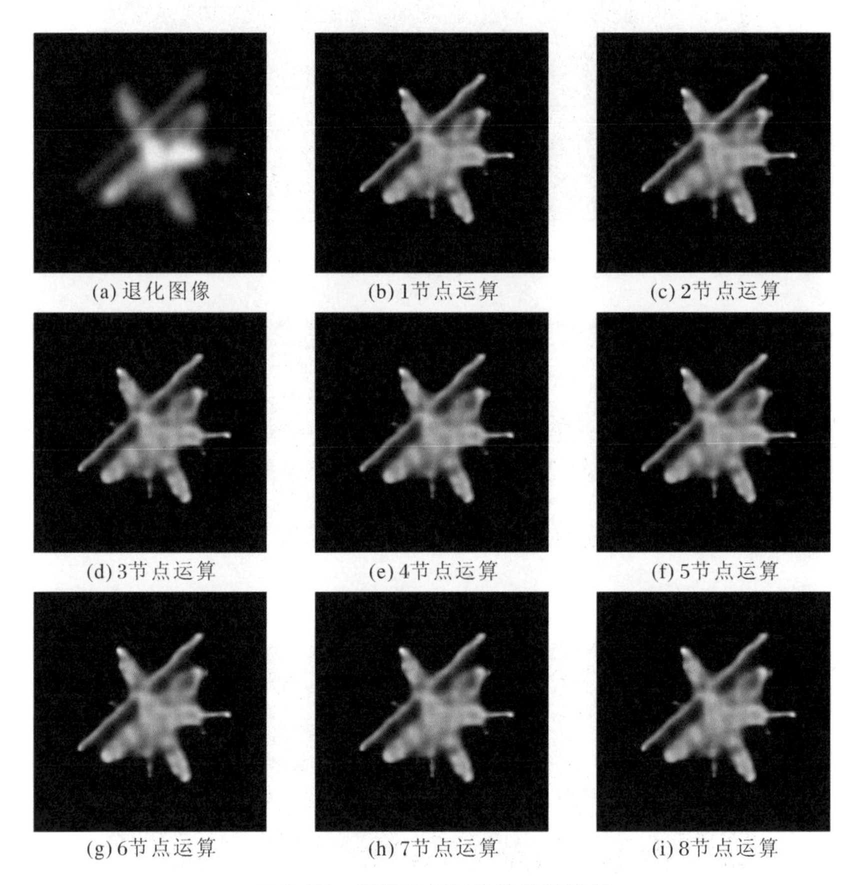

(a) 退化图像　(b) 1节点运算　(c) 2节点运算
(d) 3节点运算　(e) 4节点运算　(f) 5节点运算
(g) 6节点运算　(h) 7节点运算　(i) 8节点运算

图 5.54　卫星目标图像的并行恢复

并行计算耗费时间对比如表 5.7 所示。

表 5.7　并行多节点计算耗时

| 节点数 | 1 | 2 | 3 | 4 | 5 | 6 | 7 | 8 |
|---|---|---|---|---|---|---|---|---|
| 运算时间(s) | 171.37 | 88.33 | 60.61 | 47.41 | 39.10 | 33.18 | 29.15 | 27.08 |

由表 5.7 可见:随着节点数增多,耗费时间呈反比例逐渐减少,这是由于各个节点几乎平均分担了计算任务。

并行运算的时空图如图 5.55 所示。

由图 5.55 可见:节点之间的数据通信所耗费的时间相对于整个计算时间较短。但随着节点数增多,通信量增多,数据通信耗费时间增多,因此,节点数并不是越多越好，当节点数达到一定的时候，复原算法耗费时间将达到稳定。

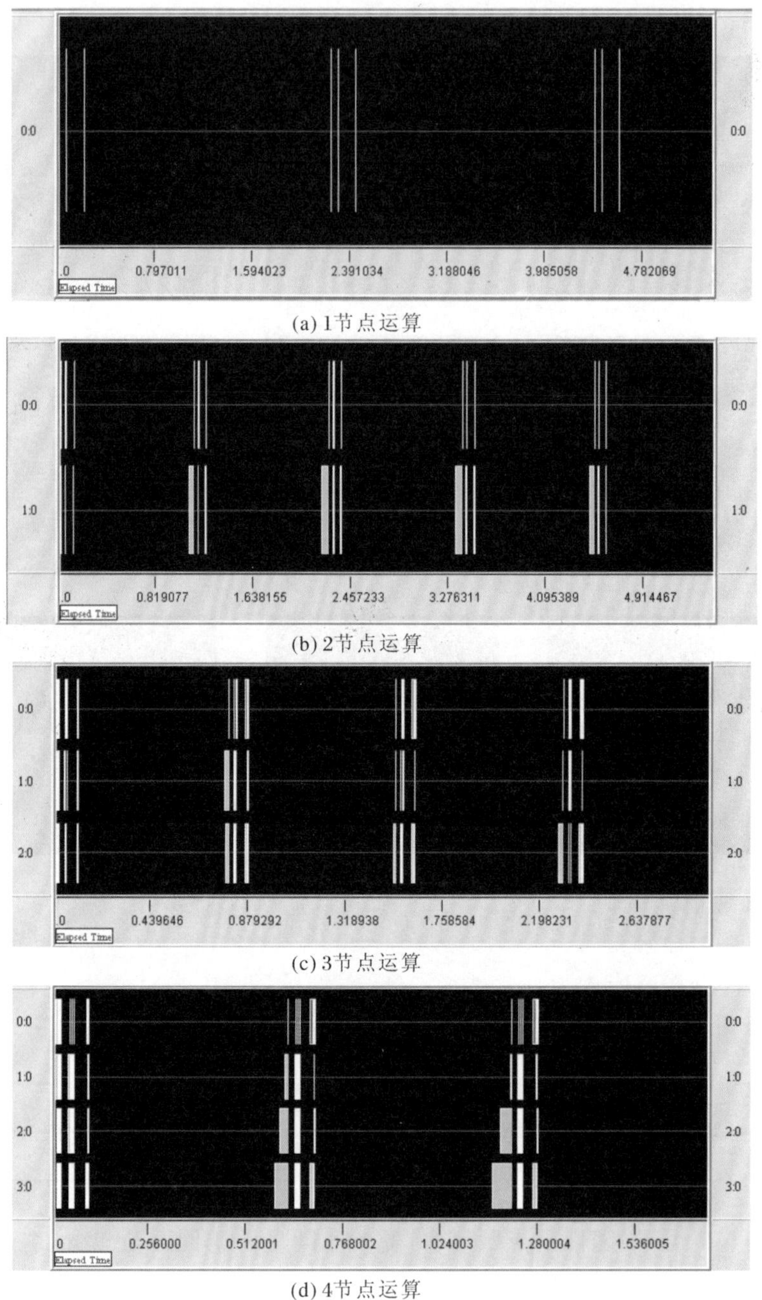


(a) 1节点运算

(b) 2节点运算

(c) 3节点运算

(d) 4节点运算

图 5.55　运算时空图

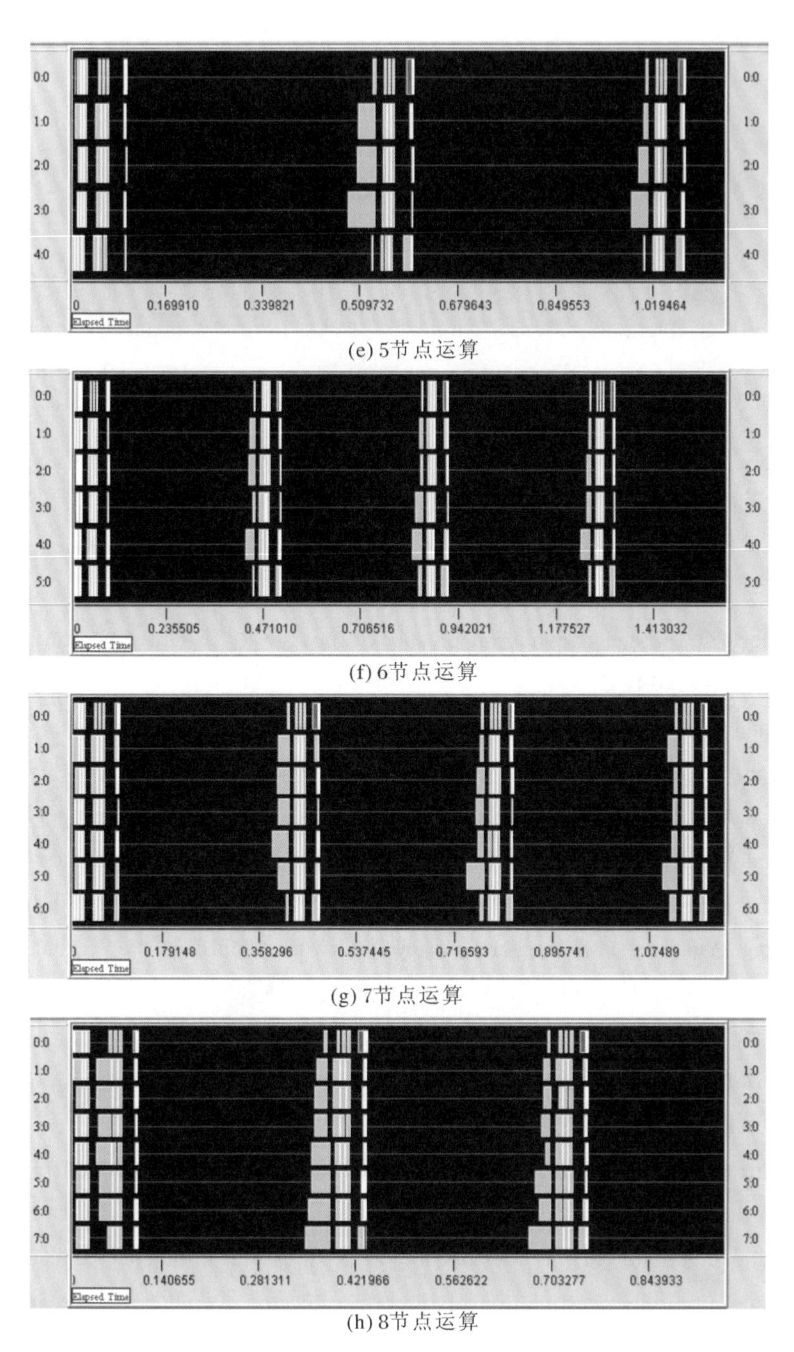


(e) 5节点运算

(f) 6节点运算

(g) 7节点运算

(h) 8节点运算

续图 5.55

# 参 考 文 献


[1] Nagy J G, Plemmons R J, Torgersen T C. Iterative image restoration using approximate Inverse preconditioning[J]. IEEE Trans. on Image Processing, 1996, 5(7): 1151-1162.

[2] Ayers G R, Dainty J C. Iterative blind deconvolution method and its applications [J]. Optics Letters, 1988, 3(7): 547-549.

[3] Davey B L K, Lane R G, Bates R H T, Blind deconvolution of noisy complex valued image[J]. Opt. Comm., 1989(69): 353-356.

[4] Lane R G. Blind deconvolution of speckle images[J]. J. Opt. Soc. Am. A, 1992, 9(9): 1508-1514.

[5] Kundur D, Hatzinakos D. Blind image deconvolution[J]. IEEE Signal Processing Magazine, 1996(13): 43-64.

[6] Frieden B R. Probability, statistical optics, and data testing[M]. Springer, 1983.

[7] Frieden B R, Oh C. Turbulent image reconstruction from a superposition model[J]. Optics Comm., 1993(98): 241-244.

[8] Wang Yuanmei. Multicriteria neural network approach to turbulent image reconstruction[J]. Optics Comm., 1997(143): 279-286.

[9] 殷兴良.气动光学原理[M].北京:中国宇航出版社,2003.

[10] Gierloff J J, Robertson S J, Bouska D H. Computer analysis of aero-optical effects [J]. AIAA, 1992(92): 2794.

[11] Andrews H C, Hunt B R. Digital image restoration. englewood cliffs [M]. NJ: Prentice Hall, 1977.

[12] Zhang T X, Hong H Y. Restoration algorithms for turbulence-degraded images based on optimized estimation of discrete values of overall point spread functions [J]. Optical Engineering, 2005, 44(1): 017005-1-17.

[13] Frieden B R. An exact linear solution to the problem of imaging through turbulence [J]. Optics Comm., 1998(150): 15-21.

[14] Roggeman M C, Welsh B. Imaging through turbulence[M]. CRC Press, 1996.

[15] 费锦东.高速红外成像末制导对气动光学效应技术研究的需求[J].红外与激光工程,

1998,27(1):42-51.

[16] John E P, Charles T W, George W S. Side mounted IR window aero-optical and aerothermal analysis[J]. SPIE, 1999(3705):266-275.

[17] 张逸新,迟泽英.光波在大气中的传输与成像[M].北京:国防工业出版社,1997.

[18] Banham M R, Katsagellos A K. Digital image restoration[J]. IEEE Signal Process. Mag. 1997(14):24-41.

[19] You Y L, Kaveh M. Blind image restoration by anisotropic regularization[J]. IEEE Trans. on Image Processing, 1999, 8(3): 396-407.

[20] 曹志浩.数值线性代数[M].上海:复旦大学出版社,1995:62-68.

[21] Lawson C L, Hanson R J. Solving least squares problems[M]. NJ: Prentice Hall, 1974:158-165.

[22] 洪汉玉,现代数字图像图形处理与分析[M].武汉:中国地质大学出版社,2011.

[23] Frieden B R. Turbulent image reconstructin using object power spectrum information[J]. Optics Communications, 1993(109):227-230.

[24] Geman S, Reynolds G. Constrained restoration and the recovery of discontinuities [J]. IEEE Trans. PAMI, 1992(14):367-383.

[25] Geman D, Yang C. Nonlinear image recovery with half-quadratic regularization[J]. IEEE Trans. On Image Proc., 1995(4):932-945.

[26] Kang M G, Katsaggelos A K. General choice of the regularization functional in regularized image restoration[J]. IEEE Trans. On Image Processing, 1995, 4(5):594-602.

[27] Hong H Y, Li L C, Zhang T X. Blind restoration of real turbulence-degraded image with complicated backgrounds using anisotropic regularization [J]. Optics Communications, 2012(285):4977-4986.

[28] Nagy J G, Pauca V P, Plemmonas R J, et al. Space-varying restoration of optical images[J]. J. Opt. Soc. Am. A, 1997, 14(12):3162-3174.

[29] Park S C, Kang M G. Noise-adaptive edge-preserving image restoration algorithm [J]. Opt. Eng., 2000, 39(12):3124-3136.

[30] Charbonnier P, Blanc-Feraud L, Aubert G, et al. Deterministic edge-preserving regularization in computed Imaging[J]. IEEE Trans. On Image Processing, 1997, 6 (2):298-311.

[31] Hebert T, Leahy R A. Generalized EM algorithm for 3-D Bayesian reconstruction from Poisson data using Gibbs priors[J]. IEEE Trans. Medical Image, 1990(8):194-202.

[32] Chan T F, Wong C K. Total variation blind deconvolution, IEEE Trans[J]. On Image Processing, 1998, 7(3): 370 - 375.

[33] Vogel C R, Oman M E. Fast robust total variation-based reconstruction of noisy blurred images[J]. IEEE Trans . Image Procc. , 1998, 7(6): 813 - 824.

[34] Giannakis G B, Health R W. Blind identification of multichannel FIR blurs and perfects image restoration[J]. IEEE Trans. Image Processing, 2000, 9(11): 1877 - 1896.

[35] Law N F, Lane R G. Blind deconvolution using least squares minimization[J]. Optics Communications, 1996(128): 341 - 352.

[36] Sheppard D G, Hunt B R, Marcellin M W. Iterative multiframe supperresolution algorithms for atomsphereric turbulence-degraded imagery[J]. Journal of the Optical Society of America A, 1998, 15(4): 978 - 991.

[37] 邹谋炎.反卷积和信号复原[M].北京:国防工业出版社,2001.

[38] Donoho D L. De-noising by soft-threshold[J]. IEEE Trans. On Information Theory, 1995, 41(3): 613 - 627.

[39] Fessler J A, He A O. Space-alternating generalized expectation-maximization algorithm[J]. IEEE Trans. on Signal Processing, 1994, 42(10): 2664 - 2677.

[40] 张天序,钟胜,颜露新,等.气动光学DSP并行图像校正仿真系统性能测试报告[R].武汉:华中科技大学,2004.

[41] Fish D A, Brinicomb A M, Pike E R. Blind deconvolution by means of the Richardson-Lucy algorithm[J]. J. Opt. Soc. Am. A, 1995, 12(1): 58 - 65.

[42] Hung Ta Pai Alan Conrad Bovik. On eigenstructure-based direct multichannel blind image restoration[J]. IEEE Trans. on Image Processing, 2001, 10(10): 1434 - 1446.

[43] A K Katsaggelos J Biemond, Schafer R W, Mersereau R M. A regularized iterative image restoration algorithm[J]. IEEE Trans. Acoust. , Speech, Signal Proc. , 1991, 39(4): 914 - 929.

[44] Wong H S, Guan L. Adaptive regularization in image restoration using a model-based neural network[J]. Opt. Eng. , 1997, 36(12): 3297 - 3308.

[45] Quan Pan, Lei Zhang, Guanzhong Dai, Hongcai Zhang. Two denoising methods by wavelet transform[J]. IEEE Trans. on Signal Processing, 1999, 47(12): 3401 - 3406.

[46] Dempster A P, Laird N M, Rubin D B. Maximum likelihood from incomplete data via the EM algorithm[J]. Journal of the Royal Statistical Society Series B, 1977, 39(1): 1 - 38.

[47] Kundur D, Hatzinakos D. A novel blind deconvolution scheme for image restoration

using recursive filtering[J]. IEEE Trans. on Signal Processing, 1998, 46(2): 375 - 390.

[48] Hong H, Li L, Park I K, et al. Universal deblurring method for real images using transition region[J]. Optical Engineering, 2012, 51(4): 03-1-03-10.

[49] 洪汉玉，张天序，余国亮. 航天湍流退化图像的极大似然估计规整化复原算法[J]. 红外与毫米波学报，2005，24(2)：130 - 134.

[50] 洪汉玉，张天序. 基于各向异性和非线性正则化的湍流退化图像复原[J]. 宇航学报，2004，25(1)：5 - 11.(EI 收录)

[51] 洪汉玉，张天序，余国亮. 基于 Poisson 模型的湍流退化图像多帧迭代复原算法[J]. 宇航学报，2004，25(6)：649 - 654.(EI 收录)

[52] 洪汉玉，张天序. 基于双重循环交替迭代的湍流退化图像复原[J]. 计算机工程与应用，2005：24 - 26，31.

[53] 洪汉玉，张天序，易新建. 气动光学效应红外序列退化图像优化复原算法[J]. 红外与激光工程，2005，34(6)：724 - 728.

[54] 何成剑，洪汉玉，张天序. 基于广义规整化的红外湍流退化图像盲复原方法[J]. 红外技术，2006，28 (8)：443 - 445.

[55] 何成剑，洪汉玉，张天序，等. 基于双重规整化的气动退化图像盲复原算法[J]. 红外与激光工程，2007，36 (2)：236 - 239，269.

[56] 洪汉玉，王进，张天序，等. 红外目标图像循环迭代复原算法的加速技术研究[J]. 红外与毫米波学报，2008，27(1)：433 - 436.

[57] 洪汉玉. 红外气动退化图像复原校正的复合算法研究[J]. 应用光学，2008，29(6)：889 - 894.

[58] 洪汉玉，张天序. 基于小波分解的湍流退化图像的快速复原算法[J]. 红外与毫米波学报，2003，22(6)：451 - 456.

[59] 张天序，洪汉玉，余国亮，等. 气动光学效应图像恢复数学模型和算法研究报告[R]. 武汉：华中科技大学，2003.

[60] 洪汉玉. 红外探测湍流退化图像并行复原方法研究[J]. 红外技术，2009，31(1)：57 - 60.

[61] 张天序，余峥，王进，等. 一种气动光学退化图像序列自适应校正方法：中国，ZL200910062689x[P].

# 第 6 章　畸变图像校正的相位恢复方法

相位恢复(Phase Retrieval)是一类从实际应用提出的信号处理问题,在物理学的很多领域(如电子显微技术、波前侦测技术、天文学、光学、X 射线结晶学)都会遇到。相位恢复就是通过目标图像的傅里叶变换幅值来恢复目标图像,或等价地,恢复傅里叶变换相位。因为由傅里叶变换幅值可以获得目标的自相关,相位恢复问题又可以转化成解相关问题来求解。

相位恢复的一个比较成功的方法是 Gerchberg 和 Saxton 提出的在目标域和频域交替迭代的 GS 算法[14],在每个域应用测量到的数据或已知约束,从给定的傅里叶变换恢复目标信号。J. R. Fienup 证明了 GS 算法具有误差下降性质[15],并对 GS 算法做出改进,提出了迭代傅里叶变换(IFT)算法[16],该算法被认为是目前相位恢复领域中最好的算法。遗憾的是,IFT 算法并不能保证迭代过程总能收敛到正确解,有时会出现停滞现象[17]。Perez-Ilzarbe 等提出用交替使用解相关算法与 IFT 算法可以提高正确收敛率,但他们用模拟退火方法实现解相关[18],计算量太大,难以达到快速收敛。邹谋炎等提出一种新的解相关算法[19],称为修改梯度算法(the Modified Gradient Method,简称 MGRD),能提高正确收敛率。我们对 MGRD 算法做了改进,提出一种基于共轭梯度法(CG)的解相关算法,可加快收敛速度。

相位恢复算法有两个基本困难[20]。相位恢复问题的解有平凡的模糊问题。如果 $f(x,y)$ 是问题的解,那么 $f(x+k,y+k)$($k$ 是整数)和 $f(-x,-y)$ 都是问题的解,即如果一个图像是问题的解,那么它的位移版本和旋转 180° 版本都是问题的解,因为这些版本和原图像有相同的傅里叶变换幅值。

在相位恢复问题中最棘手的是存在非平凡的模糊。这是因为:在通过迭代的方法找一个序列 $f_i(x,y)\rightarrow f_0(x,y)$,逐步逼近理想的解时,按照下列误差度量:

$$E_0(f_i,f_0) = \| f_i(x,y) - f_0(x,y) \|^2 = \sum_{m=0}^{M-1}\sum_{n=0}^{N-1}[f_i(x,y) - f_0(x,y)]^2 \tag{6.1}$$

式中,$f_0(x,y)$是真实的目标图像,其大小为 $M\times N$。然而,只能得到目标的傅里叶变换幅度$|F_0(u,v)|$,其大小假定为$2M\times 2N$,因此找 $f_i$ 使它能最小化下列误差度量:

$$E_f(f_i,f_0) = \frac{1}{4MN}\sum_{u=0}^{2M-1}\sum_{v=0}^{2N-1}[|F_i(u,v)| - |F_0(u,v)|]^2 \tag{6.2}$$

由 Parseval 定理,$E_0(f_i,f_0)$可以由下式来计算:

$$E_0(f_i,f_0) = \frac{1}{4MN}\sum_{u=0}^{2M-1}\sum_{v=0}^{2N-1}[|F_i(u,v) - F_0(u,v)|]^2 \tag{6.3}$$

用泛函分析的语言来说,$|F_i(u,v)|\to|F_0(u,v)|$仅仅是一种弱收敛,它不能保证强收敛 $f_i(x,y)\to f_0(x,y)$。注意到$|F_i(u,v)-F_0(u,v)|\geqslant |F_i(u,v)|-|F_0(u,v)|$,有

$$E_0(f_i,f_0)\geqslant E_f(f_i,f_0) \tag{6.4}$$

这表明:(1) 误差度量 $E_f(f_i,f_0)$不反映真实误差 $E_0(f_i,f_0)$;(2) 如果 $E_0(f_i,f_0)$有一个局部极小值发生在某个 $f_1$,$E_f(f_i,f_0)$的值在 $f_1$ 附近是受限制的,因此也可能出现一个局部极小值,但该极小值不一定正好发生在 $f_1$ 处。这种极小值称为相位恢复的本征极小值,它由目标本身的性质决定。

## 6.1　迭代傅里叶变换法

### 6.1.1　算法原理

在相位恢复技术领域中,迭代傅里叶变换(IFT)是迄今最好的算法。以误差下降法(ER)为例,它由一个基本猜测开始,按下列四步进行迭代:

(1) $F_k(u,v)=\mathrm{DFT}[f_k(x,y)]=|F_k(u,v)|\exp(\mathrm{j}\varphi_k(u,v))$;

(2) $F_k{}'(u,v)=|F_0(u,v)|\exp(\mathrm{j}\varphi_k(u,v))$;

(3) $f_k{}'(x,y)=\mathrm{IDFT}[F_k{}'(u,v)]$;

(4) $f_{k+1}(x,y)=\begin{cases} f_k{}'(x,y), & (x,y)\notin\gamma \\ 0, & (x,y)\in\gamma \end{cases}$。

式中 $\gamma$ 表示 $f_k{}'(x,y)$ 不满足目标域(空间域)限制的那些点的集合。其基本框图如图 6.1 所示。

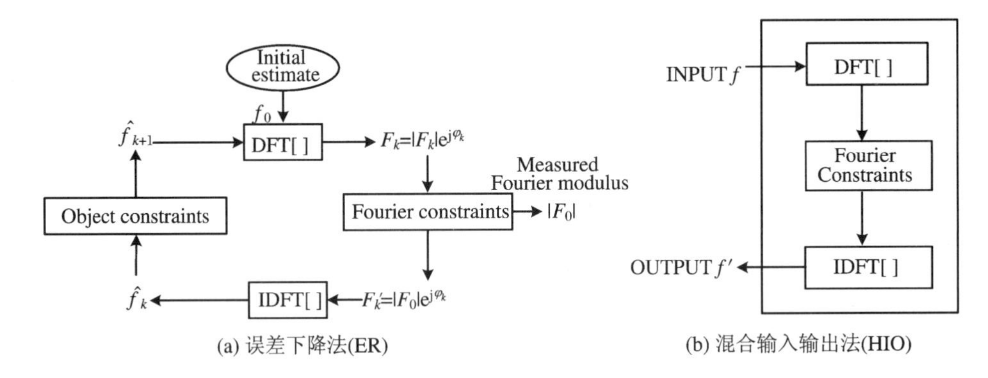


图 6.1 迭代傅里叶变换算法框图

迭代过程中包含有空间域限制和频域限制。空间域限制主要是正性限制和支持域限制;而频域限制主要是用给定的傅里叶变换幅度替换计算产生的傅里叶变换幅度。

ER 算法具有误差下降性质,但在几步迭代之后收敛就越来越慢。Fienup 对 ER 算法进行改进,提出 HIO(Hybrid Input-Output)算法,可加快收敛速度,但不保证误差下降性质。HIO 与 ER 的不同仅在于第四步:

$$f_{k+1}(x,y)=\begin{cases} f_k{}'(x,y), & (x,y)\notin\gamma \\ f_k(x,y)-\beta f_k{}'(x,y), & (x,y)\in\gamma \end{cases} \tag{6.5}$$

式中 $\beta$ 是一个反馈常数,取值在 0.5~1.0 之间,其典型值为 0.7。

典型的 IFT 算法从 ER 迭代开始,然后用 HIO 和 ER 混合迭代,HIO 可以造成解的扰动,帮助 ER 逃出停滞现象。

### 6.1.2 实验结果

图 6.2(a)为原始图像,大小为 128×128,图 6.2(b)为用气动光学效应仿真软件生成的气动光学效应退化图像,图 6.2(c)在图 6.2(b)的基础上添加了信噪比为 20 dB 的高斯噪声。从退化图像中,我们无法分辨出目标的轮廓形状。图 6.2(d)和图 6.2(e)为在假定图像傅里叶变换幅值已知的情况下,采用 IFT

算法，分别使用单独的 ER 迭代和 HIO-ER 组合迭代，对图 6.2(b)迭代 200 次的恢复结果；图 6.2(f)和图 6.2(g)为在相同情况下对图 6.2(c)的恢复结果。由实验结果可以看出：(1) 混合迭代算法恢复出的目标图像更清晰，细节更清楚；(2) 该算法具有较好的抗噪声能力和稳定性，在 20 dB 噪声情况下目标信息仍能被恢复出来。

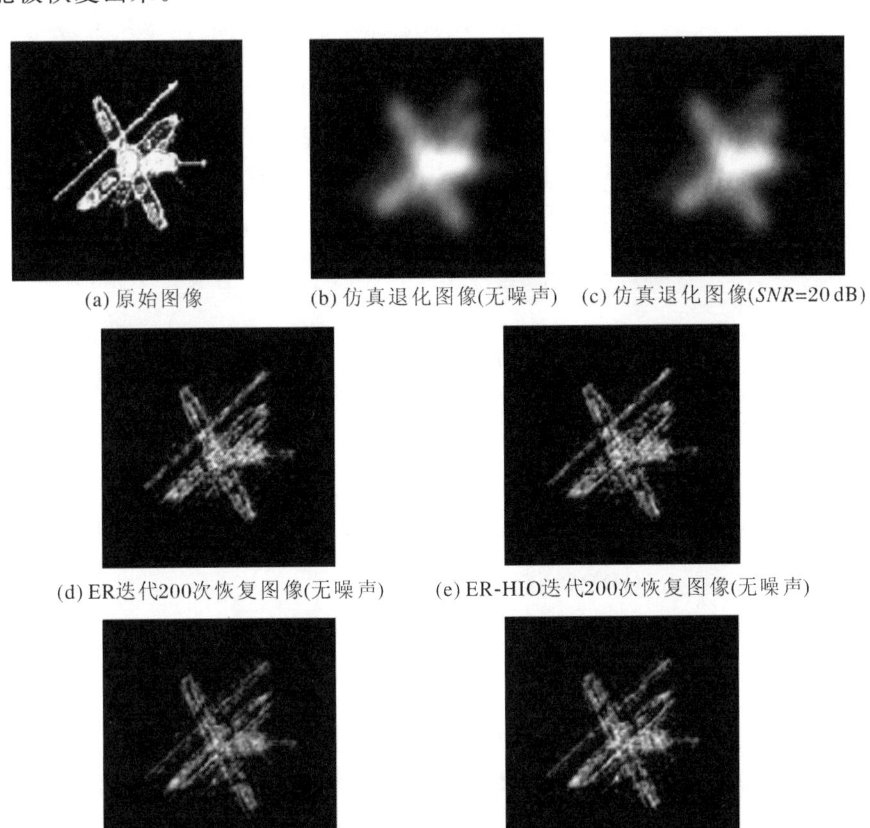

(a) 原始图像　(b) 仿真退化图像(无噪声)　(c) 仿真退化图像($SNR$=20 dB)

(d) ER迭代200次恢复图像(无噪声)　(e) ER-HIO迭代200次恢复图像(无噪声)

(f) ER迭代200次恢复图像($SNR$=20 dB)　(g) ER-HIO迭代200次恢复图像($SNR$=20 dB)

图 6.2　迭代傅里叶变换算法的实验结果

# 6.2 修改的梯度法

## 6.2.1 算法原理[19]

相位恢复问题可以转化成解相关(De-Autocorrelation Algorithm)问题，因为从傅里叶变换幅值$|X(u,v)|$可以获得目标图像的(循环)自相关：

$$r_x(m,n) = \mathrm{IDFT}[|X(u,v)|^2] \tag{6.6}$$

而二维序列 $x(m_0,n_0)$的常规自相关为

$$r(m,n) = x(m,n) * x^*(-m,-n) \tag{6.7}$$

它与 $r_x(m,n)$的区别仅仅是元素的位置在二维平面的两个坐标方向移动了半个周期。

为加快收敛及提高正确收敛率，Zou 提出一种新的有效的解相关方法，称为修改梯度算法[19](MGRD)，其原理如下：

给定一个维数为 $M\times N$ 的二维序列$x(m,n)$，记其对应的矢量表达式为$\boldsymbol{x}$，$\boldsymbol{x}$ 为$MN\times 1$列矢量，即

$$\boldsymbol{x} = [x_0,x_1,\cdots,x_{M-1}]^{\mathrm{T}} \tag{6.8}$$

其中 $\boldsymbol{x}_i$ 为$x(m,n)$的第 $i$ 行：

$$\boldsymbol{x}_i = [x(i,0),x(i,1),\cdots,x(i,N-1)]^{\mathrm{T}} \tag{6.9}$$

于是序列的自相关函数也可以记为

$$r_x = F_{\bar{x}}\boldsymbol{x} \tag{6.10}$$

其中 $F_{\bar{x}}$是$\bar{\boldsymbol{x}}$ 的非周期矩阵，$\bar{\boldsymbol{x}}$ 是$\boldsymbol{x}$ 的反序序列，$\bar{\boldsymbol{x}}$ 通过将$\boldsymbol{x}$ 反序排列得到。在相位恢复问题中，通常是由给定目标 $x_0(m,n)$的自相关函数 $r_0$ 或其傅里叶幅值去重构和恢复原目标的图像。设给定的自相关函数为 $r_0$，定义误差矢量为

$$S = F_{\bar{x}}\boldsymbol{x} - r_0 \tag{6.11}$$

原目标函数 $x_0(m,n)$和其估计 $x(m,n)$的距离为

$$E_r = \frac{1}{2}|S|^2 \tag{6.12}$$

令 $\boldsymbol{x}' = \boldsymbol{x} + \Delta\boldsymbol{x}$，可以求得一个新的误差矢量：

$$S' = \boldsymbol{F}_{\bar{x}}\boldsymbol{x} + J_x \Delta\boldsymbol{x} + r_{\Delta x} - r_0 \tag{6.13}$$

其中 $J_x = \boldsymbol{F}_{\bar{x}} + \bar{\boldsymbol{F}}_{\bar{x}}, r_{\Delta x} = \boldsymbol{F}_{\Delta\bar{x}}\Delta\boldsymbol{x}$。当仅考虑 $\Delta x$ 的一阶项和二阶项时，可以推出误差增量近似为

$$\Delta E = \frac{1}{2}(|S'|^2 - |S|^2) \approx \Delta\boldsymbol{x}^{\mathrm{T}} J_x^{\mathrm{T}} S + \frac{1}{2}\Delta\boldsymbol{x}^{\mathrm{T}} J_x^{\mathrm{T}} J_x \Delta\boldsymbol{x} \tag{6.14}$$

$E_r$ 的梯度 $g$ 和海森(Hessian)矩阵 $H$ 分别为 $g = J_x^{\mathrm{T}} S, H = J_x^{\mathrm{T}} J_x$。为了使 $E_r$ 最小，令 $\frac{\partial \Delta E}{\partial \Delta x} = 0$，从而可以得到迭代方程，即高斯—牛顿(Gauss-Newton)方程：

$$H\Delta\boldsymbol{x} = -\boldsymbol{g} = \boldsymbol{b} \tag{6.15}$$

这就是说，为了优化 $\boldsymbol{x}$，需要解高斯—牛顿方程。对于二维目标，由于运算量问题导致求解十分困难，因此只能求其近似解。修改 $\Delta x$，使其沿最速下降方向变化，设其初值为 $\Delta\boldsymbol{x}_0$，即

$$\Delta\boldsymbol{x}_0 = \alpha\boldsymbol{b} \tag{6.16}$$

其中 $\alpha = \frac{b^{\mathrm{T}} b}{b^{\mathrm{T}} H b}$，继续沿此方向修改 $\Delta\boldsymbol{x}$，即完成 $p$ 次迭代：

$$\Delta\boldsymbol{x}_k = \Delta\boldsymbol{x}_{k-1} + \beta_k \boldsymbol{v}_k \tag{6.17}$$

其中 $\beta_k = \frac{v_k^{\mathrm{T}} v_k}{v_k^{\mathrm{T}} h v_k}, \boldsymbol{v}_k = \boldsymbol{b} - H\Delta\boldsymbol{x}_{k-1}$。

### 6.2.2 实验结果

图 6.3(a)为原始图像，大小为 128×128，图 6.3(b)为用气动光学效应仿真软件生成的气动光学效应退化图像，图 6.3(c)在图 6.3(b)的基础上添加了信噪比为 20 dB 的高斯噪声。图 6.3(d)为在假定图像傅里叶变换幅值已知的情况下，采用 MGRD 算法，外层迭代 50 次、内层循环(修改梯度)3 次对图 6.3(b)的恢复结果；图 6.3(e)为在相同情况下对图 6.3(c)的恢复结果；图 6.3(f)为在假定图像傅里叶变换幅值已知的情况下，采用 MGRD 算法，外层迭代 200 次、内层循环(修改梯度)3 次对图 6.3(b)的恢复结果；图 6.3(g)为在相同情况下对图 6.3(c)的恢复结果。

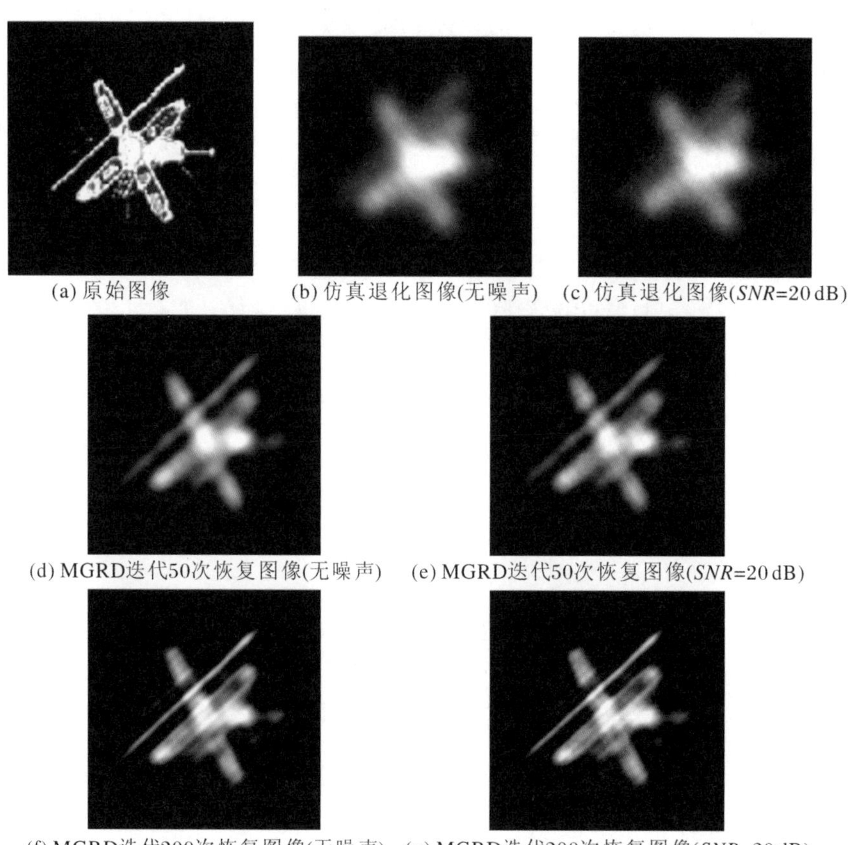

(a) 原始图像 (b) 仿真退化图像(无噪声) (c) 仿真退化图像($SNR$=20 dB)

(d) MGRD迭代50次恢复图像(无噪声) (e) MGRD迭代50次恢复图像($SNR$=20 dB)

(f) MGRD迭代200次恢复图像(无噪声) (g) MGRD迭代200次恢复图像($SNR$=20 dB)

图 6.3 修改梯度算法的实验结果

# 6.3 组合算法[25]

## 6.3.1 基于共轭梯度法的解相关

为提高算法的收敛速度，我们对 MGRD 算法做了改进，采用共轭梯度法(CG)解线性方程(6.15)式，收敛速度会提高很多。共轭梯度法是最著名的共轭方向法。1952 年它首先由 Hestenes 和 Stiefel[11] 提出来作为解线性方程组 $\boldsymbol{Ax}=\boldsymbol{b}$ 的方法。由于解线性方程组 $\boldsymbol{Ax}=\boldsymbol{b}$ 等价于极小化一个正二次函数：

$$J(x) = \frac{1}{2}\boldsymbol{x}^{\mathrm{T}}A\boldsymbol{x} - \boldsymbol{b}^{\mathrm{T}}\boldsymbol{x} + c \tag{6.18}$$

$g(x) = A\boldsymbol{x} - \boldsymbol{b}$ 就是$J(x)$的梯度，故1964年Fletcher和Reeves提出了无约束极小化的共轭梯度法。

正定对称条件对梯度算法的收敛是非常重要的。若 $A$ 不正定对称但列满秩，就可按最小二乘法变成新方程：

$$A^{\mathrm{T}}A\boldsymbol{x} = A^{\mathrm{T}}\boldsymbol{b} \tag{6.19}$$

这时 $A^{\mathrm{T}}A$ 是正定对称的。称 $H = A^{\mathrm{T}}A$ 是它的Hess矩阵。

采用共轭梯度法对高斯—牛顿方程(6.15)式的求解过程如下：从 $\Delta\boldsymbol{x}_0 = \boldsymbol{0}$ 开始，并假定初始搜索方向 $\boldsymbol{p}_0 = \boldsymbol{b}$，算法的每一步都沿着与已经搜索过的方向成 $H$ 共轭的新方向 $p_k$ 寻找泛函 $\Delta E_r$ 的极小值。

$$\Delta\boldsymbol{x}_{k+1} = \Delta\boldsymbol{x}_k + \alpha_k\boldsymbol{p}_k \tag{6.20}$$

其中

$$\begin{aligned}
\boldsymbol{d}_k &= \boldsymbol{d}_{k-1} + \alpha_{k-1}H\boldsymbol{p}_{k-1} \\
\alpha_k &= \frac{\boldsymbol{d}_k^{\mathrm{T}}\boldsymbol{d}_k}{\boldsymbol{p}_k^{\mathrm{T}}H\boldsymbol{p}_k} \\
\boldsymbol{p}_k &= -\boldsymbol{d}_k + \beta_{k-1}\boldsymbol{p}_{k-1} \\
\beta_k &= \frac{\boldsymbol{d}_k^{\mathrm{T}}\boldsymbol{d}_k}{\boldsymbol{d}_{k-1}^{\mathrm{T}}\boldsymbol{d}_{k-1}}
\end{aligned} \tag{6.21}$$

这里 $H$ 共轭的定义为

$$\boldsymbol{p}_k^{\mathrm{T}}H\boldsymbol{p}_i = 0,\quad i = 0,1,2,\cdots,k-1 \tag{6.22}$$

### 6.3.2　组合算法

组合IFT算法和解相关算法可以构造出更有效的相位恢复算法，提高算法的正确收敛率。

图6.4(a)为原始图像，大小为128×128，图6.4(b)为用气动光学效应仿真软件生成的气动光学效应退化图像，添加了高斯噪声，信噪比为20 dB。从退化图像中，我们无法分辨出目标的轮廓形状。图6.4(c)、图6.4(d)、图6.4(e)分别为在假定图像傅里叶变换幅值已知的情况下，采用不同恢复算法对图6.4(b)恢复得到的复原图像。其中，图6.4(c)是采用IFT算法，使用HIO-ER组合迭代150次的恢复结果，图6.4(d)是采用基于共轭梯度法的解相关算法迭代150次

的恢复结果,图 6.4(e)是采用 IFT 算法和基于共轭梯度法的解相关算法组合迭代 150 次的恢复结果。从中可以看出:(1) 组合算法恢复出的目标图像更清晰,细节更清楚,但是由于模糊图像本身信息的丢失以及算法的局限性,恢复结果始终不可能完全与原始图像一致;(2) 该算法具有较好的抗噪声能力和稳定性,在 20 dB 噪声情况下目标信息仍能被恢复出来。

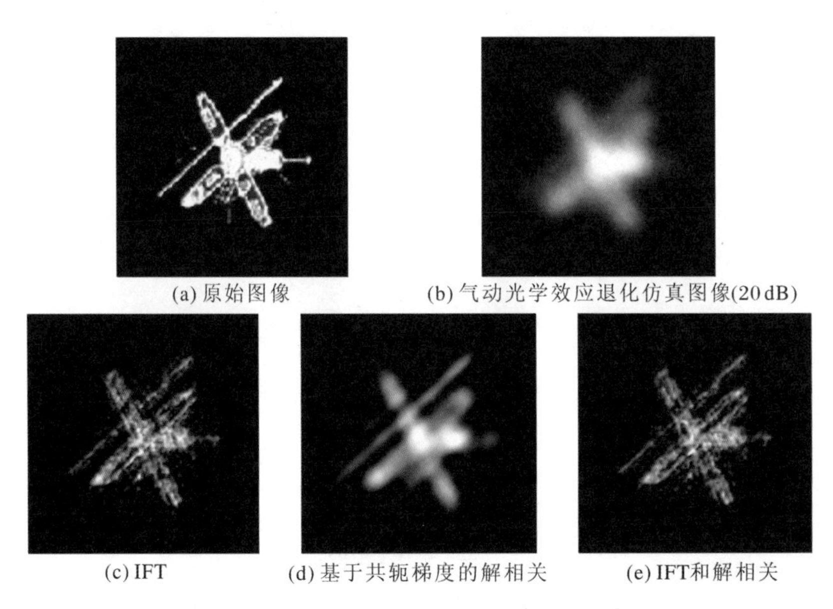

(a) 原始图像　(b) 气动光学效应退化仿真图像(20 dB)

(c) IFT　(d) 基于共轭梯度的解相关　(e) IFT和解相关

图 6.4　采用不同算法恢复出的目标图像

## 6.4　基于相位估计的细节保持快速校正

1981 年,Alan V. Oppenheim[8] 发现,图像的相位保存了图像大部分的边缘信息,而图像的幅值则代表了图像的能量总和。把图像的幅值置 1,通过图像的相位,逆傅里叶变换得到图像,被称为相位重构图像(Phase-only Image)。在相位重构图像中,可以清晰地观测到图像的细节信息,其他学者也有发现类似的现象。在这一节,我们把这一分析结论用于细节保存的图像恢复中,提出基于相位估计的细节保存图像恢复快速算法(Fast Edge-preserving Image Restoration Based on Phase Information,FEIRPI)。

图像恢复目的是从退化图像中恢复出清晰图像。在过去的20年里，在细节保存图像恢复领域出现了大量的研究成果[1~7]。细节保存图像恢复算法是一种非线性优化方法，导致一个较复杂的价格函数，其最小化问题比Miller正则化要难于处理。Geman和Yang[1]提出半二次正则化，其基本思想是引入一个新的价格函数，与原来的价格函数有相同的极小化子，但更易于数值处理。遗憾的是，对于Geman的位势函数关于辅助变量 $\boldsymbol{b}$ 是非凸的，交替最小化算法可能收敛到某个局部最小化点上。Charbonnier等人吸收了Geman和Yang的基本思想，建议了一种新的半二次正则化方法[3]，使得关于辅助变量 $\boldsymbol{b}$ 的最小化问题是凸优化问题，因此可以通过迭代来得到最优解。这个算法称为使用正则化的代数重建技术(ARTUR)。

但是在ARTUR算法中的每一步，都需要从上一次估计图像中计算边缘映射图(Discontinuity Maps)。当解方程的迭代次数增加时，算法所耗费的时间甚多。这里，提出一种细节保存图像恢复快速算法，并采用新的线性化方法把正则化项的算子分解成线性化算子。

假定点扩展函数已知，通过退化模型估计原始图像的相位，把幅值置1，用这个相位重构图像，得到相位重构图像。相位重构图像保存了原始图像的许多重要信息，比如边缘信息。从某种意义上说，相位恢复图像就像图像的边缘影射图，而仅用幅值重构的图像包含了原始图像的能量总和。这样，细节保存算法的每一次迭代过程中，相位重构图像可以用于替代上一步的图像估计。正则化项的算子直接从相位重构图像估算得到，不必每一次迭代都从估计图像中计算得到，从而节省算法的计算时间。

### 6.4.1 图像边缘的估计

在文献[8]中，Alan V. Oppenheim认为，在信号的傅里叶变换中，信号的傅里叶变换相位和幅值趋向于代表不同的信号特性。在大多数情况下，如果得到信号的相位，就可获得信号的许多重要特征。比如对图像来说，相位重构图像具有几乎和原始图像一样的边缘信息。但信号的傅里叶变换幅值没有表现相同的特性，幅值重构图像只是包含了原始图像的能量总和。还有多位学者也注意到这个现象。Srinivasan和Chandrasekaran[21]发现相位重构图像的相关系数非常接近真实图像的相关系数，而幅值重构图像的相关系数与真实图像的相关系数相隔较远。这表明相位恢复图像蕴含真实图像的很多空间特征，其边缘信息非常接近真实图像。Pearlman 和 Gray[12]从统计的角度分析，有类似的发现。在他们的分析中，把率失真理论用于对随机序列傅里叶变换的幅值和相位编码。他们发现，对于同样的失真，相位变化编码要比幅值变化编码多 1.37 个比特数。这暗示了在信号中，空间特征信息更多的是存储在相位中，而不是幅值中。Kermisch[13]分析衍射成像，也得到同样的结论。衍射成像中，相位重构图像可表示为

$$I(x,y)=A[I'_0(x,y)+(1/8)I'_0(x,y)*R'_0(x,y)+(3/64)I'_0(x,y)*R'_0(x,y)*R'_0(x,y)+\cdots] \tag{6.23}$$

式中，$I(x,y)$是相位重构图像，$I'_0(x,y)$是原始场景归一化能量辐射，$R'_0(x,y)$是 $I'_0(x,y)$的二维自相关函数，$*$ 是二维卷积。Kermisch 发现在成像面上第一项 $I'_0(x,y)$占相位重构图像总能量的大约 78%。也就是说相位重构图像本身具有原始图像大部分的空间特征信息。这些实验和发现暗示我们能够从图像的相位中得到图像的边缘信息。

对图像退化方程两边都进行傅里叶变换，可得如下方程：

$$G(u,v)=H(u,v)\cdot F(u,v)+N(u,v) \tag{6.24}$$

式中，$G(u,v)$、$H(u,v)$、$F(u,v)$、$N(u,v)$分别是退化图像 $g(x,y)$、点扩展函数 $h(x,y)$、原始清晰图像 $f(x,y)$和白噪声 $n(x,y)$的傅里叶变换，$u$、$v$ 是频率变量。对退化图像去噪后，估计的 $\hat{G}(u,v)$可以近似表示为

$$\hat{G}(u,v)\approx H(u,v)\cdot F(u,v) \tag{6.25}$$

从上式可以得到

$$|\hat{G}(u,v)|\exp(\mathrm{j}\theta_{\hat{G}})\approx|H(u,v)|\exp(\mathrm{j}\theta_H)\cdot|F(u,v)|\exp(\mathrm{j}\theta_F) \tag{6.26}$$

这里$|\hat{G}(u,v)|$、$|H(u,v)|$、$|F(u,v)|$分别是 $\hat{G}(u,v)$、$H(u,v)$、$F(u,v)$的幅值，$\theta_{\hat{G}}$、$\theta_H$、$\theta_F$ 分别是 $\hat{G}(u,v)$、$H(u,v)$、$F(u,v)$的相位。从上式可以推出

$$|F(u,v)|\approx\frac{|\hat{G}(u,v)|}{|H(u,v)|} \tag{6.27}$$

由于点扩展函数 $h(x,y)$可看作是低通滤波器，$|H(u,v)|$在高频时，值非常小，导致$\dfrac{1}{|H(u,v)|}$非常大，也就使式(6.27)的条件数很大。退化图像的$|\hat{G}(u,v)|$微小的扰动，会导致$|F(u,v)|$较大的变化，从而影响图像恢复的

结果。这是图像恢复病态在频域中的解释。

从式(6.26)可推出

$$\theta_F \approx \theta_{\hat{G}} - \theta_H \tag{6.28}$$

从这个式子可看出,由于相位估计是减运算,$\theta_{\hat{G}}$的微小变化不会被放大,$\theta_F$ 的变化也是微小的。

从式(6.28)中,可以估计原始图像的相位,把幅值用单元 1 代替。再用估计的图像相位,逆傅里叶变换可得到仅用相位信息重构的图像(Phase-only Image)。一般相位重构图像会归一化到[0,255]或[0,max(g)]。仅用相位恢复的图像保存了原始图像很多重要的特征,比如边缘信息。许多图像恢复的结果图像尽管经过了解卷积过程,但还是会出现某些模糊的边缘。相位恢复图像的绝大部分边缘能清晰地观测到,而且当点扩展函数支持域变大,通常的图像恢复算法恢复效果会变差,出现更多的模糊边缘,但通过这种方式估计的相位恢复图像几乎不受点扩展函数支持域变大的影响。

相位恢复图像需要考虑的问题是噪声。由于把傅里叶变换的幅值置 1 是比较任意的,相位恢复图像中通常背景噪声较多。在信噪比较高的情况下,不去噪的相位恢复图像结果还可以接受。但在信噪比较低的情况下往往需要去噪,去噪会影响相位估计的准确性,通常的这种情况估计的相位恢复图像会出现振铃型波纹。

如图 6.5(a)所示,128×128 大小的卫星图被一个 8×8 大小、和为 1、标准差为 0.000 99 的高斯分布的点扩展函数模糊。叠加白噪声使得信噪比 $SNR$ = 50 dB,产生的退化图像如图 6.5(b)所示。相位恢复图像如图 6.5(c)所示,可以看出,相位恢复图像能得到几乎和原图一样清晰的边缘,但出现了一些噪声点。

(a) 原始图像

(b) PSF8×8,$SNR$=50 dB退化图像

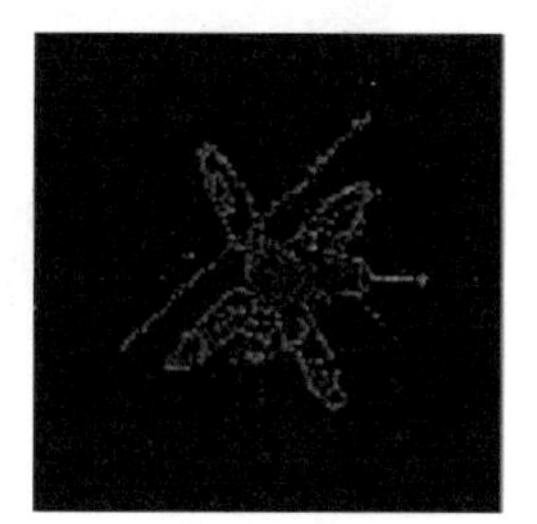
(a) 相位重构图像

图 6.5　相位重构图能保存图像的大部分细节

改变点扩展函数 PSF 的支持域，从 4×4 到 15×15，PSF 的方差不变。信噪比还是 $SNR=50$ dB，仿真产生两帧退化图像，如图 6.6 所示。分别对这两帧退化图像，用 Miller 正则化恢复，结果如图 6.7 所示。从图 6.7 可以看出，点扩展函数 PSF 支持域变大时，Miller 正则化恢复结果变差很多，很多边缘还是存在模糊，没有恢复出来。这表明 Miller 正则化恢复算法受点扩展函数支持域的影响较大。观察图 6.8，当点扩展函数 PSF 支持域变大时，相位重构图像的边缘基本没有改变，没有出现明显模糊。这表明相位重构图像的边缘基本不受点扩展函数支持域的影响，但增加少量的噪声，会影响相位重构图像的恢复效果。

从实验结果看，相位恢复图像可以保存清晰的图像边缘，甚至在某些应用情况下，不需要图像恢复，直接用相位重构图像就可以。现代的图像恢复技术越来越追求自适应平滑。其中很重要的一步就是需要估计图像中的边缘，在图像的边缘处施加小的平滑，在图像的平坦区域加大平滑，以利于在图像恢复的迭代过程中保存图像的细节。图像相位的这种特性可以用于估计图像中的边缘，以实现边缘的估计。在上一节提到细节保存算法需用梯度门限判断图像局部是否存在边缘，这实际上蕴含一种假设：图像是由图像边缘和平坦区域组成的。这是一种比较简单的假设，在实际中的很多图像不完全符合这个假定，对其用梯度判断边缘就会存在误差。观察相位重构图像，就会发现，相位重构图像更符合这种假设。相位重构图像基本由图像的边缘和接近 0 值的背景组成。所以可以用相位恢复图像代替细节保存算法迭代过程中的估计图像，用于正则化算子的计算。

(a) PSF4×4时的退化图像

(b) PSF15×15时的退化图像

图 6.6 $SNR=50$ dB，PSF 支持域变大，图像模糊加剧

(a) PSF4×4时Miller正则化恢复图

(b) PSF15×15时Miller正则化恢复图

图 6.7　PSF 支持域变大,Miller 正则化恢复效果变差

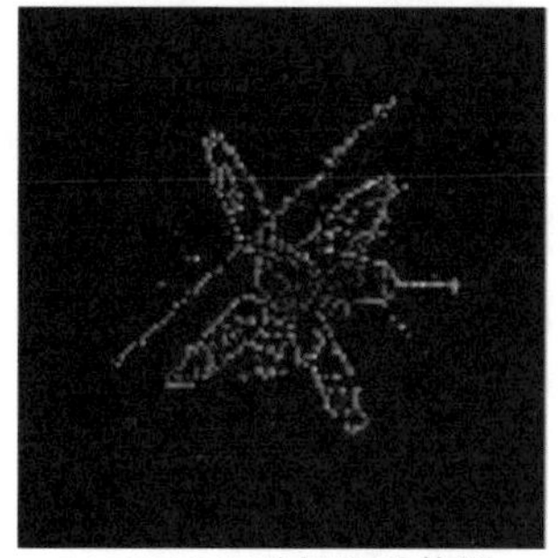
(a) PSF4×4时相位重构图

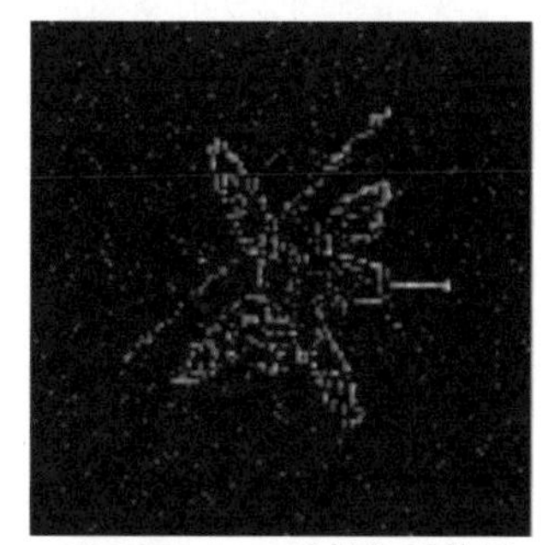
(b) PSF15×15时相位重构图

图 6.8　相位重构图不受 PSF 支持域变大的影响

### 6.4.2　基于相位估计的细节保存恢复快速算法[22~24]

对于细节保存的图像恢复目标函数如下：

$$J(f) = \| \boldsymbol{g} - \Omega \boldsymbol{f} \|^2 + \lambda J_\alpha(\boldsymbol{f}) \tag{6.29}$$

式中,$J_\alpha(\boldsymbol{f})$是附加的惩罚项,它使估计问题得到正则化。这里假定点扩展函数 $\boldsymbol{\Omega}$ 已知。很多情况下 $J_\alpha(\boldsymbol{f})$可以写成以下形式：

$$J_\alpha(\boldsymbol{f}) = \int_{D_u} \varphi(|\nabla \boldsymbol{f}|)\mathrm{d}x\mathrm{d}y \tag{6.30}$$

通过运算,细节保存图像恢复算法的一个简单形式可以写作[3]

$$\boldsymbol{\Omega}^t\boldsymbol{\Omega}\boldsymbol{f} - \boldsymbol{\Omega}^t\boldsymbol{g} - \lambda\,\Delta_{\text{pond}}\boldsymbol{f} = 0 \tag{6.31}$$

式中,$\lambda$ 用于调节数据项影响和正则化项影响之间的平衡。$\Delta_{\text{pond}}$是加权算子：

$$\begin{bmatrix} 0 & \lambda^N & 0 \\ \lambda^W & -\Sigma & \lambda^E \\ 0 & \lambda^S & 0 \end{bmatrix}$$

$$\lambda^{\mathrm{E}}=\frac{\varphi'((f_{i,j+1}-f_{i,j})/\delta)}{2((f_{i,j+1}-f_{i,j})/\delta)},\quad \lambda^{\mathrm{W}}=\frac{\varphi'((f_{i,j}-f_{i,j-1})/\delta)}{2((f_{i,j}-f_{i,j-1})/\delta)},$$

$$\lambda^{\mathrm{S}}=\frac{\varphi'((f_{i+1,j}-f_{i,j})/\delta)}{2((f_{i+1,j}-f_{i,j})/\delta)},\quad \lambda^{\mathrm{N}}=\frac{\varphi'((f_{i,j}-f_{i-1,j})/\delta)}{2((f_{i,j}-f_{i-1,j})/\delta)},$$

$$\Sigma=\lambda^{\mathrm{E}}+\lambda^{\mathrm{W}}+\lambda^{\mathrm{S}}+\lambda^{\mathrm{N}} \tag{6.32}$$

$\varphi$ 是保持边缘的位势函数，$\delta$ 是可调门限，用于检测图像中的边缘，如图像局部的梯度高于这个门限，则认为图像中存在边缘。$\Delta_{\mathrm{pond}}$ 相当于一个非静态的滤波器，若某个方向上存在边缘，则这个方向上的参数趋于 0，滤波器在这个方向上没有平滑；若这个方向上没有边缘，则参数趋于 1，滤波器在这个方向有平滑。这个方程式中 $\Delta_{\mathrm{pond}}$ 和上一节提出的各向异性算子非常类似，但注意到基于各向异性算子的恢复算法迭代方程比这个迭代方程要复杂。

式(6.30)是非线性的，难以线性化。Charbonnier 用半二次正则化来解决正则化项最小化问题。这里，提出一个新的线性化方法：

$$\begin{bmatrix}0&\lambda^{\mathrm{N}}&0\\\lambda^{\mathrm{W}}&-\Sigma&\lambda^{\mathrm{E}}\\0&\lambda^{\mathrm{S}}&0\end{bmatrix}=\lambda^{\mathrm{W}}\begin{bmatrix}0&0&0\\1&-1&0\\0&0&0\end{bmatrix}+\lambda^{\mathrm{E}}\begin{bmatrix}0&0&0\\0&-1&1\\0&0&0\end{bmatrix}+\lambda^{\mathrm{N}}\begin{bmatrix}0&1&0\\0&-1&0\\0&0&0\end{bmatrix}+\lambda^{\mathrm{S}}\begin{bmatrix}0&0&0\\0&-1&0\\0&1&0\end{bmatrix} \tag{6.33}$$

于是有

$$\Delta_{\mathrm{pond}}\boldsymbol{f}=(\boldsymbol{B}_{\mathrm{W}}\boldsymbol{D}_{\mathrm{W}}+\boldsymbol{B}_{\mathrm{E}}\boldsymbol{D}_{\mathrm{E}}+\boldsymbol{B}_{\mathrm{N}}\boldsymbol{D}_{\mathrm{N}}+\boldsymbol{B}_{\mathrm{S}}\boldsymbol{D}_{\mathrm{S}})\boldsymbol{f} \tag{6.34}$$

这里 $\boldsymbol{B}_{\mathrm{E}},\boldsymbol{B}_{\mathrm{W}},\boldsymbol{B}_{\mathrm{S}},\boldsymbol{B}_{\mathrm{N}}$ 分别是包含 $\lambda^{\mathrm{E}},\lambda^{\mathrm{W}},\lambda^{\mathrm{S}},\lambda^{\mathrm{N}}$ 大小为 $N^2\times N^2$ 的对角矩阵。例如

$$\boldsymbol{B}_{\mathrm{E}}=\begin{bmatrix}\lambda_{11}^{\mathrm{E}}&0&0&0&0&0\\0&\lambda_{12}^{\mathrm{E}}&0&0&0&0\\0&0&\cdots&0&0&0\\0&0&0&\lambda_{ij}^{\mathrm{E}}&0&0\\0&0&0&0&\cdots&0\\0&0&0&0&0&\lambda_{NN}^{\mathrm{E}}\end{bmatrix} \tag{6.35}$$

$\boldsymbol{D}_{\mathrm{W}}$，$\boldsymbol{D}_{\mathrm{E}}$，$\boldsymbol{D}_{\mathrm{N}}$，$\boldsymbol{D}_{\mathrm{S}}$ 分别是 $\begin{bmatrix}0&0&0\\1&-1&0\\0&0&0\end{bmatrix}$，$\begin{bmatrix}0&0&0\\0&-1&1\\0&0&0\end{bmatrix}$，$\begin{bmatrix}0&1&0\\0&-1&0\\0&0&0\end{bmatrix}$，

$\begin{bmatrix} 0 & 0 & 0 \\ 0 & -1 & 0 \\ 0 & 1 & 0 \end{bmatrix}$的 Toeplitz 循环矩阵，大小为 $N^2 \times N^2$。因为相位恢复图像能够保存原始图像中很多的边缘信息，所以 $\lambda^E, \lambda^W, \lambda^S, \lambda^N$ 可以从相位恢复图像计算得到，不需要迭代过程中每次都要从估计图像中计算，从而大大减少了算法的时间。那么式(6.30)可以写作

$$H^t H f - H^t g - \lambda \Delta_{pond-phaseimage} f = 0 \tag{6.36}$$

式中，$\Delta_{pond-phaseimage}$是从相位恢复图像中计算的 $\Delta_{pond}$。

从图 6.5 的原始清晰图、模糊图和相位恢复图中计算 $\lambda^E, \lambda^W, \lambda^S, \lambda^N$，这里 $\varphi(t) = 1/(1+t^2)^{0.5}$。$\lambda^E$（原始图），$\lambda^E_{degraded}$（模糊图）和 $\lambda^E_{phase}$（相位恢复图）显示如图 6.9 所示。

(a) 原始图$\lambda^E$

(b) 模糊图$\lambda^E_{degraded}$

(c) 相位恢复图$\lambda^E_{phase}$

图 6.9　三种图像的 $\lambda^E$ 比较

从图 6.9 可以看出：由于退化图像边缘模糊，模糊图 $\lambda^E_{degraded}$显示出重叠的边缘，表明 $\lambda^E_{degraded}$边缘判断不准确。相比之下，相位恢复图 $\lambda^E_{phase}$可以观测到清晰的边缘，除了出现一些噪声点外，$\lambda^E_{phase}$几乎与原始图的 $\lambda^E$ 一样。用 $\sigma = \| \lambda - \hat{\lambda} \| / \| \lambda \|$ 来度量正则化算子的误差，图 6.10 显示了从模糊图和相位恢复图计算的算子 $\lambda^E, \lambda^W, \lambda^S, \lambda^N$ 的误差 $\sigma_{phase}$和 $\sigma_{degraded}$。

从图 6.10 中误差 $\sigma_{phase}$和 $\sigma_{degraded}$的曲线可以看出：$\sigma_{phase}$要小于 $\sigma_{degraded}$。由相位重构图像估计的 $\lambda^E, \lambda^W, \lambda^S, \lambda^N$ 要比由模糊图像估计的更为准确。

### 6.4.3　实验结果

这一节用一些实验来验证所提算法的性能，实验结果与 ARTUR 算法进行比较。滤波器的性能度量用增强信噪比（Enhanced SNR，ESNR）和单次迭

代消耗时间。

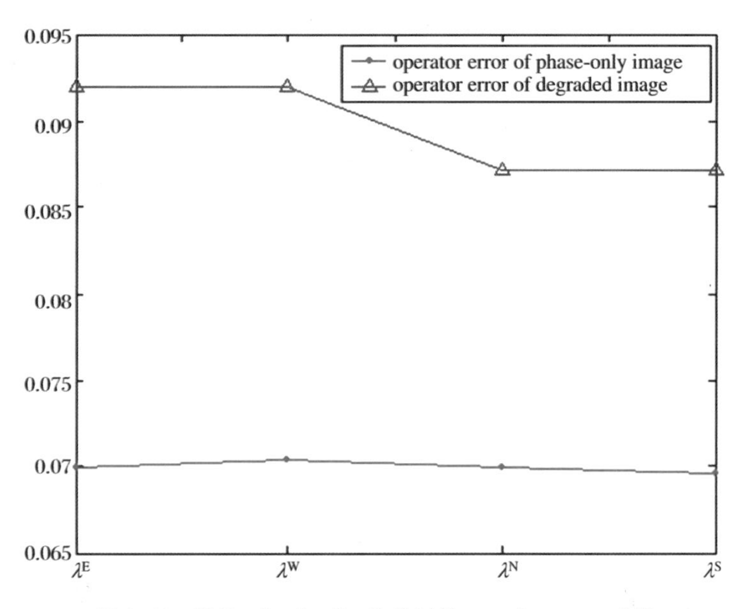


图 6.10　算子 $\lambda^{E}, \lambda^{W}, \lambda^{S}, \lambda^{N}$ 的误差 $\sigma_{phase}$ 和 $\sigma_{degraded}$ 曲线

用基于相位估计的细节保存算法和 ARTUR 算法恢复图 6.5 所示的退化卫星图。实验电脑是一台 CPU 为 2.0 GHz 的计算机。图 6.11(a)对应于基于相位估计的细节保存算法恢复结果。$\lambda = 1\times10^{-4}$，$\delta = 2$，$\varphi(t) = 1/(1+t^{2})^{0.5}$，$ESNR = 13.8314$ dB，单次迭代消耗时间是 0.016 25 秒。图 6.11(b)是 ARTUR 算法恢复结果。试验参数是 $\lambda = 1\times10^{-4}$，$\delta = 10$，$\varphi(t) = 1/(1+t^{2})^{0.5}$。实验结果 ARTUR 算法 $ESNR = 14.6681$ dB，单次迭代消耗时间 0.030 15 秒。比较图 6.11(a)、图 6.11(b)，基于相位估计的细节保存恢复算法恢复结果非常接近 ARTUR 算法的恢复结果，但单次迭代时间几乎只是后者的一半。

(a) FEIRPI恢复结果

(b) ARTUR算法恢复结果

图 6.11　FEIRPI 恢复结果接近 ARTUR 算法

其他实验结果的增强信噪比和单次迭代时间如表 6.1 所示。大多数情况下，基于相位估计的细节保存恢复算法增强信噪比非常接近 ARTUR 算法的增强信噪比，但单次迭代时间几乎都只是 ARTUR 算法的一半。可见，基于相位估计的细节保存恢复算法大大减少了算法的消耗时间。

表 6.1 对多图两种算法的性能比较

| 图 像 | ARTUR | | FEIRPI | |
|---|---|---|---|---|
| | *ESNR*（dB） | 单次迭代时间(秒) | *ESNR*（dB） | 单次迭代时间(秒) |
| Lena（128×128） | 20.464 1 | 0.029 69 | 17.741 8 | 0.016 8 |
| Lena（256×256） | 19.603 0 | 0.226 7 | 19.021 6 | 0.111 8 |
| Ic（256×256） | 27.068 0 | 0.205 1 | 26.444 8 | 0.111 5 |
| Satellite（128×128） | 14.668 1 | 0.030 15 | 13.831 4 | 0.016 2 |
| Cameraman(256×256) | 19.396 0 | 0.223 2 | 17.549 6 | 0.112 9 |

### 6.4.4 算法的局限性

这个算法假定点扩展函数已知，但在实际环境中得到精确的点扩展函数是比较困难的，这限制了算法的应用领域。相位估计可以得到原始图像清晰的边缘，但受噪声影响较大。在我们的实验中，当信噪比小于 30 dB 时，相位重构图像表现比较强烈的噪声背景，从中估计正则化算子误差会比较大。这个算法适合高信噪比情况下的图像恢复。

## 参 考 文 献


[1] Geman D, Yang C. Nonlinear image recovery with half-quadratic regularization[J]. IEEE Trans. Image Processing, 1995(4): 932 – 946.

[2] Song Woo-Jim, Pearlman W A. Edge-preserving noise filtering based on adaptive windowing[J]. IEEE Trans. On Circults and Systems, 1988, 35(8): 1048 – 1055.

[3] Charbonnier P, Laure Blanc-Feraud, Aubert G, et al. Deterministic edge-preserving

regularization in computed imaging[J]. IEEE Trans. Image Processing, 1997, 2(5).

[4] Sylvie Teboul, Laure Blanc-F' eraud. Variational approach for edge-preserving regularization using coupled PDE's[J]. IEEE Trans. Image Processing, 1998, 7(3).

[5] Terzopoulis D. Regularization of inverse visual problems involving discontinuities [J]. IEEE Trans. Patt. Anal. Machine Intell, 1986(PAMI-8): 413 - 424.

[6] Murat Belge, Misha E Kilmer. Wavelet domain image restoration with adaptive edge-preserving regularization[J]. IEEE Trans. Image Processing, 2000, 9(4).

[7] Geman S, Reynolds G. Constrained restoration and the recovery of discontinuities [J]. IEEE Trans. Pattern Anal. Machine Intell., 1992(14): 367 - 383.

[8] Alan V Oppenheim. The importance of phase in signals[J]. Proceedings of the IEEE, 1981, 69(5): 529 - 541.

[9] Zou Mou-yan, Rolf Unbehauen. Methods for reconstruction of 2-D sequences from Fourier transform magnitude[J]. IEEE Trans. On Image Processing, 1997, 6(2): 222 - 233.

[10] Gerchberg R W, Saxton W O. A practical algorithm for the determination of phase from image and diffraction plane pictures[J]. Optik, 1972(35): 237 - 246.

[11] Hestense M R, Stiefel E L. Methods of conjugate gradients for solving linear systems [J]. J Res Nat Bur Standards Sect., 1952, 5(49): 409 - 436.

[12] Pearlman W A, Gray R M. Source coding of the discrete Fourier transform[J]. IEEE Trans. Inform. Theory, 1978(IT-24): 683 - 692.

[13] Kermisch D. Image reconstruction from phase information only[J]. J. Opt. SOC. Amer., 1970, 60(1): 15 - 17.

[14] Gerchberg R W, Saxton W O. A practical algorithm for the determination of phase from image and diffraction plane pictures[J]. Optik, 1972(35): 237 - 246.

[15] Fienup J R. Phase retrieval algorithms: a comparison[J]. Applied Optics, 1982, 21 (15): 2758 - 2769.

[16] Fienup J R. Reconstruction of an object from the modulus of its Fourier transform [J]. Optics Letters, 1978, 3(1): 27 - 29.

[17] Fienup J R, Wackerman C C. Phase-retrieval stagnation problems and solutions[J]. Opt. Soc. Am. A, 1986, 3(11): 1897 - 1907.

[18] Perez-Ilzarbe M J, Nieto-Vesperinas M, Navarro R. Phase retrieval from experimental far-field intensity data[J]. Opt. Soc. Am. A, 1989, 7(3): 434 - 440.

[19] Zou Mou-yan, Rolf Unbehauen. Methods for reconstruction of 2-D sequences from Fourier transform magnitude[J]. IEEE Trans. On Image Processing, 1997, 6(2): 222

-233.

[20] 邹谋炎.反卷积和信号复原[M].北京:国防工业出版社,2001.

[21] Srinivasan R, Chandrasekaran R. Correlation functions connected with structure factors & their application to observed & calculated structure factors[J]. Zndicm J. Pure Appl. Phys. ,1966(4):178-186.

[22] 张坤.序列图像处理算法评价研究[D].武汉:华中科技大学,2007.

[23] Kun Zhang, Tianxu Zhang, Biyin Zhang. Nonlinear image restoration with anisotropic adaptive regularizing operator[J]. Optical Engineering, 2006.12, 45(12):127004-1-127004-4.

[24] Tianxu Zhang, Kun Zhang, Cheng-Jian He, Biyin Zhang, Luxin Yan. Fast edge-preserving image restoration based on phase information[J]. Optical Engineering, Eng,2007.3,46(2):027003.

[25] 王宁宇.气动光学效应相位恢复及抖动效应分析[D].武汉:华中科技大学,2005.

[26] 张天序,余铮,王进,等.一种气动光学退化图像序列自适应校正方法:中国,ZL200910062689.x[P].

# 第7章 模型和知识约束的智能校正恢复

迄今为止,我们所见到的各种校正恢复算法均依赖单一的准则,考虑到各种各样因素对校正的影响,研究者们不断地在新的准则中添加互相矛盾的控制参数。另一方面,这些算法很少对被处理对象的特性进行分析和判断,盲目地使用某种准则或由人工参与选择准则,缺乏自主性和智能性。

智能校正恢复至少应有如下某个基本标志:(1) 非单一准则算法,而是在不同阶段引入不同准则的多阶段多准则处理过程。(2)具有恢复性能评价反馈的校正过程可控性。(3) 对象特性知识约束校正过程。(4) 噪声特性知识约束校正过程。(5) 具有对场景图像的语义理解能力。

本章提出并讨论了一类模型和知识约束的智能校正恢复方法,称之为Model and Knowledge Constrained Intelligent Correction Methods (MKCIC)。

## 7.1 噪声/目标空间—频谱特性约束的校正恢复

图像在形成、传输和存储过程中往往被噪声污染。噪声的强度一般采用信噪比($SNR$)或分贝数($dB$)来定义。信噪比即是图像中信号和噪声的功率比值,信噪比和分贝数的转换关系为

$$dB = 10 \log_{10} SNR$$

一般地,噪声随机地分布在图像中,而且支撑域很小。因此传统的一种去噪方法是利用非线性的中值滤波器对图像进行滤波,去除图像中支撑域很小的噪声,从而实现对图像的去噪。

对于弱噪声,传统的滤波方法可以很好地实现图像去噪。但是,在动平台条件下,成像积分时间很短,从而导致了传感器噪声很强;由于成像条件太差,或者目标成像距离太远,目标辐射强度很低,导致了噪声相对较强。面对这类强噪声的恶劣条件,传统的滤波方法常常无能为力。

其次传统的非线性滤波方法(如中值滤波、最大值或最小值滤波、中点滤波等)没有考虑图像中噪声和目标的空间特征。噪声的空间特性:(1) 无方向性;(2) 空间局部性,支撑域很小。目标形状的空间特性:(1) 目标有较大的支撑域,具有空间多尺度特性;(2) 目标的各个部件具有空间方向性。由于盲目地在一个模板(如 3×3)内求平均值、最大值或最小值、中点值等来实现图像去噪,传统方法会在去除噪声的同时丢失图像的细节,使得图像模糊,增加了后续处理工作(如图像校正、目标识别等)的困难。

综上所述,需要研究有效的图像滤波方法,使得在图像去噪的同时保留图像的细节和图像的边缘,降低图像后续处理的难度。

### 7.1.1　噪声空间特性约束的空域非线性滤波[1]

作者提出了一种噪声空间特性约束的非线性滤波方法(Noise Characteristics Constrained Spatial Domain Filtering, NOCCSDF),该方法克服了传统非线性滤波方法的盲目性,利用噪声空间特性和目标空间特性的差异,从而能在去噪的同时较好地保留图像的细节和图像的边缘。

如图 7.1 所示为算法的流程图。单点形式的噪声模式见图 7.2。

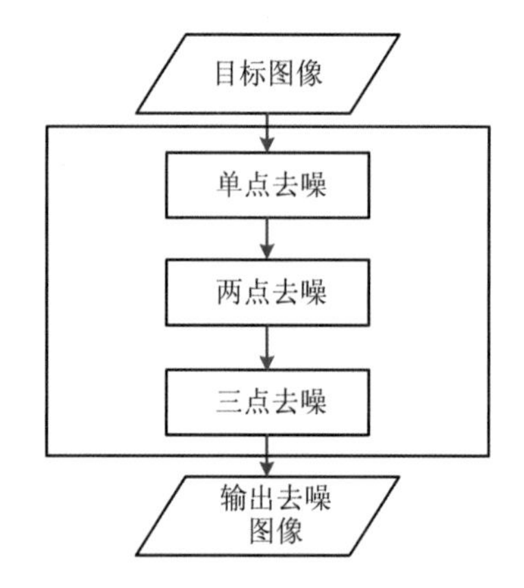


图 7.1　噪声空间特性约束的非线性滤波流程

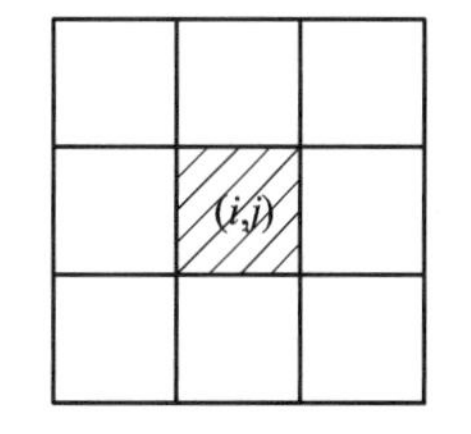


图 7.2　单点形式的噪声模式

图 7.3 为两点形式的噪声模式示意图。

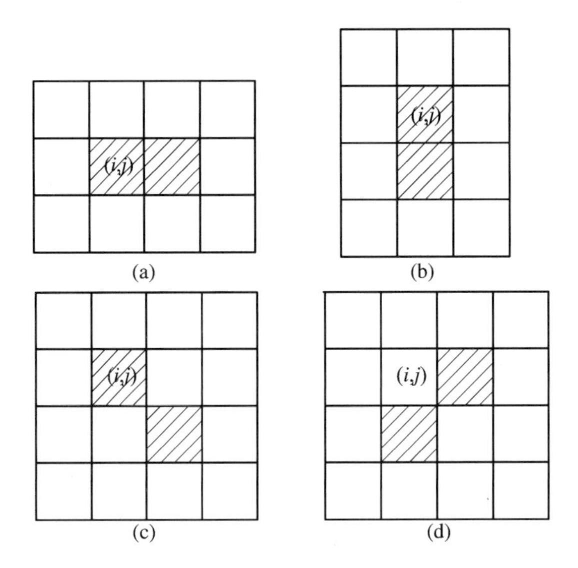


图 7.3　两点形式的噪声模式

三点形式的噪声模式见图 7.4。

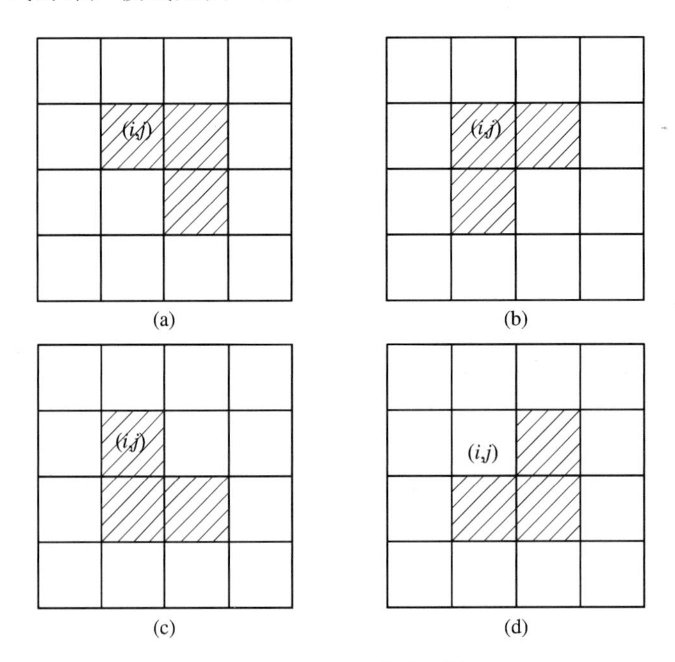


图 7.4　三点形式的噪声模式

算法步骤如下：

(1) 输入图像 $f$。

(2) 创建一幅与图像 $f$ 大小相同、灰度值全为 0 的图像 $g$。

(3) 首先对带噪声的图像 $f$ 去噪。

(3.1) 若图像 $f$ 在像素点 $(i,j)$ 的灰度值 $f(i,j)$ 大于其周围 8 个像素点的灰度值中的最大值，或者小于其周围 8 个像素点的灰度值中的最小值，则判定该点为噪声点。然后令图像 $g$ 在像素点 $(i,j)$ 的灰度值 $g(i,j)$ 等于图像 $f$ 中像素点 $(i,j)$ 周围 8 个像素点的灰度值的平均值，否则图像 $g$ 在像素点 $(i,j)$ 的灰度值不做修改。

(3.2) 重复执行步骤(3.1)直到判断完图像 $f$ 的所有像素点，然后进行步骤(4)。

(4) 对带噪声的图像 $f$ 进行两点去噪。

(4.1) 对形如图 7.3(a)的两点模式进行两点去噪。

(4.1.1) 若图像 $f$ 在相邻两像素点 $(i,j)$ 与 $(i,j+1)$(4 邻域相邻)的灰度值都大于该两点周围 10 个像素点的灰度值中的最大值，或者都小于该两点周围 10 个像素点的灰度值中的最小值，则判定该两点为噪声点；计算此相邻两点 $(i,j)$ 与 $(i,j+1)$ 周围 10 个像素点的灰度值的平均值为 $Temp$；如果图像 $g$ 中该相邻两像素点 $(i,j)$ 与 $(i,j+1)$ 中存在某点的灰度值非零(即该点的灰度值经过单点去噪时修改)，则令图像 $g$ 在该点的灰度值为原来图像 $g$ 在该点的灰度值和 $Temp$ 求和的一半；否则直接令图像 $g$ 在该点的灰度值为 $Temp$；如果该相邻两像素点判定不是噪声点则其灰度值都不做修改。

(4.1.2) 重复执行步骤(4.1.1)直到判断完图像 $f$ 的所有像素点，然后进行步骤(4.2)。

(4.2) 对形如图 7.3(b)的两点模式进行两点去噪：对图像 $f$ 中另外相邻两像素点 $(i,j)$ 与 $(i+1,j)$(4 邻域相邻)，进行类似步骤(4.1)的处理，然后进行步骤(4.3)。

(4.3) 对形如图 7.3(c)的两点模式进行两点去噪。

(4.3.1) 若图像 $f$ 在相邻两像素点 $(i,j)$ 与 $(i+1,j+1)$(4 邻域相邻)的灰度值都大于该两点周围 14 个像素点的灰度值中的最大值，或者都小于该两点周围 14 个像素点的灰度值中的最小值，则判定该两点为噪声点；计算此相邻两点 $(i,j)$ 与 $(i+1,$

$j+1$)周围 14 个像素点的灰度值的平均值为 $Temp$；如果图像 $g$ 中该相邻两点($i,j$)与($i+1,j+1$)中存在某点的灰度值非零(即该点的灰度值经过单点去噪修改或两点去噪的(4.1)步、(4.2)步修改)，则令图像 $g$ 中该点的灰度值为原来图像 $g$ 在该点的灰度值和 $Temp$ 求和的一半；否则直接令图像 $g$ 在该点的灰度值为 $Temp$；如果该相邻两像素点判定不是噪声点则其灰度值都不做修改。

(4.3.2) 重复执行步骤(4.3.1)直到判断完图像 $f$ 的所有像素点，然后进行步骤(4.4)。

(4.4) 对形如图 7.3(d)的两点模式进行两点去噪：对图像 $f$ 中另外相邻两像素点($i,j+1$)与($i+1,j$)(4 邻域相邻)，进行类似步骤(4.3)的处理，然后进行步骤(5)。

(5) 对带噪声的图像 $f$ 进行三点去噪。

(5.1) 对形如图 7.4(a)的三点模式进行三点去噪。

(5.1.1) 若图像 $f$ 中相邻三像素点($i,j$)、($i,j+1$)与($i+1,j+1$) (4 邻域相邻且 3 点不在同一直线)的灰度值都大于该 3 点周围 13 个像素点的灰度值中的最大值，或者都小于该 3 点周围 13 个像素点的灰度值中的最小值，则判定该 3 点均为噪声点；计算此相邻三点($i,j$)、($i,j+1$)与($i+1,j+1$)周围 13 个像素点的灰度值的平均值为 $Temp$；如果图像 $g$ 中该相邻三点中存在某点的灰度值非零(即该点的灰度值经过单点去噪或两点去噪时修改)，则令图像 $g$ 中该点的灰度值为原来灰度值和 $Temp$ 求和的一半；否则直接令图像 $g$ 在该点的灰度值为 $Temp$；如果该相邻三像素点判定不是噪声点则其灰度值都不做修改。

(5.1.2) 重复执行步骤(5.1.1)直到判断完图像 $f$ 的所有像素点，然后进行步骤(5.2)。

(5.2) 对形如图 7.4(b)的三点模式进行三点去噪：对图像 $f$ 中相邻三像素点($i,j$)、($i,j+1$)与($i+1,j$)(4 邻域相邻)，进行类似步骤(5.1)的处理，然后进行步骤(5.3)。

(5.3) 对形如图 7.4(c)的三点模式进行三点去噪：对图像 $f$ 中相邻三像

素点$(i,j)$、$(i+1,j)$与$(i+1,j+1)$(4 邻域相邻)，进行类似步骤(5.1)的处理，然后进行步骤(5.4)。

(5.4) 对形如图 7.4(d)的三点模式进行三点去噪：对图像 $f$ 中相邻三像素点$(i,j+1)$、$(i+1,j)$与$(i+1,j+1)$(4 邻域相邻)，进行类似步骤(5.1)的处理，然后进行步骤(6)。

(6) 令图像 $g$ 中灰度值为零的像素的灰度值为图像 $f$ 在该点的灰度值。

算法实例：

图 7.5 至图 7.10 所示的实验结果反映了本书所提出算法的有效性。在强噪声(1 dB、3 dB、5 dB 等)条件下，中值滤波器虽然可以对图像进行较好的去噪，但是在去噪的同时，也明显模糊了图像的边缘，丢失了图像的某些细节(见图 7.5(c)、图 7.6(c)、图 7.7(c)、图 7.8(c)、图 7.9(c)、图 7.10(c))。而本算法在有效去除噪声的同时，较好地保护了图像的边缘和细节信息(见图 7.5(d)、图 7.6(d)、图 7.7(d)、图 7.8(d)、图 7.9(d)、图 7.10(d))。

图 7.5 是仿真的空间目标 European 在叠加信噪比为 5 dB 的高斯白噪声条件下，中值滤波器和本算法滤波的实验结果对比。

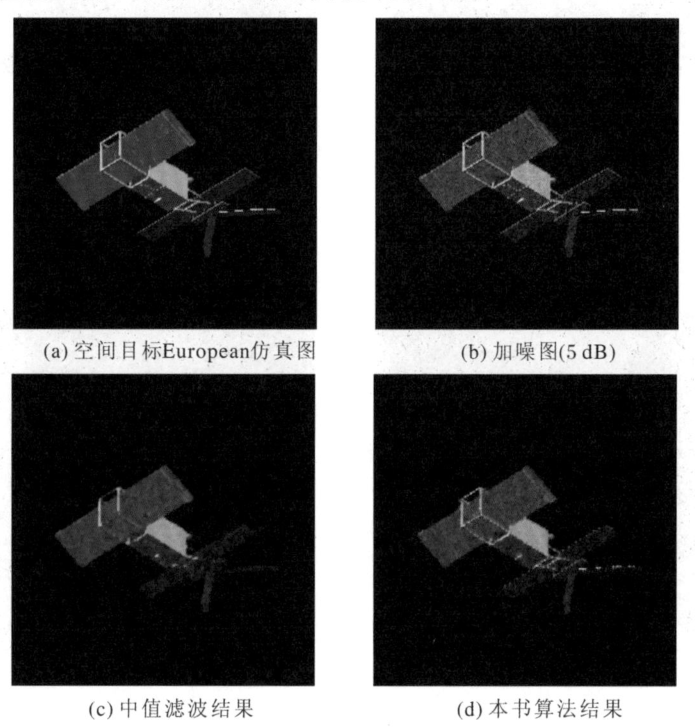

(a) 空间目标European仿真图　(b) 加噪图(5 dB)

(c) 中值滤波结果　(d) 本书算法结果

图 7.5　高斯白噪声下中值滤波器和本书算法滤波实验对比

图 7.6 是在叠加信噪比为 3 dB 的高斯白噪声条件下，中值滤波器和本书提出算法滤波的实验结果对比。

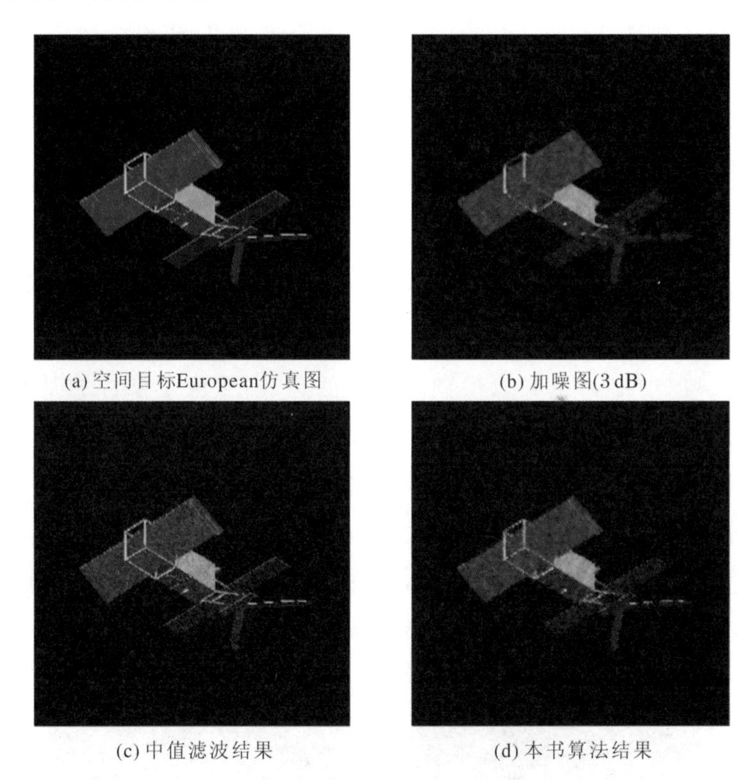

(a) 空间目标European仿真图　(b) 加噪图(3 dB)

(c) 中值滤波结果　(d) 本书算法结果

图 7.6　高斯白噪声下中值滤波器和本书算法滤波实验对比

图 7.7 是信噪比为 1 dB 的高斯白噪声下，中值滤波器和本方法滤波的实验结果对比。

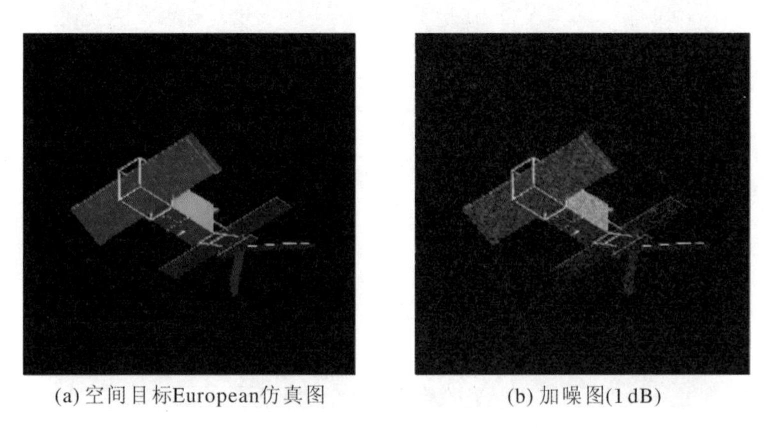

(a) 空间目标European仿真图　(b) 加噪图(1 dB)

图 7.7　中值滤波器和本书算法滤波实验对比

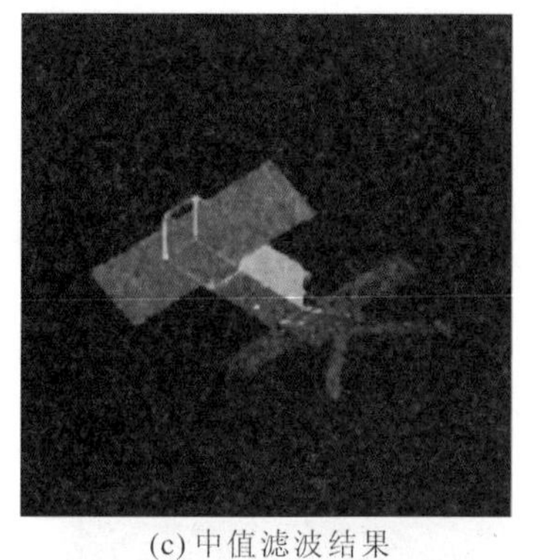
(c) 中值滤波结果

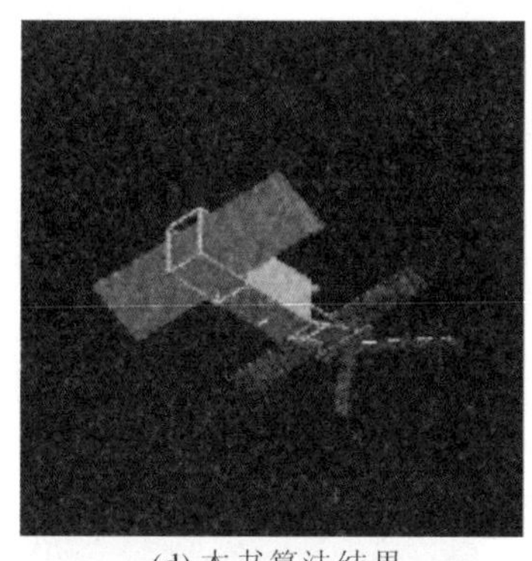
(d) 本书算法结果

续图 7.7

图 7.8 是仿真空间目标 Hubble 在叠加信噪比为 5 dB 的高斯白噪声条件下，中值滤波器和本算法滤波的实验结果对比。

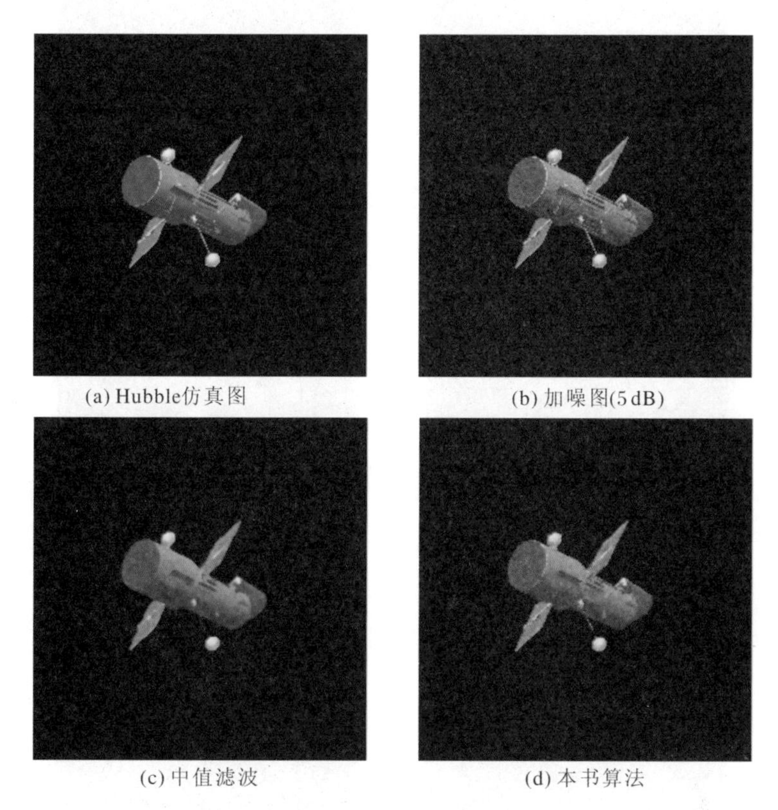
(a) Hubble仿真图 (b) 加噪图(5 dB) (c) 中值滤波 (d) 本书算法

图 7.8 中值滤波和本书算法实验对比

图 7.9 和 7.10 是仿真目标图像信噪比为 3 dB 和 1 dB 时，中值滤波和本算法实验结果对比。

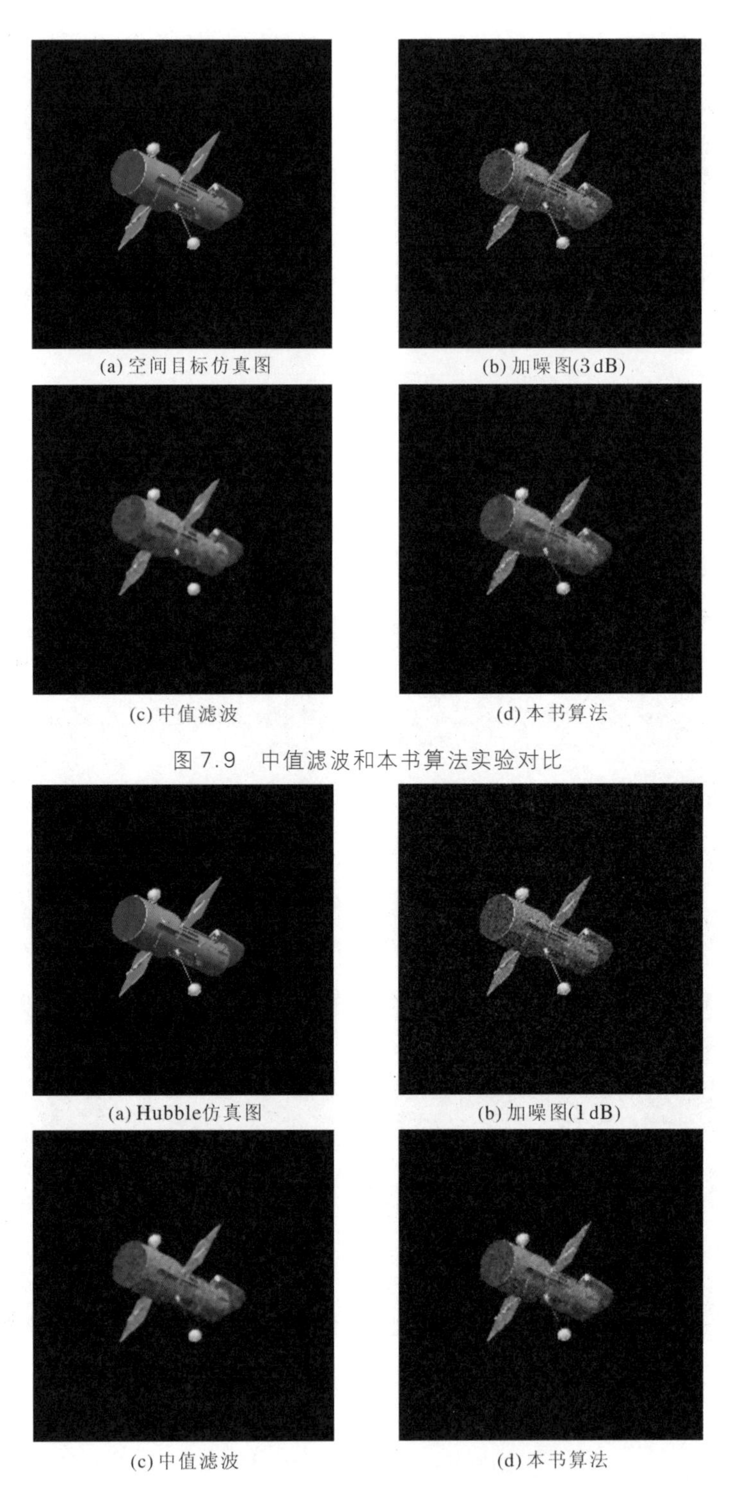

(a) 空间目标仿真图　(b) 加噪图(3 dB)　(c) 中值滤波　(d) 本书算法

图 7.9　中值滤波和本书算法实验对比

(a) Hubble仿真图　(b) 加噪图(1 dB)　(c) 中值滤波　(d) 本书算法

图 7.10　中值滤波和本书算法实验对比

### 7.1.2　目标频谱特性约束的频域滤波

一般地,噪声被认为主要集中在图像频谱的高频部分,因此传统的去噪方法是利用一个低通滤波器对图像进行滤波,去除图像频谱中的高频成分,从而实现对图像的去噪。

对于弱噪声,传统的滤波去噪方法可以较好地实现图像去噪。但是,在动平台条件下,成像积分时间很短,从而导致了传感器噪声很强;由于成像条件太差,或者目标成像距离太远,目标辐射强度很低,导致了噪声相对较强。面对这类恶劣条件,传统的滤波去噪方法常常无能为力。

显然传统的低通滤波器(如理想低通滤波器、巴特沃思低通滤波器、高斯低通滤波器等)没有考虑目标的频谱特性,仅仅通过盲目地去掉图像高频成分和保留图像低频成分来实现图像去噪。然而,图像的边缘和细节也处于图像频谱的中高频部分,且目标或其某些部件具有一定方向性,在一个方向上是低频,而在另一个方向上却是高频或中频。传统的低通滤波器会在去除噪声的同时丢失图像的边缘和细节信息,使得图像更加模糊,增加了后续处理工作(如图像校正、目标识别等)的困难。

综上所述,需要研究有效的图像去噪方法,使得在对图像去噪的同时保留图像的边缘和细节信息,降低图像后续处理的难度。

由噪声的空间特性:(1) 无方向性;(2) 空间局部性,支撑域很小。可合理定义噪声的频谱特性为:(1) 在幅频谱中没有方向性;(2) 在幅频谱中距离原点较远,即处于图像幅频谱的中高频部分。

由目标形状的空间特性:(1) 目标有较大的支撑域,具有空间多尺度特性;(2) 目标的各个部件具有空间方向性。可合理定义目标的频谱特性:(1) 目标的支撑域大表明其会有充分的低频成分;(2) 目标的组成部件具有带方向性的高频或中频成分,即沿着其结构走向表现为低频,横跨结构的走向表现为中、高频。

根据噪声和目标的空频特性差异,可研究相应的图像去噪方法,尽可能地保留目标信息和去除噪声信息。为此作者提出了一类目标频谱特性约束的频域滤波方法,称之为 Object Characteristics Constrained Frequency Domain Filtering(OCCFDF)。以下讨论两种频谱特性约束的滤波算法。

1. 目标频谱知识指导的四象限滤波算法[2]

本方法称之为 Frequency Domain Quadrantal Filtering(FDQF),其处理

步骤包括：

(1) 将获取的含噪图像 $f$ 变换到频域，并将其中心化，得到图像 $f$ 的中心化频谱 $\boldsymbol{F}$。

(2) 根据中心化频谱 $F$ 的方向性，构造相应的滤波器函数 $H$。

(3) 将图像 $f$ 的中心化频谱 $F$ 与滤波器函数 $H$ 点乘，得到滤波后的图像频谱 $G$，实现对图像 $f$ 的频域滤波。

(4) 将滤波后的图像频谱 $G$ 进行反傅里叶变换，并对反变换结果取模，即得到滤波后图像 $g$。

传统低通滤波器(如理想低通滤波器、巴特沃思低通滤波器、高斯低通滤波器等)将图像高频成分完全看作噪声，通过去掉图像高频成分来实现图像去噪。但是，图像边缘和细节也是高频或中频的，这样，传统低通滤波器在去噪的同时，丢失了目标的细节和边缘。作者提出的四象限频域滤波方法，对被噪声污染的图像的某些高频成分(如 $u$ 方向为高频但 $v$ 方向为低频、$v$ 方向为高频但 $u$ 方向为低频)加以保留，而对其他高频成分也仅做部分抑制。总之，该方法根据目标图像的频谱特性，构造一个合适的滤波器函数，在很大程度上抑制了图像的噪声高频成分，实现了有效的图像去噪。

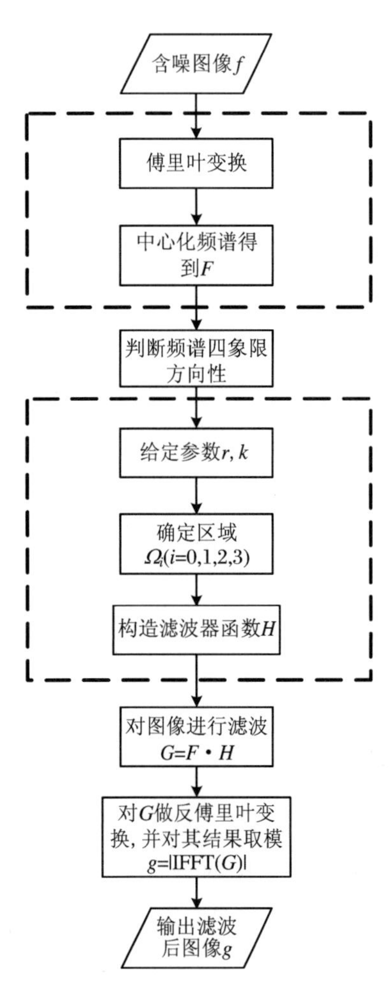


图 7.11 目标频谱知识指导的四象限频域去噪方法流程

图 7.11 是频域四象限去噪方法流程。

算法步骤如下：

(1) 利用成像装置获取图像 $f$，图像大小为 $M\times N$。将含噪图像 $f$ 变换到频域，并将其中心化，得到图像 $f$ 的中心化频谱 $\boldsymbol{F}$。

将图像 $f$ 进行二维离散傅里叶变换后即为图像的频谱 $F_0$，再将频谱 $F_0$ 等分为 $2\times 2$ 个子块，将第一行的 2 个子块分别与其对角的子块交换，即可实现图像频谱的中心化，得

到图像 $f$ 的中心化频谱 $F$。

如图 7.12 所示,原图像 $f$ 的频谱 $F_0$ 被等分为 2×2 个子块,将图中第 1 子块和第 3 子块交换,第 2 子块和第 4 子块交换,即可实现对频谱的中心化。中心化后的图像频谱,其中心为低频,四周为高频。

如图 7.13 所示,图 7.13(a)是目标图像 $f$,图 7.13(b)是图像 $f$ 的频谱 $F_0$,图 7.13(d)是图像 $f$ 中心化后的频谱 $F$。

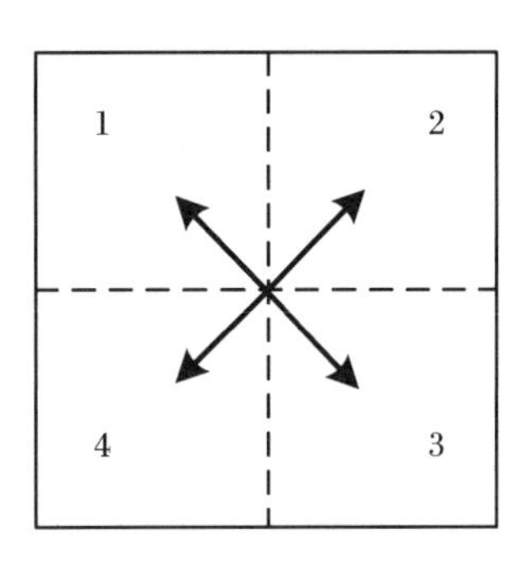


图 7.12　中心化频谱的过程

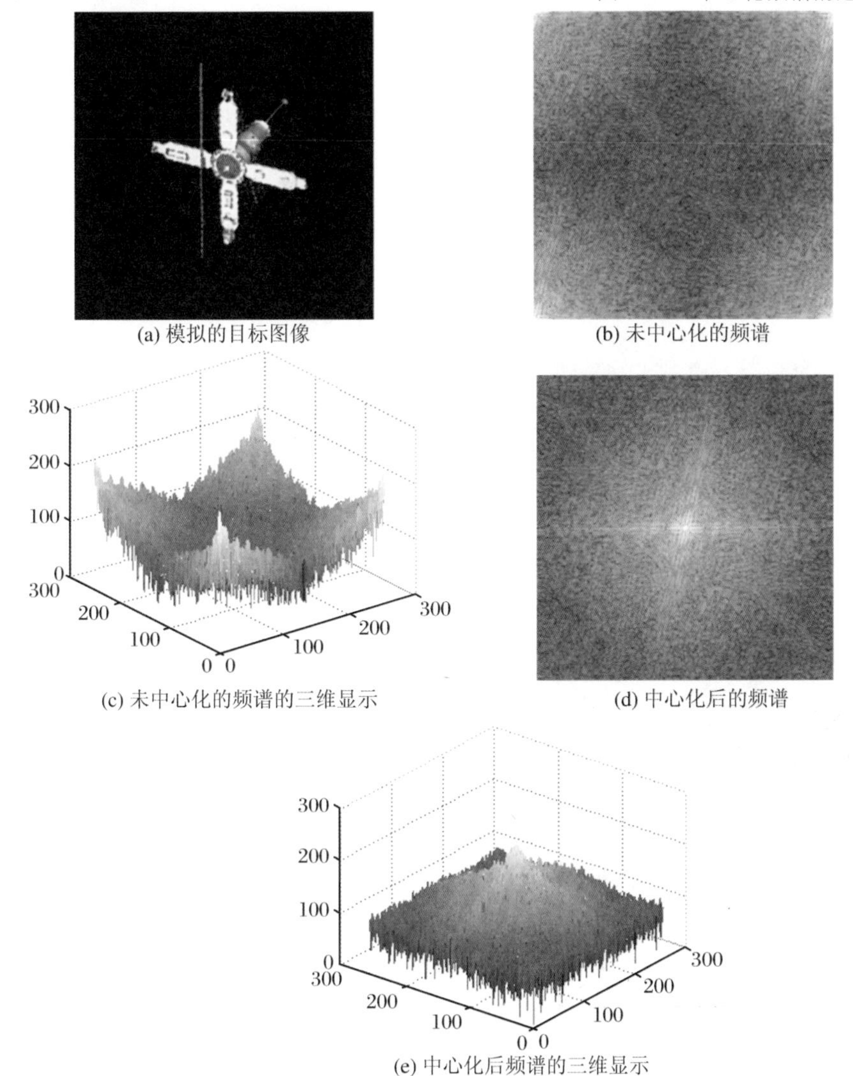


(a) 模拟的目标图像

(b) 未中心化的频谱

(c) 未中心化的频谱的三维显示

(d) 中心化后的频谱

(e) 中心化后频谱的三维显示

图 7.13　目标图像及其频谱和中心化频谱

(2) 根据图像频谱 $F$,按照步骤(2.1)至(2.3),构造相应的滤波器函数 $H$。

(2.1) 根据中心化频谱 $F$,判断频谱的方向性,设定参数 $r_i(i=0,1,2,3)$ 和 $\lambda$,其中 $r_i(i=0,1,2,3)$ 为频谱 $F$ 中需抑制的高频分量半径,$\lambda$ 为最终保留高频成分的百分比,$1\leqslant r_i\leqslant\sqrt{M^2+N^2}/2,0\leqslant\lambda\leqslant1$。$r_i$ 越大,表明需要抑制的频率的频带越宽;$\lambda$ 越大,则表明去除的频率越少。

(2.2) 根据(2.1)中设定的参数 $r_i(i=0,1,2,3)$,构造区域 $\Omega_4$,该区域内的频谱成分将被部分抑制。

图像频谱的整个区域为

$$\Omega=\{(u,v)\mid 1\leqslant u\leqslant M,1\leqslant v\leqslant N\}$$

其中$(u,v)$表示图像中心化频谱 $F$ 的坐标。

根据 $r$ 确定 4 个区域 $\Omega_i(i=0,1,2,3)$,其中

$$\begin{aligned}
\Omega_0&=\{(u,v)\mid\sqrt{(u-1)^2+(v-1)^2}\leqslant r_0,(u,v)\in\Omega\}\\
\Omega_1&=\{(u,v)\mid\sqrt{(u-1)^2+(v-N)^2}\leqslant r_1,(u,v)\in\Omega\}\\
\Omega_2&=\{(u,v)\mid\sqrt{(u-M)^2+(v-1)^2}\leqslant r_2,(u,v)\in\Omega\}\\
\Omega_3&=\{(u,v)\mid\sqrt{(u-M)^2+(v-N)^2}\leqslant r_3,(u,v)\in\Omega\}
\end{aligned}\tag{7.1}$$

则区域

$$\Omega_4=\Omega_0\cup\Omega_1\cup\Omega_2\cup\Omega_3\tag{7.2}$$

式中,$\{(u,v)\mid\sqrt{(u-M)^2+(v-N)^2}\leqslant r,(u,v)\in\Omega\}$表示 $\Omega$ 中所有与$(M,N)$距离小于 $r$ 的点的集合。

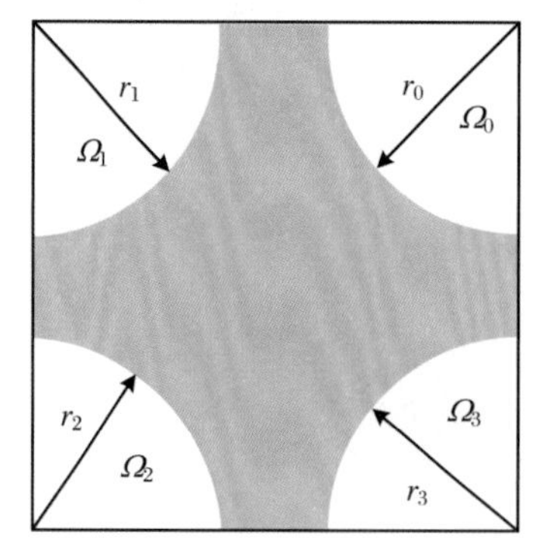


图 7.14 根据半径 $r$ 确定 4 个区域 $\Omega_i(i=0,1,2,3)$的示意图

构造该区域的示意图见图 7.14,该区域 $\Omega_4$ 实质上就是以图像中心化后的频谱 $F$ 的 4 个角为圆心、$r_i$ 为半径的 4 个 1/4 圆。

(2.3) 根据(2.1)中设定的参数 $\lambda$,以及(2.2)中通过 $r_i(i=0,1,2,3)$构造的区域 $\Omega_4$,得到滤波器函数 $H$。

滤波器函数 $H$ 由下式定义:

$$H(u,v)=\begin{cases}1, & (u,v)\in\Omega-\Omega_4\\ \lambda, & (u,v)\in\Omega_4\end{cases}\tag{7.3}$$

(3) 将图像 $f$ 的中心化频谱 $F$ 与滤波器函数 $H$ 点乘，得到频谱 $G$，实现对图像 $f$ 的频域滤波，即 $G = F \cdot H$，其中"·"表示点乘，其意义为 $G$ 的每个点均为 $F$ 和 $H$ 对应点的乘积，即

$$G(u,v) = F(u,v) \cdot H(u,v), \quad (u,v) \in \Omega \tag{7.4}$$

(4) 将频谱 $G$ 进行反傅里叶变换，并对反变换结果取模，即得到滤波后图像 $g$：

$$g = |\mathrm{IFFT}(G)| \tag{7.5}$$

其中"|·|"表示取模运算，IFFT($G$)表示对 $G$ 作反傅里叶变换。

图 7.12 是中心化频谱的过程示意图。图 7.13 是空间目标图像及其频谱和中心化频谱。图 7.14 是根据半径 $r$ 确定 4 个区域 $\Omega_i$($i = 0,1,2,3$)的示意图。图 7.15 是不同的 $r$ 对应的滤波器函数的三维显示，其中 $M = 256$，$N = 256$，$\lambda = 0.2$。

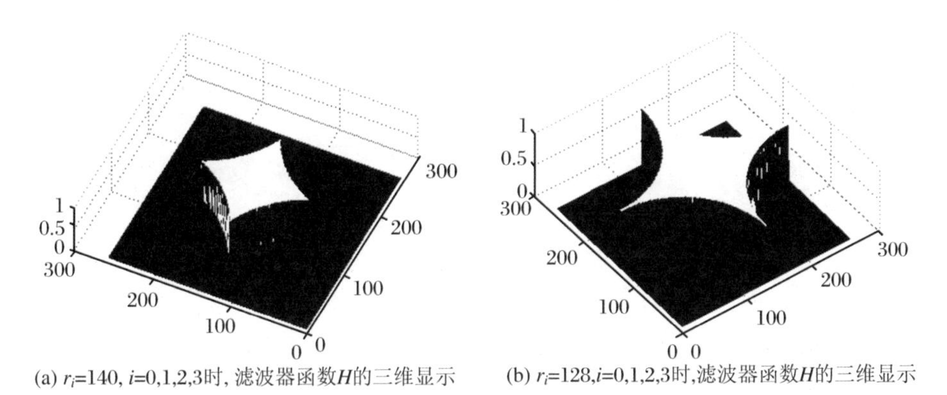


(a) $r_i$=140, $i$=0,1,2,3时, 滤波器函数$H$的三维显示

(b) $r_i$=128,$i$=0,1,2,3时,滤波器函数$H$的三维显示

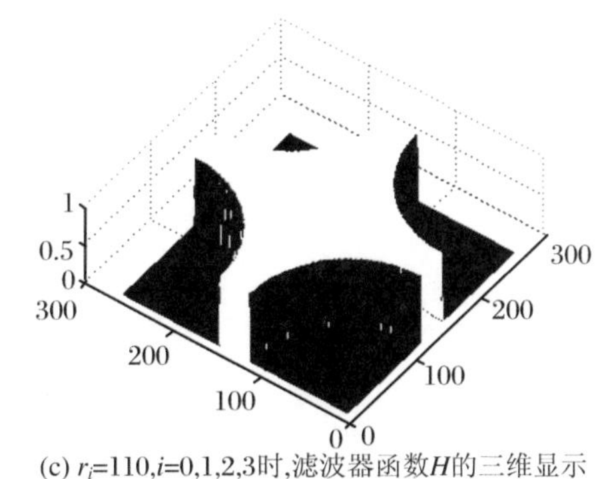


(c) $r_i$=110,$i$=0,1,2,3时,滤波器函数$H$的三维显示

图 7.15　不同的 $r$ 对应的滤波器函数的三维显示，其中 $M = 256$，$N = 256$，$\lambda = 0.2$

实例：

图 7.16 至图 7.19 所示的实验结果反映了本方法的有效性。在强噪声

(1 dB、3 dB 等)条件下,理想低通滤波器虽然可以对图像进行较好的去噪,但是在去噪的同时,也明显模糊了图像的边缘,丢失了图像的某些细节(见图 7.16(c)、图 7.17(c)、图 7.18(c)、图 7.19(c))。而本方法在有效去除噪声的同时,较好地保留了图像的边缘和细节信息(见图 7.16(d)、图 7.17(d)、图 7.18(d)、图7.19(d))。

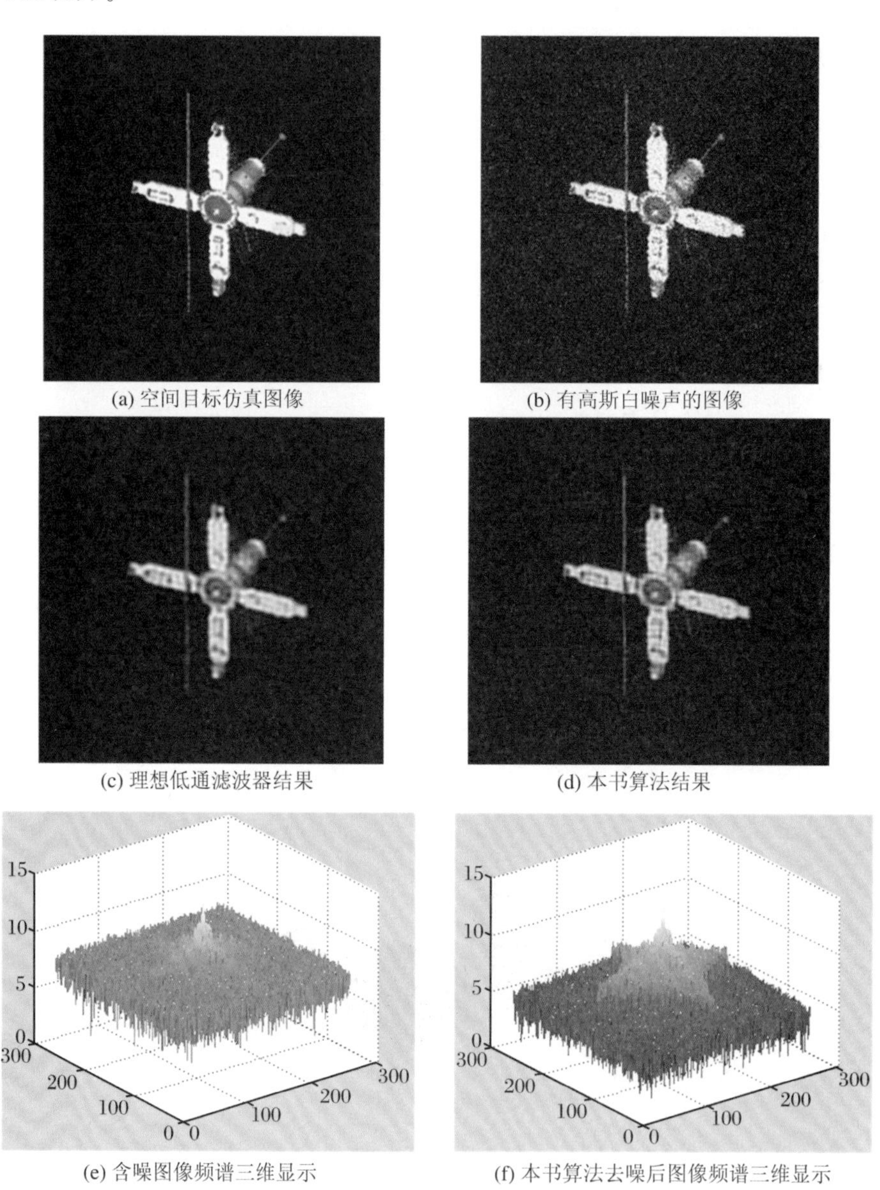


(a) 空间目标仿真图像　(b) 有高斯白噪声的图像　(c) 理想低通滤波器结果　(d) 本书算法结果　(e) 含噪图像频谱三维显示　(f) 本书算法去噪后图像频谱三维显示

图 7.16　空间目标在叠加信噪比为 5 dB(即 $SNR=3.16$)的高斯白噪声条件下,本书算法和理想低通滤波器的实验结果对比

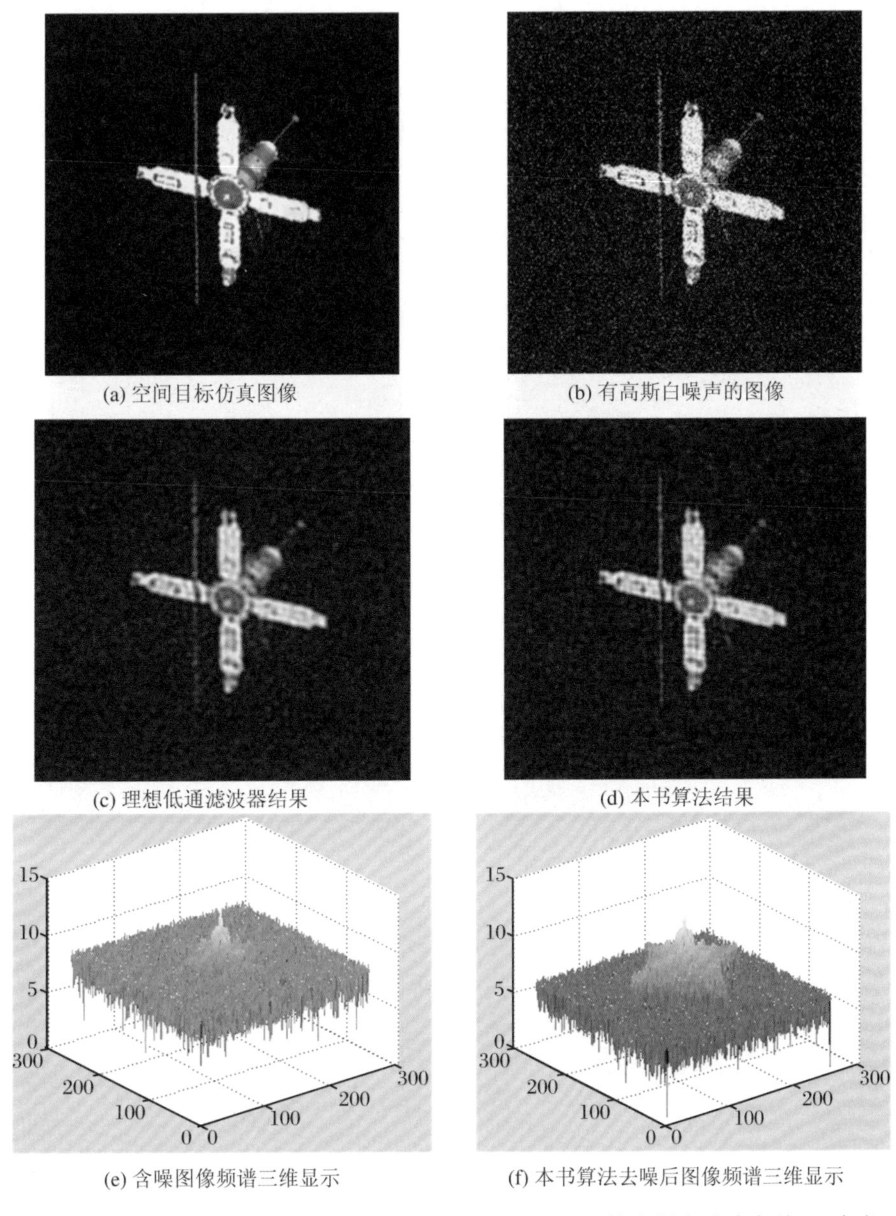


图 7.17　空间目标在叠加信噪比为 1 dB(即 $SNR = 1.25$)的高斯白噪声条件下,本书算法和理想低通滤波器的实验结果对比

总之,该方法根据目标图像的频谱特性,构造一个合适的滤波器函数,在一定程度上抑制图像的高频成分,能在有效去除噪声的同时,保留图像的边缘和细节,从而减小图像后续处理的难度。

图 7.16 是仿真空间目标在叠加信噪比为 5 dB(即 $SNR = 3.16$)的高斯白

噪声条件下，本算法和理想低通滤波器的实验结果对比。

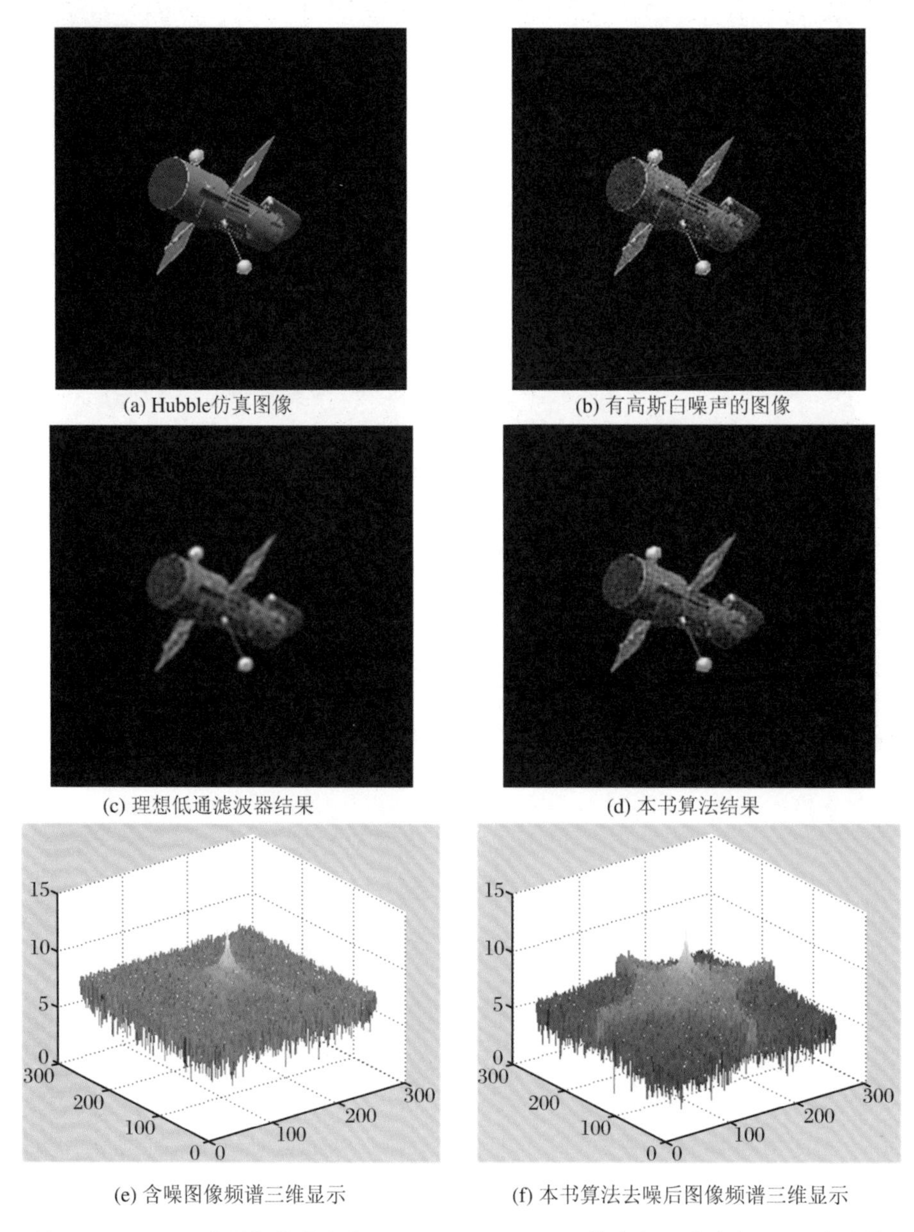


(a) Hubble仿真图像 (b) 有高斯白噪声的图像

(c) 理想低通滤波器结果 (d) 本书算法结果

(e) 含噪图像频谱三维显示 (f) 本书算法去噪后图像频谱三维显示

图 7.18 Hubble 在叠加信噪比为 3 dB(即 $SNR$ = 1.99)的高斯白噪声条件下，本书算法和理想低通滤波器的实验结果对比

图 7.17 为仿真目标在叠加信噪比为 1 dB(即 $SNR$ = 1.25)的高斯白噪声条件下，本算法和理想低通滤波器的实验结果对比。

图 7.18 是仿真目标 Hubble 在叠加信噪比为 3 dB(即 $SNR$ = 1.99)的高斯

白噪声条件下，本算法和理想低通滤波器的实验结果对比。

图 7.19 是 Hubble 在叠加信噪比为 1 dB(即 $SNR = 1.25$)的高斯白噪声条件下，本算法和理想低通滤波器的实验结果对比。

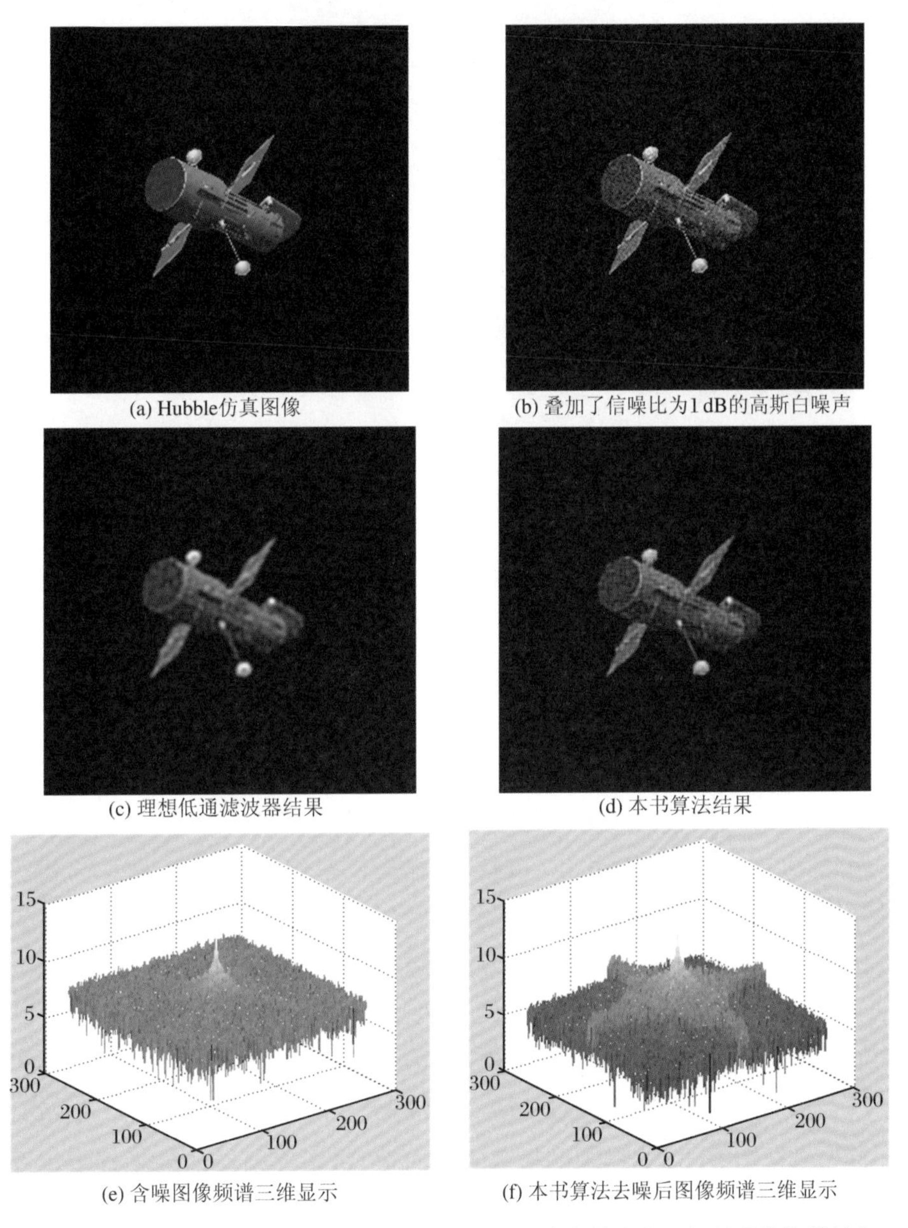


(a) Hubble仿真图像　(b) 叠加了信噪比为1 dB的高斯白噪声

(c) 理想低通滤波器结果　(d) 本书算法结果

(e) 含噪图像频谱三维显示　(f) 本书算法去噪后图像频谱三维显示

图 7.19　叠加信噪比为 1 dB 的高斯白噪声条件下，本书算法和理想低通滤波器的实验结果对比

一个对地面图像仿真加噪并用本方法滤波的良好例子见图 7.20。

(a) 原始图像

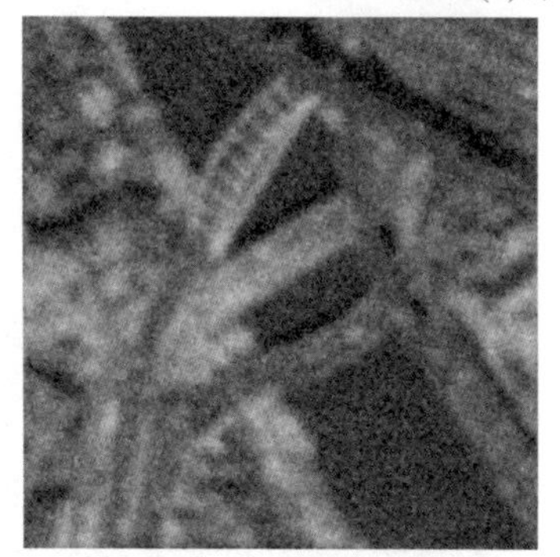

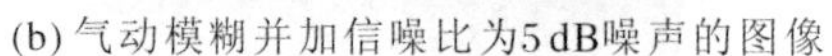

(b) 气动模糊并加信噪比为5 dB噪声的图像　　(c) 非线性滤波后图像

图 7.20　基于噪声空间特性的非线性滤波去噪结果

2. 目标频谱方向模式判别的频域滤波[10]

在图像的频谱中，低频部分应该主要属于目标，在中高频部分，对于有良好方向性的部分，我们将其判定为目标，而对于无方向性的部分，则认为主要是噪声。因此，可以在图像频谱中以方向性特征为依据判别目标频谱模式，构造相应的频域滤波函数，在频域中尽可能保留目标频谱，对图像去噪。作者提出的此方法称之为 Frequency Filtering by Object Spectrum Orientation Pattern Discriminating Method（FFOSOPD）。

设图像分辨率为 $M\times N$，图像频谱域为 $\Omega$，则有

$$\Omega = \{(u,v) \mid 1\leqslant u\leqslant M, 1\leqslant v\leqslant N\} \tag{7.6}$$

首先根据图像频谱，判断出频谱的方向性，将图像频谱的低频部分以及具有显著方向性的中高频部分表示为区域 $\Omega_1$，显然有 $\Omega_1\subset\Omega$。则可构造滤波函数 $H(u,v)$ 如下：

$$H(u,v) = \begin{cases} 1, & (u,v)\in\Omega_1 \\ \lambda, & (u,v)\in\Omega-\Omega_1 \end{cases} \tag{7.7}$$

其中 $0<\lambda<1$，表示无方向性的中高频噪声成分的保留比例。

上述滤波器的含义为保留图像中目标的频谱成分，即低频和有方向性的中高频，同时利用一个抑制因子来抑制图像频谱中无方向性的中高频部分，而非完全去除。因为虽然该部分频谱成分主要为噪声频谱，但可能也包含了少量的目标频谱，若完全去除，则会导致图像某些细节信息丢失，不利于后续校正工作。

假定 $g$ 为带噪图像，其傅里叶变换为 $G$，则去噪后图像的频谱 $F$ 为

$$F(u,v) = G(u,v) \cdot H(u,v) \tag{7.8}$$

再将 $F(u,v)$ 作反傅里叶变换，即可得到去噪后图像 $f$。

与四象限滤波方法不同，最主要的步骤是寻找出区域 $\Omega_1$，即图像频谱的低频和有方向性的中高频成分区域。合理地假设图像频谱中，其低频部分和具有方向性的中高频部分的幅值相对较大，因此可对图像幅频谱取门限分割来确定区域 $\Omega_1$。

如上所述，先获取含噪图像 $g$ 的幅频谱 $\bar{G}(u,v)$：

$$\bar{G}(u,v) = |G(u,v)|, \quad (u,v) \in \Omega \tag{7.9}$$

确定幅频谱分割阈值 $T$ 的步骤为：

首先计算图像幅频谱 $\bar{G}(u,v)$ 的归一化直方图分布 $h$，阈值 $T$ 需满足条件：

$$\sum_{i=0}^{T} h(i) = \gamma \tag{7.10}$$

其中 $\gamma$ 为一个恰当选定的常数，且 $\gamma \in [0,1]$。该系数用于控制需要保留的频谱成分，$\gamma$ 越大，表示需保留的频谱分量越少，而需抑制的频谱分量越多；$\gamma$ 越小，则表示需保留的频谱分量越多而需抑制的频谱分量越少。本例中，$\gamma$ 取为 0.5。

在得到分割阈值 $T$ 后，对图像幅频谱进行分割。由于图像幅频谱的分割图中存在很多离散的点，故再采用形态学处理，对分割的幅频图先腐蚀再膨胀，即可去除其中的孤立点，最终得到处理后的频谱分割图 $BW$。确定的 $\Omega_1$ 为

$$\Omega_1 = \{(u,v) \mid BW(u,v) = 1, (u,v) \in \Omega\} \tag{7.11}$$

图 7.21 为该频域滤波方法的流程图。

对某仿真目标加噪图像进行频域滤波和理想低通滤波，并将实验结果进行对比。其中本文滤波算法中 $\lambda$ 取为 0.1，理想低通滤波算法中滤波器半径为

50。相应的实验结果如图 7.22 所示,图 7.23 给出了算法中间结果,表 7.1 给出了去噪前后图像的 *SNR*,其对比见图 7.24。

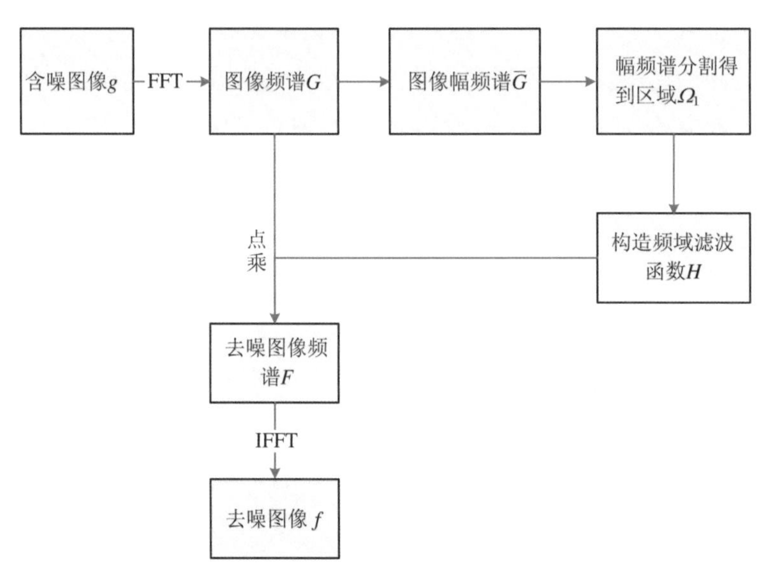


图 7.21 目标频谱模式判别的频域滤波流程图

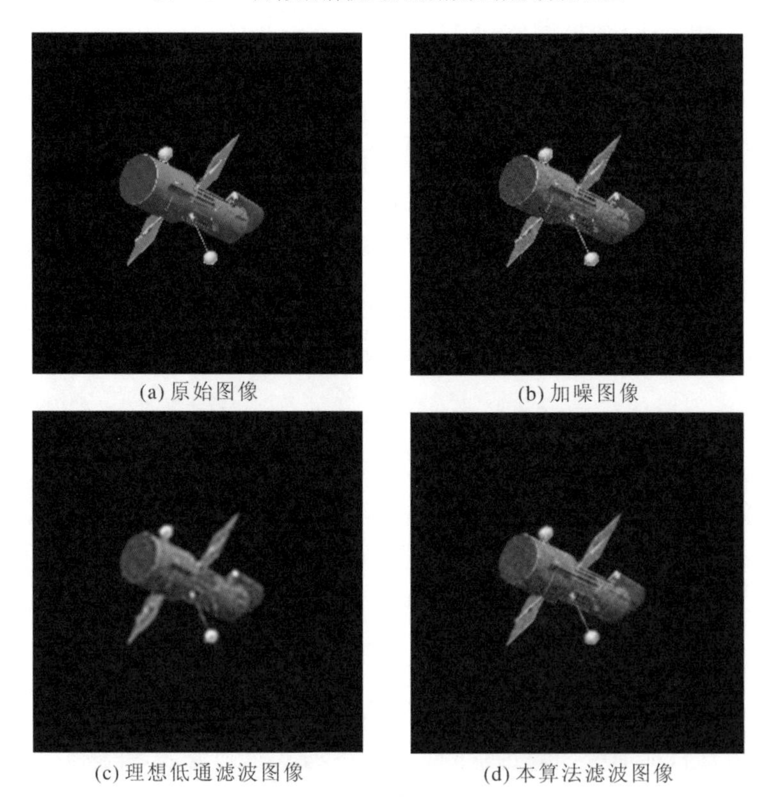


图 7.22 本算法与理想低通滤波实验结果对比

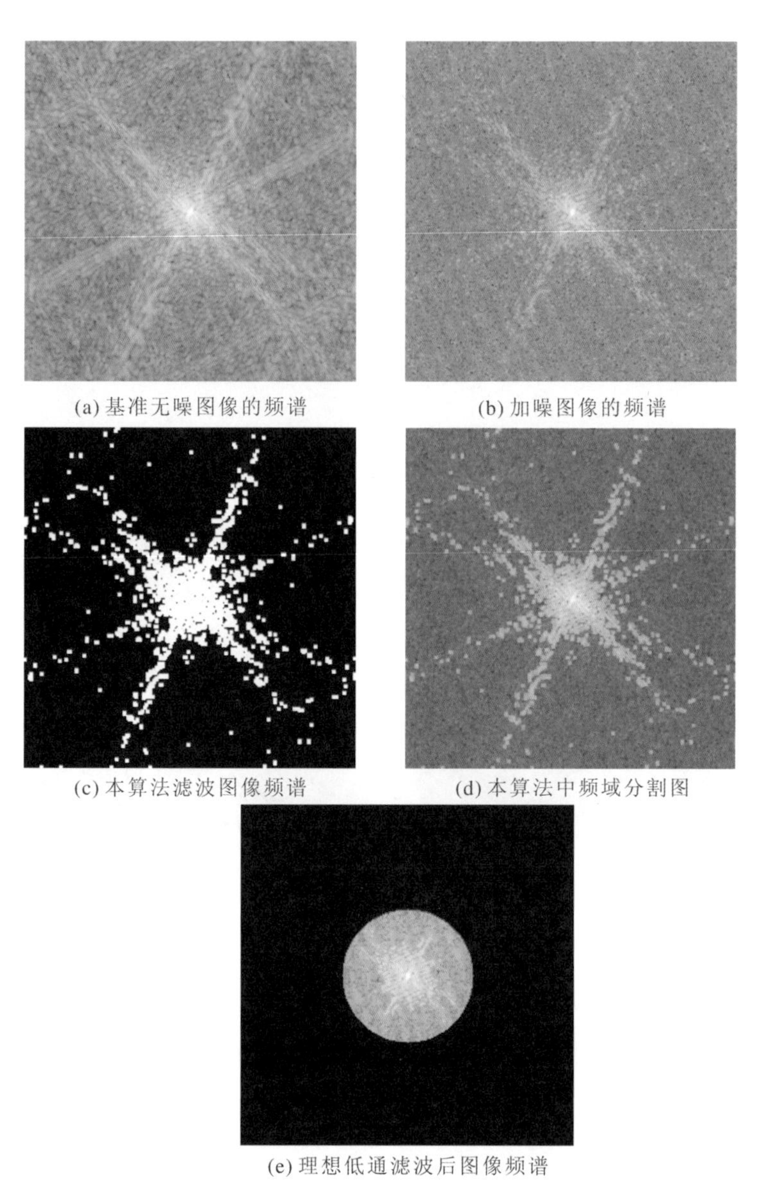

(a) 基准无噪图像的频谱　(b) 加噪图像的频谱

(c) 本算法滤波图像频谱　(d) 本算法中频域分割图

(e) 理想低通滤波后图像频谱

图 7.23　本算法与理想低通滤波去噪前后频谱对比

表 7.1　去噪前后图像 *SNR*(单位:dB)

| 加噪图像 *SNR* | 理想低通滤波图像 *SNR* | 本算法去噪图像 *SNR* |
|---|---|---|
| 5.010 7 | 8.281 4 | 13.135 6 |

一个地面图像仿真加噪并频域滤波效果良好的例子见图 7.25。

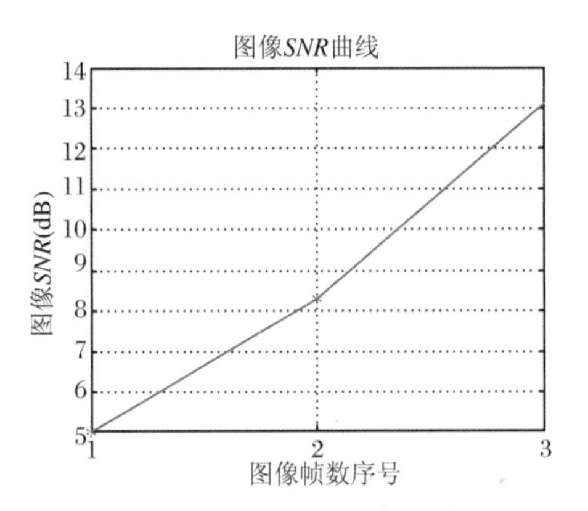


图 7.24 去噪图像 *SNR* 对比曲线

(a) 信噪比为5 dB的噪声图

(b) 本文方法频域滤波后的图像

图 7.25 噪声频域特性约束的滤波

## 7.2 Hu 矩约束的最大似然估计算法

湍流退化图像恢复的困难之处在于其退化模型(即点扩展函数)是未知的。某些图像恢复技术是在退化模型确定的情况下进行恢复的,即先确定点扩展函数或其参数,然后再利用逆滤波方法或维纳滤波恢复图像。由于湍流场对目标成像影响的复杂多变性,导致湍流点扩展函数无法事先确定,是随机变化的,这给目标图像的恢复带来了很大的困难。在图像工程应用中,由于噪声的存在,目标图像退化信息的精确估计和原始目标的完全恢复是不可能的。要尽可能地将目标恢复出来。最大似然估计方法是处理这类问题的较好方法。

最大似然估计方法通过寻找最相似于退化图像的点扩展函数和目标图像，并利用图像和点扩展函数的交替迭代估计出点扩展函数和目标图像。

但是，在该算法的数值实现过程中，采用矩阵范数作为迭代的误差控制准则。这一准则不能有效表达图像中具体目标的结构特性，从而不能保证迭代向目标清晰的方向进行，会丢失图像的边缘和细节信息，影响了恢复算法的性能。作者提出以一阶 Hu 矩作为迭代控制准则，能有效控制迭代过程的方向，更大程度地恢复图像的边缘和细节信息。该算法称之为 First Order Hu Moment Constrained Maximum Likelihood Estimating Algorithm（HuMCMLA）。

### 7.2.1　最大似然估计原理

在大气湍流的干扰下，目标图像的畸变将会十分严重，由于高速流场瞬息万变引起点扩展函数也是随机变化的。根据贝叶斯分析理论，在已知退化图像 $g$ 的条件下，原始目标图像 $f$ 的概率为

$$P(f|g) = \frac{P(g|f)P(f)}{P(g)} \tag{7.12}$$

如果只考虑条件概率 $P(g|f)$，则为一般意义上的最大似然估计问题，它对应以下最优化问题：

$$\hat{f} = \operatorname{argmax}[P(g \mid f)] \tag{7.13}$$

其中，$\hat{f}$ 为原始目标图像 $f$ 的估计。上式等价于

$$\hat{f} = \operatorname{argmax}[\ln P(g|f)] \tag{7.14}$$

令 $\left.\dfrac{\partial \ln P(g|f)}{\partial f}\right|_{f=\hat{f}} = 0$，由此即可获得 $f = \hat{f}$ 即为最大似然条件下的目标图像估计。

湍流退化图像可用泊松随机场来建模，即测到的像元光学强度具有泊松分布性质。因此，在像元位置 $x$ 处实际观测到的灰度值 $g(x)$ 的概率可以表示为

$$P(g(x)|f,h) = \frac{i(x)^{g(x)}\mathrm{e}^{-i(x)}}{g(x)!} \tag{7.15}$$

其中，$g$ 为退化图像，$h$ 为点扩展函数，$i(x)$ 为 $g(x)$ 在坐标 $x$ 处的强度，即

$$i(x) = f(x) \otimes h(x) \quad (\otimes \text{ 表示卷积}) \tag{7.16}$$

采用极大似然估计准则，通过最大化对数似然函数来估计目标图像 $f$ 和

$h$,即

$$\begin{cases} \max L(f,\{h\}) \\ L(f,\{h\}) = \ln P(\{g\} \mid f,h) \\ \qquad = \sum_x (-f(x) \otimes h(x) + g(x)\ln(f(x) \otimes h(x)) - \ln g(x)!) \end{cases} \tag{7.17}$$

其中,$\sum_x \ln g(x)!$为常数项,不影响似然函数的变化,故将其舍去。

求解最优化问题(7.17)式,可采用交替迭代估计的策略来实现,即令

$$\begin{cases} \dfrac{\partial L(f,h)}{\partial f} = 0 \\ \dfrac{\partial L(f,h)}{\partial h} = 0 \end{cases} \tag{7.18}$$

假定图像退化前后的能量保持不变,模糊只是改变了目标图像的强度分布,像点强度分布扩散,灰度峰值降低,可导出各帧湍流退化图像的点扩展函数数值之和为1,有

$$\frac{g(x)}{f^{(n)}(x) \otimes h^{(n)}(x)} \otimes h^{(n)}(-x) = 1 \tag{7.19}$$

得到关于 $f$ 的迭代估计式:

$$f^{(n+1)}(x) = \left(\frac{g(x)}{f^{(n)}(x) \otimes h^{(n)}(x)} \otimes h^{(n)}(-x)\right) f^{(n)}(x) \tag{7.20}$$

同理,在观测图像的支撑域内,对目标图像 $f$ 进行归一化处理,即目标图像能量值之和恒为1,得到关于 $h$ 的迭代估计式为

$$h^{(n+1)}(x) = \left(\frac{g(x)}{f^{(n)}(x) \otimes h^{(n)}(x)} \otimes f^{(n)}(-x)\right) h^{(n)}(x) \tag{7.21}$$

### 7.2.2 一阶Hu矩约束下的最大似然估计算法[4,10,17]

根据以上推导,最大似然估计算法需要通过多次交互迭代以估计出目标图像和点扩展函数。从理论上讲,只要迭代公式是收敛的,经过有限次的迭代,必定可以迭代出基准图像和点扩展函数的真实解。但是在实际计算中,由于计算机本身的精度误差、迭代次数可能非常大等情况,需要设定一个迭代误差,当相邻两次迭代结果的差别小于该容许误差时,停止迭代,并将此时的解作为真实解的近似值。

对图像而言,两帧图像的差别往往难以表达。原始的最大似然估计算法中,将图像看作为一个二维矩阵,两帧图像的差别定义为差值图像矩阵的 Frobenius 范数(F 范数)。假定矩阵 $\boldsymbol{A}$ 的维数为 $n \times n$,则其 F 范数定义为

$$|| \boldsymbol{A} ||_F = \sqrt{\sum_{i,j=1}^{n} a_{ij}^2} \tag{7.22}$$

一般情况下,差值图像矩阵的 F 范数越小,两帧图像越相近,当差值图像矩阵的 F 范数为 0 时,两帧图像完全相同。但是,在某些情况下,如差值图像大部分为 0,仅有少数几个像素点非 0 且比较大时,其 F 范数也比较大,而此时两帧图像仅仅在少数几个点存在差异,对图像而言差别实际上是可以忽略的。

因此,利用 F 范数作为迭代的误差控制准则,不能很好地表征图像的信息,特别是图像的细节和边缘信息。根据图像的具体特性,可以采用更为有效的图像指标作为迭代的误差控制准则,以提高迭代估计出的图像的质量。

Hu 直接利用笛卡儿坐标系下的标准化中心矩推导出 7 个矩不变量,并证明了其对平移、比例和旋转具有不变性,奠定了矩不变量研究的基础。自 Hu 提出 7 个不变矩以来,不变矩在模式识别和数字图像处理等领域得到了广泛应用。

设图像 $f(x, y)$ 是分辨率为 $m \times n$ 的数字图像,其 $p+q$ 阶原点矩定义为

$$M_{pq} = \sum_{x=1}^{m} \sum_{y=1}^{n} x^p y^q f(x, y) \tag{7.23}$$

$p+q$ 阶中心矩定义为

$$u_{pq} = \sum_{x=1}^{m} \sum_{y=1}^{n} (x - x_0)^p (y - y_0)^q f(x, y) \tag{7.24}$$

其中 $x_0, y_0$ 为图像重心:

$$\begin{cases} x_0 = M_{10}/M_{00} \\ y_0 = M_{01}/M_{00} \end{cases} \tag{7.25}$$

标准化中心矩定义为

$$I_{pq} = u_{pq}/u_{00}^{1+(p+q)/2} \tag{7.26}$$

从而 Hu 的 7 个不变矩可定义为

$$C_1 = I_{20} + I_{02}$$

$$C_2 = (I_{20} - I_{02})^2 + 4I_{11}^2$$

$$C_3 = (I_{30} - 3I_{12})^2 + (3I_{21} - I_{03})^2$$

$$C_4 = (I_{30} + I_{12})^2 + (I_{03} + I_{21})^2$$

$$\begin{aligned}
C_5 &= (I_{30} - 3I_{12})(I_{30} + I_{12})[(I_{30} + I_{12})^2 - 3(I_{03} + I_{21})^2] \\
&\quad + (3I_{21} - I_{03})(I_{03} + I_{21})[3(I_{30} + I_{12})^2 - (I_{03} + I_{21})^2] \\
C_6 &= (I_{20} - I_{02})[(I_{30} + I_{12})^2 - (I_{03} + I_{21})^2] \\
&\quad + 4I_{11}(I_{30} + I_{12})(I_{21} + I_{03}) \\
C_7 &= (3I_{21} - I_{03})(I_{30} + I_{12})[(I_{30} + I_{12})^2 - 3(I_{03} + I_{21})^2] \\
&\quad + (3I_{21} - I_{03})(I_{21} + I_{03})[3(I_{30} + I_{12})^2 - (I_{03} + I_{21})^2]
\end{aligned} \tag{7.27}$$

1. 湍流模糊对图像 Hu 矩的影响

Hu 矩已经被证明了具有平移、比例和旋转不变性，张天序和刘进证明了 Hu 矩在高斯点扩展模糊下具有如下定理规定的性质[4]：

**定理 1** 高斯卷积后 Hu 的第一个不变矩 $C_1$ 增加了 $\dfrac{2\sigma^2}{u_{00}}$，$C_2$ 至 $C_7$ 保持恒定，其中 $\sigma$ 是高斯函数的标准差。

湍流点扩展函数的随机变化如图 7.26 所示。

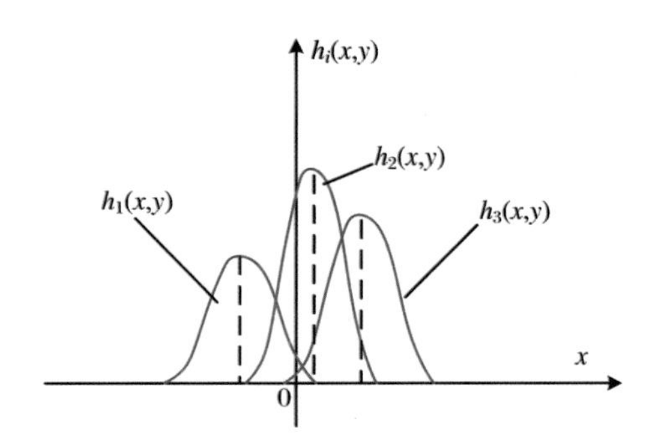


图 7.26 湍流点扩展函数的随机变化(剖面)

由于高速流场的点扩展函数可以看作多个高斯函数的加权和，即

$$h(x,y) = \sum_{i=1}^{k} \omega_i h_i(x,y) \tag{7.28}$$

其中 $h(x,y)$ 是大气湍流流场的点扩展函数，$h_i(x,y)$ 是高斯函数，$\omega_i$ 是加权系数，且 $\sum_{i=1}^{k} \omega_i = 1$，$\omega_i \geqslant 0(i = 1,2,\cdots,k)$。

由此，可得下述推论：

**推论 1** 湍流模糊作用下的图像中，Hu 的第一个不变矩增加了 $\sum_{i=1}^{k} 2\omega_i\sigma_i^2/u_{00}$，其中 $\sigma_i$ 为 $h_i(x,y)$ 的标准差。

**证明** 由定理 1 可知

$$C_1(f \otimes h_i) = C_1(f) + 2\sigma_i^2 / u_{00} \tag{7.29}$$

则有

$$\begin{aligned} C_1(f \otimes h) &= C_1(f \otimes \sum_{i=1}^{k} \omega_i h_i) \\ &= \sum_{i=1}^{k} C_1(f \otimes \omega_i h_i) \\ &= \sum_{i=1}^{k} \omega_i C_1(f \otimes h_i) \\ &= \sum_{i=1}^{k} \omega_i (C_1(f) + 2\sigma_i^2 / u_{00}) \\ &= \sum_{i=1}^{k} \omega_i C_1(f) + \sum_{i=1}^{k} \omega_i 2\sigma_i^2 / u_{00} \end{aligned} \tag{7.30}$$

又因

$$\sum_{i=1}^{k} \omega_i = 1, \quad \omega_i \geqslant 0 (i = 1, 2, \cdots, k) \tag{7.31}$$

则

$$C_1(f \otimes h) = C_1(f) + \sum_{i=1}^{k} \omega_i 2\sigma_i^2 / u_{00} \tag{7.32}$$

从而得证。

从上述推论可以看出，经过湍流流场作用后，图像其 Hu 的第一个矩将会增加，因此，图像的 $C_1$ 越小，图像越清晰。

2. 利用 Hu 矩作为迭代控制准则

前面已经分析了利用 F 范数作为迭代误差控制准则存在的不足，F 范数不足以体现图像的边缘和细节信息，利用 F 范数来判断图像是否清晰显然不够恰当。最大似然估计算法的最终目的是对图像进行去模糊，而在上一节已经证明了 Hu 的第一个矩 $C_1$ 越小，图像越清晰，因此，可以将 $C_1$ 用于最大似然估计算法的迭代误差控制准则，从而控制迭代使其沿着图像更加清晰的方向顺利进行。

结合最大似然估计算法的原理，具体的迭代方法如下：

(1) 设定迭代的参数，如目标图像与点扩展函数初值、最大迭代次数等。

(2) 根据公式对点扩展函数进行迭代。

(3) 根据公式对目标图像进行迭代。若迭代后图像的 $C_1$ 矩大于迭代前图像的 $C_1$ 矩，则放弃本次迭代，并转入(2)，否则转入(4)。

(4) 判断迭代结果是否达到容许误差。若未达到则转入(2),否则迭代完成,输出迭代结果。

在第三步中,考虑到数字图像的离散性,计算出的矩可能与理论存在一定误差,因此在该步中可适当容许迭代后图像的 $C_1$ 矩大于迭代前图像的 $C_1$ 矩。实验中设定为若 $C_1(f_{i+1})>1.05C_1(f_i)$,则放弃本次迭代,并转入(2),否则转入(4)。

3. 实验结果与分析

下面对本节提出的算法进行相应的实验,并与常规的最大似然估计算法进行性能对比和分析。实验基准图像为一空间背景的目标图像(见图 7.27),图像分辨率为 128×128。首先利用支撑域为 8×8 的湍流点扩展函数对基准图像进行退化,再分别在无噪、20 dB、1 dB 高斯噪声条件下,用最大似然估计算法和本节提出的算法进行校正(如图 7.28、图 7.29、图 7.30 所示),并对实验结果进行对比分析。

图 7.27 基准图像

(a) 退化图像

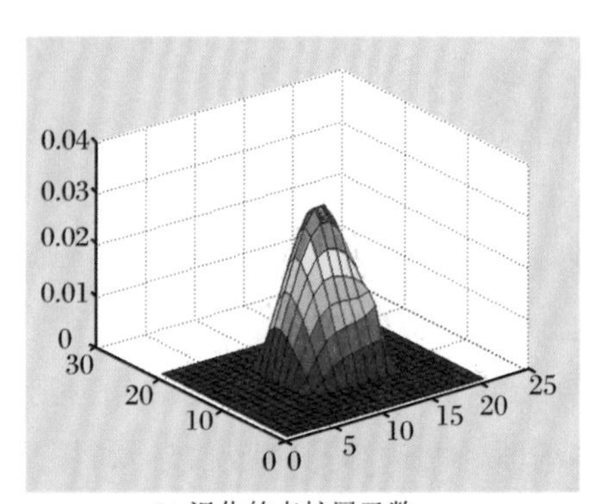


(b) 退化的点扩展函数

(c) 最大似然估计校正

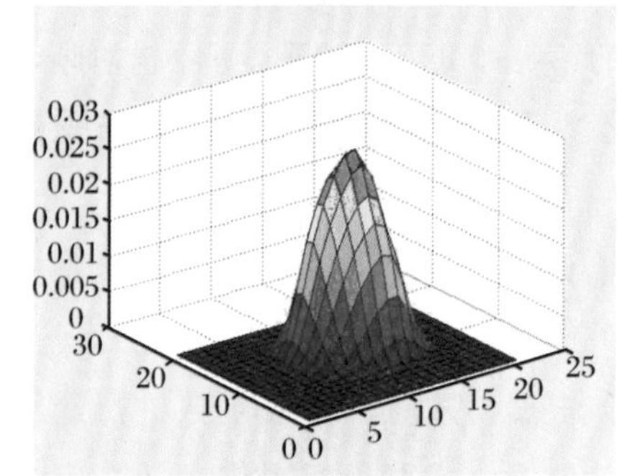


(d) 估计的点扩展函数

图 7.28 无噪条件下算法对比

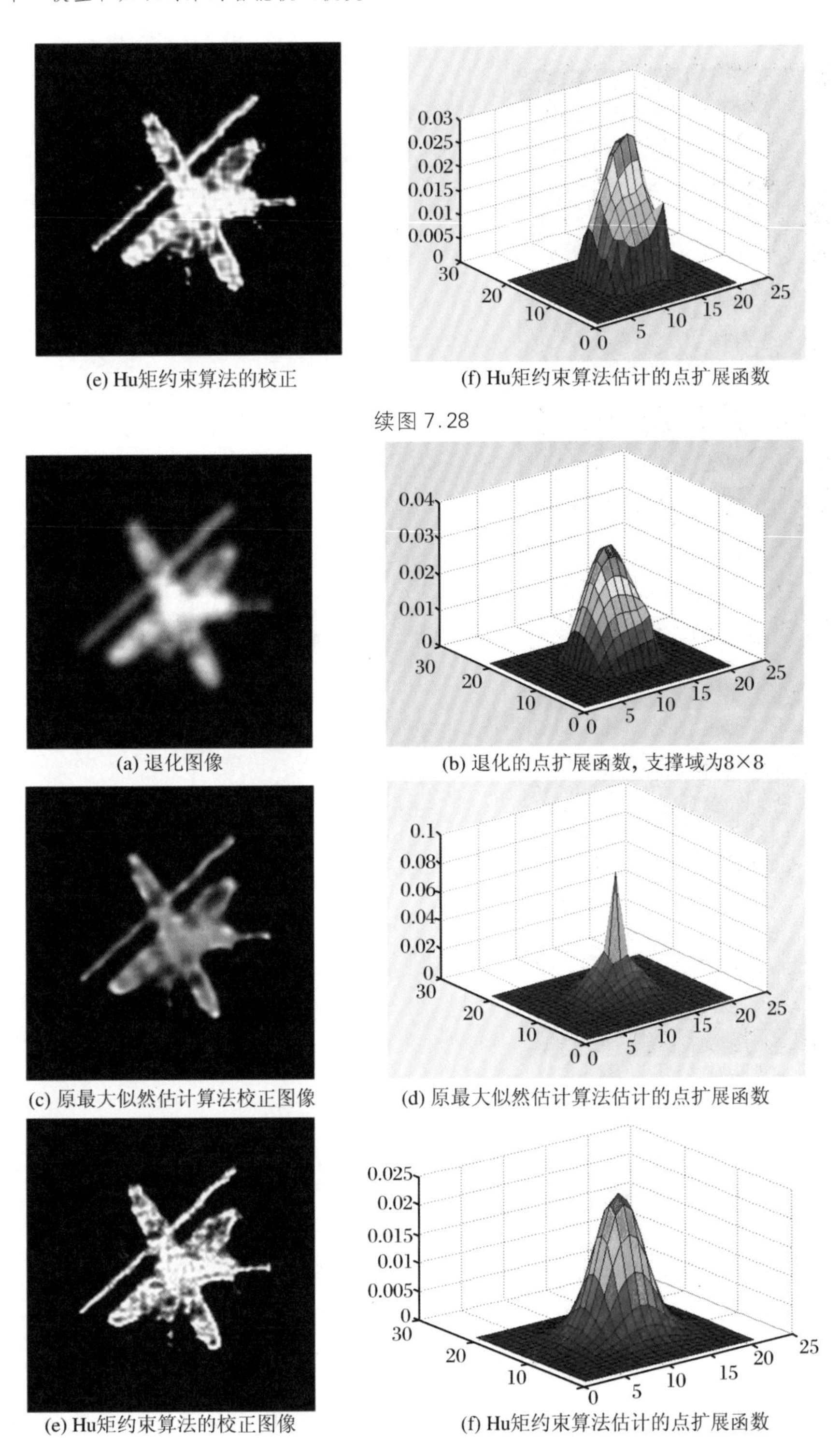


(e) Hu矩约束算法的校正　(f) Hu矩约束算法估计的点扩展函数

续图 7.28

(a) 退化图像　(b) 退化的点扩展函数，支撑域为8×8

(c) 原最大似然估计算法校正图像　(d) 原最大似然估计算法估计的点扩展函数

(e) Hu矩约束算法的校正图像　(f) Hu矩约束算法估计的点扩展函数

图 7.29　叠加 20 dB 高斯白噪声条件下两种算法的校正结果对比

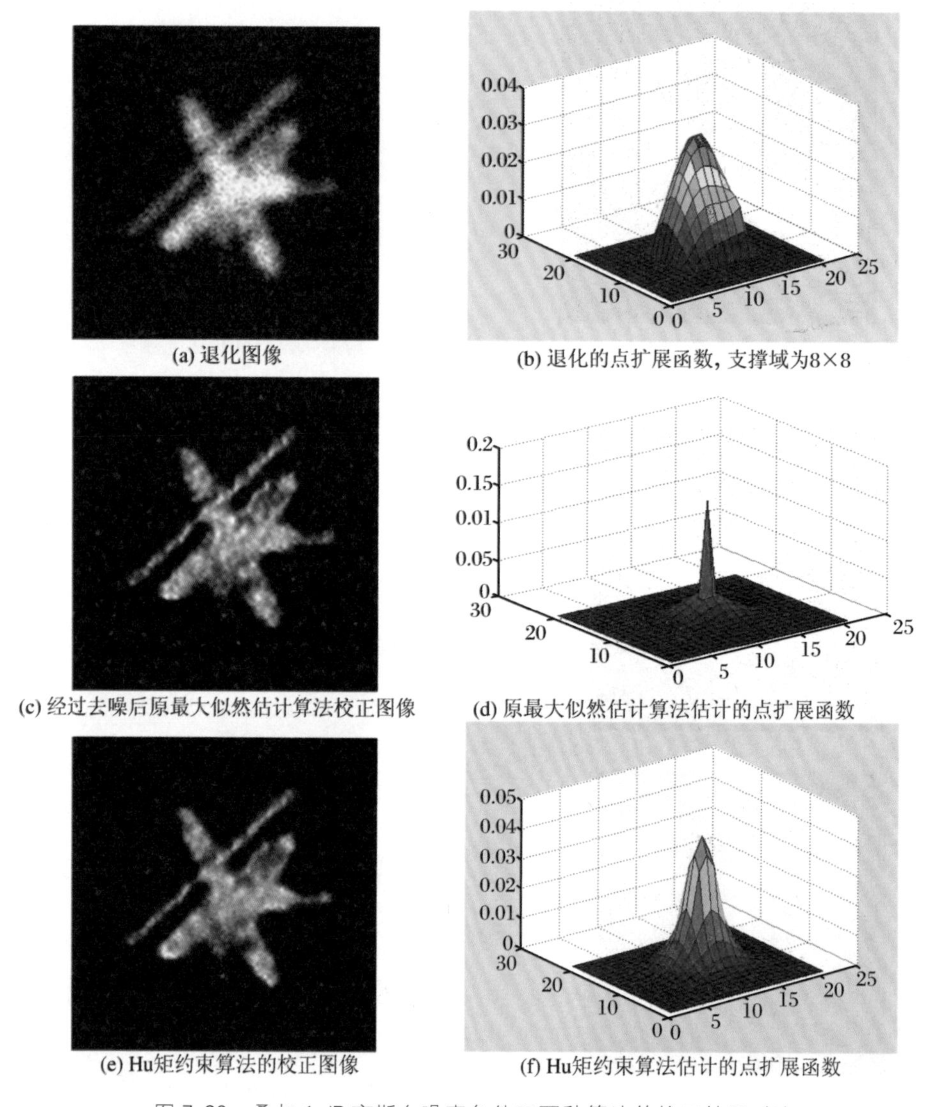

(a) 退化图像 (b) 退化的点扩展函数，支撑域为8×8

(c) 经过去噪后原最大似然估计算法校正图像 (d) 原最大似然估计算法估计的点扩展函数

(e) Hu矩约束算法的校正图像 (f) Hu矩约束算法估计的点扩展函数

图 7.30 叠加 1 dB 高斯白噪声条件下两种算法的校正结果对比

由上述实验结果可以看出：

(1) 在相同噪声条件下，与原最大似然估计算法相比，Hu 矩约束下的最大似然估计算法的校正图像保留了更多的图像细节信息，目标的边缘更为清晰。

(2) 从点扩展函数的估计来看，在无噪声条件下，两种算法估计出的点扩展函数均与退化的点扩展函数相近；但在叠加高斯白噪声的条件下，随着噪声的增加，两种算法估计的点扩展函数都越来越不同于真实退化的点扩展函数，但是 Hu 矩约束下的最大似然估计算法估计出的点扩展函数其形状与退化的点扩展函数更相似。虽然对图像进行了去噪,但残留的噪声仍然对算法存在干扰,导致估计的点扩展函数失真。

(3) 在迭代过程方面,Hu 矩约束下的最大似然估计算法很好地控制了迭代前进的方向,沿着迭代的方向,目标图像的 $C_1$ 矩是大致递减的;而在原最大似然估计算法中,目标图像的 $C_1$ 矩未呈现出一定规律,因此,对迭代结果图像的清晰程度无法有效保证。

因此,Hu 矩约束下的最大似然估计算法通过控制 Hu 矩的约束,使图像迭代沿着图像清晰的方向进行,保证了迭代的有效性,为校正图像保留了更多的边缘和细节信息。

### 7.2.3 Hu 矩约束下的多帧最大似然估计算法

对于待校正的原始目标图像而言,利用多个不同的模糊帧是一个强有力的约束条件。这样可以将其统计模型及其数学建模作为先验知识,使其图像校正问题变成参数优化问题。即由多帧湍流退化图像恢复目标图像的原始信息,将一阶 Hu 矩引入最大似然估计方法,对各帧点扩展函数和目标图像进行联合最佳估计,称之为 Multi-Frame Hu Moment Constrained Maximum Likelihood Estimeting Algorithm(MFHuMCMLA)。

在湍流的干扰下,目标图像的畸变将会十分严重,由于高速流场瞬变引起点扩展函数也是随机变化的,本节用含有相同目标的序列短曝光多帧退化图像 $\{g_k\}_{k=1}^{K}$ 来恢复目标图像 $f$,其中 $K$ 为帧数,各帧短曝光湍流退化图像可认为是被互相独立的气动流场干扰所得到的退化图像,根据贝叶斯分析理论,在已知退化图像 $g_k$ 的条件下,原始目标图像 $f$ 的概率为

$$P(f|g_k) = \frac{P(g_k|f)P(f)}{P(g_k)} \tag{7.33}$$

如果只考虑条件概率 $P(g_k|f)$,则为一般意义上的最大似然估计问题,它对应以下最优化问题:

$$\hat{f} = \operatorname{argmax}[P(g_k/f)] \tag{7.34}$$

其中,$\hat{f}$ 为原始目标图像 $f$ 的估计,上式等价于

$$\hat{f} = \operatorname{argmax}[\ln P(g_k|f)] \tag{7.35}$$

令 $\left.\frac{\partial \ln P(g_k|f)}{\partial f}\right|_{f=\hat{f}} = 0$,由此即可获得 $f=\hat{f}$ 即为最大似然条件下的目标图像

估计。

在许多情况下，短曝光天文图像可用 Poisson 随机场来建模，空中目标湍流退化图像也可用 Poisson 随机场来建模，即测到的像元光学强度具有 Poisson 分布性质。由此可见，在给定目标强度 $f$ 和点扩展函数 $h_k$ 条件下，可以假定 $g_k(y)$ 是一个以 $i_k$ 为均值的服从 Poisson 分布的独立随机变量，因此，在像元位置 $x$ 处实际观测到的灰度值 $g_k(x)$ 的概率可以表达为

$$P(g_k(x)\mid f,h_k)=\frac{i_k(x)^{g_k(x)}\mathrm{e}^{-i_k(x)}}{g_k(x)!} \tag{7.36}$$

其中，$g_k$ 为第 $k$ 帧退化图像，$h_k$ 为 $g_k$ 的点扩展函数，$i_k$ 为 $g_k$ 在坐标 $x$ 处的强度，即

$$i_k(x)=f(x)\otimes h(x) \tag{7.37}$$

采用极大似然估计准则，通过最大化对数似然函数来估计目标图像 $f$ 和 $h$，即

$$\begin{cases}\max L(f,\{h_k\})\\ L(f,\{h_k\})=\ln P(\{g_k\}\mid f,\{h_k\})\\ \qquad=\sum\limits_k\sum\limits_x(-f(x)\otimes h(x)+g_k(x)\ln(f(x)\otimes h(x))-\ln g_k(x)!)\end{cases} \tag{7.38}$$

其中，$\sum\limits_k\sum\limits_x\ln g_k(x)!$ 为常数项，不影响似然函数的变化，故将其舍去。

为求解最优化问题，可采用交替迭代估计的策略来实现，即令

$$\begin{cases}\dfrac{\partial L(f,\{h_k\})}{\partial f}=0\\[2ex] \dfrac{\partial L(f,\{h_k\})}{\partial h_k}=0\end{cases} \tag{7.39}$$

假定退化前后图像的能量保持不变，模糊只是改变了目标图像的强度分布，像点强度分布扩散，灰度峰值降低，可导出各帧湍流退化图像的点扩展函数数值之和为 1，有

$$\frac{1}{K}\sum_{k=1}^{K}\left(\frac{g_k(x)}{f^{(n)}(x)\otimes h_k^{(n)}(x)}\right)\otimes h_k^{(n)}(-x)=1 \tag{7.40}$$

得到关于 $f$ 的迭代估计式：

$$f^{(n+1)}(x)=\left(\frac{1}{K}\sum_{k=1}^{K}\left(\frac{g_k(x)}{f^{(n)}(x)\otimes h_k^{(n)}(x)}\right)\otimes h_k^{(n)}(-x)\right)f^{(n)}(x) \tag{7.41}$$

同理,在观测图像的支撑域内,对目标图像 $f$ 进行归一化处理,即目标图像能量值之和恒为 1,得到关于 $h$ 的迭代估计式为

$$h_k^{(n+1)}(x) = \left(\frac{g_k(x)}{f^{(n)}(x) \otimes h_k^{(n)}(x)} \otimes f^{(n)}(-x)\right) h_k^{(n)}(x) \tag{7.42}$$

从理论上讲,上述基于极大似然估计的恢复算法要用很多帧图像才能获得较好的恢复结果,但在实际应用中所能获得的图像帧数往往很有限,也就是说,我们希望用帧数尽量少的图像获取尽可能好的恢复结果。洪汉玉等人在文献中提出了基于双重循环交替迭代的湍流退化图像恢复算法,即增加内循环迭代次数,具体的迭代过程如下。

关于 $h$ 的迭代估计式:

$$h_{k(p+1)}^{(n)}(x) = \left(\left(\frac{g_k(x)}{f^{(n)}(x) \otimes h_{k(p)}^{(n)}(x)}\right) \otimes f^{(n)}(-x)\right) h_{k(p)}^{(n)}(x) \tag{7.43}$$

关于 $f$ 的迭代估计式:

$$f_{(q+1)}^{(n)}(x) = \left(\frac{1}{K}\sum_{k=1}^{K}\left(\frac{g_k(x)}{f_{(q)}^{(n)}(x) \otimes h_k^{(n)}(x)}\right) \otimes h_k^{(n)}(-x)\right) f_{(q)}^{(n)}(x) \tag{7.44}$$

该算法较好地利用了每帧图像中目标与点扩展函数的数据关系对目标图像进行恢复,在增加内循环迭代次数的同时减少外循环次数。图 7.31 为该最大似然估计校正算法流程图。

但该方法仍未充分挖掘出有着相同目标的序列短曝光多帧湍流退化图像的特点,即相邻短曝光的湍流退化图像的点扩展函数是极为相似的。这里我们在分析算法结构的基础上,提出了一种改进的算法,采取校正精度的接力方式,将前一帧图像校正获得的有效信息作为当前帧图像校正的起点,即在迭代过程中充分利用序列短曝光图像的特点,将同一次点扩展函数内迭代估计过程中估计出的前一帧退化图像的点扩展函数代入后一帧退化图像的点扩展函数的迭代估计中,也就是将前一帧退化图像经过迭代估计出的点扩展函数作为其后一帧退化图像的点扩展函数初值代入其点扩展函数的迭代过程中,并依此类推到整个退化图像序列;同时,将每一次点扩展函数迭代过程中估计出的最后一帧退化图像的点扩展函数代入到同一次外循环内目标函数的内迭代估计过程中,如此一来,在减少内循环和外循环迭代次数的同时进一步提高了目标图像的恢复效果,具体改进的迭代过程如下。

关于 $h$ 的迭代估计式:

$$h_{1(p+1)}^{(n+1)}(x) = \left(\left(\frac{g_1(x)}{f^{(n)}(x) \otimes h_{K(p)}^{(n+1)}(x)}\right) \otimes f^{(n)}(-x)\right) h_{K(p)}^{(n+1)}(x) \tag{7.45}$$

$$h_{k+1(p+1)}^{(n+1)}(x)=\left(\left(\frac{g_{k+1}(x)}{f^{n}(x)\otimes h_{k(p+1)}^{(n+1)}(x)}\right)\otimes f^{(n)}(-x)\right)h_{k(p+1)}^{(n+1)}(x) \quad (7.46)$$

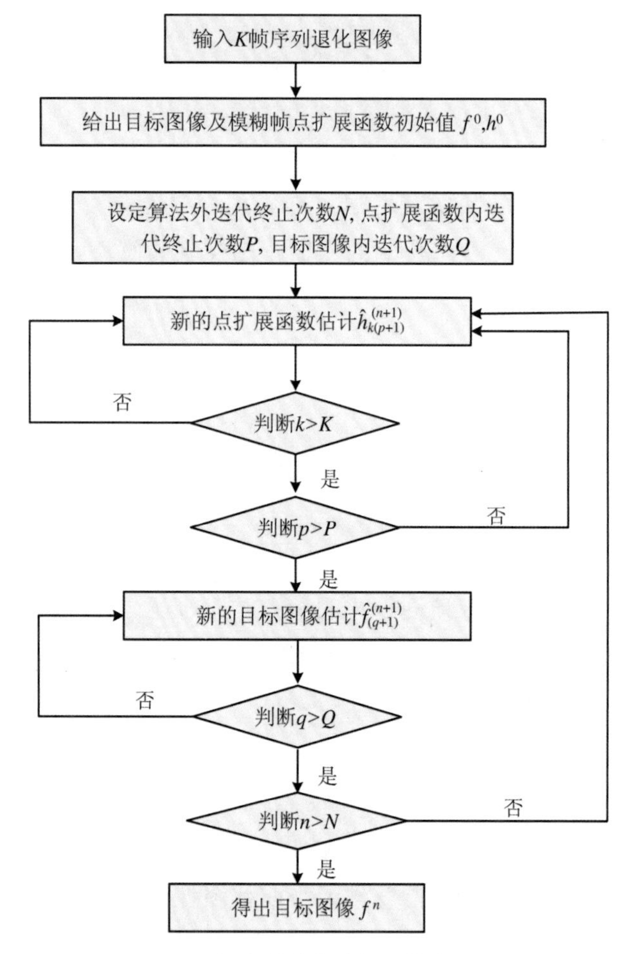


图 7.31 最大似然估计校正算法流程图

关于 $f$ 的迭代估计式：

$$f_{(q+1)}^{(n+1)}(x)=\left(\frac{1}{K}\sum_{k=1}^{K}\left(\frac{g_{k}(x)}{f_{(q)}^{(n+1)}(x)\otimes h_{K(P)}^{(n+1)}(x)}\right)\otimes h_{K(P)}^{(n+1)}(-x)\right)f_{(q)}^{(n+1)}(x) \quad (7.47)$$

其中，$f^{(0)}=\frac{1}{K}\sum_{k=1}^{K}g_{k}$。

改进后的算法流程如图 7.32 所示，该算法主要由两层循环组成，即 1 个外循环和 2 个内循环。外循环即整个盲目迭代过程，而 2 个内循环则分别用来估计点扩展函数和目标图像，如 $f_{(q)}^{(n)}$ 表示算法迭代至第 $n$ 次外循环中的第 $q$ 次内循环时的目标图像估计，$h_{(k,p)}^{(n)}$表示算法迭代至第 $n$ 次外循环中的第 $p$ 次内循环时的第 $k$ 帧退化图像的 PSF 估计。整个算法流程即先对目标图像 $f^0$ 和点扩展函数 $h^0$ 进行初始估计，然后分别对点扩展函数和目标图像进行内迭代得到估计的点扩展函数和目标图像。在迭代过程中，若迭代后的目标图像 $C_1$ 矩大于迭代前图像的 $C_1$ 矩，则跳出本次目标图像内迭代过程，将前次迭代结果作为当前迭代结果，如此循环，直到满足终止条件为止。

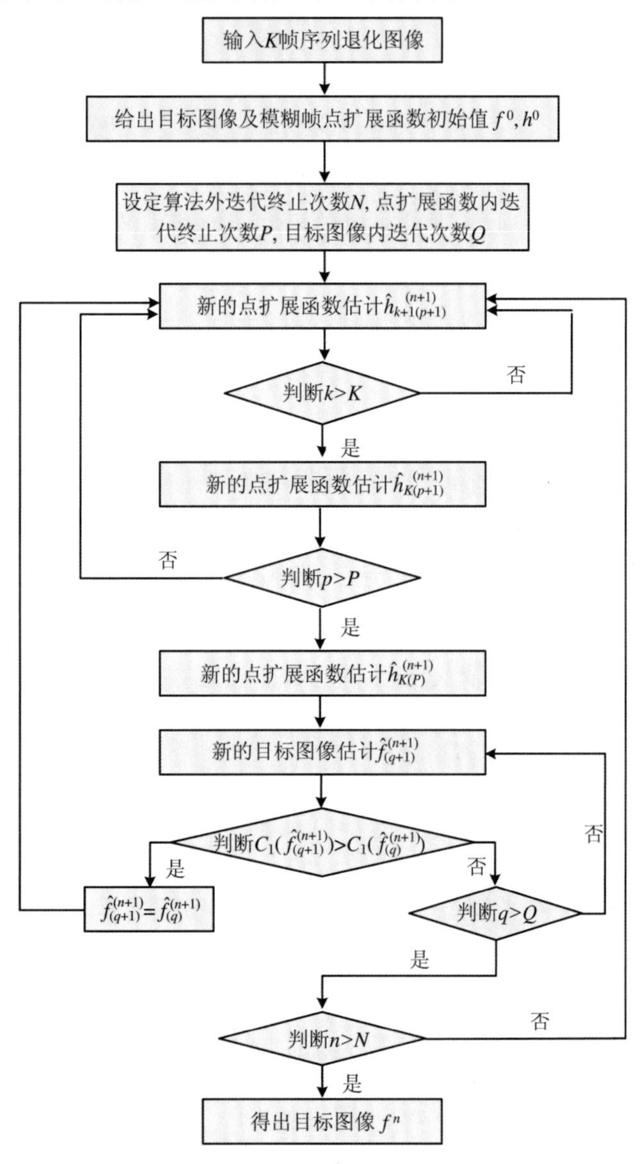


图 7.32　Hu 矩约束下的多帧退化图像最大似然估计校正算法流程图

本章实验还采用一种基于 Haar 小波变换的模糊程度判断法来评价图像的模糊度。该方法能稳定有效地提取出图像中显著的边缘点，忽略图像中并不显著的边缘点和噪声产生的伪边缘点，对图像的模糊程度给出一个客观的评价。

该方法利用 Haar 小波对图像进行小波变换，利用小波变换的多尺度特性把图像分解成不同尺度上的多个分量，小波系数模的局部极大值对应着图像中的边缘点。对于二维的 Haar 小波来说，图像可分解为

$$
\begin{aligned}
A_{2^s}^{\mathrm{d}}f &= (f(x,y) * \varphi_{2^s}(-x)\varphi_{2^s}(-y))(2^{-s}n, 2^{-s}m) \\
D_{2^s}^{1}f &= (f(x,y) * \varphi_{2^s}(-x)\psi_{2^s}(-y))(2^{-s}n, 2^{-s}m) \\
D_{2^s}^{2}f &= (f(x,y) * \psi_{2^s}(-x)\varphi_{2^s}(-y))(2^{-s}n, 2^{-s}m) \\
D_{2^s}^{3}f &= (f(x,y) * \psi_{2^s}(-x)\psi_{2^s}(-y))(2^{-s}n, 2^{-s}m)
\end{aligned}
\tag{7.48}
$$

其中，$(n,m)\in \mathbf{Z}^2$，$\varphi$ 和 $\psi$ 分别是对应的尺度函数和小波函数，对于第 $s$ 层变换来说，图像被分解为 4 个 1/4 大小的图像，每个都是图像与小波基的内积，每一层包含从前一层来的低频信息 $A_{2^s}^{\mathrm{d}}f$ 和水平、垂直、对角线信息 $D_{2^s}^{1}f$、$D_{2^s}^{2}f$、$D_{2^s}^{3}f$。

图像经过一层 Haar 小波变换后得到了对角细节分量矩阵 $D_{2^s}^{3}f$，对 $|D_{2^s}^{3}f|$ 进行灰度转换，使矩阵上的细节分量值转换到 $0\sim 2^n$ bit 之间，得到对角细节分量灰度矩阵，此时矩阵上的局部极大值对应着图像中的边缘点，图像的平坦区域对应着矩阵上的 0 值。当图像模糊时，其边缘上的相邻像素由于邻域灰度特征相近，经过 Haar 小波变换后，得到的对角细节分量灰度矩阵上对应的相邻矩阵点的值就会相等，而且当图像模糊程度越大时，这类边缘邻域相等点就越多。在对角细节分量灰度矩阵上以这类边缘邻域相等点作为选取的特征点，检测出这些特征点的数目 $n_c$，矩阵像素数目为 $N$，模糊判断值 $d$ 的计算公式为

$$
d = \frac{n_c}{N} \tag{7.49}
$$

该值的大小处于 0 和 1 之间，一般情况下其值与图像的模糊度成正比关系，当 $d>0.15$ 时，认为图像比较模糊。

下面以两组实测的风洞靶标图像序列为例，对本章提出的算法进行实验和验证，并与原来的最大似然估计算法进行性能对比和分析。

部分处理结果如图 7.33 所示。图 7.33(a)为实测风洞靶标图像序列 1 的第 3 帧，有一定程度模糊；图 7.33(b)为按文献中最大似然估计算法对其进行校正得到的结果；图 7.33(c)为以同样的外迭代次数、点扩展函数内迭代次数和

目标图像内迭代次数，按本书 Hu 矩约束的多帧最大似然估计校正算法对其进行校正的结果。本书方法的效果优于前者。

(a) 风洞靶标图像序列1第3帧

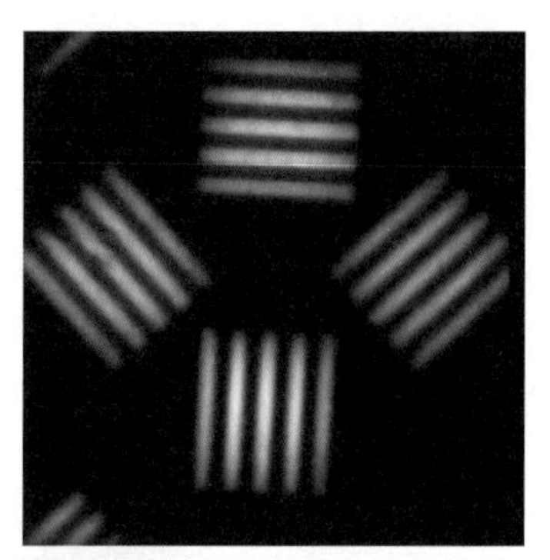
(b) 最大似然估计算法校正结果

(c) Hu矩约束的多帧最大似然估计结果

图 7.33 风洞靶标图像序列 1 校正

计算校正前后风洞靶标图像序列 1 的模糊度，其对比曲线见图 7.34。

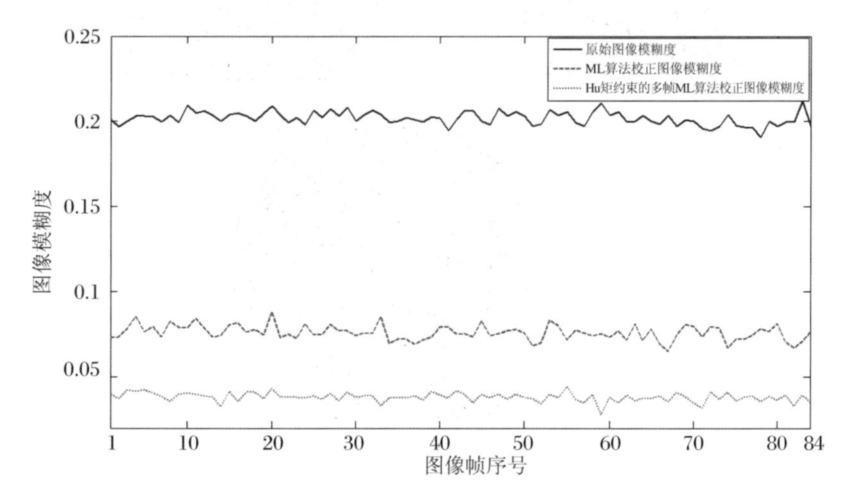


图 7.34 校正前后图像模糊度对比曲线

对校正前后的图像计算其目标/背景对比度,其对比度曲线见图7.35。

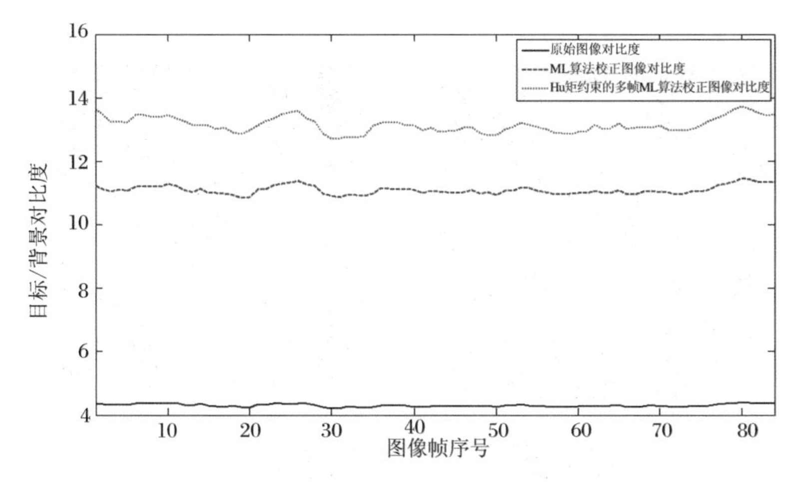


图7.35 校正前后图像目标/背景对比度曲线

图7.36为风洞靶标图像序列2的部分处理结果,该序列第48帧后的图像的模糊程度严重。图7.36(a)为第44帧,图7.36(b)为按文献中的最大似然估计算法进行处理的结果,图7.36(c)为以同样的外迭代次数、点扩展函数内迭代

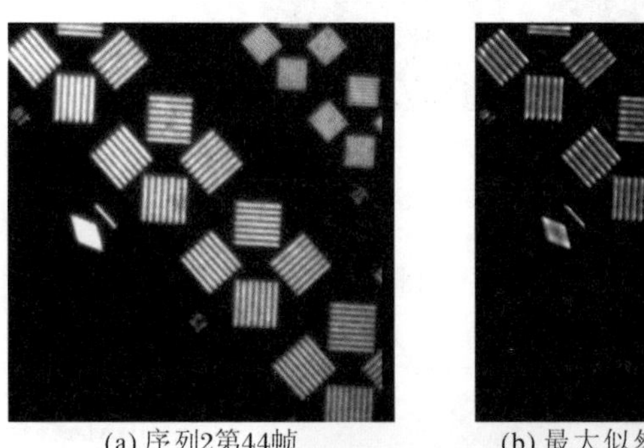

(a) 序列2第44帧

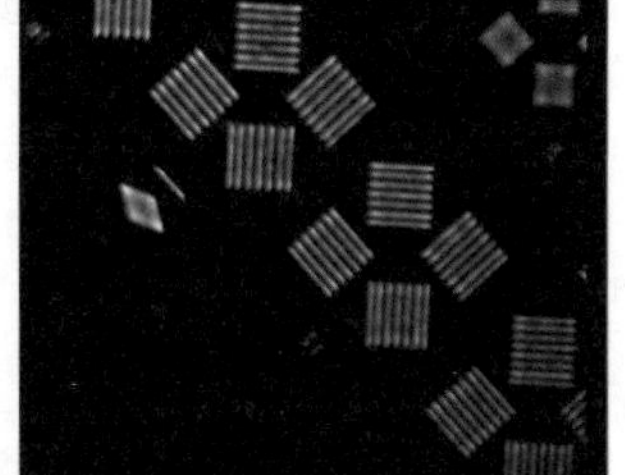

(b) 最大似然估计算法结果

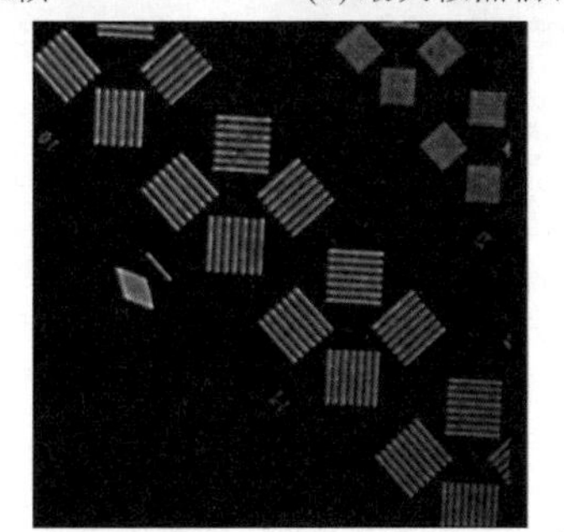

(c) 一阶Hu矩约束多帧最大似然估计结果

图7.36 风洞图像序列2校正结果

次数和目标图像内迭代次数，按一阶 Hu 矩约束多帧最大似然估计校正算法进行处理的结果。

图 7.37(a)为实测风洞靶标图像序列 2 的第 48 帧，图 7.37(b)为利用单帧最大似然估计算法对其进行校正的结果，图 7.37(c)为以同样的外迭代次数、点扩展函数内迭代次数和目标图像内迭代次数，按 Hu 矩约束的单帧最大似然估计算法进行校正的结果，图 7.37(d)为以同样的外迭代次数、点扩展函数内迭代次数和目标图像内迭代次数，按本书提出的 Hu 矩约束下的多帧退化图像最大似然估计校正算法进行处理的结果。显然，本书方法效果最好。

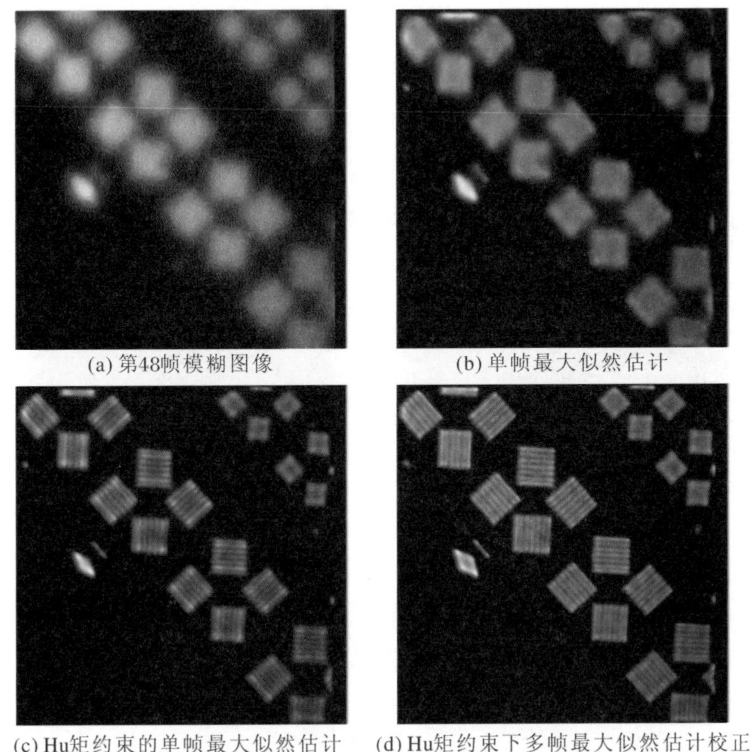

(a) 第48帧模糊图像　(b) 单帧最大似然估计

(c) Hu矩约束的单帧最大似然估计　(d) Hu矩约束下多帧最大似然估计校正

图 7.37 风洞靶标图像序列 2 校正结果

计算校正前后风洞靶标图像序列 2 的模糊度，其对比曲线如图 7.38 所示。

对校正前后的图像计算其目标/背景对比度，其对比度曲线如图 7.39 所示。

上述实验表明，校正后图像的模糊度降低，目标/背景对比度明显提升。在同样的外迭代次数、点扩展函数内迭代次数和目标图像内迭代次数下，本章提出的 Hu 矩约束的单帧和多帧退化图像最大似然估计算法的校正结果均优于最大似然估计校正算法,目标的边缘和细节信息更突出,模糊度降低和目标/背景对比度的提升更为明显,验证了本章提出的校正算法的正确性和有效性。

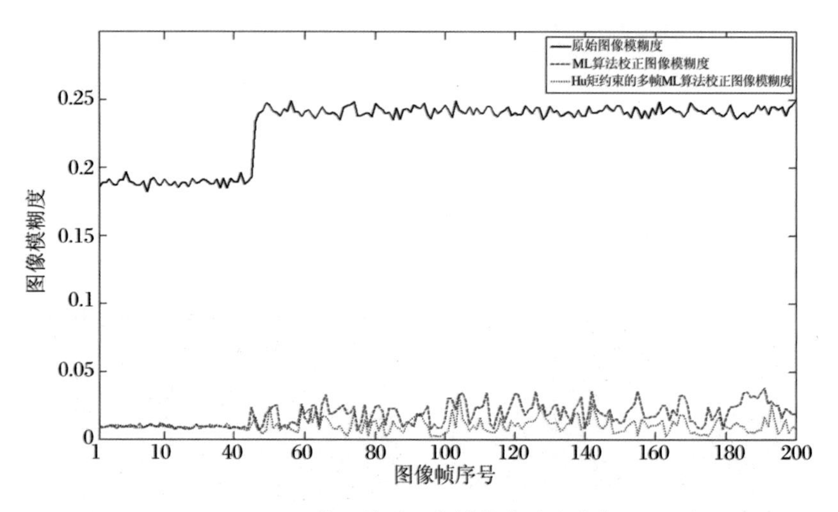


图 7.38 校正前后图像模糊度对比曲线

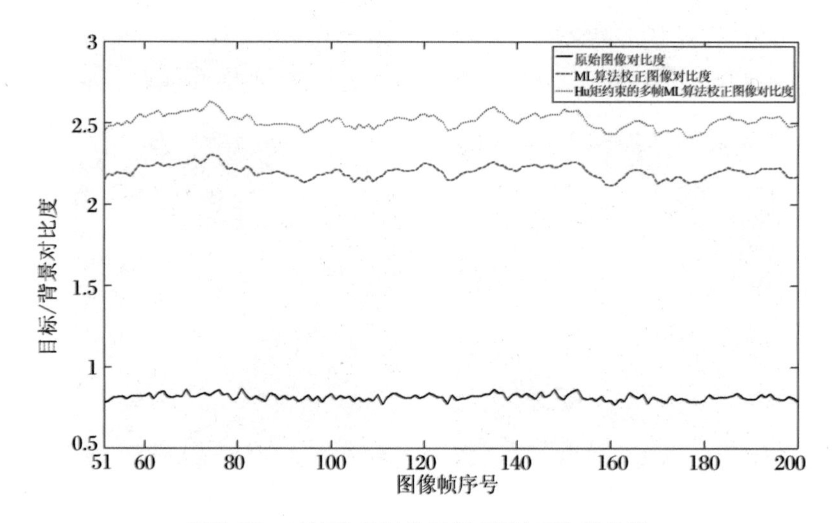


图 7.39 校正前后图像目标/背景对比度曲线

## 7.3　多阶段多算法组合的图像校正[14]

现有的一些图像校正方法，在某些条件下具有很好的恢复效果。但是，在强噪声、强湍流场等实际情况下，恶劣的成像条件使得单一的校正算法难以有效工作，而我们不可能针对每一种条件都研究相应的校正方法。因此，可以针对某一具体问题，根据已有的图像去噪和校正算法，将多种算法组合起来，发挥各个算法的优势，研究多算法组合的图像序列校正过程。

多算法组合的图像校正过程，可以克服单一校正算法的不足，使各个算法扬长避短，相互配合，提高处理过程的品质。我们称之为 Multi-Algorithms Joint Image Correction Method（MAJICM）。

### 7.3.1　校正过程设计

一般情况下，实测图像序列不仅仅存在严重的模糊，还包含了强烈的流场噪声以及传感器噪声，其信噪比和目标/背景对比度很低。若直接对其进行校正，强噪声势必会严重影响校正算法的效果。因此，设计校正过程时，需要首先估计图像中目标与噪声的特性，选择合适的图像滤波算法，使得去噪后图像中目标细节信息不会丢失。例如，对于椒盐噪声，可选择中值滤波方法；对于乘性噪声，可以选择对数域平均方法；对于空间结构性较强的形状目标图像，可使用本书提出的频域滤波算法。

在此基础上，根据具体的已知信息和目标特性，选择相应的图像恢复算法，用于图像的校正。例如，若已知图像退化的点扩展函数支撑域，可选择两帧代数校正算法；若仅知图像退化的点扩展函数支撑域大致范围，可采用自适应两帧校正算法；若已知图像的近似点扩展函数，可利用相位校正法或改进的最大似然估计算法。

图像退化是一个不可逆过程，因此，图像恢复算法不可能完全去除图像模糊。实际上上述校正后的图像中仍存在校正残余效应，可以对图像做进一步处

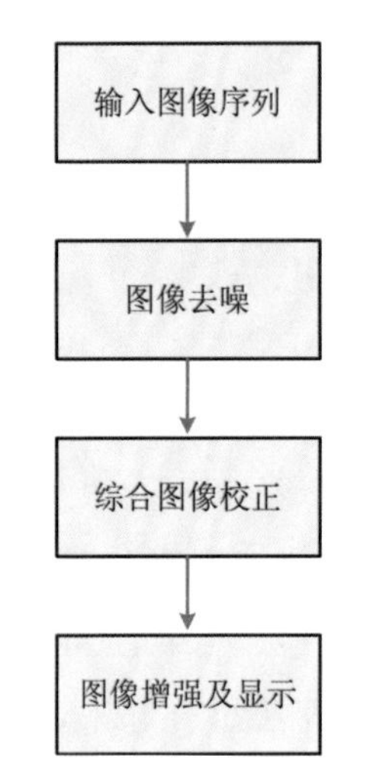


图 7.40 多算法组合的图像校正过程

理。例如,对空间目标图像序列,目标的结构性很强,为了突出目标或其某个部件,可以根据目标或其部件的方向等信息,利用一维点扩展函数约束的校正方法进行再次校正,凸显出其细节信息。

最后,校正后的图像需要更好地呈现出来,某些图像可能其灰度范围小,导致其缺乏层次感,或者其细节表现不明显。可以根据具体的图像特性,选择适当的图像增强方法,以突出图像中目标的细节信息,同时也可以利用伪彩色显示等将图像更好地展现出来。

多算法组合的图像校正过程流程如图 7.40 所示。

图像去噪方法有很多,其中包括空间域、频率域、小波域等滤波算法。选择图像去噪算法时,需要结合具体的图像,以及图像中目标/噪声的相关特性,选择一种或多种图像滤波算法,使得处理后图像中目标的细节信息能较好地保留,图像信噪比尽可能高。图像去噪算法如图 7.41 所示。

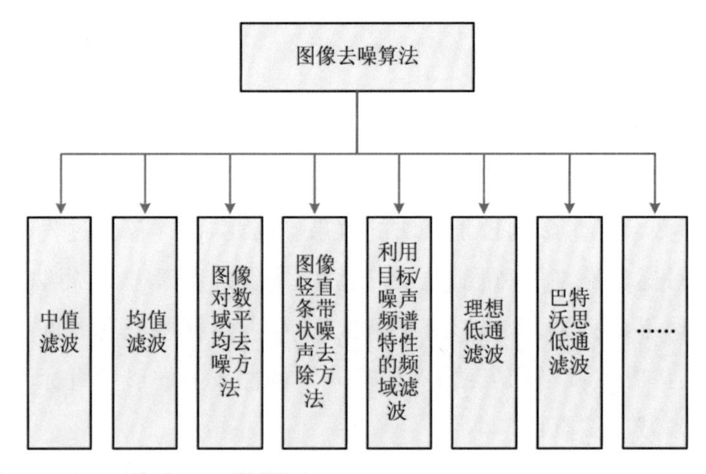


图 7.41 图像去噪算法库

另一方面,对于图像校正恢复算法,需要结合成像的先验知识、图像中目标的特性以及图像信噪比来选择合适的恢复算法。图像恢复算法如图 7.42 所示。

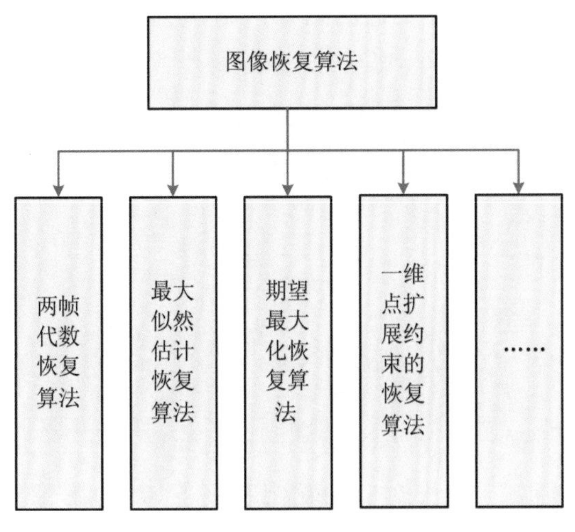


图7.42 图像恢复算法库

### 7.3.2 典型校正过程

本节将以空间目标图像为例,设计校正过程,并给出实验结果。

该空间目标图像存在严重的模糊,还包含了强烈的噪声,如图7.43所示。

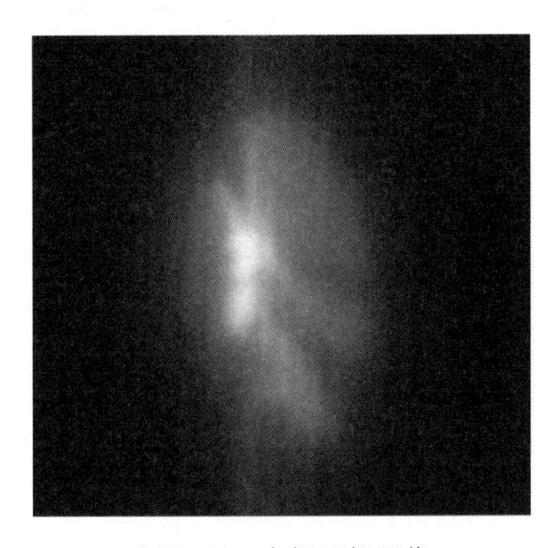

图7.43 空间目标图像

从图中可以看出,该图像序列噪声非常强,需要对其进行去噪。根据对图像的观察和实验分析,可以看出图像中噪声在目标及其附近比较强,而在目标外围背景处比较弱,因此这部分噪声可以近似为乘性噪声;同时,由于图像的成像间隔时间很短,我们可以认为相邻几帧(实验中设为5帧)图像中目标的位置、姿态基本保持不变;因此,可以采用图像对数域平均方法进行去噪。图像中央存在明显的竖直方向带状噪声。图像校正的先验知识很少,因此拟采用最大似然估计算法来对图像进行恢复。另一方面,图像中目标的空间结构性和方向性比较明显,因此可以采用一维点扩展函数约束的校正方法来进一步凸显目标及其部件的结构。

校正后的图像不仅需要用于特征提取、目标识别等后续工作中,也需要很好地显示出来。因此,可以对校正后图像进行增强,突出图像的细节特征,以便于后续的提取与识别。

可以利用图像增强突出图像中目标灰度值较小的部分,可采用灰度非线性变换来实现。可用分段线性变换来实现非线性变换,公式如下:

$$T(r)=\begin{cases}\dfrac{s_1}{r_1}r, & r\in[0,r_1]\\ \dfrac{s_2-s_1}{r_2-r_1}(r-r_1)+r_1, & r\in(r_1,r_2]\\ \dfrac{L-1-s_2}{L-1-r_2}(r-r_2)+r_2, & r\in(r_2,L-1]\end{cases}\tag{7.50}$$

其中 $r$ 为输入灰度值,$T(r)$为对应的输出灰度值,$L$ 为图像灰度级数。分段非线性线性变换公式如下:

$$T(r)=\sum_{i=0}^{p}a_i r^i\tag{7.51}$$

其中 $r$ 为输入灰度值,$T(r)$为对应的输出灰度值,$a_i$ 为多项式系数,$p$ 为多项式最高幂次方。

灰度非线性变换的例子如图 7.44 所示。

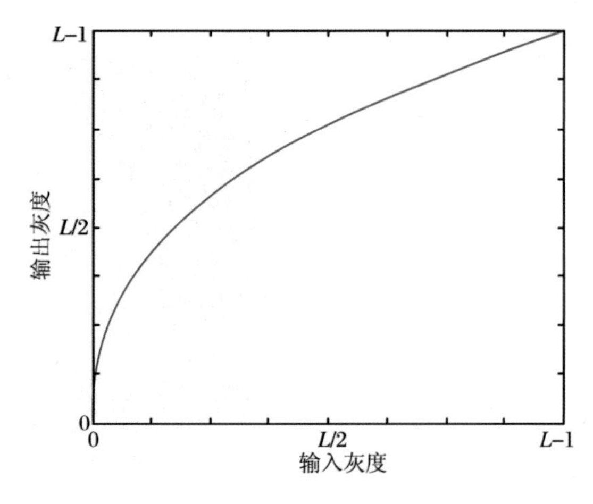


图 7.44 灰度非线性变换示意图

综上所述,典型空间目标图像序列校正过程为:首先将相邻多帧图像进行对数域平均,去除图像中的乘性噪声,再对图像中央的条带状噪声进行去除。在此基础上,利用最大似然估计算法对去噪后的图像进行校正,实现对图像的初步去模糊。另外为了突出目标部件的结构,可采用一维点扩展函数约束下的校正方法,对图像进行进一步处理。最后,利用非线性变换对校正的图像中的目标区域进行图像增强,提高显示品质。典型空间目标图像序列校正过程和处理结果的实例分别见图 7.45、图 7.46。

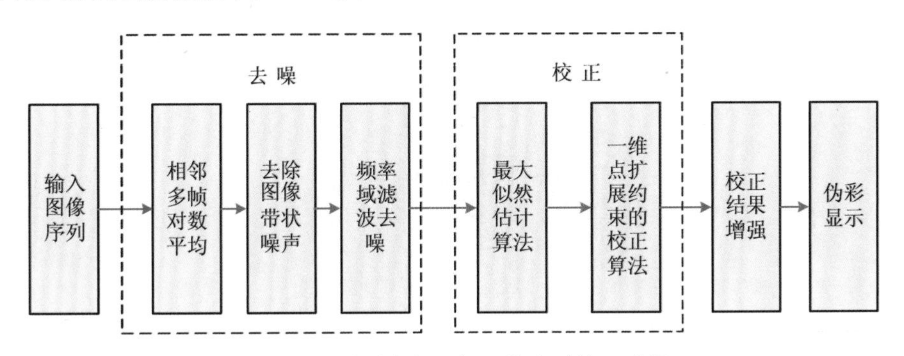


图 7.45　典型空间目标图像序列校正过程

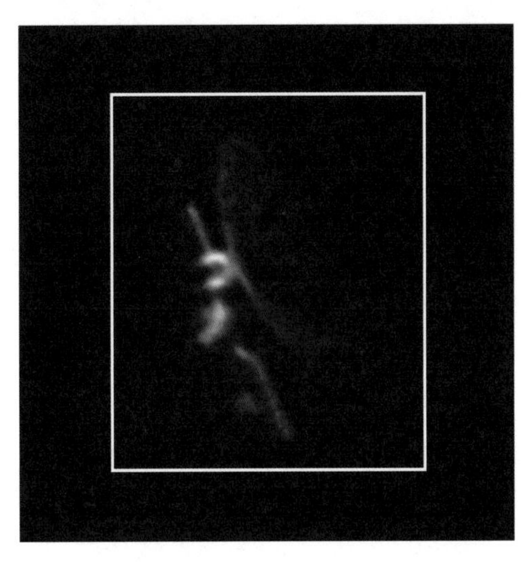

图 7.46　多算法组合的图像校正过程实验结果

## 7.4　校正检测跟踪一体化的方法[15,16]

全图像的气动光学效应校正对目标检测识别而言常常不是始终必要的,因为目标仅占图像中很少的部分,特别是远距离探测,感兴趣对象是斑状少像素的。因此必须发展校正检测跟踪一体化的方法。

作者提出的校正、检测、追踪一体化的智能实时校正方法流程见图 7.47。称之为 Intelligent Correction Integrated with Detection and Pursuit (ICIDePu)。全图初校正、进而初检测的例子见图 7.48、图 7.49。

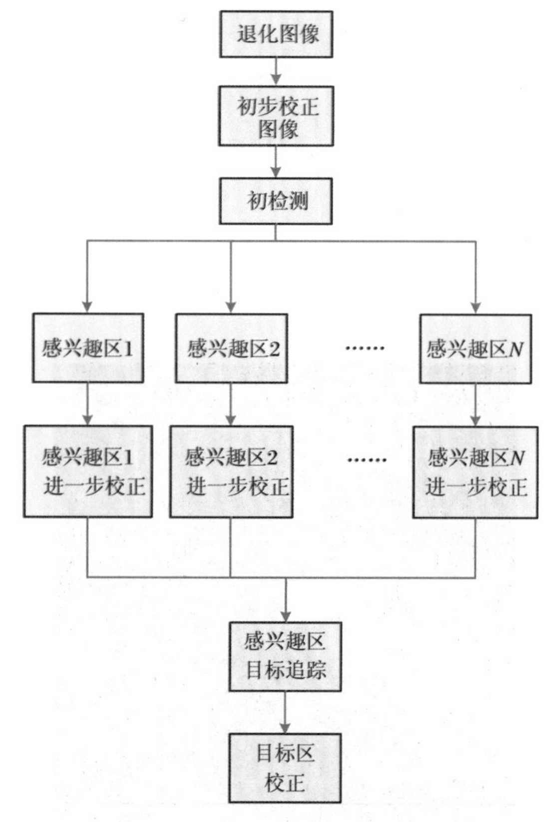


图 7.47 校正、检测、追踪一体化的智能实时校正方法

(a) 退化图像，几乎见不到目标 (b) 全图初校正，已见目标(目标位置居中)

图 7.48 均匀背景点源目标一体化校正

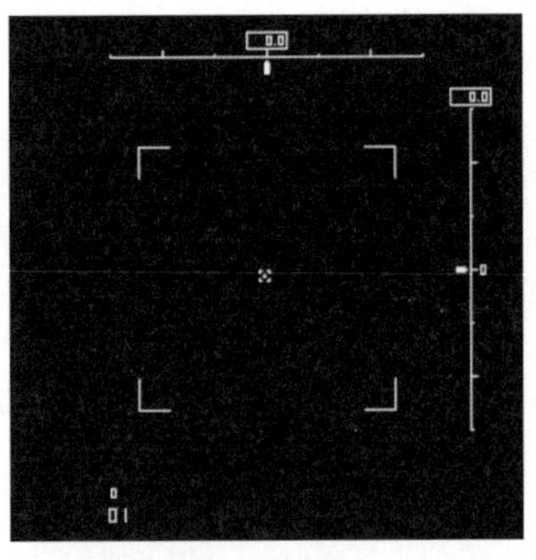

(c) 初检测图像,感兴趣区校正,目标更清晰

续图 7.48

(a) 退化图像,几乎见不到目标

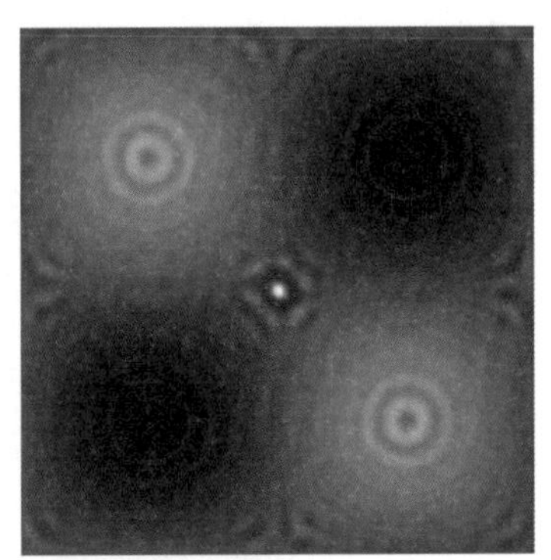

(b) 全图初校正,已见目标

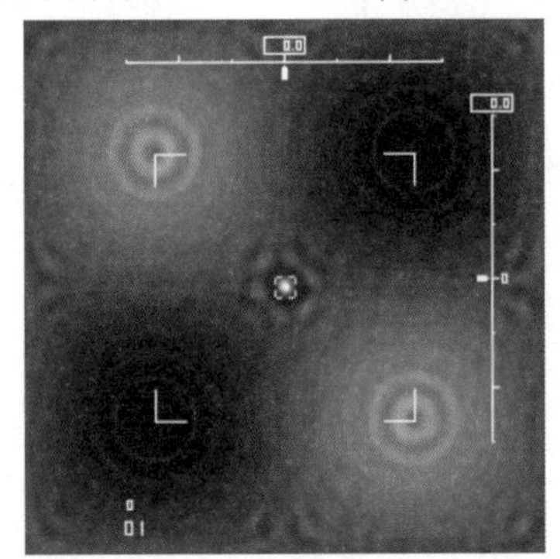

(c) 初检测图像,感兴趣区校正,目标更清晰

图 7.49　波动背景点源目标的一体化校正(目标位置居中)

具备点(斑)状目标捕获跟踪功能的一体化气动光学效应校正系统处理流程如图 7.50 所示。序列图像的初始帧图像经过图像校正和目标捕获处理,获取到了感兴趣区的坐标和尺寸,利用这些信息可以指导后续图像仅对感兴趣区

处理，进而缩短校正时间；合理利用感兴趣区信息，可整体提升系统处理速度。我们实现的一种具有4个处理单元的校正处理平台处理流程如图7.51所示。

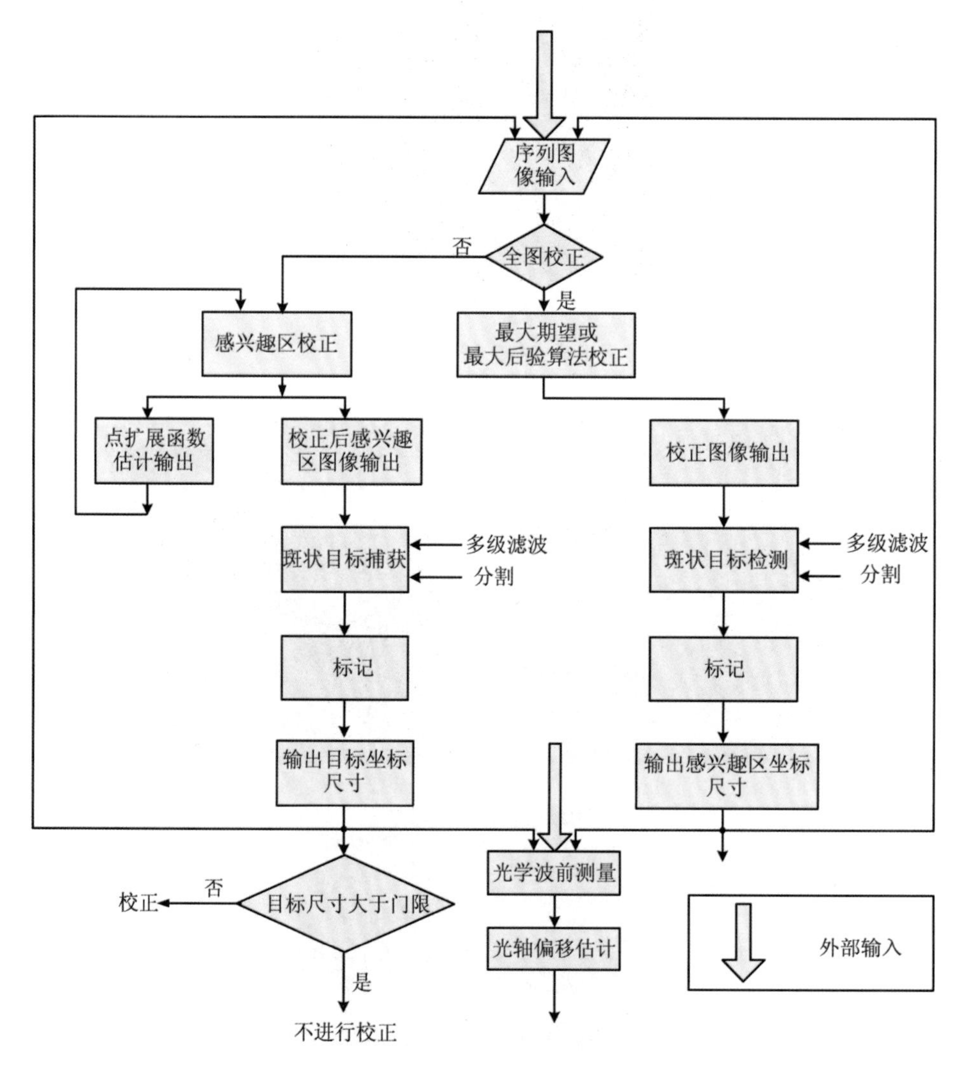


图7.50　气动光学校正检测跟踪一体化的系统处理流程

其中目标检测和捕获算法由单元中的DSP完成，采用先检测后跟踪的处理流程。算法对单帧图像进行处理主要包括多级滤波、均值滤波、分割和标记模块。多级滤波算法可以抑制背景、增强目标。背景能量主要集中在低频段，噪声能量主要集中在高频段，而目标能量主要分布在中高频段。因此可以用不同的带通滤波器将不同的频段的目标分离出来，即采用不同级数的多级滤波器将它们分离出来。然后对滤波结果进行分割、标记、计算其特征参数，为后续数

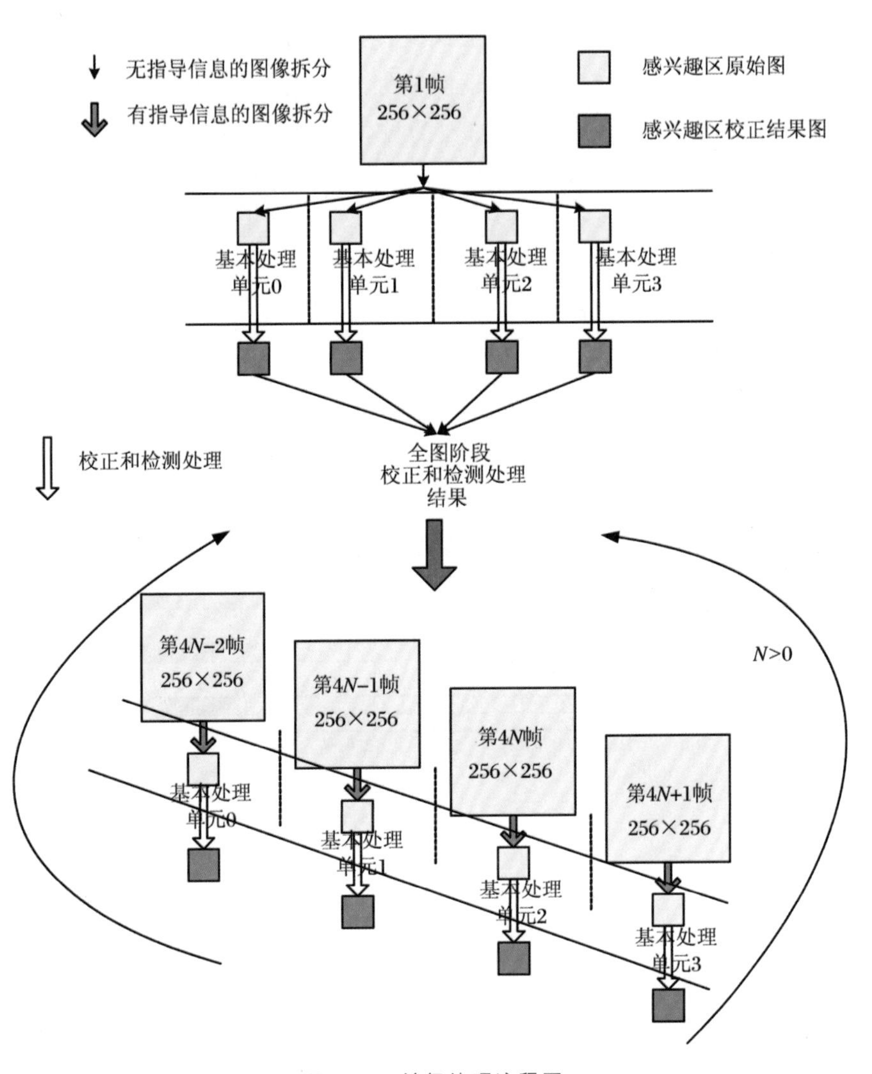


图 7.51　并行处理流程图

据关联匹配做准备。对于天空背景中的云层干扰，虽然经过滤波可以抑制大部分云层背景，但是由于云层边缘表现出来的频率特性与小目标极为相似，常常成为检测跟踪过程中的强干扰。为了更好地抑制云层边缘背景，在滤波的基础上，算法对云层和目标进行初始识别。利用第一次滤波、分割、标记后的结果，再在识别波门限内进行一次分割识别，统计其二值化后的面积，设置判别门限。因为与小目标相比，云层背景通常是大片缓慢变化的，在空间分布上呈现大块连通区域的性质，而小目标在空间分布上则处于孤立的情况，属于灰度突变的区域。运用这些差别，将云层边缘干扰与小目标区分开，以降低虚警。校正系统包括的 4 个基本校正单元在完成全图检测处理任务后，再分别对后续的连续 4 幅图像进行局域校正。在全图校正恢复处理阶段，4 个基本处理单元同时分别处理整幅图像的一个部分，实现图像的校正恢复与目标捕获功能，并指出跟踪区域，即下一帧图像处理的感兴趣区域。依据全图处理阶段所得的感兴趣区信息，截取感兴趣区域，并且 4 个基本校正单元独立、并行地对感兴趣区子图完成气动光学效应校正和目标捕获处理。校正和目标捕获流程的处理并行时序示意图见图 7.52。

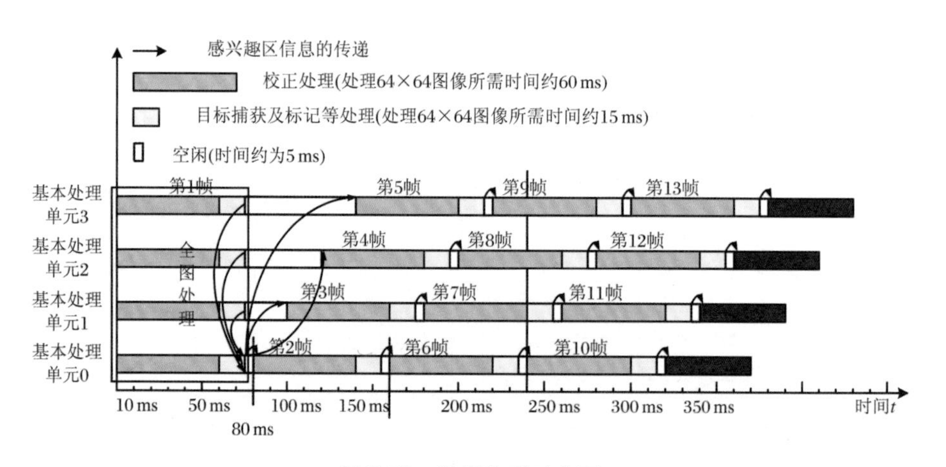


图 7.52　并行处理时序图

在时间流水并行处理阶段，四组基本处理单元采用如图 7.53 所示的时间流水并行处理模式。由基本处理单元 1、2、3、4 分别完成第 $N-3$ 帧、第 $N-2$ 帧、第 $N-1$ 帧以及第 $N$ 帧图像感兴趣区域的校正与跟踪处理任务。在跟踪处理阶段，我们采用基于分割的形心跟踪方法。该方法是一种经典的小目标跟踪方法，通过对二维图像的处理和计算来确定跟踪目标的中心位置。对上一帧的跟踪区域分割、跟踪完成以后，读入下一帧图像，以当前分割区城的中心作为下一帧图像分割时的初始位置。为补偿目标的运动及成像传感器的运动，在初始区域的基础上，适当扩大一定的范围(一般采用向四个方向扩大同样的距离)，形成下一次分割的区域。用同样的方法对其提取二值特征，再计算当前帧中目标中心位置。然后再利用上面的准则确定再下一帧的分割区域，进入重复的跟踪过程。基于分割的形心跟踪需要对目标和背景进行有效的分割，并对其二值化以后进行，从二值化结果可以得出目标的形心位置。基于分割的形心跟踪方法的优点是实时性高，算法简单，易于硬件实现等。在简单背景模式下，形心算法比较有效，不论速度还是精度都能达到要求。仿真地对天空背景图像和起伏背景图像的运动目标校正、捕获结果见图 7.54、图 7.55。

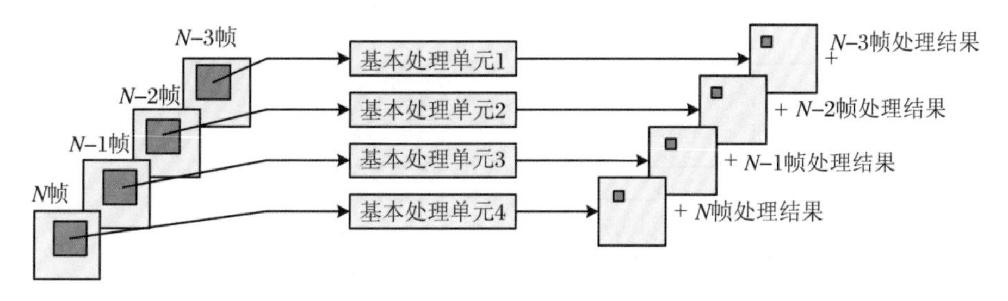


图 7.53　一种多处理单元时间流水并行模式

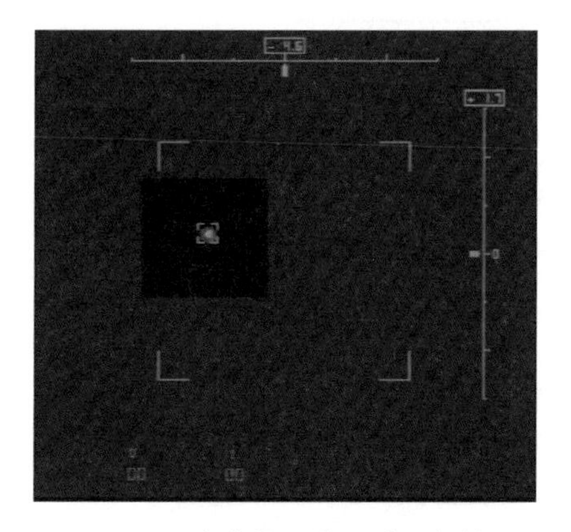

图 7.54　天空背景图像运动目标校正、捕获与跟踪

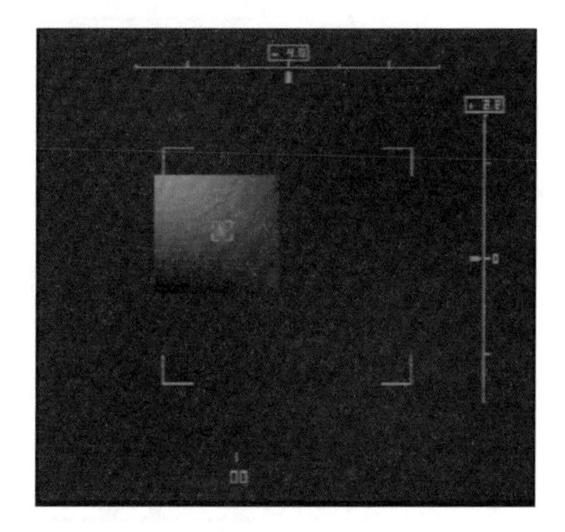

图 7.55　起伏背景图像运动目标校正、捕获与跟踪

在单波段校正、检测与跟踪一体化处理的集成上，我们还开展了基于双波段融合的一体化校正、检测与识别方法研究，其系统构成示意图如图 7.56 所示，处理流程如图 7.57 所示。

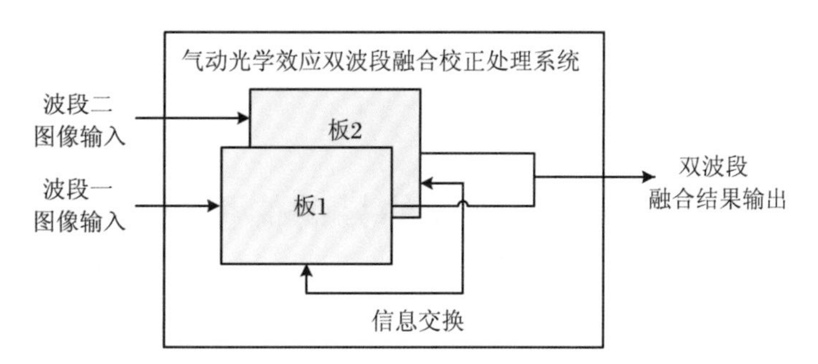


图 7.56　双波段融合校正处理系统构成示意图

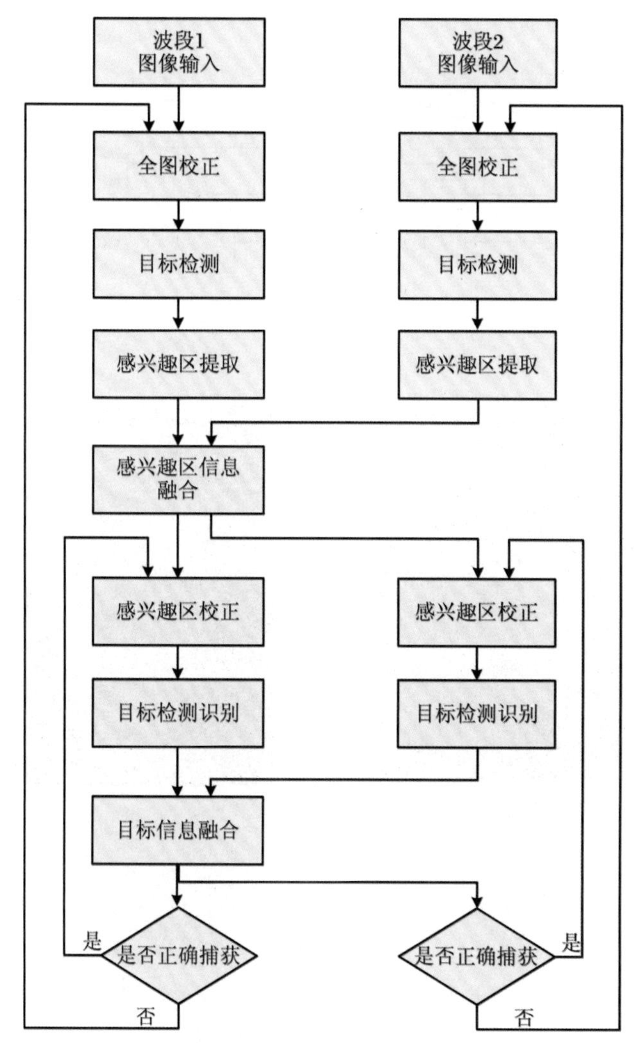


图 7.57 双波段融合的一体化校正、检测和识别处理流程

# 7.5 模型指导的抖动偏移校正

## 7.5.1 抖动效应分析

气动光学效应会使光束发生抖动效应,体现在高速拍摄的图像序列中目标

图像发生有一定规律的位置变化。目标图像的抖动表现在每一帧图像上可以认为是图像在某个方向上的移动。得到恢复图像以后，我们可以取得每幅图像的目标中心位置（在这里取其重心），这些中心位置的变化表现的就是图像的抖动现象。

实际图像的抖动不可能是单一频率的，而是具有一定的频带。由于频带成分的抖动可看作各单一频率成分的合成，以下仅对单一频率的抖动进行分析，分高频、低频两种情况讨论。

一维抖动模糊图像的成像机制类似于直线运动模糊图像的成像机制，都是在运动方向上的一维的模糊，即点扩展函数（PSF）是一维的，通常用线扩展函数 LSF（Line Spread Function）描述这种一维的模糊特性[18]。

在周期正弦抖动中，摄像头与拍摄目标之间的相对运动可以表示为

$$x(t) = D\cos 2\pi t / T_0 \tag{7.52}$$

其中 $D$ 是振幅，$T_0$是抖动周期。

从成像方面，根据曝光时间 $t_e$ 和正弦抖动周期之间的关系，正弦抖动可以分为两种类型：高频抖动和低频抖动。当抖动周期小于曝光时间时，我们认为抖动是高频的；抖动周期大于曝光时间时，我们认为抖动是低频的。

对高频抖动，线扩展函数（LSF）可近似为

$$\mathrm{LSF}_{\mathrm{HF}}(x) = \frac{1}{\pi(D^2 - x^2)^{1/2}}, \quad |x| < D \tag{7.53}$$

其中 $x$ 是空间坐标。当 $t_e = nT_0$（$n$ 为自然数）时，方程（7.53）式是 LSF 的精确描述。对方程（7.53）式进行傅里叶变换可求出 OTF，OTF 的幅值为 MTF：

$$\mathrm{MTF}_{\mathrm{HF}}(u) = \mathrm{J}_0(2\pi uD) \tag{7.54}$$

其中 $\mathrm{J}_0$是 0 阶贝塞尔函数，$u$ 是空间频率坐标。高频抖动总的模糊宽度是正负峰间差 $2D$。LSF 可完全由模糊宽度决定。图 7.58 比较了几种不同的 LSF 类型。图 7.58（a）所示为曝光时间远远大于抖动周期时的高频抖动；当曝光时间稍大于抖动周期时，尽管总的模糊宽度是一样的，LSF 的形状也有不同。

低频抖动的曝光时间小于抖动周期时，抖动产生的模糊宽度是随机的，并取决于曝光开始于抖动周期的具体时刻。因为运动是抖动周期内的任意部分，运动的 LSF 也是方程（7.53）式所描述 LSF 的任意部分。模糊宽度和抖动幅度之间的关系是线性的。然而，模糊宽度和其他抖动参数（如抖动周期、曝光时间、曝光开始于抖动周期的时刻）之间的关系是非线性的，主要有以下关系：对给定的抖动幅值、周期和曝光时间，低频抖动的模糊宽度是有限的，即

$$D\left[1-\cos\left(\frac{2\pi}{T_0}\right)\left(\frac{t_e}{2}\right)\right]\leqslant d_{LF}\leqslant 2D\sin\left[\left(\frac{2\pi}{T_0}\right)\left(\frac{t_e}{2}\right)\right]\tag{7.55}$$

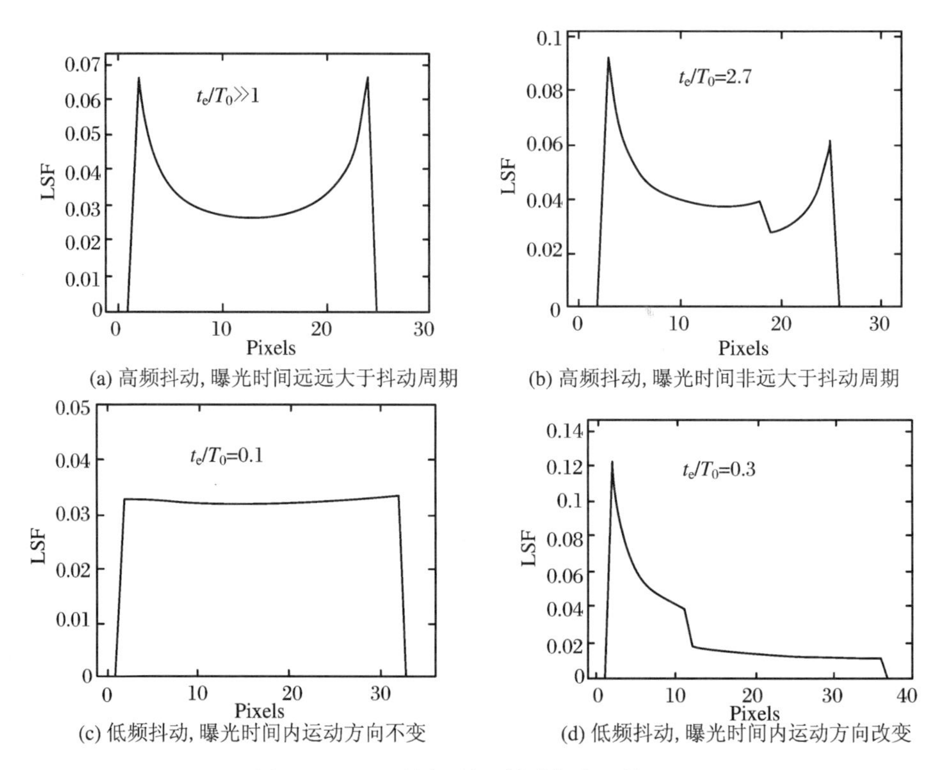


(a) 高频抖动，曝光时间远远大于抖动周期

(b) 高频抖动，曝光时间非远大于抖动周期

(c) 低频抖动，曝光时间内运动方向不变

(d) 低频抖动，曝光时间内运动方向改变

图 7.58　不同曝光时间、抖动频率下的 LSF

此模糊宽度显然小于整个抖动所产生的宽度 $2D$。然而，在实际情况下，低频抖动的振幅往往远远大于高频抖动的振幅。图 7.58 给出了 4 种不同 LSF 的例子。图 7.58(a)和图 7.58(b)是振幅为 12 个像素的高频抖动 LSF，两者的区别仅在于曝光时间和抖动周期之比($t_e/T_0$)不同。图 7.58(a)中，曝光时间是抖动周期的 $n$ 倍，$n$ 为整数；图 7.58(b)中，曝光时间是抖动周期的 2.7 倍。图 7.58(c)和图 7.58(d)显示了振幅为 50 个像素的低频抖动 LSF，两者的区别在于曝光时间和抖动周期之比($t_e/T_0$)和曝光开始于抖动周期内的时刻不同。图 7.58(c)中，$t_e/T_0=0.1$，且在曝光时间内运动方向没有改变；而图 7.58(d)中，$t_e/T_0=0.3$，且在曝光时间内运动方向改变了(向前、向后)。尽管图 7.58(d)的曝光时间是图 7.58(c)的 3 倍，这两种情况下产生的模糊宽度却非常接近(图 7.58(c)为 31 个像素，图 7.58(d)为 35 个像素)，原因在于图 7.58(d)中运动的平均速度是图 7.58(c)中的 1/3。图 7.58(d)第 10 个像素处有一个台阶，LSF 中的台阶表示曝光过程中前向和逆向运动的长度不同。这种情况对 LSF 更好

的描述是：在台阶结束的地方定义第二个模糊宽度（图7.58(d)中从第1个像素到第10个像素）。

湍流的变化频率可高达$10^6$ Hz，但成像帧频远小于气动光学效应变化频率，曝光时间远大于抖动周期，属于高频抖动成像。对于给定的曝光时间 $t_e$，图像的灰度分布可以表示为在曝光时间内积分的平均值：

$$\bar{i}(x,t) = \frac{1}{t_e}\int_0^{t_e} i(x,t)\mathrm{d}t \tag{7.56}$$

因此，对于确定的流场，图像模糊与抖动程度和探测器的积分时间有关，在一定范围内积分时间越长，抖动图像模糊越严重，反之图像越清晰。

### 7.5.2　抖动效应的仿真

气动湍流中分布着很多湍流旋涡，这些湍流旋涡像很多小"透镜"，导致光波重新分布，使光束发生抖动效应。对每一个湍流旋涡单元，我们用类高斯函数来模拟表示其短曝光点扩展函数，其形式为

$$h(r) = \exp[-x^2/(2\sigma_x^2) - y^2/(2\sigma_y^2)] \tag{7.57}$$

其中 $\sigma_x$ 为 $x$ 方向的模糊因子，$\sigma_y$ 为 $y$ 方向的模糊因子[1]。$h$ 可简称为"旋涡函数"或斑点函数。

因此，高速流场的总的点扩展函数的模型为

$$s(r) = \sum_{m=0}^{M-1} w_m k \cdot \exp\left(-\frac{(x-x_m)^2}{2\sigma_{xm}^2} - \frac{(y-y_m)^2}{2\sigma_{ym}^2}\right) \tag{7.58}$$

且有

$$\sum_{m=0}^{M-1} w_m = 1 \tag{7.59}$$

其中 $M$ 表示旋涡函数 $h$ 的个数；$k$ 为归一化因子；每个旋涡函数的模糊因子 $\sigma_{xm}$，$\sigma_{ym}$ 代表该旋涡的大小；旋涡函数的权值 $w_m$，表示该旋涡的强弱，假定为服从高斯分布；$x_m$ 和 $y_m$ 表示该旋涡的偏移位置，它们均为随机量。

光波在气动光学效应中传播会出现的抖动现象，具有一定的周期性，且频率在一定的频带范围内。从整体上看，高速流场总体点扩展函数的重心位置变动具有周期性，而从局部来看每个旋涡函数的偏移位置又是随机的。在仿真时，我们用下列公式[2]拟随机产生各湍流单元的点扩展函数的偏移位置 $x_m$、$y_m$：

$$x_m = \frac{M_1}{2.0} + R_1\cos(2\pi \times counter/T) + R_2\text{Gause}(0,1) \tag{7.60}$$

$$y_m = \frac{M_1}{2.0} + R_1\sin(2\pi \times counter/T) + R_2\text{Gause}(0,1) \tag{7.61}$$

其中，Gause(0,1)是以0为均值、1为方差的随机数；$M_1$为总体点扩展函数的有效宽度；*counter* 为计数器，表示该图片在序列图像中的序列号；$T$ 为序列图像的周期；$R_1$、$R_2$可取适当的值。每帧图像的各旋涡函数的偏移位置 $x_m$、$y_m$ 分别服从均值为 $\frac{M_1}{2.0} + R_1 \times \cos(2\pi \times counter/T)$、$\frac{M_1}{2.0} + R_1 \times \sin(2\pi \times counter/T)$，均方差为 $R_2$的正态随机分布，从而使得各帧图像的高速流场总体点扩展函数的重心位置随时间连续地有规律地变化。

1. 气动光学效应退化点扩展函数的仿真

根据以上的讨论我们编制了程序进行了实验仿真，仿真结果如图7.59所

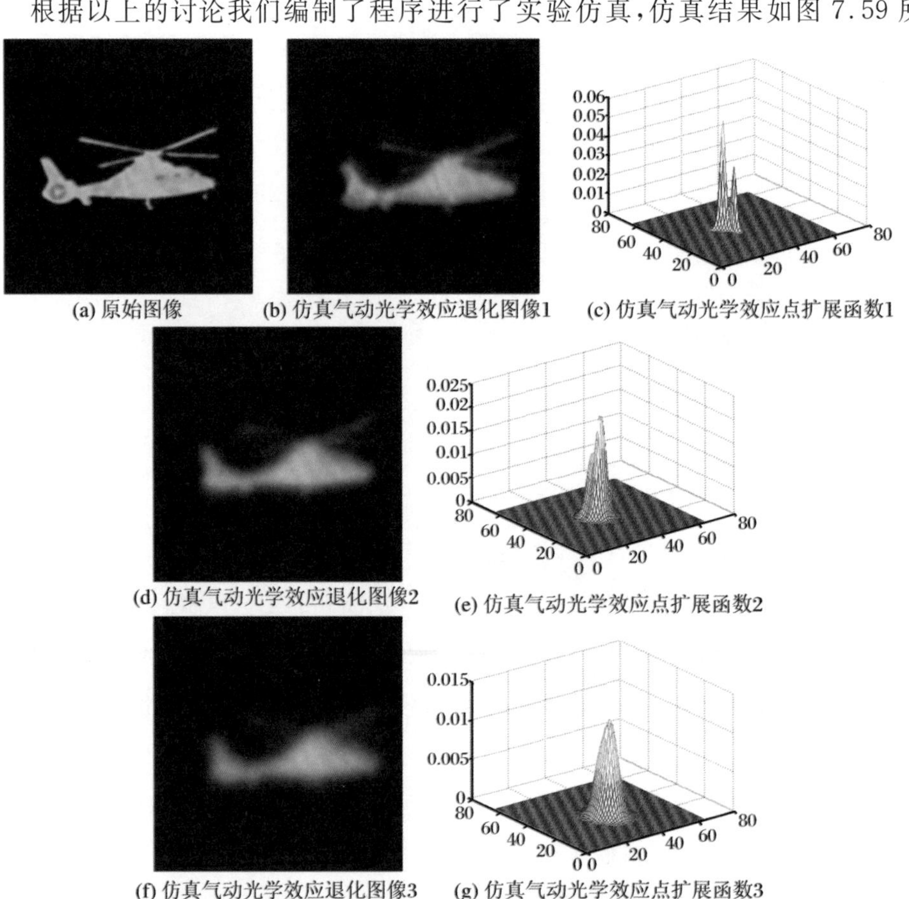

(a) 原始图像 (b) 仿真气动光学效应退化图像1 (c) 仿真气动光学效应点扩展函数1

(d) 仿真气动光学效应退化图像2 (e) 仿真气动光学效应点扩展函数2

(f) 仿真气动光学效应退化图像3 (g) 仿真气动光学效应点扩展函数3

图7.59 不同程度的图像退化仿真及其点扩展函数

示。图7.59(a)为原图。图7.59(b)、图7.59(d)、图7.59(f)分别代表了弱湍流、中等规模湍流和强湍流的模糊图像。相应的点扩展函数分别见图7.59(c)(旋涡函数个数 $M=3$,有效宽度 $M_1=12$,模糊因子 $\sigma_x=1.5$,$\sigma_y=1.5$ 的点扩展函数)、图7.59(e)( $M=20$,有效宽度 $M_1=28$,$\sigma_x=2.0$,$\sigma_y=2.5$ 的点扩展函数)、图7.59 (g) ($M=50$,$M_1=42$,$\sigma_x=3.5$,$\sigma_y=3.0$ 的点扩展函数)。

通过模拟可以发现,有时总体点扩展函数会有多峰,随机性表现突出;有时斑点函数分布较集中,总体点扩展函数会相对较平滑。

2. 像偏移以及像抖动的仿真

考虑一个简化的能说明问题的例子,设4帧图像为一个抖动周期,点扩展函数有效宽度 $M_1=20$,取 $M=36$,$\sigma_x=4.0$,$\sigma_y=4.5$,以图7.59(a)为原图,生成16帧的序列图像,如图7.60所示。

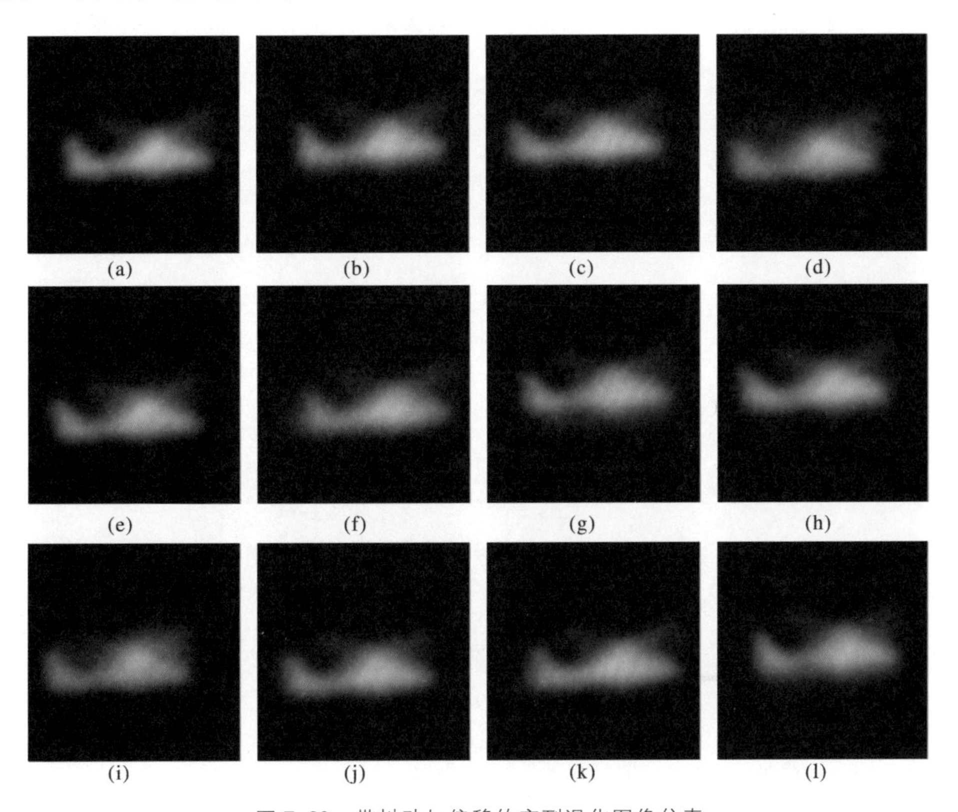


图7.60　带抖动与偏移的序列退化图像仿真

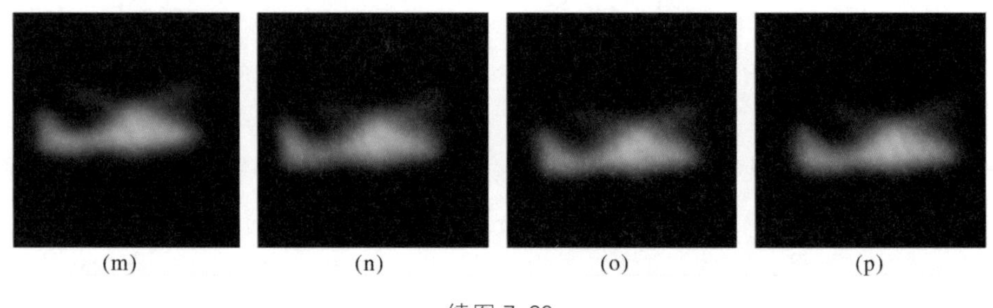


续图 7.60

### 7.5.3 抖动效应估计

由于气动光学效应的影响,红外探测器采集到的面源目标图像一般存在像偏移和像抖动,这给准确定位目标带来了很大的困难。对面源目标一般可以采用目标质心来定位,质心计算公式为

$$X_{质心} = \frac{\iint x\rho_{xy}\mathrm{d}x\mathrm{d}y}{\iint \rho_{xy}\mathrm{d}x\mathrm{d}y} \tag{7.62}$$

$$Y_{质心} = \frac{\iint y\rho_{xy}\mathrm{d}x\mathrm{d}y}{\iint \rho_{xy}\mathrm{d}x\mathrm{d}y} \tag{7.63}$$

离散化的质心计算公式为

$$X_{质心} = \frac{\sum xB}{\sum B}, \quad Y_{质心} = \frac{\sum yB}{\sum B}$$

式中,$x$,$y$ 为目标像素坐标,$B$ 为目标像素点灰度。设采集到 $N$ 帧时间序列退化图像,经过图像恢复处理后得到 $N$ 帧的质心位置,则质心位置的均值 $E$ 与建立流场前的目标质心位置差为像偏移量,而质心位置的方差 $\sigma$ 描述了像抖动量,即

$$E_x = \frac{1}{N}\sum_{i=0}^{N-1} x_i$$

$$E_y = \frac{1}{N}\sum_{i=0}^{N-1} y_i \tag{7.64}$$

$$\sigma_x = \sqrt{\frac{1}{N}\sum_{i=0}^{N-1} (x_i - E_x)^2}$$

$$\sigma_y = \sqrt{\frac{1}{N}\sum_{i=0}^{N-1}(y_i - E_y)^2}$$

其中，$(x_i, y_i)$ 为第 $i$ 帧图像目标的质心坐标，$(E_x, E_y)$ 为平均质心位置。

计算出目标的质心位置后，就可以对恢复图像的目标位置进行修正，从而确保探测系统正确定位和跟踪目标。在实际应用中，还必须结合气动光学环境参数，如飞行参数、速度、高度、攻角、罩体形状、光波波段、积分时间以及飞行器本身的机械性振动等，并利用以上统计学的知识对气动光学效应造成的像偏移、像抖动进行计算，以解决目标的精确定位问题。

图 7.61 是由图 7.60 中 16 帧序列退化图像的质心位置连成的抖动曲线，图 7.61(a)表示 $x$ 轴方向的抖动，图 7.61(b)表示 $y$ 轴方向的抖动。图中直线是根据每帧图像的质心位置求代数平均得出的抖动中心位置，○表示抽样点，即每幅图像的质心位置。由图可知，图像的抖动中心位置为(64,64)。

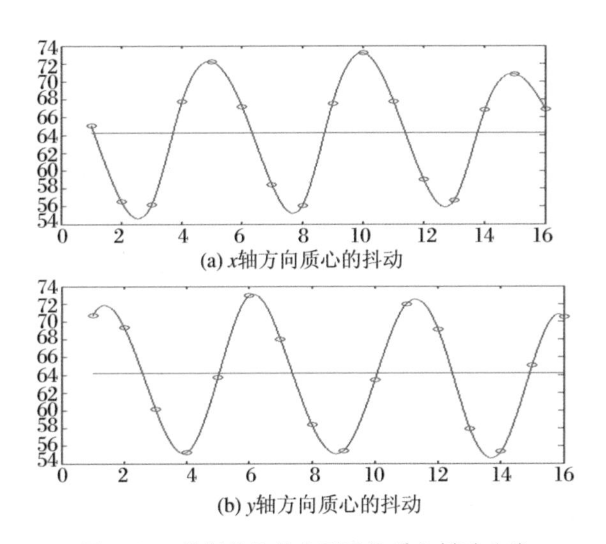


图 7.61　模拟获取的序列图像质心抖动曲线

## 7.5.4　图像偏移估计与校正

图像偏移现象的产生源于流场传输效应和探测窗口介质在热流作用下的变形等多种因素。下面我们给出一个探测窗口介质在热流作用下图像偏移的例子。

定义目标的灰度质心为

$$X_c = \frac{\sum_{(i,j)\in T_k} I(i,j) * i}{S_{sum}}, \quad Y_c = \frac{\sum_{(i,j)\in T_k} I(i,j) * j}{S_{sum}} \tag{7.65}$$

式中，$i$ 和 $j$ 表示图像的像素坐标，$I(i,j)$ 表示图像中 $(i,j)$ 像素处的灰度值，$S_{sum}$ 表示目标像素灰度值之和，$X_c$ 为列方向上的质心，$Y_c$ 为行方向上的质心。

对热辐射退化图像的气动光学效应退化图像序列 1，每隔一帧图像统计目标的质心坐标。质心数据如表 7.2 所示。

表 7.2　质心的偏移

| | | | | | | | | |
|---|---|---|---|---|---|---|---|---|
| *X* | 165.07 | 164.58 | 166.06 | 166.06 | 165.58 | 165.65 | 164.75 | 164.78 |
| | 164.76 | 164.22 | 164.70 | 166.15 | 165.56 | 164.53 | 166.53 | 165.51 |
| | 166.51 | 165.00 | 164.49 | 165.49 | 164.99 | 166.99 | — | — |
| *Y* | 137.43 | 137.43 | 136.94 | 136.94 | 136.45 | 146.43 | 147.51 | 146.99 |
| | 145.97 | 147.01 | 147.00 | 137.02 | 137.53 | 137.00 | 138.52 | 138.00 |
| | 136.97 | 137.98 | 137.47 | 136.96 | 137.97 | 137.97 | — | — |

由图 7.62(b)抖动与偏移曲线可见，$X$ 方向（宽度方向）各帧图像目标的质心与基准图像的质心偏移较小，说明该风洞序列图像在整个风吹成像过程中，质心主要是在 $Y$ 方向发生了偏移。图像序列在 $Y$ 方向上偏移有一个较大的跳动，说明风吹开始时刻 $Y$ 方向上成像有一个较大的偏移，而 $X$ 方向上偏移较小。

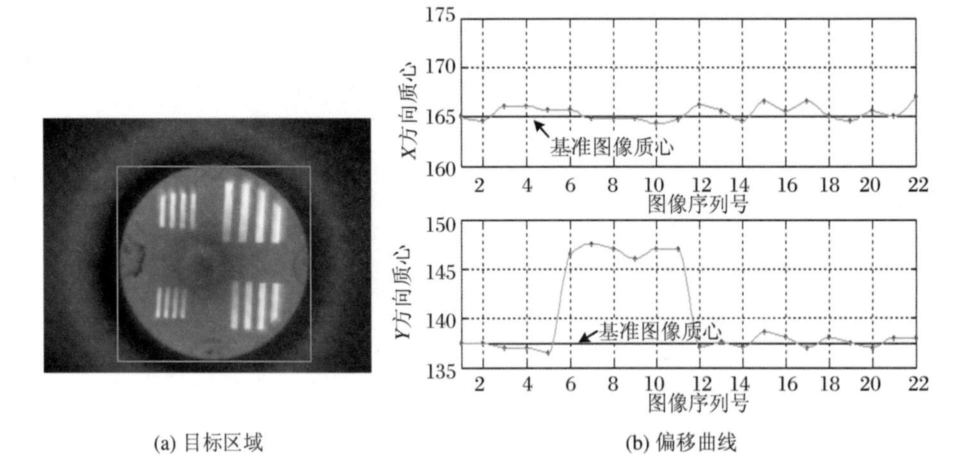


(a) 目标区域　　(b) 偏移曲线

图 7.62　热辐射序列图像目标区及其抖动与偏移曲线

对实际热辐射退化图像的气动光学效应退化图像序列 2，每隔一帧图像统计目标的质心坐标。质心数据如表 7.3 所示。

表 7.3　质心的偏移

| | | | | | | | | | |
|---|---|---|---|---|---|---|---|---|---|
| $X$ | 167.53 | 164.58 | 164.59 | 166.10 | 166.13 | 166.14 | 165.15 | 164.14 | 165.64 |
| | 168.67 | 164.68 | 163.68 | 166.18 | 166.19 | 166.19 | 165.71 | 165.21 | 166.22 |
| | 166.72 | 166.75 | 165.24 | 164.73 | 167.26 | 164.75 | 166.25 | 166.26 | — |
| $Y$ | 124.44 | 134.90 | 134.90 | 130.88 | 130.91 | 128.87 | 130.90 | 129.35 | 129.86 |
| | 130.86 | 130.86 | 130.31 | 130.86 | 131.35 | 130.83 | 132.36 | 131.36 | 130.83 |
| | 131.35 | 131.35 | 131.32 | 130.82 | 132.35 | 132.86 | 132.86 | 131.37 | — |

由图 7.63(b)抖动与偏移曲线可见，$X$ 方向(宽度方向)各帧图像目标的质心与基准图像的质心偏移较小，说明该风洞序列图像在整个风吹成像过程中，质心主要是在 $Y$ 方向发生了偏移。

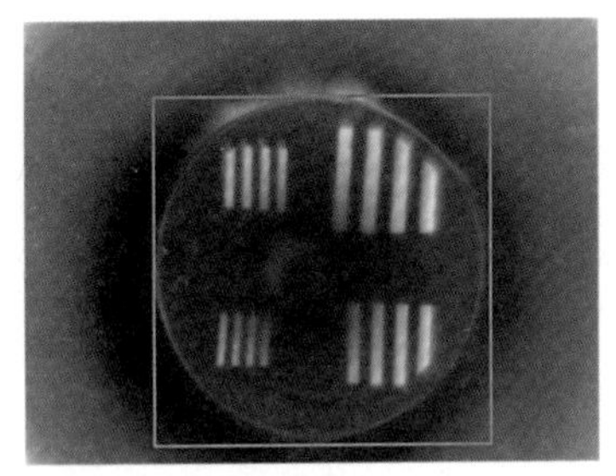

(a) 目标区

基准图像质心

$X$方向质心

图像序列号

基准图像质心

$Y$方向质心

图像序列号

(b) 偏移曲线

图 7.63　热辐射退化图像序列图像目标区及其抖动与偏移曲线

斑状目标图像偏移量需要在飞行中依靠载荷装备波前测量装置实时估计，而后校正该偏移。另一种方法则需要通过地面实验和建模仿真计算，摸清在各种飞行条件下像偏移的产生规律，将该规律数量化，即模型指导下的偏移校正，这是需要重点研究的课题。

# 7.6 模糊图像的空变校正恢复

系统的降质过程由系统的点扩散函数来描述，它可分为空间不变和空间可变两种形式，在实际问题中图像的降质过程通常是空间变化的。所谓空间变化PSF图像，即物空间各点的退化随位置的改变而改变的图像。空变图像恢复，学术界又称非等晕图像恢复（Anisoplanatic Image Restoration）[11]。

空变图像的校正是目前气动光学效应校正技术中具有挑战性和现实性的研究课题。因此有必要进一步深入研究高速飞行条件下退化为空变情况下的退化校正问题。空变退化图像的校正难度较大，其恢复技术主要有：

(1) 空间坐标转换法。

(2) 分块复原法。

(3) 直接复原法。

我们结合气动光学研究机理，提出了分块校正方法，将一幅图像分为若干子图像，合理地假设在子区域内，退化是近似空间不变的，然后利用现有校正方法对各分块图像进行校正。

空变模糊图像的仿真（PSF 的支撑区域相同）例子如图 7.64 所示。

(a) 原图(256×256)

(b) 没有重叠的模糊

(c) 重叠4个像素的模糊

图 7.64　空变(4×4 分块)模糊仿真例子

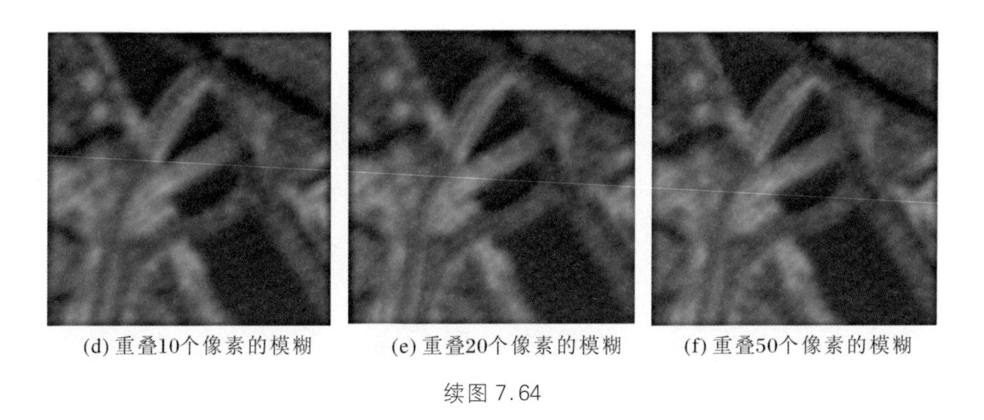
(d) 重叠10个像素的模糊　(e) 重叠20个像素的模糊　(f) 重叠50个像素的模糊

续图 7.64

含有 10 个重叠像素的 4×4 分块模糊各子块变化的 PSF(支撑域相同)如图7.65所示。

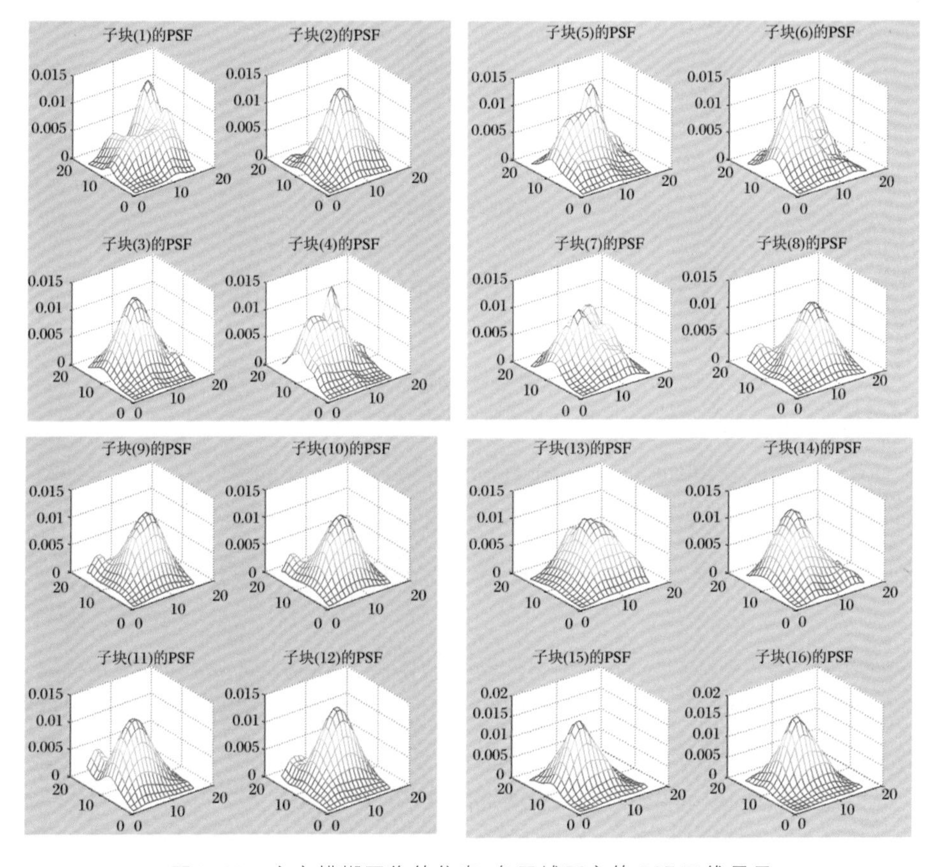

图 7.65　空变模糊图像的仿真:各区域可变的 PSF 三维显示

空变模糊图像校正后,在子图像拼接时,各子区域边界会出现一些虚假边缘，为此，可用基于调配函数的边缘平滑处理方法有效地抑制虚假边缘。如图 7.66 所示。

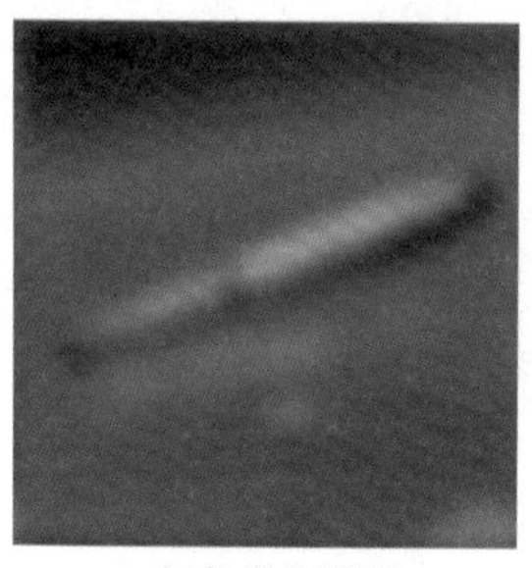
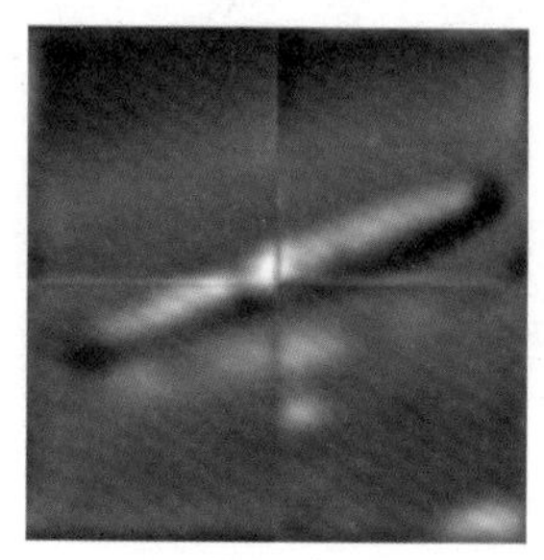
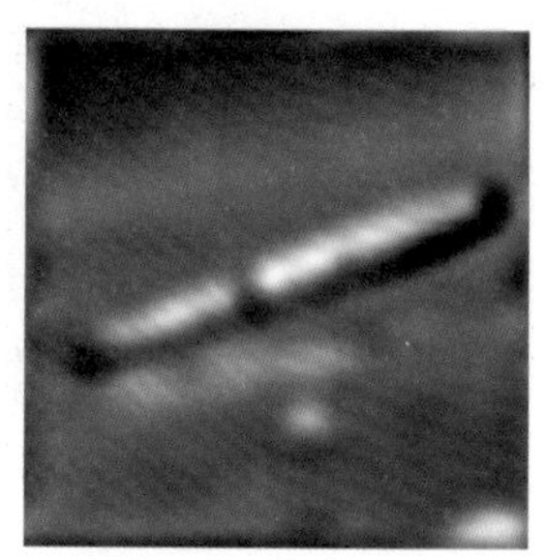
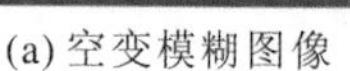

(a) 空变模糊图像　(b) 分区校正　(c) 边界效应抑制

图 7.66　空变模糊图像的分块校正与拼接仿真实例

# 参 考 文 献


[1] 张天序，左芝勇，陈建冲，等. 一种基于噪声空间特性的非线性滤波去噪方法：中国，ZL201110098209.2[P].

[2] 张天序，陈建冲，左芝勇，等. 一种利用目标图像频谱特性的频域滤波去噪方法：中国，ZL201110106299.5[P].

[3] Frieden B R. Probability, statistical optics, and data testing[M]. Springer, 1983.

[4] 张天序. 成像自动目标识别[M]. 武汉：湖北科学技术出版社，2005.

[5] 张天序，洪汉玉，孙向华，等. 气动光学效应图像校正技术研究报告[R]. 武汉：华中科技大学，2001.

[6] 殷兴良. 气动光学原理[M]. 北京：中国宇航出版社，2003.

[7] Donald Fraser, Glen Thorpe, Andrew Lambert. Atmospheric turbulence visualization with wide-area motion-blue restoration[J]. Opt. Soc. Am. A, 1999.

[8] Glen Thorpe, Andrew Lambert, Donald Fraser. Atmospheric turbulence visualisation through image time-sequence registration[R]. 1999.

[9] Olson C F, Hutenlocher D P. Automatic target recognition by matching oriented edge pixels[J]. IEEE Transactions on Image Processing, 1997(6): 103 - 113.

[10] 陈建冲. 大气湍流光学传输效应恢复算法研究[D]. 武汉：华中科技大学，2012.

[11] 关静.高速平台红外成像与图像预处理方法研究[D].武汉:华中科技大学,2012.

[12] Fraser D, Lambert A, Jahromi M R S, et al. Anisoplanatic image restoration at ADFA[C]//Proc. of Ⅶth Digital Image Computing: Techniques and Applications. Sydney, 2003:19-28.

[13] 王宁宇.气动光学效应相位恢复及抖动效应分析[D].武汉:华中科技大学,2005.

[14] 张天序,洪汉玉.气动光学效应校正研究进展[R].武汉:华中科技大学,2011.

[15] 张天序,洪汉玉,张新宇.气动光学效应校正技术研究报告[R].武汉:华中科技大学,2010.

[16] 张天序,左芝勇,关静,等.一种弱小目标图像的自适应恢复增强方法:中国,2012105254359[P].

[17] 张天序,陈建冲,左芝勇,等.一种强噪声气动光学效应退化图像和预处理方法:中国,201210525434.4[P].

[18] Yitzhaky Y, Boshusha G, Levy Y. Restoration of an image degraded by vibration using only a single frame[J]. Opt. Eng., 2008(8):2083-2091.

# 第8章　数字与光电校正系统

## 8.1　数字校正系统

进行气动光学效应的图像校正和恢复，不仅需要尽可能地消除像模糊、像抖动等畸变，也有非常高的快速性、实时性要求。

盲反卷积算法，在气动光学效应图像校正方面有广泛应用。由于气动光学效应的复杂性，其算法结构较为复杂，多为迭代形式，并且需要处理的数据量大。基于以上特点，要满足算法的实时性要求，通常采用多DSP构成并行处理系统[1~5]，并采用并行算法。

### 8.1.1　多处理器并行校正系统结构

基于华中科技大学图像识别与人工智能研究所研发的气动光学校正多DSP并行处理系统，本节讨论了典型的单帧和多帧盲反卷积算法在多DSP系统上的并行实现方法。

气动光学校正多DSP并行处理系统，由18片ADSP-TS101 TigerSHARC处理器构成。整个装置主要包括三部分：

(1) 主控微机：主控微机是DSP系统的宿主微机，在主控微机上通过主控软件，进行算法的移植调试。

(2) PCI主控板：PCI主控板上有两个主控DSP，主要负责从主控微机接收输入数据和返回输出数据，调度管理DSP信息处理子系统中的各处理节点。

(3) 信息处理子系统:完成信息处理任务,由 4 个信息处理模件组成,每个模件内部有 4 个处理器,内部 DSP 之间通过点对点通信链路实现多机通信。

基于以上结构的信息处理过程数据流图见图 8.1。根据数据流图,图像数据由主控微机发起传输,进入 PCI 主控板内部总线,PCI 主控板 DSP0 读取数据。主控板 DSP0 和 DSP1 进行数据分解,将输入数据传输到信息处理子系统,由该子系统完成校正处理。处理完毕的数据返回到主控板 DSP0 和 DSP1,进行结果合并,并由 DSP1 返回输出数据到 PCI 主控板内部总线,然后回到主控微机。所研制的多 DSP 校正系统的实物照片见图 8.2 和图 8.3。

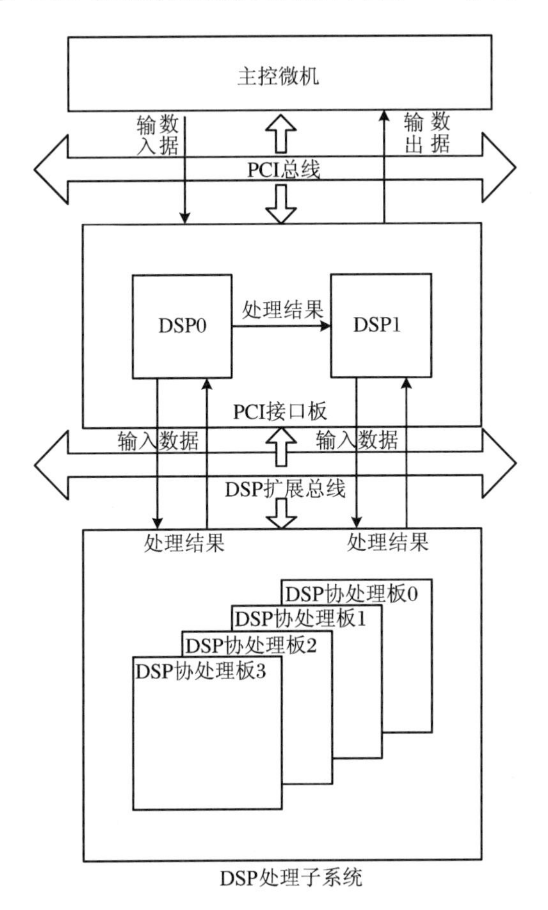


图 8.1　校正信息处理系统结构图

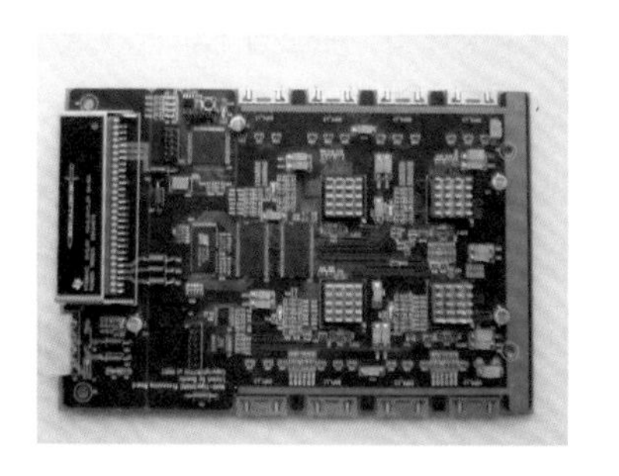

图 8.2 4DSP 协处理板实物图

图 8.3 多 DSP 校正系统实物图

### 8.1.2 快速校正算法

图像序列的并行处理通常被分成时间并行和空间并行这两大类。一般的流水线结构就属于时间并行,其示意图如图 8.4 所示。

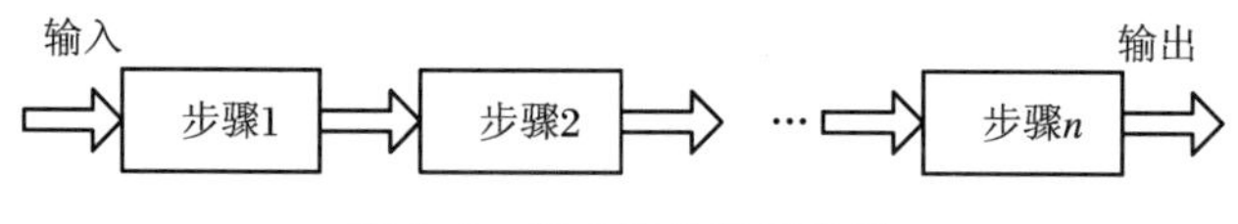


图 8.4 流水线并行示意图

如图 8.4 所示,流水线将整个处理步骤分成 $n$ 步,每个步骤用不同的计算单元实现,每步骤处理完后传递到下一个计算单元。各单元同步处理第 $k$ 帧,$k-1$ 帧,…,$k-n+1$ 帧。当流水线被填满后,开始输出。绝大多数的图像复原算法是循环迭代结构,而且每一次的迭代依赖前一次的迭代结果,因此并不适合做这种形式的并行处理。

为克服算法计算步骤分解的问题,还有一种"并行"流水线结构,见图 8.5。

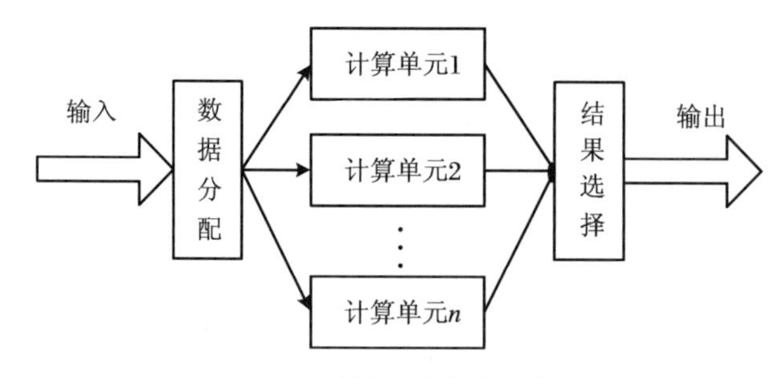


图 8.5 "并行"流水线示意图

"并行"流水线的各计算单元完全一样。由数据分配单元依次将第 1,2,…,$n$ 帧,发送到第 1,2,…,$n$ 个计算单元。结果选择单元依次将各单元结果输出，算法本身无需分解。这种方式需要的计算单元数，可根据计算单元的能力和图像数据帧传送的情况灵活配置。其等效流水级数等于计算单元数。这种方式非常适合于处理序列图像。

总之，无论哪种流水结构，随着流水线级数的增加，从输入到输出的延迟也越长。有些算法需要利用前一帧或多帧的计算结果进行迭代计算，此时也无法利用流水线结构进行并行。

除时间并行外，空间并行也是并行的一个重要分支，如图8.6所示。空间并行的各计算单元完全一样，由数据分配单元将数据分解成若干($1,2,\cdots,n$)个子数据块，然后分配给$1,2,\cdots,n$个计算单元进行并行处理，各计算单元的输出结果最后进行汇总。子数据块的个数，根据计算单元的数量和数据传送的情况确定。这种空间并行是最常用的并行方式，对于那些待处理数据量大，而且数据可以进行空间分解的情形尤为适用。

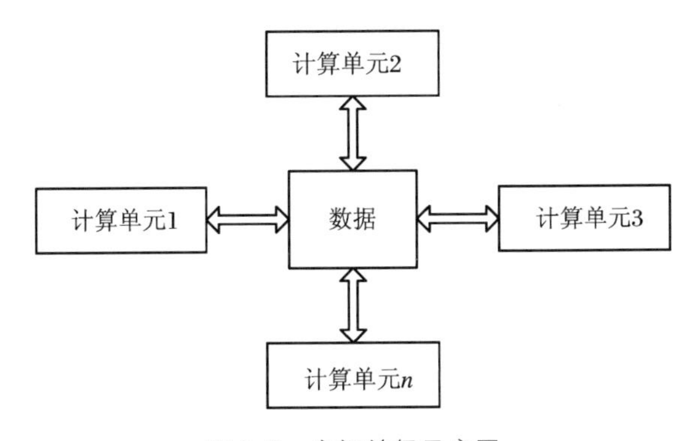


图8.6 空间并行示意图

1. 并行程序设计基本方法

并行程序设计依赖于具体的并行拓扑结构，其方法与传统的串行程序设计方法有着根本区别。下面简单介绍几种常用的并行设计方法：

(1) 流水线方法。将进程按一定规则编排成诸如环形或二维网孔这样的拓扑结构，然后使数据在进程间流动，每个进程执行计算任务中的某一段。这种方法被称为软件流水线技术或脉动处理技术。

(2) 同步迭代法。每个处理单元对各数据子集执行相同的迭代运算。每次迭代结束后，处理单元必须同步。

(3) 数据分划法。将问题的数据空间划分成若干个子空间，并将各子空间分配给不同的处理单元进行并行操作。处理单元间可通过共享变量实现通信。这就是通常所谓的分而治之原理。

(4) 计算—汇集—播送法。在计算阶段,系统各处理单元执行各自的基本计算;在汇集阶段,各处理单元将局部数据汇总成全局数据;在播送阶段,又将全局数据播送到各处理单元。如此循环上述过程,直到满足结束条件为止。

2. 影响并行性的因素

针对气动光学校正多 DSP 并行处理系统,有以下因素将影响算法 DSP 实现的并行性:

(1) 大量的顺序代码。并行程序中的顺序代码部分会影响程序的并行性能。

(2) 通信延迟。当处理单元交互作用时,会产生通信延迟。

(3) 同步延迟。并发进程在同步时,一些进程如 A 可能须等待另外一些进程如 B 结束才能继续执行,这样进程 A 就必须延迟。

(4) 负载平衡。在动态产生任务和分配处理单元的过程中,一些处理单元可能空闲,而另外一些处理单元待处理的任务却超负荷,这就降低了并行程序的并行度。

### 8.1.3 算法的并行实现

1. 多 DSP 系统上运行图像校正算法

基于以上并行方式的简单概述,本节以基于贝叶斯理论的单帧盲反卷积算法和多帧盲恢复与去抖动算法为例,介绍其在气动光学校正多 DSP 并行处理系统上的并行实现方法。单帧盲反卷积算法主要由两层循环组成,包括一个外循环和两个内循环。外循环即整个迭代过程,两个内循环则用来顺序估计点扩展函数和目标图像。盲复原与去抖动算法是单帧算法的多帧形式。

(1) 时间并行方式

基于气动光学校正多 DSP 并行处理系统,以每个协处理板作为一个计算单元,采用“并行”流水线结构,由 PCI 接口板依次将连续 4 帧图像发送到 4 个计算单元。处理完毕后,由 PCI 接口板依次将各计算单元结果输出。每个计算单元上的处理程序完全一样,处理任务也完全相同。

(2) 空间并行方式

① 算法结构的优化。绝大多数的图像复原算法都是循环迭代结构,并且是顺序地估计点扩展函数和目标图像,见图 8.7(a)。为了提高处理效率,对这

种算法结构进行修改，引入滞后迭代策略，将顺序迭代转换成同步迭代，即同步估计点扩展函数和目标图像。单次估计完成后，交换两者数据，继续进行同步迭代。同步迭代的算法结构见图 8.7(b)。

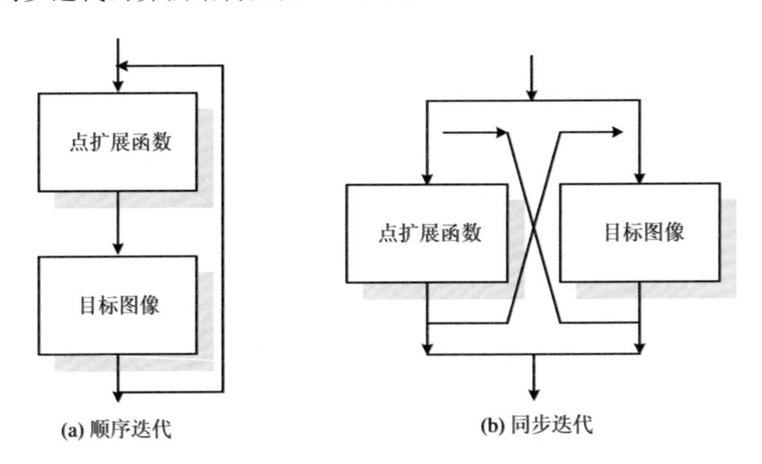


图 8.7　算法结构图

② 数据划分。将图像数据空间划分成 4 个子空间，将各子空间分配给不同的计算单元进行处理。划分方法包括空间分块和抽样。前者将图像分成互相重叠的 4 个子块，这种方式适用于单一背景的图像处理。为了能够处理复杂背景的图像，采用二维抽样的方式将图像抽样成 4 个子块。

③ 计算量分解。对于图像复原算法中计算量较大的步骤，如除法、取复共轭、取实部等运算，分解到多个 DSP 上进行并行计算。

2. 实验结果

为了快速实现图像复原，我们将基于贝叶斯理论的单帧和多帧盲复原算法，在气动光学校正多 DSP 并行处理系统中进行了并行实现。

表 8.1 给出了采用不同并行优化方式，在不同数量 DSP 上的计算时间和处理帧频，并计算了加速比。所处理的图像大小为 64×64，采用基于贝叶斯理论的单帧盲复原算法，外循环迭代次数为 6 次，内循环迭代次数为 4 次。从表中数据可见，随着 DSP 数量的增多，算法的运行时间明显缩短，加速比提高。因此，算法的并行分解策略是可行的，并行效率是合理的。但应指出的是，并行方式的加速比随 DSP 数量的增加并不按比例同步提高，这主要归因于复原算法本身的结构限制，而且各 DSP 之间还存在数据通信环节，故通信耗时不可避免。

表 8.1 不同并行方式和不同数量 DSP 的计算时间、处理帧频和加速比

| 并行方式＼实验结果 | | 算法时间（毫秒/帧） | 复原帧频（帧/秒） | 加速比 |
|---|---|---|---|---|
| 单 DSP | | 99.837 | 9 | 1 |
| 4DSP | 时间并行 | 51.173 | 19 | 2.11 |
| | 空间并行 | 31.787 | 30 | 3.33 |
| 16DSP | 时间并行 | 51.173 毫秒/4 帧 | 70 | 7.78 |
| | 空间并行 | 17.027 | 58 | 6.44 |

图 8.8 给出了利用不同数量的 DSP 处理单元，分别采用空间并行和时间并行方式的加速比曲线图。由图可知，DSP 处理单元越多，时间并行方式的加速比上升得越快。这是由于图像复原算法涉及傅里叶变换，因此不能无限制地将图像分成任意多子块。考虑到分块会破坏整体傅里叶变换而导致复原质量下降这一情况，空间分块的数目是有所限制的。而时间并行主要与输入帧频数和计算单元数有关。

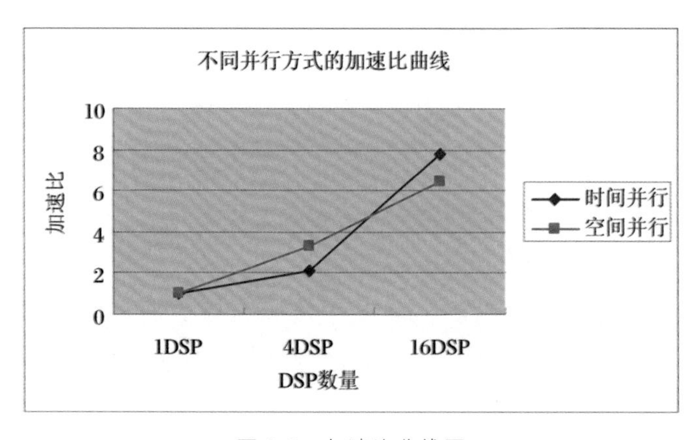


图 8.8 加速比曲线图

表 8.2 分别给出了对 64×64 和 128×128 的图像，采用空间并行方式在相同条件下的运行时间和复原图像帧频。由表中数据可见，并行效率的提高与图像尺寸的减小也不是完全成比例的。实际上图像越大，并行效果越显著。但是，由于 TS101 的内存限制，处理较大尺寸的图像时，内存容量常满足不了处理需求。这时，在同样的并行方式下，只能使用外存来存储数据。这样势必会急剧增大算法的复杂度，以及内存与外存间的通信时间。

表 8.2　不同尺寸图像采用空间并行方式的计算时间和处理帧频

| 测试结果 \ 测试对象 | | 算法时间(毫秒/帧) | 复原帧频(帧/秒) |
|---|---|---|---|
| 16 个 DSP | 64×64 | 17.027 | 58 |
| | 128×128 | 51.173 | 19 |

表 8.3 给出了多帧盲复原和去抖动算法，在多 DSP 并行处理系统上的计算时间和处理帧频。图像尺寸为 64×64。由于多帧算法采用 4 帧退化图像来估计目标图像，从理论上说，计算量将增加到单帧算法的 4 倍。对实际需要而言，在算法中还要计算各帧图像的质心。由于采用了同步迭代的优化算法结构，相较于同等条件下的单帧算法的处理帧频 30 帧/秒来说，处理帧频仅减少了约 2/3，而不是理论上的 3/4。

表 8.3　相同条件下单帧和多帧算法的处理时间与帧频

| 测试结果 \ 算法模式 | 算法时间(毫秒/帧) | 复原帧频(帧/秒) |
|---|---|---|
| 单帧算法 | 31.787 | 30 |
| 多帧算法(4 帧) | 86.418 | 11 |

下面给出不同图像在多 DSP 并行处理系统上的处理结果。以下的退化图像和复原图像，均从序列退化图像和对应的序列复原图像中任意选取。

图 8.9 给出了一组实际风洞图像的处理结果。图像大小 64×64，采用时间并行方式处理。图 8.10 给出了采用空间分块并行方式的复原结果。由于空间分块破坏了傅里叶变换的整体性，各子块的拼接边缘会出现较为明显的边界，形成一个十字架形态图案。因此，在将各子块组合成完整的结果图像时，采用一种边缘像素梯度平滑的方式来减小这种十字架效应。由图可见，经过梯度平滑处理，十字架效应得到一定程度的抑制。图 8.11 给出了采用抽样方式所实现的图像复原结果，图像大小为 256×256。图 8.12 给出了气动光学校正多 DSP 并行处理系统单帧恢复处理显示界面。

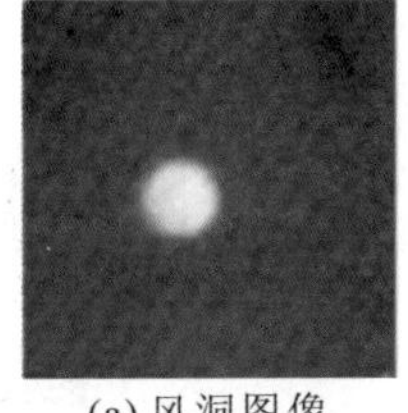
(a) 风洞图像

(b) 复原图像

图 8.9　时间并行的风洞图像复原(64×64)

(a) 模拟退化图像

(b) 恢复图像(平滑前)

(c) 恢复图像(平滑后)

图 8.10 采用空间分块方式的仿真图像恢复（128×128）

(a) 模拟退化图像

(b) 恢复图像

图 8.11 采用抽样方式的卫星图像恢复(256×256)

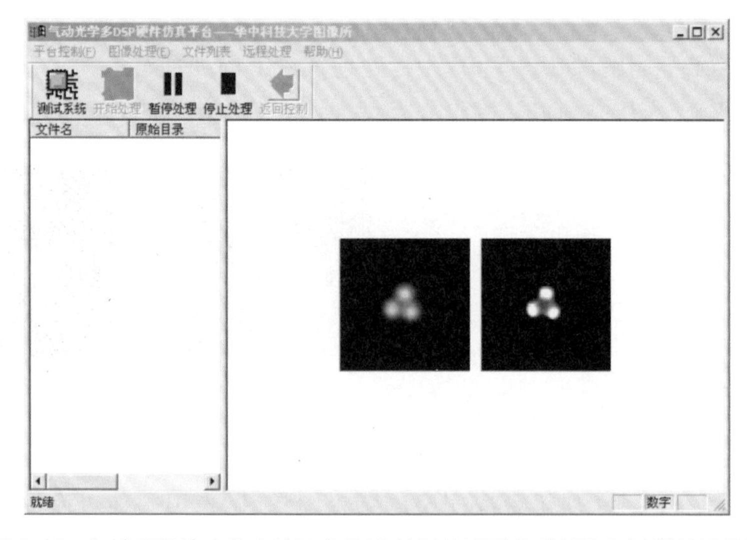


图 8.12 气动光学效应数字校正多 DSP 并行处理系统单帧恢复过程显示界面

另外，为了在去模糊的同时消除序列退化图像的抖动，可以采用多帧算法。为了定量分析多帧算法去抖动能力，采用了文献中提出的质心法，计算复原过程中每帧退化图像和复原图像的质心坐标。图 8.13 为多帧盲复原与去抖动实验结果及显示界面，图中的两个坐标轴分别用来显示 $X$ 方向和 $Y$ 方向上的质心坐标。由实验结果可见，校正前，序列退化图像不仅模糊，其质心的抖动幅度也较大且呈无规形态。经过多帧算法校正后，目标的清晰度明显提高，质心抖动幅度也显著减小，目标趋于稳定。

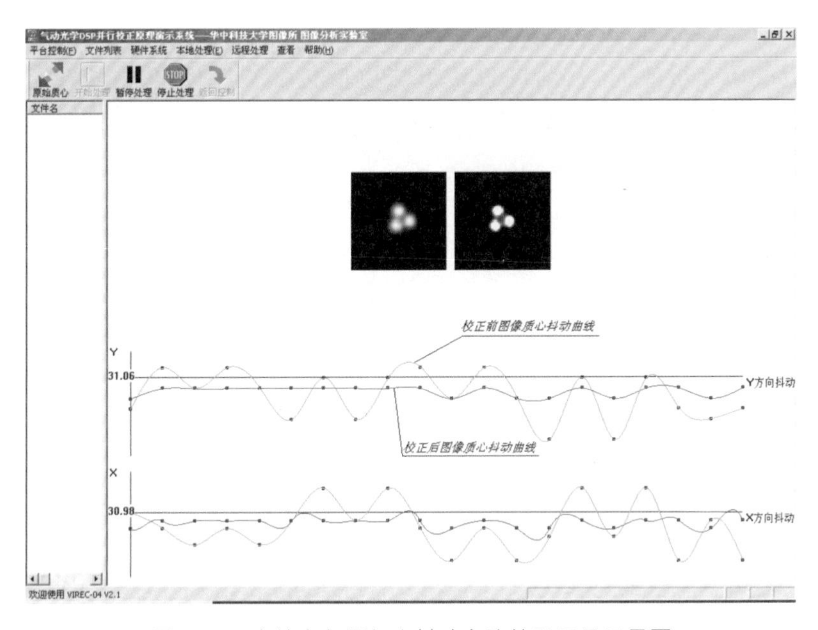


图 8.13　多帧盲复原与去抖动实验结果及显示界面

### 8.1.4　小结

实时图像处理技术在工业、医学和军事等领域有广泛的应用前景。在军事领域，高性能图像处理算法结构复杂，需要处理的数据量大，实时性要求高，高性能实时图像处理常采用多 DSP 构成并行处理系统。本节以气动光学校正多 DSP 并行处理系统为基础，讨论了常用的并行设计方法。结合图像复原算法特点，提出了具体的并行优化方式，包括时间并行和空间并行。以典型的基于贝叶斯理论的单帧和多帧算法为例，分析了算法的计算量，在降低算法复杂度上提出了多种改进方法。在下一步工作中，我们将针对该多 DSP 并行处理系统，研究更多的适合硬件实现的气动光学效应盲复原算法及其并行实现方式。

## 8.2 光电校正方法与系统

针对气动光学效应，目前的校正方法主要包括数字图像校正与光电校正等。在实际过程中，一般是将多种方法综合运用。近些年来，随着图像信息技术的快速发展，在复杂背景环境下，有效获取、识别与处理图像目标的光电成像探测技术，受到了广泛关注与重视。一般而言，常规光电成像探测技术，具有物理载体的特征结构尺寸较大，信噪比有限，抗干扰能力相对较弱，无法简捷快速地获取与目标及环境的动/静态形貌和组分密切相关的波前信息，无法有效适应多色、多谱段成像需求，成像质量难以在短期内继续获得质的突破等缺陷。为了克服气动光学效应对成像探测的不利影响，迫切需要寻找到新的成像探测方式。

基于波前调制的光电成像探测技术，就是近些年涌现出来的一项新的成像探测方式。它涉及光波的能量与相位这两个关键要素，对提高图像信息的空间分辨率、对比度和均匀性，增强干扰抑制和纠错能力等具有重要意义。

现有成像探测方式，基于将入射光波能量转换成电子图像信息这一物理架构。尽管所获取的图像信息，含有源自目标的光波经大气传输后进入光学系统以前，光波相位的若干迁移和变动特征，但无法在兼顾光能量和波前这样的双模方式下被有效利用。目前，北美和欧洲等在可见光及近红外谱域，发展了基于波前调制的成像探测和自适应光电校正技术[7~21]。可以预见，该技术很快就会扩展到与国家安全、科学研究以及日常生活密切相关的，具有自适应光电成像能力的高性能成像探测这一领域中。

一般而言，气动光学效应主要由高速飞行器光学窗口外部的气体，在密度、温度以及组分等时/空域上的随机不均匀分布引发的，气体及窗口材料折射率的快速变动造成。通过改变穿过气流层及窗口的光波相位和振幅，使成像质量下降。基于波前检测的自适应光电校正，其实质就是在测量失真波前基础上，通过校正算法将失真波前加以恢复，从而自动地将畸变光电图像予以校正。

基于波前检测的自适应光电校正主要涉及以下环节：(1) 源于目标并受到

不稳定大气如湍流等扰动的光波，若未经光电校正，将由焦平面阵列输出一幅模糊、抖动的目标图像；(2) 利用波前传感器测量波前误差，再经波前处理器对畸变波前加以补偿或恢复，从而将成像波前校正成较为理想的，未受气动光学效应影响的形态，然后通过焦平面阵列输出成像质量已显著改善的图像。

### 8.2.1 双模波前成像探测

迄今为止，已经发展了多种既能与现有成像探测方式兼容，又能实现波前测量并结合数字图像处理技术，实现图像校正的有效方法和措施。基于面阵Shack-Hartmann(SH)效应，并具有双模成像能力的波前成像探测技术就是一个典型代表，其基本特征见图8.14。如图所示，在忽略波前信息这一前提下，该技术即退化为传统的，以获取光学强度信息为典型特征的常规光电成像模式。

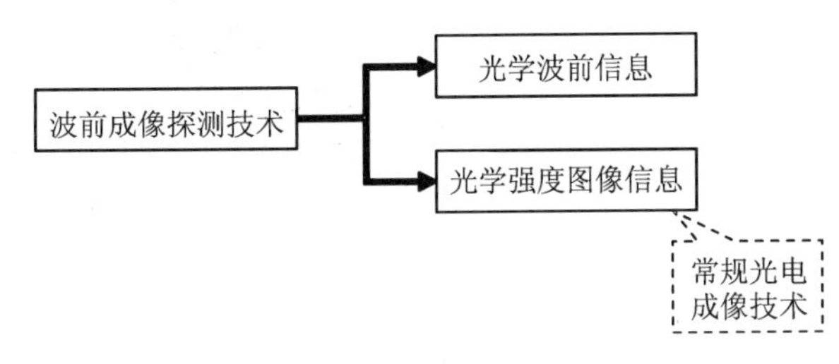


图8.14 波前成像探测技术具有光学强度与波前这样的双模成像能力

研究表明，采用波前成像技术研究气动光学效应对成像系统探测效能的影响，具有若干明显的优势。其核心内容包括：(1) 获得面阵SH型成像探测器；(2) 研发有效的波前复原和图像校正算法；(3) 波前与强度图像的关联、融合及处理。

图8.15为传统的面阵SH型混合集成波前成像探测结构示意图。如图所示，混合集成结构主要由阵列排布的孔状模板和面阵光电探测器构成。通常情况下，典型的四象限式探测器阵列(并不局限于四象限式的排布方式)与单元微孔对应，执行几何光学参数向波前信息转换，以及强度图像信息获取这样的功能操作。

为了提高入射光能的利用率，增大光学参数的响应范围，提高被测目标的空间分辨率和波前测量精度，以及更有利于对图像信息进行校正处理，人们逐渐采用大面阵的折射、衍射微透镜取代传统的微孔模板，从而形成了现代SH

型波前成像探测器的雏形,见图 8.16。如图所示,典型的平面波前被扰动介质畸变后,进入混合集成波前成像探测器。与畸变波前对应的几何光学信息,被探测器接收并经图像信息处理后复原成平面波前。其基本思路源于小的子平面波前的直进和点成像属性。图中亦给出了取代微孔模板的,典型的球面、柱面、方底拱面折射微透镜阵列,以及面阵圆形台阶状层叠式衍射微透镜的显微图片。

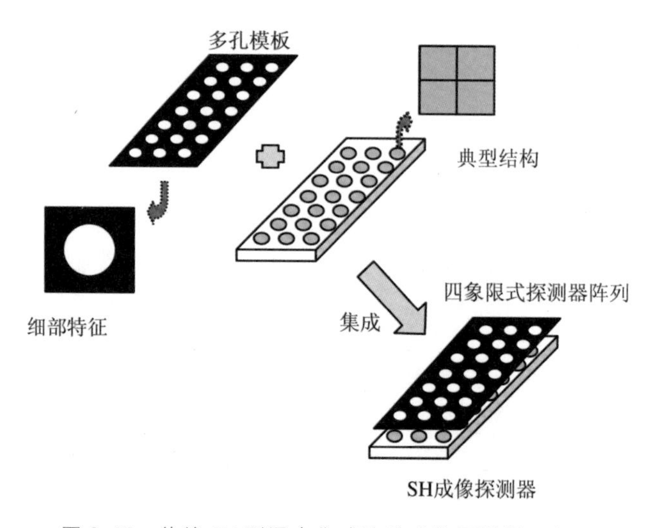


图 8.15 传统 SH 型混合集成波前成像探测器示意图

为了摆脱混合集成结构所固有的缺陷,进一步扩展该技术的适用范围,如高速飞行器光电信息的有效获取,达到与标准集成电路工艺兼容并降低成本等,近些年基于面阵 SH 效应的 CMOS 波前成像探测技术得到快速发展。目前已见报道的一种典型的可见光谱段低阵列规模 CMOS 集成波前探测器件的结构情形见图 8.17[8]。如图所示,这种即插即用、使用方式灵活、环境要求相对较低、由标准集成电路工艺所保证的可靠性和价格优势,使其具有了低成本和高可靠特征,以及批量生产和商用的潜在前景。

综上所述,对有图像校正需求的应用而言,仅通过数字图像信息处理来完成校正操作,对高速动平台等所应具有的,快捷准确地捕获目标图像这一要求来说,是不完善的或者有缺陷的。寻找能直接通过光电校正办法,弥补和加强如上所述的图像获取和处理手段,已成为一项亟待解决的紧迫问题。

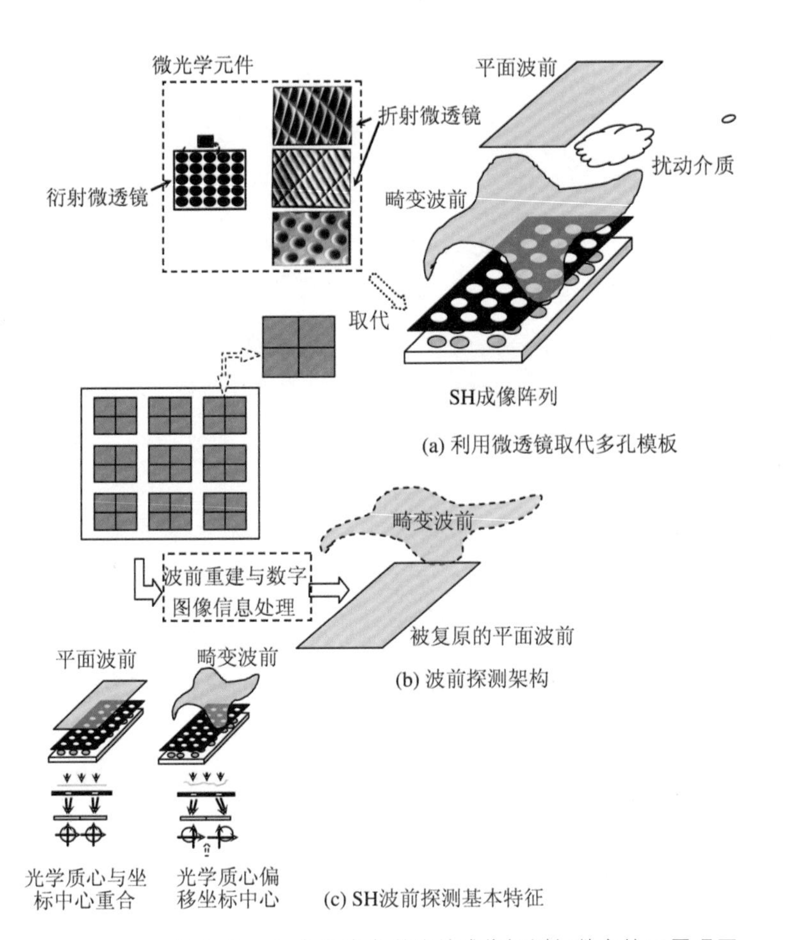


图 8.16　混合集成光学波前成像探测与数字校正原理图

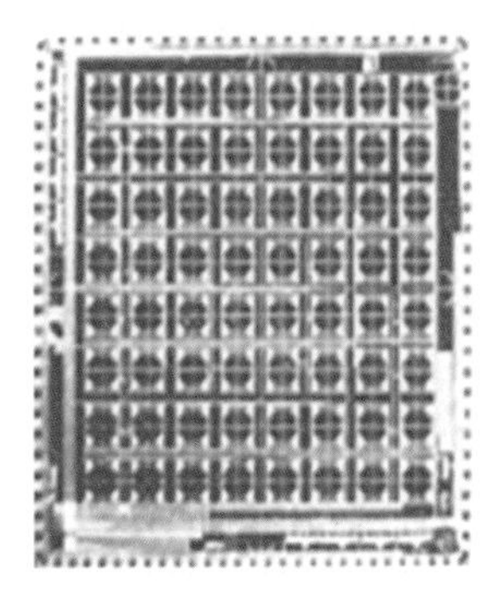

图 8.17　一种典型的低阵列规模可见光 CMOS
波前探测结构

### 8.2.2 基于波前恢复的光电校正数学模型

1. 波前探测

对动态波前畸变进行实时校正的前提，是对波前畸变进行实时探测。因此，波前传感器是成像探测系统的一个重要组成部分。波前探测方法以及相应的波前传感器的种类很多，从大的方面来讲主要分为干涉法和辐照度法这两大类。辐照度探测法中的SH方法由于测量原理相对简单，制造工艺较为成熟，可与探测器混合甚至单片集成，已成为自适应光学成像探测领域中应用较多的一种波前传感器材。

目前的SH传感器主要包括微透镜阵列和CCD/CMOS光敏阵列。微透镜阵列由若干等焦距的微透镜排列而成，它们将待测波前划分为若干子波前。每一个微透镜，也被称为子孔径。子孔径的大小，决定了波前探测的空间分辨率。对于实时波前校正自适应光学成像系统，波前探测的空间分辨率，应和系统的响应带宽，以及波前校正器的校正能力相匹配。与SH波前传感器的每个子孔径对应的，是焦面处的多个光敏结构。当微透镜阵列和CCD/CMOS的位置固定时，子孔径上的子波前的倾斜，将体现在像面光斑质心的偏移上。

当平面波入射到微透镜阵列上时，在面阵CCD/CMOS上会出现均匀分布的光斑阵列。每个光斑均位于各子像素阵列的中心，常用$(x_0, y_0)$表示子光斑中心的坐标。当畸变波前入射到微透镜阵列上时，子像素阵列上的光斑质心将偏离中心(质心)位置。通过测量焦面上畸变波前的质心位置偏差，可求出畸变波前上被微透镜分割而成的子波前的平均斜率，进而得到入射波前。

计算光斑位置偏移量$(x_c, y_c)$的解析关系为

$$x_c = \frac{\sum_{ij} x_i I_{ij}}{\sum_{ij} I_{ij}}, \quad y_c = \frac{\sum_{ij} y_i I_{ij}}{\sum_{ij} I_{ij}} \tag{8.1}$$

其中的$x_i$和$y_i$分别为单元孔径内第$(i, j)$个光敏结构的坐标，$I_{ij}$为光电响应强度，$x_c$和$y_c$分别为$x$和$y$轴向上的光斑质心坐标，$i$和$j$分别为子孔径内的光敏结构的数量。

2. 波前复原

由SH波前传感器测量离散子波前的斜率，进而恢复出连续的入射波前，并给出波前校正器所需的控制信号，或者直接从斜率数据计算出控制信号的算

法，被称为波前复原算法。常见的有 Zernike 模式法和波前斜率法等。

(1) Zernike 模式法

在 Zernike 模式法中，波前相位用 Zernike 多项式表示为

$$\varphi(x,y) = a_0 + \sum_{k=1}^{n} a_k Z_k(x,y) + \varepsilon \tag{8.2}$$

利用斜率测量数据，先求出畸变波前的 Zernike 系数，进而求得畸变波前。采用该法进行波前重构和得出控制信号包括两个关键性步骤：波前重构与信号解耦。由于解耦控制矩阵一般通过离线计算得出，在实际过程中由于外部因素的影响，可能导致实际值与理论计算偏离，故对光路的调节要求较高。

入射光波前畸变 $\varphi(x,y)$ 可以用模式函数系列 $F_k(x,y)$ 展开：

$$\varphi(x,y) = \sum_{k=1}^{l} a_k F_k(x,y) \tag{8.3}$$

式中的 $l$ 为模式数，$a_k$ 为待定的模式系数。

模式法波前重构的实质，是建立模式函数系列 $F_k(x,y)$ 与波前传感器所测量的相位斜率间的关系，以求解各个模式系数 $a_k$。波前传感器测量的第 $j$ 个子孔径内的入射光波相位平均斜率 $G_{jx}$ 和 $G_{jy}$ 为

$$\begin{aligned} G_{jx} &= \frac{1}{S_j}\iint_{s_j} \left[\frac{\partial\varphi(x,y)}{\partial x}\right]_j \mathrm{d}x\mathrm{d}y \\ &= \sum_{k=1}^{l}\left(\frac{a_k}{s_j}\right)\iint_{s_j}\left[\frac{\partial F_k(x,y)}{\partial x}\right]_j \mathrm{d}x\mathrm{d}y = \sum_{k=1}^{l} a_k F_{jkx} \end{aligned} \tag{8.4}$$

$$\begin{aligned} G_{jy} &= \frac{1}{S_j}\iint_{s_j} \left[\frac{\partial\varphi(x,y)}{\partial y}\right]_j \mathrm{d}x\mathrm{d}y \\ &= \sum_{k=1}^{l}\left(\frac{a_k}{s_j}\right)\iint_{s_j}\left[\frac{\partial F_k(x,y)}{\partial y}\right]_j \mathrm{d}x\mathrm{d}y = \sum_{k=1}^{l} a_k F_{jky} \end{aligned} \tag{8.5}$$

式中 $s_j$ 表示第 $j$ 个子孔径面积，并且有

$$F_{jkx} = \frac{1}{S_j}\iint_{s_j}\left[\frac{\partial F_k(x,y)}{\partial x}\right]_j \mathrm{d}x\mathrm{d}y \tag{8.6}$$

$$F_{jky} = \frac{1}{S_j}\iint_{s_j}\left[\frac{\partial F_k(x,y)}{\partial y}\right]_j \mathrm{d}x\mathrm{d}y \tag{8.7}$$

假设波前传感器共有 $M$ 个子孔径，并取模式函数系列 $F_k(x,y)$ 的前 $l$ 项进行波前重构，则有

$$\begin{bmatrix} G_{1x} \\ G_{1y} \\ G_{2x} \\ G_{2y} \\ \cdots \\ G_{Mx} \\ G_{My} \end{bmatrix} = \begin{bmatrix} F_{11x}F_{12x}\cdots F_{1lx} \\ F_{11y}F_{12y}\cdots F_{1ly} \\ F_{21x}F_{22x}\cdots F_{2lx} \\ \cdots\cdots \\ \cdots\cdots \\ F_{M1x}F_{M2x}\cdots F_{Mlx} \\ F_{M1y}F_{M2y}\cdots F_{Mly} \end{bmatrix} \cdot \begin{bmatrix} a_1 \\ a_2 \\ a_3 \\ \cdots \\ a_l \end{bmatrix} \tag{8.8}$$

上式可以表示为矩阵形式：

$$\boldsymbol{G} = \boldsymbol{F} \cdot \boldsymbol{A} \tag{8.9}$$

式中的 $\boldsymbol{G}$ 为波前斜率向量，包括通过波前传感器测量的入射波前在所有子孔径内 $x$ 和 $y$ 方向上的平均斜率；$\boldsymbol{F}$ 为波前重构矩阵；$\boldsymbol{A}$ 为待定的模式函数系数向量。

通过波前传感器得到波前斜率向量 $\boldsymbol{G}$ 后，利用奇异值分解法求出波前重构矩阵 $\boldsymbol{F}$ 的广义逆 $\boldsymbol{F}^+$，就可以得到模式函数系数向量 $\boldsymbol{A}$ 在最小二乘意义下的最小范数解，即

$$\boldsymbol{A} = \boldsymbol{F}^+ \cdot \boldsymbol{G} \tag{8.10}$$

将通过上式得到的模式函数系数向量 $\boldsymbol{A}$ 代入式(8.3)，即可以得到完整的波前相位展开式。

(2) 波前斜率法

波前斜率法的控制对象不是波前误差 $\Phi(x,y)$，而是 SH 波前传感器的输出量，即波前斜率 $G_x(i)$和 $G_y(i)$。由于斜率直接对应子波前，如果所加控制信号使斜率达到最小，即子波前斜率接近标准参考光斜率时，相位误差最小。如果波前校正器校正了所有子孔径内的子波前斜率误差，就能达到校正波前畸变这一目的。对应用而言，该方法较为简捷。

利用波前校正器校正波前畸变这一过程，就是将波前畸变 $\varphi(x,y)$，用波前校正器的驱动器的影响函数 $f_k(r)$展开这一过程。设输入信号是加载于第 $j$ 个驱动器上的电压信号 $V_j$，则有

$$\varphi(x,y) = \sum_{j=1}^{l} V_j \cdot f_k(r) \tag{8.11}$$

式中，$l$ 为波前校正器的驱动器数量，$V_j$ 为驱动器的控制电压。

通过波前斜率法，可以建立波前校正器的驱动器影响函数与子波前斜率间

的递推关系，进而求解波前校正器其驱动器的控制电压信号 $V_k$。波前传感器测量的第 $j$ 个子孔径内的子波前平均斜率 $G_{jx}$ 和 $G_{jy}$ 为

$$G_{jx} = \sum_{k=1}^{l}\left(\frac{V_k}{S_j}\right)\iint_{S_j}\left[\frac{\partial f_k(r)}{\partial x}\right]\mathrm{d}x\mathrm{d}y = \sum_{k=1}^{l} V_k F_{jkx} \tag{8.12}$$

$$G_{jy} = \sum_{k=1}^{l}\left(\frac{V_k}{S_j}\right)\iint_{S_j}\left[\frac{\partial f_k(r)}{\partial y}\right]\mathrm{d}x\mathrm{d}y = \sum_{k=1}^{l} V_k F_{jky} \tag{8.13}$$

式中 $S_j$ 表示第 $j$ 个子孔径的面积，并有

$$F_{jkx} = \frac{1}{S_j}\iint_{S_j}\left[\frac{\partial f_k(r)}{\partial x}\right]_j \mathrm{d}x\mathrm{d}y \tag{8.14}$$

$$F_{jky} = \frac{1}{S_j}\iint_{S_j}\left[\frac{\partial f_k(r)}{\partial y}\right]_j \mathrm{d}x\mathrm{d}y \tag{8.15}$$

假设波前传感器共有 $M$ 个子孔径，波前校正器有 $l$ 个驱动器，则有

$$\begin{bmatrix} G_{1x} \\ G_{1y} \\ G_{2x} \\ G_{2y} \\ \cdots \\ G_{Mx} \\ G_{My} \end{bmatrix} = \begin{bmatrix} F_{11x}F_{12x}\cdots F_{1lx} \\ F_{11y}F_{12y}\cdots F_{1ly} \\ F_{21x}F_{22x}\cdots F_{2lx} \\ F_{21y}F_{22y}\cdots F_{2ly} \\ \cdots\cdots \\ F_{M1x}F_{M2x}\cdots F_{Mlx} \\ F_{M1y}F_{M2y}\cdots F_{Mly} \end{bmatrix} \cdot \begin{bmatrix} V_1 \\ V_2 \\ V_3 \\ \cdots \\ V_l \end{bmatrix} \tag{8.16}$$

上式可以表示为矩阵形式：

$$\boldsymbol{G} = \boldsymbol{F} \cdot \boldsymbol{V} \tag{8.17}$$

式中的 $\boldsymbol{G}$ 为子波前斜率向量，包含子孔径内 $x$ 和 $y$ 方向上的子波前斜率；$\boldsymbol{F}$ 为斜率法的波前复原矩阵；$\boldsymbol{V}$ 为波前校正器其驱动器的控制信号如电压向量。测量得到子波前斜率向量 $\boldsymbol{G}$ 后，利用奇异值分解法求出波前复原矩阵 $\boldsymbol{F}$ 的广义逆矩阵 $\boldsymbol{F}^+$，就可以求出波前校正器其驱动器的控制电压：

$$\boldsymbol{A} = \boldsymbol{F}^+ \cdot \boldsymbol{G} \tag{8.18}$$

通常情况下，典型的四象限式的探测器阵列(并不局限于四象限式的结构方式)与单元微孔或微透镜对应。目前，通过电控可变形微镜及液晶微透镜阵列，实现动态双模成像探测已成为一个研究热点，受到了广泛关注。

### 8.2.3　液晶微透镜

针对自适应光电调整和校正需求，已发展了多种技术方式，如形状和外貌

结构可调的阵列化可变形微镜及液晶微透镜等。目前,电控液晶微透镜技术,已发展到可以取代若干常规的折射或衍射微透镜这一阶段[16~21],其典型特征包括:(1) 液晶结构的驱动电压相对较低,通常分布在几伏至几十伏范围内,驱动方式包括有线控制与无线功率传输等;(2) 一些实验室级的液晶材料的响应时间已短至微秒级;(3) 液晶材料对极化光学信息具有极端敏感性;(4) 工作在可见光、红外谱段的若干液晶微透镜,已显示出良好的焦长、通光孔径及波前的可调特性。随着液晶材料和微加工技术的快速发展,基于液晶光调制的自适应光学和光电图像信息技术,将具有广阔的发展前景。

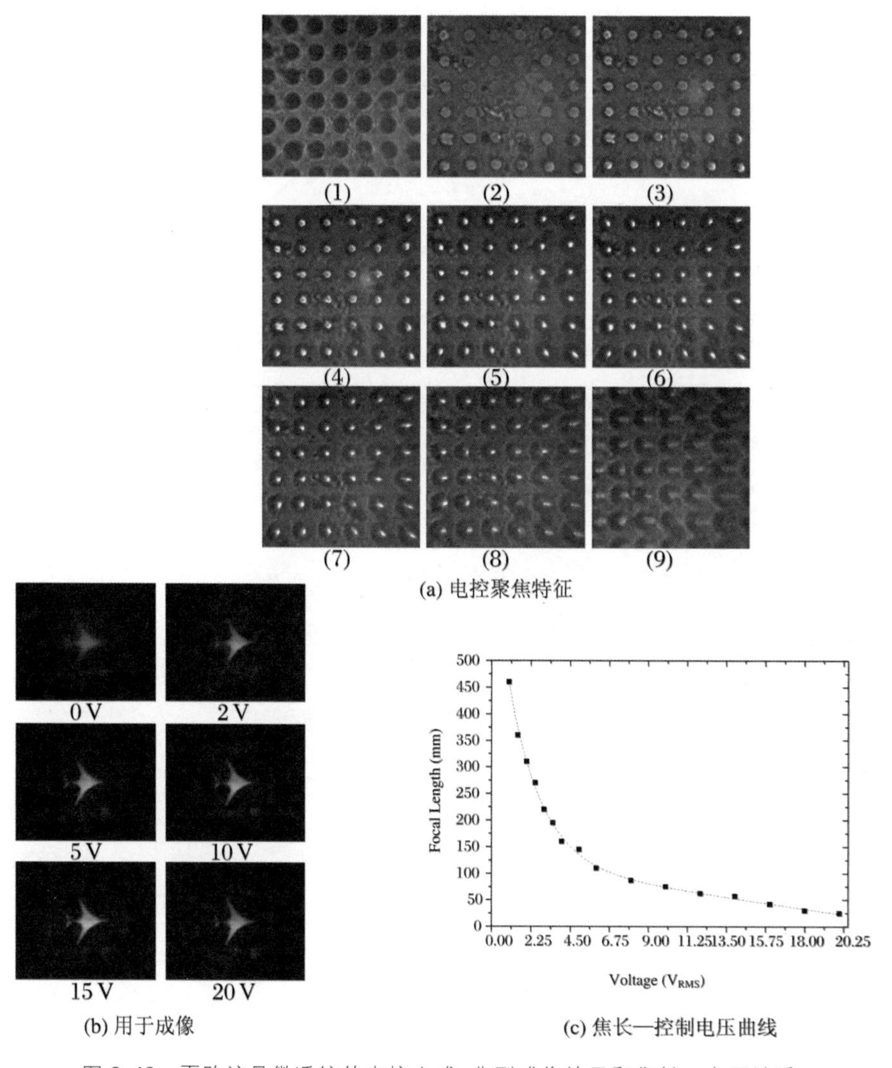


图 8.18 面阵液晶微透镜的电控生成、典型成像效果和焦长—电压关系

图 8.18 给出了我们所研发的两种电控液晶微透镜的典型特征，包括面阵微透镜生成和在不同驱动电压处的光强分布，单元液晶微透镜器件的像产生及典型光学参数的电控行为变化等。由(a)图可见，未施加驱动信号的面阵液晶器件，对入射光无明显响应。在信号电压驱动下，液晶器件呈折射微透镜形态。由(b)图和(c)图可见，单元液晶器件的像质、焦长及通光孔径随信号电压的改变呈显著变化趋势。液晶微透镜除可以作为光束整形和变换器外，还可以用于成像，如图示的多重飞机图像等。

### 8.2.4　液晶基光电校正技术

将液晶微通道、折射或衍射液晶微透镜阵列等，取代传统微光学元件，与光电探测器组成融合有极化光学特征的，混合集成型的液晶波前成像探测与光电校正架构，就可以利用液晶结构的电调特性，实现光学参数的调控处理，即具备光电调整和校正效能。或者将传统的阵列光电成像探测器，升级成具有自适应光电调制与校正功能的新一代控光成像探测芯片。这对于提高光电成像系统的图像信息获取和抗干扰能力，是一条有吸引力的技术途径。对高速动平台的成像探测而言，尤其具有重要意义。图 8.19 所示为取代传统微光学器件的液晶微通道及微透镜结构，与成像探测器进行混合集成的情形。

采用液晶微通道或微透镜，制作混合集成型的阵列成像探测器，解决气动光学效应影响高速动平台对目标图像信息的快速捕获、识别及处理，无疑是一条有吸引力的技术方式。作为一项正在兴起的技术手段，在紫外、太赫兹以及毫米波等谱域，也具有潜在的应用价值。

迄今为止，常规的基于波前恢复的光电校正方法，已在大型天文望远镜、激光波束分析等方面得到应用。现阶段已试用的光电校正装置，以可变形反射镜为主。由于尚无合适的波前校正器件，基于波前恢复的光电校正技术，目前仍无法应用于高速制导飞行器的成像探测。目前仍快速发展的液晶微透镜技术，为解决上述问题提供了一个新的思路和潜在手段。

1. 面向波前调节的液晶微透镜

液晶由于其特殊的光学各向异性，以及在外电场作用下能够快速改变光学特性这一特征，在小/微型化的波前测量和校正领域具有广泛的发展前景。应用液晶材料制成的光学器件，如光波导、光开关和光偏振器等，目前已得到广泛应用。通过电控改变外电场强度及空间分布，可以改变液晶微透镜的焦长、通光孔径和光波前，进而实现动态波前测量和调变。

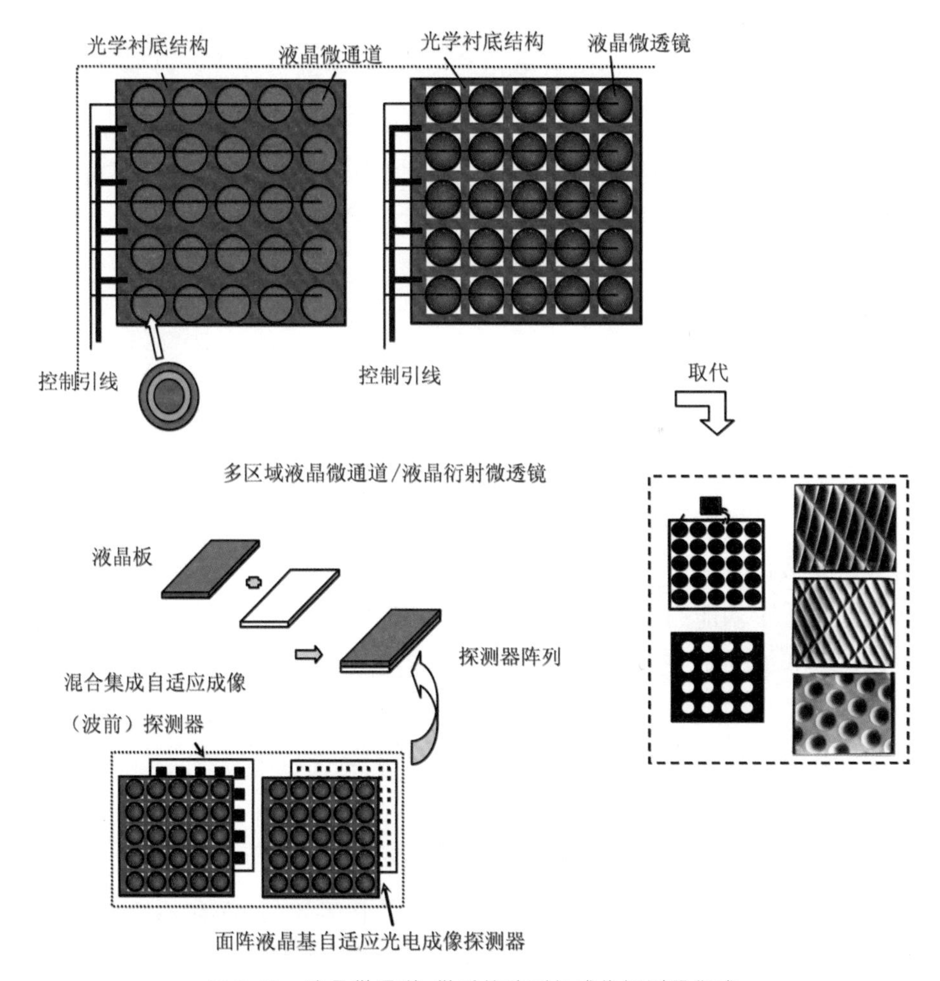


图 8.19　液晶微通道、微透镜阵列与成像探测器集成

电控液晶微透镜的典型结构见图 8.20。如图所示，液晶材料被夹在两片玻璃衬底间，在液晶层上下表面和上下玻璃衬底间制有氧化铟锡（ITO）膜作为透明电极。在与液晶接触的衬底上均涂有图案化的聚酰亚胺膜层来锚定液晶分子，即在不加电情形下将液晶分子沿某一固定方向（如 $x$ 轴方向）按预设角度同向展开。采用现代微电子工艺，可以将多个液晶微透镜制作在同一块衬底上组成阵列。

一般而言，液晶微透镜除作为光束整形以及变换器件外，还可用于成像应用，其典型情形见图 8.21。如图所示，在幅度不同的驱控电压信号作用下，我们所研发的液晶微透镜阵列，将入射光束有效整形成亮度可调的二维光斑阵列。该图同时给出了高度可调的三维点扩展函数。典型的光学成像效果见所显示的多重 A、T 和 H 字母以及手掌图等。

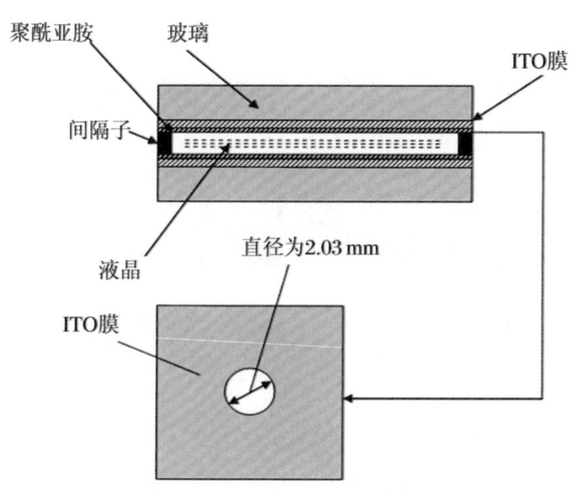


图 8.20　典型的电控液晶微透镜结构

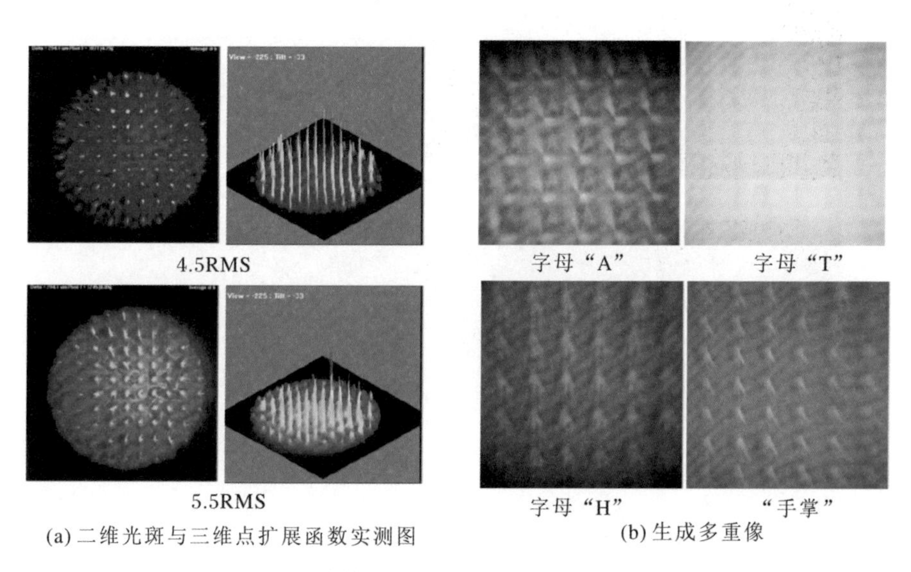


(a) 二维光斑与三维点扩展函数实测图　(b) 生成多重像

图 8.21　电控液晶微透镜阵列的典型光学效能

图 8.22 所示为我们所研发的一种面阵液晶微透镜的电控聚焦情形。由图可见，在 2.46 $V_{RMS}$ 至 11.2 $V_{RMS}$ 信号电压驱动下，液晶器件呈折射微透镜形态，焦长及通光孔径呈显著的变化趋势。图 8.23 所示为我们研发的一种通过电控改变焦面上的焦点位置的液晶微透镜的情形[22]。这种焦点可电扫的液晶微透

镜在调控或校正波前方面将发挥重要作用。图 8.24 所示为电控液晶微透镜在不同驱动电压处的光学干涉测试结果[20]。由图可见,随着驱动电压的变化,液晶材料的折射率变化首先从器件的边缘处开始,逐渐向光斑中心处逼近。表现为干涉条纹的稠密化以及向光斑中心处逼近这一趋势。

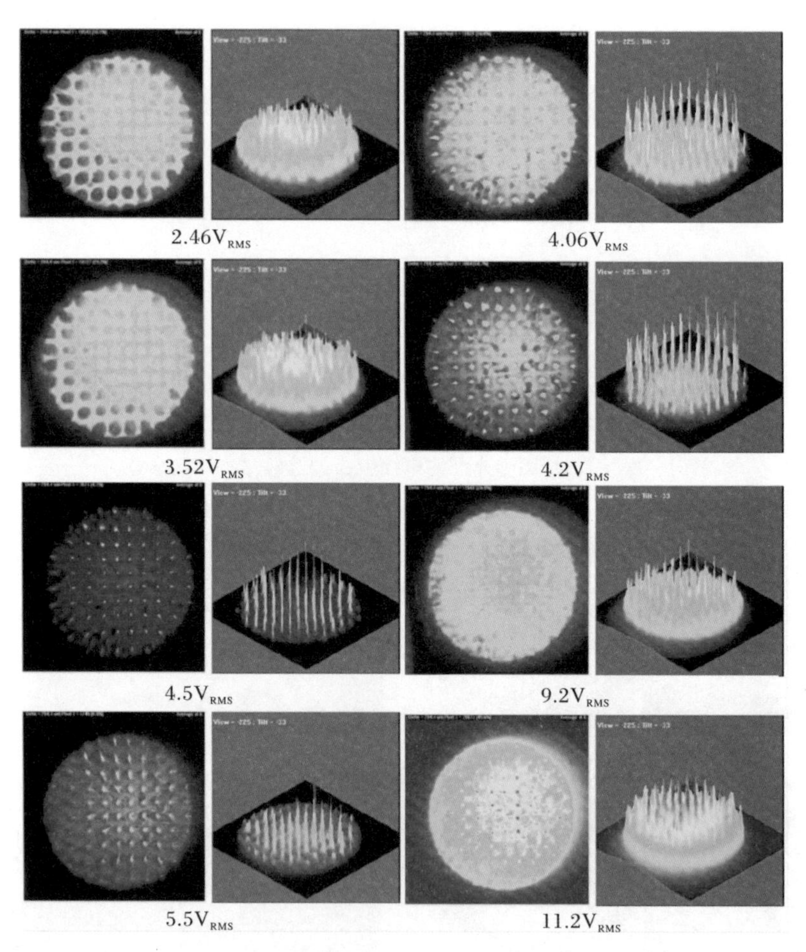


图 8.22 面阵液晶微透镜的电控聚焦特征

2. 基于液晶微透镜的波前校正

基于液晶微透镜的电控变焦特性,可将其应用于波前的动态测量与调节(校正)。其核心环节是运用电控液晶微透镜进行波前测量和波前调整。在波前测量阶段,液晶微透镜阵列的作用同 SH 方法中的常规微透镜阵列功能一致,起到增大透光面积和聚光,以及提高波前测量范围和精度这些作用。在波前校正阶段,液晶微透镜则起波前校正器作用。该方法在波前探测与校正方面同传统 SH 方法一致。计算及恢复出失真波前后,基于液晶微透镜的变焦特性，使光场相位分布产生所需要的变化，实现局部成像单元的图像锐化，达到波前校正和图像清晰化这一目的。

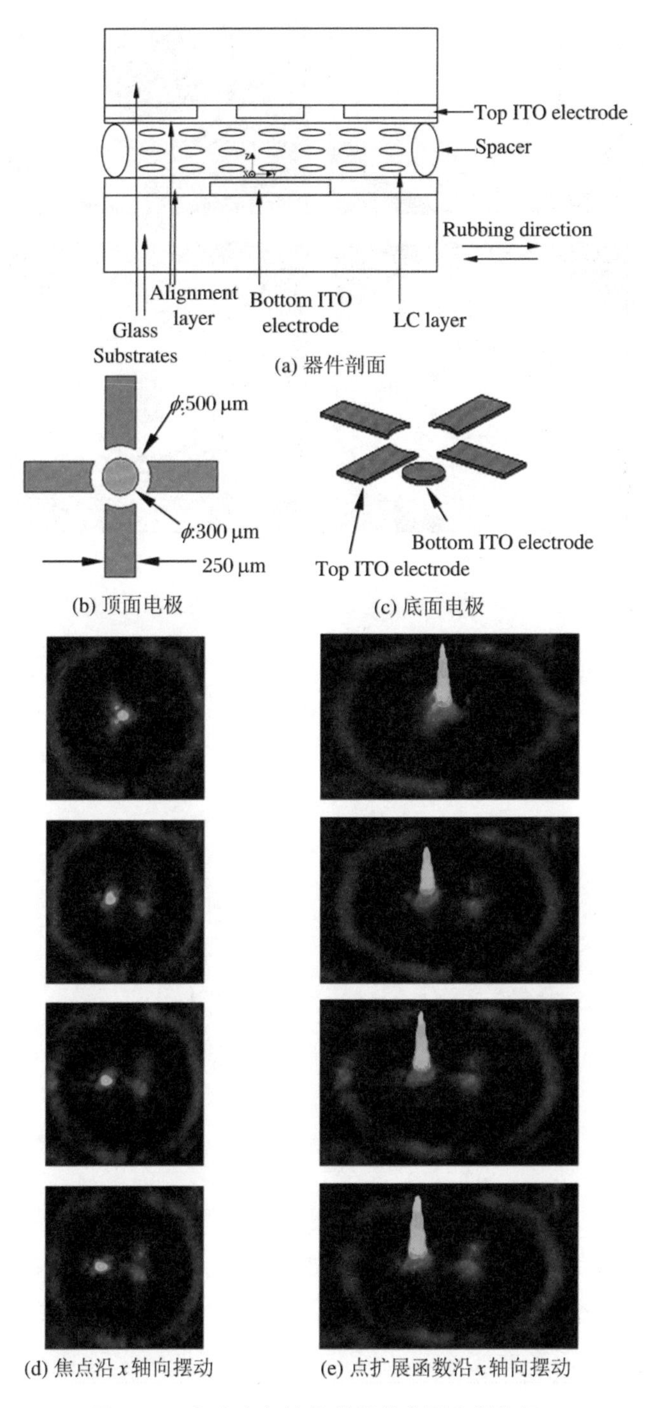


(a) 器件剖面

(b) 顶面电极

(c) 底面电极

(d) 焦点沿$x$轴向摆动

(e) 点扩展函数沿$x$轴向摆动

图8.23 焦点电扫液晶微透镜典型光学特征

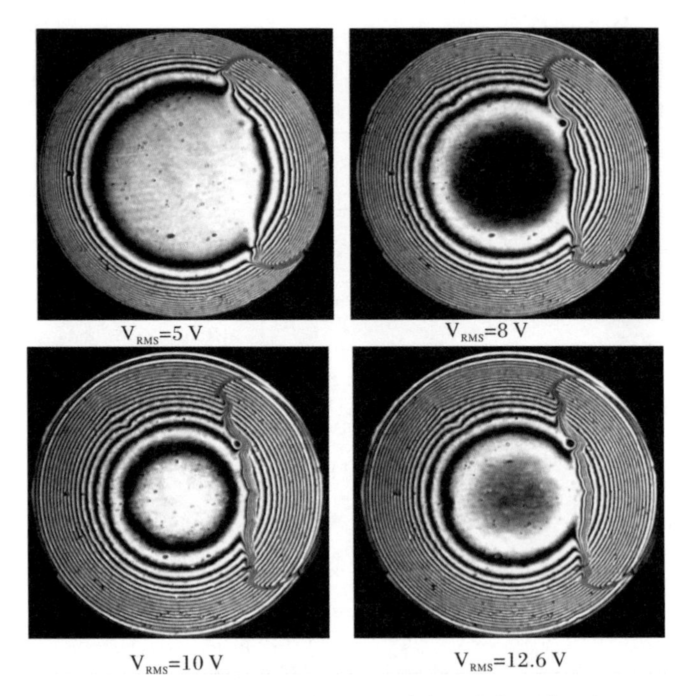


图 8.24 液晶微透镜在不同驱动电压处的干涉图案

一种典型的混合集成波前探测原理见图 8.25。如图所示，任意形貌的入射波前被第$(i,j)$元波前结构分离成子平面波前后，相关的几何光学因子满足下列关系：

$$\mathrm{tg}\theta_{x_{i,j}} = \frac{\mathrm{d}p_{x_{i,j}}}{\mathrm{d}x_{i,j}} = \frac{\Delta x_{i,j}}{D} \tag{8.19}$$

$$\mathrm{tg}\theta_{y_{i,j}} = \frac{\mathrm{d}p_{y_{i,j}}}{\mathrm{d}y_{i,j}} = \frac{\Delta y_{i,j}}{D} \tag{8.20}$$

$$\Delta x_{i,j} = \frac{\iint I_{i,j}(x,y)x_{i,j}\mathrm{d}x\mathrm{d}y}{\iint I_{i,j}(x,y)\mathrm{d}x\mathrm{d}y} \tag{8.21}$$

$$\Delta y_{i,j} = \frac{\iint I_{i,j}(x,y)y_{i,j}\mathrm{d}x\mathrm{d}y}{\iint I_{i,j}(x,y)\mathrm{d}x\mathrm{d}y} \tag{8.22}$$

式中的 $D$ 为波前结构与探测器光敏面之间的距离，$I(x,y)$为探测器光敏面的光电响应强度分布函数，$\theta$ 为倾斜角。

通常情况下，子平面波前的几何尺寸越小，测试结果越精确。一般而言，使用液晶微透镜后，光能利用率以及相应的光电参数的动态测量范围均可以得到改善和提高，像元结构间的窜扰影响也可以明显减弱，探测器光敏面的尺寸也能相应减小。

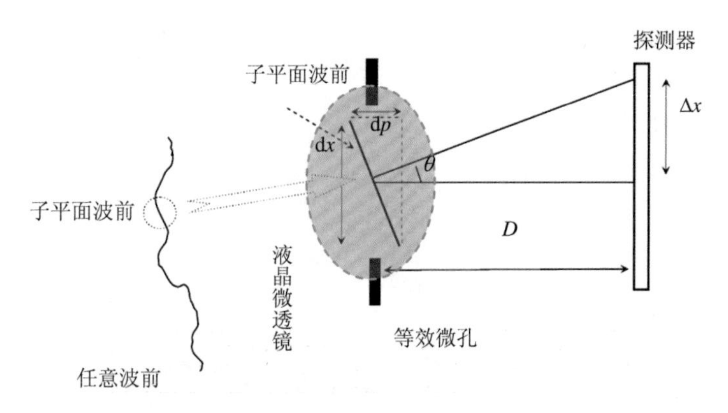


图 8.25　单元液晶波前探测与校正结构

当微透镜阵列上所有液晶结构受同一个驱控信号控制时，各焦距的变化方向是一致的。运用最小二乘法或其他优化算法，可以得到一个相对整体或者局域的波前校正量。再根据微透镜的变焦特性反推出电压特征，通过相关运算得到控制信号。

目前，由于对液晶微透镜阵列仅同时施加一个控制电压，其图像校正能力仍有限。通过采用可寻址加电方式，既仅通过校正局部波前畸变，同样可以提高校正效能，降低校正操作的复杂性。具体配置方案见图 8.26，包括典型的整体、2×2 分区以及 4×4 分区等模式。

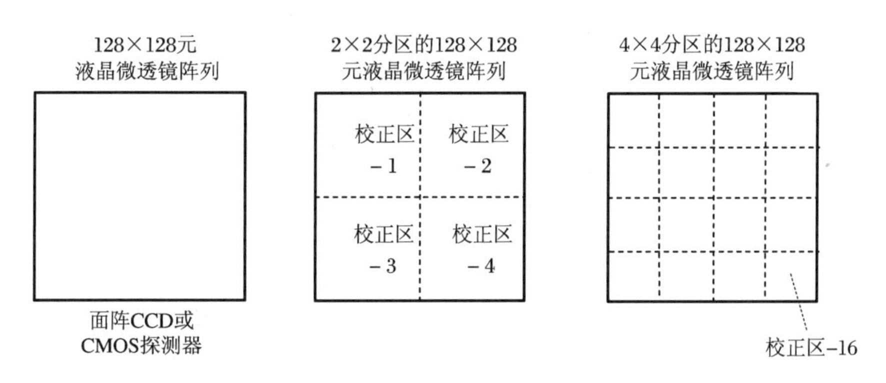


图 8.26　整体、2×2 以及 4×4 分区下的器件架构

图 8.27 给出了液晶微透镜与成像(波前)探测器的混合集成情形。混合集成液晶光电成像探测与校正结构的细节情况见图 8.28。如图所示，每单元液晶微透镜与四个紧密排列的光电探测器对应(四象限式的结构)，即混合集成结

构的实际阵列规模为光电成像芯片的二分之一。入射光束经液晶微透镜会聚后，被投射到光电探测器上。对正入射的子平面波前而言，光斑质心与图8.28中的(a)和(b)子图中的红色十字线中心重合。对斜入射的子平面波前（相对复杂波前）而言，入射光束被投射到其中的一个探测器上，通过如上所述的光斑相对位置的测算得到波前。从原理上讲，这一工作方式并不需要另外设置标准参考波前。另一方面，撇开光斑的位置信息，所获得的就是传统光电强度图像。双模即波前和强度成像的意义就在于此。

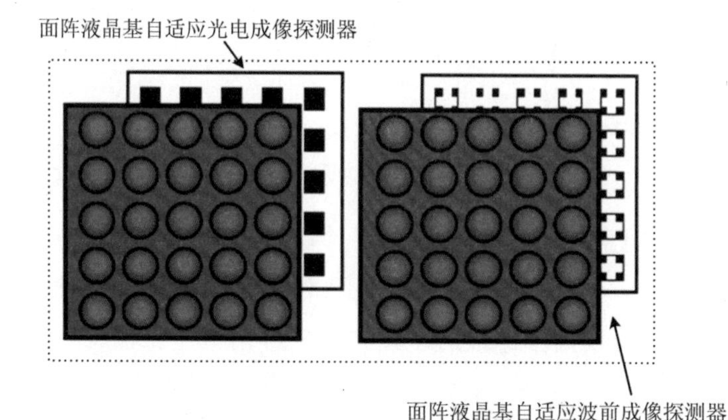


图8.27 混合集成的液晶微通道与微透镜阵列成像(波前)探测器

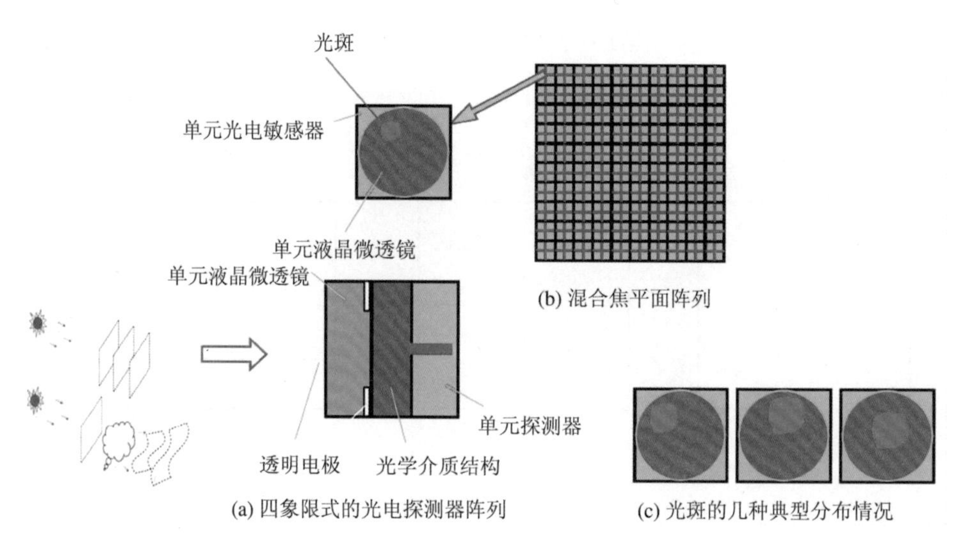


图8.28 混合集成结构示意图

通常情况下，与单元液晶微透镜对应的光电探测器的数量越多，如八象限或十六象限结构等，光电探测器的特征结构尺寸越小，成像探测结构的阵列规模越大，所获取的波前形貌越准确。由于入射光束经液晶微透镜后被投射到四个探测器中的任何一个，或者红十字线的中心位置，如果忽略光斑在所划分的探测器阵列上的具体位置，就可以获得与入射波前对应的强度图像。可以预见，微细加工和集成技术的快速发展，为高空间分辨率的双模成像探测结构的实现奠定了技术基础。

一般而言，波前和强度图像的空间分辨率，取决于混合成像结构的阵列规模和特征结构尺寸。从技术角度看，阵列规模的增大以及特征结构尺寸的减小，受成像探测器制作技术的制约，本身并未带来新的技术难点。

目前，国外实用化的面阵电控液晶微透镜的响应速度，已达到亚毫秒级。相应于 $10^2$ 级的帧频，若干实验室级的红外液晶材料的响应速度，已达到微秒级。随着技术的进步，响应速度会继续提升。基于现实的技术基础以及可预见的技术发展，集成结构的空间和时间分辨率应能满足如气动光学光电校正等的总体要求。

### 8.2.5　小结

采用电控液晶微透镜制作双模成像探测器，对解决如气动光学效应等影响高速动平台对外界图像信息的捕获、识别及处理等，无疑是一条有竞争力的技术途径。作为一项正在兴起的技术手段，对显著提高光电成像探测器材的探测效能、自适应控制及光电校正处理等[23~25]，具有重要意义。

## 8.3　数字与光电混合校正

针对简单背景下的点目标（如空中点目标）图像，其成像受湍流影响。在成像的同时，可以测出其畸变的波前。将畸变的波前转化为对应的点扩展函数（PSF），再将该 PSF 作为一个初值，用于 MAP 校正算法。其流程图见图 8.29。

一般而言，红外辐射体所出射的光波，均可以由平面波、柱面波、球面波或局域平面波等基本波前成分叠加而成。表现为存在于环境介质中的目标其本

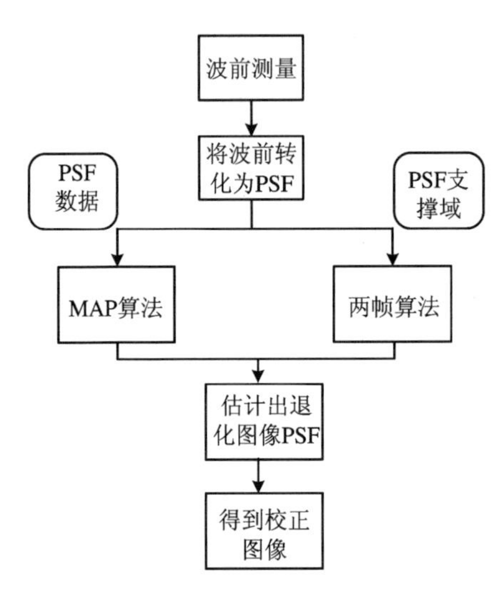


图 8.29 波前测量与数字校正相结合算法流程图

征波前，与源于如流场等的环境介质的辐射波前的叠加。譬如，点目标所出射的平面波前，被高速流场扰动后，其畸变波前常可以通过数学统计模式加以处理和分类。研究表明，流场中的波前呈现极为复杂的形态和迁移行为。源于目标的波前对环境介质的变化所呈现的敏感性、精细程度和响应速度等，远高于光学强度量所能达到的程度。因此，通过测量和调制波前来实现光电强度图像信息的快速处理，是一项有极大发展潜力的技术措施，目前在国外已受到广泛关注。因环境等因素所导致的光学波前畸变的典型情形见图 8.30。

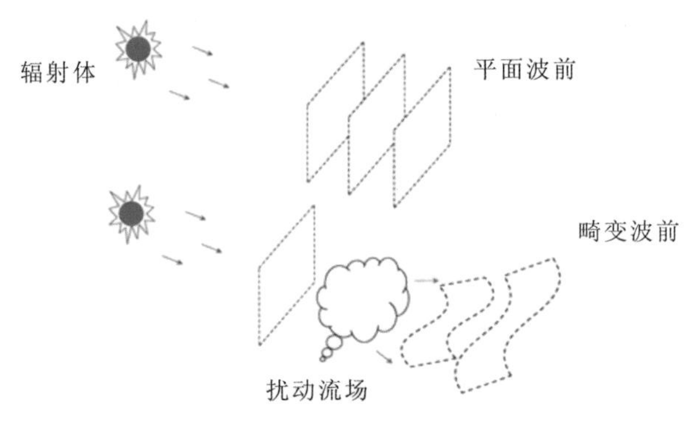


图 8.30 环境等因素所导致的光学波前畸变

我们所提出的红外波前快速测量与校正技术方案，主要涉及光能量与相位这两个关键性的成像要素。通过采用由红外液晶微透镜阵列与红外成像探测器阵列所组成的混合集成结构，实现快速波前测量、波前处理和波前校正。具有由硬件工作方式所带来的快速、简捷和高效等特点。该方案原理见图 8.31。其中的核心组件为由红外液晶微透镜阵列与面阵红外成像探测器组成的混合集成光电成像结构，见图 8.32。如图所示，当平面光波垂直入射时，通过液晶微透镜的汇聚作用，在与单元液晶微透镜对应的几个红外探测器上，将获得一个围绕其几何中心均匀分布的光斑。当平面波前被扰动介质畸变后，与畸变波前对应的几何光学信息被探测器接收后，将产生一个分布在几个光敏探测器几何中心附近的漂移光斑。通过预设的图像程序算法，畸变波前就可以被构建出来，从而实现波前的快速测量。作进一步的校正处理后，就可以将被环境介质扰动前的红外波前恢复出来，从而显著提高光电强度图像的成像质量。

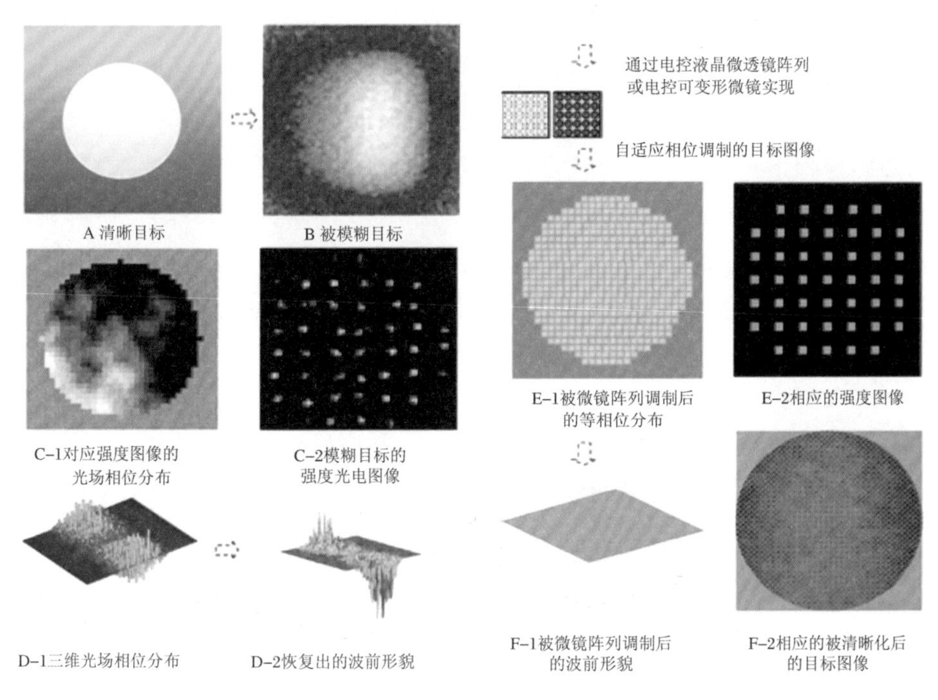


图 8.31　基于波前的光电成像探测与校正的主要技术特征

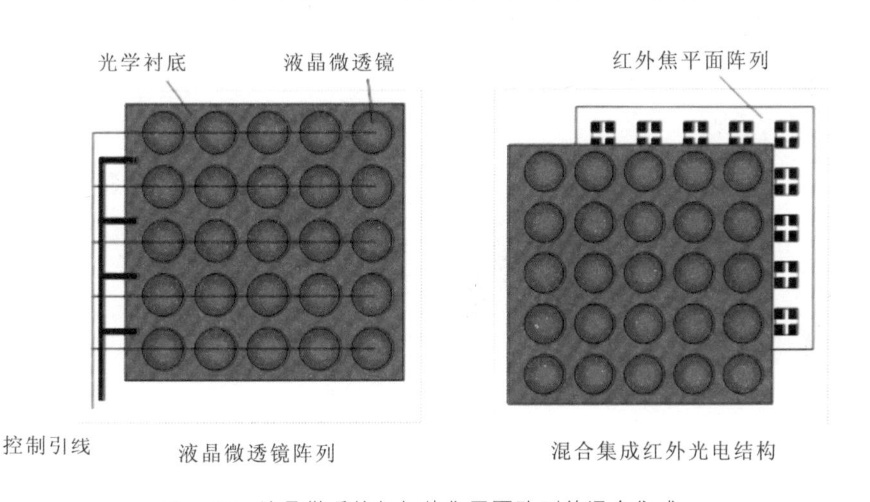


图 8.32　液晶微透镜与红外焦平面阵列的混合集成

进行以上研究工作将大量涉及任意红外波前的产生和处理等问题。在常规条件下,有效解决这些问题本身就非常困难甚至难以完成。

目前国外正在发展基于标准微电子工艺的,能产生和处理复杂形貌波前的技术方法。我们也正与国外同步进行该技术的研发工作[26]。初步研究显示,采用我们的工艺流程,不仅能产生常规的平面、球面和柱面波前,还能生成多种复杂的,无法通过常规手段获取的波前结构,并可以在此基础上方便地建立波前及畸变波前模式数据库,从而可以将其与波前畸变统计模式加以比较和匹配,为图像校正提供较为准确的理论和实验依据。我们所发展的复杂波前结构的设计与仿真情形见图 8.33,所能生成的复杂波前情况见图 8.34。研究显示,采用波前结构可以廉价方便地进行高速平台气动光学效应的仿真实验。国外所进行的类似工作的具体情形见图 8.35、图 8.36 以及图 8.37[27~29]。

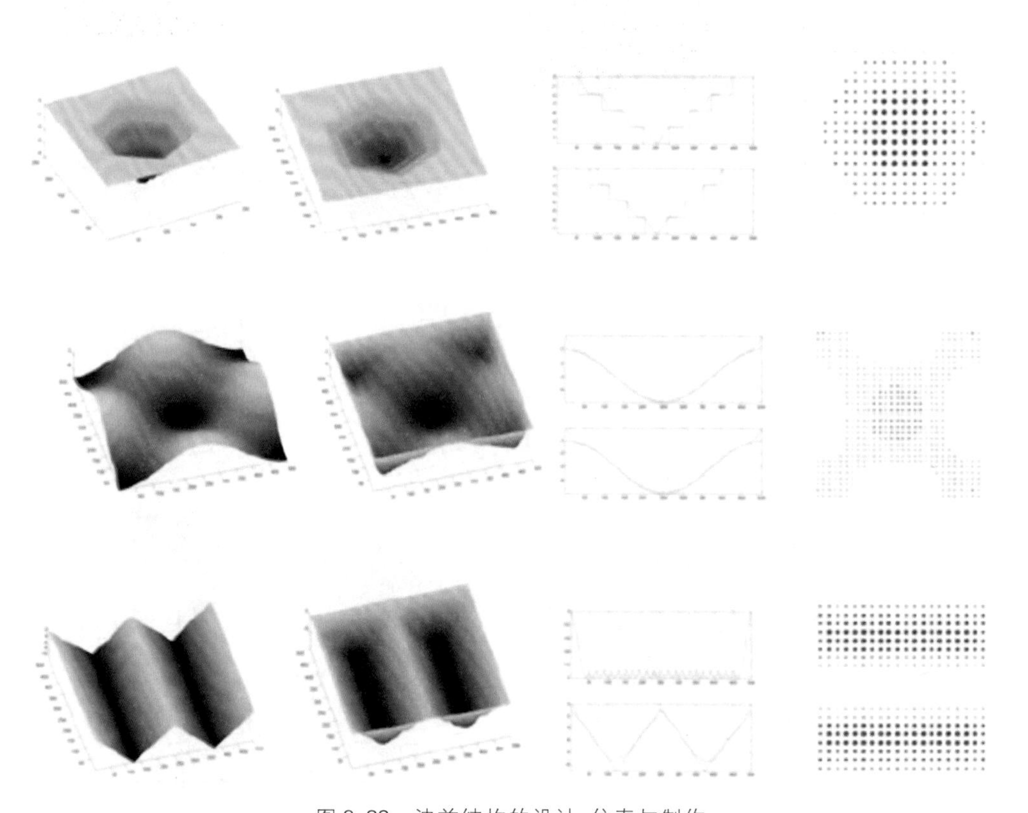

图 8.33 波前结构的设计、仿真与制作

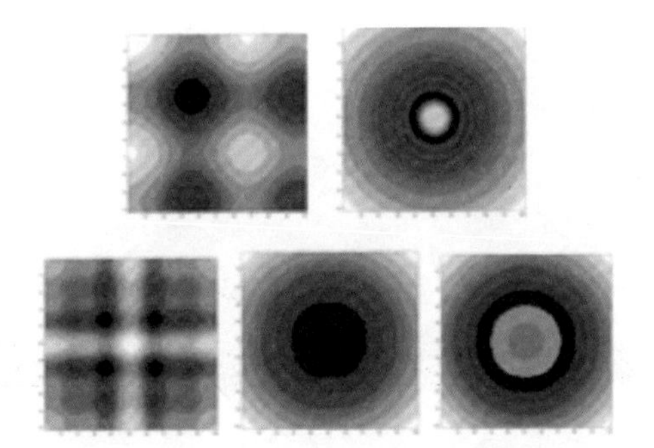

(a) 若干相位型光学波前生成及变换结构的形貌特征

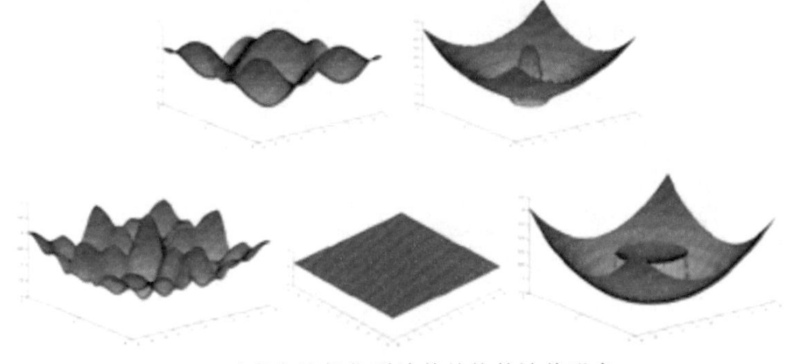

(b) 对应上述相位型波前结构的波前形态

图 8.34　高斯光束通过波前结构后的波前形态

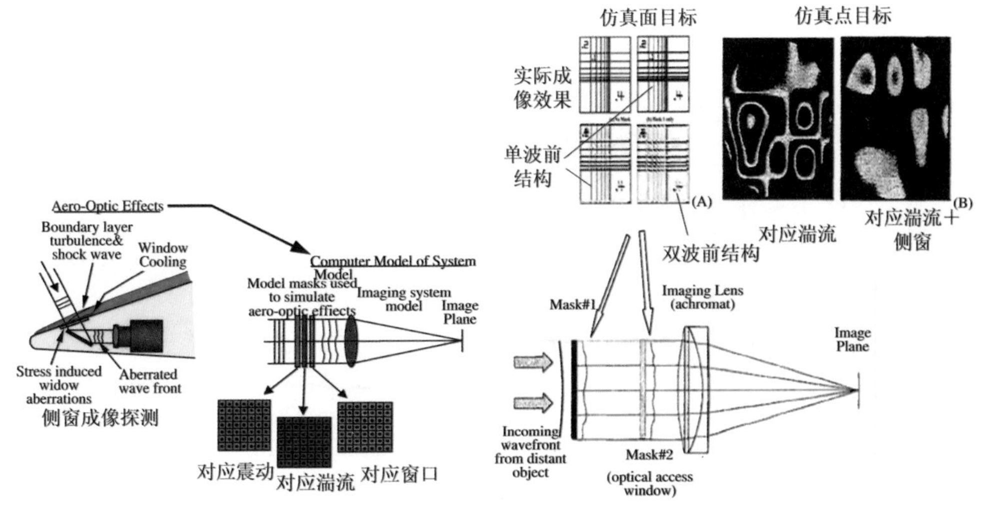


(a) 高马赫数成像制导飞行器气动光学效应通过波前结构进行仿真

(b) 高马赫数飞行器成像探测点目标和面目标的气动光学效应通过波前结构进行仿真

图 8.35　采用波前结构进行高速平台气动光学效应仿真

(a) 模糊图像　　(b) 光电校正后的清晰图像

图 8.36　在无参考光束条件下，采用基于图形锐化的光电校正操作使图像清晰化

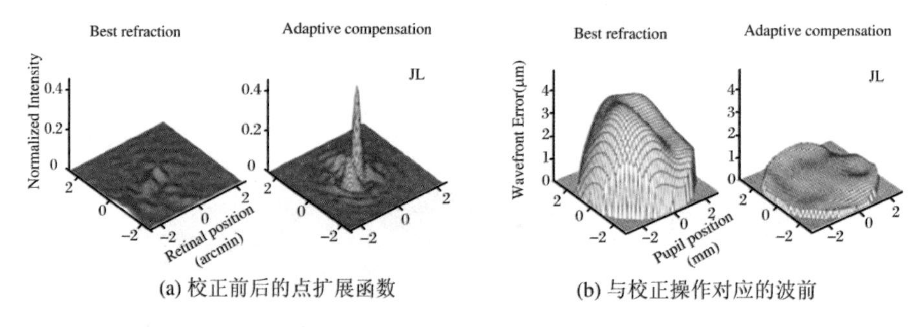


(a) 校正前后的点扩展函数　　(b) 与校正操作对应的波前

图 8.37　与光电校正对应的点扩展函数及相应的波前情形

光电校正方案如图 8.38 所示，通过探测点目标所出射的球面或平面波前，在基于图形锐化这一前提下进行光电校正，然后将处理后的光电图像送入数字图像处理模块[33]。

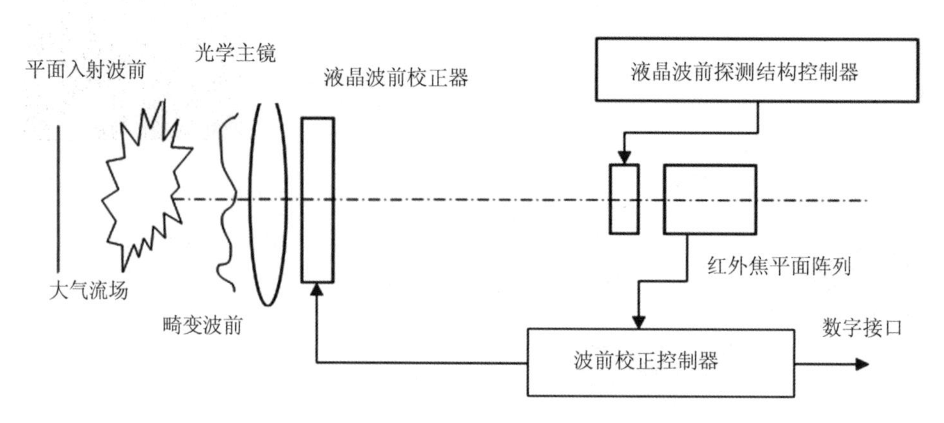


图 8.38　光电混合校正原理示意图

对于地面目标而言，由于地面景物具有极其复杂的辐射行为，我们开展了复杂波前的辐射与传输特征的具有针对性和探索性的研究，为景物辐射波前的

归类与建库奠定基础,仿真实验结果见图 8.39 和图 8.40。

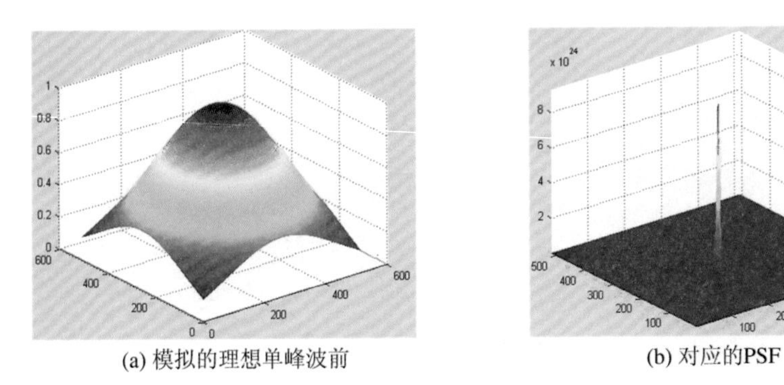

(a) 模拟的理想单峰波前　(b) 对应的PSF

图 8.39　理想单峰波前及其所对应的点扩展函数情况

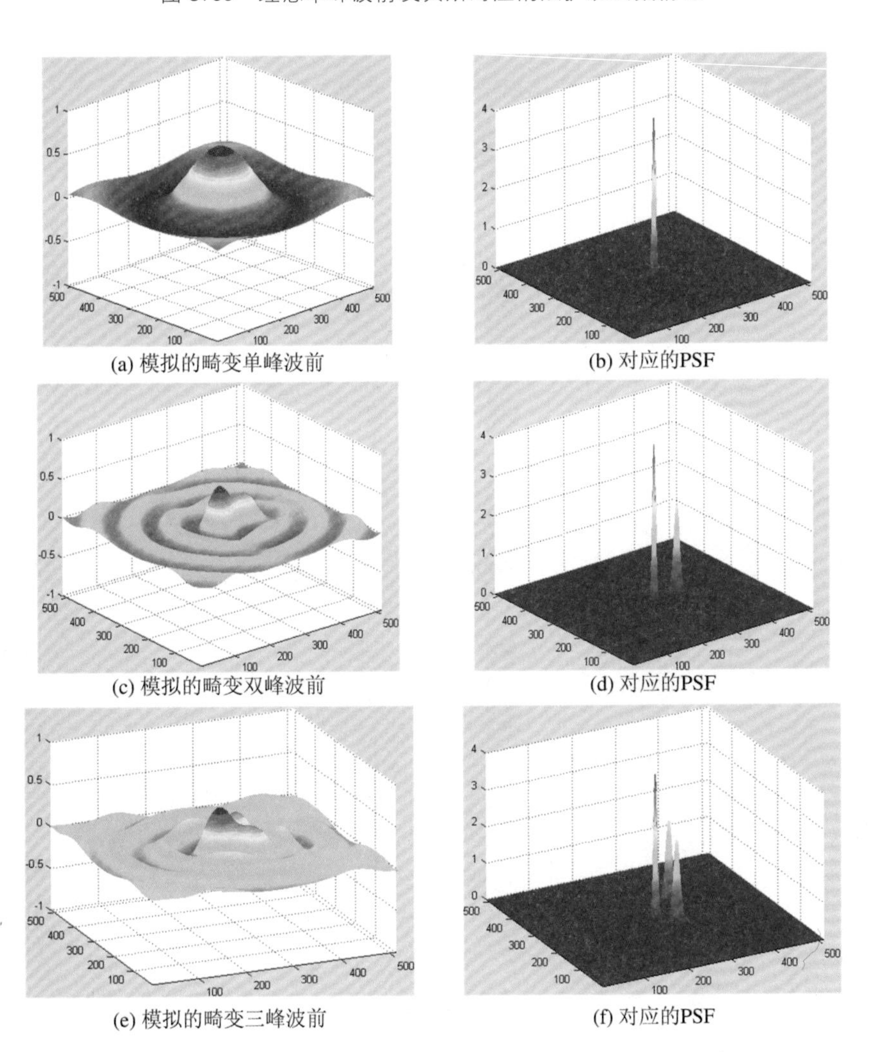

(a) 模拟的畸变单峰波前　(b) 对应的PSF

(c) 模拟的畸变双峰波前　(d) 对应的PSF

(e) 模拟的畸变三峰波前　(f) 对应的PSF

图 8.40　典型的畸变入射光波前及与其对应的点扩展函数

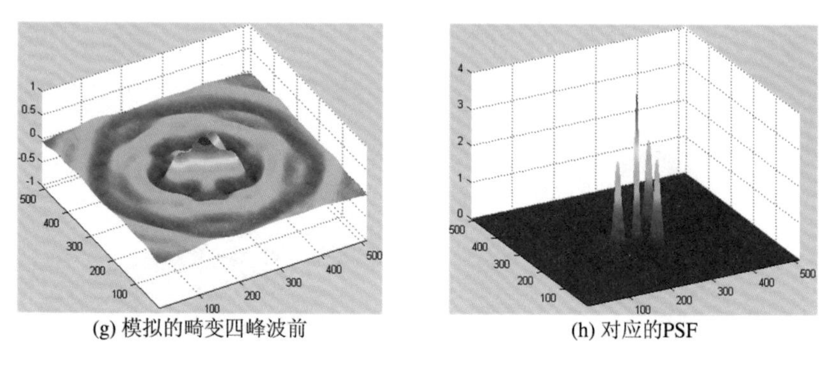


续图 8.40

图 8.41 为 Daniel A. Duffin 在实验中测量的畸变波前及与其对应的点扩展函数[30]。图 8.41(a)为相位 0°、90°、180°和 270°的畸变波前的三维显示图，在图中可以清晰观察到由流场的涡结构所导致的大尺度的波前畸变。从图 8.41(b)中可以看到畸变波前的变化幅度，畸变波前的平均振幅为 0.245 μm。图 8.41(c)为与图 8.41(a)相对应的点扩展函数。

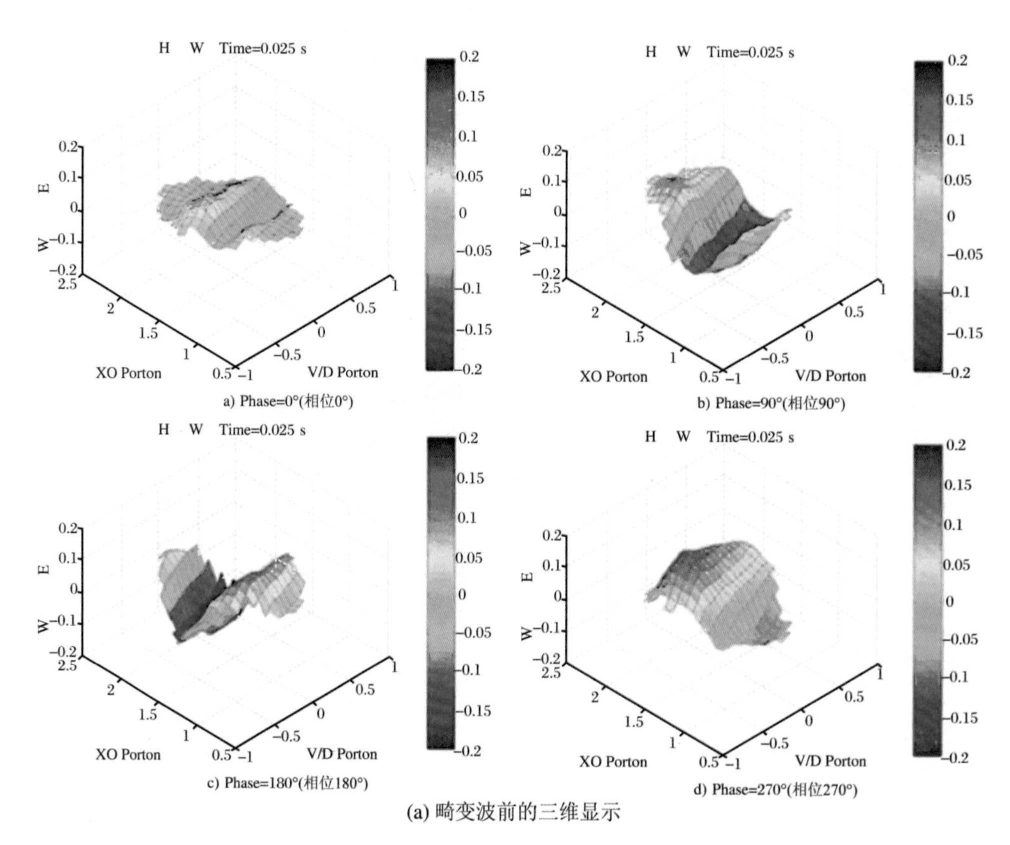


(a) 畸变波前的三维显示

图 8.41 实验中测量的畸变波前及与其对应的点扩展函数

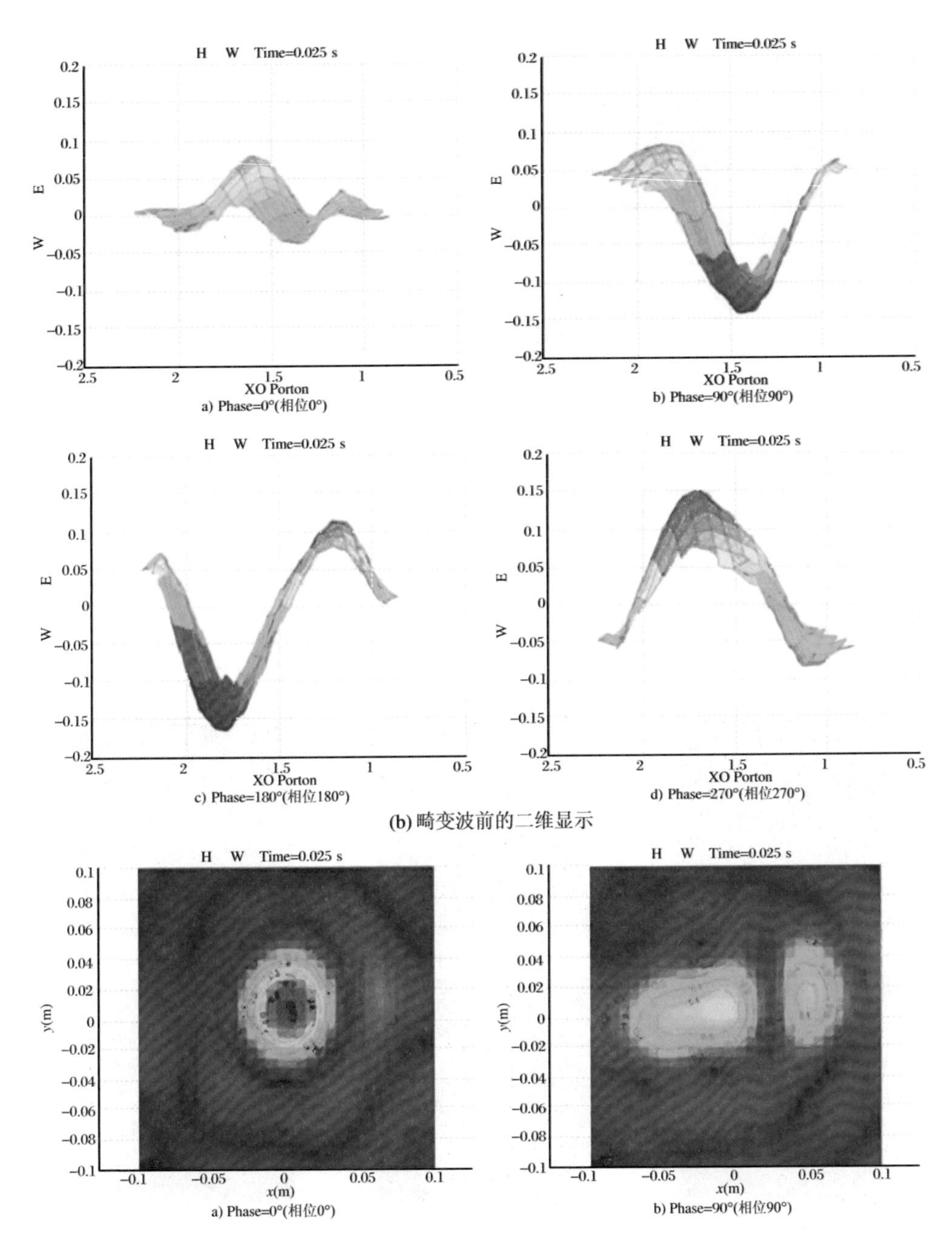
H W Time=0.025 s
W E
XO Porton
a) Phase=0°(相位0°)
H W Time=0.025 s
W E
XO Porton
b) Phase=90°(相位90°)
H W Time=0.025 s
W E
XO Porton
c) Phase=180°(相位180°)
H W Time=0.025 s
W E
XO Porton
d) Phase=270°(相位270°)
(b) 畸变波前的二维显示
H W Time=0.025 s
y(m)
x(m)
a) Phase=0°(相位0°)
H W Time=0.025 s
y(m)
x(m)
b) Phase=90°(相位90°)

续图 8.41

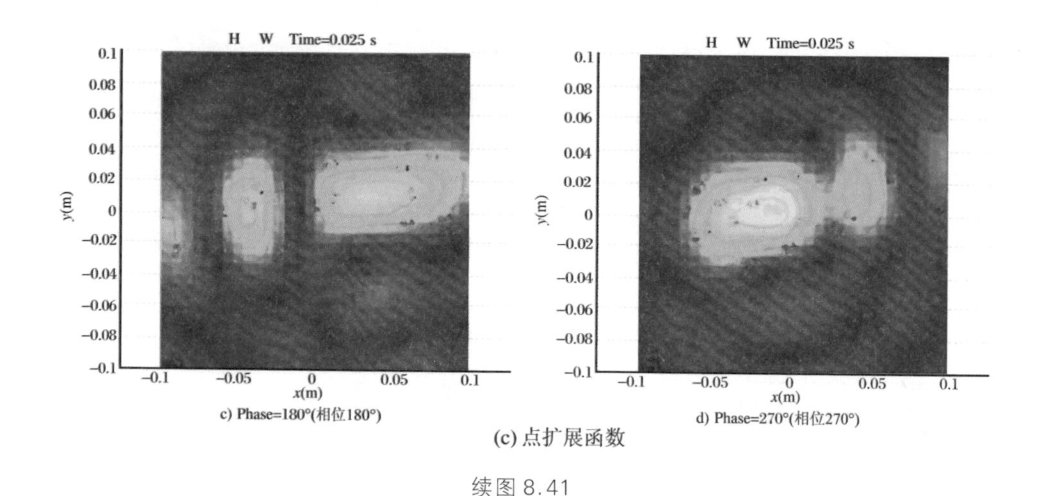


续图 8.41

图 8.42、图 8.43、图 8.44 分别给出图像大小 64×64、128×128 和 256×256 的数字校正与混合校正结果对比。测试结果表明:数字校正与混合校正性能相当;用测量波前对应的点扩展函数 PSF 校正图像,其效果差于数字校正和混合校正。

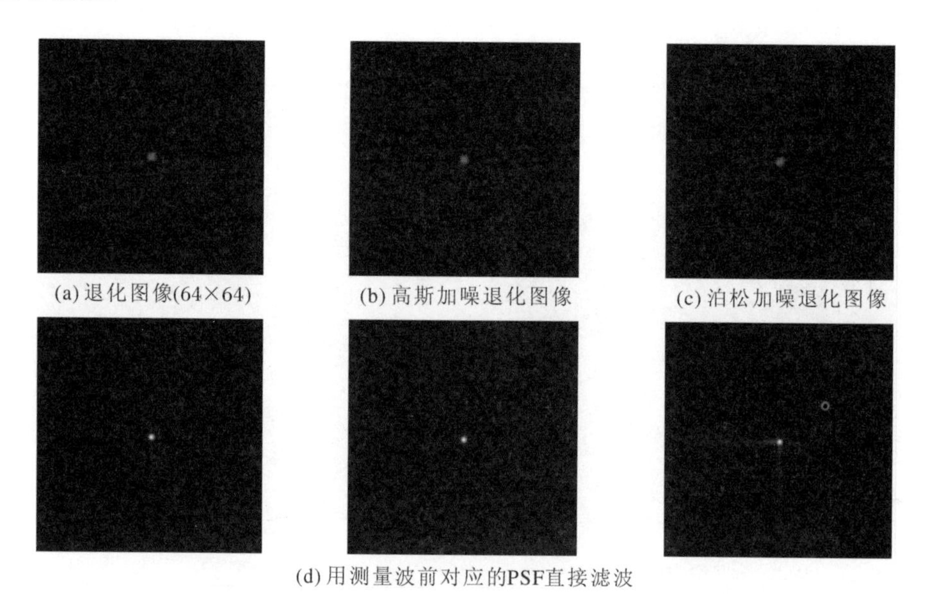


图 8.42 光电混合校正与数字校正对比模拟(图像大小 64×64)

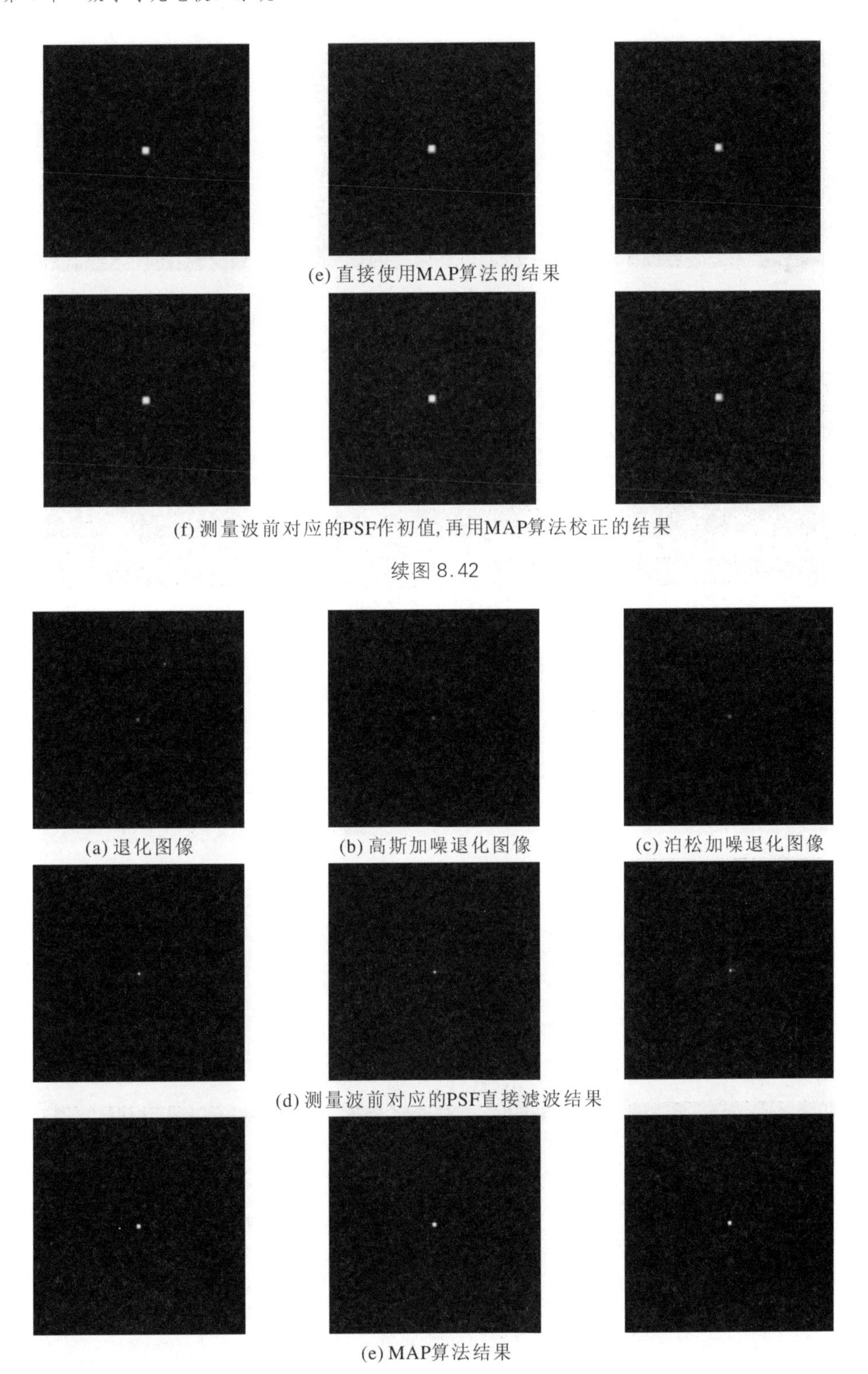

(e) 直接使用MAP算法的结果

(f) 测量波前对应的PSF作初值，再用MAP算法校正的结果

续图 8.42

(a) 退化图像　(b) 高斯加噪退化图像　(c) 泊松加噪退化图像

(d) 测量波前对应的PSF直接滤波结果

(e) MAP算法结果

图 8.43　光电混合校正与数字校正对比模拟(图像大小 128×128)

(f) 测量波前对应的PSF作初值，再用MAP算法校正的结果

续图 8.43

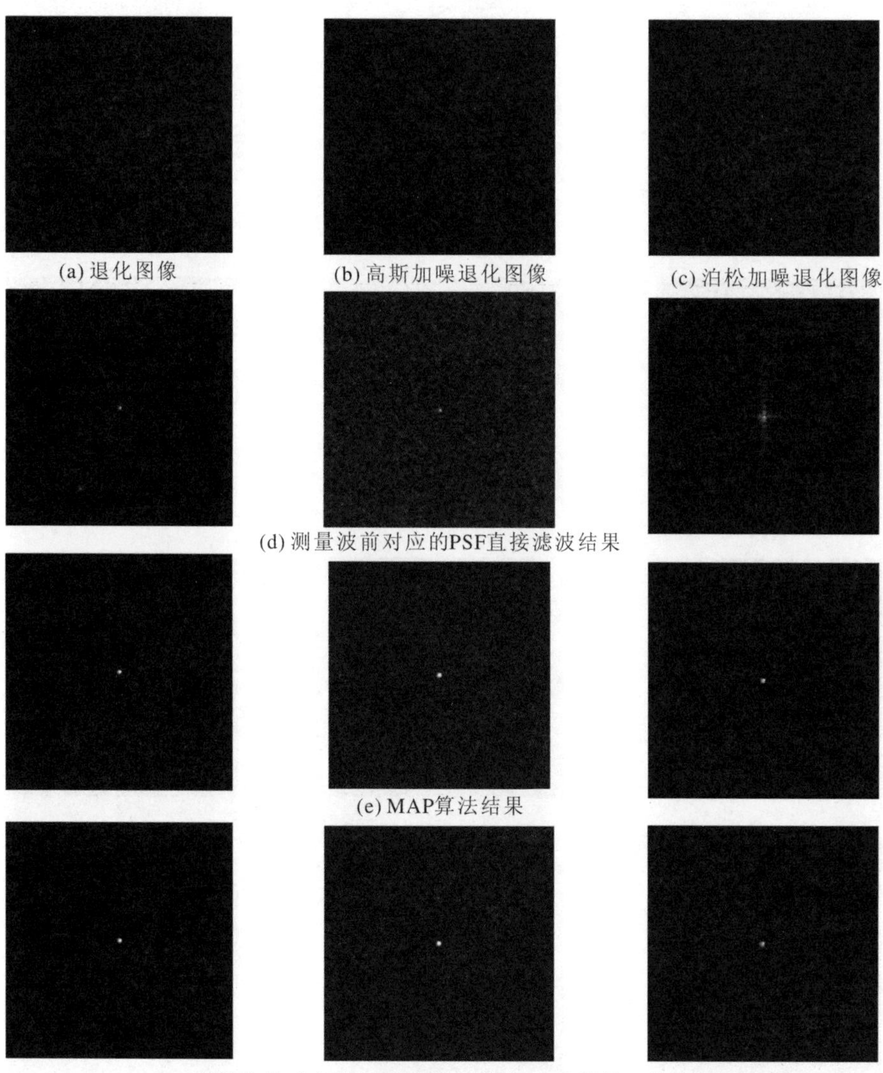

(a) 退化图像　(b) 高斯加噪退化图像　(c) 泊松加噪退化图像

(d) 测量波前对应的PSF直接滤波结果

(e) MAP算法结果

(f) 测量波前对应的PSF作初值，再用MAP算法校正的结果

图 8.44　光电混合校正与数字校正对比模拟(图像大小 256×256)

不同图像大小的校正耗时情况见表 8.4。由该表可见，混合校正的耗时对较大图像而言降低了一个数量级。

表 8.4　多种分辨率下数字校正与混合校正的耗时对比

| | 图像大小 | 无噪图像校正时间(s) | 高斯加噪图像校正时间(s) | 泊松加噪图像校正时间(s) |
|---|---|---|---|---|
| 未知 PSF | 64×64 | 0.65 | 0.91 | 0.64 |
| | 128×128 | 4.42 | 2.74 | 3.58 |
| | 256×256 | 26.75 | 17.65 | 26.53 |
| 已知 PSF 作为 MAP 初值 | 64×64 | 0.42 | 0.43 | 0.41 |
| | 128×128 | 0.75 | 0.72 | 0.66 |
| | 256×256 | 2.24 | 2.27 | 2.20 |

由上可知，用所测量的波前对应的 PSF 直接对退化图像进行滤波，会产生一定的振铃效应，直接采用 MAP 算法对退化图像进行校正，可以得到较好的校正结果，但是其耗时相对较长，而采用波前测量与数字校正相结合，可以在保证校正图像质量前提下提高图像校正的速度，提高算法的实时性。

# 参考文献


[1] 张天序，洪汉玉，余国亮，等.气动光学效应图像复原与校正技术算法研究总结及 DSP 并行校正研究报告[R].2005.1.

[2] 王泽.受限条件下图像处理系统体系结构研究及应用[D].武汉：华中科技大学，2012.

[3] 陈荣华.气动光学效应图像校正算法的并行实现与优化研究[D].武汉：华中科技大学，2008.

[4] 张天序，洪汉玉.基于序列图像校正的气动光学传输效应测评方法与装置：中国，ZL2008100472331[P].

[5] 张天序，洪汉玉，钟胜，等.基于序列图像校正的气动光学传输效应测评装置：中国，ZL200910221202.8[P].

[6] John E Pond, George W Sutton. Adaptive optics improvements for flight-induced aero-optical aberrations of a forward-facing optical dome [C]//37th

Plasmadynamics and Laser Conference. San Francisco, June 5-8, 2006 AIAA paper 2006 - 4779.

[7] Olivier S, Laude V, Huignard J P. Liquid-crystal Hartmann wavefront sensor[J]. Appl. Opt., 2000, 39(2): 3838 - 3846.

[8] De Lima Monteiro D W, Vdovin G, Rocha J, et al. Customized CMOS wavefront sensor[J]. Proc. SPIE, 2001(4493): 88 - 99.

[9] Rha J, Giles M. Implementation of an adaptive Shack-Hartmann sensor using a phase-modulated liquid crystal spatial light modulator[J]. Proc. SPIE, 2001(4493): 80 - 87.

[10] Lindlein N, Pfund J, Schwider J. Algorithm for expanding the dynamic range of a Shack-Hartmann sensor by using a spatial light modulator array[J]. Opt. Eng., 2001, 40(5): 837 - 840.

[11] Norbert Lindlein, Johannes Pfund. Experimental results for expanding the dynamic range of a Shack-Hartmann sensor using astigmatic microlenses[J]. Opt. Eng., 2002, 41(2): 529 - 533.

[12] Alexey Rukosuev, Alexander Alexandrov, Valentina Zavalova, Vadim Samarkin, Alexis Kudryashov. Adaptive optical system based on bimorph mirror and Shack-Hartmann wavefront sensor[J]. Proc. SPIE, 2002(4493): 261 - 268.

[13] Pulaski P D, Roller J P, Neal D R, Ratte K. Measurement of aberrations in microlenses using a Shack-Hartmann wavefront sensor[J]. Proc. SPIE, 2002(4767): 44 - 52.

[14] OKO TECHNOLOGIES [EB/OL]. http://www. okotech. com, gleb@okotech. com, Reinier de Graafweg 300, 2625 DJ, Delft, The Netherlands.

[15] Nailia Makenova, Feodor Kanev, Vladimir Lukin. Analysis of adaptive correction efficiency with account of limitations induced by Shack-Hartmann sensor[J]. Proc. SPIE, 2003(5026): 190 - 197.

[16] Feodor Kanev, Vladimir Lukin, Nailya Makenova. Limitations of adaptive control efficiency due to singular points in the wavefront of a laser beam[J]. Proc. SPIE, 2003(4884): 265 - 272.

[17] Bloemhof E E, Wallace J K. Phase contrast techniques for wavefront sensing and calibration in adaptive optics[J]. Proc. SPIE, 2003(5169): 309 - 320.

[18] Harrison P, Erry G R G, Otten L J, et al. Closed loop adaptive optic comparison between a Shack-Hartmann and a distorted grating wavefront sensor[J]. Proc. SPIE, 2004(5237): 186 - 197.

[19] Jungtae Rha, David G Voelz, Michael K Giles. Reconfigurable Shack-Hartmann wavefront sensor[J]. Opt. Eng., 2004, 43(1): 251 - 256.

[20] Xinyu Zhang, Mikhail Loktev, Gleb Vdovin. Modal liquid crystal lenses driven by low voltage produced from a wireless control driving system[J]. Review of Scientific Instruments, 2005, 76, 043109(USA).

[21] Xinyu Zhang, Hui Li, Kan Liu, Jun Luo, Changsheng Xie, An Ji, Tianxu Zhang. Switching frequency characteristics of a low-cost wireless driving and controlling system for modal liquid crystal lens[J]. Review of Scientific Instruments, 2011, 82, 014701(USA).

[22] Shengwu Kang, Xinyu Zhang, Changsheng Xie, Tianxu Zhang. Liquid-crystal microlens with focus swing and low driving Voltage[J]. Applied Optics, 2013, 52 (3): 381 - 387.

[23] Hongwen Ren, Yun-Hsing Fan, Shin-Tson Wu. Liquid-crystal microlens arrays using patterned polymer networks[J]. Opt. Lett., 2004, 29(14): 1608 - 1670.

[24] Hongwen Ren, Yun-Hsing Fan, Shin-Tson Wu. Polymer network liquid crystals for tunable microlens arrays[J]. J. Phys. D: Appl. Phys., 2004(37): 400 - 403.

[25] Yun-Hsing Fan, Yi-Hsin Lin, Hongwen Ren, Sebastian Gauza, Shin-Tson Wu. Fast-response and scattering-free polymer network liquid crystals for infrared light modulators[J]. Appl. Phys. Lett., 2004, 84(8): 1233 - 1234.

[26] Xinyu Zhang, Hui Li, Kan Liu, Jun Luo, Changsheng Xie, An Ji, Tianxu Zhang. Emitting far-field multicolor patterns and characters through plastic diffractive micro-optics elements illuminated by common Gaussian lasers in the visible range [J]. J. Opt. Soc. Am. A, 2011, 28(4): 724 - 733.

[27] Downton A, Crookes D. Parallel architectures for image processing[J]. Electronics & Communication Engineering Journal, 1998(6): 139 - 151.

[28] Trussell H J, Hunt B R. Sectioned methods for image restoration [J]. IEEE Transactions On Acoustics, Speech, and Signal Processing, 1978(26): 157 - 164.

[29] Loli Piccolomini E, Zama F. Parallel image restoration with domain decomposition [J]. Real-time Imaging, 2001(7): 47 - 57.

[30] Duffin D A, Jumper E J. Feed-forward adaptive-optic correction of areo-optical aberrations caused by a two-dimentional heated jet[J]. AIAA J., 2011, 49(6).

"十一五"国家重点图书

# 中国科学技术大学校友文库

## 第一辑书目

◎*Topological Theory on Graphs*(英文)　刘彦佩

◎*Advances in Mathematics and Its Applications*(英文)　李岩岩、舒其望、沙际平、左康

◎*Spectral Theory of Large Dimensional Random Matrices and Its Applications to Wireless Communications and Finance Statistics*(英文)　白志东、方兆本、梁应昶

◎*Frontiers of Biostatistics and Bioinformatics*(英文)　马双鸽、王跃东

◎*Spectroscopic Properties of Rare Earth Complex Doped in Various Artificial Polymer Structure*(英文)　张其锦

◎*Functional Nanomaterials: A Chemistry and Engineering Perspective*(英文)　陈少伟、林文斌

◎*One-Dimensional Nanostructres: Concepts, Applications and Perspectives*(英文)　周勇

◎*Colloids, Drops and Cells*(英文)　成正东

◎*Computational Intelligence and Its Applications*(英文)　姚新、李学龙、陶大程

◎*Video Technology*(英文)　李卫平、李世鹏、王纯

◎*Advances in Control Systems Theory and Applications*(英文)　陶钢、孙静

◎*Artificial Kidney: Fundamentals, Research Approaches and Advances*(英文)　高大勇、黄忠平

◎*Micro-Scale Plasticity Mechanics*(英文)　陈少华、王自强

◎*Vision Science*(英文)　吕忠林、周逸峰、何生、何子江

◎非同余数和秩零椭圆曲线　冯克勤

◎代数无关性引论　朱尧辰

◎非传统区域 Fourier 变换与正交多项式　孙家昶

◎消息认证码　裴定一

◎完全映射及其密码学应用　吕述望、范修斌、王昭顺、徐结绿、张剑

◎摄动马尔可夫决策与哈密尔顿圈　刘克

◎近代微分几何：谱理论与等谱问题、曲率与拓扑不变量　徐森林、薛春华、胡自胜、金亚东
◎回旋加速器理论与设计　唐靖宇、魏宝文
◎北京谱仪Ⅱ·正负电子物理　郑志鹏、李卫国
◎从核弹到核电——核能中国　王喜元
◎核色动力学导论　何汉新
◎基于半导体量子点的量子计算与量子信息　王取泉、程木田、刘绍鼎、王霞、周慧君
◎高功率光纤激光器及应用　楼祺洪
◎二维状态下的聚合——单分子膜和LB膜的聚合　何平笙
◎现代科学中的化学键能及其广泛应用　罗渝然、郭庆祥、俞书勤、张先满
◎稀散金属　翟秀静、周亚光
◎SOI——纳米技术时代的高端硅基材料　林成鲁
◎稻田生态系统 $CH_4$ 和 $N_2O$ 排放　蔡祖聪、徐华、马静
◎松属松脂特征与化学分类　宋湛谦
◎计算电磁学要论　盛新庆
◎认知科学　史忠植
◎笔式用户界面　戴国忠、田丰
◎机器学习理论及应用　李凡长、钱旭培、谢琳、何书萍
◎自然语言处理的形式模型　冯志伟
◎计算机仿真　何江华
◎中国铅同位素考古　金正耀
◎辛数学·精细积分·随机振动及应用　林家浩、钟万勰
◎工程爆破安全　顾毅成、史雅语、金骥良
◎金属材料寿命的演变过程　吴犀甲
◎计算结构动力学　邱吉宝、向树红、张正平
◎太阳能热利用　何梓年
◎静力水准系统的最新发展及应用　何晓业
◎电子自旋共振技术在生物和医学中的应用　赵保路
◎地球电磁现象物理学　徐文耀
◎岩石物理学　陈颙、黄庭芳、刘恩儒
◎岩石断裂力学导论　李世愚、和泰名、尹祥础
◎大气科学若干前沿研究　李崇银、高登义、陈月娟、方宗义、陈嘉滨、雷孝恩